LE

RÈGNE VÉGÉTAL

TEXTES

Paris — Imprimerie de P.-A. Bourdier et Cie, rue Mazarine, 30.

LE
RÈGNE VÉGÉTAL

DIVISÉ EN

TRAITÉ DE BOTANIQUE GÉNÉRALE, FLORE MÉDICALE ET USUELLE

HORTICULTURE BOTANIQUE ET PRATIQUE

(PLANTES POTAGÈRES, ARBRES FRUITIERS, VÉGÉTAUX D'ORNEMENT)

PLANTES AGRICOLES ET FORESTIÈRES

HISTOIRE BIOGRAPHIQUE ET BIBLIOGRAPHIQUE DE LA BOTANIQUE

PAR MM.

A. DUPUIS

professeur d'histoire naturelle,
ancien professeur de botanique et de sylviculture
à l'Institut agronomique de Grignon,
membre de plusieurs Académies
et Sociétés savantes, etc.

O. RÉVEIL

docteur en médecine,
pharmacien en chef des hôpitaux,
professeur agrégé à la Faculté de médecine de Paris
et à l'École supérieure de pharmacie,
membre de plusieurs Sociétés savantes, etc.

FR. GÉRARD

botaniste-micrographe,
membre de plusieurs Sociétés savantes, l'un des
collaborateurs du Dictionnaire
d'histoire naturelle.

F. HÉRINCQ

botaniste attaché au Muséum d'histoire naturelle
rédacteur en chef de l'Horticulteur français,
membre de plusieurs Sociétés
savantes, etc

ET D'APRÈS LES TRAVAUX DES PLUS ÉMINENTS BOTANISTES FRANÇAIS ET ÉTRANGERS

formant (avec l'Histoire de la Botanique)

Dix-sept beaux volumes

dont neuf volumes grand in-8° jésus de textes

ET HUIT ATLAS PETIT IN-QUARTO DE PLANCHES GRAVÉES

Les Atlas renfermant (avec des textes descriptifs en regard)

PLUS DE 3000 DESSINS DE PLANTES OU DE DÉTAILS BOTANIQUES

FINEMENT COLORIÉS

PARIS

LIBRAIRIE DES SCIENCES NATURELLES

ET DES ARTS ILLUSTRÉS

Théodore MORGAND, libraire-éditeur

RUE BONAPARTE, 5

Réserve de tous droits.

FLORE MÉDICALE

USUELLE ET INDUSTRIELLE

DU XIXᵉ SIÈCLE

ACCOMPAGNÉE DE TROIS ATLAS ICONOGRAPHIQUES

TEXTE

Paris. — Imp. P.-A. BOURDIER et Cie, rue Mazarine, 30.

FLORE

MÉDICALE

USUELLE ET INDUSTRIELLE

DU XIXe SIÈCLE

PAR MM.

A. DUPUIS
professeur d'histoire naturelle,
ancien professeur de botanique et de sylviculture
à l'Institut agronomique de Grignon,
membre de plusieurs Académies
et Sociétés savantes, etc.
*(Pour la description, l'habitat et la culture
des plantes)*

O. REVEIL
docteur en médecine,
pharmacien en chef des hôpitaux,
professeur agrégé à la Faculté de médecine de Paris
et à l'École supérieure de pharmacie,
membre de plusieurs Sociétés savantes, etc.
*(Pour la partie chimique, la matière médicale
et la thérapeutique)*

DONNANT

LA DESCRIPTION, LA CULTURE, LA COMPOSITION CHIMIQUE

LES PROPRIÉTÉS CURATIVES OU DANGEREUSES, LES USAGES ÉCONOMIQUES

ET INDUSTRIELS DES PLANTES

TOME PREMIER

PARIS

LIBRAIRIE DES SCIENCES NATURELLES
ET DES ARTS ILLUSTRÉS
Théodore MORGAND, libraire-éditeur
RUE BONAPARTE, 5

AVERTISSEMENT DE L'ÉDITEUR

Il n'est peut-être pas inutile que nous fassions précéder de quelques pages l'avant-propos des auteurs qui est une sorte d'entrée en matière.

Nous avons, nous, à nous expliquer préalablement sur le côté en quelque sorte matériel de notre publication, sur les causes qui nous l'ont fait entreprendre, sur l'ordre que nous avons cru devoir y mettre, de concert avec les auteurs, sur l'importance de nos Atlas iconographiques, enfin sur les moyens de différents genres que nous avons employés pour donner à la médecine, à la pharmacie, à l'industrie, aux gens du monde même, qui s'intéressent au progrès de la science, ne fût-ce que par son côté séduisant, un ouvrage qui, depuis longtemps, leur faisait complétement défaut.

La *Flore médicale* de Chaumeton, Chamberet et Poiret, plus connue sous la dénomination de Flore de Panckoucke, souvenir d'un autre siècle, et trop cruellement qualifiée d'*assez mauvais ouvrage* par le bibliographe-botaniste Pritzel, si sobre de réflexions (*Thesaurus litteraturæ botanicæ*, édit. de 1851, page 47), ne répond certainement plus à l'état de la science, ni pour ses textes insuffisants dès l'origine, ni même pour ses planches, auxquelles pourtant les dessins exacts du botaniste Turpin avaient donné la seule valeur qu'elle eût. Quoique nombreuses, ces planches ne représentent pas beaucoup d'espèces des plus intéressantes, manquent souvent des détails les plus précieux, ne correspondent point aux progrès du burin et de la peinture en ce genre, et d'ailleurs ont été sensiblement altérées par l'usage et le temps, comme on peut en juger par la dernière édition qui remonte (qu'elle porte une date ou qu'elle n'en porte pas) à 1834, et que les connaisseurs estiment beaucoup moins que l'édition de 1814. A l'époque où parut cette

Flore, qui a si bien réussi faute d'autre en France, la chimie végétale était dans l'enfance : bien des plantes exotiques, aujourd'hui appréciées, étaient considérées comme sans valeur ou comme d'une valeur problématique ; d'autres plantes, auxquelles on prêtait alors des vertus miraculeuses, ont été reléguées depuis au nombre des plantes inefficaces ; des végétaux nouveaux ou d'usage encore inconnu ont pris place parmi les aliments ; un grand nombre, grâce aux progrès de la chimie, ont été appelés au secours de l'industrie et ont fait trouver à celle-ci de nouvelles sources de fortune et d'utilité.

Pourquoi nous le dissimuler ? Chaque œuvre a son tour. Notre Flore aura un jour aussi son déclin. En attendant, et en prenant la science au point où nous la trouvons, nous pouvons dire, sans nous flatter, qu'elle est la meilleure et même qu'elle est la seule, au moins en France, que l'on puisse consulter sans être exposé à rester en arrière des connaissances présentes.

Quoique la médecine allopathique, celle que tout homme doit étudier avant d'être admis au doctorat, fasse le fond de cet ouvrage, quant aux propriétés thérapeutiques des plantes ou des drogues, nous n'avons pas cru que nous fussions en droit d'exclure l'application de celles-ci à la médecine homœopathique. Seulement, pour éviter toute confusion et pour ne pas se perdre, dans le cours de l'ouvrage, au milieu de détails sur la posologie homœopathique et sur les formes pharmaceutiques de cette école, l'auteur, spécialement chargé de la partie médicinale, s'est borné à indiquer, lorsqu'il y avait lieu, l'emploi de chaque plante en médecine homœopathique, à donner les abréviations et signes sous lesquels les végétaux sont employés [1]. Dans quelques cas particuliers, comme pour la Bryone, la Drosère, l'Ergot, la Pulsatille, médicaments essentiellement homœopathiques, auxquels on attribue la propriété de produire des maladies ou des lésions que l'on veut combattre, l'auteur a énuméré immédiatement les propriétés. Il s'est réservé de résumer à la fin de la Flore médicale, dans une espèce de tableau synoptique, toutes les applications des plantes usitées en médecine homœopathique.

1. CLEF DES SIGNES EMPLOYÉS POUR DÉSIGNER LES PLANTES DANS LES FORMULES HOMŒOPATHIQUES. — On écrit trois lettres : la première est celle qui termine le nom latin du médicament ; la seconde, celle qui le commence ; la troisième, une de celles du milieu. Ainsi *Abd* signifie *Belladonna* ; *Aby* veut dire *Bryonia*, etc., etc.

La médecine vétérinaire n'a pas été négligée. Elle trouvera dans la nouvelle Flore d'utiles et amples renseignements.

L'industrie n'en rencontrera pas en moins grand nombre.

Dans aucun ouvrage, la chimie végétale n'avait été développée avec autant de soin et de détails.

La culture des plantes a été traitée dans cette Flore avec autant de soin que leur emploi.

Quant aux planches qui forment nos Atlas iconographiques et en regard desquelles nous avons placé de précieux textes explicatifs, nonobstant les renvois qu'elles portent aux textes généraux, elles sont dignes du mérite de ceux-ci. Avant d'être agréé, chaque modèle de dessin colorié a dû porter une approbation signée des auteurs, comme étant une exacte représentation de la plante et de ses détails; chaque gravure a dû être approuvée par le dessinateur qui a, en outre, donné son approbation aux reproductions de son coloris.

Il nous reste à parler de l'ordre que nous avons adopté dans notre Flore médicale, usuelle et industrielle.

A première vue, il eût semblé plus naturel de classer les plantes d'après leurs propriétés ou leurs usages. Mais il existe un certain nombre d'espèces chez lesquelles ces propriétés ou ces usages sont ou complexes ou mal déterminés. Il en serait résulté, tantôt des erreurs de classement, tantôt des répétitions ou des doubles emplois. Enfin, pour trouver une espèce dans cette Flore, il eût été nécessaire de posséder précisément ce que l'on cherche, c'est-à-dire la connaissance aussi exacte que possible des propriétés.

La classification botanique paraissait aussi très-rationnelle; mais elle avait l'inconvénient de tronquer les descriptions de plantes, en séparant les caractères des familles, des genres et des espèces. D'ailleurs, si, dans la plupart des cas, elle concordait avec la classification pratique précédemment indiquée, elle obligeait souvent à éloigner beaucoup les unes des autres des espèces appartenant à des familles différentes, mais qui possèdent des propriétés ou qui fournissent des produits analogues ou même identiques.

En l'absence d'une méthode parfaite et complétement exempte d'inconvénients, les auteurs n'ont pas hésité à choisir *l'ordre alphabétique*. Cet ordre est sans doute arbitraire; mais il présente plusieurs avantages. Il est le plus commode pour l'étude, en ce qu'il fait trouver immédiatement l'article que l'on cherche ; il permet aussi de présenter d'une manière complète l'histoire botanique et médicale d'une plante.

Chaque article constitue ici une sorte de petite monographie, indépendante des autres.

Il arrive assez souvent qu'une même espèce est désignée sous plusieurs noms vulgaires. Dans ce cas, les auteurs ont choisi la dénomination la plus rationnelle ou la plus usitée, en ayant soin d'ajouter les autres à la suite, comme synonymes. Une table alphabétique, placée sommairement à la fin de chaque volume, et plus développée à la fin de l'ouvrage, servira d'ailleurs à faciliter les recherches dans les circonstances où l'on se trouverait embarrassé.

Les auteurs ont aussi donné la plus grande attention à la nomenclature et à la synonymie scientifiques, l'une et l'autre beaucoup plus exactes et plus précises que les termes vulgaires, trop souvent vagues, mal définis et sujets à varier suivant les localités.

En botanique, l'usage est de ne citer que la première lettre ou la première syllabe de la plupart des noms d'auteurs qui ont classé ou dénommé scientifiquement les plantes ; ces abréviations se trouvent en général immédiatement après la dénomination latine. Ainsi, *L.* ou *Lin.* signifie Linné ; *D. C.* De Candolle ; *W.* ou *Will.* Willdenow ; *T.* ou *Tourn.* Tournefort ; *Lam.* Lamarck ; *Humb.* Humboldt, etc., etc. On trouvera à la fin de la Flore médicale la clef de toutes les abréviations contenues dans la partie botanique ; car, dans la partie médicale, les noms sont cités généralement en entier.

Nous ferons observer que l'on rencontrera dans notre Flore quelques planches et quelques articles relatifs à des plantes qui ne présentent plus aujourd'hui, pour la médecine, de propriétés acceptées, mais que nous n'avons pas dû néanmoins les exclure, parce que, d'une part, on leur reconnaissait autrefois des qualités thérapeutiques, et parce que, d'autre part, elles servent à caractériser des familles entières de végétaux, dont plusieurs entrent obligatoirement dans notre cadre.

AVANT-PROPOS

DE

LA FLORE MÉDICALE

Depuis le commencement de ce siècle, le goût de l'étude des sciences a fait des progrès considérables ; les conquêtes récentes de la chimie nous ont appris tout le parti que l'on pouvait tirer des forces physiques appliquées à la synthèse des matières organiques ; la botanique, étudiée autrefois uniquement par les savants de profession, par les médecins et par les pharmaciens qui cherchaient dans les plantes des remèdes au soulagement de nos maux, est entrée, depuis plusieurs années, dans le programme des études classiques, et les tendances actuelles vers l'agriculture ne sont que la conséquence naturelle et forcée de l'application des sciences au bien-être des populations et à l'accroissement de la richesse des nations.

Il ne suffit donc plus, à l'époque où nous vivons, de connaître les noms et l'origine des produits naturels ; notre esprit cherche, malgré lui et pour ainsi dire à son insu, à examiner quels sont les services que nous pouvons espérer des substances que la nature nous distribue avec une si prodigieuse libéralité ; et quels sont les moyens à employer pour modifier, améliorer ou accroître les matières qui, par elles-mêmes ou par leurs dérivés, peuvent être utilisées dans les arts, dans l'industrie, dans l'économie domestique ou en médecine.

Il est peu de connaissances humaines qui intéressent plus vivement que la MÉDECINE ; il n'en est pas qui nous émeuve davantage

lorsque nous lui demandons le soulagement de nos souffrances. C'est
dans les plantes que l'homme dut chercher les premiers remèdes,
sans autre guide que le hasard ou un empirisme grossier et
inintelligent. Les premiers médecins nous apprirent les vertus de
certaines plantes, et ce n'est que par des analogies d'aspect, de
forme, de structure et de composition, que s'est agrandi ce vaste
champ de la matière médicale. Cependant il n'est pas de science
dans laquelle les idées soient plus fausses, les erreurs plus répandues,
qu'en médecine; rien de plus commun que les remèdes populaires;
mais combien est-il rare d'en trouver qui possèdent réellement les
propriétés qu'on leur attribue?

Ces faits s'expliquent par l'absence ou la rareté d'ouvrages capables de faire connaître les éléments de la botanique, de la matière
médicale et de la thérapeutique. Il est vrai que Tissot, Buchan et
tant d'autres ont cherché à remplir la lacune que nous signalons;
mais leurs ouvrages, dépourvus en général de cet esprit d'examen
et de critique qui doit présider à la composition de toute œuvre
sérieuse, ne sont le plus souvent que des recueils informes de formules et de recettes surannées, acceptées sans contrôle et répandues
sans discernement.

Dans les arts, dans l'industrie, en économie domestique, il en
est tout autrement : ici les croyances populaires n'ont plus aucune
prise, et il est rare que les erreurs se propagent et se perpétuent;
l'expérience fait justice de tout ce qui est inexact; cela tient uniquement aux difficultés de l'observation en médecine, et à la facilité
de constatation des faits lorsqu'il s'agit des applications à l'industrie
et aux arts. Quant à l'économie domestique, on observe le plus souvent un phénomène inverse de celui que l'on constate en médecine :
tandis qu'ici tout ce qui est nouveau est adopté avec un certain enthousiasme, là, au contraire, il se manifeste toujours une certaine
résistance, et ce n'est que, poussé par l'évidence des choses, que le
public admet une innovation. Nous signalerons, pour preuve de ce
que nous avançons, toutes les difficultés que Parmentier a éprouvées

pour faire adopter la pomme de terre dans l'alimentation. Peut-être que, sans la persistance de ce savant illustre, sans la persévérance de cet homme de bien, nous serions privés aujourd'hui d'un des aliments les plus précieux à l'homme.

Les progrès des sciences sont tellement rapides, que les livres vieillissent vite. Parmi les ouvrages de botanique médicale et usuelle imprimés jusqu'à ce jour, aucun ne ressemble, par son étendue, par le choix des articles, par le nombre et la perfection des planches, à celui que nous publions. Tout en restant élémentaires, nous avons cherché à donner à notre ouvrage un caractère scientifique qui justifie le rang qu'il doit occuper dans la bibliothèque du médecin et du pharmacien, ainsi que dans celles de l'agriculteur, de l'industriel et de l'homme du monde, jaloux de marcher avec leur siècle, et de suivre les progrès de la botanique et des applications des plantes et de leurs produits à tous nos besoins.

Le mérite et l'opportunité sont les premières conditions de succès d'un livre; l'ordre, la clarté, le choix des termes employés, la concision en rendent la lecture facile et permettent à l'esprit de saisir les faits les plus saillants, sans surcharger la mémoire de détails oiseux et de descriptions stériles. Nous avons fait tous nos efforts pour que l'ouvrage que nous publions remplît toutes ces conditions. Loin de nous borner à copier servilement ce qu'ont dit nos devanciers, nous avons appliqué nos connaissances en thérapeutique et en matière médicale à la discussion des faits et des doctrines avancées par nos prédécesseurs. Si des opinions en apparence erronées ont été quelquefois présentées par nous sans critique, c'est que les choses nous ont paru évidentes ou probables; il nous eût été impossible d'ailleurs d'agir autrement sans sortir du cadre que nous nous étions tracé. Toutefois, dans ces cas seulement, nous avons cru devoir indiquer nos sources, afin de mettre notre responsabilité à couvert, et comme, avant tout, nous avions le dessein de servir la science et non de blesser les personnes, nous avons dû, en signalant les erreurs, omettre les noms des auteurs qui les ont commises, et nous ne nous sommes départi de cette obligation que dans les cas très-rares où il s'agissait de châtier un abus ou de réprimer un charlatanisme honteux.

Tous les articles de notre FLORE MÉDICALE sont rédigés sur le même plan ; il nous suffira par conséquent d'exposer les raisons qui nous ont portés à insister sur certains points plutôt que sur certains autres.

Nous avons pris, pour dénommer les plantes, le nom français le plus généralement adopté ; nous l'avons fait suivre des synonymes les plus connus, tout en évitant d'indiquer ceux qui ont été donnés à plusieurs plantes, afin de ne pas tomber dans des confusions fâcheuses. Nous avons agi de même pour les noms scientifiques ou latins, en ayant le soin d'indiquer les noms anciens, et surtout, autant que possible, les noms linnéens, lorsque, par suite des progrès de la botanique, ces noms avaient été changés contre d'autres considérés comme plus exacts. Autant que nous l'avons pu, nous avons réduit le nombre des genres et des espèces au lieu de les augmenter comme l'ont fait, dans ces derniers temps, un grand nombre de botanistes. Lorsque nous n'avons pas adopté les noms scientifiques qui avaient été donnés aux plantes par leur premier descripteur, c'est que nous y avons été forcés par l'indication d'un caractère saillant du premier ordre, ou par celle de plusieurs caractères d'un ordre moins important, mais dont l'ensemble nous a paru avoir une grande valeur.

Dans la description des caractères des plantes, nous avons été aussi concis que possible, sans négliger aucun des faits importants ; nous nous sommes attachés plus spécialement à décrire le port du végétal, sa taille, sa consistance, la forme des tiges, celle des feuilles, leur position, ainsi que celle des fleurs, la composition de celles-ci, celle des fruits, le nombre et la position des graines ; nous nous sommes bornés aux caractères organographiques sans entrer dans les détails organogéniques et anatomiques que l'on trouvera expliqués, commentés dans d'autres parties du Règne Végétal. Enfin, lorsque plusieurs espèces appartenant à un même genre sont utilisées, nous avons fait connaître les caractères qui permettent de les distinguer les unes des autres.

L'habitat des plantes, c'est-à-dire les lieux où elles croissent spontanément, est très-important à connaître; on peut en effet, dans certains cas, en tirer des inductions précieuses pour les propriétés thérapeutiques. On doit admettre en principe que la même température, toutes choses égales d'ailleurs, est capable de laisser croître les mêmes plantes; aussi voit-on survenir des changements notables, lorsqu'on veut cultiver les mêmes espèces sous des climats différents; c'est ainsi que les plantes vivaces des pays chauds, qui s'y développent beaucoup, deviennent herbacées et annuelles chez nous; telles sont le *ricin*, le *réséda*, le *cobéa*, etc.; et, par contre, quelques-unes de nos plantes potagères bisannuelles, transportées dans les pays chauds, y deviennent vivaces et ligneuses, et perdent, pour cette raison, leur qualité comestible.

Le climat, l'altitude, la latitude et le sol peuvent également influer sur les propriétés thérapeutiques des végétaux; c'est ainsi que la canne à sucre contient d'autant plus de sucre cristallisable, qu'elle est cultivée dans des pays plus chauds; c'est aussi dans les contrées tropicales que croissent les plantes qui fournissent les baumes, les résines aromatiques, les épices, les aromates, etc. Les lieux froids sont au contraire favorables à la production des arbres résineux, toujours verts, de la famille des conifères, et aux principes âcres des crucifères; il peut même à cet égard survenir dans les mêmes plantes des changements remarquables; c'est ainsi que les champignons vénéneux cessent de l'être ou le sont moins dans les pays froids; et Linné a vu, en Uplande, de jeunes pousses d'aconit mangées en salade sans produire le moindre mal; les frênes qui laissent exsuder de la manne en Calabre, en Sicile et dans les pays chauds, n'en produisent pas chez nous.

On a remarqué qu'en général les plantes devenaient plus volumineuses et plus turgescentes dans les lieux humides, chauds, abrités et profonds; tandis qu'elles sont plus grêles, plus denses, plus velues et plus sèches sur les terrains élevés, arides et sablonneux. Les vents peuvent également influer sur le développement plus ou moins complet, plus ou moins rapide des végétaux. D'après tout ce que nous venons de dire, on ne sera pas surpris que nous ayons soigneusement indiqué l'habitat de toutes les plantes que nous avons étudiées.

Le mode de culture nous offre de l'intérêt à divers points de vue; outre les procédés de reproduction et de propagation qu'il nous présente, il peut aussi influer sur les propriétés thérapeutiques des plantes. En général, pour l'usage médical, il faut préférer les plantes sauvages semées spontanément, ou du moins celles qui, appartenant à d'autres climats, se sont semées naturellement dans des terrains non cultivés, par un des nombreux procédés que la nature emploie. Les herbes médicinales que l'on cultive dans nos jardins y deviennent plus glabres, plus molles, moins actives, parce qu'elles reçoivent les sucs nutritifs en trop grande quantité. En effet, l'abondance de nourriture augmente le volume des végétaux, mais non leurs propriétés. D'un autre côté, l'insuffisance d'alimentation, le manque de lumière surtout ne donnent que des plantes étiolées, languissantes, et privées des principes actifs qu'on y recherche.

Après avoir parlé de la culture, nous faisons une simple énumération des parties employées; toutes les parties d'un même végétal jouissent à peu près des mêmes propriétés, mais on préfère toujours faire usage de celles dans lesquelles les principes actifs sont rassemblés en plus forte proportion; c'est ainsi que le principe fébrifuge est plus spécialement accumulé dans l'écorce des quinquinas, la matière vomitive dans les racines des ipécacuanas, la substance tannante dans la racine de ratanhia, le sucre et les matières pectiques dans les fruits des rosacées, l'amidon dans les caryopses des graminées, les huiles dans les graines, etc.; mais d'autres fois les différents principes sont diversement distribués; la capsule du pavot fournit un suc qui sert à préparer l'opium, substance essentiellement vénéneuse, tandis que les feuilles et les tiges en contiennent à peine, et que les graines, simplement oléagineuses et comestibles, sont mangées dans plusieurs pays; il en est de même de la pomme de terre, dont le fruit ne pourrait être mangé impunément, et dont les rameaux souterrains constituent un des aliments les plus recherchés.

Il est même des plantes qui présentent, par rapport à la distribution des principes actifs, des différences qui méritent d'être signalées; les aurantiacées nous donnent, à cet égard, un exemple frappant : en effet, l'huile essentielle des fleurs diffère par ses propriétés et sa composition de celle qui est accumulée dans les vésicules de l'épicarpe; la première à petite dose est essentiellement calmante; la seconde à quantité égale est excitante; l'acide citrique est localisé dans le mésocarpe, et le principe amer se trouve dans la partie inférieure de l'épicarpe; les feuilles et l'amande du pêcher sont trèsvénéneuses, tandis que le fruit nous donne un aliment exquis, etc.

Il importait donc de faire connaître, d'une manière précise, quelles sont les parties des végétaux qui sont plus spécialement employées; quant aux produits qui découlent des plantes, spontanément ou par incision, ou à ceux que l'on en extrait par diverses méthodes, nous avons dû exposer brièvement les procédés d'extraction, faire connaître leur provenance, décrire leurs caractères, les fraudes qu'on leur fait subir, et le moyen de constater celles-ci. Nous attachons une telle importance à la connaissance des objets de matière médicale, que nous n'avons pas hésité à faire figurer les plus importants.

Sous le nom de *récolte* nous avons compris le choix ou *élection*, la récolte proprement dite, les modes de *dessiccation* et de *conservation*.

Le choix ou élection comprend l'époque la plus favorable à la récolte des végétaux, que Van Helmont nommait temps balsamique; elle influe beaucoup sur leurs propriétés, et n'est pas la même pour tous. Leur âge et le terrain sur lequel elles croissent ont surtout une influence très-marquée.

Dans leur jeunesse, les plantes sont riches en principes mucilagineux, les végétaux émollients sont peut-être les seuls que l'on puisse employer à cette première époque de leur vie; les feuilles sont plus chargées de principes extractifs avant la floraison; l'aubier est plus aqueux au moment de l'ascension de la séve ; les écorces changent de composition en vieillissant.

C'est au printemps et à l'automne que l'on doit récolter les racines, c'est-à-dire au moment où les feuilles commencent à se développer, ou après leur chute ou celle de la tige dans les plantes bisannuelles ; c'est à ces deux époques que les sucs sont plus abondants dans les racines, tandis que pendant la végétation c'est surtout aux dépens des portions souterraines que les parties aériennes existent. Cependant, c'est plus souvent à l'automne que se fait cette récolte ; elle est alors plus facile ; il y a toutefois quelques exceptions à cette régle : c'est surtout lorsque l'existence éphémère de la racine des plantes annuelles oblige de les récolter au moment où le végétal est en pleine végétation. Pour les sujets vivaces, il est convenable de ne prendre les racines qu'après quelques années ; c'est ainsi que l'on fait pour la rhubarbe, le jalap, le turbith, etc., qui ont acquis leur maximum d'activité vers cinq ans. Les racines annuelles sont généralement peu actives ; les bisannuelles doivent être récoltées à la fin de la première année, et à une époque de l'hiver aussi avancée que possible.

Knight a observé que le bois et l'aubier sont plus durs en hiver, et qu'ils fournissent plus d'extrait qu'en toute autre saison ; c'est donc à cette époque qu'il faudra récolter les tiges ligneuses, *quassia amara*, *gaïac*, *genévrier*, etc. On peut augmenter d'ailleurs la densité du bois en écorçant les tiges ; les sucs ne pouvant plus alors descendre par les écorces, se jettent sur le bois et augmentent sa densité ; mais on a vu que les bois écorcés à l'avance devenaient plus rapidement la proie des larves d'insectes ; néanmoins cet inconvénient ne contre-balance pas l'avantage d'avoir des médicaments plus riches en parties actives, et on pourrait sans doute pratiquer l'excortication avec avantage dans la culture des plantes ligneuses médicinales.

On doit recueillir les écorces avant la floraison, au moment de la séve descendante, et les prendre sur les individus sains, mais ni trop jeunes ni trop vieux.

C'est dans toute la force de la végétation que les feuilles sont récoltées, au moment où les boutons floraux commencent à poindre ;
après la floraison, elles changent de couleur, ce qui est un indice
certain des changements chimiques qui s'y sont opérés ; dans leur
jeunesse, les feuilles, chargées de séve, contiennent peu de sucs
actifs.

Les fleurs ne sont pas toujours cueillies dans le même état : le plus
souvent c'est au moment où l'épanouissement s'opère ; mais quelquefois on les récolte presque en boutons ; c'est ce que l'on fait pour les
sommités fleuries et pour les fleurs des composées dont le réceptacle
est charnu, ce qui permet à la fleur de continuer à se développer
quelques jours après la récolte. La rose de Provins est toujours employée en boutons ; la matière colorante rouge et le principe astringent y sont alors plus abondants.

Lorsqu'on destine les fleurs à être conservées et desséchées, il faut
les récolter le matin quand la rosée s'est dissipée ; si on les cueillait
humides, leur altération serait à peu près inévitable ; mais lorsqu'on
les destine à être distillées immédiatement, il vaut mieux les récolter
le matin de très-bonne heure avant le lever du soleil ; elles sont
alors plus suaves et plus riches en huiles essentielles que la chaleur volatilise.

Lorsque les fruits charnus doivent être employés immédiatement,
il faut les récolter à leur parfaite maturité ; mais lorsqu'on les destine à la fabrication des sirops, des gelées, des marmelades, il vaut
mieux les récolter avant que la maturité soit complète ; c'est ce que
l'on fait pour les groseilles, les framboises, les mûres, etc. ; on opère
de même lorsqu'on veut conserver les fruits, car alors la maturation
s'achève dans le fruitier.

Les fruits secs déhiscents doivent être récoltés à la maturité, mais
avant la déhiscence ; les changements de couleur des péricarpes qui
deviennent plus pâles, indiquent le moment où l'on doit cueillir ; pour
les plantes actives, telles que les capsules du pavot, les gousses du
séné, qui, d'après Mattioli, seraient aussi purgatives que les feuilles

lorsqu'elles sont fraîches, la récolte doit être faite avant le changement de couleur.

Les fruits secs indéhiscents doivent être récoltés à des époques différentes, suivant l'usage auquel on les destine ; si les propriétés médicales résident dans le péricarpe, on se conformera aux règles que nous avons indiquées pour les fruits déhiscents ; mais si les vertus thérapeutiques appartiennent à la graine proprement dite, laquelle, dans ce genre de fruits, est souvent soudée ou appliquée sous le péricarpe, on devra attendre la maturité complète, afin que les différentes parties de la graine aient pu acquérir tout leur développement. En se conformant à ces principes, on devra récolter avant leur maturité complète les diakènes des ombellifères, qui renferment dans le péricarpe l'huile volatile à laquelle ils doivent leur action, tandis que pour le caryopse des graminées on attendra la maturation parfaite, parce que c'est dans les graines et non dans le péricarpe que se trouve le principe amylacé.

Les semences doivent être récoltées à la maturité parfaite ; autrement l'eau qu'elles contiennent se vaporise, et si elles sont émulsives elles rancissent plus vite ; lorsque les graines sont enveloppées d'une coque osseuse, on les en retire au moment d'en faire usage ; elles sont ainsi à l'abri du contact de l'air et se conservent mieux.

La dessiccation consiste à priver les plantes de leur eau de végétation ; elle doit être prompte, pour éviter les altérations que les sucs contenus dans les tissus éprouveraient nécessairement si l'évaporation de l'eau de végétation se faisait avec lenteur.

La dessiccation des plantes se fait au séchoir, à l'étuve ou au soleil. Les courants d'air la hâtent singulièrement ; elle doit être toujours commencée à une douce température que l'on élève graduellement, sans qu'elle dépasse, dans aucun cas, 36 à 40°. A la lumière les fleurs perdent leur coloration, les feuilles pâlissent ; il faut donc, autant que possible, que la dessiccation s'opère à l'obscurité. MM. Reveil et Berjot ont fait connaître un procédé qui dessèche rapidement les plantes avec leurs couleurs et leur port habituel ; mais cette méthode

ne peut être appliquée que pour les échantillons destinés à l'étude
de la botanique. Nous avons dit dans la Botanique générale comment
on disposait les plantes pour leur conservation en herbier.

Si, par la dessiccation, les plantes ne perdaient que leur coloration, il n'y aurait pas lieu de s'en trop préoccuper; mais les recherches de M. le professeur Filhol ont démontré que cette décoloration
était toujours accompagnée de l'altération des principes immédiats
contenus dans les végétaux.

Le séchoir est un grenier aéré, dans lequel on a ménagé des courants et qui est clos à la lumière; les plantes sont étendues en couches
minces sur des claies ou sur des toiles, de manière à ce que l'air
puisse les entourer de tous côtés; on renouvelle souvent les surfaces,
et quelquefois les plantes sont rassemblées en petits paquets peu serrés
que l'on dispose en guirlandes; lorsqu'on craint l'action de la lumière, on les entoure de papier.

Les racines charnues, telles que celles d'aunée, de patience, de
bardane, etc., sont coupées par petits tronçons; pour en faciliter la
dessiccation, on la commence au soleil ou au séchoir, et on l'achève à
l'étuve; quelquefois on les enfile en chapelets; lorsque les racines sont
peu succulentes, comme celles de chiendent, de belladone, de fraisier,
de tormentille, etc., elles sont desséchées sans aucune difficulté.

La conservation des substances végétales se fait parfaitement, à la
condition de les enfermer dans un état parfait de dessiccation dans
des vases clos et dans des lieux secs; le système de compression
appliqué aux légumes et aux fourrages commence à l'être aux plantes
médicinales.

Après avoir indiqué les précautions à prendre pour récolter et
conserver les plantes, nous indiquons la composition chimique. En
insistant plus particulièrement sur les principes immédiats définis,
auxquels peuvent être rapportés leurs effets thérapeutiques, nous
décrivons les caractères de ces principes, nous indiquons la classe
chimique à laquelle ils appartiennent, et les transformations que les
divers agents peuvent leur faire subir.

En indiquant les *usages* des plantes, nous avons le soin, en premier lieu, de faire connaître la classe thérapeutique à laquelle ils appartiennent, sans négliger celle à laquelle elles pourront être attribuées; c'est déjà une indication précieuse dont le médecin pourra tirer un grand parti. Nous indiquons ensuite les effets physiologiques et leur action thérapeutique; nous énumérons les maladies auxquelles on les a opposées, en insistant plus particulièrement sur celles où leur efficacité est généralement reconnue. Enfin nous en faisons connaître les applications à la médecine vétérinaire.

Pour ne rien exclure de notre ouvrage, nous avons cru devoir indiquer les médicaments les plus employés en médecine homœopathique.

Dans la rédaction de la *Flore médicale*, nous avons certainement emprunté à nos devanciers; mais nous avons été aussi avares que possible de citations des auteurs anciens, parce que nous sommes convaincus qu'il y a beaucoup à retrancher de tout ce qu'ils nous ont transmis. Notre expérience personnelle, un enseignement qui dure depuis plus de vingt ans, le séjour dans les hôpitaux de Paris de l'un de nous depuis la même époque, nous ont permis de beaucoup voir, de rassembler un nombre considérable de faits qui nous ont servi pour discuter les opinions de nos prédécesseurs et asseoir la nôtre.

A. DUPUIS.   Dʳ O. REVEIL.

FLORE MÉDICALE

DU XIXe SIÈCLE

ABELMOSCH

Hibiscus Abelmoschus L. *Abelmoschus moschatus* Medic.
(Malvacées-Hibiscées.)

L'Abelmosch, appelé aussi Ambrette, Alcée d'Égypte, etc., est un petit arbrisseau dont la tige cylindrique, velue, peu rameuse, ne dépasse pas 1ᵐ à 1ᵐ.40. Ses feuilles alternes, pétiolées, cordées à la base, palmées, à limbe denté ou crénelé, sont également velues, surtout le long du pétiole et des nervures; les inférieures présentent cinq ou sept lobes et paraissent comme peltées; les supérieures sont divisées profondément en trois lobes. Les fleurs sont assez grandes et solitaires à l'extrémité de pédoncules axillaires droits et longs. Le calicule se compose d'environ neuf folioles étroites, linéaires, pointues, très-velues à l'extérieur. Le calice est environ deux fois plus long, à cinq divisions peu profondes. La corolle est large, jaune soufre, à centre d'un pourpre obscur. Le fruit est une capsule ovoïde, conique, velue-soyeuse, à cinq angles; il renferme des graines assez nombreuses, arrondies, réniformes, grisâtres ou brunâtres et exhalant une forte odeur de musc (Atlas I, Pl. 1).

Habitat. — L'abelmosch croit dans les régions chaudes des deux continents. C'est de l'Inde qu'il nous est venu, vers 1760.

Culture. — Cette espèce est cultivée assez en grand aux Antilles et dans quelques régions analogues, où ses graines parfumées forment une branche de commerce. Dans nos climats, elle n'est guère connue que comme plante d'agrément et ne se cultive qu'en serre chaude, quoiqu'elle puisse assez bien supporter la serre tempérée. Elle demande une terre franche et légère. On la multiplie ordinairement de graines, que l'on sème au printemps, en terrine et sur couche chaude; on repique les jeunes plants en motte, dans des pots remplis de terre légère, que l'on plonge dans une nouvelle couche. On peut aussi multiplier l'abelmosch par boutures étouffées, et sous cloche, faites sur couche chaude, au printemps.

Parties usitées. — Les graines.

Récolte. — On doit recueillir le fruit avant sa déhiscence et achever la dessiccation des semences dans les capsules ; on les conserve en vase bien clos, et malgré cette précaution, un an après leur récolte, on est obligé, de les frotter fortement pour percevoir l'odeur.

Composition chimique. — Les graines d'ambrette renferment une huile fixe assez abondante ; elles doivent leur odeur, d'après M. Bonastre, à une résine colorée et à un corps odorant volatil et fugace, qui présente une odeur analogue à celles de l'ambre et du musc, et qui est très-employé en parfumerie.

Usages. — Toutes les plantes de la famille des malvacées renferment un principe mucilagineux très-abondant ; les graines contiennent une matière albumineuse associée à une huile fixe ; celles de l'ambrette, pilées avec de l'eau, fournissent une émulsion qui est regardée comme antispasmodique.

L'ambrette, nommée aussi graine de musc, abelmosch, guimauve veloutée, ketmie odorante, est une graine réniforme comprimée près de l'ombilic, de la grosseur d'une lentille, d'une couleur brun rougeâtre, marquée d'une rayure fine et régulière qui suit la courbure de l'épisperme ; on en connaît deux sortes principales :

L'*ambrette de la Martinique* vient des Antilles et principalement de la Martinique ; elle est gris peu foncé, d'une odeur fine et pénétrante ; on doit la choisir entière et très-parfumée.

La seconde sorte d'ambrette vient d'Asie et d'Égypte ; elle est plus grosse et d'une couleur plus foncée, mais son odeur est moins agréable quoique plus forte. Les Malabres l'appellent *galu gasturi* ; à Ceylan on la connaît sous le nom de *capu kunussa*.

Il existe encore d'autres sortes d'ambrette de forme et de couleur analogues aux précédentes, mais peu ou point odorantes.

En Arabie et en Égypte, le peuple broie la graine d'ambrette et la mêle avec la poudre de café pour rendre l'infusion plus céphalique et plus stomachique. Les Égyptiens la mâchent pour se donner une bonne haleine, fortifier l'estomac et exciter l'appétit ; ils en font même usage comme aphrodisiaque.

Le principe odorant de l'ambrette est très-difficile à isoler, aussi se contente-t-on en parfumerie d'aromatiser avec cette graine des graisses et des huiles.

ABSINTHE

Artemisia absinthium L. *Absinthium officinale* Rich.
(Composées-Sénécionidées.)

L'Absinthe, appelée aussi *Absin menu* ou *Alvaine*, est une plante vivace, dont la tige, haute de 0ᵐ.65 à 1ᵐ, herbacée, dure, dressée, un peu rameuse, est couverte, ainsi que les feuilles, d'un duvet blanchâtre, très-court, qui donne à toute la plante un aspect gris cendré. Ces feuilles, à la partie inférieure de la tige, sont profondément découpées en nombreuses lanières étroites, lancéolées, obtuses, blanchâtres et cotonneuses, surtout en dessous; en s'élevant sur la tige, elles deviennent de moins en moins divisées, et les plus élevées sont simples, allongées et obtuses. L'ensemble de l'inflorescence constitue une panicule pyramidale très-allongée. Les fleurs sont petites, mais très-nombreuses, d'un jaune verdâtre; elles se groupent en petits capitules globuleux, pendants, réunis en petites grappes à l'extrémité des rameaux. Le réceptacle est convexe, couvert de poils longs et soyeux. Les fruits (*akènes*) sont dépourvus d'aigrette.

La petite absinthe (*A. Pontica* L.) est aussi vivace; ses tiges, nombreuses, touffues, hautes de 0ᵐ.35, portent des feuilles alternes, épaisses, deux fois ailées, à divisions linéaires, cotonneuses en dessous. Les capitules, petits, arrondis, penchés, à involucre gris-cendré, forment par leur réunion une longue panicule terminale.

HABITAT. — La grande absinthe habite les lieux incultes et arides des contrées centrales et méridionales de l'Europe; ses fleurs se montrent en juillet et août. Le petite absinthe se trouve surtout dans les Alpes, et fleurit en septembre.

CULTURE. — L'absinthe est cultivée surtout dans les jardins potagers qui avoisinent les grandes villes. Elle demande une terre légère, une exposition chaude et du soleil. Sa culture est des plus simples. On la multiplie par le semis des graines ou par la division des vieux pieds, qui se font au commencement du printemps. Dans le nord de la France, il faut, en hiver, l'abriter ou entourer les pieds avec un paillis.

La petite absinthe se cultive de la même manière.

PARTIES USITÉES. — Les feuilles et les sommités.

RÉCOLTE. — On la récolte à l'époque de la floraison; tantôt on la coupe en fragments de 0ᵐ,5 à 0ᵐ,6 de longueur, tantôt on l'attache en petits paquets que l'on dispose en guirlandes pour les faire sécher, soit à l'étuve, soit au séchoir, mais non au soleil où elle se décolore et perd de son odeur; sèche, elle doit être dépourvue de taches jaunes ou noires.

Composition chimique. — Les principes actifs de l'absinthe résident dans une huile essentielle verte très-odorante, et dans deux matières amères, l'une azotée et l'autre résineuse (Braconnot). Quant à la matière azotée insipide et à la chlorophylle, elles ne concourent pas aux propriétés de la plante; elle est riche en sels de potasse, et épuise de ces sels les terrains où on la cultive. Le *sel essentiel d'absinthe*, autrefois employé en médecine, n'était que du carbonate de potasse, obtenu par incinération de la plante, lessivation des cendres et évaporation de la lessive.

Les feuilles d'absinthe, selon Geoffroy et Cullen, sont plus actives que les fleurs, les rameaux et les tiges.

Usages. — L'absinthe est le vermifuge le plus souvent employé dans l'ouest et le sud-ouest de la France; à petite dose, elle est stomachique, aiguise l'appétit, facilite la digestion, accélère les fonctions de nutrition; à forte dose, elle est stimulante, détermine la chaleur à l'épigastre, la soif et une excitation générale. Giacomini, qui a expérimenté l'absinthe sur lui-même à l'état de santé, la considère comme hyposthénisante; MM. Trousseau et Pidoux lui attribuent une propriété vireuse, narcotique même; il paraît certain que l'usage immodéré de l'absinthe détermine des céphalalgies intenses, quelquefois suivies de vertiges. Faisons remarquer que nous ne confondons pas ici les effets de l'*absinthe officinale* avec la liqueur d'absinthe que l'on prépare surtout en Suisse, dans le Doubs et le Jura, non pas avec la plante qui nous occupe, mais bien avec les Génipis des Alpes (*Artemisia rupestris* et autres). Cette confusion est faite par plusieurs auteurs.

D'un autre côté, Paul d'Égine dit que l'on peut combattre l'ivresse alcoolique au moyen d'une infusion aqueuse d'absinthe; on lui a même atribué des propriétés anti-aphrodisiaques: il est certain que l'absinthe ne convient pas aux tempéraments sanguins et bilieux, toutes les fois qu'il y aura pléthore sanguine et tendance aux congestions vers les cavités splanchniques et surtout vers la tête.

Les préparations d'absinthe peuvent être divisées en trois groupes:

1° Celles qui ne contiennent que l'essence: ce sont l'huile essentielle, l'eau distillée et l'alcoolat ou esprit d'absinthe;

2° Celles qui ne renferment que le principe fixe : tel est l'extrait d'absinthe qui est surtout tonique et fébrifuge ;

3° Les préparations qui renferment à la fois les principes fixes et volatils : tels sont la poudre, l'infusion, le suc, le sirop, le vin, la teinture et l'huile d'absinthe qui est usitée à l'extérieur contre les douleurs.

L'absinthe est employée contre les affections de l'estomac, telles que la dyspepsie nerveuse, les flatuosités, contre la diarrhée, la chlorose, l'aménorrhée, les scrofules, le scorbut, les fièvres intermittentes, les affections vermineuses, etc.; à l'extérieur, comme tonique et résolutive.

On l'emploie en médecine homœopathique; son signe est *Man*, son abréviation *Absinth*.

La médecine hippiatrique fait un grand usage de l'absinthe mêlée au son et au miel. Elle entre dans la composition de la teinture et du sirop d'absinthe composés, de l'élixir de Stougton, des pilules *ante-cibum*, du vin aromatique, du vinaigre aromatique ou des quatre voleurs; elle fait partie des espèces amères et aromatiques.

La petite absinthe jouit des mêmes propriétés; elle est moins odorante et moins active.

ACACIA

Acacia Arabica et vera Willd. *Acacia Nilotica* Delile.
(Légumineuses-Mimosées.)

L'Acacia d'Arabie (*A. Arabica* Willd.) est un arbre de 10^m, à tige et à rameaux épineux, portant des feuilles deux fois pennées, à folioles oblongues-linéaires, obtuses, vertes, glabres ou un peu ciliées sur les bords, et à pétioles glanduleux. Les fleurs sont jaunes et disposées en capitules globuleux axillaires, pédonculés, subternés. Elles renferment des étamines nombreuses. Le fruit est une gousse, plane, étroite, en forme de chapelet, à valves coriaces et à intérieur pulpeux.

Cet arbrisseau présente deux variétés, élevées au rang d'espèce par plusieurs auteurs :

1° Acacia d'Égypte ou du Nil (*A. Nilotica* Del., *A. vera* Willd.), à rameaux glabres ou à peine pubescents, ainsi que les pétioles et les pédoncules, à gousse toujours glabre.

2° Acacia de l'Inde (*A. Indica* Willd., *A. Arabica* Roub.), à rameaux, pétioles et pédoncules glabres; à gousse cotonneuse-blanchâtre à la maturité.

L'Acacia Vérek (*A. Verek* Guill., *Mimosa Senegalensis* Lam.) est un arbrisseau de 5 à 7^{m}, à tige tortueuse, très-rameuse, munie d'épines crochues; à feuilles bipennées; à fleurs denses, jaune pâle, en épis grêles.

Nous citerons encore les Acacias gommier (*A. gummifera* Willd.) et d'Adanson (*A. Adansonii* Guill., *Mimosa astringens* Tonn.).

Habitat. — L'acacia d'Arabie et ses variétés habitent l'Inde, l'Arabie, l'Égypte, le Sénégal; les autres espèces se trouvent au Sénégal, dans la Sénégambie, le Maroc, etc.

Culture. — Ces acacias sont souvent cultivés en grand dans leur pays natal; mais, sous nos climats, ils exigent la serre chaude et la terre de bruyère. On les propage de graines, de boutures et de marcottes. Les individus en pots ne deviennent jamais bien grands.

Parties usitées. — La sève épaisse qui découle spontanément de ces arbres et que l'on désigne sous le nom de gomme.

Récolte. — La récolte de la gomme se fait en Arabie et au Sénégal pendant les grandes chaleurs. Lorsque ce produit est bien concrété sur les arbres, on achève la dessiccation par l'exposition à l'air, et on l'expédie en Europe, renfermé dans des sacs ou des tonneaux.

Composition chimique. — Les gommes sont solubles dans l'eau et forment un liquide de consistance épaisse, que l'on désigne sous le nom de *consistance gommeuse*. La solution dévie à gauche le plan de polarisation et laisse un vernis brillant par évaporation.

Les gommes sont composées de trois principes immédiats neutres et ternaires, insolubles dans l'alcool et l'éther, incristallisables, formant de l'acide mucique lorsqu'on les traite par l'acide azotique, et que l'on nomme *Arabine*, *Cérasine* et *Bassorine* ou *Adragantine*.

Nous parlerons plus loin de la bassorine lorsque nous traiterons de la gomme adragante. La cérasine est insoluble dans l'eau froide et se transforme en arabine par l'ébullition; elle est isomérique avec l'arabine et ne précipite pas le sulfate de peroxyde de fer.

L'arabine contient C^{12} H^{11} O^{11} (à 100°); elle constitue presque en entier les gommes arabiques ou du Sénégal; elle se présente sous la forme de fragments irréguliers, à cassure brillante et conchoïde, friable, inodore, insipide, soluble dans l'eau. Sa densité est de 1.4; à 120° elle perd un équivalent d'eau et devient isomérique avec l'amidon; les acides la transforment, quoique difficilement, en dextrine et en glycose.

Le sulfate de peroxyde de fer, les sous-azotates et sous-acétates de plomb, l'azotate de mercure précipitent l'arabine de ses dissolutions; avec certains oxydes métalliques, elle forme des sels désignés sous le nom d'*arabinates* $= C^{12} H^{10} O^{10} PbO, HO$.

Usages. — La gomme est fréquemment employée en médecine comme adoucissante et émolliente dans toutes les phlegmasies; on l'administre le plus souvent sous forme de tisane (15 grammes pour un litre d'eau); elle sert d'excipient pour les masses pilulaires; elle entre dans la composition des préparations connues sous le nom de *pâtes*, *de mucilages*, des potions gommeuses; elle sert à tenir les corps en suspension dans les liquides. On en fait un sirop qui doit se prendre en masse gélatineuse lorsqu'on le traite par une solution étendue de perchlorure de fer bien neutre; ce dernier caractère le distingue du sirop de dextrine.

Dans l'industrie, les gommes entrent dans la composition de l'encre; on s'en sert pour gommer les toiles, lustrer les tissus, épaissir les mordants et les couleurs, coller les papiers, etc.; dans un grand nombre d'industries, on les remplace par la dextrine.

Voici quels sont les principaux acacias qui fournissent les diverses espèces de gommes :

1° *A. vera* (Arabie, Afrique, Égypte, Sénégal), produit le véritable *suc d'acacia*, la gomme arabique et une partie de celle du Sénégal; 2° *A. arabica* (Arabie, Inde, produit le bablah) de l'Inde et la gomme de l'Inde; 3° *A. Adansonii* (Sénégambie), produit une gomme rouge qui fait partie de celle du Sénégal; 4° *A. segal* Del. (Sénégambie), produit une gomme en larmes blanches, dures, vitreuses, vermiculées, qui fait partie de la gomme du Sénégal; 5° *A. Verek* (Afrique occidentale, cap Blanc), fournit la véritable gomme du Sénégal en larmes vermiculées, ovoïdes, sphéroïdes, ridées à la surface; 6° *A. gummifera* Willd. (Afrique), produit probablement la gomme de Barbarie; 7° *A. decurrens* Willd. (Australie), produit une gomme soluble différente de celle du Sénégal.

La *Gomme arabique vraie* est blanche ou peu colorée; on la nomme aussi *G. Turique*; ses larmes sont petites, transparentes, se fendillent à l'air, très-friables. Le nom de Turique lui vient de *Tor*, port d'Arabie, près de l'isthme de Suez.

La *Gomme du Sénégal* est divisée en deux sortes : 1° celle du bas du fleuve ou du Sénégal ; 2° celle du haut du fleuve ou de Galam. La première est la plus estimée ; elle est en larmes peu volumineuses, rondes, ovales ou vermiculées, ridées en dehors, transparentes en dedans, jaune pâle ou blanches. On en trouve des morceaux pesant jusqu'à 500 grammes.

ACANTHE

Acanthus mollis L.

(Acanthacées – Acanthées.)

L'Acanthe ou Branc-Ursine est une grande et belle plante vivace, dont la tige, droite, simple, forte, épaisse, pubescente, arrondie ou un peu anguleuse, dépasse la hauteur d'un mètre. Les feuilles, pour la plupart radicales et étalées en rosette à la surface du sol, sont très-grandes, sinuées et élégamment découpées, un peu molles, d'un beau vert foncé et brillant, surtout à la face supérieure. Les fleurs, très-grandes, sessiles, d'un blanc légèrement rougeâtre, forment un long et bel épi qui garnit la moitié supérieure de la tige. Chacune d'elles est accompagnée d'une bractée ovale, fortement épineuse. La corolle, à tube court, se prolonge en une seule lèvre inférieure, large et plane, trilobée à l'extrémité. Les étamines, au nombre de quatre, dont les deux supérieures plus longues, ont des anthères oblongues, velues, un peu conniventes. Le fruit est une capsule ovoïde à deux loges.

L'acanthe épineuse (*A. spinosus* L.), vivace comme la précédente, s'en distingue surtout par ses feuilles plus fermes, pubescentes et épineuses, et par son épi floral serré et un peu velu.

Habitat. — Ces deux plantes habitent le midi de la France et en général la région méditerranéenne. On les trouve surtout dans les lieux arides et pierreux, au bord des chemins, dans les décombres, les ruines des vieux châteaux, etc. Elles fleurissent durant l'été.

Culture. — L'acanthe est surtout cultivée comme plante d'ornement, et l'acanthe molle est la plus répandue. Sa culture est très-facile. A peu près indifférente sur le sol, elle préfère néanmoins une terre profonde, douce et légère, et une exposition chaude. On sème les graines vers la fin de mars ; en mai, on éclaircit les jeunes plants en les laissant espacés de 0^m,10 ; au commencement de l'automne, on procède à la transplantation définitive. On multiplie aussi l'acanthe par les œilletons, plantés à la fin de l'hiver. Cette plante, une fois introduite dans un sol, s'y propage d'elle-même.

PARTIES USITÉES. — Les feuilles, les fleurs, les racines.

RÉCOLTE. — Les feuilles, que l'on emploie de préférence vertes, sont récoltées avant la floraison ; on les fait sécher en les étalant à l'étuve modérement chauffée.

Les fleurs doivent être cueillies à leur parfait épanouissement ; on doit les dessécher à l'obscurité entre deux feuilles de papier buvard.

Les racines sont traçantes, noires en dehors et blanches en dedans ; elles sont riches en mucilage et en tannin, on les récolte à l'automne ou au printemps. On les lave pour les débarrasser de la terre, puis on les coupe en tronçons de deux à trois centimètres de longueur et on les dessèche à l'étuve. Ce sont ces racines que l'on emploie dans le midi de la France et en Espagne pour remplacer la grande consoude contre les hémoptysies et les ménorrhagies ; on les donne en décoction à la dose de 30 à 60 grammes pour un litre d'eau. Il faut choisir la racine aussi récente que possible.

COMPOSITION CHIMIQUE.—Toutes les parties de la plante contiennent un principe amer et un mucilage très-abondant analogue à celui des malvacées.

USAGES. —L'acanthe est connue, en Espagne, en Portugal et en Italie, sous le nom d'*oreille d'ours ;* on la nomme aussi *Brancursine.* Les Grecs et les Romains la cultivaient comme plante d'ornement ; la touffe chargée de feuilles qui s'élève de son pied pour se recourber gracieusement en dehors inspira à Callimachus l'idée du chapiteau corinthien. D'après Forskal on mange en Arabie comme légume les feuilles de l'*A. edulis,* qui sont savoureuses et agréables.

Autrefois on les employait comme adoucissantes et légèrement astringentes contre la diarrhée, les crachements de sang, etc. Dumont d'Urville a pu se convaincre à Trébizonde que les Orientaux en font une panacée universelle.

Les feuilles, mucilagineuses et émollientes, sont employées comme telles en cataplasmes, en fomentations, en lavements, dans les irritations, les phlegmasies viscérales. D'après Gilibert, leur suc est admirable dans la *dyssenterie,* les *ardeurs d'urine,* le *ténesme,* les *hémorrhoïdes,* les *irritations d'entrailles.* Topiquement on les a employées dans les maladies de la peau accompagnées de prurit, contre les dartres et les brûlures ; enfin, d'après Rhéede, les jeunes pousses, pilées et étendues d'eau, sont efficaces en topiques contre les morsures des serpents venimeux. Mais toutes ces propriétés chimériques se réduisent à celles que l'on reconnaît aux plantes mucilagineuses.

ACHE

Apium graveolens L.
(Ombellifères-Amminées.)

L'Ache est une plante bisannuelle, à racine courte et pivotante, à tige herbacée, haute de 0^m,65 à 1^m, dressée, cylindrique, sillonnée, glabre, portant des rameaux diffus, écartés. Les feuilles sont ailées, à folioles triangulaires, longuement pétiolées dans le bas de la tige, presque sessiles dans la partie supérieure, glabres, luisantes et d'un beau vert foncé. Les fleurs, d'un blanc verdâtre, sont groupées en ombelles nombreuses, naissant presque dès la base de la plante, sessiles ou brièvement pédonculées le long de la tige et des rameaux, offrant souvent des rayons décomposés en ombelles secondaires. Les fruits (akènes) sont ovales, oblongs, striés et grisâtres.

On regarde généralement le céleri comme une variété de l'ache, améliorée par la culture ; il s'en distingue par ses feuilles dressées plus fermes, ses pétioles très-longs et surtout par ses propriétés moins énergiques. Il a produit à son tour une sous-variété, appelée *céleri-rave*, caractérisée par des feuilles étalées, des pétioles plus courts et surtout par une racine arrondie et charnue.

HABITAT. — L'ache croît en France et dans presque toute l'Europe, dans les marais et sur le bord des ruisseaux. Le céleri est cultivé dans tous les jardins potagers.

CULTURE. — On pourrait propager l'ache comme le céleri ; mais nous venons de voir que la culture lui fait perdre ses propriétés caractéristiques ; la modification qu'elle subit dans ce cas est telle que plusieurs auteurs n'hésitent pas à regarder le céleri comme une espèce distincte. Aussi la plante telle qu'on la trouve à l'état sauvage est-elle la seule qui soit utilisée pour les usages médicaux ; on ne la cultive guère que dans les jardins botaniques. Quant au céleri, appelé aussi ache cultivée ou ache des jardins, c'est surtout une plante alimentaire, dont la culture se fait dans les jardins maraîchers.

Parties usitées. — Les racines, les feuilles, les fruits, improprement appelés semences.

On emploie en médecine deux plantes qui portent le nom d'ache : l'une est l'*ache des marais* ou ache proprement dite *paludapium* (*A. graveolens*), l'autre est l'*ache des montagnes* ou *livèche* (*Ligusticum levisticum*). Les racines de ces deux plantes sont confondues dans le commerce de la droguerie ; la vraie racine d'ache vient d'Allemagne, c'est elle qu'il faut préférer. Elle entre dans la composition des cinq racines apéritives et dans le sirop de ce nom ; elle entrait dans plusieurs préparations polypharmaques des anciens, telles que l'orviétan, l'emplâtre de bétoine, l'onguent mondificatif d'ache, etc.

La racine d'ache est de la grosseur du pouce, gris-jaunâtre en dehors, blanche en dedans ; elle est coupée en tronçons ; elle a une odeur forte et suave, se rapprochant de celle de l'angélique ; elle présente une saveur aromatique résistant à la cuisson, elle est amère et plus tard âcre.

Les fruits ne sont plus employés : ils entraient dans les quatre semences chaudes.

Récolte. — La racine, qui est bisannuelle, doit être récoltée à la fin de la seconde année : les feuilles étaient employées fraîches.

Composition chimique. — Vogel a trouvé dans la racine une huile volatile, incolore, une huile grasse, de la bassorine, une matière gélatineuse, semblable probablement à celle que Braconnot a trouvée dans le persil (*opium petroselinum*), une matière brune extractive, de la mannite, des sels parmi lesquels on signale l'azotate de potasse et le chlorure de potassium. Les fruits sont riches en huile volatile.

Usages. — Les anciens, outre les propriétés fondantes et apéritives, croyaient que la racine et le reste de la plante rendaient stérile. Horace en a parlé dans ce sens. Tournefort la regardait comme fébrifuge, associée au quinquina. Elle augmentait, disait-il, les propriétés de celui-ci.

De nos jours on considère l'ache comme diurétique, fondante et apéritive, expectorante et résolutive.

Les propriétés fébrifuges de l'ache, regardées, pendant longtemps, comme illusoires, malgré l'autorité de Tournefort, s'expliqueraient depuis les travaux de MM. Homolle et Joret sur l'apiol, principe huileux qu'ils ont extrait du persil, plante appartenant au même genre que l'ache (Voyez Persil). La décoction de feuilles d'ache dans du lait sortant du pis de la vache, a été employée avec succès, prise à jeun, contre le catarrhe pulmonaire chronique et l'asthme humide.

Dans les campagnes les femmes emploient souvent contre les engorgements laiteux des mamelles un cataplasme préparé en faisant bouillir les feuilles d'ache avec du saindoux; on les applique sur les contusions et les engorgements froids. On y ajoute quelquefois de la menthe et de la poudre de fruits d'ache; en additionnant ce cataplasme de vinaigre et de sel de cuisine, on prépare un remède populaire contre la gale.

Le suc d'ache est antiscorbutique et détersif en gargarisme; topiquement on l'emploie pour laver les ulcères.

Nous parlerons plus loin de l'ache des chiens ou petite ciguë.

ACHILLÉE

Achillea millefolium L..
(Composées–Sénécionidées.)

L'Achillée millefeuille ou herbe aux charpentiers (*Achillea millefolium* L.) est une plante vivace, à racines fusiformes, petites, blanchâtres, peu chevelues; à tiges cannelées ou anguleuses, un peu velues, simples dans le bas, un peu rameuses dans le haut, quelquefois rougeâtres. Ses feuilles, alternes, sessiles, longues et étroites, sont deux fois ailées et divisées en segments très-fins, presque linéaires et très-nombreux, qui ont valu à la plante son nom spécifique. Les fleurs, ordinairement blanches, quelquefois roses, sont disposées en petits capitules, dont la réunion forme des corymbes serrés terminaux. L'involucre se compose de folioles imbriquées, inégales, ovales-obtuses, verdâtres et bordées de rouge. Les fruits sont des akènes.

L'Achillée sternutatoire, vulgairement *herbe à éternuer* (*A. ptarmica* L., *Ptarmica vulgaris* Blackw.), est aussi vivace; elle se distingue de la précédente par ses dimensions un peu plus grandes, ses feuilles lancéolées, étroites, très-finement dentées en scie; enfin, par ses capitules plus gros et son involucre à folioles ne dépassant pas les fleurs.

L'Achillée agglomérée (*A. Ageratum* L.), vulgairement *Eupatoire de Mésué*, se reconnaît aisément à ses fleurs jaunes, réunies en corymbe dense, et surtout à son odeur forte.

Nous citerons encore les Achillées naine (*A. nana* L.), musquée (*A. moschata* L.), et noirâtre (*A. atrata* L.), confondues, avec quelques autres espèces, sous le nom collectif vulgaire de *Génipi*.

HABITAT. — Ces plantes se trouvent en Europe. La millefeuilles habite les pelouses sèches, les lieux incultes, les bords des chemins. L'achillée sternutatoire se trouve dans les prairies humides et les lieux marécageux. L'achillée agglomérée est propre au midi de l'Europe, et les autres espèces aux régions montagneuses.

CULTURE. — Les achillées ne sont pas cultivées pour l'usage médical ; elles se propagent très-facilement par graines ou par éclats de pieds.

PARTIES USITÉES. — Les feuilles, les sommités fleuries, les racines.

RÉCOLTE. — Les feuilles et les sommités se récoltent pendant la floraison. Les racines doivent être cueillies dès la seconde année et à l'automne. Elles sont peu employées.

COMPOSITION CHIMIQUE. — La plante a une odeur aromatique faible, une saveur astringente et amère due à un principe résineux amer uni à un mucilage et au tannin. M. Zacconi en a extrait un principe qu'il a nommé *achilléine* et *acide achilléique*, qui cristallise en prismes incolores, inodores, d'une saveur acide et très-solubles dans l'eau. M. Sprengel a trouvé dans les millefeuilles une cire unie à une résine. En Dalécarlie on emploie cette plante pour remplacer le houblon dans la bière, elle lui donne des propriétés enivrantes. La racine fraîche a une odeur camphrée qui est due à une huile volatile.

USAGES. — Les noms vulgaires de cette plante indiquent assez quels sont ses usages ; en effet, outre le nom d'*herbe aux charpentiers*, on la nomme encore *herbe aux coupures*, *herbe aux voituriers*, *herbe aux militaires*, *sourcil de Vénus* : elle a joui de la réputation d'un bon vulnéraire, elle entre en effet dans l'alcoolat de ce nom ; l'eau distillée des feuilles et des fleurs est quelquefois prescrite comme antispasmodique, et les feuilles plus astringentes ont été employées contre le flux muqueux, les hémorrhagies, etc.

Cette plante a beaucoup perdu de sa réputation, et, malgré l'autorité de Stahl, qui la recommandait dans les maladies nerveuses, telles que l'hypocondrie, l'hystérie, l'épilepsie, etc., malgré tous les éloges qu'en ont fait Ferrein, Tabernæmontanus, F. Hoffmann, etc., etc., elle est à peu près abandonnée aujourd'hui.

Nous ne croyons donc pas que l'on puisse compter sur les effets toniques, stimulants, antispasmodiques, emménagogues, abortifs et fébrifuges, etc., de l'achillée. La matière médicale possède des agents sur l'action desquels le médecin est en droit de compter d'une manière plus certaine. C'est donc avec justice qu'elle est tombée dans l'oubli, malgré les efforts tentés par M. Teissier pour l'en faire sortir.

C'est surtout comme fébrifuge contre les hémorrhagies et surtout les hémorrhoïdes et les *flueurs blanches* que la millefeuille a été vantée ; mais comme le bizarre est toujours allié au merveilleux, on recommandait de l'administrer dans une omelette en quantité suffisante pour *qu'elle fût colorée en vert* ; nous respectons l'autorité des auteurs qui ont écrit sur la plante qui nous occupe, nous approuvons et nous encourageons tous les efforts qui sont faits pour appliquer au soulagement de nos maux les plantes que la nature met à notre portée ; mais nous ne pouvons nous empêcher de faire remarquer qu'il est fort peu de plantes indigènes ou exotiques sur lesquelles on n'ait raconté des merveilles, et qu'en résumé le nombre des médicaments vraiment utiles est extrêmement restreint ; il est donc sage, à notre avis, d'être plus réservé et moins enthousiaste à l'égard des opinions des anciens.

La millefeuille *noble* est l'*Achillea nobilis* L., qui croît en Piémont, en Provence, etc. La *musquée* est l'*A. moschata* L., elles font partie l'une et l'autre des vulnéraires suisses. La *noire* est l'*A. atrata* L. ou *génipi vrai*, nous y reviendrons : la *naine* est l'*A. nana*, c'est aussi un génipi.

L'*achilléine* a été employée comme fébrifuge à la dose de 0,25, c'est d'ailleurs un produit complexe.

ACONIT NAPEL

Aconitum napellus L. Aconitum vulgare D. C.
(Renonculacées-Helléborées.)

L'Aconit napel est une grande et belle plante vivace, à souche épaisse napiforme, produisant des rhizomes latéraux, courts, charnus, terminés chacun par trois racines pivotantes. La tige, haute de 1^m et plus, dressée, simple ou un peu rameuse dans le haut, presque glabre ou à peine velue, porte de grandes feuilles, d'un vert foncé luisant en dessus, d'un vert pâle en dessous, palmées, à 5 ou 7 divisions profondes, partagées en lobes pennés qui sont eux-mêmes très-découpés; les inférieures ont de longs pétioles, les supérieures les ont très-courts. Les fleurs, d'un beau bleu foncé, en casque, sont groupées en épis axillaires, dont la réunion forme une grande et élégante panicule terminale. Le fruit se compose de trois (rarement cinq) follicules, glabres, oblongs, à bec aigu, divergents dans leur jeunesse. Ils renferment un assez grand nombre de petites graines noires, anguleuses et chagrinées (Pl. 2).

Le genre Aconit renferme encore plusieurs espèces à fleurs bleues, violettes ou jaunes, qui présentent des propriétés analogues à celles du napel. Nous renverrons, pour leurs caractères, aux *Plantes d'ornement*.

Habitat. — L'aconit napel habite les régions montagneuses de la France et de l'Europe centrale, ainsi que de la Sibérie méridionale. On le trouve surtout dans les bois, les pâturages, les lieux ombragés et humides. Les autres espèces ont à peu près la même distribution géographique. L'Aconit tue-loup s'avance jusqu'en Laponie. L'Aconit féroce habite les montagnes du Népaul.

Culture. — L'aconit napel vient dans tous les terrains et à toutes les expositions; il préfère néanmoins les sols pierreux, plutôt secs qu'humides. On le propage, soit de graines semées, aussitôt après leur maturité, à mi-ombre, en terre douce, soit par éclats ou par la division des touffes, en automne. La plante ne demande plus ensuite aucun soin, et le plus souvent elle se resème d'elle-même.

Les autres espèces se cultivent comme le napel.

Parties usitées. — Les feuilles surtout, rarement les racines.

Récolte. — On a remarqué que les feuilles d'aconit étaient plus narcotiques dans le Midi que dans le Nord, à l'état sauvage que cultivées, dans les pays de montagnes que dans les contrées basses et humides : on préfère celui qui vient de Suisse; les feuilles sont récoltées au moment de la floraison, elles doivent être desséchées avec soin, car elles perdent de leur action par la dessiccation. Aujourd'hui on emploie presque exclusivement *l'alcoolature*, c'est-à-dire les feuilles fraîches contusées, que l'on fait macérer dans l'alcool.

Composition chimique. — Sternacher, Vauquelin, Brandes, Braconnot, Pallas, Peschier, Geiger, Berthemot, Buchoz et Hesse se sont occupés de l'analyse de l'aconit.

L'alcali organique, extrait de l'aconit et que l'on désigne sous le

nom d'*aconitine*, n'est pas parfaitement connu dans ses propriétés ;
celui extrait par Geiger et Hesse dilate la pupille, tandis que celui
extrait par Berthemot la contracte ; on lui a assigné la formule
$C^{60}H^{47}Az_2O^{14}$; il se présente sous la forme de grains pulvérulents ou
de masse vitreuse, inodore, amère, très-vénéneuse, insoluble dans
l'eau froide, plus soluble dans l'eau bouillante, très-soluble dans
l'alcool ; elle fond à 80° et se décompose à 120°. L'acide sulfurique
lui donne une teinte jaune d'abord, rouge violet ensuite ; l'iode lui
donne une couleur kermès. Les sels cristallisent mal (Stahlsmidt).

L'aconitine est employée en pilules, teinture, embrocation, liniment à faible dose, 1 à 3 centigrammes.

L'aconit s'emploie sous la forme d'extrait aqueux, d'extrait alcoolique, de teinture alcoolique et éthérée et surtout d'*alcoolature*.

On substitue souvent sans inconvénient à l'*A. napellus* les *A. spi-
catum*, *macrostachyum*, *Neubergense*, variétés du Napellus, et les
A. variegatum, *rostratum*, *paniculatum*, *Stœrkanium*, *intermedium*,
espèces ou variétés de l'*A. commarum*.

Les effets toxiques de l'aconit ont pu être étudiés sur plusieurs
criminels, auxquels on l'avait administré par ordre de Clément VII ;
les symptômes observés sont ceux que l'on assigne aux narcotico-
âcres ; la mort a toujours été la conséquence de son administration
à forte dose. On l'a employé avec succès contre la dyssenterie essentielle ; on le regarde comme le spécifique du rhumatisme articulaire
aigu ; on l'a également administré contre le rhumatisme chronique,
et Barthez le considérait comme un antigoutteux des plus puissants ;
mais c'est surtout dans les névralgies et notamment les névralgies
faciales, la céphalalgie nerveuse, la sciatique et même les douleurs
dentaires, que ce remède a été regardé comme héroïque.

Enfin, dans ces derniers temps, les préparations d'aconit ont été
vantées dans les fièvres puerpérales, les névralgies périodiques, les
scrofules, les obstructions des viscères abdominaux, les céphalalgies
syphilitiques, etc. M. Cazenave l'emploie pour combattre le prurigo
vulvaire qui accompagne si souvent la métrite chronique.

Les préparations d'aconit sont aujourd'hui assez délaissées, soit en
raison des causes diverses qui peuvent faire varier leurs propriétés,
soit à cause de l'altérabilité de leurs préparations pharmaceutiques ;
toutefois l'alcoolature est une excellente préparation qui est employée
avec le plus grand succès à la dose de 10 à 30 gouttes dans un verre

d'eau sucrée contre l'enrouement des orateurs et des chanteurs. On emploie l'aconit en médecine homœopathique, son signe est *Mai*, son abréviation *Acon. napel*. On prépare avec les feuilles une teinture mère, des dilutions et des atténuations.

ACORUS

Acorus calamus L.
(Aroïdées-Callacées.)

L'Acorus aromatique ou Acore vrai, plus connu dans les pharmacies sous le nom impropre de *calamus aromaticus*, est une plante vivace, à rhizome rampant, horizontal, de la grosseur du doigt ; on observe, de distance en distance, des nœuds d'où naissent, en dessous, des faisceaux de racines fibreuses très-nombreuses, et en dessus, des touffes de feuilles étroites, ensiformes, glabres, striées, engaînantes à leur base, longues de 0ᵐ,65 à 1 mètre. Du milieu de celles-ci s'élève une tige ou hampe dressée, très-simple, comprimée et ensiforme, dont la longueur dépasse un peu celle des feuilles. Sur l'un de ses côtés, vers la partie moyenne, cette tige semble s'entr'ouvrir pour laisser sortir un spadice sessile, long de 0ᵐ,06 à 0ᵐ,08, gros comme le doigt, cylindrique, un peu arqué, couvert de fleurs jaunâtres, hermaphrodites, très-serrées les unes contre les autres. Le fruit est une petite capsule triangulaire, à trois loges, entourée par le calice persistant.

L'acorus graminé (*A. gramineus* L.) se distingue du précédent par son rhizome un peu moins gros, ses feuilles plus étroites, sa hampe et ses épis plus petits, son fruit globuleux et un peu charnu.

Habitat. — Originaire de l'Inde, l'*Acorus calamus* s'est répandu dans un grand nombre de régions du globe, en Tartarie, dans le Nord de l'Europe et de l'Amérique, etc. Il habite les prés humides et le bord des eaux tranquilles. L'*Acorus gramineus* se trouve en Chine, dans l'Inde, à l'île de la Réunion, etc.

Culture. — L'*Acorus calamus* demande une exposition chaude, un sol constamment humide ; il réussit très-bien dans les terrains submergés ou marécageux. On le propage par éclats de pieds, au printemps ou à l'automne. Il faut les planter à fleur de terre, sans quoi ils seraient exposés à pourrir. Dans les jardins du Nord de la France, l'acorus fleurit rarement et mûrit ses graines plus rarement encore, sans doute parce qu'on ne lui donne pas assez de chaleur et d'humidité.

L'*Acorus gramineus* se cultive de la même manière.

PARTIES USITÉES. — La racine d'acore vraie, telle que le commerce nous la fournit, est grosse comme le doigt, elle est spongieuse, plus ou moins charnue, d'une couleur fauve clair à l'extérieur, d'un blanc rosé à l'intérieur ; son odeur est très-suave ; elle présente deux surfaces distinctes, l'inférieure garnie de points noirs d'où partaient les radicules, l'autre sillonnée tranversalement de taches d'où partaient les feuilles ; elle est souvent piquée des vers ; sa saveur est âcre, amère, aromatique. Le commerce la fournit quelquefois privée de son épiderme.

COMPOSITION CHIMIQUE. — Analysée fraîche par Trommsdorff, il en a retiré une huile volatile plus légère que l'eau, d'une saveur camphrée ; une fécule analogue à l'inuline, une matière extractive, de la gomme, une résine visqueuse, du ligneux et de l'eau.

USAGES. — La racine d'acore vraie entre dans la composition de l'eau-de-vie de Dantzick ; à Constantinople on la fait confire fraîche et on la mange dans les maladies épidémiques ; elle nous vient de la Belgique, de la Pologne et de la Tartarie ; mais on pourrait la récolter en Normandie, en Bretagne, dans les Vosges où elle est très-commune.

D'après Ainslie, l'acore vraie est très-estimée des médecins indiens ; ils l'emploient dans les indigestions, les douleurs d'estomac, dans les maladies des intestins, surtout chez les enfants ; il ajoute qu'il y a une amende contre le droguiste qui n'ouvrirait pas sa porte à toute heure de nuit à celui qui en demande. D'après Gmelin, en Sibérie on l'emploie contre la toux, on l'a aussi employée contre les hémorrhagies passives.

L'odeur aromatique qu'elle répand la fait employer comme sudorifique, stomachique, carminatif : elle entre dans la composition de la thériaque, de l'orviétan, de l'eau générale, l'électuaire hedycroï, etc.

On l'emploie en poudre à la dose de 1 à 4 grammes, et la teinture alcoolique à la dose de 4 à 12 grammes, rarement en infusion, 15 grammes pour un litre d'eau bouillante.

L'acore tire son nom de acos, Ἄκος, médicament, remède, en grec.

La plante désignée à tort par quelques auteurs sous le nom d'*Aco-*

rus adulterinus, A. palustris, A. vulgaris, n'est autre chose que l'acore faux fourni par l'iris pseudo-acorus de la famille des iridées; son rhizome est plus léger, plus spongieux, plus gros, et nullement aromatique.

ACTÉE

Actæa spicata L. *A. nigra* Fl. Wett.
(Renonculacées-Péoniées.)

L'Actée en épi ou Herbe de Saint-Christophe est une plante vivace, formant de petites touffes. La tige, haute de 0ᵐ,60 à 0ᵐ,80, est peu rameuse. Les feuilles, dressées, disposées par trois sur le pétiole, sont partagées en trois (plus rarement cinq) divisions, dont chacune se subdivise en trois ou cinq folioles dentelées, aiguës, glabres, la dernière tripartite. Les fleurs sont petites, blanches, groupées en épi terminal ; elles ont cinq pétales blancs, rougeâtres au bout, recoquillés, tombant de très-bonne heure, et des étamines très-nombreuses, blanches, en forme de houppe. Les baies qui leur succèdent présentent le volume d'une petite groseille ; elles sont d'un noir foncé, et couvertes d'une efflorescence cireuse analogue à celle des prunes ; leur suc est d'un brun pourpre (Pl. 3).

L'actée à grappes (*A. racemosa* L. *Botrophis racemosa* Raf.), diffère de la précédente par ses touffes plus denses, ses feuilles disposées par cinq, ses fleurs réunies en longue grappe penchée et ses fruits secs.

Habitat. — L'actée en épi, la seule espèce de ce genre qui croisse en Europe, se trouve dans presque toutes les contrées montagneuses de cette partie du globe. Elle habite les bois, les haies, les lieux humides et ombragés. L'actée à grappes est répandue dans toutes les régions tempérées de l'Amérique du Nord, et paraît même se trouver jusqu'en Sibérie.

Culture. — Ces plantes sont peu cultivées. Elles n'exigent ni une exposition découverte, ni beaucoup de soleil ; une terre légère et ombragée leur suffit. On les propage très-facilement, soit par semis, soit par éclats de pieds, faits au printemps, ou mieux en automne. Elles n'exigent plus ensuite aucun soin, et on peut les abandonner à elles-mêmes.

Pour les usages médicaux, on n'emploie guère que l'actée croissant à l'état sauvage.

Parties usitées. — La racine. Murray dans l'*Apparatus medicaminum*, t. III, p. 48, prétend que la seule racine vendue en France comme ellébore noir, est celle de l'actéa spicata, qu'on appelle encore *Christophoriane*, et Bergius dans sa *Materia medica* fait une description de la racine de l'*Actæa racemosa*, plante américaine qui diffère peu de la première, qui se rapproche des caractères du faux ellébore noir du commerce. M. Guibourt a constaté en effet que la racine de l'*A. spicata* qu'il s'était procurée au Jardin des Plantes de Paris, offrait la texture fibreuse et les tiges radicantes rougeâtres que l'on constate sur le faux ellébore noir; de plus, elle présentait l'odeur désagréable des ellébores et une saveur amère et nauséeuse, d'où l'on devait conclure que ce n'était pas le faux ellébore du commerce, puisque celle-ci avait une saveur astringente avec un goût aromatique non désagréable. Cependant la falsification de l'ellébore noir par la racine d'actéa spicata a été signalée de nouveau en 1862.

Récolte. — La racine d'actéa spicata se récolte au printemps avant la floraison.

Usages. — C'est un purgatif violent. Linné dit que les baies sont un poison violent qui fait mourir les chiens, et détermine un délire furieux suivi de mort; un médecin de Rochefort, M. Lemercier, a vu que la racine déterminait une sorte d'ivresse avec trouble profond des fonctions cérébrales et irritation des organes digestifs. La plante fraîche tue les animaux à faible dose, tandis que Braconnot affirme qu'il faut en employer des doses élevées et qu'elle n'a rien d'âcre au goût. Ces faits paraissent confirmés par les expériences d'Ortila et contredits par ce que dit Colden, ce qui pourrait faire penser que, pour cette plante comme pour l'aconit, les influences climatériques, l'âge, etc., peuvent modifier les propriétés.

L'*Actæa brachypetala* (A. *spicata* Mich. non L.) originaire d'Amérique, produit des nausées avec expectoration abondante, des tremblements nerveux, des vertiges; c'est un remède populaire aux États-Unis contre la toux et pour ralentir le pouls; on l'a employée contre la phthisie, et associée au musc dans les affections nerveuses.

L'*Actæa cimicifuga*, dont on a fait un genre distinct sous le nom de cimifuge, jouit des mêmes propriétés.

La poudre et la décoction de l'*A. spicata* ont été employées pour tuer les poux et guérir la gale.

La racine de l'*A. spicata* sert à préparer en médecine homœopathique une teinture noire dont l'odeur et la saveur sont analogues à celle de la racine fraîche; on en fait des dilutions et des atténuations. Son signe est *A.* et son abréviation *Act. sp.*

ADONIDE D'AUTOMNE

Adonis autumnalis L. *A. annua* Lam.
(Renonculacées-Anémonées.)

L'Adonide d'automne, vulgairement appelée *Goutte de sang*, est une plante annuelle, dont la tige droite, ferme, haute de 0ᵐ,20 à 0ᵐ,40, très-rameuse, est couverte de feuilles très-nombreuses, d'un beau vert, très-finement découpées en lanières linéaires. Les fleurs, solitaires à l'extrémité des rameaux, sont entourées par les dernières feuilles, qui forment une sorte de collerette. Le calice est à cinq sépales d'un pourpre noirâtre, glabres, étalés. La corolle est rosacée, et présente cinq à huit pétales ovales, concaves, connivents, d'un rouge de sang très-vif. Le fruit se compose d'un très-grand nombre d'akènes, terminés chacun par un bec aigu (Pl. 4).

L'adonide d'été (*A. æstivalis* L., *A. miniata* Jacq.), se distingue de la précédente par son calice jaunâtre et ses pétales plans, étalés, d'un rouge clair, souvent tachés de noir à la base.

L'adonide flammée (*A. flammea* Jacq.) se reconnaît à ses sépales jaune verdâtre et à ses pétales d'un rouge assez vif, ordinairement très-inégaux.

Habitat. — L'adonide d'automne se trouve dans presque tout l'hémisphère nord; elle habite les champs arides, les moissons, et fleurit vers la fin de l'été. Les deux autres espèces habitent les mêmes localités; l'adonide flammée fleurit à la même époque, et l'adonide d'été un peu plus tôt.

Culture. — Les adonides ne sont guère cultivées que comme plantes d'ornement. L'adonide d'automne se propage de graines, soigneusement récoltées aussitôt après leur maturité et semées en place au printemps, en terre légère. Elle est rustique et demande peu de soins; mais elle craint l'excès d'humidité.

Les adonides d'été et flammée, qui sont aussi annuelles, se cultivent de la même manière.

Parties usitées. — Toute la partie aérienne de la plante, surtout les feuilles; la racine.

Récolte. — La plante se récolte en pleine floraison; comme ses feuilles sont très-profondément divisées, la dessiccation se fait avec quelque difficulté, et il arrive souvent que les feuilles deviennent noires; aussi faut-il avoir soin de ne les recueillir que lorsque la rosée est parfaitement dissipée et par un temps très-sec, sans toutefois choisir le plein soleil; c'est d'ailleurs une règle générale assez bonne à observer toutes les fois qu'il s'agit de conserver des plantes délicates et odorantes.

La racine est récoltée après la floraison et au moment où les sucs y sont plus abondants. D'après Clusius, les pharmaciens allemands substituaient de son temps la racine des adonis à celle de l'ellébore, et la regardaient comme le véritable ellébore d'Hippocrate, à cause d'une sorte de ressemblance extérieure avec la racine que le père de la médecine décrit sous ce nom; mais nous devons faire remarquer que la médecine fait usage de deux racines portant le nom d'ellébore, l'une désignée sous le nom d'ellébore blanc est produite par le *veratrum album* ou *veratrum viride*. Nous la décrirons à l'article Varaire. Elle est extrêmement active et très-riche en un alcali organique, la *vératrine*; l'autre, appelée *ellébore noir*, est le véritable ellébore et appartient à l'*helleborus niger* des Renonculacées, et non, comme le disent à tort un grand nombre d'auteurs, au *veratrum nigrum*; l'ellébore des Renonculacées, celui que l'on a confondu avec les racines des actéas et des adonis, quoique très-actif, est loin d'être aussi tonique que l'ellébore blanc.

Composition chimique. — Les adonis se rapprochent beaucoup, par leur composition chimique, des anémones, avec cette différence toutefois que le principe actif, ou du moins l'un des principes de celles-ci, est volatil et même fugace, et que la dessiccation du végétal suffit pour la faire disparaître, tandis que la matière âcre, très-abondant des adonis, est fixe : d'ailleurs, tous ces corps irritants des renonculacées ont besoin de nouvelles études.

Usages. — L'adonide d'automne a été peu employée en médecine; on lui attribue les mêmes propriétés qu'aux renoncules, qui sont usitées seulement en médecine homœopathique.

ADONIDE PRINTANIÈRE

Adonis vernalis L. *A. Apennina* Jacq.
(Renonculacées – Anémonées.)

L'Adonide printanière est une plante vivace, dont la tige, haute de 0ᵐ,20 à 0ᵐ,30, porte des feuilles multifides, finement découpées, d'un beau vert, assez courtes, mais très-nombreuses; celles de la partie inférieure sont réduites à l'état d'écailles brunâtres. Les fleurs sont solitaires et presque sessiles à l'extrémité des rameaux. Le calice est à cinq sépales vert jaunâtre, pubescents. La corolle est grande, et présente dix à vingt-cinq et quelquefois même un plus grand nombre de pétales ovales-oblongs, lancéolés, finement striés, dentelés au sommet, étalés, d'un jaune pâle, légèrement lavé de verdâtre. Les fruits consistent en nombreux akènes pubescents, à bec arqué (Pl. 5).

On connaît sous le nom d'*A. Apennina* une espèce très-voisine, peut-être même une simple variété de la précédente, dont elle diffère surtout par ses fleurs plus grandes et ses pétales plus nombreux.

Il ne faut pas confondre avec l'adonide printanière une variété à fleurs jaunes de l'adonide d'été.

Habitat. — Cette espèce habite les régions montagneuses du midi de l'Europe et de la Sibérie; on la trouve principalement sur les collines, les lieux découverts, dans les vallées des montagnes.

Culture. — L'adonide printanière est une plante assez rustique, qui s'accommode assez bien de la terre ordinaire de jardin, tout en préférant la terre de bruyère. Elle se propage de graines, que l'on sème en terrines, aussitôt après leur maturité. On peut aussi la multiplier par éclats. Comme elle craint les gelées, il faut la couvrir en hiver.

La plante sauvage est à peu près seule employée pour les usages médicaux.

Parties usitées. — Les sommités fleuries et la racine.

Récolte. — C'est surtout pour l'adonide printanière qu'il importe de bien choisir le moment de la récolte; l'espèce précédente étant annuelle, il fallait nécessairement choisir le moment du parfait développement de la plante; celle-ci au contraire est vivace et on peut alors, à volonté, récolter les racines avant que la plante commence à pousser, ou bien après la floraison. Quant aux feuilles, il faut encore choisir le moment de la pleine floraison, en s'entourant des précau-

tions que nous avons indiquées en parlant de l'adonide d'automne.
Toutefois, comme dans l'espèce printanière les fleurs sont plus
grandes, il vaut mieux ne pas attendre leur complet épanouissement, d'autant plus que les pétales très-caducs participent singulièrement aux propriétés de la plante.

COMPOSITION CHIMIQUE. — Le principe âcre commun à toutes les
renonculacées, mais que l'on trouve plus spécialement dans les renoncules, les clématites, les anémones, les actées et les adonides, etc.,
est toujours plus abondant, sinon plus actif, dans les espèces vivaces
que dans les espèces annuelles. Aussi emploie-t-on presque exclusivement l'adonide printanière.

USAGES. — En raison de l'abondance du principe âcre, l'adonide
printanière doit être considérée comme une plante dangereuse,
vésicante et caustique.

D'après Pallas, on l'emploie en Sibérie comme abortive; les filles
connaissent cette propriété et elles se servent surtout de l'A. *apennina* L., qui y est désignée sous le nom de *Starodoubka*; disons toutefois
que ces prétendues propriétés abortives n'existent réellement pas, et
que si les adonides provoquent l'avortement, ce n'est qu'en raison de
leur action toxique irritante et nullement par une action qu'elles
exercent sur l'utérus, comme cela a lieu pour le champignon connu
sous le nom d'ergot de seigle ou de blé.

L'A. *Capensis* qui croît au cap Bonne-Espérance, y tient lieu de
cantharides; aussi Linné fils la désignait-il sous le nom d'A. *vesica-
toria*; il en est de même de l'A. *gracilis* de Poiret, dont les feuilles
sont employées en Afrique comme vésicantes.

Quant à nos espèces A. *æstivalis* L., A. *autumnalis* L., et A.
anomala Wall., elles sont moins actives quoique très-irritantes;
aussi, avant de les employer pour l'usage interne, faut-il les expérimenter avec précaution. Parthinson prétend que l'infusion de leurs
graines est bonne contre la colique et la pierre.

AGALLOCHE

Excœcaria Agallocha L.
Euphorbiacées-Hippomanées.

L'Agalloche est un petit arbre à tige noueuse, tortue, rameuse,
couverte d'une écorce crevassée et grisâtre; à feuilles alternes, pé-

tiolées, ovales-lancéolées, longues de 0^m,10 à 0^m,12, glabres, coriaces, entières ou bordées de dents obtuses, d'un beau vert un peu luisant en dessus, glauques en dessous. Les fleurs sont dioïques et groupées en chatons axillaires, solitaires ou réunis par deux ou trois ; les mâles naissent vers l'extrémité des rameaux ; elles sont disposées en chatons cylindriques, dépourvues de corolle, et présentent trois petites étamines, à filets grêles ; les fleurs femelles forment des épis géminés ou ternés, d'abord plus courts que le pétiole de la feuille voisine, mais s'allongeant après la floraison ; elles présentent un calice trifide très-petit ; pas de corolle ; un ovaire nu à trois angles arrondis, surmonté d'un style trifide, et divisé intérieurement en trois loges uniovulées. Le fruit est une sorte de capsule glabre, composée de trois coques réunies et monospermes.

Toutes les parties de cet arbre et surtout les jeunes rameaux, laissent écouler, quand on les blesse, un suc laiteux, âcre et caustique.

HABITAT. — L'agalloche se trouve aux Indes-Orientales, à Ceylan, à Malacca, aux Moluques, etc. Il habite particulièrement les terrains marécageux, voisins des rivières ou de la mer, et baignés alternativement par les eaux douces et saumâtres.

CULTURE. — Dans son pays natal, l'agalloche est fréquemment planté pour soutenir les berges, à l'embouchure des rivières. En Europe, on ne peut le cultiver que dans les serres chaudes, où il est encore peu répandu.

PARTIES USITÉES. — Le bois.

RÉCOLTE. — Le bois d'agalloche est fourni par le commerce de la droguerie ; il arrive des Indes, et le nom d'*excœcaria* (*arbor excœcans*) lui vient de ce que Rumphius a rapporté que des matelots européens, envoyés dans les forêts pour couper du bois, avaient reçu sur leur visage le lait qui jaillissait des arbres, qu'ils en ressentirent des douleurs atroces et que quelques-uns perdirent la vue.

COMPOSITION CHIMIQUE. — Le bois de l'*excœcaria agallocha* L. renferme un suc blanc laiteux, âcre et amer, propre à la plupart des plantes de la famille des Euphorbiacées, il est très-résineux et aromatique. Le nom de Bois d'aloès donné à plusieurs plantes appartenant à diverses familles, leur vient de leur extrême amertume, mais aucun d'eux n'est fourni par un aloès et n'appartient à la famille des Liliacées.

On distingue trois espèces principales de bois d'aloès, la première est le *Kilam* ou *Ho-kilam* des Chinois et le *Calambac* des Malais; il fournit un excellent bois, mais seulement dans quelques-unes de ses parties; et lorsqu'il est vieux ou malade, il est brun, obscur et cendré, strié de veines noires et vergeté de noir; près des nœuds récents, il offre des parties molles et grasses que l'ongle pénètre, mais il durcit à l'air. L'arbre qui le fournit a été décrit par Loureiro dans sa Fore de Cochinchine, sous le nom d'*Aloexylum agallochum* (Légumineuses), *A. præstantissimum* Bauh. Les Chinois en brûlent dans leurs temples et dans des cassolettes, lorsqu'ils reçoivent des personnes qu'ils veulent honorer : ce bois est très-recherché pour faire des poignées de sabre; lorsqu'on le brûle, il répand une odeur agréable à laquelle on attribue la propriété de fortifier le cœur, l'estomac et le cerveau.

La seconde espèce est le *Bois d'aigle* ou *Garo*. Rumphius en distingue deux espèces, l'un de *Coinam*, l'autre de *Malacca*; le même auteur décrit ensuite deux faux bois d'agalloche, parmi lesquels se trouve celui qui vient des iles Moluques et qui est produit par l'*Excœcaria agallocha* L., et l'autre serait fourni par l'*Aquilaria agallocha*, il vient de l'Inde orientale, c'est celui que les Anglais nomment *Alewood* et les Indiens *Ugoor*.

Le Bois de *Garo* est jaunâtre, veiné de brun, gris ou noir; il est plus dur et plus dense que le précédent, il s'enflamme moins; les Chinois le nomment *Thim* ou *Tim-hio* et *Sock* ou *Soo*. Les Portugais l'appellent *Pao de Aquila*, d'où l'on a fait *Agalagin lignum aquilæ, Bois d'aigle*.

La troisième espèce est le faux *Calambac* attribué à l'*Excœcaria agallocha* L.; il est dur, noueux, pesant, très-résineux; il est brun, rougeâtre, jaspé de noir; il est très-aromatique, son odeur se rapproche de la myrrhe et de la résine élémi mêlées; il répand une odeur agréable lorsqu'on le chauffe; il est d'ailleurs assez friable et moins estimé que les précédents pour l'ébénisterie et la marqueterie, il est aussi employé en parfumerie.

Les Anglais ont vanté le Bois d'aloès pour la guérison de la goutte et des rhumatismes; on le conseille comme anthelminthique et stupéfiant, mais il n'est plus employé de nos jours; il entrait autrefois dans l'opiat de Salomon, la confection alkermès, etc., etc.

D'ailleurs, sous le nom de Bois d'aloès on confond en ébénisterie un grand nombre de bois dont l'origine est incertaine et qui sont plus ou moins estimés.

AGARIC

Agaricus campestris L. *A. edulis* Bull.
(Champignons-Agaricinées.)

L'Agaric comestible ou champignon de couche a un pédicule blanc, glabre, cylindrique, plein, épais, ordinairement aminci à la base; il porte vers sa partie supérieure un anneau à bords déchiquetés. Son chapeau, d'abord sphérique, puis convexe, est, suivant les variétés, blanc, jaune-paille ou d'un brun plus ou moins foncé; il a une chair blanche, ferme, et un épiderme qui se détache facilement. Les lames, inégales et recouvertes dans leur jeune âge par une membrane complète, sont d'abord blanches ou roses, puis noirâtres; elles n'adhèrent pas au pédicule.

Cette espèce présente une variété toute blanche, appelée *boule de neige*.

Le mousseron ou champignon muscat (*A. albellus* D. C.) est de taille moyenne et d'un blanc jaunâtre; son odeur rappelle le musc. Son pédicule court, plein, très-épais, légèrement renflé à la base, porte un chapeau d'abord sphérique, puis campanulé, épais, couvert d'une peau très-sèche; les lames sont nombreuses, inégales, droites et pointues aux deux extrémités.

L'agaric délicieux (*A. deliciosus* L.) a le pédicule nu, plein, ferme, épais, jaune; le chapeau réfléchi sur les bords, jaune fauve ou rouge brique; les lames inégales et d'une teinte pâle. Il laisse échapper, quand on le coupe, un suc laiteux, d'un jaune safrané.

HABITAT. — L'agaric comestible croît dans tous les terrains découverts. Le mousseron paraît, au premier printemps, sur les pelouses sèches et les lisières des bois. L'agaric délicieux habite surtout les endroits couverts des terrains montueux boisés.

CULTURE. — L'agaric comestible est la seule des innombrables espèces de ce genre qui soit soumise à une culture réglée, dans les jardins maraîchers, les caves, les carrières abandonnées, etc.

PARTIES USITÉES. — Toute la partie aérienne de la plante.

RÉCOLTE. — L'agaric comestible qui pousse spontanément est beaucoup plus aromatique et plus estimé des amateurs que celui qui est cultivé sur couches; dans tous les cas, il faut le récolter avant que le chapeau ne soit parfaitement étalé, et que les feuillets soient devenus noirs, ou du moins d'un violet très-foncé; à ce moment il est dur, coriace, âcre et d'une digestion très-difficile; il faut donc le recueillir pendant que les feuillets sont roses ou du moins violet clair.

Composition chimique. — On sait peu de choses sur la composition chimique des champignons, malgré les travaux de Braconnot, qui a étudié l'*A. volvaceus*, l'*A. piperatus*, l'*A. cantharellus*, l'*hydnum repandum*, l'*A. horridum* et le *boletus viscidus*, et ceux de Vauquelin, qui a analysé l'*A. bulbosus*, l'*A. theogalus*, l'*A. muscarius* et enfin l'*A. campestris* ou *edulis*.

Plus tard les agarics et différents champignons comestibles furent analysés à divers points de vue par MM. Bolley, Dessaignes, Letellier, Schlossberger, Dopping, etc.

Le dernier travail chimique qui ait été fait sur l'agaric comestible est dû à M. Lefort, qui a trouvé qu'il renfermait les éléments suivants :

De l'*eau*, de la *cellulose*, de la *mannite*, de l'*albumine végétale*, du *sucre fermentescible*, une *matière grasse azotée*, des *acides fumarique, citrique* et *malique*, un *principe odorant*, un *principe colorant*, de la *silice*, de l'*alumine*, de la *potasse*, de la *soude*, de la *chaux*, de la *magnésie*, de l'*oxyde de fer*, du *chlore*, des *acides sulfurique* et *phosphorique*.

Usages. — Le champignon de couche n'est pas employé en médecine, mais il sert comme assaisonnement et comme aliment dans l'alimentation publique. Il résulte des recherches statistiques de M. Husson, qu'il se vend par jour à Paris près de 6,000 maniveaux de champignons, représentant une valeur de 1,000 fr. environ; mais les divers agarics ou bolets entrent dans l'alimentation publique pour une grande part, soit qu'on les mange à l'état frais pendant les mois de mai, de juin, d'août, de septembre et d'octobre, soit qu'on les consomme secs tels qu'on les prépare dans le Midi.

D'après MM. Schlossberger et Dopping, les champignons constituent un aliment très-azoté. En effet, on trouverait pour 100 de champignons desséchés à 100°, 4.68 d'azote dans l'agaric délicieux, 7,26 dans l'agaric comestible, 4,25 dans la russule, 3,22 dans la chanterelle, et 4,70 dans le bolet ou cep noir. M. Lefort n'a trouvé que

2,88 d'azote en moyenne dans l'agaric comestible. Cet azote n'est pas
également répandu dans toute la plante. En effet :

Le chapeau desséché à 100 contiendrait.....   3,51 d'azote.
Le pédoncule.................................   0,34   —
L'hymenium et les spores...................   2,10   —

AGAVE
Agave Americana L.
(Narcissées.)

L'Agave d'Amérique, désigné quelquefois sous le nom impropre
d'*aloès*, est une grande plante vivace, mais ne fleurissant qu'une fois,
au terme de sa longue existence. Sa souche porte une touffe de
feuilles longues souvent de plus de 2^m, larges et épaisses, convexes
en dessous, creusées en gouttière en dessus, d'un vert glauque, à
bords garnis d'épines noirâtres très-fortes et se terminant par une
pointe noire, longue et très-acérée; elle donne aussi naissance à un
grand nombre de rejetons. Lors de la floraison, on voit sortir du
milieu des feuilles une hampe, qui, présentant d'abord l'aspect
d'une énorme asperge, se développe peu à peu et atteint une hauteur
de plusieurs mètres. Sa partie supérieure se divise alors en un grand
nombre de rameaux étalés, un peu relevés à leur extrémité, portant
des milliers de fleurs d'un jaune verdâtre et à étamines longuement
saillantes (Pl. 6).

L'agave du Mexique (A. *fœtida* Haw.), vulgairement *aloès pitte*, a
des feuilles très-longues, mais moins épineuses, moins épaisses et plus
étalées; ses fleurs sont d'un blanc verdâtre.

Habitat. — Originaire de l'Amérique du Nord, où il croît dans
les terrains secs et pierreux, l'agave s'est depuis longtemps naturalisé
dans le midi de l'Europe et sur tout le littoral de la Méditerranée, où
l'on en fait des haies.

Culture. — L'agave demande une terre légère et sèche. Il supporte
assez bien la pleine terre jusque sous la latitude de Paris. On peut
le propager de graines, semées en pots ou en terrines, au printemps,
et arrosées modérément. Dès que les jeunes plants sont assez forts,
on les repique. Comme ce moyen est lent et demande des soins, on
multiplie généralement la plante par les œilletons qu'elle produit en
abondance à la base de la souche. Arrivé à un certain âge, l'agave

végète vigoureusement, et ses graines mûrissent très-bien dans le midi de l'Europe.

PARTIES USITÉES. — Les feuilles, le suc, les fibres.

RÉCOLTE. — C'est à tort que quelques auteurs attribuent les aloès du commerce et surtout l'aloès caballin à l'*A. Americana*.

L'*Americana* ou *pittas* des Espagnols, *pittes* des Américains, et *magueys* des Mexicains, n'est employé que dans les lieux où il pousse. On coupe les feuilles et on extrait le jus par expression, ou bien on fait un trou dans le stipe : le suc s'y accumule et on vient l'y recueillir.

COMPOSITION CHIMIQUE. — Deux matières dominent dans les feuilles de l'*A. Americana* ; ce sont les fibres avec lesquelles on fait des cordages et des toiles grossières mais très-solides, et une sève fort sucrée, qui sort des feuilles et des nœuds des racines avec une telle abondance pendant plusieurs mois, qu'on peut en préparer par évaporation une espèce de sucre.

USAGES. — Le suc fermenté sert à préparer la boisson favorite des Mexicains, le *pulque*. Le suc des feuilles est laxatif, diurétique et cicatrisant ; les feuilles elles-mêmes, appliquées en cataplasmes, calment les spasmes et adoucissent les douleurs.

Le *maguey* des Mexicains, ou *metl*, est fourni par l'*A. Mexicana*. Ce suc mucilagineux et visqueux est employé en Amérique pour détacher et en guise de savon.

D'après M. de Humboldt, on fait au Mexique un grand commerce de miel de *maguey* (*Essai pol.*, etc., XXIII, p. 21). L'agave transporté en Europe, où il est naturalisé depuis 1560, ne donne pas de jus sucré.

En Espagne on prépare avec l'*A. fœtida* un extrait semblable à l'aloès, qui est employé pour les animaux.

D'après M. Guibourt, la racine de l'*A. Cubensis* Jacq., qui rentre, ainsi que la *Mexicana*, dans l'*odorata* de Persoon, a été donnée quelquefois pour de la salsepareille rouge de la Jamaïque ou du Honduras, qui n'offre avec elle aucun rapport de propriétés.

En médecine vétérinaire on emploie au Mexique comme révulsif cutané le suc frais des feuilles d'agave, et les Indiens en font usage sur eux-mêmes dans le même but. Ce suc produit sur la peau une vive rougeur avec démangeaisons cuisantes. Il n'est pas douteux que l'usage habituel et prolongé du *vin de pulque* n'occasionne sur la peau l'apparition de ce même exanthème, qui souvent devient très-rebelle à l'usage des meilleurs moyens employés pour le combattre. Il est extrêmement curieux de voir ce principe irritant, dont l'action est si active sur la peau par le contact immédiat, produire les mêmes effets après son absorption par les voies digestives. Ce fait pourrait être utilisé en médecine, toutes les fois qu'il serait opportun de porter sur la peau un excès de vitalité.

AGRIPAUME

Leonurus Cardiaca L.
(Labiées—Stachydées.)

L'Agripaume ou Cardiaque est une plante vivace, dont la tige dressée, carrée, velue, rameuse, atteint la hauteur de 0ᵐ,65 à 1 mètre. Ses feuilles opposées, molles, pubescentes, présentent un pétiole canaliculé et un limbe divisé en trois ou cinq lobes aigus, laciniés ; elles deviennent plus étroites et moins découpées en s'approchant du sommet de la tige, où elles sont presque entières. Les fleurs, purpurines ou d'un blanc rosé, sont disposées par verticilles très-serrés naissant des aisselles des feuilles, et formant par leur réunion une sorte de long épi terminal. Le calice est à cinq angles et à cinq dents terminées en pointe raide très-piquante. La corolle, à tube gros et un peu arqué, a le limbe partagé en deux lèvres, dont la supérieure est prolongée, arrondie en forme de voûte et couverte de longs poils blancs et soyeux. Les étamines, didynames, ont des anthères biloculaires, didymes, noirâtres, offrant des points blancs brillants. Le fruit est un tétrakène.

Habitat. — Cette plante se trouve dans presque toutes les régions de l'Europe ; elle habite particulièrement les lieux incultes, les décombres, les haies, les bords des chemins, etc. Elle fleurit en juin et juillet.

Culture. — L'agripaume n'est guère cultivée que dans les jardins botaniques. Elle croît dans tous les sols. On la propage très-facilement par ses graines ; si on voulait la multiplier plus promptement, on pourrait en éclater les pieds. La plante ne demande plus ensuite aucun soin, et dès qu'elle est en possession d'un terrain, elle s'y reproduit d'elle-même et sans culture. On n'emploie guère en médecine que la plante sauvage.

Parties usitées. — Les feuilles et les sommités fleuries.

RÉCOLTE. — Les feuilles, qui seules sont employées ou à peu près, sont récoltées avant la floraison; on les cueille après le coucher du soleil par un temps sec; on les étale à l'ombre dans un séchoir ou à l'étuve.

Les sommités fleuries se récoltent en pleine floraison; on en fait de petits paquets très-peu serrés, que l'on dispose en guirlandes au séchoir; avant de les rentrer on entoure l'inflorescence de papier gris, on expose les paquets à un bon soleil, et on enferme chaud.

COMPOSITION CHIMIQUE. — Comme presque toutes les labiées, l'agripaume renferme une huile essentielle, mais elle est peu abondante; elle contient en outre un principe amer assez abondant, qui lui donne des propriétés toniques qui l'ont fait rechercher autrefois; d'ailleurs par la dessiccation, pour bien ménagée qu'elle soit, cette plante noircit et perd la plus grande partie de ses propriétés thérapeutiques.

USAGES. — La cardiaque ne s'emploie qu'en infusion, à la dose de 30 à 60 grammes pour un kilogramme d'eau bouillante. Elle est à peu près inusitée aujourd'hui.

Le nom de *cardiaque* ou *cardiaire* lui vient de ce qu'on l'employait autrefois pour guérir la cardialgie des enfants. D'après Lepechin, cité par Martius (*Bull. des scienc. méd. de fér.*, XIII, 355), on emploie dans les environs d'Arsamas l'infusion très-chargée de l'agripaume de Russie comme préservatif de la rage. On l'a également vantée comme vermicide et même comme tœnicide.

Très-vantée autrefois contre les palpitations, elle a été également considérée comme antispasmodique, diurétique, sudorifique, emménagogue. En effet, d'après Gilibert, son infusion concentrée fait couler abondamment les règles; il ajoute qu'elle a pu calmer, dans quelques cas, des affections hystériques. Boerhaave la donnait comme sudorifique; Pezilhe la recommandait contre les glaires et contre l'atonie de l'estomac. Il paraît d'ailleurs qu'elle facilite l'expectoration dans le cas de bronchite chronique, lorsqu'il y a atonie de la muqueuse bronchique; elle produit en même temps une légère diaphorèse. Généralement on lui préfère le lierre terrestre, qui appartient à la même famille et qui est très-usité.

AIGREMOINE

Agrimonia eupatoria L.
(Rosacées-Agrimoniées.)

L'Aigremoine officinale est une plante vivace, dont la tige herbacée, cylindrique, dressée, velue, presque simple, haute de 0^m,20 à 0^m,40, porte des feuilles alternes, pennées, très-découpées, à folioles ovales-lancéolées, aiguës, profondément dentées, d'un vert cendré en dessous, velues sur leurs deux faces, ainsi que les pétioles, et entremêlées de folioles très-petites, irrégulières. Les fleurs, portées sur des pédoncules très-courts, sont jaunes et réunies en épi terminal. Le calice, turbiné, a un tube dont le sommet est hérissé d'épines subulées, crochues. La corolle est à cinq pétales entiers, obovales, étalés. Les étamines, au nombre de vingt environ, sont dressées et attachées à la gorge du calice. Le pistil consiste en un ou deux carpelles, renfermés dans le tube du calice et surmontés d'un style saillant. A la maturité, le tube du calice devient presque ligneux et ne renferme ordinairement qu'un seul fruit (akène) membraneux.

L'aigremoine odorante (A. *odorata* Thuill.) paraît être une simple variété de la précédente, caractérisée par sa tige plus haute, plus rameuse; ses feuilles plus abondantes, à divisions plus grandes, moins cendrées en dessous, légèrement glanduleuses et odorantes; son calice fructifère beaucoup plus gros et renfermant deux akènes.

HABITAT. — L'aigremoine est commune dans presque toute l'Europe, et se trouve dans les lieux arides, les pâturages, les haies et les buissons, aux bords des chemins, sur la lisière des bois, etc.; elle fleurit en juin et en septembre. L'aigremoine odorante habite les bois, les endroits ombragés humides, etc.

CULTURE. — Cette plante étant assez abondante pour suffire aux usages médicaux, on ne la cultive que dans les jardins botaniques. Elle croît dans tous les sols, où il suffit de répandre ses graines pour la propager. On peut la multiplier plus promptement par ses rejetons ou par la division de ses racines. Elle est très-rustique.

PARTIES USITÉES. — Feuilles et sommités.

RÉCOLTE. — Cette plante est peu odorante, sa saveur est amère et astringente; elle perd ses propriétés en grande partie par la dessiccation. Pour la conservation, on la recueille en automne.

Composition chimique. — Tout ce groupe des Agrimoniées, si remarquable au point de vue de ses affinités botaniques, l'est encore sous le rapport de sa composition chimique et de ses propriétés thérapeutiques. Ces plantes, en effet, peu riches en principes aromatiques, renferment au contraire des proportions assez considérables de tannin.

Usages. — Il est peu probable que Becker ait pu guérir la gale par une infusion théiforme d'aigremoine; Pallas l'a vu employer comme anthelminthique chez les animaux domestiques ; les anciens médecins l'ont vantée contre les affections chroniques du foie, dans l'ictère, les flux muqueux, l'hématurie, quelques cachexies; Alibert l'a recommandée dans les écoulements chroniques, les hémorrhagies passives, les ulcérations de la gorge, les amygdalites; Forestus en conseille l'usage à l'intérieur, en décoction dans le vin ou le vinaigre contre les inflammations du scrotum ou des testicules; Hartius la dit très-efficace contre les hydropisies. Aujourd'hui on lui conteste toutes ses vertus ; elle est à peine employée en gargarisme à la dose de 5 à 15 grammes pour 500 grammes d'eau bouillante contre les inflammations légères de la gorge, soit seule, soit associée au miel rosat, au sirop de mûres, au borax ou à l'alun; mais il faut éviter de l'associer aux sels de fer qui la décomposent.

L'aigremoine entre dans la composition de l'eau vulnéraire, de l'électuaire catholicum et de plusieurs autres préparations officinales anciennes.

L'extrait et la poudre ne sont plus employés, les feuilles et les sommités seules servent à préparer des infusions et des décoctions qui, additionnées de racine d'aunée, ont été employées avec succès contre les engelures ulcérées.

En hippiatrique, Huzard l'a recommandée pour déterger les ulcères sanieux et farcineux, le mal de taupe et celui de garot.

AIL

Allium sativum L.
(Liliacées—Asphodélées.)

L'Ail cultivé est une plante vivace, bulbeuse, à odeur forte. Son bulbe se compose de plusieurs bulbilles ou caïeux sessiles, rose pâle,

pointus, plans en dedans, convexes en dehors, appelés vulgairement
gousses d'ail. La tige, haute de $0^m,50$ à 1^m, est cylindrique, grêle,
dressée et glabre. Ses feuilles, longues, étroites, planes, lancéolées,
lisses et engaînantes, rappellent celles des graminées. Les fleurs,
blanches ou blanc rosé, forment une ombelle terminale, et leurs
pédoncules sont entremêlés de bulbilles charnus et écailleux ; le
tout est enveloppé d'une spathe ovale arrondie, terminée en pointe
allongée.

HABITAT. — Originaire du midi de l'Europe, l'ail est aujourd'hui
cultivé dans les jardins potagers.

PARTIES USITÉES. — Les bulbes ou caïeux.

RÉCOLTE. — L'ail est récolté pour la conservation, lorsque le bulbe,
composé de seize caïeux, est parfaitement développé ; on le dispose
en bottes ou en cordes, que l'on maintient dans un endroit sec.

COMPOSITION CHIMIQUE. — Deux principes dominent dans le bulbe
d'ail : l'un, d'une odeur forte, pénétrante, d'une saveur âcre,
chaude, aromatique, se dissipe par la coction ; l'autre principe est
mucilagineux, émollient, légèrement sucré, il persiste seul dans
l'ail cuit.

L'essence d'ail est un des principes immédiats les plus remarquables au point de vue de sa composition chimique ; on doit son
étude à M. Wertheim, qui a démontré qu'elle différait de l'essence
de moutarde par un équivalent de sulfure de cyanogène $= C^2 A_2 S$;
de sorte que l'essence d'ail serait le sulfure d'un radical binaire
nommé *allyl*, tandis que l'essence de moutarde noire serait le sulfocyanure de l'essence d'ail. En effet :

$$
\begin{aligned}
&\text{L'allyl étant représenté par} \ldots \ldots \ldots \ldots \ldots \quad C^6 H^5 \\
&\text{L'oxyde d'allyl le serait par} \ldots \ldots \ldots \ldots \ldots \quad C^6 H^5 O \\
&\text{L'essence d'ail ou sulfure d'allyl par} \ldots \ldots \ldots \quad C^6 H^5 S \\
&\text{Et l'essence de moutarde serait } C^8 H^5 A_2 S^2 \ldots \ldots \quad C^6 H^5 S, C^2 A_2 S
\end{aligned}
$$

En traitant l'essence de moutarde par du potassium pour lui enlever un équivalent de sulfocyanogène, on obtient du sulfocyanure de
potassium et de l'essence d'ail, en effet :

$$
\underset{\substack{\text{essence}\\ \text{de}\\ \text{moutarde.}}}{C^8 H^5 A_2 S^2} + \underset{\substack{\text{potas-}\\ \text{sium.}}}{K} = \underset{\substack{\text{sulfocyanure}\\ \text{de}\\ \text{potassium.}}}{C^2 A_2 S K} + \underset{\substack{\text{essence}\\ \text{d'ail.}}}{C^6 H^5 S}
$$

L'essence d'ail existe dans d'autres plantes que les allium ; c'est à

elle que l'*assa fœtida*, *Ferulaassa fœtida* (Ombellifères) doit son odeur
caractéristique ; on l'a retrouvée dans l'alliaire, *erysimum alliaria*
(Crucifères), etc., etc. ; il est assez curieux de voir un principe immédiat réparti dans des plantes aussi distinctes entre elles que le
sont les Liliacées, les Ombellifères, les Crucifères, etc.

Les autres espèces d'allium, telles que *scorodoprasum* ou rocam-
bolle, *A. Ascalonium* ou échalotte, *A. schœnoprasum* ou civette, »
A. cepa ou oignon, *A. porrum* ou poireau, renferment une essence
analogue. Nous aurons l'occasion de revenir sur ces plantes.

Usages. — Tout le monde connaît l'emploi culinaire de l'ail et de
ses congénères : en médecine on l'a fréquemment employé en décoction, sous forme de sirop, de suc, de teinture, d'oxymel, de vinaigre,
en cataplasmes, et il entre dans la composition du vinaigre aromatique ou des quatre voleurs.

Les Athéniens étaient grands mangeurs d'ail, les Romains lui attribuaient la propriété d'éloigner les maléfices, comme chez nous
on croit qu'il préserve des maladies épidémiques.

L'ail est généralement considéré comme un excitant, quoique cette
propriété lui soit contestée par quelques auteurs ; mais secondairement il paraît agir sur le système nerveux ; aussi Haller le considé-
rait-il comme suspect, et Horace l'avait comparé aux plus affreux
poisons !

Bouilli dans du lait, on l'a regardé comme *anthelminthique* et *expectorant*. Ses propriétés *fébrifuges* sont très-contestables ; et si autrefois
on l'a employé contre les hydropisies, l'asthme humide, les catarrhes
chroniques, la coqueluche, le scorbut, les fièvres typhoïdes, le
typhus, la pourriture d'hôpital et même le choléra, etc. ; il est
aujourd'hui à peu près abandonné ; toutefois, dans ces derniers
temps, on l'a préconisé contre la rage, et on a cité l'exemple d'un
hydrophobe qui, ayant été enfermé dans un grenier, y avait dévoré
une quantité considérable d'ail et avait été guéri ! Ce fait mérite
confirmation.

L'ail introduit dans le rectum donne la fièvre : c'est un moyen
souvent employé par les soldats et les prisonniers qui veulent entrer
à l'infirmerie ; mais toute substance âcre agirait de même, et cela
ne suffit pas pour regarder l'ail comme un fébrigène.

Topiquement, la pulpe d'ail est rubéfiante et même vésicante ;
car elle peut produire des phlyctènes au bout d'une heure ou deux.

Dans les campagnes, il pourra être utile dans les cas urgents pour remplacer la moutarde ; on a même employé l'ail en substance comme irritant substitutif contre l'ophthalmie catarrhale.

La médecine vétérinaire fait un fréquent usage de l'ail.

La médecine homœopathique emploie l'ail. Son signe est *Mal* ; son abréviation, *All. sat.* On en prépare une teinture mère.

AILANTE

Ailantus glandulosa Desf.
(Zanthoxylées.)

L'Ailante glanduleux, vulgairement appelé *vernis du Japon*, est un grand et bel arbre, à tronc droit, à cime arrondie et élégante, rappelant assez le port du noyer. Ses racines tracent près de la surface du sol, et drageonnent à une grande distance. La tige est très-droite, haute de 20 mètres et plus, couverte d'une écorce unie et grisâtre. La moelle y est très-large, de même que dans les rameaux. Les feuilles sont imparipennées, assez semblables à celles du frêne, glanduleuses à la base de la face inférieure des folioles. Les fleurs sont polygames, verdâtres, fasciculées et disposées en panicules terminales. Le calice et la corolle sont à cinq divisions. Les étamines sont au nombre de dix dans les fleurs mâles, de deux ou trois seulement dans les fleurs hermaphrodites. Les carpelles sont au nombre de trois à cinq. Le fruit (samare) est comprimé, long, linguiforme, membraneux, renflé au milieu et renfermant une seule graine osseuse lenticulaire.

Le genre renferme encore deux ou trois autres espèces beaucoup moins connues.

Habitat. — L'Ailante habite la Chine, le Japon, Amboine et quelques autres contrées du sud-est de l'Asie. Introduit en Europe vers le milieu du siècle dernier, il est aujourd'hui répandu dans toute la partie centrale et méridionale de cette région. Il fleurit vers le mois d'août.

Culture. — L'ailante demande un climat tempéré, une exposition chaude et abritée. Il réussit à peu près dans tous les sols, et se propage avec la plus grande facilité par semis, par drageons, par boutures de rameaux et de racines. On le cultive surtout comme arbre forestier et d'avenues.

Parties usitées. — L'écorce, les feuilles.

Récolte. — L'écorce doit être récoltée pendant les mois de juillet et d'août. Lorsque la plante est en pleine végétation, on coupe les rameaux âgés de trois ans, on incise longitudinalement l'écorce, et on la détache avec précaution. Cette séparation se fait avec quelques difficultés aux époques que nous avons indiquées, mais alors les principes actifs sont accumulés dans l'écorce en plus grande quantité, tandis qu'au printemps, au moment où la sève afflue, la séparation se ferait mieux, mais l'écorce serait à ce moment moins active. On fait dessécher rapidement, on réduit en poudre grossière, et on conserve dans un flacon bien sec.

Les feuilles d'ailante doivent être récoltées au même moment que l'écorce. On les pulvérise en rejetant le dernier quart, et on conserve dans un flacon bien bouché, sec, et à l'abri de la lumière.

La récolte et la pulvérisation des produits de l'ailante ne se font pas sans quelque danger; il s'en dégage, surtout quand la plante est fraîche, une matière âcre, volatile, qui peut déterminer des éruptions vésiculeuses et même pustuleuses. Ce fait a été observé par les jardiniers du Muséum, qui élaguent cet arbre. Il est donc prudent pendant la récolte et surtout pendant la pulvérisation, de couvrir ses mains de gants et le visage d'un voile; enfin d'employer un tamis couvert.

Composition chimique. — L'un de nous a extrait des feuilles d'ailante, au moyen de l'éther, une matière résineuse, brune, très-âcre et très-irritante, qui paraît être le principe actif : appliquée sur la peau, elle détermine un vésicatoire; mais outre cette matière, il doit y avoir une substance volatile à laquelle devraient être attribuées les émanations dangereuses de la plante.

Usages. — Une application heureuse a été faite des feuilles de l'ailante pour nourrir une espèce très-rustique de Bombyx, qui peut être élevé en plein air.

C'est M. Hétet, pharmacien de la marine, qui a introduit l'ailante dans la thérapeutique, et l'a préconisé comme vermicide et tæniacide; c'est la poudre, que l'on emploie à la dose de 50 centigrammes à 1 gramme. Elle détermine des coliques violentes; les faits annoncés ont besoin d'être confirmés. La poudre d'écorce est deux fois plus active que celle des feuilles.

AIRELLE

Vaccinium myrtillus L.
(Éricinées-Vacciniées.)

L'Airelle myrtille ou vaciet est un petit sous-arbrisseau à racines longues et traçantes. Sa tige, haute de $0^m,20$ à 0^m35, dressée, très-rameuse, porte des feuilles alternes, ovales, aiguës, dentées, glabres d'un vert clair, brièvement pétiolées. Les fleurs, blanc rosé, terminent des pédoncules courts, situés à l'aisselle des feuilles. Elles présentent un calice globuleux, couronné par quatre petites dents; une corolle urcéolée ou en grelot, très-resserrée à sa partie supérieure et terminée aussi par quatre dents très-courtes; huit étamines incluses; un ovaire surmonté d'un style un peu saillant. Le fruit est une baie arrondie, charnue, d'un bleu noirâtre, couronnée au sommet par le calice, et du volume d'une très-petite cerise. La chair est d'un violet rougeâtre. L'intérieur présente quatre loges, contenant chacune huit à dix petites graines blanchâtres et très-petites.

Parmi les autres espèces de ce genre, on remarque surtout l'Airelle rouge (*V. Vitis idæa* L.), dont les fleurs blanc-rougeâtre forment de petites grappes penchées terminales, et produisent des baies d'un beau rouge.

HABITAT. — L'airelle myrtille habite les régions montueuses de l'Europe centrale et septentrionale; on la trouve surtout dans les endroits ombragés et humides des bois. Elle fleurit en avril. L'airelle rouge habite les pâturages des montagnes.

CULTURE. — L'airelle n'est cultivée que dans les jardins. Elle demande une exposition abritée, fraîche, et la terre de bruyère. Sa culture est assez difficile. On peut la propager de graines semées sur couche. Mais le plus souvent on la multiplie de marcottes; c'est le mode qui réussit le mieux. Elle craint les transplantations, et il faut toujours la repiquer en motte.

Les autres espèces se cultivent à peu près de même.

PARTIES USITÉES. — Les feuilles, les fruits.

RÉCOLTE. — Les feuilles sont récoltées en automne, et les fruits à leur parfaite maturité. On mélange souvent les feuilles de l'*airelle ponctuée*, *V. Vitis idæa*, avec celles de busserole ou raisin d'ours (V. ce mot).

Les feuilles d'airelle sont vert brunâtre, légèrement dentées, plus minces que l'*uva ursi*; leurs nervures transversales sont apparentes, et leur face inférieure est parsemée de points noirs, d'où lui vient son nom de ponctuée; elle précipite les sels de fer en noir.

Les fruits d'airelle myrtille ressemblent assez aux baies de la belladone; si on faisait une pareille confusion, elle serait des plus dangereuses; mais la saveur aigrelette des fruits d'airelle et leur petit volume les distingueront facilement des baies plus grosses de la belladone, accompagnées du calice qui persiste et qui d'ailleurs ont un goût fade et nauséabond.

Composition chimique. — Les fruits contiennent du sucre et fournissent par fermentation une liqueur vineuse agréable; ils renferment une matière colorante qui, additionnée d'alun, sert à colorer les vins; cette matière colorante est employée en peinture et en teinture. Enfin on fait avec ces fruits des confitures et un sirop qui est regardé comme très-rafraîchissant.

Les feuilles d'airelle renferment un peu de tannin; on emploie indifféremment celles du *V. myrtillus*, du *V. vitis idæa*, et du *V. oxycoccos* ou canneberge: de même que l'on peut, sans inconvénient, substituer les fruits de ces plantes les uns aux autres.

Usages. — Les feuilles des diverses espèces d'airelle sont employées dans les mêmes cas que la bousserole.

Les propriétés acides, légèrement styptiques du fruit de l'airelle myrtille l'ont fait ranger dans la classe des tempérants et des astringents : c'est surtout contre les diarrhées et la dyssenterie qu'on les a employées, surtout sous forme de sirop à la dose de 30 à 60 grammes. Dioscoride lui avait reconnu les propriétés de resserrer les tissus, et les anciens en faisaient grand usage. Ce sirop, seul ou additionné d'eau de cannelle et quelquefois de carbonate de potasse, a été employé pour combattre l'acidité de l'estomac et la diarrhée des enfants. D'autres fois, on a associé la décoction des fruits avec la corne de cerf calcinée; on a même employé dans les mêmes cas la poudre des baies à la dose de 4 grammes.

L'extrait des baies, à la dose de 0,20 centigrammes, renouvelé 4 à 6 fois par jour, a été considéré comme un excellent moyen de combattre la diarrhée lorsqu'elle avait résisté aux moyens ordinairement employés.

Enfin on a même fait usage dans les mêmes cas des baies d'airelle employées en nature à la dose de 30 grammes.

Dans ces derniers temps, on a beaucoup vanté le sirop d'airelle contre les écoulements blennorrhagiques, tantôt seul, tantôt sous forme de limonade à la dose de 60 grammes pour un litre d'eau.

Les baies de l'airelle ponctuée ont été vantées pour résoudre les engorgements laiteux des seins.

ALATERNE

Rhamnus alaternus L.
(Rhamnées – Zizyphées.)

L'Alaterne est un grand arbrisseau, dont la tige, haute de 5 à 7^m et rameuse, porte des feuilles alternes, arrondies ou lancéolées, épaisses, dentées, variables de forme, d'un vert brillant ou sombre, persistantes, munies de stipules. Les fleurs, groupées en panicules à l'aisselle des feuilles, sont petites, nombreuses, verdâtres, polygames, le plus souvent incomplètes par l'avortement de la corolle. Le fruit est une petite baie, rougeâtre d'abord, noire à la maturité, et renfermant trois graines.

HABITAT. — Cet arbrisseau habite l'Europe méridionale et les bords du bassin méditerranéen. Il paraît préférer surtout les terrains calcaires et rocheux. Il se trouve dans les bois, et on le cultive dans les parcs et les jardins d'agrément.

PARTIES USITÉES. — Les feuilles, le bois, les baies.

RÉCOLTE. — Les feuilles sont récoltées à l'automne : le bois, peu employé dans l'ébénisterie, doit être coupé en hiver, époque à laquelle il est plus dur et plus dense : les fruits sont cueillis à leur maturité.

COMPOSITION CHIMIQUE. — L'analyse chimique des rhamnées laisse beaucoup à désirer; nous renverrons à l'article nerprun pour la composition chimique des baies de cet arbre : nous nous contenterons ici de dire que tous les fruits des rhamnées renferment une matière colorante qui tourne au vert par les alcalis; on l'obtient de préférence avec les fruits du *R. infectorius* : mais les autres espèces en donnent également. En mêlant trente parties de suc de ces fruits, huit parties d'eau et chaux et une partie de gomme arabique, et faisant épaissir, on obtient le *vert de vessie*. Le *stil de grain* est une espèce de laque obtenue en précipitant le suc des fruits des rhamnées avec de l'alun et de la craie. Enfin la belle couleur connue sous le nom de *vert de Chine*, est extraite des feuilles du Loza des Chinois,

R. utilis D., qui a été acclimaté en France par M. Delisse, de Bordeaux.

Usages. — On sait peu de chose sur les propriétés médicales des rhamnées, mais ce que l'on sait démontre qu'il n'y a pas une grande analogie dans les propriétés de ces plantes.

Les fruits des rhamnées sont purgatifs, du moins cette propriété est constatée pour le nerprun ordinaire (*R. catharticus*), dont nous parlerons plus loin, la bourdaine (*R. frangula*), le nerprun des teinturiers (*Rhamnus infectorius*), et l'alaterne (*R. alaternus*). Les oiseaux sont friands de ces baies ; mais, chose singulière, les préparations pharmaceutiques que l'on fait avec les fruits, sont moins purgatives que les fruits eux-mêmes ; ainsi, tandis qu'il ne faut pas moins de 40 ou 60 grammes de sirop de fruits d'alaterne pour obtenir une bonne purgation, six à dix baies d'alaterne ou de nerprun suffisent pour purger. Les graines renferment une huile grasse inactive ; le principe purgatif paraît résider dans l'enveloppe du fruit ou épicarpe, là où se trouve également accumulée la matière colorante.

Les feuilles de l'alaterne sont astringentes ; aussi les a-t-on employées quelquefois sous la forme d'infusion et en gargarismes, pour combattre les inflammations de la bouche ; mais aujourd'hui l'alaterne encombre inutilement la matière médicale, et elle est tout à fait abandonnée.

Dans la même famille on trouve le *Ceanothus americanus*, dont l'écorce est amère et employée comme fébrifuge aux États-Unis ; sa racine, ainsi que celle du *Paliurus aculeatus* d'Europe, du *Rhamnus ellipticus* des Antilles, du *Zizyphus Barclai* du Sénégal, sont astringentes et vantées toutes contre les affections vénériennes ; celle du *Myginda uragoga* de l'Amérique du Nord est un puissant diurétique d'après Jacquin ; enfin les pauvres Chinois prennent en guise de thé les feuilles du *R. thezeans*, et le *Zizyphus soporifera* est, dit-on, narcotique.

A côté des *rhamnus*, on trouve dans la même famille les *Zizyphus*.

ALCÉE

Alcea rosea L. *Althæa rosea* Cav.
(Malvacées-Malvées.)

L'Alcée rose, appelée aussi guimauve, passe-rose, rose trémière, est une grande et belle plante bisannuelle ou vivace. Sa tige, haute

de 2 mètres et plus, simple, droite, cylindrique, pubescente, dressée,
porte des feuilles alternes, larges, pétiolées, velues et un peu rudes,
surtout en dessous, un peu cordées à la base, découpées en cinq lobes
obtus, peu profonds. Les fleurs, qui sont très-grandes et portées sur de
courts pédoncules, forment un long épi terminal. Le calice, à cinq
divisions, est accompagné d'un second calice extérieur ou calicule,
monosépale, très-velu, à six divisions ovales, aiguës. La corolle est
très-grande, un peu campanulée, formée de cinq pétales obovales,
très-obtus, très-larges au sommet, rétrécis en coin à la base où ils
sont soudés entre eux et avec le tube des étamines, en sorte qu'elle
paraît monopétale et tombe d'une seule pièce. Sa couleur, rose dans
le type de l'espèce, présente, dans les nombreuses variétés dues à la
culture, toutes les nuances du blanc, du jaune, du rouge, du brun,
du violet, du pourpre. Les étamines sont très-nombreuses et réunies
en tube par les filets. Le fruit est formé d'un grand nombre de coques
ou carpelles en coin, contigus par les côtés et rangés en verticille au
centre du calice.

HABITAT. — Cette plante est originaire de Syrie, d'où on pense
qu'elle a été rapportée au retour des croisades.

CULTURE. — La rose trémière n'est guère cultivée que dans les jardins d'agrément. Elle demande une terre franche, légère, substantielle, et l'exposition du midi. On peut la semer en place, au printemps. Le plus souvent, on sème en pépinière, en planche, depuis
mai jusqu'en juillet, et l'on repique en septembre. On peut encore
semer sur couche, en juillet et août, couvrir le plan en hiver et le
mettre en place en avril. Il est bon d'arroser souvent les roses tré-
mières pendant leur jeune âge et après la transplantation.

PARTIES USITÉES. — Racines, feuilles et fleurs.

RÉCOLTE. — Les racines, rarement employées, sont récoltées après
la seconde année. On les distingue de la guimauve vraie en ce qu'elles
sont plus grosses, plus ligneuses, moins blanches, d'une saveur
moins douce, et hérissées à leur surface de fibres courtes et entremêlées. Les feuilles sont rarement employées ; on les cueille au moment de la floraison ; elles sont moins mucilagineuses que les mauves
et la guimauve. Les fleurs qui sont plus spécialement usitées sont
récoltées avant leur parfait épanouissement. Il est indispensable que
la dessiccation soit complète et qu'on les enferme dans des bocaux
très-secs, sans cela elles sont sujettes à moisir.

Composition chimique. — La tige est riche en matières fibreuses qui peuvent être utilisées pour faire des fils, des cordages, des tissus, du papier. Comme toutes les malvacées, l'alcée renferme un principe mucilagineux abondant, et une matière cristallisable, l'*asparagine*. Gilibert dit avoir retiré de la racine une fécule alimentaire. Enfin les fleurs sont riches en matière colorante, surtout dans la variété pourpre qui cède à l'eau un principe rouge très-abondant.

Usages. — L'alcée ou rose trémière est peu employée en médecine. Les fleurs et les feuilles ont été considérées par Dioscoride et par Schrœder, Spielmann, Hagen, etc., comme adoucissantes, émollientes et pectorales, et la racine comme astringente et propre pour cette raison à arrêter les diverses sortes de flux, spécialement la dyssenterie ; mais Murray dit avec juste raison qu'elle agit par son principe mucilagineux à la manière de la mauve et de la guimauve.

L'alcée paraît avoir sur les animaux des actions spéciales qu'il serait difficile d'expliquer. En effet, Gilibert prétend qu'elle est pour les chevaux un purgatif violent, et Huzard assure qu'une pincée de sa poudre fait vomir un chat.

L'infusion de fleurs de rose trémière a été préconisée par Brugnatelli pour reconnaître les acides et les alcalis comme plus sensible que la teinture de tournesol, mais moins que la teinture de mauve ou les sirops de mauve, de choux rouges ou de violettes ; d'ailleurs, elle n'est pas employée à cet usage ; mais depuis plusieurs années on cultive aux environs de Paris l'alcée pourpre, pour préparer une teinture qui sert à colorer artificiellement les vins, et surtout le sirop de groseilles ; mais l'aspect particulier que prend au contact de la potasse, le sirop bien préparé et le sirop factice, permet de reconnaître cette fraude.

ALCHÉMILLE

Alchemilla vulgaris L.
(Rosacées-Dryadées.)

L'Alchémille, ou Pied-de-lion, est une plante vivace, à racine grosse, ligneuse, noirâtre, oblique, entourée de nombreuses radicules. La tige, haute d'environ 0^m,30, est lisse et rameuse ; les feuilles de la base sont larges, à sept lobes et longuement pétiolées ; celles de la tige sont alternes, à cinq lobes, plus étroites et portées sur des pétioles plus courts ; toutes sont d'un vert jaunâtre en dessus, plus pâles en dessous, à contour marqué de dents régulières, sétacées et blanchâtres. Les fleurs, qui forment des sortes de corymbes à l'extrémité de la tige et des rameaux, sont petites, nombreuses et d'un jaune verdâtre. Elles présentent un calice campanulé, à huit divisions aiguës alternant sur deux rangs, les extérieures plus courtes et plus étroites, les intérieures plus grandes ; quatre étamines très-courtes, à anthères arrondies, brunâtres ; un style à stigmate globuleux. Le fruit est un akène arrondi, jaunâtre et brillant.

L'alchémille à cinq feuilles (A. *pentaphylla* L.) diffère de la précédente par ses tiges traçantes et ses feuilles profondément divisées en cinq segments obovales, en forme de coin.

HABITAT. — L'alchémille est répandue dans presque toute l'Europe, et habite particulièrement les pâturages et les bois des régions montagneuses. Elle fleurit depuis juin jusqu'en août.

CULTURE. — Cette plante n'est guère cultivée que dans les jardins botaniques. Elle vient à tous les sols et à toutes les expositions, mais préfère toutefois un terrain frais et une exposition un peu ombragée. On la multiplie avec la plus grande facilité, soit par semis, soit par le déchirement des vieux pieds. La médecine n'emploie que la plante sauvage.

PARTIES USITÉES. — La plante entière, les feuilles.

RÉCOLTE. — On récolte l'alchémille au moment de la floraison ; elle perd par la dessiccation sa couleur et une partie de ses propriétés ; récoltée humide, elle noircit.

COMPOSITION CHIMIQUE. — Quoique les plantes de la famille des Rosacées présentent entre elles des différences notables relativement à leurs propriétés thérapeutiques, on peut dire qu'en général elles sont astringentes, et qu'elles doivent cette propriété à leur richesse en tannin. Le groupe des Dryadées, auquel appartiennent outre l'alchémille, la tormentille, *Tormentilla erecta* ; le fraisier, *Fragaria vesca* ; l'ansérine, *Potentilla anserina* ; la potentille rampante, *P. reptans* ; la benoîte, *Geum urbanum* et *rivale* ; la filipendule, *Spiræa filipendula*, etc., est surtout remarquable par l'analogie de propriétés que présentent entre elles les diverses plantes qui le composent. C'est surtout dans la racine que se trouve accumulé le principe tannant ; aussi les sels de fer, de zinc, etc., sont-ils incompatibles avec les préparations d'alchémille et des autres plantes de la même tribu.

Usages. — L'alchémille, ou *alchimille*, ou *manteau-des-dames*, nommée aussi *pied-de-lion*, à cause de la forme lobée, presque festonnée de ses feuilles, est peu employée en médecine ; elle est légèrement styptique et astringente ; on l'a employée pour donner de la tonicité aux tissus relâchés, pour combattre la flaccidité du scrotum et des mamelles. Les anciens employaient surtout la racine ; aujourd'hui on préfère la plante sèche, mais elle est très-rarement usitée.

Le rhizome vivace de l'alchémille est assez gros, brunâtre, portant des racines fibreuses.

En Suède, on attribue à l'alchémille la propriété de guérir la maladie convulsive, assez commune dans ce pays et en Allemagne, désignée sous le nom de raphanie, *raphania*, parce qu'on la croit produite par les graines du *Raphanus raphanistrum* L., mêlées au pain ; mais on a reconnu que l'alchémille ne produisait aucun effet contre cette maladie, qui présente une si grande analogie avec notre *ergotisme*. Les Suédois connaissent l'alchémille sous le nom de *Draghlad*.

Pulteney, dans ses *Esquisses historiques*, etc., rapporte que les druides, pour *dénouer l'aiguillette*, ordonnaient de prendre sept tiges de pied-de-lion, séparées des racines, bouillies dans de l'eau, à l'époque des décroissements de la lune. Une pareille absurdité n'a pas besoin d'être réfutée.

ALHAGI

Alhagi Maurorum Tourn. *Hedysarum alhagi* L.
(Légumineuses–Hédysarées.)

L'Alhagi ou Agul est un arbrisseau à tiges glabres, cylindriques, hautes d'environ un mètre, divisées en rameaux droits, nombreux, étalés, presque glabres ; à feuilles alternes, simples, ovales-lancéolées, rétrécies à la base, obtuses au sommet, un peu velues, d'un vert pâle, terminant des pétioles très-courts, qui sont munis à leur base d'aiguillons étroits, allongés, en alène, très-aigus, inégaux, un peu bruns ou rougeâtres, à sommet blanc-jaunâtre. Les fleurs forment de petites grappes latérales, lâches, très-nombreuses, un peu pendantes, à pédoncules glabres et striés. Elles présentent un calice court, cendré, persistant, à cinq dents peu sensibles ; une corolle à centre pourpre, à bords rougeâtres ; un ovaire oblong, très-étroit, surmonté d'un style court, subulé, aigu. Le fruit est une gousse articulée, glabre, nue, contenant dans chaque article une semence réniforme.

Toutes les parties de cet arbrisseau, mais surtout les rameaux et les feuilles, sont couvertes, dans les temps chauds, d'une matière onctueuse, grasse, mielleuse, que la fraîcheur des nuits condense en forme de grains connus sous le nom de *manne d'Alhagi* ou *Trangebin*.

L'alhagi des chameaux ou faux alhagi (*A. camelorum* Fisch., *Hed. pseudo-alhagi* Bieb.), est une plante vivace, assez voisine de la précédente, avec laquelle on l'a quelquefois confondue.

HABITAT. — L'alhagi est répandu dans les déserts de l'Égypte, de la Syrie, de l'Arabie, de la Perse, de la Mésopotamie. Le faux alhagi habite la Tartarie et la Sibérie méridionale.

CULTURE. — L'alhagi des Maures exige chez nous la serre chaude ; il demande beaucoup de soins, fleurit et fructifie difficilement. Le faux alhagi demande la serre tempérée et la terre de bruyère. Ces deux espèces se propagent de graines.

PARTIES USITÉES. — Le suc concrété ou manne d'alhagi.

RÉCOLTE. — Le suc concrété à la surface de la plante est encore mou et se prend en masses glutineuses ; il faut donc le faire sécher à l'ombre : d'ailleurs ce produit est extrêmement rare dans le commerce.

COMPOSITION CHIMIQUE. — De même que dans notre Introduction, à propos des principes immédiats des végétaux, lorsque nous avons parlé des sucres que l'on a récemment groupés autour de la glycose des fruits, de même à côté du sucre de canne sont venus se ranger d'autres sucres analogues, tels que le *mélitose* retiré de la manne d'Australie, fourni par un eucalyptus, le *tréhalose*, extrait de la manne de Turquie ou *tréhala*; le *mélézitose*, que l'on retire de la manne de Briançon ou du mélèze, tous découverts par M. Berthelot; puis enfin, le *mycose*, trouvé par M. Mitscherlich dans l'ergot de seigle.

La *manne d'alhagi*, ou *téréniabin*, ou *trungibin*, ou *manne liquide*, nommée encore *manne de Perse*, *terenjabin*, *trunschibin*, *trungibin* (Niebuhr, *Descript. Arab.*, page 12), est une liqueur grasse, onctueuse, de la consistance du miel épais, que la fraîcheur des nuits condense en forme de grains que l'on nomme *manne alhagi*, et qui probablement renferme une espèce de sucre se rapportant à l'un des deux types que nous venons d'indiquer, à moins que ce sucre ne forme un type distinct, ce qui serait bien possible.

Usages. — D'après Niebuhr, dans les grandes villes de Perse, on se sert de la manne alhagi au lieu de sucre pour les pâtisseries et les autres mets. Les grains, de la grosseur d'un grain de riz, sont agglutinés en pains assez gros, contenant de la poussière et des débris de feuilles, d'une couleur jaune foncé. Trois onces suffisent pour purger. Elle est très-abondante et très-employée en Orient; on l'emploie comme purgatif, mêlée au séné; elle est inconnue en France.

Avicenne et Sérapion parlent de la manne d'alhagi; c'est surtout autour de Tauris, ville de Perse, qu'on la récolte.

L'*alhagi pseudo-alhagi* Bieb., qui est herbacé et qui croît dans le Caucase, la Tartarie, ne donne pas de manne, pas plus que l'*A. Nepaulensium* D. C. de l'Inde; mais le climat peut être pour beaucoup dans cette production; en effet, les différents *fraxinus* qui donnent de la manne, en Calabre et en Sicile, n'en donnent pas partout; Zalloni dit positivement (*Voyage à Tine*, p. 50) que l'alhagi de Tartarie produit de la manne, et Tournefort fait remarquer que l'*alhagi Maurorum*, qui croît à l'île de Tine, ne donne pas de manne. A Calcutta on vend de la manne provenant de l'alhagi du Bengale.

Hallé prétend que la manne d'alhagi est la manne des Hébreux; mais d'autres pensent que sous ce nom il faut entendre le lichen esculent, et d'autres enfin croient que c'est un produit du *Tamarix mannifera*, variété du *T. Gallica*.

ALIBOUFIER

Styrax officinalis L.
(Styracées.)

L'Aliboufier d'Europe est un arbrisseau dont la tige atteint 5 à 6ᵐ de hauteur. Ses feuilles alternes, ovales, pétiolées, sont molles, blanches et comme cotonneuses en dessous. Ses fleurs blanches forment de petites grappes axillaires, plus courtes que les feuilles, et à pédicelles couverts d'un duvet blanchâtre. Le calice, qui présente la même apparence extérieure, est urcéolé et se termine par cinq dents très-courtes. La corolle a le tube très-court et le limbe partagé en cinq divisions profondes; à l'intérieur on trouve dix étamines. Le fruit, cotonneux comme presque toute la plante, est du volume d'une noisette et renferme une amande huileuse et odorante.

Les plaies faites accidentellement ou à dessein à l'écorce de cet arbrisseau, laissent exsuder un suc résineux (*Styrax* ou *Storax*).

Les aliboufiers d'Amérique (*S. Americanum* L.) et glabre (*S. lævi-gatum* H. K.) ressemblent beaucoup au précédent.

Habitat. — L'aliboufier d'Europe est répandu dans presque toute la région méditerranéenne ; il habite surtout les bois et les rochers maritimes et fleurit en juillet. Les deux autres sont originaires de la Caroline.

Culture. — L'aliboufier supporte assez bien la pleine terre jusque dans le nord de la France ; mais il est prudent de l'abriter pendant les premières années. Il demande une exposition chaude et abritée, une terre légère, douce, fertile, un peu humide. On le propage de graines, qui doivent être semées au printemps, soit en pots, soit en terrines, sur couche tiède et sous châssis. Le semis est ombragé en été. On le multiplie aussi de marcottes et de drageons, dont la reprise est assez facile.

Les deux autres espèces se cultivent de la même manière.

Parties usitées. — La matière résineuse qui découle de la plante lorsqu'on l'incise (*Storax*).

Récolte. — Le storax ne se récolte pas en France ; on n'est même pas parfaitement certain de son origine.

Composition chimique. — Les diverses variétés de storax sont formées par une matière résineuse, tenue en dissolution ou plus ou moins ramollie par une huile essentielle, aromatique ; ce serait donc par conséquent une *térébenthine* ; mais il est possible qu'elles renferment de l'acide benzoïque ; dans ce cas, ce serait un *baume*.

Usages. — Deux substances sont employées en médecine sous le nom de styrax ; elles ne doivent pas être confondues ; l'une, le styrax liquide, est produite par le *liquidambar oriental* des botanistes ; l'autre, celle qui nous occupe, est connue sous le nom de storax, de styrax ; on en connaît plusieurs sortes, mais on est loin d'être fixé sur leur origine.

D'après Dioscoride, le meilleur styrax est celui qui est onctueux, jaune, résineux, avec des grumeaux blanchâtres ; il possède une odeur forte ; fondu, il ressemble à du miel ; il vient de Gabala (Phœnicie), de Pisidie et de Cilicie ; il est produit par un arbre qui ressemble au coignassier ; il y en a une sorte qui est transparente comme une gomme, ressemblant à la myrrhe ; mais le plus souvent celui du commerce est fait de toutes pièces à Marseille, avec la poudre de l'aliboufier, du miel, de la cire, de la résine, du styrax (*Liquidambar*), etc.

Galien recommande le storax que l'on apporte de la Pamphylie, enfermé dans des roseaux (*Calamus*), d'où le nom de storax calamite que l'on continue à donner au meilleur storax, quoiqu'on ne le porte plus dans des roseaux.

On a cru trouver dans l'aliboufier qui croît en Provence, en Italie et dans le Levant, l'arbre qui produit le storax ; toutes les parties de la plante sont imprégnées d'une résine qui répand son odeur et qui en découle, soit par incision, soit par la piqûre des insectes.

Voici quelles sont les différentes sortes de storax :

1° *Storax blanc* en larmes blanches opaques, réunies en masses, à odeur forte et suave, à saveur douce parfumée amère, renfermant des débris de branches, ce qui la distingue du liquidambar blanc d'Amérique, qui d'ailleurs a une odeur moins forte et moins suave ;

2° *Storax amygdaloïde*, masses cassantes formées de larmes agglutinées, ressemblant à du galbanum ;

3° *Storax rouge-brun*. Il diffère du précédent par de la sciure de bois que l'on trouve à sa surface ;

4° *Storax liquide par*. M. Guibourt sépare ce produit du liquidambar blanc d'Amérique ; d'après M. Landerer, le storax liquide, nommé *Bachuri-jag* ou huile de storax, est obtenu à Cos et à Rhodes du *Styrax officinale* au moyen d'incisions ;

5° *Storax noir*, masse solide d'un brun noir, coulant comme de la poix, odeur agréable ; il contient de la sciure de bois. M. Guibourt est porté à penser qu'il est obtenu par décoction des rameaux de l'arbre ; c'est avec ce produit et la gomme ammoniaque, la tacamaque, le sable, la cire, l'acide benzoïque, la sciure de bois, etc., que l'on prépare à Marseille le faux storax calamite ;

6° *Storax en pain* ou *en Sacilles, sciure de storax*. Ce sont des masses de 25 à 30 kilogrammes, recouvertes d'une toile ;

7° *Storax rouge du commerce, écorce de Storax*, paraît être formé de l'écorce du styrax officinal coupée en lanières et comprimée pour en retirer le baume.

En Amérique, plusieurs espèces du genre styrax peuvent fournir des racines analogues au storax ; au Brésil ce sont les *S. reticulatum* et *ferrugineum*, à la Guyane les *S. Gaianense, pallidum*, au Pérou le *S. racemosum*, dans la Colombie le *S. tomentosum*.

Le storax vrai est extrêmement rare dans le commerce, où on ne trouve que l'artificiel ; il entrait autrefois dans un grand nombre de préparations pharmaceutiques.

ALISIER

Sorbus torminalis Crantz. *Cratægus torminalis* L.
(Rosacées - Pomacées.)

L'Alisier ou Aigrelier est un arbre dont la tige droite atteint jusqu'à 15 mètres de hauteur. Ses feuilles, glabres, luisantes et d'un beau vert, sont ovales, tronquées ou cordées à la base, divisées en lobes aigus inégalement dentés, dont les inférieurs sont plus grands et divergents. Les fleurs, blanches, assez petites, sont disposées en corymbes rameux. Elles présentent cinq pétales étalés, à onglet presque glabre, des étamines nombreuses et des styles glabres, dont le nombre varie de deux à cinq. Le fruit est ovoïde, brun jaunâtre, charnu, acerbe à la maturité, et devenant ensuite pulpeux et acidule.

L'Alisier de Fontainebleau (*S. latifolia* Pers.) se distingue du précédent par sa taille moins élevée, ses feuilles plus grandes, blanches et cotonneuses en dessous, ses styles velus à la base, son fruit brun orangé, pulpeux et à saveur sucrée.

L'Alouchier ou Drouiller (S. *Aria* Crantz, *Cratægus aria* L.) se reconnaît à sa taille plus haute ; à ses feuilles ovales ou oblongues, blanchâtres et cotonneuses en dessous, vert foncé en dessus, à lobes décroissant du sommet vers la partie inférieure ; à son fruit rouge orangé, pulpeux, d'une saveur acidule.

Habitat. — Ces trois espèces sont répandues sur presque toute la surface de l'Europe ; elles habitent de préférence les bois et les régions montueuses.

Culture. — La première espèce, qui est la plus fréquemment employée en médecine, n'est pas cultivée exclusivement pour cet usage. On la trouve surtout dans les forêts, dans les parcs, dans les jardins d'agrément. Il en est à peu près de même des deux autres.

Parties usitées. — Les fruits, le bois.

Récolte. — Les fruits se récoltent à leur parfaite maturité ; ils ont toujours une saveur âcre et acerbe.

Composition chimique. — Comme la plupart des rosacées, les sorbiers sont regardés comme renfermant des proportions notables de tannin ; les fruits renferment des quantités assez grandes de sucre pour qu'on ait cherché dans certains pays à les exploiter pour en retirer par fermentation une liqueur alcoolique. En 1845 Donavan retira des fruits du sorbier des oiseaux, *sorbus aucuparia*, un acide cristallisé, auquel il donna le nom d'*acide sorbique*; mais on reconnut plus tard que ce n'était que de l'acide malique pur, qui depuis Schéele, qui l'avait découvert, n'avait été obtenu qu'impur, liquide et incristallisable.

L'acide malique donne aux pommes, aux poires, aux sorbes non mûres cette saveur acerbe qui les caractérise; on le trouve encore dans les prunes vertes, les prunelles, les groseilles vertes, les baies de sureau, la pulpe de tamarin, l'épine-vinette, la joubarbe, l'ananas, le tabac, l'épinard, la gaude, l'absinthe, etc. On l'obtient en précipitant l'acétate de plomb par le suc des végétaux qui en contiennent, lavant à l'eau froide le malate de plomb obtenu, et le décomposant par l'hydrogène sulfuré. Dans le fruit de sorbier l'acide malique existe à l'état de malate de chaux. Quand on veut l'extraire, on récolte les fruits au mois d'août, avant leur maturité. La formule de l'acide cristallisé est $C^8 H^4 O^8$, $2 HO$; chauffé à sec, il se transforme en acide maléique $C^8 H^2 O^6$, $2 HO$, qui diffère de l'acide malique par deux équivalents d'eau. Par une chaleur douce et ménagée, l'acide malique se transforme en *acide fumarique*, ou *para-maléique*, $C^4 HO^3$, HO. Cette transformation se fait sans dégagement de gaz ou de vapeurs.

Les fruits de l'alisier ont été considérés comme astringents, et rarement employés comme tels. L'alisier anti-dyssentérique, *Cratægus torminalis* de nos forêts, présente une écorce astringente autrefois employée en médecine; le bois l'est encore en ébénisterie. L'azerolier, *Cratægus azarolus*, dont les fruits sont rouges, pulpeux, sucrés, et restent âcres sous le climat de Paris. L'aubépine, *Cratægus oxyacantha*, présente des fleurs dont l'odeur parfumée est des plus agréables; le buisson ardent, *mespilus pyracantha*, ainsi nommé à cause de la couleur écarlate de ses fruits, doivent être rapprochés des alisiers.

Les divers alisiers ont reçu quelques applications dans l'industrie; l'alisier à feuilles larges et à fruits d'un jaune rougeâtre donne un bois estimé des charpentiers pour faire des alluchons et des fuseaux dans les rouages des moulins; il est également recherché des tourneurs, et les menuisiers s'en servent pour monter leurs outils; enfin la racine a été, dit-on, employée pour la teinture en noir.

ALKÉKENGE

Physalis alkekengi L. *Alkekengi officinarum* Tourn.
(Solanées.)

L'Alkékenge, appelée aussi Coqueret ou Coquerelle, est une plante vivace, à racines fibreuses, articulées, rampantes. La tige, haute de $0^m,50$ à $0^m,60$, est herbacée, ferme, dressée, rameuse, anguleuse, un peu velue, souvent marquée d'une teinte rougeâtre. Elle porte des feuilles pétiolées, ovales, irrégulières, pointues, ondulées-sinuées sur les bords, assez grandes, glabres, d'un vert sombre, géminées ou naissant par deux ensemble des divers points de la tige. Les fleurs sont solitaires à l'extrémité de courts pédoncules axillaires. Le calice est renflé, velu, à cinq divisions aiguës; la corolle, jaune blanchâtre, rotacée, à tube court, à limbe partagé en cinq divisions pointues, assez longues. Les étamines, au nombre de cinq, sont plus courtes que la corolle et ont des anthères conniventes, oblongues. L'ovaire, ovoïde, glabre, à deux loges, est surmonté d'un style court, terminé par un petit stigmate obtus. Le fruit est une baie globuleuse, rouge, lisse, de la grosseur d'une cerise, contenue dans le calice, qui s'est agrandi et refermé à la maturité, en formant une sorte de coque vésiculeuse, pointue, à cinq angles et d'un rouge assez vif. Les graines sont réniformes (Pl. 7).

Habitat. — L'alkékenge est répandue dans la majeure partie de l'Europe; on la trouve surtout dans les champs cultivés, les vignes, les lieux humides et ombragés des bois, etc. Elle fleurit en juillet et en septembre.

Culture. — L'alkékenge, étant naturellement assez abondante pour suffire aux besoins de la médecine, n'est cultivée que dans les jardins botaniques, et quelquefois aussi dans les massifs d'agrément. Cette culture est des plus simples. On sème les graines en pots à l'automne et au printemps, et on repique les jeunes plants quand ils sont assez forts. La plante se propage ensuite d'elle-même avec une telle facilité qu'elle en devient souvent incommode.

Parties usitées. — Les fruits, les feuilles, les tiges.

Récolte. — Les fruits sont recueillis à leur maturité; quelquefois on sépare les baies du calice; les fruits se rident, et lorsqu'on veut les pulvériser, on les dessèche à l'étuve; les feuilles et les tiges, rarement employées, doivent être récoltées au moment de l'épanouissement des fleurs.

Composition chimique. — Les feuilles et les tiges sont franchement amères, les baies ont une légère acidité ; on les sert sur les tables en Suisse, en Allemagne et en Angleterre ; l'épicarpe et les calices renferment une matière colorante jaune qui les a fait utiliser pour colorer le beurre. MM. Dessaignes et Chautard ont isolé des feuilles une matière cristalline amère, non alcaline, qu'ils ont nommée *Physaline*.

Usages. — Les fruits de l'alkékenge, nommés aussi cerises d'hiver ou de juif, *Physale halicacabum*, ont été employés pendant longtemps contre la gravelle, les rétentions d'urine, les hydropisies, l'ictère, etc.; ils entrent dans la composition du sirop de rhubarbe ou de chicorée composé. Arnaud de Villeneuve les regardait comme diurétiques, et Dioscoride les prescrivait contre l'ictère, l'ischurie ; il prétend même qu'ils guérissent l'épilepsie. Ray les employait contre la goutte, et les habitants des campagnes en font un fréquent usage pour leurs bestiaux et pour eux-mêmes. On les a employés pour combattre la dysurie, la gravelle, l'anasarque, l'hydropéricardite, les infiltrations séreuses qui suivent la scarlatine, l'albuminurie.

Quoique regardées comme diurétiques, les feuilles et les tiges ont été surtout employées contre la cachexie paludéenne ; elles conviennent aux individus affaiblis, anémiques ; elles déterminent une légère ivresse avec bourdonnement d'oreilles et un ralentissement notable du pouls ; à forte dose, elles produisent une pesanteur à l'estomac et la constipation ; quelquefois cependant elles ont déterminé des coliques suivies de diarrhée passagère.

C'est spécialement comme fébrifuge que la poudre de baies et de calices a été préconisée. C'est à M. Gendron que l'on doit des observations fort curieuses à ce sujet. Les résultats annoncés ont été confirmés par les expériences de MM. Gendron et Fatou, de Vendôme. C'est surtout contre les fièvres intermittentes automnales que la poudre d'alkékenge a produit d'excellents effets ; et, sans avoir la promptitude d'action ni la sûreté du sulfate de quinine, ce n'en est pas moins un médicament précieux, parce qu'il ne coûte rien, et que les paysans peuvent le récolter eux-mêmes.

Ajoutons encore que les feuilles de l'alkékenge, bouillies dans de l'eau, peuvent être employées en cataplasmes et en fomentations comme calmantes et émollientes.

La médecine homœpathique fait usage de l'alkékenge. Son signe est *Ialk.* son abréviation *Alkek.* On en fait une teinture mère.

ALLIAIRE

Alliaria officinalis D. C. *Erysimum alliaria* L. *Hesperis alliaria* Lam.
Sisymbrium alliaria Roth.
(Crucifères–Sisymbriées.)

L'Alliaire est une plante bisannuelle ou vivace, à racine blanchâtre. Sa tige, haute de $0^m,35$ à $0^m,65$, herbacée, ferme, dressée, un peu anguleuse, simple et velue à la base, glabre, légèrement glauque et un peu rameuse au sommet, porte des feuilles alternes, larges, arrondies et cordiformes à la base, sinueuses et dentelées sur les bords, pointues au sommet, longuement pétiolées dans le bas de la tige, presque sessiles dans la partie supérieure, vertes et luisantes en dessus, plus pâles en dessous, molles et exhalant une odeur d'ail quand on les froisse. Les fleurs sont blanches, petites, presque sessiles et réunies en grappes ou en épis lâches terminaux. Elles présentent un calice à quatre sépales blanchâtres, à demi ouverts, tombant de très-bonne heure ; une corolle à quatre pétales deux fois plus longs que le calice, elliptiques, obtus, entiers, rétrécis en onglet à la base, un peu étalés à la partie supérieure ; six étamines incluses, tétradynames ; un ovaire tétragone, surmonté d'un style épais, cylindrique, très-court. Le fruit est une silique longue et grêle, tétragone, obtuse et striée longitudinalement (Pl. 8).

Habitat. — Cette plante croît dans les régions tempérées de l'Europe ; on la trouve abondamment dans les parties humides et ombragées des bois, le long des fossés et des haies, dans le voisinage des habitations, etc. Elle fleurit depuis le mois d'avril jusqu'en juin.

Culture. — L'alliaire, qu'on trouve à l'état sauvage, est assez abondante pour que cette plante ne soit cultivée que dans les jardins botaniques. Elle a la propriété de croître très-bien à l'ombre des arbres. Sa culture est facile ; il suffit de répandre, au printemps, ses graines sur le sol. Si l'on tient à la propager dans les bosquets, pour couvrir la nudité du sol, il faut avoir soin de couper ses tiges aussitôt que les fleurs sont passées.

Parties usitées. — Les feuilles, les sommités fleuries, les semences.

Récolte. — C'est au moment où la plante est en fleurs qu'elle renferme le plus de principes actifs ; ceux-ci disparaissent par la dessiccation, aussi ne l'emploie-t-on que fraîche.

Composition chimique. — Le nom d'alliaire lui vient de l'odeur d'ail qu'elle répand. Cette plante renferme en effet une huile essentielle, sulfurée, tout à fait semblable à celle dont nous avons parlé en traitant de l'ail ; de sorte que dans la famille des crucifères on trouve tout à la fois le sulfure d'allyl $C^6 H^6 S$ dans l'alliaire, et le sulfocyanure de sulfure d'allyl $C^8 H^6 A, S^2$ dans l'essence de moutarde ; l'odeur d'ail est tellement prononcée dans l'alliaire, qu'il est communiqué au lait des animaux qui en mangent et qui d'ailleurs en sont assez friands.

Usages. — L'alliaire a été considérée dans l'art culinaire comme un succédané de l'ail ; les gens du peuple la mangent quelquefois en salade ou écrasée avec du beurre.

A peu près abandonnée par les médecins de nos jours, elle a été autrefois très-préconisée par divers auteurs, parmi lesquels nous citerons Fabrice de Hilden, Camerarius, Chomel l'oncle, Boerhaave, etc.; c'est surtout comme anti-scorbutique qu'elle était très-estimée, mais on la regardait encore comme stimulante, diaphorétique, béchique, incisive, diurétique, anti-putride et détersive ; les préparations pharmaceutiques faites à chaud lui enlèvent la plus grande partie de ses propriétés. Toutefois, la décoction, d'après Virey, serait expectorante, et on l'a souvent employée avec succès sous cette forme, sur la fin des catarrhes pulmonaires chroniques, dans l'asthme humide, et pour faciliter l'expectoration dans la phthisie ; elle est même alors diurétique et a rendu comme tel des services dans l'hydrothorax avec œdème des extrémités inférieures.

Sans admettre avec Camerarius que l'on guérit le carcinome au moyen de l'alliaire pilée, il est certain qu'elle a été utile pour hâter la cicatrisation des ulcères sanieux et gangreneux; car c'est un détersif puissant, elle agit alors par son huile essentielle, on emploie encore dans ces cas le suc, dont on humecte de la charpie.

Appliqués sur la peau intacte, la pulpe et le suc d'alliaire déterminent une légère rubéfaction dont le médecin pourra tirer un grand parti dans les cas urgents.

Les graines réduites en pâte au moyen d'un peu d'eau sont égale-

ment rubéfiantes, toutefois moins que la moutarde ; on assure que les
poules qui mangent ces graines pondent des œufs qui ont l'odeur
et la saveur de l'ail.

ALOÈS

Aloe perfoliata Lam. A. *spicata* L. A. *socotorina* Auct.
(Liliacées-Aloïnées.)

L'Aloès officinal est une plante vivace, à racines fasciculées-fi-
breuses, à tige très-courte, presque nulle ; à feuilles toutes radicales,
épaisses, charnues, allongées, aiguës, longues de $0^m,20$ à $0^m,30$,
larges de $0^m,10$, dentées, amplexicaules, d'un vert glauque, parsemées de verrues blanchâtres, épineuses. Du centre de ces feuilles
s'élève une hampe, haute d'environ $0^m,65$, couverte d'écailles dressées, aiguës. Les fleurs, rouges, tubuleuses, dressées avant l'épanouissement, plus tard pendantes, à étamines un peu saillantes, forment
un épi allongé au sommet de la tige. Le fruit est une capsule ovoïde,
allongée, à trois loges, marquée de trois sillons longitudinaux.

Habitat. — Originaire, comme ses congénères, du cap de Bonne-
Espérance, cette plante est naturalisée en Asie et en Amérique. Elle se
cultive, sous nos climats, en serre chaude, et comme plante d'ornement.

Parties usitées. — Le suc concrété, les fibres.

Récolte. — Les auteurs sont peu d'accord sur le procédé employé
pour obtenir l'aloès ; il est probable qu'il varie selon les pays ; le plus
souvent l'aloès le plus pur est obtenu en plaçant debout dans des tonneaux les feuilles fraichement coupées ; un autre procédé consiste à
hacher les feuilles à exprimer, dépurer le suc par le repos, puis à
faire évaporer au soleil dans des vases plats. A la Jamaïque on coupe
les feuilles par morceaux, on les place dans des paniers, et on les
plonge pendant dix minutes dans l'eau bouillante ; après ce temps on
les retire, on les remplace par d'autres, et on répète l'opération jusqu'à ce que la liqueur soit assez chargée ; on laisse refroidir, on dé-
pure par décantation, on fait évaporer, et on coule dans des calebasses, où la solidification s'opère ; dans d'autres pays on fait bouillir
les feuilles hachées avec de l'eau, on passe et on fait évaporer. Enfin,
d'après d'autres auteurs, on opérerait sur les feuilles d'aloès successivement par tous les procédés que nous venons d'indiquer ; on réu-
nirait les différents liquides que l'on ferait concentrer en consistance
convenable, et que l'on coulerait dans des tonneaux longs et étroits ;

il s'opérerait dans la masse des séparations qui constitueraient les différentes espèces d'aloès.

COMPOSITION CHIMIQUE. — L'aloès est soluble dans l'eau chaude, la solution se trouble par le refroidissement ; aussi l'a-t-on regardé comme formé d'extractif soluble dans l'eau et de résine insoluble. Braconnot dit qu'il est composé d'une substance résinoïde soluble dans l'eau, l'alcool, l'éther et les alcalis ; Berzélius le considère comme formé d'un principe primitif, incolore, soluble dans les véhicules que nous venons de nommer, mais qui par l'exposition à l'air devient insoluble (apothème) dans l'eau froide, mais soluble dans l'eau bouillante et dans l'alcool ; c'est ce mélange d'apothème et d'extractif qui constitue les aloès du commerce. D'autres chimistes ont admis dans l'aloès une huile volatile, de l'acide gallique, des sels de potasse et de chaux.

D'après M. E. Robiquet, l'aloès contient une substance soluble dans l'eau, l'aloétine $= C^6 H^{14} O^{10}$. Distillée avec la chaux, elle fournit l'aloïsol $C^6 H^5 O^3$; traité par le chlore, l'aloès forme un corps chloré blanc cristallin, le chloraloïde $= C^3 C/O^3$, dans l'action de l'acide azotique sur l'aloès, il se forme, outre l'acide polychromatique de M. Boutin, l'acide *chrysammique*, l'acide *chrysolépique* et les acides *aloétique* et *aloérétinique* (M. Schunck).

USAGES. — Outre les acides colorants, on emploie l'aloès lui-même pour la teinture, la peinture et la fabrication des vernis ; les fibres de l'aloès qui servent à faire des cordages des hamacs et des objets de sparterie, sont produits par l'*A. disticha* ou *cabouille* de Saint-Domingue, et *calaona* des Caraïbes, mais fournies surtout par les *Agave*. En Angleterre, on emploie presque exclusivement en médecine les aloès *socotrin* et des *Barbades*. En France, c'est plus spécialement l'aloès du Cap dont on fait usage ; et pour la médecine vétérinaire les aloès *hépatique* et *caballin*. Nous empruntons à M. Guibourt les caractères distinctifs des aloès.

	ALOÈS SOCOTRIN		ALOÈS DU CAP
	TRANSLUCIDE	HÉPATIQUE	
Couleur de la masse.....	Rouge hyacinthe.	Couleur du foie pourprée rougeâtre ou jaunâtre.	Brun noirâtre avec reflet verdâtre.
Transparence...........	Imparfaite mais sensible.	Nulle ou presque nulle.	Nulle en masse, mais parfaite dans les lames minces.
Couleur des lames minces.	Rouge hyacinthe.	Couleur du foie.	Rouge foncé.
Cassure................	Lustrée.	Lustrée et cireuse.	Brillante et vitreuse.
Couleur de la poudre....	Jaune doré.	Jaune doré.	Jaune verdâtre.
Odeur.................	Douce, agréable.	Douce, agréable.	Forte, tenace, peu agréable.

L'aloès *caballin* est très-impur. L'aloès des *Barbades* ou *Barbade* vient de la Jamaïque et de la Barbade, renfermé dans des calebasses ; il est extrait des *A. vulgaris* et *sinuata* ; il se distingue surtout par l'odeur de myrrhe et d'iode qu'il répand : sa poudre est rougeâtre sale, c'est un bon aloès.

L'aloès entre dans la composition des élixirs de Garus, de longue vie, de propreté de Paracelse, des pilules de Bontius, Écossaises ou d'Anderson, les grains de santé de Franck, etc.

En médecine homœopathique, il est employé comme tonique et drastique ; son symbole est *saoë*, et son abréviation *Aloë*.

A petite dose, c'est-à-dire de un à cinq centigrammes, l'aloès est un excellent tonique qui convient dans les cas d'atonie générale ; à cinquante centigrammes ou un gramme, c'est un purgatif drastique des plus puissants ; il agit plus spécialement sur le gros intestin, aussi est-il employé avec succès pour rappeler les flux hémorrhoïdaux et menstruels ; il agit sur le système sanguin, qu'il congestionne, et surtout sur celui de la veine-porte.

En médecine vétérinaire, la teinture d'aloès est très-employée comme cicatrisant.

AMANDIER

Amygdalus communis L.
(Rosacées – Amygdalées.)

L'Amandier est un arbre de moyenne grandeur, dont la tige, haute de 6 à 8 mètres, est droite, couverte d'une écorce brun cendré, d'abord lisse et brillante, plus tard rugueuse et gercée ; il en découle un suc gommeux, connu sous le nom de *gomme du pays*. Les jeunes rameaux sont allongés, dressés, minces, flexibles, couverts d'une écorce lisse, vert clair, un peu glauque. Les feuilles sont alternes, pétiolées, lancéolées, aiguës, finement dentées, glabres, d'un beau vert. Les fleurs, qui naissent toujours sur les pousses de l'année précédente, sont grandes, blanches ou un peu rosées, presque sessiles, solitaires ou réunies par deux ou trois. Le calice est rougeâtre à l'extérieur, à tube turbiné, à limbe partagé en cinq lobes obtus, étalés. La corolle est à cinq pétales arrondis, rétrécis à la base en un onglet court, étalés et insérés au sommet du tube du calice, ainsi que les étamines, qui sont au nombre de vingt-cinq à trente, sur plusieurs rangs. L'ovaire se compose de deux carpelles globuleux, un peu comprimés, à sillon interne, uniloculaires, velus-cotonneux, dont un seul se développe et arrive à maturité. Le fruit est une drupe verte, ovoïde, allongée, comprimée, pointue au sommet ; à chair peu épaisse, dure, coriace et presque sèche, s'ouvrant et se détachant aisément après la maturité ; le noyau, rugueux, crevassé, renferme une graine ou *amande* (rarement deux) à tégument brun, rugueux et à cotylédons très-volumineux.

L'amandier présente deux variétés fort distinctes, l'une à graines douces, l'autre à graines amères ; elles se subdivisent en sous-variétés à coque dure, ligneuse et épaisse, ou mince et fragile.

HABITAT. — Originaire de l'Asie et du nord de l'Afrique, l'amandier est aujourd'hui naturalisé et cultivé dans tout le midi de l'Europe. Il fleurit dès le mois de janvier.

PARTIES USITÉES. — Les graines, et rarement les feuilles.

RÉCOLTE. — Les amandes douces et amères se trouvent dans le commerce avec ou sans coques. On connaît plusieurs sortes des unes et des autres ; elles viennent d'Afrique, d'Espagne, d'Italie, de Provence, de la Touraine, etc., etc.

COMPOSITION CHIMIQUE. — Les amandes contiennent environ 54 p. 100 d'huile fixe, 24 p. 100 d'une albumine particulière nommée *émulsine* ou *synaptase*, du sucre, de la gomme, du tissu cellulaire. Les amandes amères renferment en outre un principe cristallisable, l'*amygdaline*, qui, au contact de la synaptase, de l'eau et d'une température convenable, prend quatre équivalents d'eau et donne naissance aux produits suivants :

$$
\begin{array}{ll}
\text{L'amygdaline.} = C^{40}H^{27}O^{22}A, & \\
\text{4 équiv. d'eau,} = \phantom{C^{40}}H^4 O^4 & \\
\hline
\text{Total} \ldots \ C^{40}H^{31}O^{26}A, &
\end{array}
$$

Produisant au contact de la synaptase :

$$
\begin{array}{lll}
\text{1 équiv. d'acide cyanhydrique.} & C^2 H A. \\
\text{Ess. d'am. amères.} \ldots \ldots & C^{14}H^6 O^2 \\
\text{Glycose.} \ldots \ldots \ldots \ldots & C^{24}H^{24}O^{24} \\
\hline
\text{Total} \ldots \ldots \ldots & C^{40}H^{31}O^{26}A,
\end{array}
$$

L'essence d'amandes amères ou hydrure de benzoïle, au contact de l'oxygène ou de l'air, se transforme en acide benzoïque ; en effet, $C^{14}H^6O^2 + O^2 = C^{14}H^6O^3 + HO$ ou acide benzoïque. La potasse opère la même transformation.

L'huile fixe, dite improprement d'*amandes douces*, est produite indistinctement par les douces et les amères.

USAGES. — Tout le monde connaît les usages si nombreux et si variés des amandes dans l'art culinaire, la confiserie, la pâtisserie, la parfumerie, etc.

Les amandes douces et amères servent à préparer le looch blanc,

le sirop d'orgeat, les amandes, les émulsions. Pour toutes ces préparations on prive les amandes de leur épisperme, par l'immersion dans
l'eau froide ou chaude : la pellicule se détache par simple pression
entre les doigts.

Le lait d'amandes douces est un excellent adoucissant rafraîchissant
ou calmant; on en fait usage dans les fièvres, les inflammations
pulmonaires, gastro-intestinales, des voies urinaires, cutanées, les
catarrhes aigus, les irritations nerveuses, les néphrites, les douleurs
néphrétiques, la strangurie, l'hématurie, etc., etc. Ce n'est pas un
médicament actif, mais soit qu'on l'emploie seul, soit qu'on s'en
serve comme excipient d'autres médicaments plus actifs, il est peu
de substances qui rendent autant de services à l'art de guérir.

Récemment la décoction des coques d'amandes a été préconisée
contre la coqueluche. L'huile fixe d'amandes est un émollient précieux; elle sert à préparer une foule de pommades : elle est le véhi-
cule du *cérat de Galien*.

Les amandes amères, qui se trouvent souvent mêlées aux douces
dans le commerce, constituent un des poisons les plus violents que l'on
connaisse, non-seulement parce qu'elles forment de l'acide cyanhydrique au contact de l'eau, mais encore parce qu'elles produisent de
l'essence d'amandes amères, substance des plus énergiques. On les a
quelquefois employées en médecine contre les toux nerveuses, la coqueluche, l'asthme, la chorée, etc.; en émulsion on les a préconisées
contre le prurit dartreux et le prurit de la vulve; le tourteau sous forme
de cataplasme nous a souvent réussi contre la migraine, lorsqu'on
l'applique sur le front, et pour calmer les douleurs vives des adénites.

On n'emploie guère que l'eau distillée d'amandes amères, et encore
lui préfère-t-on celle du laurier-cerise, qui jouit des mêmes propriétés, et dont nous parlerons plus loin.

Quant à l'essence d'amandes amères, c'est un médicament dangereux, difficile à manier, et qui ne doit être employé qu'avec la plus
grande circonspection.

Il ne faut jamais associer les mercuriaux avec l'acide cyanhydrique,
ni avec les substances qui peuvent en former, et conséquemment avec les
préparations d'amandes amères; il se forme dans ce cas du *cyanure de
mercure*, qui est poison violent : il paraîtrait qu'il y aurait aussi grand
danger à associer les préparations d'amandes amères avec l'iodure
de fer.

AMANITE

Amanita Pers. *Agaricus* Bull.
(Champignons-Agaricinées.)

Le genre Amanite comprend des champignons renfermés, pendant leur jeune âge, dans une *volva* ou *bourse*, qui persiste à la base du pédicule ; celui-ci est allongé, nu ou muni d'un anneau. Il se termine par un chapeau charnu, d'abord campanulé, puis convexe, enfin presque plan, souvent couvert de verrues, qui sont des débris de la volva. La face inférieure présente des lames nombreuses, serrées, libres et rayonnantes.

L'espèce la plus remarquable est l'oronge (*Amanita aurantiaca* Pers.) (Pl. 10, fig. 1). Ce champignon, dans son jeune âge, est complétement enveloppé dans une volva blanche, comme un œuf dans sa coquille ; plus tard, celle-ci se déchire et persiste à la base du pédicule. Le chapeau est rouge vif (quelquefois jaune), lisse ; les lames larges, d'un beau jaune, ainsi que le pédicule.

L'amanite fausse-oronge (*A. muscaria* Pers.), *agaricus muscarius* L., *agaricus pseudo-aurantiacus* Bull. (Pl. 10, fig. 2), se distingue de la précédente par sa volva incomplète ; son chapeau un peu visqueux, à bords non striés, couvert de verrues blanchâtres ; son pédicule un peu écailleux, blanc ainsi que les lames.

L'amanite vénéneuse (*A. venenosa* Pers.) a un pédicule blanc, cylindrique, renflé à la base, qu'entoure la volva ; un anneau large, blanc ou jaune, très-régulier ; un chapeau convexe, charnu, luisant, humide, blanc, jaune citron, vert olive ou grisâtre, quelquefois roussâtre, souvent couvert des débris de la volva.

Habitat. — L'oronge croît dans les bois, surtout dans ceux de pins, à la fin de l'été et en automne. La fausse oronge est commune dans les bois, en cette dernière saison. L'amanite vénéneuse croît solitaire, dans les endroits humides et ombragés des bois, au printemps et à l'automne. Aucune espèce d'amanite n'a été jusqu'à ce jour soumise à la culture.

Parties usitées. — Le pédoncule et le chapeau.

Récolte. — On assure que la fausse oronge est d'autant plus active qu'elle est plus développée.

Composition chimique. — Vauquelin a extrait de la fausse oronge plusieurs sels et une substance grasse à laquelle on attribue les propriétés vénéneuses. Mais il reste encore beaucoup à faire sur les champignons.

Usages. — La fausse oronge a été seule employée en médecine. Elle est, avec l'agaric bulbeux, la cause des cinq sixièmes des empoisonnements. On confond la première avec l'oronge vraie et la seconde avec l'agaric comestible. Aussi croyons-nous utile de résumer ici les caractères distinctifs de ces deux champignons :

CARACTÈRES.	ORONGE VRAIE.	ORONGE FAUSSE.
Volva................	Recouvre complétement le champignon dans sa jeunesse, ce qui lui donne de la ressemblance à un œuf.	Recouvre incomplétement le champignon.
Chapeau.............	Sans verrues blanches.	Avec des verrues blanches.
Couleur.............	Jaune orangé.	Rouge écarlate ou rouge orangé vif.
Feuillets et pédoncules.	Jaune tendre, beurre frais.	Blanc mat.

Le climat paraît modifier sensiblement les propriétés de la fausse oronge ; les Russes, il est vrai, n'en font pas toujours usage impunément, comme le prouve la mort de la veuve du czar Alexis, qui mourut pour en avoir mangé, et Loësel (*Flora Prussica*) rapporte le fait de l'empoisonnement de six Lithuaniens par la fausse oronge. Cependant les habitants du Kamtschatka la mangent pour se procurer un état d'ivresse agréable, mais qui peut aller jusqu'au délire furieux ; Krascheninikow rapporte que certains magnats préparent avec ce champignon une liqueur qui les jette dans une ivresse délirante. Gmelin et Pallas ont constaté ses propriétés enivrantes. Les empoisonnements par la fausse oronge sont extrêmement fréquents en France.

On sait peu de chose sur les propriétés physiologiques et thérapeutiques de la fausse oronge. Reinhart a employé la teinture contre la teigne et les exfoliations de la peau.

La poudre de fausse oronge, conseillée par Murray contre les tumeurs dures, glanduleuses, les fistules, l'épilepsie, les convulsions, a été récemment préconisée par M. Potet, d'Évreux, comme un bon moyen de panser les ulcères cancéreux.

En médecine homœopathique, on fait une teinture mère, des dilutions et des atténuations avec la fausse oronge.

L'oronge vraie est regardée avec juste raison comme un des champignons les plus délicats ; c'est avec les bolets l'aliment recherché du pauvre des campagnes. Mais, comme on confond facilement les champignons vénéneux avec les comestibles, il en résulte des empoisonnements presque toujours mortels.

Il y a encore quelques points douteux sur ce sujet; on a dit avec raison qu'il fallait en général se méfier des individus dont l'accroissement était rapide, qui venaient dans les endroits humides et sombres, qui avaient des tiges bulbeuses, qui présentaient un collier ou qui conservaient des fragments de volva sur le chapeau; enfin qu'il fallait regarder comme vénéneux ceux qui noircissaient l'argent, ceux qui avaient une chair coriace ou un tissu très-mou, qui avaient des couleurs éclatantes ou bigarrées, qui se coloraient au contact de l'air, et qui avaient une saveur âcre, brûlante, poivrée, etc.; mais ce sont là des caractères un peu vagues et souvent incertains; il faut toujours se méfier des champignons, et ne manger que ceux que l'on a vus crus, lorsqu'on a une connaissance pratique de ces végétaux. Il n'y a pas de contre-poison proprement dit des champignons; dès les premiers symptômes, on provoque ou on facilite les vomissements, et on administre l'éther à forte dose; il faut éviter de faire boire de l'eau vinaigrée, comme on le fait trop souvent d'après les préjugés populaires.

AMARYLLIS

Amaryllis belladona L. *Coburgia belladona* Herb.
(Narcissées.)

L'Amaryllis belladone est une plante vivace, bulbeuse, à bulbe allongé, très-gros, donnant naissance à des feuilles allongées, ligulées, canaliculées, glabres, toutes radicales, paraissant longtemps après les fleurs. Du centre de ce bulbe sort une hampe cylindrique, pleine, haute de $0^m,50$ à $0^m,70$, terminée par une ombelle de dix à douze fleurs, renfermée dans une spathe bivalve. Les fleurs sont grandes, campanulées, à tube très-court, penchées, odorantes; leur couleur, rose mêlé de blanc dans le type, devient plus foncée ou plus pâle, ou même passe au blanc pur dans les variétés. Le périanthe a un tube à six côtes saillantes, le limbe partagé en six lanières ondulées, étalées, dont trois plus courtes. Les étamines sont insérées au sommet du tube; le style, courbé; le stigmate, trilobé, frangé. Le fruit est une capsule, marquée de trois sillons.

Nous citerons encore, parmi les nombreuses espèces que renferme ce genre, l'amaryllis distique ou vénéneuse (*A. disticha* L., *Bu-*

phane toxicaria Herb., *Brunswigia toxicaria* Kl.), dont la hampe se termine par une large ombelle de petites fleurs rose tendre, à divisions linéaires et réfléchies, paraissant longtemps avant les feuilles.

HABITAT. — Ces deux plantes habitent le cap de Bonne-Espérance, où elles croissent dans les sables arides.

CULTURE. — Les amaryllis ne sont guère cultivées que dans les jardins botaniques ou d'ornement. Elles supportent assez bien la pleine terre sous le climat de Paris, à la condition d'être placées à une exposition très-chaude et abritées durant l'hiver. Elles demandent une terre franche, légère, chaude, riche en humus, et renouvelée tous les trois ou quatre ans. On les multiplie par caïeux, que l'on enlève au commencement de l'automne, ou aussitôt après la floraison, pour les replanter immédiatement.

PARTIES USITÉES. — Les bulbes, les feuilles.

RÉCOLTE. — Les bulbes sont récoltées à l'automne; les feuilles, au moment de leur parfait développement.

COMPOSITION CHIMIQUE. — Les plantes de la famille des amaryllidées, si recherchées pour nos parterres comme plantes d'ornement à cause de la beauté de leurs fleurs, ne sont pas employées en médecine; le narcisse des prés, dont nous parlerons plus loin, est à peu près la seule plante de cette famille dont on fasse usage; on sait cependant que les bulbes des amaryllidées sont âcres, qu'elles renferment une huile essentielle irritante, et leur suc est souvent vénéneux. Les fleurs renferment des huiles essentielles à odeur suave que l'on peut extraire par l'éther ou par le sulfure de carbone.

USAGES. — Les bulbes des *Pancratium* sont vomitives; au cap de Bonne-Espérance l'*A. disticha* (*Hæmanthus toxicarius* Ait.) est désigné sous le nom de poison enragé, et ses feuilles sont un poison violent pour les bêtes à cornes, qui cependant les mangent avec plaisir; on ajoute que les Hottentots trempent leurs flèches dans le suc de son oignon, et que les animaux qui en sont blessés font de violents efforts de vomissements, et meurent le lendemain, ce qui n'empêche pas leur chair d'être bonne à manger. L'oignon coupé en travers laisse échapper un suc qui se concrète en une masse ayant l'aspect de la gomme (Paterson, *Voyage*, etc., CXXXVI).

Les bulbes du *Galanthus nivalis*, du *Crinum Asiaticum*, de l'*Hæmantus coccineus*, sont également vénéneuses; l'oignon de l'*A. punicea* donne la mort en trois heures en enflammant l'estomac (*Flore médi-*

cale des Antilles, III, 135). D'ailleurs, il paraît que par la coction ces oignons perdent leurs propriétés toxiques, soit que le poison, de nature volatile, se dissipe par l'ébullition de l'eau, soit que le principe âcre, soluble, se dissolve; c'est là, d'ailleurs, un fait commun avec beaucoup d'autres plantes. Thunberg signale encore comme étant vénéneuses les bulbes de l'*A. Sarniensis*.

L'*Amaryllis lutea* a été autrefois désignée sous le nom de *faux safran* à cause de sa petite stature et de la couleur jaune de sa fleur; d'ailleurs elle fleurit en automne comme le safran officinal (*Crocus sativus*); mais le safran du commerce est produit par les stigmates de cette dernière plante, qu'il serait toujours facile de distinguer des sépales de l'*A. lutea*, qui sont planes, au cas où ce mélange frauduleux serait opéré, ce qui n'a jamais été fait à notre connaissance.

AMBROISIE

(Atriplicées - Spirolobées.)

L'Ambroisie ou Thé du Mexique, espèce du genre Ansérine, est une plante annuelle, à racine oblongue, fibreuse. Sa tige, haute de 0^m,35 à 0^m,65, dressée, verdâtre, cannelée, se divise en rameaux chargés d'un duvet court, peu abondant, d'un aspect pulvérulent; ils vont en diminuant de longueur de la base au sommet de la plante. Les feuilles sont alternes, lancéolées, pointues aux deux bouts, dentées, sessiles, minces, pulvérulentes et d'un vert clair à la face supérieure; celles du sommet sont étroites, linéaires, lancéolées et entières. Les fleurs, verdâtres, sont réunies en petits glomérules denses, groupés eux-mêmes en épis dont la réunion constitue une grande panicule feuillée terminale. Le fruit est petit, luisant, lisse, à bords obtus.

Habitat. — Cette plante est originaire du Mexique; mais depuis longtemps elle est cultivée et naturalisée en Portugal et sur quelques points du midi de l'Europe.

Culture. — L'ambroisie du Mexique est cultivée en pleine terre jusque sous le climat de Paris. Elle est admise dans les jardins d'agrément, moins pour son aspect que pour son odeur agréable. Elle demande une exposition chaude, une terre légère et substantielle. On la sème sur couche au printemps, et, dès que les jeunes plants sont

assez forts, on les repique en place. Si l'on voulait la cultiver en grand,
pour les usages économiques ou médicaux, on pourrait se contenter
de répandre ses graines, au printemps, dans une plate-bande de
bonne terre. Sous les climats tempérés, la graine mûrit en automne,
se dissémine immédiatement, et la plante se propage ainsi d'elle-
même et sans aucun soin.

PARTIES USITÉES. — Les feuilles, les sommités fleuries, les fruits.

RÉCOLTE. — La récolte des feuilles se fait pendant la floraison ;
on les sèche à l'ombre ; le commerce les fournit souvent pulvérisées.
On doit choisir la poudre verte et d'une odeur fort agréable ; on doit
la préserver de l'humidité, qui lui enlève toutes ses propriétés.

COMPOSITION CHIMIQUE. — Elle contient une huile essentielle. Kley
en a publié une analyse incomplète dans laquelle il a signalé une
huile essentielle, du gluten, de la *phytéocolle* et des sels (*Bull.
des Scienc. méd. de Férussac*, XII, 255).

USAGES. — Crantz a nommé l'ambroisie du Mexique *Atriplex am-
brosioïdes* ; Linné l'appelait *ambroisioïde* ; elle porte aussi le nom
d'*herbe de Sainte-Marie*. Il ne faut pas la confondre avec l'*ambroisie
d'Italie*, espèce d'armoise qui croît dans les sables sur les bords de la
mer en Italie et dans le Levant.

Dans le midi de la France on prépare avec l'ambroisie du Mexique
fraîche une liqueur de table dédiée à M. Moquin-Tandon, et que
l'on nomme *moquine* ; on l'obtient en plongeant pendant quelques
minutes les sommités fleuries de la plante dans de bonne eau-de-vie,
on filtre et on sucre à volonté.

F. Franck considérait l'ambroisie comme excitante, anti-spasmo-
modique, emménagogue et béchique ; il l'employait contre les affections nerveuses et surtout la chorée ; Pleuck la regardait comme un remède souverain contre cette névrose ; il l'associait à la menthe poirée ;
unie au quinquina, M. Mick, médecin du grand hôpital de Vienne,
l'administrait contre cette maladie ; MM. Hillet et Barthez disent l'avoir
employée dans les mêmes cas avec succès, à la dose de 4 grammes
en infusion dans 500 grammes d'eau ; les semences (fruits) sont regardées généralement comme anthelminthiques ; mais c'est surtout
le *C. anthelminthicum* qui a été employé pour combattre les vers.

L'infusion d'ambroisie du Mexique a été employée contre les
catarrhes chroniques, la coqueluche, l'asthme humide, etc. ; elle
n'agit pas mieux dans ces cas que les autres plantes aromatiques ;

il est certain que cette infusion réveille la sensibilité nerveuse. Le genre *Chenopodium* comprend des plantes qui diffèrent beaucoup par leurs propriétés, tandis que les *C. album* L., *bonushenricus* L., *quinoa* W., *scoparia* L., etc., peuvent être mangés, le *C. hybridum* L. est vénéneux, et à côté de l'odeur aromatique des *C. ambrosioides* et *botrys*, on trouve le *C. vulvaria* L., qui répand, quand on le froisse, une odeur de marée des plus infectes.

AMMI

Ammi majus L.
(Ombellifères—Ammninées.)

L'Ammi majeur est une plante annuelle, à tige dressée, haute d'environ 0^m,50. Ses feuilles inférieures sont pennées, à cinq divisions ovales, lancéolées, dentées; les supérieures sont deux fois pennées et à folioles plus étroites. Les fleurs, petites, blanches, forment des ombelles terminales à rayons nombreux, entourées d'un involucre à folioles nombreuses, trifides, à divisions allongées, très-étroites; les involucelles qui entourent les ombellules ont environ douze folioles linéaires. Le calice est adhérent, à limbe presque nul; la corolle est à cinq pétales cordiformes, trilobés. Le fruit (diakène) est ovale, oblong, comprimé latéralement, à dix côtes filiformes ou membraneuses. La graine est semi-globuleuse.

L'ammi à feuilles glauques (*A. glaucifolium* L.) n'est peut-être qu'une simple variété de la précédente, dont elle diffère surtout par ses feuilles, qui sont toutes à divisions linéaires.

L'ammi visnage (*A. visnaga* Lam., *Daucus visnaga* L.), vulgairement *herbe aux cure-dents*, est une espèce annuelle, caractérisée par ses feuilles bipenniséquées, toutes à divisions linéaires; son ombelle contractée à la maturité, et dont les rayons sont soudés de manière à former une sorte de réceptacle presque charnu.

HABITAT. — L'ammi majeur habite la France et le midi de l'Europe, et se trouve dans les champs stériles, les blés et les vignes. L'ammi à feuilles glauques fréquente surtout les champs, les coteaux pierreux et secs, les friches, les prairies. L'ammi visnage est propre à l'Europe méridionale, et habite principalement les pâturages maritimes.

CULTURE. — L'ammi majeur est peu cultivé. Il demande une expo-

sition chaude et un sol léger. Les graines doivent être semées en
place, aussitôt après la maturité, ou au plus tard au printemps
suivant. On repique rarement les jeunes plants. Les deux autres
espèces se cultivent de même; toutefois la dernière est un peu plus
délicate.

Parties usitées. — Les fruits.

Récolte. — On récolte les fruits de l'ammi à leur maturité avant
la séparation des méricarpes; on les fait dessécher à l'ombre dans un
endroit sec; une température élevée leur ferait perdre la plus grande
partie de leurs propriétés.

Composition chimique. — Lorsqu'on examine le fruit de l'ammi, on
trouve à la surface les dix côtes dont nous avons parlé, constituant
les *juga* : cinq sont dorsaux et proviennent de la nervure médiane
de chaque sépale calicinal, cinq sont dits suturaux, et ont pour origine la soudure des cinq sépales entre eux; l'espace compris entre
les juga porte le nom de *vallécules*, renfermant les *vitæ* ou *conduits
oléifères*. C'est dans ceux-ci que l'on trouve une huile essentielle
assez abondante, qui est le principal principe des fruits d'ombellifères, mais cette essence est souvent accompagnée d'autres substances de nature variable : dans l'ammi c'est une matière résineuse
âcre.

Usages. — Sous le nom d'*ammi officinal* on a de tout temps employé en médecine un fruit d'ombellifère très-petit, âcre et aromatique. Son origine est inconnue; en effet, trois plantes peuvent le
produire, : la première, figurée par Cabel, sous le nom d'*Ammi cre-
ticum aromaticum*, *Ammi semine apii* de G. Bauhin, *Ammi Matthioli*
de Dalechamp, est le *Psychotis verticillata* D. C., qui croît en Afrique
et dans le midi de l'Europe; la seconde, décrite par J. Bauhin sous
le nom d'*Ammi odore origani*, paraît être le *Psychotis coptica* D. C.;
enfin la troisième, regardée comme fournissant le véritable ammi
officinal, est l'*Ammi perpusillum*, *ammi fort petit* de Dalechamp,
Ammi parvum foliis fœniculi (G. Bauhin ou Matth.), *Sison ammi* L.,
Psychotis fœniculifolia D. C. Ce fruit ressemble à celui du persil, mais
il est beaucoup plus petit, d'un gris pâle jaunâtre, et ses carpelles
sont moins courbées; il offre une odeur d'ache et de térébenthine lorsqu'on le froisse dans les doigts; sa saveur est amère et aromatique.

Quant aux fruits de l'*Ammi majus* L., ou *Ammi inodore*, il est peu
usité; son fruit est plus cylindrique, et présente deux styles divergents

qui le font ressembler à un petit coléoptère ; sa saveur est peu aromatique, âcre et amère.

Les fruits d'ammi de Crète et de Candie sont attribués au *sison ammi* L. Quant à l'*Ammi verum*, à l'*A. vulgare*, à l'*A. veterum*, ce sont des synonymes de l'ammi vrai.

L'ammi entre dans la thériaque ; c'est une des *quatre semences chaudes mineures* ; il est réputé surtout comme carminatif et stomachique. Matthiole et Freitagius le recommandaient contre la stérilité des femmes, et Simon Pauli vantait son efficacité contre la leucorrhée.

L'*Ammi visnaga* L. porte le nom d'herbe aux cure-dents parce que les rayons de l'ombelle durcissent en vieillissant et servent à cet usage dans le Levant.

ANACARDE

Anacardium occidentale L., *Cassuvium pomiferum* Lam.
(Térébinthacées—Anacardiées.)

L'Anacarde d'Occident, appelé aussi *Acajou à pommes*, *Pommier d'acajou*, mais qui n'a rien de commun avec le végétal qui fournit le bois d'acajou, est un petit arbre à racine pivotante, brun-rougeâtre, chevelue. La tige, haute de 6 à 7 mètres, noueuse, tortueuse, couverte d'une écorce grisâtre, porte des feuilles simples, ovales, larges, fermes, obtuses et échancrées au sommet, croissant par bouquets à l'extrémité des branches. Les fleurs, petites et blanchâtres, accompagnées de nombreuses bractées, sont disposées en panicules terminales. Elles présentent un calice à cinq divisions profondes et aiguës ; une corolle deux fois plus large que le calice, à cinq pétales lancéolés-linéaires ; dix étamines, dont une un peu plus longue ; un ovaire arrondi, surmonté d'un style terminé par un stigmate simple. Le fruit est une noix en forme de rein, à enveloppe dure, coriace, lisse, grisâtre, renfermant une amande blanche, suspendu à un énorme pédoncule charnu, spongieux, ovoïde, de la forme et de la grosseur d'une poire moyenne. Ce pédoncule est appelé *pomme d'acajou*, et le fruit, *noix d'acajou* (Pl. 11).

Cette espèce présente plusieurs variétés, suivant que le pédoncule est rouge ou blanc, arrondi ou mamelonné.

L'anacarde d'Orient (*A. orientale* L., *Semecarpus* Lam.) diffère surtout du précédent par son fruit en forme de cœur.

HABITAT. — L'anacarde d'Occident croît aux Antilles et dans les régions centrales de l'Amérique. L'anacarde d'Orient est propre à l'Asie tropicale.

CULTURE. — L'anacarde d'Occident est assez communément cultivé en Amérique. Chez nous, on ne le trouve qu'en serre chaude ; encore même les difficultés que présente sa culture font-elles qu'il y est peu répandu.

PARTIES USITÉES. — Le réceptacle ou pédoncule charnu que l'on mange, le fruit.

RÉCOLTE. — La pomme et le fruit se récoltent à leur maturité.

COMPOSITION CHIMIQUE. — La pomme d'acajou, qui est très-succulente, renferme du sucre et très-probablement des acides organiques. Dans le fruit il faut distinguer deux choses : 1° sous la première enveloppe coriace on trouve des alvéoles renfermant un suc huileux, visqueux, âcre, caustique, noirâtre ; 2° à l'intérieur, ces alvéoles sont bornés par une seconde membrane au-dessous de laquelle on trouve une amande réniforme, blanche, douce, bonne à manger ; elle renferme de l'huile et est recouverte par une pellicule rougeâtre. Il est extrêmement important pour le médecin de distinguer ces deux parties, puisque l'une est une substance corrosive, et que l'autre est bonne à manger ; nous leur donnerons les noms d'*huile d'anacarde* et d'*amande d'anacarde*.

M. Staedeler a extrait du péricarpe des noix d'acajou un principe qu'il a nommé *acide anacardique* $C^{44} H^{32} O^{7}$; c'est une masse blanche, cristalline, insoluble dans l'eau, soluble dans l'alcool et l'éther.

USAGES. — L'huile d'anacarde a été employée comme caustique pour ronger les verrues, les excroissances, les bourgeons charnus, pour aviver les ulcères chroniques, contre les dartres, etc. ; on l'a employée comme rubéfiante et vésicante à la manière de l'huile de croton.

Le bois est employé en menuiserie et pour la charpente, il est blanc.

L'écorce sert aux Indiens à préparer un gargarisme contre les aphthes.

La pomme a une saveur aigrelette et vineuse ; on la prépare en compote ; le suc fermenté donne une bonne liqueur vineuse, une eau-de-vie estimée et un assez bon vinaigre.

L'amande est très-bonne à manger, crue ou rôtie sous la cendre ;

on en prépare une sorte de cholocat. On a prétendu que l'huile qu'elle fournit par expression était un bon vermifuge, ce qui n'est pas exact.

L'anacardier a été considéré comme l'arbre de la science du bien et du mal dont parle la Genèse.

L'huile d'anacarde a été employée à faire de l'encre ; mêlée à la chaux, on s'en est servi pour marquer le linge.

On obtient par incision de l'anacardier une gomme assez abondante dans le commerce ; elle est en larmes longues, jaunes, dures, à cassure vitreuse, ayant l'aspect du succin ; elle se gonfle dans la bouche et se dissout en partie dans l'eau ; elle paraît formée de bassorine et d'arabine ; elle sert à lustrer les meubles ; elle pourrait, dans certains cas, remplacer la gomme arabique.

L'anacarde oriental est celui qui le premier a reçu ce nom à cause de la forme de son fruit qui est bien celle d'un cœur ; le fruit est disposé comme celui de la noix d'acajou, et la matière huileuse y est plus abondante ; mais il paraît moins dangereux pris à l'intérieur, et il a été prescrit comme purgatif ; l'enveloppe ou épicarpe, au lieu d'être dur et corné, est simplement coriace et élastique, ce qui permet de distinguer les deux espèces.

ANAGALLIS

Anagallis arvensis L.
(Primulacées—Primulées.)

L'Anagallis des champs (*A. arvensis* L., *A. phœnicea* et *cærulea* Lam.), vulgairement appelé *Mouron mâle* ou *des champs*, *M. bleu* et *M. rouge*, est une plante annuelle, à racines petites, tortueuses ; à tiges de 0^m,10 à 0^m,30, grêles, carrées, glabres, étalées ou ascendantes, diffuses et très-rameuses dès la base, à rameaux un peu redressés. Les feuilles sont opposées, sessiles, presque embrassantes, ovales ou oblongues, pointues, glabres, d'un vert terne, marquées de points glanduleux à la face inférieure. Les fleurs, portées sur de longs pédoncules solitaires à l'aisselle des feuilles, et réfléchis après la floraison, présentent un calice à cinq divisions profondes, lancéolées, aiguës, à bords membraneux ; une corolle rotacée, rouge, rose, blanche ou bleue, à cinq divisions arrondies, entières ou un peu crénelées, glabres ou ciliées et glanduleuses sur leurs bords. Le fruit est une capsule (*pyxide*) dont le sommet s'ouvre circulairement par un opercule, et dont la base est entourée par le calice persistant. Il renferme des graines petites et nombreuses.

Cette plante présente deux variétés bien distinctes, que plusieurs auteurs ont élevées au rang d'espèces :

1° *A. phœnicea* Lam., vulgairement *Mouron rouge*, à fleurs rouges, plus rarement roses ou blanches ;

2° *A. cœrulea* Schreb., vulgairement *Mouron bleu*, à fleurs d'un beau bleu, quelquefois à gorge rougeâtre.

HABITAT. — L'anagallis des champs habite l'Europe, et se trouve dans les lieux cultivés, les vignes, les champs en friche. Il fleurit tout l'été et une partie de l'automne.

CULTURE. — Cette plante, se trouvant très-abondamment à l'état sauvage, n'est cultivée que dans les jardins botaniques.

PARTIES USITÉES. — Toute la plante.

RÉCOLTES. — On recueille la plante en l'arrachant, après avoir séparé la terre des racines.

COMPOSITION CHIMIQUE. — L'analyse de cette plante n'a pas été faite, on sait seulement que c'est un poison violent, classé parmi les narcotico-âcres. Lorsqu'on la mâche, elle a d'abord une saveur douce qui devient bientôt âcre et amère.

USAGES. — Du temps de Dioscoride, le mouron des champs avait la réputation d'être utile contre les venins ; il le conseillait pour combattre celui de la vipère (*lib.* II, c. 209). En l'an 97 de notre ère, Ruphus d'Éphèse le vanta contre la rage, et les médicastres de nos jours l'emploient encore avec le même insuccès, malgré les assertions de Tragus, de Bruch, de Kaempf, de Ravenstein, de Schrader, etc. ; on appliquait le suc topiquement ; en Russie on l'emploie encore, malgré les déceptions nombreuses qu'on a éprouvées à son sujet.

Les auteurs anciens le préconisaient comme calmant et adoucissant, ce qui est peu d'accord avec les faits observés ; car, à faible dose, il produit des superpurgations. Un charlatan de nos jours a préparé avec le mouron un sirop au moyen duquel il prétend guérir les convulsions des enfants ; il réussit comme le faisait Simon Pauli, qui employait ce suc contre le cancer et la goutte, et comme Miller guérissait la phthisie et la manie.

Pour joindre l'absurde au ridicule, on employait le mouron

rouge *bouilli dans de l'urine*; on appliquait ce cataplasme sur les engorgements goutteux, le suc servait à traiter les vieux ulcères, il est encore employé dans ce but en Alsace.

Hartmann prétendait guérir la manie en administrant un vomitif antimonial, et donnant ensuite pendant plusieurs jours la décoction de mouron rouge; et Chomel paraît croire à la guérison des maniaques, des épileptiques qui avaient pris du mouron rouge.

Le mouron rouge, avons-nous dit, est un poison violent, ses graines tuent rapidement les oiseaux qui en mangent; on ne peut expliquer ce que dit Lieutaud (*Précis de mat. méd.*, t. I, pag. 579), qui conseille la décoction dans les proportions d'une poignée pour un litre d'eau, qu'en admettant que l'on avait confondu le mouron des oiseaux ou morgeline avec le mouron rouge.

D'ailleurs, peu de médecins aujourd'hui prescrivent l'anagallide; elle n'est guère employée que par des paysans ignorants, qui en font usage par tradition, et qui fort souvent sont les victimes des croyances populaires.

Le mouron d'eau ou mouron aquatique, *Samole*, *Anagallis aquatica folio rotundo, non crenato*, ou *Samolus Valerandi* J. B., n'a aucun rapport avec l'anagallide. Il est probable que cette plante mystérieuse dont parle Pline, et que Valmont de Bomare dit pouvoir être mangée en salade, est la *Veronica beccabunga*.

ANAGYRIS

Anagyris fœtida L.
(Légumineuses-Podalyriées.)

L'Anagyris fétide, vulgairement appelé Bois puant, est un arbrisseau à tige droite, haute de 2 à 3 mètres, rameuse, couverte d'une écorce vert brunâtre; ses feuilles sont alternes, pétiolées, trifoliées, à folioles ovales-lancéolées, obtuses ou un peu aiguës et mucronées, entières, sessiles, verdâtres en dessus, blanchâtres en dessous; elles sont accompagnées de deux stipules soudées en une seule, qui est opposée à la feuille et terminée par deux dents. Les fleurs forment de petites grappes latérales et axillaires, feuillées à la base. Le pédicelle égale en longueur le calice, qui est campanulé, à cinq dents et couvert de poils appliqués. La corolle est papilionacée, d'un jaune pâle, deux fois plus longue que le calice; l'étendard est court, arrondi,

plié sur lui-même et maculé de noir ; les ailes oblongues, obtuses ;
la carène droite, obtuse, à pétales libres, deux fois plus longs que
l'étendard et dépassant un peu les ailes. Les dix étamines sont libres,
le style droit et filiforme. Le fruit est une gousse oblongue, linéaire,
bivalve, pendante, fauve, à bords ondulés, renfermant quatre à huit
graines réniformes, violettes.

HABITAT. — Cet arbrisseau habite le midi de la France, l'Espagne,
l'Italie, la Sicile, etc. Il croît dans les lieux montueux, sur les coteaux
arides et pierreux exposés au soleil.

CULTURE. — L'anagyris fétide vient mal en pleine terre sous le
climat de Paris ; il est d'ailleurs peu cultivé dans les jardins, malgré
la beauté de son feuillage, à cause de son odeur désagréable. On le
multiplie de graines qu'on sème au printemps, en pleine terre, et
mieux sur couche et sous châssis, à une bonne exposition. Le jeune
plant, repiqué au bout d'un an, peut être planté à demeure à la quatrième ou à la cinquième année.

PARTIES USITÉES. — Les feuilles et les semences.

RÉCOLTE. — Les feuilles doivent être récoltées au moment de la
floraison, les semences avant la maturité des fruits, c'est-à-dire avant
la déhiscence.

COMPOSITION CHIMIQUE. — L'analyse chimique de cette plante n'a
pas été faite ; on ne sait donc pas si l'odeur repoussante qu'elle
exhale est due à une résine ou à une huile essentielle ; il est certain
que toutes les parties de la plante participent de cette odeur ; mais
elle est surtout accumulée sur l'écorce, qui devient infecte lorsqu'on
la froisse. On a prétendu que le lait des brebis ou des chèvres, qui,
pressées par la faim, avaient brouté cette plante, avait déterminé des
vomissements violents.

USAGES. — Les anciens, surtout Dioscoride et Pline, et plus tard
Peyrilh, ont parlé de l'anagyre comme d'une plante très-énergique
qui provoquait des vomissements. Chaumeton conseille aux praticiens de l'expérimenter avec précaution, et il croit qu'elle pourra
rendre des services à la thérapeutique ; il dit avec raison que c'est
parmi les végétaux suspects ou très-actifs qu'il faut chercher les remèdes héroïques. Bien que Loiseleur-Deslongchamps ait constaté les
propriétés purgatives des feuilles à la dose de 8 à 15 grammes, et
quoique Wauters et Biett l'aient considérée comme un excellent succédané du séné, l'anagyre fétide est tout à fait abandonné aujourd'hui.

L'anagyre doit son nom de bois puant à l'odeur qu'il exhale.
Belon (*Singularités*, etc., p. 41) dit qu'à l'île de Crète, cette odeur
est si désagréable, à cause de l'abondance de la plante, qu'elle en
fait mal à la tête.

Les anciens considéraient encore l'anagyre comme emménagogue.
Les auteurs grecs regardaient les feuilles pilées comme répercussives
des tumeurs sur lesquelles on les appliquait.

D'après M. Préfontaine, les habitants de Cayenne donnent le nom
de *bois puant* ou *rakalou* des Caraïbes à un bois qui n'a aucun rapport avec la plante précédente, puisqu'on se sert de son bois pour
faire des cercles de barrique ; ce qui indique un arbre, tandis que
l'anagyre est un arbrisseau.

ANANAS

Ananassa vulgaris Lindl., *Bromelia ananas* L.
(Broméliacées.)

L'ananas est une plante vivace, à racines fibreuses, allongées, cylindriques ; à tige très-courte et presque nulle (*plateau*) portant des
feuilles roides, divergentes, d'un vert glauque, longues de 0ᵐ,30
à 1ᵐ, larges de 0ᵐ,05 à 1ᵐ,08, creusées en gouttière, bordées de
dents roides, épineuses. La hampe qui s'élève du milieu de ces
feuilles est cylindrique, épaisse, charnue, haute de 0ᵐ,35 à 0ᵐ,65,
et se termine par un épi ovoïde et serré de fleurs violacées, sessiles
sur un axe épaissi et charnu, et à ovaire infère. Cet épi est surmonté
d'une *couronne* de feuilles semblables à celles de la tige, mais plus
petites. Le fruit est un strobile ou sorte de cône charnu, formé par
la réunion et la soudure intime de toutes les fleurs.

HABITAT. — Originaire des Antilles et de l'Amérique du Sud, l'ananas se trouve aussi aux Indes et en Afrique. On le cultive dans les jardins maraîchers, et seulement chez les primeuristes.

PARTIES USITÉES. — Les fruits, les feuilles.

RÉCOLTE. — Le fruit de l'ananas est un fruit synanthocarpé, c'est-
à-dire qu'il résulte de la soudure de plusieurs fruits appartenant à des
fleurs distinctes voisines les unes des autres, réunies par l'accolement
des enveloppes florales devenues charnues ; on les récolte à leur maturité, c'est-à-dire lorsqu'ils ont pris une teinte jaune et une saveur
sucrée. On vend sur les marchés de Londres et depuis quelque temps

à Paris des ananas venant d'Amérique, qui se conservent très-long-temps.

Composition chimique. — Les fruits de l'ananas, avant leur maturité, sont âcres et acerbes et même dangereux d'après Pison ; à la maturité ils renferment du sucre analogue à celui fourni par la canne et la betterave = $C^{12} H^{11} O^{11}$. On y trouve des acides malique, citrique et tartrique, associés à une matière mucilagineuse nommée *gétine* et à un principe aromatique très-suave, qui participe à la fois de la pêche et de la pomme reinette.

Les feuilles de l'ananas, de même que celles de toutes les plantes de la même famille, sont riches en matières fibreuses, très-résistantes, et dont on pourrait tirer un très-grand profit si l'exploitation en était mieux faite ; l'abondance des broméliacées dans toute l'Amérique, et plus spécialement au Mexique, permettrait une exploitation fructueuse, aujourd'hui surtout que la pénurie des matières textiles se fait généralement sentir, soit qu'on les considère au point de vue de la confection des tissus, soit qu'on les applique à celle du papier, les moyens d'exploitation et surtout de transport manquent ; mais on pourrait obvier à ces inconvénients en isolant la matière fibreuse sur place, et en les transportant en Europe, où elles seraient soumises aux procédés ordinaires d'épuration et de blanchiment auxquels elles se prêtent parfaitement.

Usages. — C'est surtout comme aliment de luxe que les fruits de l'ananas sont recherchés ; on les mange au dessert, accommodés avec du sucre, du vin d'Espagne ou de l'eau-de-vie, du rhum ou du *rac* ; c'est un rafraîchissant très-précieux dans les pays chauds ; on lui reproche, lorsqu'on en fait abus, de produire la diarrhée et même la dyssenterie avec fièvre, mais ce reproche peut être adressé également à tous nos fruits d'Europe.

On fait avec l'ananas et le sucre une marmelade d'un goût très-agréable, et qui se conserve bien si on a eu le soin de la faire cuire suffisamment ; sans cette précaution elle moisit bientôt, car ces fruits ne sont pas assez riches en principes pectineux pour donner à ces conserves la consistance de gelée.

Une autre manière de conserver les tranches d'ananas consiste à les mettre dans un flacon à large ouverture, à les recouvrir avec du sirop cuit à 25° froid, à boucher hermétiquement le flacon et à le chauffer dans de l'eau jusqu'à l'ébullition, par le procédé d'Appert, dans le but d'expulser l'air du vase, et de tuer les spores divers qui par leur développement produiraient la fermentation alcoolique : d'ailleurs la conservation serait facilitée si on ajoutait au sirop une certaine quantité d'eau-de-vie, et si même on les plaçait dans de l'eau-de-vie pure, mais alors les fruits perdent une grande partie de leur arome.

Enfin on prépare avec le suc de l'ananas par fermentation un vin assez agréable, mais d'une conservation très-difficile, malgré la précaution que l'on recommande de le couvrir d'une couche d'huile d'olive.

L'ananas a été recommandé contre la gravelle et les maladies de la vessie. Le suc exprimé fournit une limonade excellente ; elle est considérée comme très-bonne, ainsi que l'ananas lui-même, contre la faiblesse d'estomac, les maladies des voies urinaires, l'ictère et l'hydropisie.

On connaît plusieurs variétés d'ananas que l'on distingue sous les noms de jaune, de blanc, de pain de sucre, de pitte ou vert ou sans épines : le premier est le plus estimé.

Le *Mai-Pourri* Perrotet cultivé à Cayenne, a les feuilles non dentées ; les fruits, très-délicats, pèsent jusqu'à vingt livres.

Le *Pigne*, mot qui en espagnol veut dire cône, est une espèce que M. Perrotet a fait connaître : les feuilles servent à faire des fils et des tissus.

ANCOLIE

Aquilegia vulgaris L.

(Renonculacées — Helléborées.)

L'Ancolie, appelée aussi *Aiglantine* ou *Columbine*, est une plante vivace, à racines blanchâtres, fibreuses. La tige, haute de 1 mètre à 1^m,30, droite, peu rameuse, feuillée, légèrement velue, porte des feuilles pétiolées, deux fois ternées, à folioles arrondies, incisées ou crénelées, d'un vert foncé en dessus, glauque en dessous ; celles de la base sont grandes et longuement pétiolées ; celles du milieu de la tige, plus petites, presque sessiles et simplement ternées ou trilobées. Les fleurs sont solitaires et pendantes à l'extrémité des rameaux ; leur réunion forme une sorte de petite grappe lâche, terminale. Elles sont blanches, roses ou violettes, suivant les variétés. Le calice est à cinq sépales plans, colorés et étalés. La corolle est à cinq pétales creusés en cornet, dont l'extrémité est roulée en crosse. Le fruit se compose de cinq follicules membraneux, polyspermes (Pl. 12).

Le genre ancolie renferme encore plus de trente espèces, parmi lesquelles on remarque les ancolies visqueuse (*A. viscosa* L.) des Alpes (*A. Alpina* L.), des Pyrénées (*A. Pyrenaïca* D. C.), de Sibérie (*A. Sibirica* L.), du Canada (*A. Canadensis* L.), etc.

HABITAT. — L'ancolie habite les contrées centrales et septentrionales de l'Europe et de l'Asie. Elle fréquente particulièrement les prés, les bois, les endroits montueux et découverts, la lisière des forêts, etc. Les autres espèces sont répandues dans la partie nord des deux continents.

CULTURE. — L'ancolie n'est guère cultivée que dans les jardins botaniques ou d'agrément. Elle vient dans tous les sols, excepté dans les fonds argileux et humides. On la propage surtout par le semis des graines, fait aussitôt après leur maturité ou mieux au printemps. On peut aussi la multiplier par la séparation des pieds, faite aux mêmes époques.

PARTIES USITÉES. — Les racines, les feuilles rarement, les fleurs et les graines.

RÉCOLTE. — Les racines doivent être récoltées à l'automne ; les feuilles avant la floraison ; les fleurs sont cueillies à leur parfait état d'épanouissement ; leur dessiccation exige de grands soins, car leur couleur s'altère facilement. Enfin les graines doivent être séchées dans les follicules, que l'on récolte avant leur déhiscence.

COMPOSITION CHIMIQUE. — Les fleurs renferment une matière colorante bleue, plus sensible à l'action des alcalis et des acides que celle de la violette. D'après Fourcroy, les graines contiendraient un principe odorant très-suave, qu'il serait difficile de faire disparaître des mortiers dans lesquels on les a pilées ; d'ailleurs ces graines sont âcres et mucilagineuses.

USAGES. — L'ancolie est avec juste raison à peu près bannie de la thérapeutique ; c'est cependant une substance active, mais les effets chimériques qu'on lui a attribués n'ont pas peu contribué à la faire tomber dans le discrédit. On prétend que les Espagnols mâchent le matin de petits fragments de racine pour se préserver de la pierre et du scorbut ; on l'a préconisée contre les sueurs des phthisiques, et Tragus l'employait dans l'ictère. Généralement cette plante est considérée comme apéritive, diurétique, diaphorétique et anti-scorbutique ; on lui a reconnu une vertu calmante, qui l'a fait employer pour guérir la toux dans les bronchites et la phthisie : c'est le sirop de fleurs dont on faisait usage dans ces cas-là. Les graines, administrées en poudre, en infusion ou émulsion, à la dose de 4 à 8 grammes, ont été regardées comme facilitant l'éruption varioleuse, celle de la rougeole et de la scarlatine. M. Cazin a eu l'occasion de vérifier l'exactitude de ce fait; d'ailleurs, les vétérinaires en font usage pour faciliter la sortie du claveau. On l'a aussi vantée contre les fièvres pétéchiales.

L'oubli dans lequel l'ancolie est tombée peut être encore attribué à ce qu'elle a été regardée comme une plante suspecte; on s'est demandé si elle n'exercerait pas une action sur le cœur, comme le fait l'aconit; ce que l'on a pu constater, c'est qu'elle a, comme cette dernière, une action diaphorétique et sudorifique, qui la fait employer avec succès comme dépurative dans les affections cutanées chroniques et notamment contre les croûtes de lait : c'est l'émulsion de graines qu'on emploie dans ce cas-là, à la dose de un à deux grammes.

A l'extérieur, d'après Lieutaud, l'ancolie est employée comme vulnéraire, détersif et anti-putride; on l'a employée en gargarismes anti-scorbutiques ou détersifs, en collutoire contre les ulcères scorbutiques; on a mêlé la teinture avec du miel et de l'esprit de nitre dulcifié (Schroeder).

Murray rapporte que l'on a fait du sirop de violettes artificiellement de la fleur d'ancolie et de la racine d'iris; mais c'est surtout la fleur de mauve que l'on a employée pour cet usage.

ANDA

Anda Gomesii Adr. Juss. *Johannesia princeps* Bern. Gomes.
(Euphorbiacées.)

L'Anda est un arbre d'une taille élevée, dont toutes les parties sécrètent un suc laiteux. Sa tige se divise, assez près de la base, en rameaux nombreux, gris-cendré, dirigés dans tous les sens; elle porte des feuilles persistantes, alternes, longuement pétiolées, divisées en cinq folioles longues de 0ᵐ,10 et plus, ovales-acuminées, très-entières, luisantes en dessus, plus ternes et à nervure médiane, saillante en dessous. Les fleurs, longues de 0ᵐ,10 à 0ᵐ,15, couvertes en dehors d'une poussière roussâtre, sont réunies, à l'extrémité des rameaux, en une sorte de panicule qui porte des fleurs mâles et des fleurs femelles mêlées. Elles présentent un calice campanulé, à cinq dents, couvert extérieurement d'un duvet court et jaunâtre, comme pulvérulent ; une corolle à cinq pétales deux ou trois fois plus longs que les lobes du calice, avec lesquels ils alternent, revêtus à l'extérieur d'un duvet semblable, presque lancéolés dans les fleurs mâles, plus arrondis dans les femelles. Le fruit, long de 0ᵐ,06 environ, présente la forme d'un sphéroïde à quatre angles mousses, à péricarpe charnu, se séparant à la maturité en quatre valves, et à noyau ligneux, à deux loges monospermes.

Habitat. — L'anda habite le Brésil ; on le trouve surtout dans les sols sablonneux, au voisinage de la mer. Il fleurit en juillet et août.

Culture. — Ce bel arbre, qui se plaît dans des terrains où croissent peu d'autres végétaux, était autrefois cultivé en grand au Brésil, pour ses fruits oléagineux. Chez nous, on le trouve à peine dans quelques grands jardins botaniques ; il ne peut croître qu'en serre chaude.

Parties usitées. — L'écorce et les semences.

Récolte. — Le fruit d'anda, *Andassu* ou *Anda-açu*, *Anda de Pison*, nous vient du Brésil ; il est à peu près de la grosseur du poing, composé d'un brou mince noirâtre, d'un noyau volumineux, jaunâtre, épais et ligneux, arrondi en bas et pointu vers le haut ; avec quatre angles assez marqués, dont deux plus obtus sont percés de trous correspondant à un commencement de la cloison qui sépare les deux loges ; dans chacune d'elles on trouve une semence à épisperme dur brunâtre, de la forme et de la grosseur d'une châtaigne et plus bombée du côté externe que de l'interne.

Composition chimique. — Lorsqu'on incise l'écorce d'anda, il s'écoule un liquide blanchâtre, qui est vénéneux ; les Brésiliens se servent de l'écorce pour faire mourir les poissons ; la semence renferme une huile fixe que l'on sépare par expression, et dont on se sert comme médicament, pour l'éclairage et pour la peinture ; elle se rapproche beaucoup des propriétés de l'huile de noix de Bancoul (*Aleurites triloba*), qui appartient à la même famille.

Usages. — Les fruits d'anda sont conservés confits dans l'huile ; les semences sont employées de temps immémorial comme purgatives, à la dose d'une à 3 ; l'amande est blanche. Au Brésil on en fait un électuaire, avec du sucre, de l'anis et de la cannelle.

L'huile obtenue par expression est d'un jaune pâle, transparente, d'une saveur faible; au Brésil on l'applique sur les brûlures; à l'hôpital de Pensylvanie, le docteur Norris l'emploie comme purgative, à la dose de 50 gouttes. D'après le docteur Alex. Ure, l'huile d'anda posséderait des propriétés qui la placeraient à peu près sur la même ligne que l'huile de ricin, ce qui est peu d'accord avec la faible dose qu'emploie le docteur Norris.

Les fruits d'anda sont quelquefois mélangés, dans le commerce, d'autres fruits qui s'en rapprochent, mais qui en diffèrent en ce qu'ils sont plus petits et en ce que l'episperme se sépare en plusieurs couches; d'ailleurs ils sont plus ronds et ressemblent à une petite muscade.

ANÉMOME

Anemone coronaria L.

(Renonculacées - Anémonées.)

L'Anémone des fleuristes est une plante vivace, à racine noueuse, irrégulière. Sa tige, très-courte, presque nulle, donne naissance à des feuilles dites *radicales*, dont le pétiole, ordinairement divisé en trois, porte des folioles ou segments plus ou moins découpés en divisions très-fines. Du centre de ces feuilles s'élève une hampe de 0^m,15 à 0^m,30, dressée et portant un peu au-dessous du sommet trois feuilles semblables à celles de la base, mais plus petites, presque sessiles et formant une sorte d'involucre. Au-dessus et à l'extrémité de la hampe naît une fleur solitaire, grande, bien ouverte, d'un beau rouge, à centre blanc jaunâtre (Pl. 13).

La culture a produit un grand nombre de variétés, à fleurs simples ou doubles, blanches, jaunes, violettes, bleues ou panachées.

Le genre anémone est très-nombreux en espèces; nous citerons particulièrement les anémones des bois ou sylvie (*A. nemorosa* L.), des prés (*A. pratensis* L.), sauvage (*A. sylvestris* L.), alpine (*A. Alpina* L.), à fleurs jaunes (*A. ranunculoides* L.), étoilée (*A. stellata* Lam.), à fleur bleue (*A. Apennina* L.), œil de paon (*A. pavonina* Lam.), mais surtout l'anémone pulsatille (*A. pulsatilla* L.), appelée aussi *Coquelourde* (Voir, plus loin, le mot Pulsatille); et, parmi les espèces exotiques, les anémones rameuse (*A. Virginiana* L.) et du Japon (*A. Japonica* Decne).

Habitat. — L'anémone des fleuristes est originaire du midi de l'Europe et de l'Asie Mineure; elle habite surtout les collines et les lieux découverts. Les autres espèces habitent en général les régions montagneuses de l'hémisphère nord.

CULTURE. — Peu cultivées pour l'usage médical, les anémones sont essentiellement du domaine du jardinier fleuriste.

PARTIES USITÉES. — Les racines, les feuilles, les fleurs.

RÉCOLTE. — Toutes les anémones sont plus ou moins âcres; elles perdent la presque totalité de leur principe actif par la dessiccation; aussi ne les emploie-t-on qu'à l'état frais.

COMPOSITION CHIMIQUE. — Il est peu de plantes sur lesquelles le climat, le terrain, l'exposition influent autant que sur les anémones; elles renferment toujours un principe volatil âcre, et une matière neutre que Heyer et Brunswick ont nommée *anémonine*, et auquel Lœwig et Weidmann assignent la formule $C^7H^5O^4$; elle est blanche, cristalline, se ramollit à 150°, puis se décompose; elle est soluble dans l'eau, l'alcool et l'éther; les alcalis la transforment en *acide ané-monique*; l'oxyde de plomb et le carbonate d'argent opèrent la même transformation. Elle est très-vénéneuse.

Schwartz a trouvé dans l'*A. nemorosa*, outre l'anémonine et une huile volatile âcre, un acide qu'il a nommé *acide anémonique vola-til*, qui paraît n'être que de l'acide acétique. Quant à l'acide ané-monique blanc du même auteur, nous ne pouvons admettre avec lui qu'il résulte de la combinaison de l'acide volatil avec un acide fixe.

USAGES. — Les anémones sont des poisons âcres et irritants qui, ingérés à petite dose, peuvent déterminer des accidents graves suivis de mort. Cet empoisonnement est combattu par les émollients et par une médication antiphlogistique.

L'eau distillée d'anémone sylvie est employée en parfumerie.

Les bestiaux qui broutent ces plantes vertes sont, dit-on, atteints de dyssenterie, et nous ne pouvons croire, comme on le prétend, que les chèvres et les moutons les mangent impunément. Les habi-tants du Kamtschatka emploient leur suc pour empoisonner leurs flèches.

A l'extérieur, les anémones appliquées sur la peau déterminent une vive irritation suivie bientôt de vésication; pilée fraîche ou macérée dans du vinaigre, l'anémone sylvie est appliquée autour des poignets par les paysans contre les fièvres intermittentes, et on les emploie pour cautériser les cors aux pieds. Leur usage n'est pas sans danger.

En médecine vétérinaire, les feuilles pilées de diverses anémones ont été employées topiquement sur les vieux ulcères, en frictions, contre la gale des chiens, etc. C'est un vrai remède de cheval qu'on fera bien de bannir même de la médecine vétérinaire.

Nous parlerons plus loin de l'*A. pulsatilla*, la seule employée par les médecins homœopathes.

ANETH

Anethum graveolens L.
(Ombellifères-Peucédanées.)

L'Aneth odorant, appelé aussi *Fenouil puant*, *Fenouil bâtard*, et quelquefois à tort *Cumin*, est une plante annuelle, à racine fusiforme, ramifiée, fibreuse et blanchâtre. La tige, haute de 0^m,40 à 0^m,80, est cylindrique, striée, glabre, glauque, peu rameuse, creuse à l'intérieur. Les feuilles, alternes, amplexicaules, d'un beau vert foncé, sont deux ou trois fois pennées et décomposées en segments linéaires subulés, très-nombreux, souvent bifurqués à leur sommet. Les fleurs, petites, jaunâtres, forment de larges ombelles terminales, dépourvues d'involucre et d'involucelles. Les pétales sont petits, égaux, entiers, à sommet pointu, recourbé en dedans. Les étamines, au nombre de cinq, sont plus longues que les pétales. Le fruit se compose de deux carpelles allongées, un peu comprimées, aplaties en dedans, ovales arrondies en dehors, et marquées chacune de cinq côtes longitudinales, d'un jaune pâle.

L'aneth des moissons (*A. segetum* L.) est aussi une espèce annuelle, très-voisine de la précédente, dont elle diffère surtout par son fruit ovale, moins comprimé, à rebord presque nul.

Habitat. — Originaire de l'Orient, l'aneth odorant est aujourd'hui répandu et naturalisé dans le midi de la France et de l'Europe; on le trouve dans les moissons et dans le voisinage des habitations; il y est subspontané et venu probablement des jardins. L'aneth des moissons habite surtout les champs cultivés.

Culture. — L'aneth est assez généralement cultivé en Orient et dans l'Europe méridionale, mais seulement comme plante condimentaire. Il demande une exposition chaude et une terre bien meuble. Sa culture est très-simple ; il suffit de semer la graine aussitôt après la maturité, car les semis de printemps sont sujets à manquer.

PARTIES USITÉES. — Les fruits, les feuilles et les sommités.

RÉCOLTE. — La récolte des fruits se fait au fur et à mesure de leur maturité ; elle commence en août ; on les cueille, à mesure qu'ils brunissent, par un temps sec et quand la rosée est dissipée ; on les renferme dans un sac à l'abri de l'humidité, afin de conserver leur arome. Les feuilles et les sommités sont récoltées au moment de la floraison ; on les dispose en bouquets et en guirlandes, et on les fait sécher dans un courant d'air, mais pas trop chaud.

COMPOSITION CHIMIQUE. — Toute la plante et les fruits exhalent une odeur aromatique analogue à celle du fenouil, mais moins forte ; elle est due à une huile essentielle semblable à celle de l'anis. Malgré le nom de fenouil puant qu'on lui donne, l'odeur de l'essence n'est pas désagréable. D'après Thompson, cent livres de fruits d'aneth donnent à la distillation deux livres d'huile essentielle.

USAGES. — Les fruits de l'*A. graveolens* se distinguent par leur forme aplatie qui les fait ressembler à une punaise ; ils sont jaune-brunâtres, oblongs, avec des ailes membraneuses sur les bords, marqués de trois stries au milieu. Ils sont considérés comme carminatifs, cordiaux et toniques. Dioscoride et Galien assurent qu'ils sont narcotiques, et Forestus les a recommandés contre les coliques, les vomissements biliaires, et surtout contre le hoquet ; Ray cite l'opinion de Heurnius, qui administrait avec succès l'essence d'aneth à la dose de quatre gouttes dans quinze grammes d'huile d'amandes douces contre le hoquet, et Cullen affirme qu'en Angleterre les nourrices n'ont d'autre remède contre les coliques des enfants ; Dioscoride les recommandait encore pour augmenter la sécrétion du lait des nourrices ; on les a employés contre la gastralgie et la débilité gastrique. Les feuilles, à la dose de quinze grammes pour cinq cents grammes d'eau bouillante, ont été employées en lavement comme carminatives ; à l'extérieur, on s'en est servi sous la forme de cataplasmes, et en fomentation comme résolutives.

Les fleurs font partie des quatre fleurs carminatives avec la camomille, le mélilot et la matricaire.

L'aneth sert de condiment dans plusieurs contrées, surtout chez les Cosaques et dans quelques contrées de la Russie. Les anciens se couronnaient d'aneth dans les festins ; on attribuait aux fruits la propriété d'être nourrissants, aussi les gladiateurs les mêlaient-ils à tous leurs aliments.

Les fruits d'aneth nous viennent d'Italie, de Portugal et d'Espagne. On les a employés quelquefois en médecine vétérinaire contre les flatuosités et la météorisation des ruminants : ils entrent dans la composition de quelques liqueurs de table très-estimées.

ANGÉLIQUE

Angelica archangelica L. *Archangelica officinalis* Hoffm.
(Ombellifères-Angélicées.)

L'Angélique officinale est une plante bisannuelle ou vivace, à racine forte, allongée, charnue, noirâtre, très-rameuse. La tige, haute de 1 mètre à 2 mètres, est épaisse, cylindrique, dressée, striée, glabre, très-rameuse, couverte d'une poussière glauque, creuse à l'intérieur. Ses feuilles sont alternes, très-grandes, à pétiole engaînant, à limbe décomposé, deux ou trois fois ailé, à folioles ovales, lancéolées, aiguës, dentées. Les fleurs, d'un jaune verdâtre, forment de nombreuses ombelles terminales, très-grandes et globuleuses, entourées d'un involucre à trois ou cinq folioles linéaires, aiguës, qui avortent quelquefois en tout ou en partie. Les rayons de l'ombelle, très-nombreux et presque égaux, portent des ombellules, qu'entoure un involucelle formé de huit folioles linéaires, subulées. Le calice est court et strié ; la corolle a cinq pétales lancéolés, recourbés en dedans. Le fruit est ovoïde, allongé, relevé de côtes saillantes et couronné par les deux styles persistants et presque horizontaux.

L'angélique sauvage (*A. sylvestris* L., *Imperatoria* D. C.) diffère de la précédente par sa taille moins élevée ; sa tige teintée de pourpre, peu rameuse ; ses feuilles plus petites, moins découpées et presque sessiles ; ses fleurs blanches ou rosées ; enfin sa racine plus blanche, moins épaisse, d'une odeur et d'une saveur bien plus faibles.

Habitat. — L'angélique officinale habite les régions montagneuses de l'Europe centrale et méridionale ; elle croît surtout dans les lieux boisés. L'angélique sauvage se trouve au bord des ruisseaux, des fossés humides, dans les prairies, les lieux ombragés, etc.

Culture. — L'angélique officinale est cultivée en grand, dans plusieurs localités, comme plante économique.

Parties usitées. — La racine, les tiges, les fruits ; rarement les feuilles.

Récolte. — La racine d'angélique doit être récoltée à la fin de la seconde année, ou plus tard lorsqu'elle est vivace. Elle nous vient de la Bohême, des Alpes et des Pyrénées. Elle présente une souche grosse avec des fibres nombreuses réunies en faisceau, grise, ridée, blanche à l'intérieur, d'une odeur agréable, d'une saveur chaude, âcre, persistante, amère et musquée ; elle est souvent piquée des vers : il faut alors la repousser.

Les tiges ne sont employées que fraîches, à la fin de la première et de la seconde année ; on emploie également les pétioles, on les confit après les avoir blanchis dans l'eau bouillante, dans un sirop de sucre bouillant, que l'on concentre graduellement, et on obtient ainsi l'*angélique confite*, dite de *Nevers* et de *Niort*.

Les fruits sont assez volumineux, ailés, blancs ou verdâtres ; riches en essence et en principe résineux balsamique.

Les feuilles perdent presque toutes leurs propriétés par la dessiccation.

Composition chimique. — L'angélique contient dans toutes ses parties une huile essentielle. D'après MM. Mayer et Zenner, elle renfermerait trois acides volatils, dont l'un, l'*acide valérianique*, est probablement un produit de transformation ; les autres produits sont l'acide angélicique, une résine cristallisée (l'angélicine), une résine amorphe, une matière amère, du tannin, des malates, de l'acide pectique, de la gomme et de l'amidon (Buchner) : par incision des tiges et du collet on obtient un principe gommo-résineux se solidifiant à l'air, et qui possède l'odeur du musc et du benjoin.

Usages. — La racine d'angélique entre dans les alcoolats thériacal et de mélisse composé, la thériaque, l'esprit carminatif de Sylvius, le baume du commandeur, etc. Les fruits font partie des liqueurs de table connues sous les noms de vespétro, de grande-chartreuse, et de la Havane de M. Demange.

L'odeur aromatique, suave et musquée de l'angélique, la fait considérer comme stomachique, carminative, excitante, sudorifique et emménagogue ; on l'a employée dans l'atonie générale, la dyspepsie, l'anorexie, les spasmes, les coliques flatulentes, les céphalalgies nerveuses, l'hystérie, les névroses avec débilité, la chlorose, la leucorrhée, les scrofules, les fièvres typhoïdes, les bronchites aiguës et

chroniques, etc. Les peuples du Nord, les Lapons surtout, en font
un fréquent usage comme aliment, condiment et remède ; ils
s'en servent contre les affections de poitrine, les coliques ; ils la
mâchent comme le tabac ; les Norwégiens mettent, dit-on, dans
le pain la racine pulvérisée, et avec des boutons des fleurs bouillis
dans du petit-lait de renne ils préparent un excellent stomachique.

Les vétérinaires les plus autorisés, tels que Bourgelat, Vitet, Huzard,
considèrent l'angélique comme un excellent médicament contre les
coliques venteuses.

L'angélique sauvage (*A. sylvestris* L.) est souvent substituée à
l'angélique ordinaire ; elle est moins active.

ANGUSTURE

Cusparia febrifuga Humb. *Bonplandia trifoliata* Willd. *Galipea febrifuga* St-Hil.
(Rutacées–Diosmées.)

L'Angusture vraie ou Cusparé est un grand arbre, dont la tige
droite est recouverte d'une écorce grisâtre. Ses jeunes rameaux,
cylindriques, verts, ponctués de gris, portent des feuilles alternes,
plus nombreuses au sommet. Le pétiole, long de $0^m,20$ à $0^m,25$, est
creusé en gouttière à la face supérieure ; le limbe se divise en trois
folioles sessiles, allongées, ovales, aiguës, entières, minces, glabres
et luisantes, la médiane un peu plus grande. Les fleurs sont blanches,
groupées en grappes dressées, cylindriques à l'aisselle des feuilles
supérieures. Elles présentent un calice campanulé, à cinq divisions
ovales, aiguës ; une corolle à cinq pétales, soudés en tube à la base et
trois fois plus longs que le calice, couverts de poils en faisceau ;
cinq étamines (rarement six) à filets dilatés et membraneux à la base,
dont deux seulement, plus courts que les autres, portent une anthère
allongée, obtuse, terminée inférieurement par un petit appendice
membraneux ; un ovaire sessile, à cinq côtes obtuses et saillantes, à
cinq loges uniovulées, enfoncé dans un disque saillant et concave, et
terminé par un stigmate à cinq divisions. Le fruit se compose de
cinq capsules uniloculaires, bivalves, monospermes, réunies sur un
axe commun (Pl. 14).

HABITAT. — Cet arbre est originaire de l'Amérique méridionale ;
on l'a trouvé au Brésil, sur les bords de l'Orénoque, dans plusieurs

îles et quelques régions voisines. Ce n'est guère que vers la fin du
dernier siècle qu'il a été bien connu.

CULTURE. — Le Cusparé, qui, dans son pays natal, forme d'immenses forêts, ne se trouve guère, en Europe, que dans les grands
jardins botaniques. Sa culture et sa conservation sont assez difficiles ;
aussi est-il encore peu répandu dans les collections.

PARTIES USITÉES. — L'écorce.

RÉCOLTE. — L'écorce d'angusture vraie se trouve dans le commerce ;
il importe beaucoup de ne pas la confondre avec l'angusture fausse
qui est produite par le *Strychnos nux vomica* (*Loganiacées*) ; aussi
croyons-nous devoir résumer les caractères distinctifs, physiques et
chimiques de ces deux écorces.

CARACTÈRES ET RÉACTIFS.	ANGUSTURE VRAIE.	ANGUSTURE FAUSSE.
Écorce.	Mince.	Plus épaisse.
Couleur.	Jaune verdâtre.	Plus verte.
Face externe.	Peu verruqueuse.	Très-verruqueuse, points pro-éminents.
Face interne, liber.	Jaunâtre ou rose, un peu ru-gueux.	Plus foncé et plus lisse.
Bords.	Taillés en biseau avec un in-strument tranchant.	Taillés à pic.
Saveur.	Amère.	Extrêmement amère.
Odeur.	Nauséeuse.	Inodore.
Acide nitrique sur le liber.	Jaunit.	Rouge de sang.
Couleur de la poudre.	Jaune rougeâtre.	Blanc, légèrement jaunâtre.
Infusion avec eau 90 grammes... Teinture de tournesol...	Couleur détruite.	Très-faiblement rougie.
Angusture vraie, 4 grammes... Sulfate de fer.	Précipité gris blanchâtre abondant.	Couleur vert-bouteille, trouble léger.
Ferro-cyanure de potassium.	Rien, l'acide chlorhydrique y forme ensuite un dépôt abondant.	Trouble léger, n'augmente pas par l'acide chlorhydrique, la liqueur prend un aspect ver-dâtre.
Id. fausse, 4 gr. infuser 18 heures Acide sulfuri-que.	En petite quantité, trouble fortement, un excès redis-sout le précipité sans rougir le liquide.	Rien.
(Guibourt.)		

COMPOSITION CHIMIQUE. — L'angusture vraie contient d'après Husban :
cusparin, *gomme*, *extractif*, *résine*, huile volatile. D'après Brandes,
elle contiendrait un alcaloïde, et Thompson avait cru y trouver un
principe analogue à la cinchonine.

USAGES. — L'angusture fut rapportée de la Martinique en Angleterre en 1788 par M. Ewer, médecin de la Trinité ; on croyait alors
qu'elle venait d'Afrique ; mais on sut bientôt que l'arbre qui la four-

nissait formait de grandes forêts du côté d'*Angostora*, dans l'Amérique méridionale. Willdenow avait mentionné cet arbre sous le nom de *Bonplandia trifoliata*, que Richard décrivit sous le nom de *B. Angostora*. Mais comme Cévanilles avait antérieurement donné le nom de *Bonplandia* à un genre de Polémoniacées, Humboldt donna le nom de *Cusparia* à l'angusture pour rappeler son nom vulgaire dans le pays où croît la plante (*Cusparé*). Plus tard enfin M. A. de Saint-Hilaire fit voir qu'il n'y avait aucune différence entre les genres *Cusparia* et *Galipea*. Aussi désigne-t-on indistinctement l'angusture sous ces deux noms génériques; on la trouve sous trois formes dans le commerce :

1° Morceaux courts, plats, minces, plus ou moins larges, avec épiderme gris-jaunâtre, peu rugueux;

2° Morceaux longs de 16 à 20 centimètres, odeur fort désagréable, roulés, épiderme épais fongueux.

3° Enfin des morceaux qui tiennent le milieu entre les deux précédents, ayant la saveur et l'odeur de la deuxième variété; toujours les écorces sont taillées en biseau sur les bords.

C'est Bernard de Jussieu qui a indiqué les propriétés antidyssentériques de l'écorce d'angusture; on en fit grand usage en 1807 dans une épidémie de cette maladie qui régnait alors en France. Mais comme on n'était pas bien fixé sur son origine, on lui substitua l'écorce de *fausse angusture*, qui détermina de véritables empoisonnements; et c'est là certainement la cause du discrédit dans lequel elle est tombée; elle entre dans le *vin de Séguin*.

En Amérique on considère l'angusture comme un excellent succédané du quinquina. Reydellet et Niel de Marseille l'ont employée avec succès comme fébrifuge à la dose de 4 à 10 grammes en poudre, et 8 à 15 grammes pour un litre d'eau en tisane, par infusion ou décoction.

ANIS

Pimpinella anisum L.
(Ombellifères—Ammineés.)

L'Anis est une plante annuelle, à racine fusiforme, un peu ramifiée, blanchâtre. La tige, haute de 0ᵐ,50 au plus, dressée, cylindrique, pubescente, rameuse, porte des feuilles alternes, amplexicaules, glabres, un peu charnues, d'un vert assez intense; les inférieures cordiformes, arrondies, lobées, incisées, dentelées; les moyennes pennilobées, à feuilles lancéolées ou en coin; les supérieures trifides, à divisions très-étroites, linéaires et pointues. Les fleurs, blanches, petites, sont disposées en ombelles terminales, dépourvues d'involucre et d'involucelles. Elles présentent un calice nul ou à peine visible; une corolle à cinq pétales égaux, échancrés en cœur, à sommet recourbé en dessus; cinq étamines plus longues que les pétales, à filets blancs subulés, à anthères globuleuses; deux styles très-courts. Les fruits sont ovoïdes, striés longitudinalement, un peu pubescents et d'un gris blanchâtre quand ils sont secs.

HABITAT. — L'anis est originaire de la région méditerranéenne, notamment du Levant, de l'Égypte et de l'Italie, où il croit surtout dans les endroits secs et découverts.

CULTURE. — L'anis est cultivé en grand dans l'Anjou, la Touraine, le Bordelais. Il demande une exposition chaude, une terre légère et substantielle. La graine, récoltée aussitôt après la maturité, est conservée dans une cave ou stratifiée dans du sable humide, jusqu'au moment du semis, qui a lieu au printemps. Le sol étant bien préparé par des labours à la bêche ou à la charrue, suivis d'un hersage ou d'un râtelage, on y répand à la volée la graine d'anis, qui doit être très-peu recouverte. On bine et on sarcle deux fois le semis, après la levée des jeunes plants, jusqu'à l'époque de la floraison, et on l'éclaircit de manière à laisser environ 0ᵐ,30 de distance entre les pieds. — On cultive aussi l'anis en bordures le long des espaliers exposés au midi ou au levant.

PARTIES USITÉES. — Les fruits.

RÉCOLTE. — Les fruits d'anis se récoltent et se dessèchent comme ceux de l'aneth. On ne saurait apporter trop de soins dans cette opération. On a signalé des cas d'empoisonnement par de l'anis vert mêlé accidentellement avec des fruits de ciguë. Les fruits de cette dernière plante sont moins verts, moins ovoïdes, légèrement courbés en croissant; ils ne sont pas aromatiques; lorsqu'on les frotte, ils répandent une odeur de souris.

COMPOSITION CHIMIQUE. — L'odeur aromatique des fruits d'anis, leur saveur chaude piquante est due à une huile volatile qui se concrète vers 12°+O : 1,500 grammes d'anis fournissent 30 grammes de ce stéaroptène.

L'essence d'anis attaquée par l'acide azotique étendu produit un mélange huileux d'hydrure d'anisyle $= C^{16} H^7 O^3$, H et d'acide anisique $C^{16} H^7 O^3$, HO. L'hydrure d'anisyle est analogue à l'hydrure de benzoïle, il est le point de départ d'une série chimique très-importante. L'essence d'anis contient $C^{20} H^{12} O^2$.

Usages. — Les fruits d'anis vert sont un carminatif populaire. Dans certaines contrées du Nord, on les fait entrer dans la fabrication du pain ; en Angleterre, on en met dans le pain d'épices ; en France, on les recouvre de sucre; ils constituent alors l'anis couvert ou *de Verdun*. Ils sont la base de l'anisette de Bordeaux ; ils entrent dans le vespétro et d'autres liqueurs. L'anis entre dans l'électuaire lénitif, la thériaque, l'esprit de Sylvius, etc. L'essence tenant du soufre en dissolution constitue le baume de soufre anisé qui entre dans les pilules de Morthon; l'essence fait partie des pilules écossaises d'Anderson.

L'anis a été tour à tour considéré comme stimulant, stomachique, carminatif, diurétique, expectorant et emménagogue ; on l'emploie dans la débilité des organes digestifs, la gastralgie, les flatuosités, les coliques flatulentes et spasmodiques, les tranchées des enfants, la dyspepsie, les vertiges, les éblouissements, les céphalalgies nerveuses, etc.

Dioscoride le vante comme propre à combattre la leucorrhée, à étancher la soif des hydropiques; on le donne souvent en infusion à la dose de 8 ou 15 grammes pour un litre d'eau, que l'on fait boire aux nourrices pour combattre les coliques des enfants; Mesué le mêlait au *Momordica elaterium* pour corriger son action irritante, et c'est dans le même but que l'essence est mise dans les pilules écossaises d'Anderson.

A l'extérieur, on a employé l'anis sous forme de fomentations, lotions et cataplasmes pour combattre les ecchymoses et les engorgements laiteux.

L'anis vert est encore connu sous les noms de *Boucage à fruits suacres*, d'*Anis boucage*, de *Pimpinelle anis*; il est verdâtre, ové, strié, pubescent, très-aromatique; sa saveur est piquante et légèrement sucrée. Les environs de Tours en produisent une grande quantité; le plus estimé vient de Malte. D'ailleurs, dans le commerce, on en distingue plusieurs sortes : 1° celui de Russie vient d'Odessa; il est petit, noirâtre, âcre et peu estimé; 2° celui de Touraine est vert et plus doux; 3° celui d'Albi est plus blanc et plus aromatique ; 4° celui d'Espagne, qui, avec celui de Malte, est le plus estimé.

L'anis est très-employé en médecine vétérinaire comme carminatif. Les homœopathes s'en servent quelquefois ; son signe est *Mas* et son abréviation *Anis* ; mais sous le nom d'*Anisum*, ils entendent l'anis étoilé ou badiane, dont nous parlerons plus loin.

ARABETTE

Arabis thaliana L. *Sisymbrium thalianum* Gay.
(Crucifères - Arabidées.)

L'Arabette ou Arabide rameuse (*A. Thaliana* L.) est une plante annuelle, à tiges solitaires ou peu nombreuses, hautes de $0^m,15$ à $0^m,30$, grêles, dressées, un peu rameuses, peu feuillées, très-velues à la base, glabres au sommet ; elles portent des feuilles velues ; les radicales obovales-oblongues, dentées, pétiolées ; les caulinaires oblongues, entières, sessiles. Les fleurs, blanches, petites, forment une grappe lâche terminale. Le fruit est une silique cylindrique, étalée-ascendante, un peu plus longue que le pédicelle et contenant des graines très-petites (Pl. 15).

L'arabette hérissée (*A. sagittata* D. C., *Turritis hirsuta* L.) est bisannuelle. Sa tige, haute de $0^m,30$ à 0^m60, dressée, simple, est couverte de poils roides et rameux, ainsi que les feuilles qui sont oblongues et pétiolées à la base, sagittées et embrassantes sur la tige. La silique est linéaire, dressée et renferme des graines réticulées.

L'arabette des sables (*A. arenosa* Scop., *Sisymbrium arenosum* L.) est aussi bisannuelle. Ses tiges, hautes de $0^m,10$ à $0^m,40$, dressées ou ascendantes, rameuses, sont hérissées de poils, ainsi que les feuilles. Celles-ci varient de forme ; pétiolées, lyrées et pinnatifides à la base de la tige, elles sont dentées dans la partie moyenne, étroites et presque entières au sommet. Les fleurs sont blanchâtres ou rosées ; les siliques, linéaires, étroites et étalées.

Habitat. — Ces plantes se trouvent à peu près dans toute l'Europe. L'arabette rameuse habite les bois sablonneux, les bords des chemins, les champs arides, les lieux pierreux. Les deux autres fréquentent à peu près les mêmes stations. L'arabette des sables se trouve aussi sur les roches et les murs, dans les vignes, les champs cultivés, etc.

CULTURE. — Les arabettes ne sont cultivées que dans les jardins botaniques, où l'on se contente de répandre leurs graines au printemps.

PARTIES USITÉES. — Les sommités fleuries, les graines.

RÉCOLTE. — On récolte la plante en pleine floraison ; on la coupe au pied, et on la fait dessécher avec le plus grand soin, car elle perd la plus grande partie de ses propriétés par la dessiccation. Les graines doivent être récoltées avant la maturité complète du fruit. On cueille la plante entière portant ses fruits ; on la fait dessécher à l'ombre, et en la battant les fruits s'ouvrent et les graines se détachent ; on les vanne, et on les fait sécher au soleil ou à l'étuve légèrement chauffée.

COMPOSITION CHIMIQUE. — Le principe actif des *Arabis* paraît être une huile essentielle probablement sulfurée, comme le sont toutes celles des plantes crucifères. Ils renferment, en outre, une matière âcre de nature résineuse.

Les graines contiennent environ 45 p. 100 d'huile fixe, que l'on peut extraire par le sulfure de carbone et par évaporation de celui-ci ; mais, par expression, on n'en extrait guère que 25 p. 100 d'huile fixe analogue à celle du colza. Mais comme la plante est petite et qu'elle porte peu de fruits, on préfère cultiver comme oléagineux, le colza, la navette, la cameline, la moutarde blanche, etc. On ne connaît pas la composition du tourteau de l'arabette.

USAGES. — L'arabette, qui porte aussi le nom de *Tourelle* ou *Tourette*, est assez voisine des *Turritis* Lob. On a même donné le nom de *Turritis hirsuta* à l'arabette velue.

L'*Arabis Chinensis* Rottl. est employée dans l'Inde, sous le nom d'*Aliverie*, comme stomachique et stimulante. On en fait un grand commerce et on la vend dans les bazars. D'après Ainslie (*Mat. med. Ind.*, t. II, p. 12), on emploie cette plante pilée et son suc mêlé avec du jus de citron comme un répercussif très-bon à employer pour combattre les inflammations locales. On a même prétendu que cette préparation pouvait provoquer l'avortement, ce qui n'est pas probable. Toutes les vertus de cette plante se bornent à être légèrement stimulante et antiscorbutique ; elle n'est pas d'ailleurs usitée, et on ne la trouve pas dans le commerce de l'herboristerie.

L'arabette est très commune dans les pâturages, dans les champs après la moisson. Les animaux la mangent avec plaisir. Elle a l'inconvénient de donner au lait une saveur très-désagréable.

ARALIE

Aralia racemosa et *nudicaulis* L.
(Araliacées.)

L'Aralie à grappes (A. *racemosa* L.) est une plante vivace, dont les tiges, hautes de 1^m à $1^m,50$, sont herbacées, lisses, vert rougeâtre, à moelle très-abondante, rameuses, divergentes. Les feuilles, alternes, grandes, pétiolées, deux fois ailées, se divisent en folioles assez grandes, ovales, cordées à la base, pointues au sommet, dentées en scie, peu épaisses, presque glabres. Les fleurs, d'un blanc verdâtre, forment des grappes rameuses, terminales, composées de petites ombelles courtement pédonculées, munies chacune d'un petit involucre à bractées linéaires. Elles présentent un calice adhérent, à limbe très-court; une corolle à cinq pétales; un ovaire infère, à cinq loges, surmonté de cinq styles divergents, étalés. Le fruit est une petite baie arrondie, rouge foncé à la maturité, contenant cinq noyaux monospermes, et couronnée par le calice et les styles persistants.

L'aralie à tige nue (A. *nudicaulis* L.) est aussi vivace, et n'a pas de véritable tige, mais une hampe haute d'environ un mètre. Les feuilles, toutes radicales, à pétioles trifides, présentent trois lobes divisés chacun en cinq segments ovales, aigus, dentelés. Les fleurs blanchâtres sont disposées en ombelles multiflores, dépourvues d'involucre.

Nous citerons encore les aralies épineuse (A. *spinosa* L.), hispide (A. *hispida* Mich.), à huit feuilles (A. *octophylla* Lour.), palmée (A. *palmata* Lam.), etc.

Habitat. — Les quatre premières espèces que nous venons de nommer sont originaires des régions tempérées de l'Amérique du Nord. Les deux dernières appartiennent à la Chine.

Culture. — Ces aralies peuvent être cultivées en pleine terre sous nos climats, pourvu qu'elles soient abritées pendant les grands froids. On les propage de graines, semées aussitôt après leur maturité, ou de boutures de racines, faites au printemps, sur couche tiède.

Parties usitées. — Les feuilles, les racines, l'écorce.

Récolte. — L'*Aralia nudicaulis* est souvent employée dans l'Amérique du Nord comme succédanée de la salsepareille; c'est une tige rampante et non une véritable racine. Elle possède une odeur fade peu marquée, une saveur légèrement astringente, sucrée et aromatique, analogue à celle du persil; elle est ramifiée, recouverte d'un épiderme grisâtre, gris blanchâtre ou gris rougeâtre, et foliacé; l'écorce, jaune, spongieuse, sèche, recouvre un cœur très-ligneux.

Composition chimique. — On ne sait rien sur la composition des différentes parties des aralies, et la matière extractive à laquelle on attribue des propriétés sudorifiques est mal connue dans sa nature.

Usages. — Aux États-Unis on emploie les tiges de l'aralie à tige nue comme sudorifique. Il paraît qu'on la mêle quelquefois à la salsepareille vraie, ce qui est toujours bien facile à reconnaître, car l'aspect de ces deux substances est tout à fait différent. La racine de l'*A. racemosa* en décoction a été conseillée pour laver les plaies atoniques. D'après Michaux on la réduit en bouillie au Canada, et on l'applique sur les ulcères invétérés. En Chine on se sert des feuilles et des fruits de l'*A. octophylla* comme apéritifs, diurétiques et diaphorétiques. Loureiro rapporte que les cendres de la tige y sont employées contre l'hydropisie; il ajoute que l'écorce de l'*A. palmata* y est utilisée contre la gale et comme résolutive.

Le docteur Méara a recommandé l'infusion aqueuse de la partie interne de l'écorce et de la racine de l'*A. spinosa* L. contre le rhumatisme. Cette infusion doit être peu chargée; concentrée, elle irrite les glandes salivaires et peut produire des nausées et des vomissements. En Virginie on en prépare une teinture alcoolique souvent utilisée contre le mal de dents et les violentes coliques.

De l'*A. umbellifera* Lam., qui croît à Amboine, il découle une résine jaune qui rougit en séchant, d'une odeur agréable surtout lorsqu'on la brûle; elle contient de l'acide benzoïque.

ARBOUSIER

Arbutus unedo L.
(Éricinées—Éricées.)

L'Arbousier commun, appelé aussi vulgairement *Frôle* ou *Arbre aux fraises*, est un petit arbre, dont la tige, noueuse, tordue, couverte d'une écorce gris-brunâtre, qui se détache par plaques, se divise, à sa partie supérieure, en rameaux rougeâtres. Les feuilles sont alternes, ovales-oblongues, élargies au sommet, dentées, dures ou coriaces, glabres, d'un beau vert en dessus, plus pâles en dessous, persistantes, portées sur des pétioles courts et rougeâtres. Les fleurs, blanches, en grelot, odorantes, forment de petites grappes à l'extrémité des rameaux. Elles présentent un calice à cinq divisions ; une corolle globuleuse, urcéolée, à cinq dents obtuses, réfléchies ; dix étamines incluses, à anthères comprimées, percées de deux pores au sommet ; un ovaire à cinq loges multiovulées, inséré sur un disque hypogyne, et surmonté d'un style simple, que couronne un stigmate obtus. Le fruit est une baie globuleuse, verruqueuse-muriquée, jaune d'abord, d'un beau rouge à sa maturité, à cinq loges polyspermes.

On remarque encore dans ce genre l'arbousier à panicules (*A. andrachne* L.) et l'arbousier traînant (*A. uva ursi* L.), vulgairement appelé *Busserole* (Voyez ce mot).

HABITAT. — L'arbousier est répandu dans les contrées tempérées de l'Europe ; il habite surtout les bois des régions montueuses. Il est très-commun aussi aux environs de Bordeaux et dans le bassin méditerranéen.

CULTURE. — L'arbousier se propage de graines, semées aussitôt après leur maturité, en terrines remplies d'un mélange, par parties égales, de terre de bruyère, de terre franche et de terreau de couche, et placées sur couche et sous châssis. On rentre ces terrines en orangerie, pendant l'hiver ; au printemps, on repique les jeunes plants séparément dans de petits pots, et on les arrose modérément.

PARTIES USITÉES. — Les feuilles, le bois, les racines, les fruits.

RÉCOLTE. — Les feuilles persistantes peuvent être récoltées à l'automne ; mais on leur préfère en général, pour l'usage médical, celles de l'*A. uva ursi*. Le bois et les racines sont également récoltés à la même époque ou au printemps. Les fruits mûrissent en janvier ou en février ; on les récolte lorsqu'ils sont bien rouges.

COMPOSITION CHIMIQUE. — Toutes les parties de l'arbousier sont riches en tannin ; les fruits à leur maturité contiennent du sucre analogue au sucre de fruit, de l'acide tannique, de la pectine et de l'acide pectique.

USAGES. — On a cherché à utiliser l'arbousier pour le tannage des cuirs, en raison de la quantité très-grande de tannin qu'il contient. En Orient, on emploie les feuilles à cet usage. M. Guyot-Dannecy, pharmacien à Bordeaux, avait proposé la racine d'arbousier pour remplacer la racine de ratanhia. Il avait préparé un extrait qu'il considérait comme très-astringent; mais, d'après M. E. Soubeiran, la matière médicale possède des astringents beaucoup plus puissants que l'extrait d'arbousier. En effet, il résulte de ses expériences que les divers extraits astringents devraient être placés dans l'ordre suivant, et que, pour produire les mêmes effets d'astringence, il faudrait : 8 parties de cachou de Pégu, 10 de kino de la Jamaïque, 12 de kino d'Amboine, 14 de cachou de l'Inde, 15 d'extrait de monésia, 15 d'extrait de ratanhia, 35 d'extrait de tormentille, 50 d'extrait de bistorte, 55 d'extrait d'écorce de chêne et 160 d'extrait d'arbousier. D'où il résulte que M. Guyot-Dannecy s'était fait illusion sur les propriétés astringentes de ce dernier extrait, et que nous possédons dans notre pays des plantes bien plus riches en tannin, la tormentille, par exemple.

Les fruits de l'arbousier sont assez agréables au goût, quoique un peu âpres et aigrelets; on les mange à leur maturité, ou on en fait avec du sucre des confitures qui sont assez estimées. Dans ces derniers temps, on a cherché à les utiliser pour fabriquer de l'alcool : il suffit pour cela de les écraser et de les soumettre à la fermentation, après les avoir additionnés d'eau bouillante, et on distille pour obtenir en produit à peu près le quart des arbouses employées. L'alcool obtenu est de bon goût; on peut encore en faire un bon vinaigre.

AREC

Areca catechu L.

(Palmiers — Arécinées.)

L'Arec de l'Inde est un arbre à tige droite, nue, haute de 15 mètres environ sur 0^{m}15 de diamètre, marquée dans toute sa longueur par des anneaux circulaires qui sont les cicatrices laissées par la chute des anciennes feuilles. La cime est couronnée par un bouquet de six à dix feuilles longues d'environ 5 mètres, ailées, à deux rangs de folioles étroites, lancéolées aiguës, généralement opposées, d'un beau vert, plissées longitudinalement; le pétiole commun s'élargit, à sa base, en une gaine cylindrique et coriace. Au centre de la couronne de feuilles est un bourgeon conique, appelé vulgairement *chou* ou *flèche*. Les fleurs, très-nombreuses, petites, sessiles, blanchâtres, forment par leur réunion des spadices inclinés, très-rameux, renfermés dans des spathes vert blanchâtre ou jaunâtre, coriaces, lisses, longues d'environ $0^m,50$. Les fruits sont à peu près de la forme et de la grosseur d'un œuf de poule, un peu pointus et ombiliqués au sommet, munis, à la base, de six écailles disposées sur deux rangs. L'épicarpe, lisse, très-mince, d'abord vert blanchâtre, puis jaune, recouvre une chair blanche et succulente quoique fibreuse, renfermant un noyau corné, arrondi, acuminé au sommet, veiné comme une noix muscade (Pl. 46).

HABITAT. — Ce palmier croît dans l'Inde, aux Moluques, et dans la partie méridionale de la Chine. On pense qu'il est originaire des îles de la Sonde.

CULTURE. — L'arec n'est guère cultivé que dans les jardins botaniques ou chez quelques riches amateurs. Il demande la serre chaude humide. On le propage ordinairement par graines, dont la germination est assez difficile. Il doit être fréquemment arrosé, surtout en été, et vient mieux en massif qu'isolé.

PARTIES USITÉES. — Les semences ou *noix d'arec*, le cachou de l'arec.

RÉCOLTE. — Les noix d'arec sont récoltées à leur maturité, les fruits sont de la grosseur d'un œuf de poule, jaune doré, renfermant un brou fibreux, une amande arrondie, ovoïde ou conique, blanche, marbrée de brun, dure, cornée, inodore.

COMPOSITION CHIMIQUE. — D'après M. Morin, de Rouen, la noix d'arec contient du tannin, de l'acide gallique, de la glutine, une matière rouge insoluble, de l'huile fixe, de la gomme, de l'oxalte de chaux, du ligneux, etc.

USAGES. — Le bourgeon terminal se mange comme légume, ainsi que cela se pratique pour un grand nombre d'autres espèces de cette famille sous le nom de *chou-palmiste*; on mange aussi les fruits, mais c'est surtout l'amande qui est coupée par tranches et mêlée avec des feuilles de bétel (*Piper betel* L.), saupoudrées d'un peu de chaux vive, ce mélange constitue ce masticatoire si usité dans l'Inde sous le nom de *bétel*, auquel on attribue la propriété de relever les forces affaiblies par des sueurs excessives; il rougit la salive et les parties internes de la bouche, et cause les premières fois qu'on en fait usage une sorte d'ivresse ; les noix d'arec que l'on nomme aussi *arelines des Indes*, *Chosool*, sont mêlées avec d'autres ingrédients pour former une sorte d'électuaire liquide dont on donne une demi-tasse deux fois par jour pour remédier à la constipation qui suit certaines dyspepsies (Ainslie, *Mat. méd. ind.* II, 269).

C'est surtout l'*A. oleracea*, L., qui forme le chou-palmiste, mais Bory de Saint-Vincent en désigne quatre espèces comme entrant aussi dans les palmistes.

Cachou de l'arec. D'après Antoine de Jussieu, la noix de l'arec servirait seule à la préparation du cachou ; Herbert de Jager dit qu'on y ajoute une infusion de bois d'acacia ; et d'après le docteur Heyne, on prépare dans le Mysore deux espèces de cachou avec l'arec ; les noix, telles qu'elles viennent sur l'arbre, sont mises à bouillir pendant quelques heures dans des vases en fer, on passe et on continue l'ébullition ; on obtient le *kassu*, qui est noir et mêlé de glumes de riz et autres impuretés, c'est le plus astringent ; les noix de l'opération précédente sont mises à sécher, et on les fait bouillir de nouveau ; on obtient ainsi une autre espèce de cachou, nommé *Coury*, qui est d'un jaune brun, d'une cassure terreuse et sans mélange de corps étrangers ; c'est le cachou en boules terne et rougeâtre de M. Guibourt, et le cachou en boules d'Antoine de Jussieu ; tandis que le kassu serait le cachou brun noirâtre, orbiculaire et plat de Ceylan, d'après M. Guibourt, et qui est connu en Angleterre sous le nom de cachou de *Colombo* ou de *Ceylan* ; il est couvert de glumes de riz ; il a une cassure brillante, d'un brun noirâtre, homogène ; Christison en a extrait au moyen de l'éther 57 pour 100 d'acide *cachutique*, c'est donc un excellent cachou.

Le cachou de l'arec jouit des mêmes propriétés que celui des *mimosa*, dont nous parlerons ailleurs.

ARGÉMONE

Argemone Mexicana L.
(Papavéracées.)

L'Argémone du Mexique, appelée aussi vulgairement Pavot épineux, Pavot du Mexique, Chardon bénit des Antilles, etc., est une plante annuelle à racine fibreuse, à tige haute de 0^m.35 à 0^m.40, droite, rameuse, épineuse, à moelle très-abondante ; à feuilles alternes, très-larges, semi-amplexicaules, déchiquetées, anguleuses, roncinées, épineuses sur les bords et le long des nervures, vert foncé, souvent maculé et panaché de blanc en dessus, vert glauque en dessous. Les fleurs, jaunes, grandes, sont solitaires à l'extrémité des rameaux ; elles présentent un calice à deux ou trois sépales concaves ; une corolle à quatre ou six pétales arrondis, obovales, chiffonnés avant l'épanouissement et tombant de très-bonne heure ; des étamines nombreuses ; un pistil, surmonté d'un style très-court, presque nul, que termine un stigmate pelté, rayonnant. Le fruit est une capsule ovoïde, épineuse, à une seule loge, s'ouvrant au sommet en cinq ou sept valves incomplètes, et renfermant un grand nombre de graines, petites, rondes et noires (Pl. 17).

Cette plante laisse écouler, quand on la blesse, un suc laiteux jaunâtre, analogue à celui de la chélidoine.

HABITAT. — L'argémone se trouve au Mexique et dans les régions voisines de l'Amérique centrale. Elle est presque naturalisée dans plusieurs localités du midi de l'Europe.

CULTURE. — Cette plante croît parfaitement en pleine terre jusque sous le climat de Paris. Elle demande un sol léger et une exposition chaude. On la propage facilement par le semis de ses graines, fait en place, ou mieux sur couche, à la fin de l'hiver ou au commencement du printemps. On ne la cultive que dans les jardins botaniques ou d'agrément.

PARTIES USITÉES. — On a employé autrefois les feuilles, les racines et les graines.

RÉCOLTE. — On récolte les feuilles au moment de la floraison : les racines quelque temps après. Elles n'étaient employées que fraîches ; aujourd'hui on en fait peu usage.

COMPOSITION CHIMIQUE. — Toute la plante contient un suc jaunâtre, très-âcre, dont l'analyse n'a pas été faite ; les graines renferment une huile fixe que l'on peut extraire par expression. Cette huile est un peu âcre ; elle peut être utilisée pour l'éclairage.

USAGES. — Les fleurs de l'argémone ont été considérées comme anodines et pectorales. Les graines ont été employées en Amérique comme purgatives, et très-vantées contre la diarrhée et la dyssenterie ; l'huile qu'on en extrait par expression était usitée autrefois dans l'Inde, d'après Ainslie, comme topique, sur la tête, dans les coups de soleil sur cette région ; à l'intérieur, d'après Aublet, elle est consi-

dérée, à Cayenne, comme laxative; mais rien ne justifie son emploi
comme purgative et comme pouvant remplacer l'huile de croton
tiglium; tout semble démontrer, au contraire, qu'elle est douce, peu
âcre, et participant des propriétés émollientes reconnues aux huiles
extraites des graines des plantes de la même famille, et il est probable que si aux Indes on a employé les graines comme vomitives
et pouvant remplacer l'ipécacuanha, c'est qu'on les associait à d'autres substances plus actives; quant aux propriétés désobstruantes
qu'on leur a attribuées, outre tout ce que cette expression a de vague,
il est certain qu'elle n'est pas mieux justifiée que tout ce qui a été dit
sur cette plante.

Les racines de l'argémone paraissent posséder des propriétés plus
énergiques que les autres parties de la plante; au Sénégal, les nègres
en font des décoctions à la dose de 10 à 15 grammes pour un litre
d'eau, qu'ils boivent pour combattre la gonorrhée; à Java, le suc
jaune laiteux de la plante fraîche a été employé à l'intérieur contre les
maladies cutanées invétérées, et à l'extérieur comme léger caustique
contre les verrues, les chancres, etc., etc. Ce sont là d'ailleurs les
applications que nos paysans font de la chélidoine; mais ce qui doit
faire supposer que le suc de l'argémone ne possède pas des propriétés
bien énergiques, c'est qu'on assure que dans l'Inde on en introduit
dans l'œil contre les ophthalmies.

Devant des opinions aussi contradictoires qui justifient l'oubli dans
lequel cette plante est tombée, on ne peut que se féliciter de voir
débarrasser la matière médicale d'un de ces nombreux médicaments
qui ne font que l'encombrer.

On trouve dans nos jardins une variété de l'argémone du Mexique
à fleurs blanches.

ARGHEL

Cynanchum argel Delile. *C. oleæfolium* Nect.
(Asclépiadées.)

L'Argel, Arghel ou Arguel, est un petit arbrisseau buissonneux,
dont la tige, haute de 0ᵐ,65 à 0ᵐ,80, se divise en rameaux cylindriques effilés, portant des feuilles opposées, presque sessiles, ovales-
lancéolées, d'un vert pâle. Les fleurs sont blanches, nombreuses, disposées en grappes élargies, dichotomes, au sommet des rameaux,
dans les aisselles des feuilles. Elles présentent un calice à cinq divi-

sions linéaires, profondes; une corolle rotacée, deux fois plus longue que le calice, à cinq divisions linéaires, dont la gorge est surmontée d'une couronne à cinq plis et à cinq dents; cinq étamines, soudées en tube par les filets; deux ovaires glabres, supères, surmontés chacun d'un style filiforme, et terminés par un stigmate pentagonal, soudé avec les anthères. Le fruit est un follicule ovoïde, aminci au sommet, à écorce dure et coriace, renfermant des graines brunes, munies d'une aigrette.

Habitat. — Cette plante habite les déserts de la Haute-Égypte. Elle n'est pas cultivée dans son pays natal, et ne se trouve, chez nous, que dans les serres des grands jardins botaniques.

Parties usitées. — Les feuilles.

Récolte. — Les feuilles d'arguel ne sont pas employées en médecine, mais il est extrêmement important de les distinguer, parce qu'elles sont souvent mélangées par fraude avec celles de séné, et que le séné dit de la *Palte* ou de la *Palthe* (voyez Séné), du nom du sceau que mettait sur cette marchandise le pacha d'Égypte, à qui elle payait un droit lorsque les fermiers ou Palthiers recevaient le séné à Boulaq, serait un mélange de 5/10 de *Cassia acutifolia*, 3/10 de séné d'Alep (*C. obovata*), et 2/10 d'arguel (Delile).

Les feuilles d'arguel sont de diverses grandeurs, lancéolées, plus épaisses que celles du séné, peu ou pas marquées de nervures transversales, chagrinées et rugueuses à leur surface, blanchâtres ou d'un blanc verdâtre; leur saveur est plus amère que celle du séné, avec un arrière-goût sucré; leur odeur est nauséeuse et forte; elles sont très-irritantes.

Les fruits de l'arguel, que l'on trouve parfois mêlés au séné, sont formés d'un vrai follicule (tandis que ceux du séné sont des gousses) s'ouvrant par une fente longitudinale; il est ovale, terminé par une pointe conique, blanchâtre; les graines sont surmontées d'une aigrette.

M. Guibourt a cherché à distinguer les feuilles de l'arguel de celles du séné par des caractères chimiques. Voici les résultats qu'il a signalés :

Une partie de séné, traitée par 10 parties d'eau bouillante, le séné est devenu brunâtre; la liqueur filtrée était brune, sa saveur était peu marquée, et le résidu très-mucilagineux.

Dans les mêmes conditions, l'arguel a pris une couleur verte; l'infusion était verdâtre, mucilagineuse, amère, filtrant avec difficulté ; avec les réactifs ces deux infusions ont donné les caractères suivants :

RÉACTIFS EMPLOYÉS	INFUSION DE SÉNÉ	INFUSION D'ARGUEL
Noix de galle.........	Louche.................	Rien.
Sulfate de fer.........	Couleur verdâtre...........	Couleur verte et précipité géla-tineux très-abondant.
Oxalate d'ammoniaque.	Précipité abondant........	Trouble.
Bichlorure de mercure.	Rien d'abord.	Rien.
Chlorure d'or.........	Rien, puis trouble brunâtre.	Réduction lente, précipité jaune métallique.
Nitrate d'argent........	Précipité jaunâtre très-abon-dant..................	Rien.
Potasse caustique......	Rien, odeur de lessive......	Précipité gélatineux transpa-rent.

Mais il suffit d'avoir vu une seule fois les feuilles de l'arguel pour qu'il soit facile de les distinguer de celles du séné.

Composition chimique. — M. Dublanc jeune (*Bull. de la Soc. d'émul. de Paris*, 1823, p. 222) a trouvé que l'arguel renfermait une matière analogue à la glu, une huile essentielle incoercible qui donne l'odeur aux feuilles, une matière amère et nauséeuse qui paraît être le principe purgatif de la plante, de la chlorophylle, de l'acétate de potasse, une matière gommeuse analogue à la bassorine, une matière grasse, et plusieurs sels.

Usages. — L'arguel est un purgatif violent et incertain ; c'est à sa présence dans le séné que l'on attribue les coliques très-fortes que celui-ci détermine souvent. D'après MM. Nectoux et Pugnet, il ne mériterait pas ce reproche, et il purgerait aussi bien que le séné pur. Les souches de l'arguel laissent écouler une gomme résineuse très-âcre, et les graines chauffées sur les charbons ardents dégagent une odeur aromatique.

ARISTOLOCHE

Aristolochia serpentaria, longa, rotunda, clematitis L.
(Aristolochiées.)

L'Aristoloche serpentaire (*A. serpentaria* Willd.), vulgairement Serpentaire de Virginie, est une plante vivace, à rhizome rampant, muni de nombreuses racines fibreuses, grêles, un peu ramifiées, blanchâtres. La tige, haute de 0^m,20 à 0^m,30, est grêle, pubescente, peu rameuse ; elle porte des feuilles alternes, pétiolées, cordiformes, aiguës, entières, un peu pubescentes et légèrement ciliées. Les fleurs, portées sur des pédoncules qui naissent à la base de la tige, sont petites et d'un brun rougeâtre, allongées et en forme de cloche irrégulière. L'ovaire est globuleux et velu. Le fruit est une capsule arrondie, déprimée, présentant six côtes saillantes.

L'aristoloche ronde (*A. rotunda* L.) est aussi vivace ; son rhizome, tubéreux et charnu, est à peu près de la grosseur d'une noix. La tige, haute d'environ 0^m,35, dressée, à quatre angles, glabre, presque simple, porte des feuilles sessiles, cordiformes, à nervures saillantes en dessous. Les fleurs, solitaires à l'aisselle des feuilles supérieures, sont irrégulières et présentent à peu près la même forme que dans l'espèce précédente. Le fruit est ovoïde, obtus, à six angles arrondis.

Nous signalerons encore dans ce genre les aristoloches longue (*A. longa* L.), clématite (*A. clematitis* L.), pistoloche (*A. pistolochia* L.)

HABITAT. — L'aristoloche serpentaire habite la Virginie, la Caroline, etc., et croît dans les bois montueux. L'aristoloche clématite habite le centre et le midi de l'Europe. Les autres espèces sont propres aux régions méridionales.

CULTURE. — Toutes ces plantes, sauf l'aristoloche clématite, supportent difficilement la pleine terre dans le nord de la France. On ne les cultive guère, du reste, que dans les jardins botaniques. Elles se propagent facilement par graines, semées sur couche au commencement du printemps, et repiquées en bonne terre, vers la fin de cette saison.

PARTIES USITÉES. — Les racines.

RÉCOLTE. — Les racines sont récoltées à l'automne ; celle de l'*A. rotunda* nous est apportée sèche de la Provence et du Languedoc ; elle est de la grosseur d'un abricot, mamelonnée à sa surface, grosse, amylacée, jaunâtre à l'intérieur, grise en dehors, peu odorante, mais développant une odeur forte et désagréable lorsqu'on la pulvérise. L'aristoloche longue vient du même pays, elle ne diffère de la précédente que par sa forme, qui est plus allongée ; sa longueur varie de 10 à 30 centimètres ; elle est grosse à proportion.

L'aristoloche clématite se trouve rarement dans le commerce ; elle est composée de fibres brunes, longues, de la grosseur d'une plume d'oie ; son odeur est plus forte que celle des précédentes.

L'aristoloche petite ou *pistoloche*, décrite par Pline sous les noms de *Pistolochia* et *Polyrrhizos*, est petite, menue, et présente de petits renflements tubériformes.

Enfin la serpentaire de Virginie, qui est la seule usitée, se distingue par ses racines petites, avec un chevelu menu, touffu et abondant : elle nous est apportée d'Amérique ; elle a une couleur grise, une odeur fortement camphrée et térébenthinée, surtout lorsqu'on la frotte ; sa saveur est amère et aromatique ; on en distingue plusieurs variétés dans le commerce, et principalement deux, l'une à laquelle M. Guibourt attribue le nom d'*A. latifolia*, et l'autre celui d'*A. angustifolia*.

Sous le nom de racine de *Mil-homens* ou *Ambuyembo* de Marcgrave, on a employé autrefois la racine de l'*A. cymbifera*, Mart. *A. grandiflora* de Gomez.

COMPOSITION CHIMIQUE. — La serpentaire de Virginie a été analysée par M. Chevallier, qui y a trouvé une huile volatile ayant l'odeur de la plante avec de l'amidon, une matière résineuse et de l'albumine.

USAGES. — Outre les aristoloches dont nous avons parlé, on a employé à différentes époques et dans divers pays les racines des *Aristolochia anguicida, bilobata, bracteata, cordiflora, fœtida, fragrantissima* (ou *Contrayerba de Bejuco du Pérou*), *Indica, odoratissima, punctata, sempervirens, turbacensis*, etc.

Parmi les nombreuses propriétés qu'on a attribuées aux aristoloches, trois dominent : ce sont les propriétés fébrifuge, emménagogue, d'où le nom d'*aristolochiques* qu'on a donné aux médicaments auxquels on attribuait la propriété de provoquer l'écoulement des règles et des lochies ; enfin on les a considérées comme propres à combattre les venins des serpents, d'où le nom de *serpentaire*, et le fameux *huaco* (qu'il ne faut pas confondre comme on le fait avec le *guaco*) n'est autre chose que la racine de Mil-homens ou *A. grandiflora*.

Malgré la grande autorité d'Hippocrate, de Dioscoride et de Galien, qui ont fait l'éloge des aristoloches, ces racines sont à peu près abandonnées aujourd'hui ; la serpentaire de Virginie est seule usitée quelquefois dans les convalescences des fièvres intermittentes, et comme emménagogue dans les cas d'atonie de l'utérus, surtout lorsque cette atonie est accompagnée de spasmes.

Les aristoloches entraient dans une foule de compositions polypharmaques, parmi lesquelles nous citerons la célèbre poudre du *prince de la Mirandole* ou du *duc de Portland*. Les homœopathes l'emploient sous le signe *Ano* et l'abréviation *Aristol*.

ARMOISE
Artemisia vulgaris L.
(Composées–Sénécionidées.)

L'Armoise commune, vulgairement appelée aussi *Herbe de la Saint-Jean*, est une plante vivace, à racine ligneuse, rampante, fibreuse. La tige, haute de 1^m à $1^m,50$, est herbacée, cylindrique, striée, rougeâtre, un peu velue, dressée et rameuse. Les feuilles sont alternes, glabres et d'un beau vert foncé en dessus, blanches et cotonneuses en dessous; celles de la base, grandes, ailées, profondément découpées en nombreux segments lancéolés, aigus, marques en dessus d'un sillon longitudinal; les moyennes profondément trilobées; les feuilles florales, linéaires, aiguës, entières. Les fleurs, jaune roussâtre, sont groupées en petits capitules ovoïdes, allongés, à réceptacle nu, entourés chacun d'un involucre à folioles ovales, cotonneuses, un peu scarieuses sur les bords. Ces capitules sont disposés en petits épis axillaires, allongés, dont la réunion constitue une longue panicule étroite, effilée, terminale. Les fruits (*akènes*) sont cylindriques, obovales, lisses, terminés par un disque trèsétroit.

Le genre *artemisia* renferme encore plusieurs autres espèces (absinthe, aurone, estragon, semen-contra, etc.), qui doivent faire le sujet d'articles spéciaux.

HABITAT. — L'armoise est commune dans toute l'Europe. On la trouve dans les lieux incultes, les haies, les buissons, les cimetières, au bord des chemins, etc. Elle fleurit en août.

CULTURE. — Cette plante, se trouvant abondamment à l'état sauvage, n'est cultivée que dans les jardins botaniques. Quoiqu'elle vienne bien partout, elle préfère néanmoins les terres légères et les expositions découvertes. On la multiplie facilement par le semis de ses graines, ou par la division des vieux pieds, qu'on pratique au commencement du printemps.

PARTIES USITÉES. — Les feuilles, les sommités, rarement les racines.

RÉCOLTE. — Les feuilles sont récoltées avant la floraison, les sommités au moment où la plante fleurit, en juin ou juillet ; tantôt on récolte les feuilles seulement, tantôt les sommités.

Composition chimique. — L'armoise contient une huile essentielle analogue à celle de l'absinthe, mais moins aromatique : Braconnot y a trouvé une matière azotée amère, elle renferme du tannin.

Usages. — L'armoise entrait dans la composition de l'eau *hystérique* et son suc dans celle des *trochisques de myrrhe*, qui ne sont plus usités ; on en prépare un sirop simple et un autre composé, employés encore quelquefois à la dose de 30 à 60 grammes ; mais c'est surtout l'infusion dont on se sert : on met 10 à 30 grammes de feuilles pour un litre d'eau bouillante ; la poudre de la racine est encore quelquefois administrée à la dose de 2 à 4 grammes contre l'épilepsie.

Les feuilles d'armoise sont considérées comme toniques, stimulantes, anti-spasmodiques, mais c'est surtout comme emménagogue qu'on en fait usage ; le vulgaire lui attribue des propriétés abortives qu'elle ne possède pas ; on l'administre en infusion dans du vin blanc, mais elle n'exerce réellement aucune action sur l'utérus ; son nom lui vient dit-on d'Artémise, femme de Mausole, qui en faisait usage.

Hippocrate, Dioscoride la considéraient comme un excellent emménagogue ; plus récemment Fucatus, Lusitanus, Demesa, etc., l'ont employée dans le même but, tantôt seule, tantôt associée au cerfeuil, à l'absinthe, à la matricaire, au souci, en infusion, en lavements, en cataplasmes sur le bas-ventre et même en fumigations sur la vulve.

Dans la chlorose accompagnée d'aménorrhée, l'armoise a été souvent employée avec succès.

Quant à l'usage que l'on a fait de l'armoise comme anti-spasmodique et à son emploi dans l'hystérie, les convulsions, la chorée, les névralgies, les vomissements spasmodiques, etc., elle n'agit pas mieux que l'absinthe ou toute autre plante aromatique, quoique en général elle soit regardée comme exerçant dans ces cas-là une action spéciale.

En Allemagne la poudre de racine d'armoise a été très-employée contre l'épilepsie ; Burdach a cité cinq cas où elle avait produit de bons effets, Schœnbeck a confirmé les faits de Burdach, Graefe a rapporté deux cas de guérison ; Hufeland atteste que c'est un moyen utile pour prévenir ou diminuer les accès.

Un grand nombre d'auteurs ont rapporté des faits plus ou moins concluants relatifs à la propriété fébrifuge de l'armoise ; mais on peut affirmer que les fièvres qui ont été guéries par cette plante auraient guéri seules.

D'après Kœmpfer, le *moxa* des Chinois et des Japonais serait fait avec le duvet cotonneux de l'armoise vulgaire ; pour d'autres il serait fait avec l'*A. chinensis* L., et d'après M. Lindley, ce serait une espèce particulière qu'il nomme *A. moxa*.

Les homœopathes font usage de l'armoise ; son signe est *Aam*, et son abréviation *Artem vulg.*: on en fait une teinture mère.

ARNICA

Arnica montana L., *Doronicum arnica* Desf.
(Composées-Sénécionidées.)

L'Arnica des montagnes, appelé aussi vulgairement Bétoine des montagnes, Plantain des Alpes, Tabac des Vosges, etc., est une plante vivace, à racine traçante, noirâtre, munie de radicelles fibreuses, brunes et grêles. La tige est simple, cylindrique, striée, pubescente, haute de 0ᵐ,35 à 0ᵐ,50, quelquefois un peu rameuse au sommet. Les feuilles, presque toutes réunies en rosette à la base de la tige, sont sessiles, ovales, obtuses, entières, d'un vert clair, un peu pubescentes en dessus, à nervures longitudinales saillantes. Les feuilles caulinaires, au nombre de deux ou quatre au plus, sont petites, lancéolées, opposées et amplexicaules. Les fleurs sont groupées en capitules solitaires terminaux, d'un beau jaune doré, larges de 0ᵐ,05 à 0ᵐ,6, entourés d'un involucre qui présente deux rangées d'écailles ovales, lancéolées, longues, égales, velues. Le réceptacle est nu. Les fleurs du centre sont régulières, en tube et hermaphrodites ; celles de la circonférence sont femelles et longuement étalées en languette. Les fruits (akènes) sont allongés, minces, noirâtres, pubescents, surmontés d'une aigrette sessile et légèrement plumeuse.

Habitat. — Cette plante habite presque toute l'Europe. On la trouve dans les bois et les pâturages des régions montagneuses. Elle est commune sur les Alpes, les Pyrénées, les Vosges, les montagnes d'Auvergne, etc. Elle fleurit en juillet.

Culture. — Très-abondante à l'état sauvage et assez difficile à cultiver, comme toutes les plantes alpines, cette espèce est peu répandue dans nos jardins. Elle demande une exposition élevée, abritée et ombragée, et la terre de bruyère entremêlée de rocailles. On la propage par ses graines, qu'on sème au printemps, ou mieux en automne, aussitôt après leur maturité. On repique les jeunes plants en août, ou mieux en automne, et à l'exposition du nord-est de préférence. On peut ensuite multiplier abondamment les pieds par drageons ou par éclats de racines, qu'on replante dans la terre de bruyère, mélangée d'un peu de bonne terre de jardin.

PARTIES USITÉES. — Les racines, les feuilles, et plus souvent les fleurs.

RÉCOLTE. — Les racines sont récoltées en septembre, les feuilles et les fleurs en juillet; on passe les fleurs au tamis pour séparer les petites aigrettes constituant le calice, et il faut avoir le soin de filtrer la tisane d'arnica pour séparer ces aigrettes, qui sans cela s'arrêtent à la gorge et provoquent des vomissements.

COMPOSITION CHIMIQUE. — Les fleurs d'arnica sèches sont à peu près inodores; fraîches et quand on les écrase, elles ont une odeur aromatique assez forte; leur saveur est âcre, chaude et amère. MM. Chevallier et Lassaigne y ont trouvé une résine odorante, une matière nauséabonde vomitive (cytisine), de l'acide gallique, une matière colorante jaune, de l'albumine, de la gomme et des sels de potasse et de chaux. Bucholz y a trouvé de la saponine, et Weber une huile bleue. En 1851, M. Bastick a extrait des fleurs d'arnica un alcaloïde mal défini, qu'il a nommé *arnicine*, qui forme avec l'acide hydrochlorique un sel cristallisé en étoiles. Pfaff a trouvé dans la racine d'arnica : une huile volatile, 1,5; résine, 6,0; matières extractives, 32,0; gomme, 9,0; ligneux, 51,2.

USAGES. — L'arnica a été désigné sous un grand nombre de noms vulgaires; nous ajouterons à ceux que nous avons déjà indiqués ceux d'*Herbe aux prêcheurs* et de *Doronic d'Allemagne*. Stoll l'appelait le *Quinquina des pauvres*. Toutefois ses propriétés fébrifuges sont très-contestables.

On a vanté l'arnica dans un grand nombre de maladies; il exerce sur les intestins une action irritante, et produit souvent la diarrhée et les vomissements. M. Mercier, de Rochefort, croit que ces accidents sont déterminés par des larves d'insectes mêlées aux fleurs; mais il paraît certain qu'il y a dans l'arnica un principe vomitif.

L'action primitive exercée par l'arnica est donc une irritation des voies digestives, l'action secondaire porte sur tout le système ner-

veux : les premiers effets se manifestent par de la pesanteur, de
l'anxiété à l'épigastre, de la cardialgie, des démangeaisons, des évacuations alvines, des nausées, des vomissements, une salivation abondante, des sueurs froides ; les seconds par des étourdissements, de la
céphalalgie, des secousses, des convulsions, des difficultés de loco-
motion, une dyspnée plus ou moins intense, etc.; à dose élevée, il
peut produire des accidents tels que des hémorrhagies, des déjections
sanguinolentes, des sueurs froides, et même la mort.

Les fleurs d'arnica sont donc un médicament dont l'usage à l'intérieur doit être très-surveillé. Les rasoristes les considèrent comme
un hyposthénisant puissant. La médecine homœopathique en fait un
très-fréquent usage sous le signe *Arn* et l'abréviation *Arnic*. Ils
emploient la teinture mère très-diluée à l'intérieur et mêlée avec
son volume d'eau contre les contusions et les ecchymoses. La chirurgie en fait sous cette forme des applications très-fréquentes, et
en obtient les meilleurs effets ; c'est même aujourd'hui à peu près la
seule application que l'on fasse des fleurs d'arnica.

Il serait trop long et trop fastidieux d'énumérer les affections
contre lesquelles l'arnica a été préconisé. Introduit dans la thérapeutique par Fehr il y a plus d'un siècle, on lui a attribué en Allemagne des propriétés merveilleuses, qui ont été contestées peut-être
avec les mêmes exagérations.

Les propriétés vulnéraires de l'arnica sont incontestables ; aussi
l'a-t-on appelé l'*Herbe aux chutes*. Son emploi dans les fièvres putrides, muqueuses, adynamiques, est souvent suivi des meilleurs
effets ; c'est encore un excellent adjuvant du traitement du rhumatisme et de la paralysie. On l'emploie en potion (la teinture, 2 à
15 grammes) et en tisane (8 à 20 grammes pour un litre d'eau bouillante). On confond souvent avec les fleurs d'arnica celles de différents
Doronics.

ARTICHAUT

Cynara Scolymus L.
(Composées-Cynarées.)

L'Artichaut est une plante vivace, à racine épaisse, charnue, dure,
rameuse ; à tige cylindrique, glabre, haute d'environ un mètre, peu
rameuse, portant des feuilles très-grandes, pinnatifides, à segments
divisés profondément en lobes dentés, d'un vert pâle en dessus,

blanchâtres en dessous. Les fleurs sont réunies en très-gros capitules ovoïdes, solitaires à l'extrémité des rameaux, à réceptacle très-épais, charnu, concave, couvert de poils soyeux simples, entouré d'un involucre à folioles larges, épaisses, épineuses au sommet, imbriquées sur plusieurs rangs. La corolle, à tube très-long, à limbe divisé en cinq lanières très-étroites, est d'un violet clair, ainsi que le tube staminal. Le fruit est un akène, surmonté d'une aigrette sessile et plumeuse.

HABITAT. — L'artichaut est originaire du midi de l'Europe. On le cultive en grand dans tous les jardins maraîchers.

PARTIES USITÉES. — L'involucre et le réceptacle, les feuilles, les tiges, les racines, les fleurs.

RÉCOLTE. — Les feuilles, les tiges et les racines doivent être récoltées au mois de juin, juillet ou août, selon les climats, avant la floraison. Les capitules destinés à être mangés doivent être cueillis avant leur entier développement; les fleurs, au moment de l'anthèse, c'est-à-dire lorsqu'on aperçoit les fleurons violets. Ce sont ces fleurs, mais plus spécialement celles du cardon, *Cynara cardunculus* L., que l'on emploie sèches, sous le nom de *Chardonnette*, en infusion pour faire cailler le lait; mais les fleurs de l'artichaut ordinaire peuvent parfaitement servir au même usage. Quatre grammes de fleurs sèches suffisent pour un litre de lait. On met les fleurs dans un sachet en toile, que l'on plonge dans le lait; on porte celui-ci à l'ébullition, on exprime, on remue quelques instants et on laisse refroidir.

COMPOSITION CHIMIQUE. — Toutes les parties de l'artichaut sont riches en tannin. La décoction des capitules est employée dans la tannerie et celle des feuilles dans la teinture. On y trouve encore, d'après M. Guitteau, un principe extractif particulier. En traitant les feuilles d'artichaut par l'eau à l'ébullition, en évaporant et reprenant l'extrait par l'alcool à 33° C., et réduisant en consistance d'extrait, on obtient une masse ressemblant tout à fait à l'aloès, ayant son goût, sa cassure vitreuse, et formée en grande partie d'une matière analogue à l'aloétine, que M. Guitteau nomme *Cynarine*.

USAGES. — Tout le monde connaît les usages comme aliment des capitules de l'artichaut et des pétioles du cardon. Nous n'y insisterons pas. La cuisson leur fait perdre leur âcreté et leur consistance trop solide. Galien leur reprochait d'engendrer des sucs bilieux et mélancoliques ; mais ils sont de digestion facile lorsqu'ils sont cuits ; crus, ils ne conviennent pas à tous les estomacs.

La racine d'artichaut passe pour diurétique et apéritive. On l'emploie vulgairement comme telle macérée dans du vin blanc contre les hydropisies, les jaunisses, les engorgements abdominaux qui accompagnent ou qui suivent les fièvres intermittentes. M. Wilson assure avoir obtenu de bons effets dans les mêmes cas du suc à la dose de 30 à 100 grammes.

Avant la découverte du quinquina, l'artichaut était employé comme fébrifuge, et les paysans du Berri en font encore un fréquent usage contre les fièvres intermittentes de saison. C'est l'extrait dont on se sert. Il agit comme le font tous les amers et les astringents végétaux ; mais il est certain que sa richesse en principes extractifs amers doit être la principale cause des bons effets de cette plante dans tous les cas où on l'a employée, et plus spécialement contre la diarrhée, et surtout la diarrhée chronique des enfants, si difficile à guérir et que les préparations d'artichaut arrêteraient parfaitement, d'après MM. Otterbourg, Moissenet, Homolle, Aubrun, Charrier, etc.

Quant aux faits de guérison du rhumatisme aigu et chronique par l'artichaut, cités par M. le docteur Copeman, et ceux d'ictère chronique, traités avec succès par les mêmes préparations, d'après M. Levrat-Perrotin, nous croyons qu'ils ne sont nullement probants. D'ailleurs les préparations pharmaceutiques de l'artichaut sont aujourd'hui, à tort peut-être, tout à fait inusitées.

ARUM

Arum maculatum L.
(Aroïdées-Colocasiées.)

L'Arum tacheté, vulgairement appelé Gouet ou Pied-de-Veau, est une plante vivace, à rhizome charnu, arrondi, blanchâtre, d'où partent, en dessous, des racines fibreuses, fasciculées ; en dessus, trois ou quatre feuilles radicales, à pétiole très-long, muni, à la base, d'une gaine foliacée, mince, membraneuse, demi-transparente, et terminé par un limbe large, hasté ou sagitté, aigu, d'un beau vert brillant, souvent parsemé de taches noires. Les fleurs naissent à l'extrémité d'une hampe ou pédoncule commun, long de $0^m,15$ à $0^m,20$; enveloppées d'une grande bractée ou spathe membraneuse, blancverdâtre, formant un large cornet qui présente un étranglement vers la partie inférieure ; elles sont réunies en une sorte d'épi (*spadice*), dont le sommet est nu, allongé et arrondi en forme de massue ; vers le milieu sont les fleurs mâles, en très-grand nombre ; enfin, à la base, les fleurs femelles, au nombre de trente environ, dépourvues d'enveloppes florales propres, et consistant en un ovaire libre, surmonté d'un stigmate sessile. Les unes et les autres sont disposées autour de l'axe en verticilles réguliers. Les fruits sont de petites baies rougeâtres, du volume d'un pois, réunies en un épi serré, court et tronqué (Pl. 48).

L'arum d'Italie (*A. Italicum* L.) est une espèce très-voisine, peut-être même une simple variété de la précédente, caractérisée par ses dimensions plus grandes et ses feuilles veinées de blanc.

Habitat. — L'arum maculé habite le centre et le nord de l'Europe ; l'arum d'Italie est propre aux régions méridionales. Ces deux plantes sont communes dans les lieux ombragés et humides, le long des bois, des haies et des terres fertiles.

Culture. — L'arum n'est cultivé que dans les jardins botaniques. Il se propage très-facilement, soit par ses graines, soit par ses caïeux, soit par la séparation de ses pieds, dont on plante les éclats en terre légère, un peu ombragée et abritée. Les essais de culture en grand n'ont pas donné de résultats avantageux.

Parties usitées. — Le rhizome et les feuilles.

Récolte. — La fructification du gouet a lieu d'août en octobre : c'est avant cette époque qu'on récolte les feuilles, qui se flétrissent bientôt et tombent ; les rhizomes, improprement nommés racines, s'arrachent au printemps ou à l'automne ; fraîches, elles sont très-actives ; elles perdent de leurs propriétés en vieillissant : c'est à peu près la seule partie de la plante employée. Telle que le commerce nous la fournit, cette racine est ovoïde, de la grosseur d'une petite noix, blanchâtre, lorsqu'elle est mondée de son épiderme, jaune par places, entièrement blanche à l'intérieur ; récemment récoltée, elle est très-âcre ; mais elle devient moins caustique en vieillissant, et par la torréfaction elle perd tout à fait cette propriété. Lemery avait proposé d'en faire du pain dans les temps de disette.

Composition chimique. — Murray dit que l'arum contient deux sucs différents, un laiteux, et un autre aqueux plus âcre. Il ajoute, d'après Gessner, que le suc exprimé de la racine récente verdit le sirop de

violettes, et est coagulé par les acides. Dulong d'Astafort n'a obtenu
qu'un suc blanchâtre épais, tenant de l'amidon en suspension ; ce suc
filtré n'est pas coagulé par les acides, et il rougit le tournesol (*Journ.
de pharm.*, XII, 157). D'après Bucholz, la racine d'arum contient sur
100 parties : huile grasse, 0,6 ; extrait sucré, 4,4 ; gomme, 3,6 ;
mucilage, 18 ; amidon humide, 71,4.

Usages. — Outre le nom de gouet et de pied-de-veau, la racine
d'arum est encore appelée *caquette, langue-de-bœuf, racine amidonière,
herbe à pain*. Il serait trop coûteux d'en extraire l'amidon, comme
le voulait Cyrillo ; on préfère employer pour cela l'arum esculent,
qui est un *Caladium* dont nous parlerons plus loin. En Angleterre, en
Belgique, en Poitou, etc., on en fait une pâte qui sert à blanchir le
linge.

Peyrilhe disait avec juste raison que tout ce qui vient de l'arum
est âcre, styptique et brûlant. Les feuilles pilées et appliquées sur
la peau, l'irritent, l'enflamment, et peuvent dans certains cas pres-
sants être employées comme rubéfiantes ; macérées dans le vin, on
les a employées comme antiscorbutiques et pour panser les ulcères
sanieux.

Dioscoride a vanté les racines contre les affections chroniques de la
poitrine ; et malgré que Bergius et Gilibert aient prétendu avoir
guéri des fièvres intermittentes et des céphalées gastriques rebelles
au moyen de l'arum, et que Horst, Mueller, Gesner, etc., aient assuré
avoir obtenu des guérisons dans des cas d'asthme pituiteux et même
de phthisie, nous croyons que c'est avec juste raison qu'elle est
tombée dans l'oubli.

On associait autrefois l'arum avec des plantes aromatiques, telles
que le thym, la menthe, le serpolet, la sauge, l'origan, l'absinthe,
qui, disait-on, en atténuaient les propriétés irritantes.

Les racines d'arum ont été quelquefois des causes d'empoisonnement, qu'on a combattus avec succès par les vomitifs et les adoucissants, tels que le lait, la décoction de guimauve, l'huile, etc.

L'arum serpentaire, *A. dracunculus* L., *Dracunculus vulgaris* Schott,
est souvent substitué à la racine d'arum.

L'arum à trois feuilles, *A. triphyllum* Schott, qui croît en Virginie
et au Brésil, a été préconisé, dans ces derniers temps, par les Américains comme un des spécifiques de la phthisie : nous y reviendrons
en parlant de l'*A. Seguinum*, qui est un *Caladium*.

ASARET

Asarum Europæum L.
(Aristolochiées.)

L'Asaret ou Cabaret est une plante vivace, à rhizome brun, de la grosseur d'une plume, muni de nombreuses radicelles grêles et allongées. Les tiges, hautes de 0^m,03 au plus, se terminent par deux feuilles réniformes, entières, un peu échancrées au sommet, d'un vert assez foncé, luisantes, à pétioles longs de 0^m,10 environ. Les fleurs sont solitaires à l'aisselle de ces feuilles, portées sur un pédoncule recourbé, dont la longueur dépasse à peine 0^m,01. Elles présentent un calice pétaloïde, verdâtre au dehors, pourpre brun au dedans; pas de corolle; 12 étamines (rarement 10) alternativement plus longues et plus courtes; un ovaire infère, à style court, terminé par un stigmate étoilé, à six divisions. Le fruit est une capsule à six loges, contenant de très-petites graines ovoïdes.

Habitat. — L'asaret habite les régions centrales et méridionales de l'Europe. Il croît dans les bois et les lieux ombragés.

Culture. — Cette plante n'est cultivée que dans les jardins botaniques. Presque indifférente sur le sol, elle demande une exposition un peu ombragée. On la propage très-facilement par la séparation des pieds, faite en mars ou à l'automne. Elle ne demande plus ensuite aucun soin.

Parties usitées. — Les racines et les feuilles.

Récolte. — Les racines doivent être récoltées au printemps ou à l'automne. Elle doit être choisie récente, entière; elle possède une odeur camphrée très-prononcée.

Les feuilles sont récoltées pendant tout l'été; elles sont moins odorantes que les racines.

La racine du commerce, bien mondée, est grise, quadrangulaire, de la grosseur d'une plume de corbeau, contournée, noueuse, avec des radicules blanchâtres; sa saveur est poivrée, son odeur forte.

Les feuilles sont réniformes, lisses, brisées, mêlées de débris de pédoncules.

Composition chimique. — L'asaret doit son odeur à une huile volatile cristallisable en lames carrées et nacrées, d'une odeur camphrée, déjà entrevue par Gœrz. Elle a été extraite par MM. Lassaigne et Feneulle.

L'huile essentielle $= C^5 H^4 O^4$ a été examinée pour la première fois par MM. Blanchet et Sell ; son étude a été reprise par M. Schmidt. Elle fond à 120°, se dissout dans l'acide azotique, qui forme avec elle une matière résinoïde rouge incristallisable.

USAGES. — Le nom d'*Asarum* est grec, et veut dire : *je n'orne pas*, parce que, d'après Pline, cette plante n'était jamais employée dans les couronnes ou dans les guirlandes dont on se parait dans les fêtes ; le nom de *cabaret* vient, dit-on, de ce que les ivrognes l'employaient pour se débarrasser de l'excès de leur boisson ; celui d'*oreille d'homme*, qu'on lui donne encore, rappelle la forme de ses feuilles, et celui de *nard sauvage* vient des propriétés énergiques de la plante, ou de la ressemblance avec l'odeur de la valériane, dont trois espèces portaient ce nom chez les anciens ; enfin on lui donne encore les noms d'*oreillette*, de *rondelle*, de *girard*, de *roussin*, de *panacée des fièvres quartes*.

Dioscoride, Galien, Mésué ont célébré les propriétés de l'asaret. Cette antique renommée a persisté de nos jours. Gilibert recommande la racine récente comme pouvant remplacer l'ipécacuana ; mêlée à la manne, il la regarde comme un excellent éméto-cathartique ; il ajoute qu'en vieillissant elle perd sa propriété vomitive et reste simplement purgative, pour perdre plus tard cette dernière propriété et rester simplement diurétique. Les feuilles agissent de même, mais avec moins d'énergie.

Les propriétés sialagogues et sternutatoires de l'asaret ont été autrefois célébrées et souvent mises à profit ; il faisait partie de la fameuse poudre de Saint-Ange et de la poudre céphalique de la pharmacopée d'Édimbourg ; il entre encore dans l'orviétan, l'emplâtre Diabotanum, etc.

Comme fébrifuge, l'asaret a été vanté par un grand nombre d'auteurs, et principalement par Ettmuller, Fernel, Kramer, Hoffmann, Boerhaave, Willis, Rivière, Venel, Burten, Costes, Wilmet, Hanon, etc. Ses propriétés vomitives sont parfaitement constatées, et si elles n'ont pas été mises plus souvent à profit, on doit l'attribuer uniquement à l'infidélité de son action.

C'est surtout contre les fièvres intermittentes invétérées, les obstructions du foie, de la rate, du mésentère, contre les hydropisies, les affections cutanées, que l'asaret a été employé.

La poudre de racines et de feuilles d'asaret, mise sur la peau

privée de son épiderme, ou sur une membrane muqueuse, cause
une inflammation locale très-vive, comme le feraient le polygala,
l'ipécacuana ou la violette. Il ne faut donc pas être surpris si Linné
avait proposé de la substituer aux poudres de ces racines, et si Loiseleur-Deslongchamps avait confirmé les vues du savant naturaliste.

L'asaret est regardé par les vétérinaires comme un bon cathartique propre à guérir le farcin, à chasser les vers.

La racine de l'*Asarum Canadense* ne paraît différer en rien de
celle de l'*A. Europæum*; d'ailleurs ces deux plantes sont regardées
par quelques botanistes comme une variété de la même espèce.

On a vendu quelquefois dans le commerce pour la racine d'*Asarum* celle de l'asarine, *Antirrhinum asarina* L. Son odeur est très-
faible, et ses racines sont grosses et longues comme le doigt et garnies
de radicules ressemblant à celles de l'asclépiade.

ASCLÉPIADE

Asclepias Curassavica L.
(Asclépiadées.)

L'Asclépiade de Curaçao est un sous-arbrisseau, dont la tige, haute
d'environ 1 mètre, cylindrique, feuillée, un peu pubescente, se divise
en rameaux dressés, portant des feuilles opposées, pétiolées, oblongues-lancéolées, atténuées-aiguës, glabres et lisses ou luisantes sur
leurs deux faces, plus pâles en dessous. Les fleurs, d'un rouge orangé
ou écarlate, portées sur des pédoncules plus courts que les feuilles,
sont réunies en ombelles dressées, solitaires, latérales et terminales.
Elles sont assez petites, et présentent une corolle divisée en cinq
lanières ovales-aiguës, réfléchies. Le fruit est un follicule ovoïde,
acuminé, un peu épineux.

L'asclépiade-asthmatique (*A. asthmatica* L. F., *Tylophora asthmatica* Wight et Arn.) est un arbrisseau à tige grimpante, volubile,
velue, munie de feuilles opposées, pétiolées, ovales-lancéolées, un
peu cordées à la base, glabres en dessus, velues en dessous. Les
fleurs sont verdâtres, assez grandes, longuement pédicellées et disposées en ombelles axillaires pauciflores, plus courtes que les feuilles.
Le fruit se compose de follicules glabres, atténués, divergents.

Habitat. — La première de ces plantes, comme son nom l'indique, se trouve dans l'île de Curaçao. La seconde est originaire de l'île de Ceylan, où elle croît dans les bois.

CULTURE. — L'asclépiade de Curaçao, ordinairement cultivée en serre chaude, peut passer l'hiver dans une bonne serre tempérée. On sème ses graines, au printemps, en terrines, sur couche et sous châssis. On la propage aussi de boutures et de marcottes. En été, on peut la mettre en plein air, où elle fleurit bien et mûrit même ses graines. L'asclépiade asthmatique demande la serre chaude. Ces deux espèces craignent l'humidité pendant l'hiver.

PARTIES USITÉES. — Les feuilles, les fleurs, les racines.

RÉCOLTE. — Pendant la floraison, la dessiccation de tous les *Ascle-pias* doit être opérée très-rapidement; elle se fait d'ailleurs avec difficulté.

COMPOSITION CHIMIQUE. — Nous n'entendons pas parler ici du dompte-venin, considéré longtemps comme un *Asclepias* et aujourd'hui comme un *Cynanchum*. Nous en parlerons plus loin, et nous donnerons son analyse; mais nous pouvons dire que tous les *Asclepias* présentent une composition analogue, et que tous renferment un suc blanc laiteux très-âcre et très-actif.

USAGES. — Il est peu de plantes sur lesquelles le climat, la culture et l'âge aient plus d'influence que les *Asclepias*. En effet, tandis que dans certains pays on mange quelques-unes de ces plantes lorsqu'elles sont jeunes, dans d'autres lieux, lorsqu'elles sont plus âgées, elles sont extrêmement actives et même vénéneuses; peut-être ne faut-il pas chercher ailleurs l'oubli dans lequel elles sont justement tombées.

La racine d'asclépiade de Curaçao est employée aux Antilles comme purgative et comme vomitive; elle y porte le nom de *faux ipéca-cuana*, mais ce nom est commun à un grand nombre de plantes vomitives. On l'a également employée comme anthelmintique. D'après M. de Tussac, on s'en sert aux Antilles pour remplacer la salsepareille; ce qui ne nous paraît pas possible, en raison des différences de propriétés des deux racines.

L'*A. asthmatica* L., ou *Cynanchum vomitorium* Lam., *C. ipeca-cuana* W., porte dans l'Inde le nom d'ipécacuana blanc. Linné et Schreber l'ont vantée contre la toux et l'asthme humide. Elle est usitée dans l'Inde; on y mange les jeunes pousses.

L'*A. decumbens* L. (Virginie) est considérée comme sudorifique purgative, et employée contre la pleurésie et la dyssenterie.

L'*A. gigantea* L. (Inde), très-vénéneuse ; elle y porte le nom de mercure végétal, et est employée contre un grand nombre de maladies et surtout contre la syphilis.

L'*A. lactifera* Roxb. (Inde). Son lait y est employé comme aliment ; on prétend même qu'il remplace le lait de vache dans quelques lieux de l'Inde.

L'*A. laniflora* Forsk. (Arabie). Son suc laiteux mêlé à du beurre est employé contre la gale.

Nous pourrions encore signaler les *A. procera* Ait., *prolifera* Rottl., *spiralis* Forsk., *stipitacea* Forsk., *tuberosa* L., *undulata* L., *volubilis* L., tous employés dans les pays où ils croissent et inconnus chez nous. Ajoutons encore que l'*A. Cornuti* Dne. ou *herbe à la ouate*, si bien naturalisé, pourrait rendre de grands services à l'industrie dans un moment de pénurie de matières textiles.

ASPERGE

Asparagus officinalis L.

(Liliacées-Asparagées.)

L'Asperge est une plante vivace, à souche rampante, épaisse, charnue, cylindrique, écailleuse, rameuse, munie de nombreuses racines fibreuses et allongées. La tige, haute de un mètre ou plus, cylindrique, glabre, dressée, rameuse dans sa partie supérieure, porte des feuilles très-petites, réduites à une écaille membraneuse, brunâtre, de l'aisselle desquelles partent des rameaux fasciculés, dressés, mous, à nombreuses divisions filiformes (fausses feuilles). Les fleurs, petites, jaune-verdâtre, terminent des pédoncules grêles, pendants, articulés vers leur milieu. Elles sont unisexuées et presque toujours dioïques. Elles présentent un calice campanulé, allongé, à six divisions obtuses disposées sur deux rangs, et pas de corolle. Les fleurs mâles ont six étamines incluses, insérées vers la base du calice, et un rudiment de pistil ; les femelles présentent un ovaire à trois loges bi-ovulées, à style trigone, terminé par un stigmate à trois divisions. Le fruit est une petite baie ronde, pisiforme, rouge, renfermant trois à six graines.

Habitat. — L'asperge habite surtout l'Europe centrale et méridionale ; on la trouve dans les bois sablonneux et les sables maritimes. On la cultive en grand dans tous les jardins maraîchers.

Parties usitées. — La racine, les jeunes pousses (turions).

Récolte. — La racine d'asperges doit être récoltée sur des plants de trois ans au moins. Elle est composée d'un paquet de radicules de la grosseur d'une plume, fort longues, adhérentes à la souche garnie d'écailles ; elles sont grises en dehors, blanches en dedans ; l'écorce se détache facilement ; elles sont molles, glutineuses ; leur saveur est douce et fade ; elles sont difficiles à sécher, et ne se conservent que lorsque la dessiccation est bien faite ; coupées en tronçons, elles font partie des cinq racines apéritives.

Les turions qui servent à préparer le sirop de pointes d'asperges doivent être cueillis encore verts, lorsque les écailles formant les feuilles du sommet du cône ne sont pas encore écartées de l'axe.

Composition chimique. — Dulong d'Astafort a analysé les racines d'asperges ; il n'a pu y constater la présence de l'asparagine.

Le suc des turions renferme une matière verte résineuse, de la cire, de l'albumine, du phosphate de potasse, du phosphate de chaux tenu en dissolution par l'acide acétique libre, de l'acétate de potasse, de la *mannite* et l'*asparagine*.

L'asparagine = $C^8 H^4 Az O^3$, découverte par Vauquelin et Robiquet, étudiée par MM. Henry et Plisson, existe dans les pousses d'asperges, dans la réglisse, la consoude, la guimauve, les pousses de pommes de terre, etc. On l'obtient facilement en mettant le suc d'asperges ou la décoction de racine de guimauve dans l'appareil dyaliseur de Grahaam, et en évaporant lentement le liquide du vase inférieur.

Elle est isomérique avec la *malamide* que M. de Mondesir a obtenu en faisant passer un courant de gaz ammoniaque sec dans une dissolution alcoolique d'éther éthyl-malique.

L'asparamide est incolore ; elle cristallise en prismes à base rhombe ; sa saveur est fraîche et fade ; elle se dissout dans l'eau bouillante et dans les solutions alcalines ; le liquide dévie alors le plan de polarisation vers la gauche (lévogyre), tandis que, dissoute dans les acides, elle le dévie vers la droite (dextrogyre) ; sous l'influence de l'eau, elle se transforme en aspartate d'ammoniaque : les acides la transforment à chaud en acide aspartique ; l'acide azotique, saturé d'acide azoteux, forme avec elle de l'acide malique, de l'eau et de l'azote.

Usages. — D'après le docteur Allen-Dedrick, de la Nouvelle-Orléans, l'administration de 40 centigrammes d'asparagine a fait tomber le

pouls de 72 à 56 au bout de cinq minutes ; cette sédation de la circulation fut accompagnée de douleur frontale vive, avec exaltation de
la vue et une faiblesse musculaire marquée ; mais des expériences
faites en Allemagne n'ont pas confirmé celles du médecin américain ;
Broussais avait annoncé en 1829, la sédation exercée sur les mouvements du cœur par les turions d'asperges. Les propriétés sédatives
de l'asparagine sont donc aussi contestables que ses propriétés diurétiques.

Tout le monde sait que lorsqu'on a mangé des asperges, l'urine
acquiert bientôt une odeur désagréable, et que la sécrétion urinaire
paraît être augmentée ; c'est sur ce fait que l'on s'est appuyé pour
placer l'asperge dans la classe des diurétiques, aussi l'a-t-on proposée
contre les affections des organes génito-urinaires, les hydropisies,
les obstructions abdominales l'ictère, etc. Mais cette propriété de
l'asperge est très-contestable et très-contestée ; cependant on les a
prohibées dans les cas de convalescence du rhumatisme articulaire
aigu, comme capables d'amener une rechute, mais rien ne justifie
cette appréhension, pas plus que l'éloge que l'on en a fait pour guérir
la rage ! ! (*The Lancet*, 1854.)

Quant à l'action sédative de la circulation, que l'on a attribuée aux
asperges, et dont la découverte aurait été faite par Fourrier, secrétaire
perpétuel de l'Académie des sciences, elle n'est pas plus justifiée que
celle que l'on a signalée dans l'asparagine.

Les asperges resteront donc seulement un excellent aliment, mais
elles ne conviennent pas à tout le monde. Murray atteste que souvent elles fatiguent l'estomac des hystériques et des hypocondriaques,
Boerhaave, Quarin et Bergius disent qu'elles ne conviennent pas aux
goutteux, et qu'elles peuvent produire l'hématurie, ce qui est plus
douteux.

ASPÉRULE

Asperula odorata et cynanchica L.
(Rubiacées-Aspérulées.)

L'Aspérule odorante (*A. odorata* L.), appelée aussi Hépatique
étoilée, petit Muguet ou Reine des bois, est une petite plante vivace,
à racine grêle, fibreuse et traçante. Ses tiges, hautes de 0^m,15 à
0^m,25, simples, très-minces, presque carrées, noueuses, glabres,
dressées, portent des feuilles verticillées ovales, lancéolées, rétrécies

à la base, lisses, luisantes, d'un vert foncé, à bords ciliés. Les fleurs, blanches, assez petites, odorantes, sont réunies en cymes dichotomiques terminales. Elles ont un calice très-petit, à quatre dents ; une corolle en entonnoir, à quatre divisions étalées ; quatre étamines courtes ; un pistil à ovaire didyme et à stigmate bifide. Le fruit est couvert de poils raides crochus.

L'aspérule rubéole, petite Garance ou Herbe à l'esquinancie (*A. cynanchica* L.), est aussi vivace ; elle se distingue de la précédente par sa taille plus élevée ; ses tiges étalées ascendantes, diffuses, très-rameuses dès la base ; ses feuilles linéaires étroites, bien moins nombreuses dans chaque verticille, ses fleurs blanc rosé, presque sessiles ; son fruit glabre, finement tuberculeux.

Habitat. — Ces deux plantes habitent les régions tempérées de l'Europe. On les trouve principalement dans les lieux incultes, stériles, montagneux ; dans les sols sablonneux ou pierreux ; sur les pelouses sèches ; aux bords des chemins, etc. Elles fleurissent depuis mai jusqu'en juillet, ou même plus tard.

Culture. — Les aspérules ne sont cultivées que dans les jardins botaniques. Elles demandent une terre légère et une exposition découverte. On les multiplie très-facilement, soit par le semis, soit par la division des pieds. Elles n'exigent plus ensuite aucun soin.

Parties usitées. — Les feuilles et les sommités fleuries.

Récolte. — La récolte est faite au moment de la floraison ; on dispose la plante en paquets et on la fait sécher en guirlandes.

Composition chimique. — Inodore quand elle est fraîche, l'aspérule acquiert par la dessiccation une odeur agréable de fève tonka ou de mélilot ; on a extrait de la fleur de l'*A. odorata* une matière cristalline analogue à la *coumarine*. Les racines des aspérules sont rougeâtres, ce qui leur a fait donner le nom de *petite garance*. Linné dit que dans le Nord on se sert de la racine de l'*A. cynanchica* L. pour teindre les laines en rouge.

Usages. — L'aspérule odorante, vulgairement désignée sous le nom de *muguet des bois*, est abondante dans les forêts ; les animaux en sont friands ; on prétend qu'elle rend le lait plus abondant et plus savoureux ; on la met dans les armoires pour chasser les insectes nuisibles, et plutôt pour donner une bonne odeur au linge.

L'aspérule odorante est regardée comme légèrement excitante, astringente et diurétique; elle a été préconisée contre la dyspepsie, l'ictère, la gravelle, les hydropisies. Le nom d'hépatique lui vient de l'usage qu'on en a fait dans la jaunisse et contre les engorgements du foie; Martius prétend qu'en Russie on s'en sert aux environs de Nowgorod contre les affections nerveuses, l'épilepsie et même l'hydrophobie! (*Bull. des sciences médicales* de Ferussac, XIII, 354.) On l'a également préconisée contre les fièvres éruptives.

L'*A. cynanchica* tire son nom de la propriété qu'on lui attribuait de guérir l'esquinancie; on l'employait en cataplasmes et en tisane.

Le nom d'*asperula* vient de ce que plusieurs espèces ont la tige un peu rude.

Aujourd'hui les aspérules ne sont plus usitées, et les différentes propriétés qu'on leur a attribuées sont considérées comme chimériques, malgré que Chaumeton (*Flor. méd.*) les considère comme diurétiques, et qu'il assure les avoir employées avec succès dans un cas d'œdème des extrémités inférieures avec engorgement splénique, suite de fièvres intermittentes. L'aspérule se rapproche par ses propriétés du grateron (*Gallium aparine* L.), sur lequel nous reviendrons plus loin.

ASPHODÈLE

Asphodelus ramosus et luteus L.
(Liliacées—Alhinées.)

L'Asphodèle blanc ou rameux (*A. ramosus* L.) est une plante vivace à racines fasciculées, tubéreuses, oblongues, charnues, d'où partent des feuilles radicales, nombreuses, longues, ensiformes, à angles tranchants. La tige, nue, ronde, lisse, rameuse au sommet, haute d'environ un mètre, se termine par une cyme de fleurs blanches, grandes, liliacées, dont le périanthe est profondément découpé en six divisions ovales lancéolées, portant chacune à l'extérieur une ligne rougeâtre et disposées sur deux rangs. A l'intérieur, on observe six étamines et autant de nectaires, écailleux; un ovaire simple, à trois loges multiovulées et à trois angles arrondis. Le fruit est une capsule un peu charnue, presque ronde, renfermant de nombreuses graines brunes, anguleuses (Pl. 19).

L'asphodèle jaune (*A. luteus* L.), vulgairement appelé *Bâton de Jacob*, est aussi vivace; ses feuilles radicales ressemblent à celles de l'espèce précédente; sa tige, haute de 0ᵐ,50 à 0ᵐ,60, simple, porte des feuilles sessiles, entières, longues, pointues, à trois angles et comme fistuleuses ; les fleurs, disposées en épi terminal, sont d'un beau jaune d'or, et chaque division du périanthe est traversée par une raie verte longitudinale.

Habitat. — Ces deux plantes croissent abondamment dans les prés secs et sur les coteaux des régions méridionales de l'Europe et sur les bords du bassin méditerranéen.

Culture. — Les asphodèles ne sont cultivés que dans les jardins botaniques et d'ornement. Ils se contentent de la terre ordinaire, mais il leur faut l'exposition du midi. On les propage facilement par graines, semées au printemps, en place ou en pépinière, par éclats de racines et par rejetons.

Parties usitées. — Les racines.

Récolte. — Les racines doivent être récoltées à la fin de la première année ; à la seconde la racine bulbiforme s'atrophie et devient ligneuse, et c'est par bourgeonnement souterrain que la plante devient vivace.

Composition chimique. — Deux matières dominent dans la racine bulbifère de l'asphodèle, c'est d'abord un principe âcre que l'eau bouillante sépare ou détruit, puis une matière féculente analogue à l'amidon, ou plutôt à l'*inuline*, principe ternaire abondant dans les racines d'aunée, de chicorée, et qui se distingue de l'amidon proprement dit en ce qu'il ne bleuit pas par l'iode, et est seulement coloré en jaune par ce réactif, et de plus il ne fait pas empois avec l'eau bouillante.

Usages. — Les anciens semaient l'asphodèle autour des tombeaux comme une nourriture agréable aux morts. *Porphyre* fait parler ainsi un tombeau dans une inscription : *Au dehors je suis entouré de mauve et d'asphodèle, et au dedans je ne renferme qu'un cadavre.* Lucien dit (*de Luctu*) que les mânes, après avoir traversé le Styx, descendaient dans une longue plaine plantée d'asphodèle.

Les racines bulbifères desséchées et bouillies dans l'eau donnent un amidon qui, mêlé aux farines de froment, d'orge ou à la pomme de terre, sert dans certains pays à faire le pain *d'asphodèle*.

On a cherché dans ces derniers temps à tirer parti de l'asphodèle qui croît abondamment en Algérie pour préparer de l'alcool ; pour cela on fait bouillir les racines avec de l'acide sulfurique très-dilué pour transformer la matière amylacée en glycose, et après avoir saturé l'acide avec le carbonate de chaux, on fait fermenter, puis on distille. L'alcool obtenu est de très-bon goût.

En Espagne et dans d'autres pays on fait manger aux bestiaux les racines crues ou cuites ; les sangliers en sont très-friands.

La racine d'asphodèle est tout à fait inusitée en médecine. MM. Sumeire et Dufouilloux l'ont proposée contre la gale ; les Grecs et les Romains l'employaient dans plusieurs maladies.

On pourrait employer encore les *A. fistulosus, acaulis, creticus, albus, liburnicus, altaïcus, indercensis* et *tauricus* de Pallas. Hippocrate, Dioscoride et Pline parlent de l'asphodèle, et disent qu'on mangeait les racines bulbifères cuites sous la cendre.

ASSA FOETIDA

Ferula asa fœtida Lam.
(Ombellifères – Peucédanées.)

L'Assa fœtida est une plante vivace, à racine simple ou rameuse, blanche au dedans, lactescente et d'une odeur fétide, très-noire à l'intérieur, à collet garni de fibrilles noires ; cette racine, ordinairement très-longue, ressemble par sa forme à celle du panais. Les feuilles, toutes radicales, ont un pétiole de $0^m,15$ à 0^m20 et de la grosseur du doigt ; un limbe triterné, à folioles oblongues, sinueuses et presque pinnatifides, d'un vert clair, glauques, très-variables de forme du reste. La tige, qui s'élève du centre de ces feuilles, est nue, cylindrique, striée, haute d'environ 2 mètres, et porte, de distance en distance, des gaines membraneuses, qui ne sont que les pétioles élargis de feuilles avortées. Les fleurs sont d'un jaune pâle, disposées en larges ombelles terminales, composées de douze à vingt rayons, et entourées d'un involucre qui tombe de bonne heure. Chaque ombellule est entourée d'un involucelle polyphylle. Le fruit se compose de deux akènes velus, elliptiques, comprimés, brun-rougeâtre à leur maturité, et marqués de trois côtes dorsales.

Habitat. — L'Assa fœtida croît sur les montagnes de la Perse et de quelques contrées voisines.

Culture. — Cette plante n'est cultivée que dans les jardins botaniques. Elle demande une terre légère, sèche et profonde. On la multiplie de graines, semées en place, autant que possible après leur maturité. Si l'on attend au printemps, il faut semer en terrines, qu'on place sur couche et sous châssis, et arroser fréquemment, mais peu à la fois. On repique les jeunes plants aussitôt qu'ils sont assez forts, mais sans attendre trop longtemps. La plante ne fleurit bien sous le climat de Paris qu'à une exposition chaude et éclairée.

PARTIES USITÉES. — Le suc concrété.

RÉCOLTE. — La plante qui fournit l'assa fœtida paraît être le *Silphion* des Grecs (Dioscoride) et *Laserpitium* des Latins, dont le suc était connu sous le nom de *Laser*; cette plante porte en Perse le nom de *Hingiseh*, et son suc y est nommé *hing* ou *hing*; d'après Kempfer (*Amœnitas* III), vers la fin d'avril les habitants des montagnes se partagent les lieux où croît la férule à l'assa-fœtida, découvrent les racines et creusent une fosse autour; ils enlèvent les tiges, les feuilles, et recouvrent la racine de feuillages; 30 ou 40 jours après, du 25 au 26 mai, on recueille les larmes, et on coupe un peu le sommet de la racine en la creusant; on recouvre de nouveau de feuillage, et on recommence l'opération tous les deux ou trois jours, en ayant le soin de récolter le suc avant chaque excision; plus tard celle-ci n'est pratiquée que tous les huit jours; Kempfer indique ainsi les jours de récolte sur une racine préparée comme nous l'avons dit, vers la mi-avril, mai 26, 28, 30, juin 11, 13, 15, 23, 25, 27; juillet 4, 6, 8; à ce moment la racine est épuisée.

D'après Kempfer l'assa fœtida de Hérat, qui est molle et onctueuse, ne diffère de celle de Disguun, qui est ferme et sèche, que par l'addition de substances étrangères; celle-ci est apportée dans des feuilles de palmier, l'autre dans des peaux de bouc ou de mouton.

L'assa fœtida se trouve rarement en larmes détachées, le plus souvent elle se présente en masses brunes rougeâtres, parsemées de points blancs translucides qui rougissent à la lumière; leur odeur est désagréable, forte et alliacée.

COMPOSITION CHIMIQUE. — D'après Pelletier, l'assa-fœtida contient pour 100 : résine, 65,00, gomme soluble, 19,44; bassorine 11,16; huile volatile 3,60; malate acide de chaux et perte, 0,30; la résine rougit à la lumière; d'après M. Johnston elle a pour formule $C^{40} H^{26} O^{10}$; l'huile essentielle se rapproche par sa composition de l'huile d'ail: elle renferme, d'après M. Zeize, $C^{15} H^{8} S^{2} O$.

On fait à Marseille et ailleurs de l'assa fœtida artificielle avec du galbanum et diverses autres gommes-résines auxquelles on ajoute de la pulpe d'ail.

Usages. — D'après Sprengel (*Hist. de la méd.*, IV, 437) l'assa fœtida fut découverte en l'an 617 avant J.-C., par Aristée ; son nom spécifique vient d'*asa* (et non *assa*) qui veut dire guérir en hébreu, et *fœtida*, à cause de son odeur ; Dioscoride l'indique en Perse ; les Allemands l'appellent *stercus diaboli*, les Persans, les Indiens et tous les Asiatiques en assaisonnent leurs mets et la nomment *mets des dieux*.

L'assa-fœtida entre dans les pilules *bénites de Fuller*, dans la potion *antihystérique*, etc. La médecine vétérinaire en fait un fréquent usage ; on la fait mâcher aux chevaux pour leur donner de l'appétit.

Comme toutes les gommes résines fœtides, l'assa-fœtida jouit de propriétés anti-spasmodiques et anti-hystériques incontestables ; on l'administre en pilules, en potions, en lavements ; elle s'émulsionne assez bien avec l'eau, et mieux avec un jaune d'œuf. Les médecins homœopathes l'emploient quelquefois. Son signe est *Aa*, et son abréviation *Asa fœt*.

Si les propriétés anti-spasmodiques de l'assa fœtida reconnues par Boerhaave, Whyst, Millar, Kopp, etc., sont incontestables, il n'en est pas de même de celles qu'on lui a attribuées de guérir l'épilepsie, la syphilis, etc.

ASTRAGALE

Astragalus creticus Lam.
(Légumineuses-Lotées.)

L'Astragale de Crète est un petit arbuste, à tige ligneuse, divisée au sommet en rameaux courts, hérissés de longues pointes épineuses. Les feuilles, alternes, très-rapprochées, sont imparipennées, et présentent cinq à huit paires de folioles petites, sessiles, ovales, aiguës, cotonneuses, portées sur un pétiole commun terminé en pointe et persistant. Les fleurs, blanc veiné de pourpre, sessiles à l'aisselle des feuilles supérieures, forment un épi terminal très-compacte. Elles présentent un calice couvert de longs poils laineux et divisé presque dès la base en cinq lanières linéaires ; une corolle plus courte et presque entièrement cachée par les poils. Le fruit est une gousse renflée, un peu vésiculeuse, velue, à deux loges.

On remarque aussi dans ce genre les astragales à gomme (*A. gummifer* L.), adragante (*A. tragacantha* L.), vrai (*A. verus* Oliv.), etc.

Nous citerons enfin l'astragale à feuilles de réglisse (*A. glycyphyl-los* L.) et l'astragale sans tige (*A. exscapus* L.). Ce dernier est une plante vivace, à racine épaisse et pivotante; à tige nulle; à feuilles pennées, présentant environ dix paires de folioles ovales, lancéolées, velues, à fleurs jaunes, groupées en épi lâche.

Habitat. — Les quatre premières espèces sont originaires des diverses régions de l'Orient. L'astragale adragante se trouve aussi à Marseille. L'astragale à feuilles de réglisse est commun dans les régions tempérées de l'Europe. L'astragale sans tige habite les Alpes, les Pyrénées, etc.

Culture. — Ces plantes ne sont cultivées que dans les jardins botaniques. Les premières exigent la serre tempérée ou l'orangerie; les deux dernières croissent en pleine terre. On les multiplie par semis, par boutures ou par éclats de pieds.

Parties usitées. — Toutes les parties de la plante; la gomme adragante.

Récolte. — La gomme adragante nous vient en caisses par Smyrne ou Alep, une grande partie passe dans l'Inde, à Bagdad, Bassora, etc. Tournefort a le premier décrit l'astragale qui la produit, déjà mentionné par Théophraste, qui l'a trouvé sur le mont Ida en Crète. Belon dit qu'il y a deux espèces d'astragales, mais qu'on n'en ramasse pas la gomme. Labillardière rapporte que dans son voyage en Syrie il a trouvé sur le mont Liban un astragale, *A. gummifer*, qui donne une gomme jaune qui n'est pas celle du commerce. D'après Olivier, la gomme adragante ne viendrait ni de Syrie ni de Crète, mais bien de l'Asie Mineure, de la Perse et de l'Arménie. Sieber dit que la gomme adragante est extraite de l'*A. aristatus* Sieber, et il affirme que celle que l'on vend en Crète vient de Smyrne, parce que c'est seulement de l'Asie Mineure que l'on envoie celle qui est récoltée sur le mont Ida en Anatolie. Un botaniste français de nos amis, M. Balança, qui a longtemps habité l'Asie Mineure et qui y a fait de riches collections de plantes, nous a confirmé l'opinion de Sieber.

Ainsi donc, ce sont les *A. verus*, *creticus* Lam. et *aristatus* qui produisent la vraie gomme adragante; mais l'*A. tragacantha* L., qui est l'*A. Massiliensis* Lam., n'en produit pas, et l'*A. gummifer* du mont Ida, cité par Labillardière, fournit une gomme nommée pseudo-adragante.

Il y a dans le commerce deux sortes de gomme adragante : l'une est en *filets* ou *vermiculée*, l'autre est en *plaques*. D'après M. T. Martius, la première viendrait de Morée et est produite par l'*A. creticus*, et la seconde serait tirée de Smyrne et due à l'*A. verus*; mais il pourrait se faire aussi que la vermiculée soit produite par un suintement spontané du suc à travers l'écorce, tandis que celle en plaques serait le résultat d'incisions. Mais les caractères chimiques de ces deux gommes différant totalement, il est donc plus probable qu'elles sont formées par deux plantes distinctes.

GOMME VERMICULÉE. — La forme de cette gomme indique que le suc a eu de la peine à se faire jour à travers l'écorce : ce sont des filets minces, contournés; elle est blanche, opaque, se gonflant considérablement dans l'eau, et se dissolvant très-peu; colorable en bleu par l'iode.

GOMME EN PLAQUES. — Plaques larges avec des élévations concentriques, se désagrégeant moins dans l'eau et y conservant sa forme tout en s'y gonflant, formant un mucilage plus transparent, plus lié et plus tremblant que l'autre, ne se colorant pas par l'iode.

COMPOSITION CHIMIQUE. — La gomme adragante est presque entièrement formée d'un principe ternaire nommé *bassorine* ou *adragantine*, mêlé avec des quantités variables d'un amidon, distinct des autres. Bouillie dans l'eau, la bassorine se transforme en arabine; la gomme adragante contient, d'après Bucholz, 0,57 d'arabine, et 0,43 de bassorine. Mais ces résultats ne sauraient être considérés comme exacts. D'après M. Guibourt, la gomme adragante ne contiendrait ni arabine, ni bassorine; c'est une matière gélatiniforme, se gonflant et se divisant dans l'eau, mais se distinguant par ses caractères physiques et chimiques de l'arabine; et la partie insoluble, résistant à l'eau même bouillante, serait un mélange d'amidon et de ligneux différent tout à fait de la bassorine.

USAGES. — La gomme adragante sert à épaissir les loochs, à faire des émulsions et tenir les poudres en suspension dans les potions; on en fait les mucilages qui servent à préparer les tablettes; c'est un excellent émollient comme la gomme arabique, à laquelle on peut la substituer dans ses usages médicaux et pharmaceutiques, et même dans l'industrie pour les *apprêts*, la fabrication des *épaississants*, pour la teinture, la chapellerie, la fabrication des fleurs, etc., etc.

ATHAMANTE

Athamanta cretensis L.
(Ombellifères - Sésélinées.)

L'Athamante de Crète, appelée aussi improprement Daucus de Candie, est une plante vivace, à racine longue, de la grosseur du doigt, pivotante, fibreuse; à tige cylindrique, cannelée, striée, un peu velue, haute de 0ᵐ,35 à 0ᵐ,65, se divisant en rameaux étalés qui portent des feuilles alternes, deux fois ailées, à segments trifides, à lanières linéaires aiguës, cendrées, cotonneuses. Les fleurs, blanches, odorantes, forment des ombelles terminales de 8 à 13 rayons, striés, velus, à involucre nul ou consistant en une seule foliole; à involucelles composés de 4 à 8 folioles lancéolées, acuminées, membraneuses. Elles présentent un calice à cinq dents; une corolle à cinq pétales velus extérieurement. Le fruit se compose de deux akènes oblongs, cannelés, velus, plans en dedans, convexes en dehors.

Le libanotis (*A. libanotis* L., *Libanotis montana* All.) est une plante bisannuelle ou vivace, distincte de la précédente par ses ombelles à rayons plus nombreux, ainsi que les folioles de l'involucre et des involucelles; par son calice à cinq dents allongées, subulées, marcescentes ou caduques; par ses fruits velus, hérissés, presque cotonneux, à columelle bipartite.

Habitat. — L'athamante de Crète croît dans les contrées méridionales de l'Europe; elle habite surtout les coteaux pierreux et montueux. Le libanotis est répandu dans les stations analogues de l'Europe centrale.

Culture. — Ces deux plantes ne sont cultivées que dans les jardins botaniques; elles demandent une exposition chaude, un sol léger et sec. On les propage facilement par le semis de leurs graines aussitôt après la maturité, ou par la division de leurs racines.

Parties usitées. — Les fruits (improprement appelés semences).

Récolte. — Les fruits sont récoltés à la maturité avant la séparation des deux akènes. Autrefois on les faisait venir de l'île de Crète et autres contrées orientales; cependant la plante qui les fournit croît entre les rochers des montagnes subalpines de la France, dans le Jura par exemple. Le fruit est légèrement cotonneux, allongé, couronné par deux styles, séparables en deux méricarpes par une columelle centrale; ils sont mélangés des pédicelles de l'ombellule qu'il faut séparer par le triage; leur odeur est forte et aromatique. On lui substitue souvent le daucus vulgaire, fruit du *Daucus carota* L., qui est plus petit, arrondi, séparé en deux carpelles portant de longs poils blancs sur le dos; leur odeur est herbacée et térébenthinée, leur saveur amère, âcre et camphrée.

Composition chimique. — L'odeur aromatique et la saveur âcre et chaude est due à une huile essentielle séparable par la distillation: les principes aromatiques actifs sont solubles dans l'alcool, l'éther et le vin.

Usages. — Le daucus de Crète entre dans la composition du sirop d'armoise, de la thériaque et du diaphœnix. On faisait autrefois grand usage des fruits du daucus de Crète; on les considérait comme excitants, diurétiques, emménagogues; les anciens leur attribuaient la faculté d'exciter la sensibilité nerveuse; Gilibert dit qu'on les a employés quelquefois avec succès contre les coliques spasmodiques, et comme diurétiques dans les cas d'atonie des reins et de la vessie, de catarrhe vésical et de gravelle.

Les racines, les fruits et quelquefois la plante entière de l'*Athamanta oreoselinum* L., *Apium montanum folio ampliore* C. Bauch., *Oreoselinum apis folio minus* T., *Selinum oreoselinum* D. Cand., ou athamante oréoséline, appelée aussi persil des montagnes, étaient aussi employés comme diurétiques et sialagogues. L'extrait vineux était regardé comme un excellent stomachique, et Gilibert a préconisé la racine comme sudorifique, agissant très-bien dans les cas d'anorexie, de jaunisse; la racine fraîche contient un suc laiteux, gluant et amer.

L'athamante des cerfs (*Athamanta cervaria* L.), commune en Languedoc, en Provence, en Dauphiné, en Alsace, etc., est très-aromatique; on prétend que les paysans de la Styrie l'emploient contre les fièvres intermittentes.

AUNÉE

Inula helenium L. *Corvisartia helenium* Mér.
(Composées – Astérées.)

L'Aunée officinale est une grande plante vivace, à racine épaisse, blanchâtre en dedans, brun-rougeâtre au dehors. La tige, haute de 1^m,50 à 2 , est dressée, ferme, cylindrique, cotonneuse, rameuse au sommet. Les feuilles radicales ont un long pétiole canaliculé, un limbe grand, ovale, allongé, aigu, irrégulièrement crenelé, mou, cotonneux, surtout en dessous ; celles de la tige diminuent de grandeur et deviennent sessiles et plus arrondies à mesure qu'elles approchent du sommet. Les fleurs sont jaunes, réunies en larges capitules solitaires, terminaux, à réceptacle légèrement convexe, nu, alvéolé, entouré d'un involucre à bractées, herbacées, cordiformes, cotonneuses, étalées, lâchement imbriquées sur plusieurs rangs. Le fruit est un akène allongé, presque cylindrique, surmonté d'une aigrette sessile et poilue.

L'aunée dyssentérique (*I. dysenterica* L., *Pulicaria dysenterica* Gaertn.), vulgairement appelée *Herbe de Saint-Roch*, est une plante vivace, dont la tige, haute de 0ᵐ,50 à 0ᵐ,80, porte des feuilles lancéolées, dentées, cotonneuses en dessous, à base élargie, profondément échancrée en cœur et amplexicaule. Les fleurs sont jaunes.

HABITAT. — L'aunée officinale est commune dans les régions tempérées de l'Europe ; elle habite les bois montueux, les prés humides, les haies, les vergers, le bord des fossés. L'aunée dyssentérique fréquente le bord des eaux et les endroits marécageux.

CULTURE. — L'aunée officinale, la seule espèce qui soit cultivée pour l'usage de la médecine, demande une terre fraiche et même humide. On la propage facilement par semis. Le plus souvent, on se contente d'en recueillir des pieds dans la campagne, au moment de la maturité, et de les transplanter. On peut ensuite la multiplier abondamment, en divisant ces pieds au commencement du printemps.

PARTIES USITÉES. — La racine.

RÉCOLTE. — On doit récolter la racine à l'automne de la deuxième ou de la troisième année, plus tard elle serait trop ligneuse ; comme elle est très-charnue, on la coupe par petites rouelles que l'on fait sécher soit au soleil, soit dans une étuve modérément chauffée, car sans cela elle subirait une véritable coction, quelquefois même on en forme des chapelets ; par la dessiccation elle devient grisâtre et prend l'arome de l'iris ou de la violette.

COMPOSITION CHIMIQUE. — La racine d'aunée a été analysée par Rose de Berlin, Thomson, Funke, et, d'après Berzélius, elle contient pour 100 : *huile volatile liquide*, traces ; *hélénine*, 0,4 ; *cire*, 0,6 ; *résine molle, âcre*, 1,7 ; *extrait amer soluble dans l'eau et dans l'alcool*, 36,7 ; *gomme*, 4,5 ; *inuline*, 36,7 ; *albumine végétale*, 13,9 ; *fibres*, 5,5 ; *sels de potasse, chaux et magnésie*.

L'*hélénine* de Berzélius est l'huile volatile concrète, l'*inuline* (*alan-*

line, datiscine, ou dahline), découverte par Rose, a été retrouvée dans le dahlia, la chicorée, le topinambour, etc.; c'est une sorte d'amidon que l'iode colore en jaune et non en bleu; avec l'eau chaude elle forme un mucilage et non un *empois*; elle dévie vers la gauche le plan de polarisation des rayons lumineux, tandis que la matière amylacée exerce la rotation vers la droite; chauffée à 100°, elle devient gommeuse et se transforme en dextrine. Les acides opèrent la même transformation; il se forme plus tard de la glycose; le tannin la précipite de ses dissolutions. Les sels de plomb, de cuivre, d'argent, sont réduits en présence de l'ammoniaque par une dissolution bouillante d'inuline (M. Crockewit).

Usages. — Très-employée autrefois en médecine, la racine d'aunée l'est beaucoup moins aujourd'hui. Hippocrate, Galien, Dioscoride, signalent ses bons effets sur l'utérus, sur les voies urinaires, et sur l'appareil respiratoire; elle paraît exercer une action spéciale sur les muqueuses vésicale et pulmonaire; l'huile essentielle qu'elle renferme la rend légèrement excitante; il ne faut pas admettre, à notre avis, sans restriction tout ce que les médecins anciens et modernes ont dit de merveilleux sur les effets de la racine d'aunée: M. Delens l'a beaucoup préconisée contre la leucorrhée et les maladies scrofuleuses; mais l'expérimentation faite à l'hôpital Saint-Louis a réduit à leur juste valeur les assertions hasardées dont elle avait été l'objet; Alibert en avait fait un assez fréquent usage, et avait fini par l'abandonner.

Depuis Amatus Lusitanus, qui en 1620 préconisa la pulpe d'aunée mêlée à l'axonge en friction contre la gale, ce remède a été très-employé, surtout en Russie, et aussi contre les dartres et autres affections cutanées; mais aujourd'hui que l'étiologie et la nature de ces maladies sont mieux connues, on sait à quoi s'en tenir sur les effets merveilleux attribués à l'aunée.

La racine de l'*Inula odorata* qui croit en Provence est très-aromatique; elle jouit des mêmes propriétés; il en est de même des *I. suaveolens, bifrons, Britannica, graveolens*, etc.

AURONE

Artemisia abrotanum L.
(Composées-Sénécionidées.)

L'Aurone mâle ou des jardins, appelé aussi Citronnelle, est un arbrisseau à racine ligneuse; à tiges hautes d'environ un mètre, dressées, arrondies, d'un brun cendré, divisées, surtout vers la partie supérieure, en rameaux verdâtres, pubescents au sommet, roides. Les feuilles sont alternes, pétiolées, divisées et subdivisées en segments linéaires, grêles, obtus, légèrement pubescents, d'un vert grisâtre ou même blanchâtre. Les fleurs sont jaunâtres, groupées en capitules très-petits, nombreux, axillaires, penchés, formant par leur réunion une longue panicule effilée, terminale. Chacun de ces capitules, porté sur un pédoncule court, présente un réceptacle nu, entouré d'un involucre hémisphérique, cotonneux en dehors. Le fruit est un akène sessile, comprimé, dépourvu d'aigrette.

On donne communément le nom d'aurone femelle à la santoline (Voyez ce mot).

HABITAT. — L'aurone est originaire du midi de l'Europe. Elle croît sur les collines sèches et fleurit en août.

CULTURE. — Cette plante peut être cultivée en pleine terre dans presque toute l'Europe centrale et méridionale. Toutefois, en s'avançant vers le nord, elle devient sensible au froid; il lui faut alors une exposition chaude et un abri pendant l'hiver; il est même prudent d'en rentrer quelques pieds en orangerie. L'aurone demande une terre légère et substantielle. On peut la multiplier de graines. Le plus souvent on la propage par boutures, faites de préférence au commencement de l'été et bien protégées contre les rigueurs de l'hiver. Enfin, on peut la multiplier abondamment par la division des vieilles touffes.

PARTIES USITÉES. — Feuilles, sommités fleuries et fruits (improprement semences).

RÉCOLTE. — On peut récolter l'aurone mâle pendant tout l'été; on doit la faire sécher rapidement à l'étuve et rejeter celle qui est devenue noire par la dessiccation; elle doit conserver son aspect et son odeur.

COMPOSITION CHIMIQUE. — Dans l'aurone mâle, comme dans la plupart des plantes du même genre, il existe deux principes distincts:

l'un est une huile essentielle, se rapprochant du camphre par son
odeur, et qui même, d'après Lamarck, aurait à peu près la même
composition, et à laquelle la plante devrait ses propriétés stimulantes ;
l'autre est une matière extractive amère, mal définie, qui jouirait de
propriétés toniques ; de sorte que, pour cette plante comme pour la
grande absinthe, il faudrait distinguer trois sortes de préparations
pharmaceutiques de l'aurone : 1° celles qui ne renferment que le
principe volatil, comme l'huile essentielle et l'eau distillée ; 2° celles
qui ne renfermeraient que les principes fixes, exemple l'extrait ;
3° enfin celles qui contiendraient tout à la fois les matières fixes et
volatiles, tels sont la poudre, le sirop, la teinture, etc.

Usages. — Deux plantes sont souvent confondues sous le nom
d'aurone mâle ; elles sont d'ailleurs de forme et de propriétés très-
analogues, ce sont l'*A. procera* de Wildenow, et l'*A. paniculata* de
Lamarck ; toutes se rapprochent de l'absinthe par leur action thérapeutique, quoiqu'elle soit moins prononcée.

Wanters a conseillé les fruits de l'aurone mâle comme vermifuge
et comme succédané du semen-contra, mais il s'en faut de beaucoup
qu'ils agissent aussi bien : toutefois, dans les campagnes, on les
emploie à cet usage. Hortius recommandait l'emploi de l'infusion
aqueuse ou vineuse d'aurone mâle dans les fièvres intermittentes et
putrides. La décoction, additionnée de sel marin, a été employée avec
succès pour lotioner les plaies putrides, gangreneuses, etc. Mais toute
plante aromatique produirait le même effet. La pulpe, appliquée sur
la tête, était vantée par les anciens pour faire croître les cheveux, et
contre l'alopécie. On sait aujourd'hui à quoi s'en tenir sur ces prétendues propriétés merveilleuses.

AVOINE

Avena sativa L.
(Graminées - Avénacées.)

L'Avoine est une plante annuelle, à tige droite, fistuleuse, noueuse,
arrondie, rameuse dès la base, haute d'un mètre et plus, portant des
feuilles longues, linéaires, engainantes, glabres, vertes, rudes au
toucher sur les bords. Les fleurs, verdâtres, sont disposées en panicules lâches, étalées, à pédicelles hispides, presque verticillés, simples ou rameux. Les épillets, biflores, unilatéraux, sont renfermés

dans une glume bivalve, striée ; chaque fleur présente une glumelle à deux valves, dont l'une est très-souvent terminée par une longue arête tordue en spirale ; trois étamines à anthères allongées ; un style bifide terminé par deux stigmates plumeux. Le fruit (cariopse) est farineux, long, pointu aux deux extrémités.

HABITAT. — On ignore la vraie patrie de cette plante, qui, cultivée de temps immémorial, a produit de nombreuses variétés.

CULTURE. — L'avoine n'est pas cultivée pour l'usage médical ; elle est essentiellement du domaine de l'agriculture.

PARTIES USITÉES. — Les fruits (caryopses), la graine (gruau) et les enveloppes florales (balles).

RÉCOLTE. — On récolte l'avoine à sa parfaite maturité. Le gruau s'obtient principalement en Bretagne, avec l'*A. sativa* et l'*A. nuda*, qu'il est plus facile de dépouiller de son enveloppe ; on ramollit les fruits par la vapeur d'eau, et, à l'aide d'un moulin particulier, on sépare les enveloppes qui renferment un principe aromatique excitant qui nuirait à l'action émolliente de la partie amylacée.

COMPOSITION CHIMIQUE. — L'avoine renferme un principe aromatique qui, en se combinant avec l'urée, donne de l'acide hippurique que l'on retrouve dans l'urine des chevaux (Sacc.). L'analyse immédiate a donné à M. Boussingault les résultats suivants : gluten et albumine, 11,9 ; amidon et dextrine, 61,5 ; matières grasses, 5,5 ; ligneux et cellulose, 4,1 ; substances minérales, 3,0 ; eau, 14,0 ; total, 100. Elle avait été analysée autrefois par Vogel ; elle contient plus d'eau que les autres céréales.

L'avoine sèche donne à l'analyse élémentaire : carbone, 50,32 ; hydrogène, 6,32 ; azote, 2,24 ; oxygène, 37,14 ; cendres, 3,98 ; total, 100 (Boussingault). — Les cendres présentent la composition centésimale suivante : potasse, 12,9 ; chaux, 3,7 ; magnésie, 7,7 ; oxyde de fer, 1,3 ; acide phosphorique, 14,9 ; acide sulfurique, 1,0 ; chlore, 0,5 ; silice, 53,3 (Boussingault).

L'avoine donne en général 62 p. 100 de farine, 17 de son et 21 d'eau (Sacc.).

USAGES. — La paille d'avoine, qui sert de nourriture aux bestiaux, sert aussi à faire des paillasses ; mais on préfère pour ce dernier usage les balles, qui sont très-convenables pour faire des paillassons pour les enfants et pour les malades *goûteux :* on en remplit les oreillers sur lesquels on fait reposer la tête des malades atteints de maladies du cerveau ; on en fait de petits coussins que l'on place entre les attelles dans les appareils pour les fractures.

Avec le gruau on prépare des potages, et on en fait un sirop. Dans certains pays, on emploie le gruau d'avoine pour remplacer l'orge dans la fabrication de la bière. En Écosse, on en fait une eau-de-vie connue sous le nom de *wiskey*; on la mêle à l'eau pour en faire des *grogs*.

D'après Pline, la bouillie d'avoine servait de nourriture aux anciens Germains. Les pauvres habitants de la Norwége et de la Suède, ceux de quelques provinces de l'Allemagne, de la France et de l'Angleterre mangent du pain d'avoine, surtout lorsque les autres céréales sont rares. Ce pain est très-coloré, se digère mal ; il est gras et visqueux. Il paraît démontré que son usage habituel donne naissance à des concrétions intestinales, si communes d'ailleurs chez les chevaux.

Le principe aromatique contenu dans le péricarpe et les balles de l'avoine se rapproche par son odeur de celui de la vanille. On peut s'en servir pour aromatiser les liqueurs, les crèmes, le chocolat. Les traiteurs de bas étage substituent souvent l'avoine à la vanille ; c'est surtout de l'avoine noire ou rouge qu'ils se servent.

Pringle vantait contre le scorbut une espèce de vin que l'on obtenait en faisant fermenter la farine d'avoine dans l'eau, à laquelle on ajoutait un peu de sucre et de vin blanc.

L'avoine torréfiée et pulvérisée sert à préparer une sorte de café légèrement laxatif. Le prétendu café de glands doux contient surtout de l'avoine.

Les cataplasmes de farine d'avoine sont émollients et résolutifs. L'eau de gruau que l'on prépare par décoction est émolliente, adoucissante et un peu nourrissante. On en fait un fréquent usage contre la diarrhée, lorsqu'on veut nourrir un peu les convalescents.

AYAPANA

Eupatorium Ayapana Vent. *Ayapana officinalis* Spach
(Composées – Eupatoriées.)

L'Ayapana est un petit arbrisseau à tiges droites, fermes, presque simples ou un peu rameuses, brunes, grêles, hautes de un mètre environ ; ses rameaux sont garnis de feuilles opposées (à la base) ou alternes (au sommet), presque sessiles, lancéolées, entières, très-aiguës au sommet, rétrécies à la base, glabres, à trois nervures saillantes en dessous. Les fleurs sont pourpres, disposées en petits capitules dont la réunion constitue un corymbe terminal. L'involucre se compose d'écailles linéaires, acuminées, inégales, légèrement pubescentes en dehors, disposées presque sur un seul rang.

HABITAT. — L'ayapana est originaire de l'Amérique méridionale, et particulièrement du Brésil et des bords de l'Amazone, d'où il s'est propagé à Java, à Maurice, dans l'île Sainte-Croix, etc.

CULTURE. — L'ayapana demande la serre chaude, une terre légère et substancielle. On le multiplie de graines semées sur couche, ou d'éclats de pieds.

PARTIES USITÉES. — Les feuilles.

RÉCOLTE. — Les feuilles de toutes les eupatoires sont récoltées pendant la floraison; on les fait dessécher à l'ombre, et on les renferme lorsqu'elles sont parfaitement sèches, afin de ne pas laisser dissiper le principe aromatique.

Les feuilles d'ayapana nous sont envoyées sèches de l'Ile de France; c'est le capitaine Baudin, lors de son voyage autour du monde, qui se serait emparé par surprise d'un seul pied d'ayapana que possédait un habitant de Rio-Janeiro, et qui l'aurait introduit à l'île Maurice, où il se serait naturalisé et multiplié.

Les feuilles d'ayapana sont étroites, lancéolées, aiguës, entières, marquées de trois nervures principales qui se réunissent à l'extrémité du limbe; elles sont longues de 5 à 8 centimètres et d'un vert jaunâtre, leur saveur est amère, astringente et parfumée; leur odeur a quelque rapport avec celle de la fève tonka. On doit préférer les feuilles qui sont de longueur moyenne, d'une couleur verte, d'une odeur suave, aussi entières que possible et peu chargées de tiges; on doit rejeter les feuilles noires, peu odorantes, qui auraient souffert à la dessiccation ou à l'humidité.

COMPOSITION CHIMIQUE. — Les feuilles d'ayapana ont été analysées par M. Waflart, pharmacien à Paris, qui y a trouvé une matière grasse, soluble dans l'éther, une huile essentielle assez abondante, un principe amer facile à séparer en traitant l'extrait par l'alcool bouillant, de l'amidon et du sucre (*Journ. de pharm.*, tom. XV, p. 8).

M. Righini (*Journ. de pharm.*, tom. XIV, page 623) a retiré de l'*E. connabinum* L. un principe immédiat blanc, d'une saveur amère et piquante, insoluble dans l'eau, soluble dans l'éther et l'alcool absolu, formant avec l'acide sulfurique un sel cristallisant en aiguilles soyeuses, qu'il a nommé *eupatorine*. Ce principe serait azoté et devrait être considéré comme un alcali organique ; on le trouve dans les feuilles et dans les fleurs, mais l'existence de cet alcaloïde aurait besoin d'être confirmée.

Usages. — Le genre *eupatorium* a été dédié à Eupator, roi de Pont (Pline, lib. XXV) ; mais sous le nom vulgaire d'eupatoire on a désigné plusieurs plantes dont quelques-unes n'ont aucun rapport avec ce genre : c'est ainsi que l'eupatoire d'Avicenne, ou chanvrin, est l'*Eupatorium cannabinum*, dont nous parlerons ailleurs. L'eupatoire des anciens ou des Grecs est l'*Agrimonia eupatoria* L. L'eupatoire aquatique, bâtarde ou femelle, est le *Bidens tripartita* L. ; l'eupatoire de Mésué est l'*Achillea ageratum* : l'eupatoire *guaco*, si vanté contre la morsure des serpents venimeux, est l'*E. guaco* (Humb. et Bonp.), (*Mikania guaco* W.).

Toutes les eupatoires paraissent posséder des propriétés analogues. On a employé à diverses époques les *Eupatorium atriplicifolium* Walh. (Antilles), *chilense* Mol. (Chili), *crenatum* Gomès (Brésil), *perfoliatum* L. (États-Unis), *purpureum* L. (États-Unis), *rotundifolium* L. (Amérique septentrionale), *teucrifolium* Wild. (États de l'Union).

Les propriétés emménagogues, diaphorétiques, lithontriptiques, antiscorbutiques, diurétiques, antigoutteuses, antirhumatismales de l'ayapana ont été reconnues comme nulles ou à peu près. D'après Martius, le jus de la plante, pris par cuillerées, est employé au Brésil contre la morsure des serpents venimeux ; les feuilles pilées sont appliquées en cataplasmes sur les ulcères sordides ; mais c'est surtout comme stomachiques, pectorales et digestives que les feuilles d'ayapana sont employées avec succès en infusion théiforme ; à Bordeaux principalement elles remplacent souvent le thé.

AZEDARACH

Melia Azedarach L.

(Méliacées.)

L'Azedarach, appelé aussi Lilas des Indes, faux Sycomore, Arbre saint, Patenôtre, Laurier grec, Lotier blanc, etc., est un arbre dont la tige droite, haute de 10 mètres et plus, couverte d'une écorce d'un vert noirâtre, est rameuse au sommet. Ses feuilles, rapprochées au sommet des rameaux, sont bipennées avec impaire, à folioles ovales, pointues, découpées, souvent lobées, glabres et d'un beau vert. Les fleurs, disposées en panicules axillaires dressées, sont d'une couleur liliacée et odorantes. Elles présentent un calice petit, à cinq dents ; une corolle à cinq pétales linéaires, oblongs, étalés ; vingt étamines, dont dix seulement fertiles ou anthérifères, soudées en un tube pourpre violet ; un style cylindrique, surmonté d'un stigmate en tête, à cinq angles. Le fruit est une drupe charnue, ronde, verte d'abord, puis jaunâtre, de la grosseur d'une cerise, et d'une odeur nauséabonde. Il renferme un noyau présentant cinq côtes saillantes et divisé en cinq loges dont chacune contient une graine.

Le *Melia azidarachta* L. est une espèce voisine.

Habitat. — Originaire des Indes, l'azédarach a passé de là en Perse, en Syrie, dans le midi de l'Europe, etc. On le trouve sur tous les points où les Français se sont établis. Il est surtout très-répandu dans la Caroline.

Culture. — L'azédarach vient en pleine terre dans le midi de la France ; mais dans le nord, il doit être abrité en hiver. Il demande une exposition chaude et une terre franche, légère et substantielle. On le multiplie surtout de graines semées en terrines ou sur couche chaude, et repiquées en pots, qu'on rentre en hiver dans la serre, pour les remettre, en mars, sur couche nouvelle.

Parties usitées. — Les racines, les feuilles, les fruits, les semences.

Récolte. — Les racines doivent être récoltées à l'automne, les feuilles au moment de la floraison et les fruits à l'époque de la maturité. Cet arbuste, acclimaté dans le midi de la France, est souvent planté autour des fontaines, surtout en Andalousie. En 1843, un détachement de l'armée française éprouva des accidents graves pour avoir fait usage de l'eau dans laquelle étaient tombés des fruits de l'azédarach.

Composition chimique. — On ne sait rien sur la composition chimique des différentes parties de l'azédarach. Au Japon et en Perse, on fait usage d'une huile extraite de la partie charnue des fruits.

Usages. — Le noyau renfermé dans les fruits sert à faire des chapelets ; aussi l'a-t-on appelé *arbre à chapelet*, *arbre saint*.

La racine possède une saveur amère nauséabonde. Elle est considérée en **Amérique** et ailleurs comme anthelminthique ; les planteurs de la **Géorgie** en font un fréquent usage. Lorsqu'on l'emploie récente, elle peut produire la stupeur, la dilatation des pupilles, des soubresauts, etc., ce qui serait assez d'accord avec ce que l'on a dit des propriétés toxiques des fruits. Toutefois, plusieurs auteurs prétendent qu'on peut les manger impunément ; ce qui démontre qu'on n'est pas parfaitement fixé sur l'action qu'ils peuvent exercer sur l'économie animale. D'après Michaux, la pulpe des fruits mêlée à l'axonge est employée en **Perse** contre la teigne. La racine est non-seulement employée contre les ascarides lombricoïdes, mais encore contre le tænia et dans les fièvres vermineuses.

Les feuilles d'azédarach ont été préconisées en décoction comme stomachiques et astringentes par le docteur Skyston, de Calcutta, qui dit les avoir employées avec succès dans l'hystérie.

Avicenne cite l'azédarach comme une plante toxique. Dans certains pays, on s'en sert pour empoisonner les poissons, comme on le fait de la coque du Levant chez nous, et pour tuer les poux.

Le *M. azidarachta*, appelé dans l'Inde *Neem* ou *Nimbo*, y est aussi employé comme anthelminthique, tonique et fébrifuge. Le docteur Piddington a préparé un sel qu'il nomme *sulfate d'azédarine*, qui renfermerait le principe amer fébrifuge de la plante.

Le *M. sempervirens* Sw. serait, d'après De Candolle, une variété du *M. azedarach* ; dans tous les cas, il jouit des mêmes propriétés.

D'après tout ce que nous venons de dire, on voit qu'on ne sait rien de positif sur les propriétés des différentes parties de l'azédarach. C'est donc avec raison qu'on n'en fait pas usage, et il serait difficile de s'en procurer chez les pharmaciens.

BADIANE

Ilicium anisatum L.
(Magnoliacées - Illiciées.)

La Badiane de Chine, ou Anis étoilé, est un arbre de moyenne grandeur, dont la tige, haute de 3 à 5 mètres, assez forte, rameuse, trapue, couverte d'une écorce grisâtre, porte des feuilles lancéolées, d'un vert gai, rappelant par leur forme celles du laurier, éparses ou réunies au sommet des rameaux, persistantes. Les fleurs, pédonculées, solitaires, terminales, jaunâtres, odorantes, présentent environ trente pétales, les extérieurs oblongs, les intérieurs linéaires. Le fruit se compose de huit à douze coques réunies en verticille ou en étoile, à péricarpe coriace, s'ouvrant par leur bord interne et supérieur, et renfermant chacune une graine brune, arrondie, luisante, à tégument fragile, à amande blanchâtre et huileuse (Pl. 20).

Parmi les autres espèces de ce genre, nous citerons les badianes sacrée (*I. religiosum* Sieb.), rouge (*I. floridanum* L.) et à petites fleurs (*I. parviflorum* Mich.).

HABITAT. — La badiane de Chine se trouve en Chine, en Cochinchine, au Japon, aux îles Philippines, aux Indes orientales, etc. Elle habite surtout les lieux humides. La badiane sacrée croit en Chine et au Japon. Les deux autres espèces habitent la Floride, et fréquentent particulièrement les lieux humides et le bord des eaux.

CULTURE. — Les badianes peuvent être cultivées en pleine terre dans le midi de la France; mais, dans le nord, elles exigent l'orangerie en hiver. Il leur faut la terre de bruyère pure ou mélangée de bonne terre franche. On les multiplie par semis, par boutures ou marcottes faites avec les jeunes pousses, ou enfin par la greffe, pour les espèces rares.

PARTIES USITÉES. — Les fruits.

RÉCOLTE. —Les fruits de la badiane, connus sous les noms d'*anis étoilé, anis des Indes, anis de la Chine, de Sibérie, des Philippines*, semence de *Zingi*, déjà mentionnés par Clusius, sont connus depuis la fin du seizième siècle; c'est un Anglais, nommé Cavendish, qui les rapporta le premier des îles Philippines; ils sont ligneux, d'une couleur rouille; on doit les choisir entiers, odorants, exempts d'efflorescences blanchâtres; on doit rebuter ceux qui sont noirs ou

moisis ; ils nous arrivent de la Chine, du Japon, des îles Philip
pines, etc., dans des caisses de 25 à 50 kilogrammes.

Le bois de l'*Illicium anisatum* participe de l'odeur du fruit ; mais
le *bois d'anis* du commerce nous vient d'Amérique, et il est probablement produit par l'*Ocotea Pechurim* H. B.

COMPOSITION CHIMIQUE. — Toutes les parties de l'*Illicium anisatum*
abondent en huile essentielle tout à fait semblable par son odeur et
par ses propriétés à celle de l'anis vert (*Pimpinella anisum*) ; cette
essence est blanche, concrète, d'une odeur suave et douce ; elle nous
est fournie par la Russie ; elle n'a pas été étudiée chimiquement,
mais il est probable qu'elle est formée, comme celle de l'anis vert, de
deux essences : l'une liquide, présentant la composition de l'essence
de térébenthine, et l'autre, solide et concrète, contient de l'oxygène,
$= C^{20} H^{12} O^2$; c'est elle qui est le point de départ d'une série chimique
fort curieuse.

Meisner a trouvé que la capsule de l'anis étoilé renfermait de
l'acide benzoïque ; il est très-probable qu'il a confondu l'acide anisique avec l'acide benzoïque, auquel il ressemble beaucoup ; cet
acide anisique est un produit d'oxydation de l'hydrure d'anisyle, et
on peut l'obtenir en traitant par l'acide azotique les essences de badiane et d'estragon.

USAGES. — La badiane doit ses propriétés médicales à l'huile essentielle, à l'huile âcre et au tannin ; on en prépare des liqueurs de
table très-estimées, notamment l'anisette de Bordeaux ; dans les
pays bas et humides, on fait souvent usage de ces liqueurs.

La badiane est justement considérée comme stimulante et stomachique ; ses propriétés carminatives et expectorantes sont plus douteuses ; cependant on l'emploie souvent comme telle en infusion
théiforme, en poudre, etc.; on en fait une eau distillée. Les Orientaux, les Chinois ainsi que les Japonais la regardent comme une
plante sacrée ; ils la mêlent au thé, au café, au *Nisi-Sinsin* (*Panax
quinquefolium*) ; ils mangent les fruits après le repas pour faciliter la
digestion.

Les fruits des *Illicium floribundum* et *parviflorum* peuvent être
substitués à ceux de l'*anisatum* ; il en est de même de ceux de
l'*Illicium religiosum*, dont nous donnons la figure.

BAGUENAUDIER

Colutea arborescens L.
(Légumineuses-Lotées.)

Le Baguenaudier commun, appelé aussi vulgairement Séné d'Europe ou Faux séné, est un petit arbre, dont la tige droite, haute de 4 à 5 mètres, se divise en rameaux cylindriques, un peu pubescents au sommet. Les feuilles sont alternes, imparipennées, à pétiole commun, muni à la base de deux petites stipules aiguës, à limbe composé ordinairement de onze folioles presque sessiles, ovales, très-obtuses, entières, mucronées, articulées, pubescentes surtout au sommet des rameaux. Les fleurs, pédonculées, d'un jaune safrané taché de rouge, sont réunies en petits bouquets axillaires. Elles présentent un calice campanulé, à cinq dents, les deux inférieures plus longues; une corolle papilionacée, à étendard très-large, relevé; à ailes étroites, obtuses, à carène grande; dix étamines diadelphes. Le fruit est une gousse très-renflée, vésiculeuse, à parois minces, devenant translucides et comme parcheminées à la maturité, à une seule loge qui renferme plusieurs graines brunes, réniformes.

Habitat. — Le baguenaudier habite les localités sèches, les coteaux des régions méridionales de la France et de l'Europe. Il est cultivé dans les jardins d'agrément.

Culture. — Cet arbre croît à peu près indifféremment dans tous les terrains. Il se multiplie de graines, semées à l'automne, dans une bonne terre et à une exposition ombragée; les jeunes plants, qu'il faut surtout préserver des limaces, sont mis en place au printemps suivant, ou mieux repiqués en pépinière, pour être plantés à demeure en automne. On multiplie aussi le baguenaudier de drageons, et même de boutures.

Parties usitées. — Les folioles, les fruits, les semences.

Récolte. — Les folioles se récoltent en septembre. On a prétendu qu'on les mélangeait au séné; elles présentent, il est vrai, la forme obovée du séné à larges feuilles, mais elles sont moins dures, plus minces et plus vertes; leur saveur est amère et désagréable; elles ne sont pas rétrécies à leur base, et on n'y trouve pas la pointe roide qui termine celles du séné obtus. Les fruits sont récoltés avant leur maturité.

Composition chimique. — Les feuilles et les fruits du baguenaudier sont riches en tannin.

Usages. — Le baguenaudier ou colutier porte encore les noms d'arbre à vessie, de séné bâtard, de séné vésiculeux. Boerhaave lui avait donné le nom de *séné d'Europe*; il le regardait comme purgatif, et Gessner, Bartholin, Tablet, Garidel croyaient que les feuilles pouvaient remplacer celles du séné d'Orient. Elles jouissent en effet de propriétés purgatives, mais il faut les administrer à très-forte dose. D'après J.-F. Coste, elles perdent leurs propriétés par la décoction. Wilmet les administrait associées à la scrofulaire et aux semences d'anis contre les fièvres intermittentes. Les gousses ont été également proposées pour remplacer celles du séné, improprement appelées follicules; mais nous possédons des purgatifs indigènes préférables au baguenaudier; aussi est-ce avec juste raison qu'on n'en fait pas usage.

On a attribué aux feuilles du baguenaudier fumées la propriété de faire couler abondamment un mucus nasal; mais toutes les substances âcres et irritantes produiraient évidemment les mêmes sécrétions.

Les fruits du baguenaudier, qui mûrissent vers la fin d'août, sont donnés aux brebis dans certains pays pour les nourrir et pour augmenter le lait. Les abeilles aiment leurs fleurs, et les volailles mangent les graines avec plaisir.

On connaît encore le *C. orientalis* ou baguenaudier du Levant, qui a les feuilles d'un vert argenté et les fleurs marquées de deux taches jaunes; le *C. frutescens* L., dont les fleurs sont d'un rouge éclatant, et le baguenaudier à feuille de galéga, *C. galegifolia*, dont les fleurs sont d'une couleur écarlate safrané et qui exhalent une odeur de vanille; il vient de la Nouvelle-Hollande; enfin le baguenaudier annuel d'Afrique, *C. Africana*, dont les fleurs sont d'un violet brun.

Le baguenaudier des Alpes et le baguenaudier austral sont produits par le *Phaca alpina* L. et le *Phaca australis* L.

BALATA

Mimusops balata Gaertn. *Achras balata* Aubl. *A. dissecta* L. F.
(Sapotacées.)

Le Balata, confondu, avec la plupart de ses congénères, sous le nom de *Bois de natte*, est un arbre dont la tige, haute de 5 à 6 mètres,

couverte d'une écorce vert noirâtre, se divise en longues branches
latérales, diffuses, et en rameaux épars, portant des feuilles alternes,
pétiolées, coriaces, très-épaisses, ovales ou oblongues, entières,
obtuses au sommet, rétrécies à la base, glabres et luisantes sur leurs
deux faces, marquées de nervures très-serrées et très-fines, et, en
dessus, d'un sillon longitudinal, qui correspond à une côte épaisse à
la face inférieure. Les fleurs sont portées à l'extrémité des rameaux,
sur de longs pédoncules pubescents, striés, épars entre les feuilles.
Elles présentent un calice à six divisions aiguës, couvertes de poils
laineux roussâtres, disposées sur deux rangs, les extérieures vertes,
plus courtes que la corolle, les intérieures blanchâtres, plus longues; une corolle blanc rosé. Le fruit présente la couleur, la forme
et la grosseur d'une olive verte. Il renferme une amande à albumen
très-développé et à cotylédons foliacés charnus.

Habitat. — Cette espèce, qui n'est pas encore bien nettement
caractérisée, parait être originaire de l'île Maurice, d'où elle se
serait propagée et naturalisée à Manille, à Java, en Chine, et même
à la Guyane et à la Martinique.

Culture. — Cet arbre, qui est cultivé en grand au Malabar et
dans quelques autres régions de l'Inde, ne se trouve chez nous que
dans les jardins botaniques. Il exige la serre chaude et une chaleur
constante; le sol qui lui convient est un mélange, par parties égales,
de terre franche et de terre de bruyère. On le multiplie de graines,
qui doivent être semées ou stratifiées aussitôt après leur maturité.
Les boutures reprennent plus difficilement. On doit arroser modérément, surtout en hiver.

Parties usitées. — La séve laiteuse et la matière élastique qu'on
en retire.

Récolte. — Pour récolter le lait, on entoure une partie du tronc
ou sa circonférence d'un anneau d'argile à bords relevés; l'écorce
est entaillée jusqu'au liber, et le suc laiteux s'écoule dans le réci-
pient. A Surinam, ce suc se concrète en six heures. M. Bleekrode
en a reçu qui était resté liquide. Ce lait filtre au papier sans résidu;
il est miscible à l'eau; son odeur est acide, sa saveur aigrelette;
chauffé, il forme une pellicule à la surface, à la manière de la
caséine du lait; il est coagulé par l'alcool et par l'éther; il n'est pas
coagulé par l'acide acétique, mais il l'est par l'acide sulfurique.

Composition chimique. — Le lait de balata a été examiné par

M. Bleekrode, de Deft, et par M. Muller, de Paramaribo. Il contient une matière grasse, une substance albumineuse analogue à la caséine, et une espèce de gomme élastique qui se rapproche de la gutta-percha.

Usages. — La sève de balata a été proposée dans le traitement des maladies de poitrine comme le caoutchouc ; mais les effets obtenus n'ont pas encouragé les expérimentateurs. C'est surtout comme produit industriel qu'elle nous intéresse.

Les différentes espèces de sapotées sont confondues à Surinam sous le nom de *Balletrie*, et à Demerary sous celui de *Bullet tree*. Les mêmes arbres à Cayenne et aux Antilles portent le nom de *Balata*. Descourtilz, dans sa *Flore des Antilles*, mentionne la résine de balata à propos de l'*Achras sapota* ; mais on sait aujourd'hui que la gutta de la Guyane provient du *Sapota Mulleri* Blume, tandis que la résine de balata, sorte de gomme extensible très-rapprochée de la gutta, provient de l'*Achras sapota* L., déjà mentionnée en 1855 par sir W. Hooker.

Coagulée par l'alcool, la sève de balata donne une matière résineuse qui, purifiée par les alcalis d'abord et par le sulfure de carbone ensuite, a fourni une sorte de *Gutta* très-estimée, mais malheureusement très-rare. M. le docteur Mallez en a fait faire des bougies uréthrales très-précieuses dans les cas de rétrécissement de ce canal.

BALLOTE

Ballota nigra L. *B. fœtida* Lam.
(Labiées-Stachydées.)

La Ballote noire ou fétide, appelée aussi Marrubin ou Marrube noir, est une plante vivace, à racine grêle, allongée, jaunâtre, fibreuse, chevelue. Sa tige, haute de $0^m,35$ à $0^m,65$, dressée, carrée, pubescente, rougeâtre surtout dans le bas, rameuse, porte des feuilles opposées, pétiolées, ovales, cordées à la base, aiguës au sommet, crénelées, un peu sinueuses et crépues, pubescentes. Les fleurs, pourpre violacé, courtement pédonculées, sont groupées en petits fascicules à l'aisselle des feuilles supérieures. Elles présentent un calice tubuleux, évasé, strié, pubescent, terminé par cinq dents aiguës ; une corolle à tube grêle, de la longueur du calice, à limbe divisé en deux lèvres, la supérieure petite, arrondie en voûte, denticulée, velue, et l'inférieure plus grande et trilobée ; quatre étamines didynames, à anthères divisées en deux loges superposées ; un style grêle, court, terminé par un stigmate bifide. Le fruit se compose de quatre akènes ovoïdes.

La ballote laineuse (*B. lanata* L.) est caractérisée par sa tige, couverte d'un duvet laineux très-abondant, ainsi que par ses feuilles larges, presque palmées et dentées.

Habitat. — La ballote noire est abondamment répandue dans toutes les régions chaudes et tempérées de l'Europe ; elle habite surtout les lieux incultes et arides, les décombres, les bords des chemins, les haies, les cours et les rues peu fréquentées des villages, etc.

La ballote laineuse se trouve en Sibérie.

Culture. — La ballote n'est cultivée que dans les jardins botaniques. Elle vient dans tous les sols, mais mieux aux expositions chaudes. Elle est facile à propager par ses graines semées sur place, et par les éclats de pieds, pratiqués à la fin de l'hiver.

Parties usitées. — Les feuilles et les sommités fleuries.

Récolte. — Les ballotes se récoltent pendant les mois de juillet et d'août ; on les attache en paquets peu serrés ; on les dispose en guirlandes, et on fait sécher à la manière ordinaire. La ballote laineuse nous vient de Sibérie.

Composition chimique. — L'odeur fétide de la ballote noire est des plus remarquables ; elle est due à une huile volatile ; sa saveur amère et chaude est attribuée à un principe extractif ; elle contient de l'acide gallique.

Usages. — La ballote fétide ou marrube puant, marrube fétide, marrubin noir, est peu employée à cause de sa fétidité : d'après Peyrilhe, on peut la substituer au marrube blanc ; elle jouit des mêmes propriétés. Depuis Ray et Boerhaave on la regarde comme tonique, excitante, antispasmodique, emménagogue et vermifuge. Elle a été placée à côté du castoréum, du musc et de la valériane ; on l'a employée à diverses époques contre les névroses et plus spécialement contre l'hystérie. Tournefort préconisait le marrube noir contre la goutte ; il conseillait de l'associer au marrube blanc et à la bétoine.

D'après Pallas, on l'emploie en Sibérie contre les maux de tète ; Rehmann dit qu'on s'en sert contre l'hydropisie ; on l'associait à la cannelle ou à l'écorce d'orange, à l'éther et au laudanum.

M. Cazin a employé avec succès le marrube noir comme vermifuge, contre les ascarides lombricoïdes et les oxyures vermiculaires; mais la matière médicale possède des vermicides plus efficaces et moins repoussants.

La ballote laineuse, originaire de Sibérie, est cultivée dans un grand nombre de jardins de l'Allemagne ; elle a été analysée par M. Orcesi : elle contient du tannin, une matière résinoïde, amère, aromatique (picroballotine), une substance verte et des sels. Les médecins allemands l'ont placée dans le groupe des médicaments diurétiques, et la préconisent contre la goutte, le rhumatisme et l'hydropisie. La pharmacopée de Prusse recommande la décoction de cette plante (15 grammes pour 250 grammes d'eau) contre l'arthrite aiguë ; elle détermine, d'après M. Ghidella, une éruption prurigineuse à la peau, suivie bientôt d'une éruption miliaire, en même temps que les urines deviennent foncées en couleur et riches en acide urique. On peut lui substituer le *B. suaveolens*, originaire de Saint-Domingue.

BALSAMITE

Balsamita suaveolens Desf. *Tanacetum balsamita* L. *Pyrethrum balsamita* D. C.
(Composées — Sénécionidées.)

La Balsamite odorante, connue aussi sous les noms vulgaires de Baume-coq, Coq des jardins, Grand baume, Grande tanaisie, Herbe au coq, Menthe coq, Menthe Notre-Dame, Pasté, Tanaisie baumière, etc., est une plante vivace, odorante, à racine longue, un peu oblique, fibreuse. Ses tiges, hautes d'environ un mètre, dressées, fermes, presque ligneuses, striées, blanchâtres, un peu velues et comme pulvérulentes, légèrement visqueuses, se divisent, surtout vers le sommet, en rameaux longs et grêles. Les feuilles radicales sont longuement pétiolées, elliptiques, allongées, obtuses au sommet, dentées, d'un vert cendré clair, un peu pubescentes en dessous et pulvérulentes; celles de la tige sont sessiles. Les fleurs sont jaunes, disposées en petits capitules, dont la réunion constitue un corymbe terminal très-rameux. Le réceptacle, plane et nu, est entouré d'un involucre hémisphérique, composé de bractées imbriquées, un peu scarieuses sur les bords. Les fleurs, toutes tubulées et hermaphrodites, ont le limbe partagé en cinq lobes courts et aigus. Le fruit est un akène allongé, présentant au sommet une petite membrane unilatérale.

Habitat. — Cette plante se trouve dans les régions méridionales de la France et de l'Europe, où elle croît surtout dans les lieux incultes et bien exposés au soleil.

Culture. — La balsamite croît à peu près dans tous les terrains, mais il lui faut une exposition chaude. On la propage facilement, soit par graines, semées en place au printemps et à l'automne, soit par rejetons et par éclats de pieds.

Parties usitées. — Les feuilles, les fleurs, les fruits (improprement semences).

Récolte. — Les feuilles, très-odorantes, doivent être récoltées avant la floraison. On les dessèche à l'ombre ; elles conservent par la dessiccation une odeur très-douce et agréable, dont les ménagères des campagnes tirent parti pour parfumer leurs armoires à linge.

Composition chimique. — La balsamite odorante présente une odeur pénétrante suave, surtout lorsqu'on la froisse entre les doigts ; sa saveur est chaude, aromatique, un peu amère. Comme un grand nombre de plantes de la même famille, elle renferme une huile essentielle et un principe amer.

Usages. — Le nom de baume a été donné à la balsamite odorante à cause de l'usage fréquent qu'on en fait dans les campagnes comme vulnéraire ; tantôt on applique les feuilles sur les plaies et les contusions, tantôt on les fait macérer dans le vin ou infuser dans l'eau, et les liquides ainsi préparés sont usités en lotions et en boisson ; d'autres fois, enfin, on les fait chauffer dans de l'huile d'olive : c'est ce qui constituait jadis l'*huile de baume*.

La balsamite est peu employée ; elle pourrait l'être toutes les fois où les excitants aromatiques sont indiqués, soit à l'intérieur, soit à l'extérieur. Elle jouit de propriétés vermifuges bien éprouvées ; c'est surtout les fruits qu'on emploie dans ces cas, soit en poudre, soit en infusion. Linné la considérait comme un correctif de l'opium. Valtelin parle du vin de balsamite avec grand enthousiasme, et lui attribue la propriété de réveiller l'esprit, de donner la gaieté et de chasser la mélancolie ; il est certain que c'est une plante active et trop négligée.

Les anciens regardaient la balsamite comme emménagogue et antispasmodique ; on l'employait contre la mélancolie et l'hystérie, mais c'est avec raison qu'on l'a abandonnée dans ces cas.

Les feuilles de balsamite ont été employées dans l'art culinaire pour aromatiser les sauces, comme condiment stomachique ; aussi quelques auteurs la nommaient-ils *Costus hortorum*.

La balsamite annuelle (*Tanacetum annuum* L., *Balsamita annua* D.C.) qui croît dans le midi de la France, et surtout aux environs de Montpellier, dans les lieux incultes, jouit des mêmes propriétés que la balsamite odorante.

BANANIER

Musa Paradisiaca, sapientum, Sinensis, etc.

(Musacées.)

Les Bananiers, vulgairement rangés parmi les arbres et désignés sous le nom de Figuier d'Adam, doivent plutôt être considérés comme de gigantesques plantes bulbeuses, à racines fibreuses, fasciculées ; à tige herbacée, dressée, recouverte par les gaînes des feuilles, ou même uniquement constituée par ces gaînes, très-longues et emboîtées les unes dans les autres. Les feuilles, portées sur de longs pétioles élargis, sont entières et roulées en cornet à leur naissance ; en se développant, elles acquièrent jusqu'à 2 mètres de longueur sur $0^m,50$ de largeur ; elles sont d'un vert tendre, lisses et comme satinées en dessus, et marquées, surtout en dessous, d'une grosse nervure ou côte médiane, de laquelle partent un grand nombre de nervures transversales très-fines et parallèles. Les fleurs sont grandes, munies chacune d'une spathe ou bractée colorée, et disposées en un long spadice solitaire, pendant. Les fruits, disposés aussi en longues grappes appelées *régimes*, sont charnus, à trois loges contenant un grand nombre de graines, qui avortent souvent dans les variétés cultivées (Pl. 21).

Parmi les espèces les plus remarquables, nous citerons :

1° Le bananier du Paradis (*M. Paradisiaca* L.), dont les fruits, longs de $0^m,15$ à $0^m,25$, portent plus spécialement le nom de *bananes* ;

2° Le bananier des sages (*M. sapientum* L.), dont les fruits, moitié moins longs que les précédents, sont appelés *figues-bananes* ;

3° Le bananier de la Chine (*M. Sinensis* Sweet.), à fruits longs de $0^m,10$, appelés aussi *figues-bananes*, et les meilleurs de tous.

HABITAT. — Les bananiers habitent les régions tropicales des deux continents ; ils paraissent originaires de la partie de l'Asie méridionale appelée région des musacées et des scitaminées. C'est de là qu'ils ont passé en Afrique, et sans doute aussi en Amérique. On les trouve surtout dans les localités fraîches, humides, abritées et ombragées. Cultivés en grand dans les régions tropicales, ils ne se rencontrent, sous nos climats, que dans les serres.

Parties usitées. — Les fruits, les fibres.

Récolte. — Les feuilles et les gaînes pétiolaires des bananiers sont riches en fibres; on peut les récolter à tout âge lorsqu'on veut exploiter ces fibres; mais celles-ci sont d'autant plus résistantes que la plante est plus âgée.

Selon l'usage qu'on veut faire des fruits, on les récolte à diverses époques; s'il s'agit d'utiliser la matière féculente qu'ils contiennent, on coupe le régime longtemps avant la maturité; les bananes sont divisées longitudinalement en lames minces; on sépare la partie externe, coriace et ligneuse, et on fait sécher au soleil; on mange ainsi coupées et séchées les tranches de bananes en guise de pain, ou bien on les réduit en poudre pour obtenir une fécule qui est très-estimée et appliquée à différents usages.

Veut-on au contraire manger les bananes, en extraire le suc pour obtenir une espèce de sucre, ou pour le faire fermenter, on les cueille à la maturité au moment où elles jaunissent et deviennent molles.

Mais les fruits d'un même régime ne mûrissent jamais tous à la fois; on coupe alors toute l'inflorescence, et on cueille chaque fruit au fur et à mesure qu'il mûrit.

Composition chimique. — D'après M. Lherminier, la séve fournie par la tige du bananier serait une solution d'acide gallique dans l'eau; on l'emploie comme astringente (*Journ. de pharm.*, III, 471); la partie interne spongieuse est riche en amidon : les fruits non mûrs sont blancs et amylacés; mûrs, l'amidon disparaît; ils ont alors un goût sucré, visqueux, aigrelet, et prennent par la dessiccation l'aspect de figues sèches; ce fruit présente un exemple extrêmement curieux de la transformation de l'amidon en sucre sous l'influence des acides dans l'acte de la végétation.

Usages. — Le bananier est une des plantes les plus précieuses pour les habitants des pays intertropicaux, qui trouvent dans ses fruits un aliment abondant et agréable, dans les feuilles une couverture pour les habitations, et dans les fibres une matière propre à faire des cordages et même des étoffes très-légères.

Pline et Théophraste signalent les bananes; Avicenne, Sérapion, Rhazès en font le plus grand éloge; mûres on les considère comme adoucissantes et émollientes; le vin de bananes est laxatif.

BANCOULIER

Aleurites ambinux Pers. A. *Moluccana* Willd. A. *triloba* Forst.
(Euphorbiacées—Ricinées.)

Le Bancoulier, appelé aussi Aleurit et Camiri, est un arbre à tige droite, portant des feuilles alternes, longuement pétiolées, munies de deux glandes à la base, simples, larges, divisées en trois (rarement cinq) lobes aigus, les deux latéraux très-courts, le terminal lancéolé, couvertes d'une poussière farineuse qui provient de poils étoilés très-menus. Les fleurs sont diclines, monoïques, groupées en panicules grandes, rameuses, terminales, composées de cymes dichotomiques et accompagnées de bractées. Elles présentent un calice à trois divisions ovales, obtuses; une corolle à cinq pétales oblongs, obtus, étalés, trois fois plus longs que le calice; à l'intérieur, un disque à cinq lobes écailleux, nectarifères. Les fleurs mâles, réunies à la partie supérieure de l'inflorescence, ont des étamines en nombre indéterminé, à filets courts, soudés en un androphore conique, à anthères adnées et introrses. Les femelles présentent un ovaire à deux loges uniovulées, enveloppé dans une tunique velue et fendue au sommet, et surmonté d'un style simple, terminé par un stigmate bifide. Le fruit, appelé noix de Bancoul ou noix des Moluques, est une noix drupacée, à péricarpe charnu (brou), contenant deux coques qui s'ouvrent incomplétement au sommet, et dont chacune renferme une graine globuleuse.

HABITAT. — Le bancoulier habite les régions tropicales de l'ancien continent. Il se trouve aux Moluques, à Java, d'où il paraît s'être répandu aux îles de la Société, à Taïti, ainsi qu'aux îles Maurice et de la Réunion. Mais il est probable que les voyageurs ont confondu sous le nom de bancoulier plusieurs espèces du genre aleurites.

CULTURE. — Le bancoulier ne se trouve que dans les jardins botaniques, où les difficultés de sa culture font qu'il est très-rare. Il exige la serre chaude, et se propage de graines ou de boutures étouffées, mises en pots que l'on tient constamment plongés dans la tannée.

PARTIES USITÉES. — L'huile extraite de l'amande.

Récolte. — Les noix de bancoul du commerce sont les semences du bancoulier; elles sont osseuses, aussi dures que la pierre, grosses comme de petites noix, arrondies à la base et offrant les deux gibbosités propres aux semences de croton ; elles sont pointues au sommet, arrondies du côté externe, aplaties et marquées d'un sillon sur le côté interne; elles sont recouvertes d'un enduit blanc grisâtre, leur surface est rugueuse, inégale, bosselée; l'épisperme est noirâtre, épais et dur; l'amande est blanche, huileuse, bonne à manger lorsqu'elle est récente.

Composition chimique. — L'amande du bancoulier donne de 40 à 45 pour cent d'huile par expression ; on ne sait rien sur sa composition, mais il est probable qu'elle se rapproche de celle du ricin.

Usages. — L'huile de bancoul peut servir à divers usages économiques, à faire des savons, pour l'éclairage, etc.

La noix de bancoul nous vient principalement de Ceylan et de la Réunion. A Taïti l'arbre s'appelle *Tiaïly*. L'écorce y est employée à faire des tissus, et la coque des noix brûlée sert à préparer un noir de fumée employé au tatouage.

L'huile de bancoul n'est pas employée en médecine; cependant M. le docteur O'Rorque l'a préconisée il y a quelques années comme un purgatif préférable à l'huile de ricin; elle est toutefois regardée comme moins active (15 à 30 grammes).

L'arbre à huile du Japon, *Elæococca verrucosa* A. Juss., *Dryandra cordata* Thunb., *Vernicia montana* Lour., *Dryandra vernicia* Correa., appartenant également aux euphorbiacées, donne également des graines dont l'amande fournit par expression une huile analogue à celle du bancoulier.

BAOBAB

Adansonia digitata L.
(Sterculiacées-Bombacées.)

Le Baobab d'Adanson est un arbre gigantesque, dont la racine, énorme et pivotante, se divise en longues ramifications latérales et traçantes. La tige, haute de 8 à 10 mètres sur un diamètre à peu près égal dans les individus les plus développés, se couronne de branches nombreuses, longues de 20 mètres et plus, couvertes d'une écorce épaisse, lisse, d'un gris cendré. Les feuilles, portées sur un pétiole de 0ᵐ,08 à 0ᵐ,10, canaliculé et muni de petites stipules à sa base, sont éparses, digitées, à cinq ou sept folioles, inégales, molles, obovales, obtuses, longues de 0ᵐ,10 à 0ᵐ,12, un peu dentelées vers leur partie supérieure. Les fleurs sont solitaires à l'extrémité de pédoncules axillaires, longs de 0ᵐ,35, recourbés et pendants. Elles présentent un calice simple, caduc, à cinq divisions recourbées en dehors; une corolle à cinq pétales blancs, longs d'environ 0ᵐ,10, réfléchis aussi en dehors; des étamines, au nombre de plusieurs centaines, soudées par leurs filets en un tube cylindrique; un ovaire simple, à dix loges, surmonté d'un style simple que termine un stigmate à lobes nombreux. Le fruit, vulgairement appelé *pain de singe*, est une grande capsule indéhiscente, ovoïde, pointue aux deux extrémités. Le péricarpe, dur et velu, renferme une pulpe abondante dans laquelle sont disséminées de nombreuses graines.

HABITAT. — Le baobab est originaire du Sénégal, où il croît de préférence dans les terrains sablonneux et dépourvus de pierres. C'est de là qu'il a été transporté et naturalisé dans les régions voisines et même en Amérique.

CULTURE. — Cet arbre ne se trouve que dans les serres des grands jardins botaniques, où il croît peu et reste toujours chétif.

PARTIES USITÉES. — Les feuilles, l'écorce, les fruits.

RÉCOLTE. — L'écorce du baobab est la seule partie de la plante employée en médecine. On la trouve difficilement dans le commerce. Elle est d'un gris noirâtre, lisse, parsemée de plaques de lichen; la surface interne est blanche; elle rougit au contact de l'air; elle est très-mucilagineuse, à peu près insipide et inodore.

Les feuilles réduites en poudre constituent le *lalo* des nègres du Sénégal, qu'ils mêlent avec leurs aliments, et notamment avec le *couscous*. On mange le fruit lorsqu'il est frais; il a une saveur aigrelette; on le nomme *pain de singe*. La pulpe charnue et friable était autrefois connue en Europe sous le nom de *terre de Lemnos*. C'est Frank et Prosper Alpin qui reconnurent son origine végétale. Il ne faut pas confondre ce produit avec la terre sigillée bolaire (argile ferrugineuse) qui porte le même nom.

COMPOSITION CHIMIQUE. — La partie spongieuse du fruit du baobab a été analysée par Vauquelin, qui y a trouvé de l'amidon, une gomme comparable à l'arabique, un acide analogue à l'acide malique, mais incristallisable, un sucre semblable à celui du raisin, et du ligneux.

Usages. — Toutes les parties du baobab, riches en matière mucilagineuse, comme le sont en général les malvacées, voisines des sterculariées, constituent des médicaments émollients et adoucissants. Les nègres attribuent aux feuilles pulvérisées, dont ils font un si fréquent usage, la propriété d'entretenir une transpiration abondante, de calmer l'âcreté du sang, de préserver des fièvres inflammatoires, des diarrhées si fréquentes dans les pays chauds, et qui y sont accompagnées si souvent de dyssenterie. On comprend parfaitement que l'usage habituel d'une plante aussi riche en mucilage puisse guérir les fièvres inflammatoires caractérisées par un désordre intestinal; mais on s'explique difficilement comment le baobab pourrait être considéré comme un succédané du quinquina, ainsi que l'a prétendu le docteur P. Duchassaing, de la Guadeloupe, qui a signalé 93 cas de fièvres intermittentes guéries par la poudre d'écorce. Mais si l'on réfléchit que, d'après M. Duchassaing lui-même, l'action physiologique de l'écorce de baobab se borne à une légère diminution dans la fréquence du pouls, avec excitation à la sueur et augmentation d'appétit, sans action appréciable sur le système nerveux et sur la respiration, on reste convaincu que ce ne sont pas des fièvres intermittentes légitimes qui ont été guéries par le baobab.

BARDANE

La Bardane officinale, appelée aussi Grande bardane, Glouteron, Herbe aux teigneux, etc., est une plante bisannuelle ou vivace, à racine fusiforme, charnue, longue, de la grosseur du doigt, blanche en dedans, brune en dehors, pivotante; à tige dressée, haute d'un mètre et plus, ferme, épaisse, presque sous-ligneuse, cylindrique, striée, rougeâtre, pubescente, rameuse. Les feuilles radicales ont le pétiole canaliculé, élargi et un peu embrassant à la base; le limbe cordiforme, long de 0^{m},30 et plus, large à proportion. Celles de la tige ont la même forme, mais deviennent de plus en plus petites en s'élevant vers le sommet de la plante. Toutes sont molles, ondulées et un peu dentées sur les bords, d'un vert foncé en dessus, blanches et cotonneuses en dessous. Les fleurs, tubuleuses, violet pourpré, sont groupées en petits capitules, dont la réunion constitue une sorte de panicule terminale. Le réceptacle, plane, alvéolé et muni de paillettes nombreuses, est entouré d'un involucre arrondi, formé d'un grand nombre de petites bractées étroites, subulées, rudes, imbriquées, dirigées dans tous les sens, terminées au sommet par un petit crochet recourbé en dehors. Le fruit est un akène anguleux, brunâtre, oblong, surmonté d'une aigrette simple et sessile.

Nous devons citer aussi dans ce genre la bardane comestible (*Lappa edulis*, Sieb.).

HABITAT. — La bardane croît dans toute l'Europe ; elle est commune dans les lieux incultes, les décombres, les prés, sur le bord des chemins, etc. La bardane comestible est originaire du Japon.

CULTURE. — La grande bardane n'est cultivée que dans les jardins botaniques, où on la propage avec la plus grande facilité, par ses graines, qu'on peut semer en toute saison.

PARTIES USITÉES. — La racine, rarement les fruits, et les feuilles.

RÉCOLTE. — La racine de bardane doit être récoltée à la fin de la première année, en octobre ou au printemps de la seconde. Après l'avoir privée de ses radicelles, on la lave et on la coupe par tronçons d'un centimètre de long environ ; quelquefois on la fend longitudinalement ; on la fait sécher à l'étuve ou au soleil ; elle moisit facilement, aussi faut-il l'enfermer bien sèche ; elle est souvent attaquée des vers. Dans le commerce, elle est toujours coupée en rouelles et fendue longitudinalement ; elle est grise en dehors et blanche en dedans.

COMPOSITION CHIMIQUE. — La racine de bardane renferme du mucilage, des sels de potasse, de l'inuline (Guibourt), et une matière extractive ; elle est riche en sels de potasse, aussi Dambourney avait-il proposé de la cultiver pour préparer le carbonate, mais on sait que c'est aux dépens du sol que cette culture se fait, et les terres sont bientôt épuisées.

USAGES. — Outre le *Lappa major*, la racine de bardane est encore fournie par le *Lappa minor*, qui croît aux bords des routes, qui est plus petite, et dont les fleurs sont plus grosses ; et par le *Lappa tomentosa*, qui se distingue par un duvet cotonneux qui le recouvre ; toutes ces racines fraiches et bouillies sont mangées dans quelques pays en guise de salsifis.

Les feuilles de bardane, connues dans le sud-ouest de la France sous le nom de *chou d'âne*, ont été préconisées dans le traitement des

ulcères ; Percy employait leur suc mêlé avec son poids d'huile d'olive.
Les racines sont placées dans la classe des sudorifiques, et à ce titre
on les a recommandées dans la goutte, le rhumatisme, le catarrhe
pulmonaire, les affections de la peau, les maladies syphilitiques, etc.
Baglivi, Boerhaave, Storck, Rivière, Van Swieten, l'ont beaucoup
préconisée ; Cartheuser la croit supérieure à la salsepareille ; c'est
aussi l'avis de M. Ricord, et on sait à quoi s'en tenir aujourd'hui sur
ces prétendues propriétés sudorifiques et anti-syphilitiques : aussi
est-elle à peu près abandonnée de nos jours.

La racine de bardane est émolliente et pas autre chose ; elle ne
détermine, à forte dose, aucun phénomène physiologique, et, malgré
l'autorité d'Alibert, qui la vantait dans les dermatoses ; de Petrus Forestus, de Vastelius, de Hell, de Cheneau, qui la recommandait dans
la goutte et le rhumatisme ; celle de Hufeland, qui la conseillait contre l'alopécie, etc., nous dirons avec Chaumeton, qu'elle nous parai-
trait mieux placée dans les cuisines que dans les pharmacies, et encore
est-ce un aliment de médiocre qualité.

BASILIC

Ocimum basilicum L.
(Labiées–Ocimoïdées.)

Le Basilic est une plante annuelle, à tige dressée, tétragone, pubescente, rameuse, haute de $0^m,40$ environ, portant des feuilles
opposées, cordiformes, glabres, épaisses, vert foncé, couvertes de
points glanduleux, un peu dentées, à pétiole court, canaliculé. Les
fleurs, blanches ou un peu rougeâtres, sont groupées en petits verticilles munis de bractées et formant par leur réunion de longs épis
terminaux, interrompus. Elles présentent un calice pubescent, à
cinq divisions inégales, à lèvre supérieure très-grande, arrondie,
aplatie ; une corolle renversée, à tube court, à limbe divisé en deux
lèvres, la supérieure très-large, l'inférieure très-étroite ; quatre étamines saillantes ; un style filiforme à stigmate bifide. Le fruit est
composé de quatre akènes ovoïdes.

Habitat. — Originaire des Indes orientales, le basilic est aujour-
d'hui cultivé dans tous les jardins, à cause de son odeur agréable ;
il a produit d'assez nombreuses variétés.

Parties usitées. — Les feuilles et les sommités fleuries.

Récolte. — Le basilic est le plus souvent employé à l'état frais ; il perd la plus grande partie de son odeur et de ses propriétés par la dessiccation ; on le pulvérise grossièrement lorsqu'on veut l'employer comme épice ou comme sternutatoire.

Composition chimique. — L'odeur agréable du basilic, sa culture facile lui ont fait donner le nom vulgaire d'*oranger des savetiers*. Sa saveur est forte, piquante, agréable ; il doit ses propriétés à une huile essentielle très-suave qu'on en retire par distillation et qui est très-employée en parfumerie ; elle est susceptible de cristalliser.

Usages. — Le petit basilic *Ocimum minimum* L. peut être substitué au grand (*O. basilicum*) ; le basilic de Ceylan *O. gratissimum*, et le basilic à grandes fleurs, originaire d'Afrique (*O. grandiflorum*), jouissent des mêmes propriétés.

D'après Ainslie, dans l'Inde le suc des feuilles du basilic est versé dans l'oreille pour guérir l'otite ; les semences y sont regardées comme rafraîchissantes et calmantes ; l'infusion est employée contre la gonorrhée, les ardeurs d'urine, les affections néphrétiques. Cette prétendue action calmante n'est guère d'accord avec ce que nous savons des propriétés excitantes de presque toutes les labiées ; aussi ne devons-nous pas être surpris de voir Horsfield dire qu'à Java on emploie le basilic comme stimulant. Gmelin rapporte qu'en Perse on fait macérer les graines dans l'eau, puis on les frappe de glace et on donne le maceratum contre les chaleurs excessives de l'été ; Belon dit qu'en Égypte on les utilise en guise d'épice.

Dioscoride regardait le basilic comme diurétique, mais il lui reprochait sans raison plausible d'affaiblir la vue ; F. Hoffmann considérait l'huile essentielle comme céphalique et antispasmodique, et Gilibert la conseillait dans les névroses atoniques ; Bodard l'a proposée pour remplacer le camphre.

D'autres espèces d'*Ocimum* sont employées dans les pays étrangers ; au Japon, d'après Thunberg, on fait usage de l'infusion de l'*O. crispum* contre le rhumatisme ; l'*O. Guineense* Sch. est utilisé par les nègres contre les fièvres bilieuses ; Ainslie ajoute que les médecins indous se servent de l'*O. hirsutum* Roth. contre la diarrhée des enfants pendant la dentition ; et d'après Martins l'*O. incanescens* Mart., qui est très-aromatique, est prescrit au Brésil comme sudorifique et diurétique sous le nom de *remedio di caqueira*. On y emploie également l'*O. gratissimum* L. (*O. Zeilanicum* Burm), et Ainslie attribue des propriétés diurétiques à l'*O. manosum*.

D'après Molina il existe au Chili un basilic fort remarquable qu'il appelle *O. salinum*, à cause d'une gouttelette d'eau salée qu'on trouve chaque matin à l'extrémité de chaque feuille quoique la plante ne vienne pas dans un terrain salé. On emploie cette eau en guise de sel commun.

Ainslie cite encore l'*O. pilosum*, qui, d'après le docteur Flemming, serait employé par les femmes indiennes pour calmer les douleurs de l'accouchement, et l'*O. sanctum*, dont le suc est usité dans le même pays contre les affections catarrhales.

Le basilic est tout simplement une plante très-aromatique qui jouit des propriétés stimulantes des menthes et autres labiées très-aromatiques.

BAUMIER

Amyris opobalsamum L.
(Burséracées-Amyridées.)

Le Baumier ou Balsamier de la Mecque est un petit arbre dont la tige, haute de 2 à 3 mètres, se divise en rameaux tortueux, portant des feuilles alternes, pétiolées, ternées, rarement quinquélobées. Les fleurs, disposées en panicules axillaires et terminales, ont un calice à quatre dents persistantes, une corolle à quatre pétales étalés, huit étamines, un style épais et un stigmate en tête. Le fruit est une drupe sèche, arrondie, contenant un noyau globuleux, luisant, monosperme.

Nous citerons encore les baumiers élémifère (*A. elemifera* L.), de la Jamaïque (*A. balsamifera* L.), de Gilead (*A. Gileadensis* L.), etc.

Habitat. — Le baumier de la Mecque croît en Égypte, en Syrie, dans l'Arabie Heureuse, etc. Le baumier élémifère se trouve au Brésil. Ces arbres ne sont cultivés que dans les serres chaudes des grands jardins botaniques, où ils sont assez rares et difficiles à élever.

Parties usitées. — Le suc du baumier ou *Opobalsamum*, le bois ou *Xylobalsamum*, les fruits ou *Carpobalsamum*.

Récolte. — L'*Amyris opobalsamum* L. ne serait, d'après Willdenow, qu'une variété de l'*A. Gileadensis* L. (*Balsamodendron Gileadense* Kunth). Cette plante croît à Gilead en Judée. On croit qu'elle y a été apportée d'Éthiopie. Le suc résineux qu'elle fournit était appelé *balsamum* par les Latins, comme étant la seule substance qui méritât ce nom par son odeur et ses propriétés. Lorsque après la découverte de l'Amérique on connut un grand nombre de baumes, on ajouta une désignation au baume de l'ancien monde, et alors on lui donna les noms de *baume de Judée*, *baume de la Mecque*, *baume de Gilead*, *baume du Caire*, etc.; mais aujourd'hui qu'on est convenu de n'appliquer le nom de baume qu'aux résines qui contiennent de l'acide benzoïque ou de l'acide cinnamique, il serait plus exact de donner à ce liquide résineux le nom d'*oléo-résine* ou de *térébenthine de Judée* ou *de la Mecque*, etc. Quoi qu'il en soit, ce produit est célèbre dans tout l'Orient, où on lui donne les noms des lieux où on le retire. Les Arabes l'appellent *Balassan*.

Le suc du baumier découle spontanément pendant les fortes chaleurs de l'été sous forme de gouttelettes résineuses; on aide sa sortie par des incisions. Abd-Allatif, médecin de Damas au douzième siècle, rapporte que le baumier a deux écorces, l'extérieure est rouge et mince, l'intérieure est verte et épaisse; cette dernière, mâchée, laisse une saveur onctueuse et une odeur aromatique. Après avoir arraché les feuilles de l'arbre, on fait des incisions à l'écorce, en ayant soin de ne pas attaquer le bois. Le suc est ramassé avec le doigt, et on l'essuie sur les bords d'une corne, que l'on vide plus tard dans des bouteilles en verre. Plus l'air est humide, plus la récolte est abondante. On enfouit ensuite les bouteilles en terre jusqu'aux fortes chaleurs; alors on les déterre et on les expose au soleil; chaque jour on en sépare l'huile qui surnage; lorsqu'elle est toute séparée, on la fait cuire dans le plus grand secret; puis on la transporte dans les magasins du souverain, où elle est gardée avec soin. La quantité d'huile obtenue égale à peu près le dixième du total du suc.

M. Guibourt fait remarquer avec juste raison qu'il est probable que la coction ne s'applique pas à l'huile, qui ne pourrait qu'en être altérée, mais bien au résidu aqueux. Cependant, dans sa *Matière médicale*, Geoffroy cite Augustin Lippi, qui prétend que le baume s'obtient en faisant bouillir avec de l'eau les feuilles et le bois du baumier; on sépare l'huile qui monte à la surface, par décantation. Il est probable que le produit ainsi obtenu est de qualité inférieure.

Le *bois de baumier*, ou *Xylobalsamum*, se présente sous forme de petits fragments de la grosseur d'une petite plume, marqués de tubercules ligneux. On en trouve plusieurs variétés dans le commerce, mais toujours sous forme de petites bûchettes ; il perd très-rapidement son odeur, fait déjà signalé par Prosper Alpin dans son *Dialogue du baume*.

Le *Carpobalsamum*, ou fruit du baumier de la Mecque, est de la grosseur d'un petit pois, pointu aux deux bouts, portant quatre angles plus ou moins saillants ; il est gris-rougeâtre, sa saveur est peu aromatique ; l'amande qu'il contient est d'un goût agréable et aromatique. Il ressemble un peu au cubèbe, qui est un peu plus petit et plus arrondi. Le *Carpobalsamum* entre dans la thériaque.

COMPOSITION CHIMIQUE. — Vauquelin a analysé le baume de la Mecque ; il l'a trouvé formé de résine soluble dans l'alcool, et d'une matière que M. Bonastre compare à la bassorine.

USAGES. — La Bible signale le baumier comme un aromate exquis ; il a été figuré par Bruce et décrit par lui, ainsi que par Théophraste, Galien et Dioscoride, qui en font le plus grand éloge. D'après Prosper Alpin et Belon, les Turcs le cultivent avec vénération à Matarie près du Caire, dans des jardins gardés par des janissaires.

Le baume de la Mecque pur présente la consistance et l'aspect du sirop d'orgeat ; il est un peu fauve ; son odeur est forte, aromatique, devenant bientôt suave ; sa saveur est très-aromatique, mais elle finit par devenir âcre à la gorge. Versé sur l'eau, il s'y étend en une couche mince, nébuleuse, que l'on peut enlever. Le baume ne se solidifie pas par la magnésie.

Le baume de la Mecque est très-estimé des sultanes comme cosmétique. On l'a employé comme aromate et contre les maladies des voies urinaires ; aujourd'hui il n'est plus employé même en parfumerie, en raison de sa rareté.

BELLADONE

Atropa belladona L.
(Solanées.)

La Belladone est une plante vivace, à racine épaisse, charnue, fibreuse ; à tige haute de 1ᵐ à 1ᵐ,50, cylindrique, velue, rameuse, portant des feuilles alternes, quelquefois géminées, grandes, courtement pétiolées, molles, ovales, aiguës, presque entières, velues. Les fleurs, d'un rouge brunâtre ou ferrugineux, sont solitaires à l'extrémité de pédoncules axillaires, courts, pubescents, pendants. Elles présentent un calice campanulé, à cinq divisions ovales, aiguës, pubescentes ; une corolle campanulée, tubuleuse à la base, à limbe divisé en cinq lobes obtus ; cinq étamines incluses, à filets subulés, à anthères arrondies ; un pistil à ovaire ovoïde, allongé, à deux loges multiovulées, inséré sur un disque jaunâtre, et surmonté d'un style grêle, cylindrique, terminé par un stigmate en tête. Le fruit est une baie arrondie, de la grosseur d'une cerise, presque noire à la maturité, à deux loges contenant de nombreuses graines réniformes (Pl. 22).

Habitat. — Cette plante est commune dans presque toute l'Europe, le long des murs, sur les décombres, dans les bois, au bord des chemins, etc. On ne la cultive que dans les jardins botaniques, où on la propage par graines ou par racines.

Parties usitées. — Les racines, les feuilles, les fruits, les semences.

Récolte. — Les racines sont récoltées en septembre, les feuilles en juin, les baies à leur maturité en août ; toutes ces parties sont desséchées à l'étuve.

Les racines sont quelquefois coupées en rouelles ; d'autres fois elles sont entières, grises à l'extérieur, blanches à l'intérieur, très-fibreuses. On doit préférer celles qui sont cueillies à la fin de la seconde année et provenant de la plante croissant spontanément. Elles sont plus actives que les feuilles.

Les fruits servaient à préparer autrefois un extrait que l'on désignait sous le nom de *Rob*.

Composition chimique. — Les premiers essais analytiques sont dus à Vauquelin. Plus tard, Brandes, Panguy, Runge, Tilloy, etc., annoncèrent avoir retiré un alcali organique de la belladone. Brandes le nomma *Atropine* ; Geiger et Hesse d'un côté et Mein de l'autre ont confirmé la découverte de Brandes. D'après ce dernier chimiste, la belladone contient 1 1/2 pour 100 de malate d'atropine ; il y a trouvé, en outre, deux matières extractives azotées, le *Phyteumacol* et le *Pseudotoxin*. Mein dit avoir retiré 1 gramme d'atropine de 360 grammes de racine.

L'atropine est blanche, cristallisable, soluble dans l'alccool absolu et dans l'éther, soluble dans 500 parties d'eau froide et moins d'eau bouillante, fusible, un peu volatile ; elle précipite en jaune le chlorure d'or et en isabelle celui de platine. Ses sels sont solubles et cristallisables. On emploie aujourd'hui le sulfate et le valérianate.

Usages. — La belladone est un des médicaments les plus importants de la matière médicale. Elle est placée dans la classe des narcotiques ou stupéfiants; elle dilate fortement la pupille, détermine la rougeur et la chaleur à la face, une sécheresse et une ardeur violentes de la gorge.

Les feuilles de belladone entrent dans la composition du baume tranquille et de l'onguent populéum. On les emploie, ainsi que la racine, en poudre, à la dose de $0^{gm},001$ à $0^{gm},01$; on prépare avec les feuilles une teinture et quatre extraits que nous nommons par rang d'activité : 1° extrait alcoolique ; 2° extrait par l'eau avec les feuilles sèches ; 3° l'extrait non dépuré ou avec fécule ; 4° l'extrait dépuré ou sans fécule.

Les maladies dans lesquelles la belladone est employée sont tellement nombreuses, que nous devons nous borner à les indiquer sommairement. A dose élevée, c'est un poison narcotico-âcre très-violent; elle détermine des hallucinations et la mort. On combat cet empoisonnement par les excitants, surtout le café, et par le tannin, pour transformer l'atropine en tannate insoluble. Contre les fissures à l'anus, les coliques utérines, on introduit dans le rectum un suppositoire contenant 0,05 à 0,10 d'extrait de belladone. On a obtenu de bons effets de ces préparations contre la goutte et le rhumatisme; mais c'est surtout dans les névroses que ce médicament produit des merveilles, dans l'épilepsie, les convulsions, le tétanos, l'hystérie, la chorée, le tremblement nerveux, le delirium tremens, etc. On l'a même vanté contre la rage, et employé quelquefois avec succès dans certaines formes de la folie et dans quelques paralysies; mais elle produit d'excellents effets dans le hoquet, la gastralgie, l'entéralgie, l'ileus, dans les vomissements nerveux, et surtout contre les vomissements incoërcibles des femmes enceintes. C'est un remède vraiment héroïque. On fait des frictions avec des pommades belladonées, ou mieux on en porte sur le col de l'utérus (Cazaux), ou on barbouille le ventre avec un mélange de parties égales d'eau et d'extrait alcoolique de belladone (Brétonneau). Dans tous les autres cas, on fait prendre des paquets renfermant chacun $0^{gm},50$ de sucre et $0^{gm},01$ de poudre de feuilles ou de racine de belladone. On administre un de ces paquets toutes les deux heures; ils déterminent un léger effet purgatif, et agissent parfaitement contre les coliques hépatiques et néphrétiques, les coliques de plomb, les palpitations, la coqueluche, l'asthme (dans ce dernier cas on fait aussi infuser les feuilles), la toux nerveuse, l'angine de poitrine, l'aphonie, les spasmes de la glotte ou du pharynx, etc.

Les constrictions spasmodiques, telles que la constipation, les hernies étranglées, les constrictions urétrale, anale et utérine, réclament impérieusement l'emploi de la belladone.

Dix à douze gouttes par jour de teinture de belladone dans un verre d'eau sucrée constituent un prophylactique des mieux éprouvés de la scarlatine. L'oculistique en tire le plus grand parti et la chirurgie en fait un fréquent usage. Dans les névralgies, les tics douloureux, on injecte sous la peau 1 ou 2 milligrammes de sulfate d'atropine.

L'opium et la belladone détruisent mutuellement leurs effets.

La médecine homœopathique fait grand usage de la belladone ; elle repousse les racines. Son signe est *Abd* ; son abréviation Bell : On prépare la teinture mère d'après le procédé n° 1, et on fait la première dilution avec un mélange d'alcool et d'eau ; les autres avec de l'alcool pur.

BENJOIN

Styrax benzoe Dryand.
(Styracées.)

Le Benjoin est un arbre à tige élevée, couverte d'une écorce blanchâtre, ainsi que les rameaux, qui sont arrondis. Les feuilles sont alternes, pétiolées, entières, pointues, veinées, striées, lisses en dessus, tomenteuses en dessous. Les fleurs, disposées en grappes axillaires, présentent un calice court, campanulé, un peu urcéolé, à cinq dents, velu, persistant ; une corolle tubuleuse à la base, à limbe partagé en trois divisions profondes, linéaires, obtuses ; six à seize étamines, insérées sur le tube de la corolle et à filets un peu soudés à la base ; un ovaire supère, presque libre, ovoïde, velu, à quatre loges biovulées, surmonté d'un style grèle terminé par un stigmate quadrifide. Le fruit est globuleux, sec, ordinairement uniloculaire, présentant à l'intérieur les vestiges des cloisons avortées, et contenant une à quatre graines.

Habitat. — Le styrax croît aux îles de Sumatra, de Java et dans quelques régions voisines. Il habite surtout les bords des rivières, dans les plaines.

PARTIES USITÉES. — La résine, ou baume connu sous le nom de *Benjoin*.

RÉCOLTE. — On fait des incisions à l'arbre; il en découle un suc blanc qui se solidifie et devient rougeâtre à l'air. Chaque arbre peut en fournir trois livres, et la récolte peut être continuée pendant dix ou douze années.

COMPOSITION CHIMIQUE. — Le benjoin est un véritable *baume*, et contient en effet de l'acide benzoïque. Il est bien démontré aujourd'hui que le prétendu acide benzoïque, que l'on a signalé dans la *fève Tonka*, le *mélilot*, l'*Anthoxanthum odoratum* L., l'*Holcus odoratus*, etc., n'est que de la *coumarine*, et que l'acide de la cannelle est de l'acide cinnamique et non de l'*acide benzoïque*.

Nous avons dit ailleurs comment l'acide benzoïque dérivait de l'essence d'amandes amères par oxydation lente ou rapide; nous avons dit aussi qu'elle se formait par l'action des alcalis. En effet :

$$C^{14}H^6O^2 + O^2 = C^{14}H^5O^3HO \left\{ C^{14}H^6O^2 + KO.HO = KO,C^{14}H^5O^3 + H^2 \right.$$

essence   acide   essence   benzoate
d'amandes amères.   benzoïque.   d'amandes amères.   de potasse.

L'acide benzoïque peut donc être obtenu par l'éssence d'amandes amères ou par le chlorure de benzoïle, que l'on traite par la potasse. On peut l'extraire du benjoin; et enfin on l'obtient de l'acide *hippurique*, si abondant dans l'urine des herbivores. Cet acide, sous l'influence des acides, se transforme en sucre de gélatine ou glycocolle et en acide benzoïque :

$$C^{18}H^9AzO^6 + 2HO = C^{14}H^5O^3HO + C^4H^5AzO^4$$

acide hippurique.   acide benzoïque.   glycocolle.

L'acide benzoïque, employé en médecine, est toujours empyreumatique; on l'extrait du benjoin en pulvérisant ce baume et en le chauffant doucement dans une terrine en terre, sur laquelle on a collé du papier joseph, et que l'on surmonte d'un chapeau en carton; l'acide benzoïque se volatilise et vient se déposer en beaux cristaux nacrés sur les parois du dôme.

Par un autre procédé, on fait bouillir le benjoin pulvérisé avec un lait de chaux; on filtre pour séparer le benzoate de chaux soluble, que l'on précipite par l'acide chlorhydrique. L'acide benzoïque brut ainsi obtenu est purifié par sublimation ou par cristallisations répétées.

L'acide benzoïque pur est blanc, cristallisé en aiguilles hexagonales, inodore lorsqu'il est pur. Celui qui est retiré du benjoin conserve une odeur balsamique; il rougit le tournesol, fond à 120°, se sublime à 145° et bout à 239°; sa vapeur a une densité qui est égale à 4,26, correspondant à 4 volumes de vapeur ou un équivalent; il est soluble dans 200 parties d'eau froide et 25 d'eau bouillante; il est soluble dans l'éther et l'alcool; sa saveur est brûlante, elle rappelle celle des huiles essentielles.

Usages. — Le benzoate d'ammoniaque précipite les sels de sesquioxyde de fer et non ceux de manganèse; on l'emploie pour les séparer.

L'acide benzoïque et les benzoates alcalins, surtout le benzoate d'ammoniaque, ont été préconisés comme antispasmodiques. On les a employés avec quelque succès comme dialytiques et diurétiques: la dose est de 50 centigrammes à 1 gramme dans une potion.

Le benjoin, comme tous les autres baumes, a été employé avec avantage contre les catarrhes des muqueuses bronchique et vésicale à la dose de 1 à 2 grammes; mais c'est surtout en fumigations contre l'aphonie et les phlegmasies du larynx, qu'on en a fait usage à la dose de 8 à 12 grammes en poudre, que l'on projette sur des charbons ardents ou sur une plaque chaude: on fait respirer les vapeurs. La teinture mêlée à l'eau constitue le *lait virginal*, souvent employé comme cosmétique et en injections dans les otorrhées purulentes.

Le benjoin à l'extérieur est considéré comme détersif et cicatrisant; il entre dans la composition du *baume du commandeur*, des *clous fumants*, etc. L'acide benzoïque empyreumatique fait partie des *pilules balsamiques de Morton*.

Le benjoin, tour à tour attribué au *Laurus benzoïn*, au *Terminalia benzoïn*, etc., est produit par le *Styrax benzoe* ou *benjoin*. On connaît le *benjoin de Siam*, qui est en larmes détachées ou agglutinées; les larmes, grandes, plates et anguleuses, présentent une odeur prononcée de vanille. Le benjoin de Sumatra se divise en *benjoin amygdaloïde* et en *benjoin commun*. La première espèce est formée de larmes en forme d'amandes empâtées dans une masse rougeâtre; le benjoin commun est privé ou à peu près de larmes; il contient des débris d'écorce. Le benjoin à odeur de vanille a porté autrefois le nom de *benjoin de Boninas*. On le croyait formé de benjoin et de styrax liquide.

BENOITE

Geum urbanum L.
(Rosacées-Dryadées.)

La Benoîte officinale, appelée aussi Caryophyllata, Galiote, Gariot, Herbe de saint Benoît, Récise, etc., est une plante vivace, à racine traçante, fibreuse, brunâtre; à tiges dressées, grêles, hautes de 0ᵐ,35 à 0ᵐ,65, presque simples, velues. Les feuilles radicales sont longuement pétiolées, velues, imparipennées, ordinairement à neuf folioles, dont la terminale, beaucoup plus grande, est profondément divisée en trois lobes arrondis, dentés, amincis en coin à la base; celles de la tige, presque sessiles, sont composées de trois folioles inégales et accompagnées de deux stipules foliacées, ovales, aiguës, un peu cordiformes. Les fleurs, jaunes, rosacées, solitaires, terminales, présentent un calice à cinq divisions lancéolées alternant avec autant de petites languettes foliacées, très-étroites; une corolle à cinq pétales elliptiques, obtus, rétrécis à la base; trente étamines environ, plus courtes que la corolle; de nombreux pistils, hérissés de poils, et formant un capitule serré, porté sur un réceptacle arrondi. Le fruit est constitué par une réunion d'akènes, surmontés chacun d'une longue pointe terminée en crochet à sa partie supérieure.

La bénoîte des ruisseaux (*G. rivale* L.) est aussi vivace; elle se distingue de la précédente par son calice rougeâtre, très-velu, à divisions dressées après la floraison; sa corolle à pétales jaune rougeâtre, longuement onguiculés; ses carpelles formant un capitule longuement stipité au-dessus du fond du calice.

Habitat. — Ces deux plantes, et quelques autres du même genre, sont répandues dans presque toute l'Europe; elles habitent surtout les lieux humides et ombragés, les haies et les buissons, la lisière des bois, les bords des ruisseaux, etc.

Culture. — La bénoîte demande une bonne terre et une exposition fraîche. Elle se propage facilement par ses graines, semées à l'ombre, ou par la division de ses pieds, au printemps ou à l'automne.

Parties usitées. — La racine.

Récolte. — Lorsqu'on veut l'employer fraîche, il faut la récolter en juin, juillet ou août ; on préfère celle qui vient sur les montagnes, dans les terrains secs et sablonneux ; la nature du sol, l'exposition, la saison et le moment de la récolte influent sur ses propriétés ; pour la conserver, on préfère la recueillir à l'automne ; on la fait sécher à l'ombre à une douce chaleur.

Dans le commerce cette racine est longue, de la grosseur d'une forte plume tronquée près du collet ; elle porte un grand nombre de radicelles d'un brun rougeâtre ; son odeur de girofle, que l'on perçoit surtout lorsqu'on la froisse, la caractérise ; sa saveur est astringente.

Composition chimique. — La racine de benoite a été analysée par Muehlenstedt, pharmacien danois, par Mélandri, Moretti, Bouillon-Lagrange, Chome–Mars et Tromsdorff ; d'après ce dernier chimiste, elle contient : tannin 41, résine 4, huile volatile 0,039, adragan-thine 9,2, matière gommeuse 15,8, ligneux 30. Les principes actifs paraissent être accumulés dans l'écorce de la racine.

Usages. — C'est surtout pour combattre la cachexie paludéenne que la racine de benoite a été vantée ; employée par Hulse contre les fièvres intermittentes, par Leclerc dans les mêmes cas en 1683, elle a été conseillée par Chomel en infusion vineuse, au commencement de l'accès, dans le but de provoquer la sueur et de combattre l'algidité.

C'est à Bucham, médecin danois, que l'on doit la connaissance des propriétés antipériodiques de cette racine ; Weber et Kock ont cité un nombre considérable de guérisons, et Gilibert, qui a eu l'occasion d'en faire usage en Lithuanie et plus tard à Lyon, assure en avoir obtenu d'aussi bons effets que du quinquina. Tous ces faits paraissent confirmés par l'expérimentation qui en a été faite à l'armée du Rhin par le docteur Grosjean, en l'an IV et en l'an V ; par ceux qui ont été cités par Franck, Leroy, Roques, Laurentz, Stoll, Bouteille, Bucham, etc. M. Nacquart la considérait comme un des meilleurs suc-cédanés du quinquina ; mais, d'un autre côté, Lund, cité par Murray, Haller, Brandelius, Christophorson, Barseth, Acrel, Dalberg, ont in-firmé tout ce qu'on avait dit des propriétés merveilleuses de la racine de benoite, et il faut bien qu'il en soit ainsi, puisqu'elle est tombée aujourd'hui dans le discrédit le plus complet ; toutefois, nos paysans l'emploient encore quelquefois, et on peut lui substituer les racines de la benoite aquatique (*G. rivale* L.) et celle de la benoite des montagnes (*G. montanum* L.)

La racine de benoite est simplement astringente et tonique.

Broussais, qui l'a expérimentée, n'en a retiré que des avantages très-faibles.

BERCE

Heracleum sphondylium L.
(Ombellifères–Peucédanées.)

La Berce ou Branc-Ursine est une plante bisannuelle ou vivace, à racine pivotante, un peu rameuse, blanche, sécrétant un suc jaunâtre. Sa tige, dressée, haute d'un à deux mètres, grosse, cylindrique, fistuleuse, striée, ordinairement velue, porte des feuilles alternes, très-grandes, à pétiole canaliculé, élargi et embrassant à la base, hérissé de longs poils blancs, ainsi que le limbe, qui est ailé, à segments lobés, crénelés et ondulés sur les bords, d'un vert foncé en dessus, plus pâle en dessous. Les fleurs, blanches, rarement un peu rougeâtres, sont groupées en larges ombelles, planes, terminales, à involucre nul ou formé seulement d'une ou deux bractées, à involucelles composés de folioles nombreuses. Elles présentent un calice entier, velu; une corolle à cinq pétales échancrés, dont les extérieurs sont plus grands et bifides dans les fleurs de la circonférence; cinq étamines et deux styles très-courts. Le fruit est formé de deux akènes ovales, comprimés et striés.

On remarque encore dans ce genre les berces des Alpes (*H. Alpinum* L.), à feuilles amples (*H. amplifolium* L.), de Sibérie (*H. Sibiricum* L.), etc. La berce gommifère (*H. gummiferum* L.) est aujourd'hui rangée dans le genre *Dorême* (voyez ce mot).

Habitat. — La berce ou branc-ursine est abondamment répandue dans toute l'Europe; elle habite les localités fraîches, les prés, les bois, les haies, les bords des ruisseaux, etc. La station des berces des Alpes et de Sibérie est indiquée par leur nom.

Culture. — La berce n'est cultivée que dans les jardins botaniques. On sème les graines en pépinière, en pots, depuis avril jusqu'en juillet, ou bien en place, aussitôt après la maturité. On la propage aussi par éclats des pieds.

Parties usitées. — Les racines, les feuilles, les fruits (improprement semences).

Récolte. — Cette plante est tout à fait inusitée aujourd'hui; elle est très-commune et n'est intéressante qu'au point de vue historique. On récolte les fruits à leur maturité, les racines vers la fin de la seconde année, et les feuilles avant la floraison; on les fait sécher à l'étuve.

COMPOSITION CHIMIQUE. — Le suc qui s'écoule de cette plante est rubéfiant, âcre et même vésicant; l'intérieur est douceâtre et sucré, aussi les Kamtchadales la mangent-ils; en Sibérie on racle les tiges; elles se recouvrent d'un suc sucré; on les fait sécher au soleil, c'est un mets estimé; ces tiges macérées avec de l'eau fermentent, et on obtient ainsi une boisson recherchée dont on retire par distillation un alcool plus fort que celui de grain; les Russes en font un grand usage; en Lithuanie, en Pologne et au Kamtchatka on boit la décoction fermentée; en Suisse on fait manger toute la plante au bétail; cultivée, elle donne une racine ressemblant au panais; les semences ont une saveur âcre et une odeur aromatique; elles renferment une huile essentielle.

USAGES. — Encore une plante qui encombre inutilement, à notre avis, les ouvrages de matière médicale; les feuilles ont été considérées comme émollientes en cataplasmes; le nom de *blanc-ursine* d'Allemagne ou fausse *blanc-ursine* lui a été donné, dit-on, parce que ses feuilles ressemblent à la patte d'un ours; les médecins homœopathes la prescrivent sous le nom de *branca-ursina*, avec l'abréviation Branc : urs : et le symbole *Abc* : avec la racine on en prépare une teinture mère; en récoltant cette racine avant la floraison de la plante, on en fait des dilutions par les procédés ordinaires.

On a prétendu que les feuilles de berce étaient un des meilleurs remèdes à opposer à la plique polonaise; d'autres, au contraire, soutiennent qu'elle la produit; s'il en était ainsi, ce serait un médicament homœopathique par excellence; dans les campagnes nous avons vu employer contre la gale la tige de berce pilée avec du gros sel de cuisine et du vinaigre; on fait des frictions le soir en se couchant; le suc âcre de la plante est tellement actif, que Steller dit que les personnes qui la raclent à l'aide d'une coquille pour préparer le mets dont nous avons parlé plus haut, ont souvent les parties dénudées du corps couvertes de phlyctènes; ce suc joint au vinaigre et au sel peut certainement tuer les acarus.

En Sibérie, on mange surtout les *H. Sibiricum* L., et *H. panaces* L. L'*H. lanatum* Mich. a été recommandé par le docteur Orne, de l'État de Massachusetts, contre l'épilepsie; on l'emploie encore contre la dyspepsie venteuse, c'est alors des fruits qu'on fait usage.

BERLE

Sium angustifolium L. *S. incisum* Pers.
(Ombellifères – Amminées.)

La Berle à feuilles étroites, vulgairement appelée Ache d'eau, est une plante vivace, à racine traçante, noueuse, blanchâtre, un peu fibreuse ; à tige droite, ronde, haute de 0ᵐ,50 à 0ᵐ,65, rameuse, portant des feuilles alternes, ailées, à folioles ovales, oblongues, pointues, dentées, allant en diminuant de grandeur de la base au sommet de la plante. Les fleurs, blanches, forment des ombelles de huit à douze rayons, portées sur des pédoncules axillaires, entourées d'un involucre de cinq ou six folioles inégales, aiguës, incisées, dentées, et munies d'involucelles planes, formés aussi de plusieurs folioles aiguës. Elles présentent un calice entier ; une corolle à cinq pétales cordiformes, réfléchis en dedans ; cinq étamines à anthères globuleuses, et deux styles courts. Le fruit est composé de deux akènes ovales, striés.

La berle à larges feuilles (*S. latifolium* L.) se distingue de la précédente par sa taille plus élevée, ses feuilles plus larges, à segments lancéolés et finement dentés, ses styles élargis en une base conique. Elle est aussi vivace.

On confond quelquefois avec ces plantes, sous le nom commun de *Berle*, plusieurs espèces d'*Helosciadum*, genre très-voisin, notamment les *H. nodiflorum, repens, inundatum*, etc.

HABITAT. — Ces plantes sont répandues dans les régions tempérées de l'Europe. Elles se trouvent surtout dans les lieux inondés, les prés marécageux, au bord des étangs, des ruisseaux, etc.

CULTURE. — Les berles ne sont cultivées que dans les jardins botaniques. Elles exigent une terre humide et de fréquents arrosements. On sème les graines en pépinière, en planches, en juin et juillet, pour repiquer en place. On propage aussi très-facilement ces plantes par rejetons et par éclats des pieds.

PARTIES USITÉES. — Les tiges, les feuilles, les racines.

RÉCOLTE. — Les racines doivent être recueillies à la fin de la seconde année ; on les coupe par tranches, et on les fait sécher à une douce température ; elles jouissent des mêmes propriétés que celles de l'ache, mais elles sont moins actives ; d'ailleurs nous savons déjà que ce que l'on vend dans le commerce sous le nom de racine d'ache n'est autre chose que la racine de livèche (*Ligusticum Levisticum*).

Les feuilles et les tiges ne sont employées que fraîches.

Composition chimique. — L'analyse de la berle n'a pas été faite; mais il est très-probable que, comme le céleri, elle contient de la mannite et une huile essentielle.

Usages. — Autrefois le suc et la décoction des feuilles étaient employés comme antiscorbutiques, fébrifuges, apéritifs, emménagogues, etc. On les a fait manger en salade dans les cas de *scorbut* et de *cachexie paludéenne*; c'est surtout à l'état frais qu'elle agit bien; elle paraît exercer une action diurétique et stimulante, et produire de bons effets dans les engorgements *abdominaux atoniques*; on associe alors son suc avec ceux de persil, de fumeterre, de cerfeuil, de chicorée, de cresson, de beccabunga (Cazin). En Angleterre on a employé ses feuilles contre des dermatoses.

Le *S. angustifolium* L. possède une saveur amère, âcre, une odeur bitumineuse; on la dit excitante et diurétique.

Le *S. Graecum* L. D'après Loureiro, ses semences sont employées en Cochinchine comme carminatives et diurétiques; on mange les feuilles.

Le célèbre Gin-sing des Chinois a été attribué à un *Sium*; mais on sait aujourd'hui que c'est un *Panax* (Voyez Gin-seng).

Le *S. nodiflorum* est commun en Angleterre; il y est considéré comme dangereux; cependant c'est lui surtout qu'on y a employé contre les maladies de la peau; on administre le suc à la dose de 2 à 3 cuillerées à soupe, soit pur, soit coupé avec du lait.

Le *S. Sisarum* ou chervis ou l'*Elaphoboscum* des Grecs est une plante-potagère estimée; Galien, Dioscoride et Césalpin le regardaient comme diurétique.

<h1 style="text-align:center">BÉTOINE</h1>

Betonica officinalis L.

(Labiées–Stachydées.)

La Bétoine officinale est une plante vivace, à racine noueuse, de la grosseur du petit doigt, brunâtre, très-fibreuse, à tige haute de 0^m,35 à 0^m,65, herbacée, dressée, simple, tétragone, noueuse, velue, portant des feuilles opposées, ovales, allongées, presque cordiformes, crénelées, velues, larges et longuement pétiolées à la base de la plante, plus étroites et presque sessiles vers le sommet. Les fleurs, pourprées, plus rarement blanches, sont groupées en petits verticilles axillaires munis de bractées et constituant par leur réunion un long épi interrompu, terminal. Elles présentent un calice campanulé, glabre en dehors, velu en dedans, à cinq dents acérées, presque égales ; une corolle pubescente, à tube allongé, cylindrique, arqué, dépassant le calice, à limbe divisé en deux lèvres, la supérieure entière, l'inférieure trilobée ; quatre étamines incluses, à filets couverts de poils glanduleux, à anthères noirâtres ; un ovaire glabre, surmonté d'un style simple, terminé par un stigmate bifide. Le fruit se compose de quatre akènes bruns et ovoïdes.

HABITAT. — La bétoine officinale se trouve dans toutes les régions tempérées et chaudes de l'Europe. Elle est surtout très-commune dans les clairières et sur la lisière des bois, dans les lieux incultes, les friches, les pâturages, etc.

CULTURE. — Cette plante n'est guère cultivée que dans les jardins botaniques. Elle demande une exposition ombragée et vient dans tous les sols, mais mieux dans une bonne terre fraîche. On la propage très-facilement par le semis de ses graines, fait en place, au printemps ou à l'automne. On peut ensuite la multiplier abondamment par la division des pieds, opérée aux mêmes époques.

PARTIES USITÉES. — Les racines, les feuilles et les fleurs.

RÉCOLTE. — La bétoine est plus active au moment de l'ouverture des fleurs ; on la coupe, on en fait des paquets que l'on dispose en guirlandes et que l'on fait sécher à l'ombre ; on prétend que les personnes qui la récoltent éprouvent des vertiges, ce qui semblerait indiquer qu'elle renferme à l'état frais un principe volatil narcotico-âcre.

COMPOSITION CHIMIQUE. — L'analyse de la bétoine n'a pas été faite ; on sait seulement que les racines ont une saveur amère et nauséeuse ; les feuilles sont en outre âpres et salées, les fleurs sont peu odorantes ; lorsqu'on les mâche, elles produisent une grande sécheresse à la gorge.

USAGES. — Nous sommes loin de l'époque où Antonius Musa, médecin d'Auguste, écrivit un traité sur la plante qui nous occupe. On la préconisait alors contre 48 maladies ; Dioscoride et Galien en font le plus grand éloge ; Lucius Apulée la regardait comme un remède infaillible contre 45 maladies, parmi lesquelles il citait les plus incurables et les plus disparates, telles que la phthisie, la paralysie, la rage, etc. Les Espagnols et surtout les Italiens ont à ce sujet adopté avec enthousiasme les idées des anciens; Cullen, au contraire, la regarde comme indigne de figurer dans la matière médicale; Murray est plus réservé, et il hésite à adopter les observations de Scapoli sur ses propriétés bienfaisantes; les effets purgatifs et vomitifs qu'on lui a attribués sont révoqués en doute par Gilibert et par Bodart; ils la recommandent comme sternutatoire, et c'est aujourd'hui à peu près le seul usage qu'on en fasse.

Le Codex de 1732 renfermait 18 formules officinales ayant la bétoine pour base, telles que *sirop, conserve, emplâtre*, etc. Elle entre encore aujourd'hui dans les eaux vulnéraires, thériacales, le sirop d'armoise composé, etc.

La grande bétoine, *B. grandiflora*, nous vient de l'Orient; ses fleurs sont deux fois plus grandes que celles de l'espèce précédente. La bétoine du Levant, *B. Orientale*, la bétoine laineuse, *B. Heraclea*, et la velue, *B. hirsuta*, sont communes sur les Alpes et les Pyrénées.

Haller dit que la bétoine a une odeur de *Lamium* : on peut se demander si la bétoine que nous connaissons est bien celle qu'employaient les anciens et à laquelle ils attribuaient des propriétés si merveilleuses, à ce point que beaucoup d'auteurs la préféraient au quinquina pour le traitement des fièvres intermittentes.

BETTE

Beta vulgaris L.
(Atriplicées-Cyclolobées.)

La Bette ou Poirée est une plante bisannuelle, à racine pivotante, blanc-jaunâtre, presque simple, un peu fibreuse; à tige haute de 1^m,30 à 2 mètres, anguleuse, dressée, simple à la base, très-rameuse au sommet. Les feuilles radicales ont un pétiole large, canaliculé, charnu, blanchâtre, un limbe très-large, entier, cordiforme, mou, glabre, d'un vert pâle; celles de la tige sont alternes, sessiles, allongées, aiguës, presque lancéolées. Les fleurs, sessiles, petites, verdâtres, souvent soudées deux à deux par la base, sont groupées en longs épis grêles, dont la réunion constitue une grande panicule terminale; elles sont accompagnées de bractées foliacées, et présentent un calice profondément divisé en cinq lobes égaux, obtus, persistants; cinq étamines incluses, opposées aux divisions du calice et insérées sur un disque charnu ; un ovaire aplati, uniloculaire et uniovulé, surmonté de deux stigmates simples, courts et blanchâtres. Le fruit est un akène triangulaire, irrégulier, aplati, entouré par le calice.

Cette plante a produit par la culture deux variétés principales, cultivées, l'une pour ses feuilles alimentaires (bette ou poirée à cardes), l'autre pour sa racine charnue, alimentaire aussi et saccharifère (betterave).

HABITAT. — La bette croît à l'état spontané dans le midi et dans l'ouest de l'Europe ; introduite depuis longtemps dans la grande et la petite culture, elle est aujourd'hui répandue dans les champs et dans les jardins maraîchers.

CULTURE. — La bette n'est pas cultivée pour l'usage médical exclusivement ; mais elle est très-répandue dans les champs et les jardins potagers.

PARTIES USITÉES. — Les feuilles, les pétioles, les racines.

RÉCOLTE. — Les feuilles ne sont employées que fraîches ; il en est de même des pétioles, qui sont bouillis à l'eau, et que l'on mange comme les asperges.

COMPOSITION CHIMIQUE. — Les feuilles de la bette ou poirée, poirée blanche, bette blanche, poirée à cardes, sont riches en matières mucilagineuses ; elles renferment du sucre, mais c'est surtout dans la souche de la betterave (*B. vulgaris* L.), variété de la précédente, que ce principe abonde. Cultivée dans les jardins pendant très-longtemps pour l'usage culinaire, elle est aujourd'hui l'objet de cultures considérables, surtout dans le nord de la France, où elle sert à préparer un sucre tout à fait semblable à celui de la canne à sucre ; c'est Margraaf qui le premier indiqua cette plante comme pouvant devenir l'objet d'une grande exploitation ; Achard, de Berlin, perfectionna les procédés de Margraaf, et aujourd'hui, grâce aux travaux de Chaptal, Déyeux, Barruel, Dubrunfaut, Leplay, etc., le sucre de betterave est fabriqué en très-grande quantité, et la France est ainsi affranchie d'un tribut considérable qu'elle payait à l'étranger. Outre le sucre de betterave, dont la production dépasse par année 50 millions de kilogrammes, on fait avec cette racine un alcool qui, à l'état brut, est souillé par des huiles essentielles, et qu'on est parvenu à séparer parfaitement aujourd'hui, de sorte que l'alcool ainsi obtenu est presque aussi estimé que celui qu'on extrait du vin, et qu'on désigne sous le nom d'alcool de Montpellier. Les résidus de betteraves, et les racines elles-mêmes, constituent un excellent aliment pour les bestiaux, surtout pendant l'hiver. Lorsque dans les usines on ne trouve pas la consommation des tourteaux, on les fait brûler et on extrait des cendres de grandes quantités de carbonate de potasse.

Ce sont les variétés de betteraves blanches que l'on emploie pour l'extraction du sucre ; les rouges sont utilisées comme aliment ; leur matière colorante est employée pour teinter les vins, les sirops de groseilles, de cerises, etc. Cette fraude se reconnaît parfaitement à l'aide de réactifs chimiques.

Usages. — La bette est regardée comme émolliente et rafraîchissante. On mêle ses feuilles à l'oseille pour en diminuer la saveur acide ; on en fait des cataplasmes contre les croûtes de lait, et pour calmer les douleurs produites par les dartres ; mais le seul usage qu'on en fasse aujourd'hui consiste à les recouvrir de beurre frais, de cérat ou d'une pommade irritante pour le pansement des vésicatoires.

Tout le monde connaît les usages du sucre ; il est la base des médicaments dits saccharolés : on les divise en liquides, *sirops* et *mellites* ; mous, *pâtes*, *gelées*, *marmelades* ; solides, *tablettes*, *pastilles*, *oléosaccharum* et *saccharures*.

Le sucre est regardé comme émollient et légèrement laxatif.

BIDENT

Bidens tripartita et *cernua* L.
(Composées-Sénécionidées.)

Le Bident triparti, vulgairement Chanvre d'eau, est une plante annuelle, à racines fasciculées. Sa tige, haute de $0^m,30$ à $0^m,60$, à quatre angles arrondis, glabre ou quelquefois rugueuse, se divise en rameaux opposés pour la plupart, portant des feuilles opposées, pétiolées, triparties ou triséquées, rarement indivises et ovales-lancéolées, dentées, glabres, à bords rudes. Les fleurs, jaunes, sont réunies en capitules terminaux, dressés, à réceptacle muni de paillettes, et entourés d'un involucre à folioles intérieures brunes. La corolle est tubuleuse. Les fruits sont des akènes, terminés par deux, plus rarement par trois ou quatre arêtes.

Le bident penché (*B. cernua* L.) est aussi annuel et diffère du précédent par sa taille souvent plus élevée ; ses feuilles longuement

lancéolées et profondément dentées, les inférieures brièvement pétiolées, les supérieures presque sessiles et un peu connées à la base;
ses capitules ordinairement penchés; son involucre à feuilles intérieures veinées de noir; enfin ses akènes terminés par 4 ou 5 arêtes.

Habitat. — Ces deux plantes sont communes dans toute l'Europe
centrale; on les trouve surtout au bord des eaux, des étangs, dans
les lieux marécageux, etc.

Culture. — Ces deux espèces, étant très-abondantes à l'état sauvage et peu employées en médecine, ne sont cultivées que dans les
jardins botaniques. Elles demandent un sol constamment humide.
On les multiplie de graines, semées en place au printemps. Elles se
propagent ensuite d'elles-mêmes.

Parties usitées. — Toute la plante, les capitules.

Récolte. — Les *Bidens* sont des plantes que l'on trouve souvent
dans les marais sur les bords des fossés aquatiques; leur nom
vient de *bis*, deux; *dens*, dent : *deux dents*. On doit les récolter lorsque les capitules sont bien développés, et on les fait sécher rapidement à l'ombre et à une température peu élevée; car, par la
chaleur, ils perdent leurs propriétés.

Composition chimique. — Les *Bidens* se rapprochent beaucoup,
par leur composition et par leurs propriétés, des *Spilanthus*, des
Acmella, des *Osmites*, c'est-à-dire de ces synanthérées qui renferment à la fois une huile essentielle et une matière résinoïde âcre et
brûlante; lorsqu'on les mâche, elles irritent la bouche et excitent
la salivation.

Usages. — On a certainement confondu plusieurs plantes avec les
Bidens. Ainsi Feuillée (*Chili*, II, 766, t. L) parle d'une plante qu'il
nomme *Bidens*, et qui serait employée au Pérou comme purgative,
il ajoute qu'on s'en sert peu à cause de sa violence. Il en signale
une autre qui est utilisée comme masticatoire, qui est très-probablement un *Bidens*; mais, sous le même nom, il parle d'une troisième plante qui est un arbre qui laisse sécréter un suc gommeux.
Il est bien probable que ces trois plantes n'appartiennent pas à la
même famille, ou du moins au même genre.

Le *B. tripartita* ou chanvre aquatique, et le *B. cernua*, sont très-
âcres; ils excitent la salivation; aussi les a-t-on employés comme
masticatoires. Ces deux plantes peuvent, pour cet usage, remplacer
la racine de *pyrèthre*, mais elles ne sont pas utilisées. On a proposé

leur emploi comme détersif pour les ulcères sanieux et gangreneux. Les *Bidens* fournissent une teinture jaune autrefois employée. Sous le nom de *Bident*, Valmont de Bomare cite un grand nombre de plantes qui n'ont entre elles aucune analogie de composition ou de propriété.

BIGARADIER

Citrus vulgaris Riss, *C. Bigaradia* Noux, Dubam.
(Hespéridées.)

Le Bigaradier est un arbre qui ressemble beaucoup à l'oranger, mais il est généralement plus petit. Sa tige, lisse, cylindrique, se divise souvent à partir de la base en rameaux qui portent des feuilles à pétiole ailé, à limbe large, unifolié, elliptique, aigu, crénelé, glabre et luisant des deux côtés, parsemé de petits points glanduleux et transparents. Les fleurs, grandes, blanches, odorantes, disposées en petits bouquets au sommet des rameaux, ont un calice très-court, à cinq dents larges et aiguës; une corolle à cinq pétales elliptiques, allongés, obtus, épais, un peu charnus, parsemés aussi de points vésiculeux, transparents; vingt étamines monadelphes; un pistil à ovaire globuleux, surmonté d'un style épais, que termine un stigmate en tête. Le fruit (*bigarade*) est arrondi, jaune rougeâtre, à peau chagrinée.

Habitat. — Cet arbre, originaire de l'Asie orientale, est généralement cultivé, en Europe, comme les orangers.

Parties usitées. — Le bois, les feuilles, les fleurs, l'épicarpe, improprement appelé *écorce du fruit* ou curaçao, le jus du fruit, l'essence du fruit ou *essence de Portugal*, l'essence des fleurs ou *néroli*, l'acide citrique extrait du fruit, les petits fruits ou orangettes, ou *petit grain*, l'essence faite avec ces orangettes ou *essence de petit grain*.

Récolte. — De tout le genre citron, c'est le bigaradier qui est le plus utile et le plus usité en médecine; c'est avec lui et non avec l'oranger que l'on prépare l'eau de fleurs d'oranger et le néroli; il est vrai qu'on ne peut pas manger ses fruits, à cause de leur amertume; mais on s'en sert comme assaisonnement sur les tables : on en fait des confitures, on les confit dans du sucre; ils entrent dans le sirop antiscorbutique, etc. Enfin le bigaradier fournit à la pharmacie les feuilles d'oranger, les fleurs, les orangettes, parce que toutes ces parties sont chez lui plus aromatiques et pourvues d'une plus grande quantité d'essence que dans le *C. aurantium* ou oranger vrai ; aussi le *C. vulgaris* est-il à peu près le seul cultivé dans les serres de nos climats froids ou tempérés sous le nom d'oranger.

Les feuilles d'oranger doivent être récoltées à l'automne et desséchées avec soin ; on doit les choisir vertes, fermes et très-aromatiques, d'une saveur amère. Le bois peut être récolté à toutes les époques ; on en fait des *pois d'orange* ou petites sphères de la grosseur d'un petit pois, destinées au pansement des cautères ; mais le plus souvent on les prépare avec les *petits grains* ou *petites orangettes*.

Les fleurs doivent être récoltées avant leur entier développement ; on les fait sécher, pour l'usage de la pharmacie, dans des lieux obscurs et chauds. Il faut alors avoir le soin de les cueillir le matin avant les fortes chaleurs et quand la rosée de la nuit est dissipée. Pour la distillation, on fait la récolte pendant toute la journée ; on les pile pour les mettre en contact avec l'eau, et on distille à la vapeur ; on retire en eau distillée le double du poids des fleurs. On obtient ainsi l'eau *double*; l'eau *simple* s'obtient en coupant celle-ci avec de l'eau distillée ; l'eau *quadruple* est celle que l'on obtient dans le midi de la France, et pour laquelle on a retiré poids pour poids. Lorsque la distillation ne doit pas être immédiate, on mêle avec les fleurs pilées en pâte le quart de leur poids de sel marin ; mais il vaut mieux les distiller immédiatement après la récolte.

L'écorce d'orange amère nous vient de la Barbade et de Curaçao ; elle porte le nom du *Curaçao* des iles ou de Hollande : celui des iles vient des fruits non mûrs ; il est en petits quartiers verts à l'extérieur, épais, durs, compactes, très-odorants et d'une saveur parfumée. Celui de Hollande est privé de sa pulpe blanche interne ; il est plus mince et réduit presque au zeste ; il est jaune rougeâtre, chagriné à l'extérieur et très-aromatique. Il vient des écorces d'Italie et de Provence qui ont la même couleur, mais qui ne sont pas privées de la partie interne blanchâtre. Tous les curaçaos, mais surtout celui de Hollande, servent à préparer le fameux curaçao, liqueur de table très-estimée. On en fait une teinture et un sirop.

COMPOSITION CHIMIQUE. — L'essence d'orange ou de Portugal est isomère de l'essence de citron ; sa densité est de 0,835 ; elle bout à 180° ; elle forme avec l'acide chlorhydrique deux camphres (Voir Ci-

TRON); on l'extrait par pression du zeste ou par distillation. Le *Néroli,* ou essence des fleurs, est jaune et brunit à l'air; sa densité est de 0,888; elle est formée de deux essences, l'une soluble dans l'eau et l'autre presque insoluble; la première rougit l'acide sulfurique, même lorsqu'elle est dissoute dans l'eau. Le zeste d'orange amère contient un principe très-amer; le fruit renferme de l'acide citrique (Voir ce mot à la *Botanique générale,* t. I, et au mot CITRON, t. II).

USAGES. — Les feuilles et les fleurs d'oranger sont considérées avec juste raison comme calmantes et antispasmodiques; les zestes sont un excellent stomachique, et l'acide citrique est rafraîchissant, laxatif et tempérant (Voir CITRON, ORANGE et LIMON).

BISTORTE

Polygonum bistorta L.
(Polygonées.)

La Bistorte est une plante vive, à racine cylindrique, grosse et courte, brune, fibreuse, noueuse, articulée, présentant deux ou plusieurs coudes assez rapprochés. La tige, haute de 0^m,35 à 0^m,65, droite, cylindrique, noueuse, articulée, glabre, striée, simple, porte des feuilles alternes et engaînantes, d'un vert clair et lisses en dessus, glauques et un peu pubescentes en dessous; les radicales sont cordiformes, allongées, crispées, grandes, finement dentées, longuement pétiolées; les caulinaires, moins grandes et plus étroites, lancéolées; les supérieures, petites, étroites, acuminées et sessiles. Les fleurs, d'un blanc rosé ou carné, courtement pédonculées, forment un épi terminal, ovoïde et très-serré. Elles présentent un calice coloré, pétaloïde, partagé en cinq divisions profondes, obtuses, égales, persistantes; huit étamines blanchâtres, un peu plus longues que le calice; trois styles courts, terminés chacun par un stigmate simple. Chaque fleur est, en outre, entourée à sa base par plusieurs bractées scarieuses. Le fruit est un akène ovoïde, à trois angles mousses bien marqués, lisse, glabre, recouvert par le calice, et renfermant une seule graine dressée (Pl. 23).

HABITAT. — La bistorte croît dans les contrées chaudes et tempérées de l'Europe. Elle habite surtout les prés et les pâturages des régions montagneuses, et fleurit en été.

Culture. — Cette plante, très-abondante à l'état spontané, n'est guère cultivée que dans les jardins botaniques et quelquefois aussi dans les massifs d'ornement. Elle demande une exposition ombragée et vient bien dans tous les sols. On la propage facilement par le semis de ses graines, en place ou en pépinière, aussitôt après la maturité, et mieux encore par la division des vieux pieds.

Parties usitées. — La racine.

Récolte. — La racine de bistorte doit être récoltée en décembre ; on l'arrache, on détache les radicelles, on la lave, et on la fait sécher. Elle nous est apportée sèche de nos départements, et principalement de l'Auvergne.

La racine de bistorte est grosse comme le pouce, légèrement comprimée, deux fois repliée sur elle-même, rugueuse et brune à sa surface, rougeâtre à l'intérieur, à peu près inodore ; sa saveur est fortement astringente.

Composition chimique. — Elle contient une grande quantité de tannin, de l'acide gallique, beaucoup d'amidon, et un peu d'acide oxalique, ou plutôt d'un oxalate acide. Sa décoction est rouge ; elle précipite fortement les sels de fer, la solution de gélatine. Elle entre dans l'*électuaire diascordium*.

Usages. — Macérée dans l'eau et dépourvue ainsi de sa stypticité, la racine de bistorte a été utilisée comme aliment à des époques de disette, principalement en Sibérie. En Russie on en retire l'amidon, que l'on fait entrer dans la composition du pain. Les tanneurs l'ont, dit-on, utilisée ; mais c'est à tort que Dambourney l'a placée dans les plantes tinctoriales. Les graines sont mangées avec plaisir par les oiseaux de basse-cour.

La racine de bistorte est sans contredit un de nos meilleurs astringents indigènes ; à petite dose, elle tonifie l'estomac. C'est surtout contre les flux muqueux, les hémorrhagies passives, les écoulements de l'urèthre, la leucorrhée, les diarrhées, la dyssenterie, qu'elle agit parfaitement. On l'emploie en poudre à la dose de 4 à 10 grammes, ou en décoction (15 grammes pour un litre d'eau), que l'on administre à petites doses très-rapprochées (Cazin), tantôt pure, d'autres fois unie à l'absinthe ou à la racine d'aunée.

Cullen conseillait la bistorte en poudre mêlée à la gentiane contre les fièvres intermittentes et dans tous les cas où les toniques sont indiqués ; elle ne mérite pas à cet égard d'être signalée comme une exception aux autres astringents végétaux. On a substitué avec succès son extrait à celui de ratanhia, dans les cas de fissure à l'anus et contre les amygdalites chroniques, les aphthes, etc. La poudre a été souvent employée avec succès comme antiseptique et siccative dans le pansement des plaies.

BLÈTE

Blitum Bonus-Henricus Meyer. *Chenopodium Bonus-Henricus* L.
(Atriplicées–Cyclolobées.)

L'espèce la plus intéressante du genre Blète est le Bon-Henri, appelé aussi Toute-bonne, Épinard sauvage, etc. C'est une plante vivace, à racine épaisse et rameuse. Les tiges, hautes de 0^m,40 à 0^m,80, dressées ou ascendantes, anguleuses, presque simples, portent des feuilles alternes, pétiolées, membraneuses, larges, triangulaires–hastées, entières ou un peu sinuées, légèrement pulvérulentes. Les fleurs, petites, verdâtres, forment de petits glomérules groupés en grappes simples, axillaires et terminales, dépourvues de feuilles, et dont la réunion constitue un épi lâche terminal. Elles présentent un calice à sépales connivents, et deux styles subulés très-longs. Le fruit est un utricule, à péricarpe membraneux très-mince, entouré par le calice persistant.

La blète effilée (*B. virgatum* L.), vulgairement Épinard–fraise, est une plante annuelle à tige de 0^m,03 à 0^m,06 ; à feuilles charnues, dentées, luisantes ; à fleurs réunies en un long épi feuillé terminal ; le calice s'accroît après la floraison, en devenant charnu, succulent et d'un beau rouge. Les graines ont le bord canaliculé.

La blète en tête (*B. capitatum* L.), vulgairement Arroche-fraise, est aussi annuelle, et se distingue de la précédente par ses glomérules floraux moins nombreux, plus gros, plus arrondis, les supérieurs non axillaires, et par ses graines à bord tranchant.

Habitat. — Ces plantes sont communes dans les régions tempérées de l'Europe. On les trouve surtout au voisinage des habitations et des jardins, dans les haies, les décombres, etc. On ne les cultive que dans les jardins botaniques, et quelquefois aussi dans les jardins potagers, où il suffit, pour les propager, de répandre leurs graines sur le sol.

Parties usitées. — Toute la plante et plus spécialement les feuilles.

Récolte — On doit les récolter avant la floraison. On les fait sécher sur des claies; d'ailleurs elles sont le plus souvent employées fraîches.

Composition chimique. — Toute la plante contient en assez grande abondance un principe émollient légèrement laxatif. Dans les semences, on trouve un amidon particulier très-remarquable par le très-petit diamètre de ses grains.

Usages. — Le Bon-Henri a été souvent substitué à l'épinard comme aliment et comme émollient; c'est plutôt une plante alimentaire que médicinale, recommandée aux personnes qui sont habituellement constipées; toutefois on l'a employée comme un léger laxatif et bon succédané de la manne. On a employé le suc à la dose de 100 à 150 grammes; mais les malades prennent très-difficilement ces sortes de médicaments, et les jus de plantes sont tout à fait abandonnés aujourd'hui.

Les feuilles fraîches du Bon-Henri ont une odeur herbacée et une saveur visqueuse qu'elles perdent par la dessiccation. Les feuilles, écrasées et appliquées en cataplasmes sur les plaies, les cicatrisent, dit-on, très-promptement; avec le beurre, on en a fait un liniment autrefois vanté pour calmer les douleurs goutteuses et hémorrhoïdales. D'après Chomel (*Plantes usuelles*) et au rapport de Simon-Paul, le Bon-Henri, en fleurs et sec, entrait, avec le sureau, la camomille, la résine caragne et le camphre, dans la composition d'un cataplasme autrefois employé contre la goutte; mais il est certain que l'efficacité de cette préparation, en supposant qu'elle fût efficace, devait être attribuée au camphre et non au Bon-Henri, qui est tout simplement un très-médiocre émollient.

Le Bon-Henri était appelé autrefois *patte d'oie* (*Chenopodium*). D'après Deleuze, il tirait ce nom de la forme de sa racine.

On ne sait pas quelle est la nature de la poudre granuleuse que l'on trouve au-dessous des feuilles du Bon-Henri.

BOLET

Boletus (Sp. var.) L.
(Champignons-Agaricinées.)

Les Bolets constituent un grand genre de champignons, caractérisé par un chapeau pédonculé, garni, à la face inférieure, de tubes parallèles et juxtaposés, dont on n'aperçoit que l'ouverture extérieure, et qui renferment les spores ou corps reproducteurs. Ces tubes adhèrent ensemble, et se séparent facilement du chapeau.

Le bolet comestible (*B. edulis* D. C.), appelé aussi Ceps, Girolle, Bruguet, Potiron, etc. (Pl. 24, fig. 1), a un pédicule épais, surtout à la base, marbré de roux et de blanchâtre ; un chapeau épais, fauve, glabre, présentant en dessous des tubes très-petits, arrondis, à demi libres, blanc passant au jaune verdâtre ; une chair ferme, épaisse, blanc jaunâtre.

Les bolets, bronzé (*B. æreus* Bull.), rude (*B. scaber* Bull.), orangé (*B. aurantiacus* Bull.), tubéreux (*B. tuberosus* Bull.), etc., se rapprochent plus ou moins de l'espèce précédente.

Le bolet pernicieux (*B. perniciosus* Roques, *B. luridus* Schœff, *B. rubeolarius* Bull.) (Pl. 24, fig. 2), a le pédicule long, presque égal, marqué en haut de quelques lignes rouges en réseau ; le chapeau bombé, à surface un peu cotonneuse, olivâtre, devenant plus tard rouge et visqueux ; les tubes presque libres, très-longs, arrondis, jaunes, à orifice rouge ; la chair jaune, devenant bleue à l'air.

Ce dernier caractère se trouve dans le bolet indigotier (*B. cyanescens* Bull.), dont le pédicule, roux pâle, blanc dans le haut, porte un chapeau de même couleur, à tubes libres, blancs ou jaunâtres.

HABITAT. — Toutes ces espèces, et beaucoup d'autres, sont communes dans les bois, où on les trouve durant l'été et surtout à la fin de cette saison et au commencement de l'automne.

CULTURE. — Le bolet comestible est à peu près le seul que l'on cultive ; d'après Thore, on le propage dans les Landes, en arrosant la terre, dans les bois, avec de l'eau dans laquelle on a fait bouillir ce champignon.

PARTIES USITÉES. — Toute la partie aérienne, ou inflorescence.

RÉCOLTE. — Les bolets doivent être récoltés jeunes, trop vieux ils sont attaqués par les larves d'insectes, ils sont aqueux et indigestes ; dans le sud-ouest et dans le centre de la France, en Italie et dans d'autres pays on les recueille jeunes par un temps sec ; on les coupe par petits fragments que l'on dispose en chapelets avec du gros fil, et on les fait sécher au four ou au soleil ; c'est un excellent aliment pour l'hiver, et un assaisonnement très-recherché ; par la dessiccation le principe aromatique se développe, et pour aromatiser une sauce il en faut dix fois moins que lorsqu'ils sont frais.

COMPOSITION CHIMIQUE. — Nous sommes convaincus que tous les bolets peuvent être mangés impunément ; lorsqu'ils sont jeunes et sains, certaines espèces sont dures et coriaces, sans arome, mais ils ne sont pas dangereux, trop vieux ils sont indigestes ; c'est dans le foin (*hymenium*) que réside ce principe actif, mais nous savons par expérience qu'aucune espèce ne peut déterminer des accidents graves.

Les bolets renferment de 90 à 95 pour 100 d'eau ; ils contiennent en outre une matière organique azotée, une matière extractive, de la mannite et une substance ternaire parenchymateuse (fungine).

Usages. — Les bolets n'étant jamais vénéneux, nous renverrons l'histoire de l'empoisonnement par les champignons à l'article Amanite (Voyez ce mot).

C'est donc seulement comme aliment que les bolets nous intéressent ; nos paysans les font cuire sur le gril piqués d'ail, assaisonnés de sel, de poivre, et arrosés d'huile ; coupés par tranches et sautés dans l'huile avec du sel, du poivre, de l'ail et du persil, ils sont excellents ; cuits dans l'huile entiers et additionnés d'un hachis fait avec les queues, du jambon et un peu d'ail, ils forment un plat très-recherché ; dans quelques pays on y ajoute un peu de vin blanc ou de verjus, et au moment de servir, de la mie de pain mêlée à du persil ; préalablement cuits dans l'huile et accommodés en omelette, ils sont très-recherchés.

La médecine homœopathique emploie le *B. satanas* ; il est prescrit sous le signe *Sbe* ; sous l'abréviation Bol: sat: ; ce n'est probablement qu'une variété du *B. luridus* ; son chapeau est gros, ferme, d'un jaune pâle, les pores sont rouge foncé, le pied est gros, rouge foncé, entouré en haut d'une espèce de grillage, on en prépare une teinture mère et des dilutions par les procédés ordinaires.

Le bolet odorant *B. suaveolens* L. croît sur les vieux troncs des saules ; il est regardé comme balsamique et excitant d'après Murray ; Sartorius, Bœcler et Enslin l'ont préconisé contre la phthisie à la dose de 1 à 4 grammes ; Schmidel et Pfeiffer l'ont employé contre certaines affections nerveuses, contre la dyspnée, l'hypocondrie, etc.

Le *B. salicinus* possède, dit-on, les mêmes propriétés ; ils sont l'un et l'autre inusités.

BOTRYS

Chenopodium botrys L. *Ambrina Botrys* Moq.-Tand.
(Atriplicées-Cyclolobées.)

L'Ansérine Botrys, appelée aussi quelquefois Piment, est une
plante annuelle, à racine fusiforme, charnue, gris blanchâtre, munie
de nombreuses radicelles minces et fibreuses. La tige, haute de
0^m,35 au plus, cylindrique, dressée, ferme, verte ou striée de rouge,
rameuse, est pubescente et visqueuse, ainsi que les feuilles, qui sont
alternes, pétiolées, oblongues, sinuées, pinnatifides, à lobes écartés
et obtus, très-odorantes, également vertes sur les deux faces et jaunissant à l'époque de la floraison. Les fleurs, petites, vert jaunâtre,
très-nombreuses, sont groupées en petites grappes axillaires, dont la
réunion constitue une longue grappe terminale, feuillée. Elles présentent un calice profondément divisé en cinq lobes ovales, aigus,
entiers, pubescents, d'abord étalés, puis dressés et connivents ; cinq
étamines, insérées à la base du calice ; un ovaire arrondi, surmonté
de deux stigmates linéaires et allongés. Le fruit est une sorte d'akène
arrondi, membraneux, complétement renfermé dans le calice persistant.

Habitat. — Le botrys est originaire des régions méridionales de
l'Europe ; il se trouve surtout dans les lieux incultes, secs et sablonneux. On le rencontre quelquefois naturalisé, au voisinage des jardins, dans le centre et le nord de la France.

Culture. — Cette plante est assez souvent cultivée dans les jardins ;
elle se contente de la terre ordinaire, mais il lui faut une exposition
chaude, du moins sous le climat de Paris. On peut la semer en
place, en mars et avril ; il vaut mieux cependant semer sur couche
en mars, pour repiquer en mai. La plante ne demande plus ensuite
aucuns soins particuliers, si ce n'est quelques arrosements modérés
pendant les chaleurs.

Parties usitées. — Les feuilles et les sommités.

Récolte. — Cueilli en pleine floraison, le botrys est plus odorant.
C'est donc à ce moment qu'il faut le récolter. On le fait sécher à
une douce température pour lui conserver son principe aromatique.

Composition chimique. — Cette plante est remarquable par son
odeur forte, balsamique ; sa saveur chaude, aromatique, piquante et

un peu amère. Exposée aux rayons solaires, ses feuilles laissent exsuder une matière résineuse, balsamique, qui les rend visqueuses et
brillantes. D'après Cartheuser, elle est riche en huile volatile.

Usages. — Le nom d'Herbe à Printemps a été donné à cette plante
parce qu'un charlatan nommé Printemps l'employait en taisant son
nom. Mathiole et Geoffroy l'ont vantée avec excès. Dioscoride prétendait avoir constaté son efficacité contre les maladies de poitrine.
Forestus, Hermann, Peyrilhe, Vogel, l'ont recommandée comme
béchique et antispasmodique, et Gilibert prétend que les hypocondriaques trouvent un soulagement à leurs maux dans l'usage d'une
infusion théiforme de cette plante prise le matin à jeun.

On a considéré pendant longtemps le *C. Botrys* comme un succédané des baumes de Tolu, du Pérou et de la Mecque, et comme tel on
l'a employé contre les catarrhes pulmonaires chroniques, l'asthme
humide, la dyspepsie, la dysménorrhée, l'aménorrhée atonique,
l'hystérie, etc. Malgré l'autorité de Paullet, qui conseille de ne pas
la négliger et qui la regarde comme une plante précieuse, nous
croyons qu'on a eu raison de l'abandonner; d'autant plus qu'une
autre plante du même genre dont nous avons parlé, le *C. ambro-
sioïdes*, jouit absolument des mêmes propriétés.

BOUCAGE

Pimpinella magna et saxifraga L.
(Ombellifères-Amminées.)

Le Boucage à grandes feuilles (*P. magna* L.) est une plante vivace,
à tiges hautes de 0^m,60 à 0^m,90, anguleuses, sillonnées, glabres ou
à peine pubescentes, rameuses au sommet. Les feuilles sont penniséquées, à segments ovales ou lancéolés, aigus, fortement dentés,
ordinairement très-grands, le terminal trilobé; les feuilles supérieures, à segments plus étroits, profondément incisés, quelquefois
même réduites au pétiole élargi. Les fleurs sont blanches, groupées
en ombelles à rayons nombreux presque égaux, dépourvus d'involucre et d'involucelles. Le fruit se compose de deux akènes glabres,
comprimés latéralement, linéaires-oblongs, surmontés de deux styles
filiformes, rejetés en dehors.

Le boucage saxifrage (*P. saxifraga* L.), vulgairement Petit boucage ou Persil de bouc, est aussi vivace; il se distingue du précédent

par sa taille plus petite; ses tiges cylindriques finement striées; ses feuilles pennatiséquées, à segments arrondis, ovales ou oblongs, les supérieures ordinairement réduites au pétiole dilaté.

L'espèce la plus intéressante de ce genre est l'anis (*P. Anisum* L.) (Voyez ce mot).

HABITAT. — Ces deux plantes croissent dans les régions chaudes et tempérées de l'Europe. La première habite surtout les prairies, les buissons ombragés, les endroits humides des bois; la seconde fréquente plus particulièrement les pelouses sèches, les lieux incultes, le bord des chemins, etc.

CULTURE. — Ces plantes ont été récemment introduites dans la grande culture, comme plantes fourragères, la première surtout, qui peut croître dans les sols calcaires les plus arides; on s'en est servi avec avantage pour mettre en valeur les terrains crayeux de la Champagne.

PARTIES USITÉES. — La racine et les fruits (improprement semences).

RÉCOLTE. — Les fruits se récoltent un peu avant leur maturité. Il ne faut pas attendre la séparation des deux méricarpes; ils mûrissent pendant la dessiccation. Les racines doivent être récoltées à l'automne.

COMPOSITION CHIMIQUE. — Cette plante est riche en huile volatile; elle se distingue par son odeur forte, par sa saveur chaude, stimulante et amère. C'est surtout dans la racine et les fruits que l'huile essentielle est accumulée.

USAGES. — Stahl, Buchner et Cartheuser ont fait un grand éloge du boucage; on l'a employée comme béchique contre les catarrhes pulmonaires chroniques, les engorgements des viscères abdominaux, l'angine atonique, etc. On a exagéré ses vertus jusqu'à lui attribuer la propriété de dissoudre les calculs; aujourd'hui elle est tout à fait abandonnée, malgré les efforts qu'ont faits Schrœder et Bosséchius pour la placer parmi les toniques fébrifuges; ils la regardaient comme sudorifique.

La racine aromatique a été associée autrefois à la rhubarbe et au séné pour leur enlever leur saveur désagréable; les fruits ont été vantés contre la pituite et la raucité de la voix.

Le nom de boucage a été donné à ces plantes, parce que les chèvres et les boucs en sont friands.

Le *Pimpinella magna* et le *P. saxifraga* jouissent des mêmes propriétés; la première contient une huile essentielle bleue. Bley prétend y avoir trouvé de l'acide benzoïque; ce qui est très-douteux.

D'après Lémery, on trouve en certains lieux, sur la racine du grand boucage, des grains rouges qu'on a nommés *cochenille sylvestre* ou *cochenille de grains*; mais on ne sait rien de positif sur la nature de ces grains.

BOUILLON BLANC

Verbascum thapsus L.
(Personnées–Verbascées.)

Le Bouillon blanc, appelé aussi Molène comme tous ses congénères, est une plante bisannuelle, à racine pivotante, fibreuse, blanchâtre. Sa tige, haute d'un mètre et plus, droite, effilée, ailée, très-cotonneuse, simple, porte des feuilles grandes, ovales, aiguës à la base, décurrentes sur la tige, entières, cotonneuses, blanchâtres; les supérieures plus étroites et lancéolées. Les fleurs, grandes, jaunes, sont groupées en un long épi serré, terminal. Elles présentent un calice profondément divisé en cinq lobes ovales, aigus, tomenteux; une corolle rotacée, un peu irrégulière, à tube très-court, à limbe presque plane, divisé en cinq lobes arrondis, obtus, inégaux; cinq étamines inégales, déclinées, à filets velus, à anthères transversales; un ovaire ovoïde, presque pyramidal, cotonneux, à deux loges multiovulées, surmonté d'un style oblique, tomenteux, renflé au sommet et terminé par un stigmate convexe et presque réniforme. Le fruit est une capsule ovoïde, tomenteuse, à deux loges contenant un grand nombre de graines, petites, irrégulières et chagrinées.

Nous citerons encore dans ce genre les Molènes thapsiformes (*V. thapsiforme* Schrad.), noir (*V. nigrum* L.), lychnitis (*V. lychnitis* L.), blattaire ou herbe aux mites (*V. blattaria* L.), etc.

HABITAT. — Ces plantes, répandues dans une grande partie de l'Europe et surtout dans le Midi, croissent en abondance dans les terrains incultes, les jachères, au bord des chemins, etc.

CULTURE. — Le bouillon blanc n'est guère cultivé que dans les jardins botaniques. Il demande un terrain sec et une exposition chaude. On le propage par graines, semées aussitôt après la maturité.

PARTIES USITÉES. — Les feuilles et les fleurs.

RÉCOLTE. — Les feuilles doivent être cueillies avant la floraison, les fleurs, lorsqu'elles sont bien épanouies; leur dessiccation doit être faite très-promptement et à l'obscurité; elle présente quelques difficultés que l'on parvient à vaincre facilement; il faut les choisir bien jaunes et bien sèches; mal séchées, elles sont noires; elles moisissent alors rapidement.

COMPOSITION CHIMIQUE. — La prétendue *verbascine*, que l'on dit avoir isolée des fleurs du bouillon blanc, est un principe complexe mal défini; un chimiste de Rouen en a publié une analyse tellement invraisemblable que nous croyons devoir la passer sous silence; comment admettre, en effet, qu'une plante pourrait contenir des acides malique et phosphorique libres en présence de l'acétate de potasse et du malate de chaux?

Les feuilles contiennent abondamment un principe mucilagineux.

USAGES. — Les fleurs de bouillon blanc et les feuilles sont un remède populaire et domestique; aussi, outre le nom de Molène, elle porte en divers pays plusieurs noms, tels que *Bonhomme, Cierge de Notre-Dame, Bouillon mâle, Bouillon ailé, Herbe de Saint-Fiacre*, etc.

Le bouillon blanc est adoucissant, émollient, expectorant; on l'administre en infusion sous forme de tisane et de lavement; les feuilles, bouillies avec du lait ou avec de l'eau, constituent un bon cataplasme, qui a été préconisé pour calmer les douleurs produites par les hémorrhoïdes; les fleurs font partie des *fleurs pectorales*; il nous est impossible de leur reconnaître les propriétés antispasmodiques qu'on leur a attribuées.

C'est surtout dans les affections de poitrine, celles du tube digestif et des voies urinaires, que l'infusion de fleurs de bouillon blanc est employée; il faut la passer avec soin pour séparer les petits poils qui, s'arrêtant à la gorge, pourraient provoquer l'irritation et la toux.

Toutes les plantes du genre *verbascum* jouissent de propriétés semblables, et peuvent être substituées les unes aux autres.

BOURDAINE

Rhamnus frangula L.
(Rhamnées-Zizyphées).

La Bourdaine, appelée aussi Bourgène, Aune noir, Nerprun bour-
dainier, etc., est un arbrisseau touffu, buissonnant, à tiges hautes
de 3 à 4 mètres, droites, rameuses, flexibles, couvertes d'une écorce
noirâtre, tachetée de blanc; elles portent des feuilles alternes, pétiolées, ovales-arrondies, entières, quelquefois pointues, marquées de
fortes nervures parallèles, glabres, lisses et d'un vert clair, surtout à
la face inférieure. Les fleurs, petites, d'un blanc jaunâtre ou verdâtre,
sont réunies en petits bouquets à l'extrémité de pédoncules axillaires. Elles présentent un calice tubuleux, à cinq divisions aiguës; une
corolle à quatre ou cinq pétales squamiformes, quelquefois nulle par
avortement; quatre ou cinq étamines, opposées aux pétales, plus
courtes que ceux-ci, à anthères arrondies; un style simple et indivis,
à stigmate obtus. Le fruit est une baie arrondie, succulente, d'abord
rouge, puis noire à la maturité, contenant deux ou quatre petits noyaux
coriaces, cartilagineux, monospermes, ordinairement indéhiscents.

Habitat. — La bourdaine se trouve dans toutes les régions tempérées de l'Europe; elle habite surtout les bois, les taillis, les rochers,
les endroits un peu humides. Elle fleurit au commencement du printemps, et le fruit mûrit à la fin de l'été.

Culture. — La bourdaine est assez commune dans les bois pour
suffire à tous les besoins de la médecine et de l'industrie; aussi ne
la cultive-t-on que dans les jardins botaniques et quelquefois dans
les parcs d'agrément. Elle demande une terre humide et ombragée,
où elle se propage facilement soit par graines, semées aussitôt après
la maturité, soit par boutures et marcottes.

Parties usitées. — L'écorce des branches et de la racine, le bois,
les baies.

Récolte. — L'écorce doit être récoltée pendant la floraison.

Composition chimique. — Toutes les parties de la plante renferment
une matière colorante jaune, dont nous parlerons à l'article nerprun
(voyez ce mot). Herber a analysé la bourdaine, il y a trouvé une
huile volatile, de la cire, de l'extractif, de la gomme, de l'albumine,
un principe colorant et des sels; mais avec les progrès récents de la
chimie, cette analyse est tout à fait insuffisante.

Usages. — C'est avec le bois de bourdaine que l'on fait le charbon destiné à la préparation de la poudre à canon. D'après Duhamel elle fournit 12 pour 100 de son poids de charbon très-léger et poreux qui absorbe parfaitement le gaz à ce point qu'au contact de l'oxygène pur et même de l'air, il peut s'enflammer spontanément lorsqu'il est très-sec.

La bourdaine est tout à fait inusitée en médecine ; on a dit que son écorce possédait des propriétés vomitives, mais seulement à l'état frais ; sèche, elle est simplement purgative, ainsi que les fruits ; mais on leur préfère ceux du nerprun.

Les propriétés purgatives de cette plante ont été signalées par Dioscoride, Matthiole, Dodoëns, etc. Linné en faisait le plus grand cas. D'après MM. Gumprech et Duboys de Tournay, elle jouirait de propriétés analogues à celles de la rhubarbe, et elle serait loin de posséder les propriétés irritantes des drastiques comme on le croit généralement. Gilibert, Roques et Loiseleur-Deslongchamps la considèrent comme vermifuge, et ils citent des faits nombreux à l'appui de leur opinion.

Personne ne conteste les propriétés purgatives des différentes parties des divers *rhamnus*, mais on leur reproche avec juste raison de déterminer des coliques très-violentes ; aussi, à part le nerprun, sont-ils tous abandonnés aujourd'hui.

L'écorce fraîche de bourdaine bouillie avec du vinaigre constitue un remède populaire contre la gale et les dartres invétérées : ces moyens barbares ne sont pas dignes des progrès récents qui ont été faits sur les maladies de la peau, aussi sont-ils abandonnés à l'ignorance et à l'empirisme.

BOURRACHE

Borrago officinalis L.
(Borraginées-Borragées.)

La Bourrache, appelée Bourroche dans quelques localités, est une plante annuelle, à racine fusiforme, noirâtre, épaisse, tendre, charnue, un peu fibreuse. La tige, haute de 0^m,50 environ, cylindrique, dressée, charnue, fistuleuse, un peu ailée, rameuse au sommet, est couverte de poils rudes, ainsi que les feuilles, qui sont épaisses, ridées et d'un vert foncé ; les radicales sont très-grandes, ovales, obtuses, sinueuses sur les bords, étalées, portées sur un long pétiole canaliculé, ailé et embrassant à la base ; les caulinaires, ovales, lancéolées, étroites, sessiles et un peu décurrentes. Les fleurs bleues, quelquefois blanches ou rosées, inclinées sur des pédoncules longs de 0^m,02 à 0^m,03, verts ou rougeâtres, sont groupées en grappes scorpioïdes unilatérales, axillaires ou terminales, dont l'ensemble constitue une sorte de panicule ou de corymbe lâche. Elles présentent un calice monosépale, à cinq divisions profondes, linéaires, aiguës, étalées, glabres en dedans ; une corolle rotacée, étalée, à tube très-court, à limbe partagé en cinq divisions lancéolées, très-aiguës, à gorge munie de cinq écailles ; cinq étamines conniventes, à anthères noires, formant une sorte de cône au centre de la fleur. Le fruit est composé de quatre akènes d'un brun noirâtre.

Habitat. — La bourrache est très-répandue dans l'Europe centrale et méridionale. On la rencontre surtout dans les champs cultivés et au voisinage des habitations.

Culture. — Cette plante croît à peu près dans tous les terrains, mais elle préfère les lieux exposés au soleil. On la propage facilement par ses graines, semées en place au printemps ; les jeunes pieds supportent parfaitement la transplantation. La plante se propage ensuite d'elle-même lorsqu'on lui laisse parcourir sur place toutes les phases de la végétation.

Parties usitées. — Les feuilles, les sommités fleuries, les fleurs.

Récolte. — L'époque de la floraison de la bourrache varie selon les climats et le terrain où elle pousse ; les fleurs doivent être cueillies à leur parfait épanouissement ; elles exigent de grandes précautions pour être bien séchées ; on doit éviter la lumière solaire qui les décolore ; la plante entière et les feuilles doivent être récoltées au moment où elle commence à monter. Il faut rejeter de la consommation la bourrache mal desséchée, celle qui est jaune ou noire.

Composition chimique. — Dans sa jeunesse, la bourrache est tellement mucilagineuse, que pour en extraire le suc par contusion et expression, on est obligé d'y ajouter de l'eau. A l'époque de la floraison, le mucilage disparaît et la plante abonde alors en suc extractif noir et amer ; c'est à ce moment qu'il faut la choisir pour préparer le suc de bourrache. Enfin, au moment de la fructification, on trouve dans la tige et dans les feuilles du nitre en assez grande quantité pour que la plante sèche fuse sur les charbons ardents.

Usages. — On a proposé de faire fermenter le jus de bourrache pour obtenir un liquide qui remplacerait le vin ; mais le suc de bourrache ne contient pas assez de sucre pour pouvoir subir la fermentation alcoolique, et nous sommes convaincu que par la méthode indiquée dans l'*Encyclopédie domestique*, t. I, p. 275, on n'obtiendrait qu'un affreux breuvage aussi désagréable que malsain.

Aux trois périodes de la végétation de la bourrache, pendant lesquelles la plante change de composition, correspondent trois propriétés incontestables, c'est-à-dire qu'elle est d'abord émolliente et adoucissante ; elle devient plus tard dépurative et sudorifique, et en dernier lieu elle jouit de propriétés diurétiques qu'elle doit au nitre qu'elle renferme.

Les maladies dans lesquelles la bourrache a été préconisée sont surtout celles qui réclament l'usage des dépuratifs et des sudorifiques ; telles sont les diverses maladies de la peau ; on l'a encore prescrite dans les fièvres éruptives, les phlegmasies, etc.

Quant aux fleurs inoffensives de la bourrache, il nous est impossible de leur accorder les propriétés stimulantes que les anciens leur attribuaient, car le mot *borago* est une altération de *corago*, nom qu'elle portait chez les Latins et qui vient de *cor ago* : *je réjouis le cœur*.

BRUNELLE

Brunella vulgaris L.
(Labiées-Scutellariées.)

La Brunelle officinale, appelée aussi Prunelle ou Bonnette, est une plante vivace, à racines fibreuses, blanchâtres. La tige, haute de 0^m,30 au plus, ascendante, à quatre angles arrondis, un peu velue et rougeâtre, très-rameuse, porte des feuilles opposées, longuement pétiolées, ovales, pointues, entières, un peu cordées à la base, d'un vert foncé en dessus, plus pâles et un peu pubescentes en dessous. Les fleurs, d'un bleu violacé, quelquefois blanches, sont groupées en petits verticilles axillaires munis de deux bractées et formant par leur réunion des épis terminaux très-serrés, accompagnés chacun de deux feuilles à la base. Elles présentent un calice tubuleux, comprimé, velu, à deux lèvres, la supérieure large et terminée par trois petites dents, l'inférieure étroite et bifide ; une corolle divisée aussi en deux lèvres, la supérieure entière, arrondie et concave, l'inférieure trilobée ; quatre étamines, dont deux plus longues, à filet

grêle, bifurqué au sommet ; un style long, simple, terminé par un
stigmate profondément bifide. Le fruit se compose de quatre akènes
oblongs, lisses, glabres, à trois angles mousses.

La brunelle à grandes fleurs (*B. grandiflora* Jacq.) est aussi vivace,
et se distingue de la précédente par ses épis floraux dépourvus de
feuilles à la base ; par ses fleurs deux fois plus grandes et par les
filets de ses étamines à peine bifurqués.

HABITAT. — Ces deux plantes se trouvent dans les prés, sur la
lisière des bois, les pelouses sèches, au bord des chemins, etc.

CULTURE. — Les brunelles ne sont cultivées que dans les jardins
botaniques ou d'ornement ; on les propage de graines semées au
printemps, ou d'éclats de pied faits en automne.

PARTIES USITÉES. — Toute la plante.

RÉCOLTE. — On l'arrache au moment de la floraison, et on la fait
sécher en petits paquets peu serrés et en guirlandes.

COMPOSITION CHIMIQUE. — La brunelle, nommée encore herbe aux
charpentiers, est une labiée tout à fait dépourvue d'odeur ; elle contient du tannin.

USAGES. — J. Bauhin rapporte que la brunelle est employée en
Allemagne contre les maux de gorge. On l'a longtemps considérée
comme astringente, détersive et siccative ; et comme telle on l'a employée contre les hémorrhagies, la dysenterie. On lui attribuait la
propriété de consolider les dents vacillantes par suite de la médication
mercurielle. Aujourd'hui elle est à peu près abandonnée ; toutefois
les habitants des campagnes l'emploient encore quelquefois contre les
crachements de sang. J. Bauhin vante son suc administré à l'intérieur
contre la morsure des animaux venimeux. Chomel la signale comme
un vulnéraire précieux. Césalpin en faisait, avec l'huile rosat et le
vinaigre, un topique qu'il disait propre à combattre les douleurs de
tête. Roques reconnaît que la prétendue propriété qu'on lui a attribuée, d'arrêter le sang et de réunir les plaies, est tout à fait illu-
soire ; mais il ajoute que son suc peut produire une douce astriction
et être utile dans quelques cas. Enfin M. Cazin l'a employée avec
succès contre les hémorrhoïdes.

Très-voisine de la bugle au point de vue de ses caractères botaniques, la brunelle doit être placée sur le même rang qu'elle en
thérapeutique, c'est-à-dire que l'une et l'autre sont sans aucune
valeur.

La brunelle à feuilles découpées, *B. laciniata* et le *B. hyssopi-folia*, qui croit dans les provinces méridionales de la France, sont aussi inodores et sans propriétés.

BRYONE

Bryonia alba L. *B. dioica* Jacq.
(Cucurbitacées.)

La Bryone, appelée aussi Couleuvrée, Navet du diable, Vigne blanche, etc., est une plante vivace, dioïque, à racine très-grosse, fusiforme, rameuse, charnue, d'un blanc jaunâtre. La tige, longue de plusieurs mètres, herbacée, grêle, anguleuse, rameuse, glabre ou à peine velue, grimpe et s'accroche aux corps voisins, à l'aide de vrilles très-longues, extra-axillaires, ordinairement simples, roulées en spirale. Les feuilles sont alternes, pétiolées, échancrées en cœur à la base, palmées, à cinq lobes anguleux, d'un vert foncé, velues sur leurs deux faces. Les fleurs présentent un calice campanulé et divisé en cinq lobes, ainsi que la corolle, avec laquelle il est inti-mement soudé dans sa plus grande étendue ; les mâles, longue-ment pédonculées, ont cinq étamines, soudées en trois faisceaux, dont deux composés chacun de deux étamines, le troisième d'une seule ; les femelles, moins nombreuses, à pédoncules bien plus courts, ont un ovaire globuleux, infère, surmonté d'un style à trois divisions élargies au sommet. Le fruit est une petite baie globu-leuse, pisiforme, d'un beau rouge vif à la maturité, contenant une pulpe mucilagineuse dans laquelle sont logées 3 à 6 graines ovoïdes.

Habitat. — La bryone, répandue dans presque toute l'Europe, est commune dans les haies et les buissons, les lieux incultes, sur la lisière des bois, dans les endroits humides, etc.

Culture. — Cette plante n'est cultivée que dans les jardins bota-niques ou d'agrément. Elle vient dans tous les sols, et se propage avec la plus grande facilité par graines ou par racines.

Parties usitées. — La racine, rarement les jeunes pousses.

Récolte. — La racine de bryone est vivace ; on peut s'en servir dès la seconde année. Pour la faire sécher, on l'arrache à l'automne ou dans l'hiver ; on la lave ; on la coupe en rouelles minces que l'on fait sécher, soit en les étendant sur des claies, soit en les enfilant en forme de chapelet, en laissant un espace entre chaque rouelle; on doit rejeter celle qui est piquée des vers.

On connaît plus de soixante espèces de bryone, qui pour la plupart sont asiatiques ou africaines. Deux croissent en Europe : l'une vient du Nord; elle est monoïque, elle a les baies rouges et la racine jaunâtre : c'est la bryone noire ou vigne noire, *B. alba* L. L'autre, plus commune en France, est dioïque; sa racine est blanche : c'est la couleuvrée, bryone blanche, vigne blanche, *B. dioica*.

La racine de bryone fraîche a une odeur vireuse; sa saveur est âcre et caustique; son suc est irritant et produit des érosions à la peau. Elle purge violemment. Les racines sèches présentent des stries concentriques très-apparentes; en râpant la racine fraîche et laissant fermenter la pulpe, on détruit le principe âcre, et on obtient une fécule qui peut suppléer à celle de la pomme de terre dans quelques usages.

COMPOSITION CHIMIQUE.— Elle a été analysée par Vauquelin, Brandes et M. Dulong d'Astafort. Ces trois chimistes en ont extrait un principe nommé *bryonine*, qui est amer azoté, variant dans ses effets; ce qui fait supposer qu'il n'a pas été obtenu pur.

USAGES. — La pulpe de bryone a été employée à l'extérieur comme rubéfiant; à l'intérieur, c'est un drastique violent; ses effets purgatifs étaient connus du temps de Dioscoride. On a proposé de l'employer pour remplacer l'ipécacuanha et même l'émétique dans le traitement de la pneumonie. Arnaud de Villeneuve la regardait comme un spécifique de l'épilepsie. On l'a préconisée contre l'hydropisie, l'hystérie; mais rien ne justifie les éloges qu'on en a faits, pas plus que le nom d'ipécacuanha européen que lui avait donné Harmand de Montgarny. Nous croyons avec Chaumeton qu'elle doit être repoussée de la matière médicale, à cause de l'infidélité de son action et de ses propriétés âcres, irritantes et toxiques.

Les médecins homœopathes considèrent la bryone comme un médicament *homœopathique* pouvant produire la diphtérite, et conséquemment employée par eux pour combattre les fausses membranes. Ils emploient l'alcoolature. Le signe de la bryone est *A by.* son abréviation Bryon.

BUCHU

Diosma crenata L. *Barosma crenata* Willd.
(Diosmées.)

Le Buchu, Bucco, Bocco, ou Bacha, est un arbuste dont le port présente quelque analogie avec celui du bouleau nain. La tige, dressée, grêle, brune ou grisâtre, se divise en rameaux cylindriques, pubescents, portant des feuilles alternes, pétiolées, ovales, crénelées, presque glabres, d'un vert clair, un peu luisantes, bordées de points transparents. Les fleurs, blanches, plus rarement d'un bleu très-pâle, sont quelquefois solitaires, d'autres fois en faisceau, mais le plus souvent géminées, dans les aisselles des feuilles ou au sommet des rameaux. Chacune d'elles est portée sur un pédoncule simple au moins aussi long que les feuilles, et présente un calice à cinq divisions ovales-lancéolées, concaves; une corolle à cinq pétales ovales-oblongs, brièvement onguiculés, étalés, plus longs que le calice; cinq étamines au moins aussi longues que les pétales, à anthères petites et ovoïdes, alternant avec cinq appendices stériles; un ovaire tétragone ou pentagone, à quatre ou cinq cornes droites et glanduleuses, du milieu desquelles s'élève un style plus court que les étamines et terminé par un stigmate simple. Le fruit est une capsule polysperme.

On désigne encore sous le nom de bocho les diosma velu (*D. hirsuta* Thunb., *D. juniperina* Mœnch), à feuilles opposées (*D. oppositifolia* L.), et peut-être aussi quelques autres espèces du même genre.

Habitat. — Tous les diosma habitent en général le cap de Bonne-Espérance.

Culture. — Sous nos climats, ces arbustes ne se cultivent qu'en orangerie ou sous châssis, comme les *erica*. Ils demandent la terre de bruyère et une exposition éclairée. On les propage de graines, semées en terrine, aussitôt après leur maturité, sur couche tiède, ou bien de boutures et de marcottes, faites aussi sur couche tiède. Les arrosements doivent être très-modérés.

Parties usitées. — Les feuilles.

Récolte. — Les feuilles du buchu nous viennent du cap de Bonne-Espérance; on les récolte au moment de la floraison, et on les fait sécher avec soin, afin de ne pas dissiper le principe aromatique; celles du commerce sont souvent mélangées de pétioles et de fruits;

elles sont douces au toucher, un peu brillantes, finement crénelées ; sur leur bord et principalement à la face inférieure, on y trouve des glandes pleines d'huile volatile ; leur odeur est très-forte, on l'a comparée à celle de la rue ou de l'urine de chat ; elles ont une saveur âcre, chaude et aromatique.

COMPOSITION CHIMIQUE. — Brandes, qui a fait l'analyse des feuilles du buchu, y a trouvé : une huile essentielle, une matière mal définie, qu'il a nommée *diosmine*, de la gomme, de la résine verte, de l'albumine et des sels ; elles ont été aussi analysées par M. Cadet.

USAGES. — Le *D. hirsuta* L., le *D. oppositifolia*, nommés aussi buchu ou bucho par les Hottentots, peuvent être substitués au *D. crenata* ; ils renferment également une huile essentielle ; on les emploie au Cap et ailleurs contre les mêmes maladies. D'après Linné, les Hottentots font des onguents avec des graisses et le *D. ericoïdes*.

C'est plus particulièrement comme sudorifique que les Hottentots emploient le buchu ; les Anglais du Cap en font un fréquent usage dans les rhumatismes, les névroses, etc., mais c'est surtout contre les maladies des voies urinaires que les feuilles de buchu ont été préconisées, et récemment encore les médecins qui s'occupent plus spécialement de ces maladies, ont retiré des avantages réels de son emploi ; dans les cas d'inflammation et d'irritation de la vessie, de l'urèthre et de la prostate, dans la cystorrhée, les rétrécissements spasmodiques du canal, etc. ; toutefois, il doit être employé à faibles doses, 6 à 10 grammes pour un litre d'eau ; à dose plus élevée l'infusion devient tonique et excitante ; d'après le docteur Vroclick, il faut l'employer à dose plus élevée dans les catarrhes des reins et de la vessie.

On fait prendre aussi le buchu en poudre ; mais il perd bientôt sous cette forme toutes ses propriétés ; on en fait une teinture au cinquième, qu'on administre à la dose de 4 à 10 grammes ; dans le commerce on trouve souvent mélangées aux feuilles du *D. crenata* celles des *D. crenulata* et *D. serratifolia*.

BUGLE

Ajuga reptans L.
(Labiées–Ajugoïdées.)

La Bugle, appelée quelquefois improprement Petite Consoude, est une plante vivace, à racine blanche, petite, fibreuse. Du collet de cette racine partent de nombreux stolons, étalés, stériles, et qui s'enracinent de distance en distance. Au centre s'élève une tige haute de 0^m,15 à 0^m,25, simple, quadrangulaire, dressée, velue sur deux faces opposées, portant des feuilles opposées, sessiles, ovales-oblongues, arrondies au sommet, légèrement crénelées ou dentées, glabres, d'un vert souvent taché de rouge, et qui vont en diminuant de grandeur de la base au sommet de la plante. Les fleurs, bleuâtres, verticillées, sont groupées en petits fascicules axillaires, dont la réunion constitue un épi pyramidal, tétragone, muni de bractées colorées, et occupant la moitié supérieure de la tige. Elles présentent un calice tubuleux, à cinq divisions presque égales; une corolle tubuleuse, à deux lèvres, la supérieure très-courte et bidentée, l'inférieure trilobée; quatre étamines didynames; un style filiforme à stigmate bifide. Le fruit se compose de quatre akènes obovales, rugueux et glabres.

Cette plante présente des variétés à fleurs blanches ou roses.

La bugle pyramidale (*A. Genevensis* L., *A. pyramidalis* Duby) se distingue de la précédente par ses tiges velues sur les quatre faces et par l'absence de stolons ou rejets stériles.

HABITAT. — Ces deux plantes sont communes dans les régions tempérées de l'Europe. Elles habitent surtout les bois, les pâturages humides, les lieux ombragés, les bords des sentiers herbeux, etc.

CULTURE. — Les bugles ne sont cultivées que dans les jardins botaniques. Elles sont faciles à propager par semis faits au printemps, ou par éclats de pied pratiqués en automne.

PARTIES USITÉES. — Les feuilles, les sommités fleuries.

RÉCOLTE. — On peut la récolter pendant tout l'été; on la confond dans le commerce avec la bugle pyramidale, dont les fleurs sont bleues, le tube plus long, et la lèvre inférieure beaucoup plus grande.

COMPOSITION CHIMIQUE. — Le genre ajuga fait exception dans la famille des labiées, en ce qu'il fournit des plantes inodores ou peu odorantes.

USAGES. — La réputation dont la bugle a joui était bien usurpée; on la considérait comme astringente et vulnéraire; on l'employait contre les hémorrhagies, la dysenterie, la leucorrhée, etc.; on a de la peine à comprendre comment Ettmuller et Rivière ont pu la recommander dans la phthisie et l'angine; et Camérarius et Dodoens contre les obstructions du foie; on l'appelait *consolida media* et petite consoude, parce qu'on lui attribuait la propriété de souder les plaies des vais-

seaux sanguins ; aussi la faisait-on entrer dans la fameuse *eau d'ar-
quebusade*.

Les feuilles hachées étaient appliquées sur les coupures, les plaies,
les contusions ; aujourd'hui elle est reléguée dans l'obscurité, d'où
elle n'aurait jamais dû sortir, et c'est avec raison que Gilibert dit
que son infusion employée en gargarisme contre les maux de gorge
ne vaut pas l'eau commune employée dans les mêmes cas.

D'après Willemet, on mange en Italie les jeunes pousses et les
racines en salades ; mais ce doit être un aliment de médiocre goût.

Nous signalerons encore deux plantes autrefois employées qui appartiennent au même genre, nous voulons parler de l'ivette ou
chamæpitys, *A. chamæpitys* Schreb., *teucrium chamæpitys* L. ; elle
possède une odeur forte et résineuse, elle a été vantée contre la
goutte ; l'ivette musquée, *A. iva* Schreb., *teucrium iva* L., ressemble
beaucoup à la précédente ; elle possède une saveur amère et résineuse, et une odeur forte qui rappelle un peu celle du musc ; aussi
l'a-t-on autrefois considérée en infusion théiforme comme tonique,
apéritive et anti-spasmodique.

BUGLOSE

Anchusa Italica Retz. *A. azurea* Rchb.
(Borraginées - Borragées.)

La Buglose ou Buglosse est une plante bisannuelle, à racine fusiforme, de la grosseur du doigt, peu rameuse, brunâtre, visqueuse.
La tige, haute de 0^m,50 à 1 mètre, dressée, cylindrique, très-rameuse, hérissée de poils roides et piquants, porte des feuilles alternes, sessiles, oblongues ou lancéolées, ordinairement ondulées, entières, d'un vert foncé, surtout en dessus, épaisses, rudes au toucher,
embrassantes à la base ; les inférieures légèrement pétiolées. Les
fleurs, assez grandes, bleues ou rosées, quelquefois blanches, forment
des grappes unilatérales, feuillées, terminales, le plus souvent scorpioïdes. Elles présentent un calice allongé, profondément divisé en
cinq lobes linéaires, lancéolés, très-aigus, dressés, hérissés de poils ;
une corolle tubuleuse, à limbe étalé, partagé en cinq divisions
ovales-obtuses, à gorge munie de cinq écailles bleuâtres, munies de
poils blancs, cachant entièrement les cinq étamines ; un style à stigmate bilobé. Le fruit se compose de quatre akènes nus, ovoïdes.

On remarque aussi dans ce genre la buglose officinale (A. *officinalis* L.) et toujours verte (A. *sempervirens* L.).

HABITAT. — La buglose d'Italie habite l'Europe centrale; on la trouve surtout dans les champs pierreux, les moissons, sur les coteaux calcaires. La buglose officinale est propre aux régions septentrionales. La buglose toujours verte est naturalisée aux environs de Paris et dans quelques autres localités.

CULTURE. — Ces plantes, étant très-abondantes, ne sont guère cultivées que dans les jardins botaniques; elles commencent pourtant à se répandre dans les jardins d'agrément. Elles demandent une bonne terre fraîche et une exposition chaude. On les propage très-facilement par semis et par éclats de pieds, faits à la fin de l'hiver.

PARTIES USITÉES. — Les feuilles, les sommités fleuries, les fleurs.

RÉCOLTE. — Les feuilles et les sommités fleuries se récoltent au moment de la floraison; les fleurs de la buglose officinale sont souvent substituées à celles de la bourrache; elles s'en distinguent par leur coloration moins bleue; elles sont le plus souvent violettes et même purpurines; et par leur corolle moins rosacée.

COMPOSITION CHIMIQUE. — La buglose, comme la plupart des plantes de la même famille, présente ce phénomène assez singulier de varier de composition avec l'âge; très-jeunes, ces plantes sont riches en principes mucilagineux, et sont regardées avec juste raison comme émollientes; à l'époque de la floraison, le mucilage disparaît, et il se développe en abondance un principe extractif amer auquel on attribue des propriétés dépuratives et sudorifiques. Enfin, lorsque la plante est en fruit, et surtout lorsqu'elle végète, comme cela arrive le plus souvent dans des terrains secs et arides et plus spécialement sur les plâtras, le principe extractif est moins abondant, et alors la plante est riche en nitrate de potasse, à ce point que lorsqu'elle est sèche elle brûle en fusant sur les charbons ardents, aussi la place-t-on dans la classe des diurétiques.

USAGES. — La buglose est substituée sans inconvénient à la bourrache. D'après ce que nous venons de dire, il faut tenir compte de l'époque à laquelle on la récolte; aussi l'a-t-on considérée tour à tour comme émolliente, sudorifique, dépurative et diurétique.

La buglose du Midi est fournie par l'*anchusa italica*; il ne faut pas la confondre avec l'A. *officinalis* L., plus commune dans le nord

de l'Europe, qui a les divisions du calice moins profondes et moins
aiguës ; on peut leur substituer un grand nombre de plantes du
même genre.

BUGRANE

Ononis spinosa et repens L. *O. arvensis* Auct. *O. procurrens* Wallr.
(Légumineuses - Lotées.)

La Bugrane épineuse ou des champs (*O. spinosa* L.), appelée aussi
Arrête-bœuf, est un sous-arbrisseau, à racine très-longue, grêle,
fibreuse, brun grisâtre, traçante. Ses tiges, longues de 0ᵐ,35 à 0ᵐ,65,
dures et sous-ligneuses à la base, cylindriques, velues, un peu visqueuses, couchées et traînantes, ascendantes au sommet, à rameaux
nombreux terminés en épines, portent des feuilles alternes, à pétioles
courts, munis de stipules ovales, aiguës, finement dentées, à limbe
divisé en trois folioles ovales, dentées, légèrement pubescentes, d'un
vert clair, la médiane plus grande. Les fleurs, roses, presque sessiles, sont solitaires ou géminées à l'aisselle des feuilles. Elles présentent un calice monosépale, tubuleux à la base, très-velu, à deux
lèvres, l'inférieure simple, la supérieure à quatre divisions profondes,
lancéolées-aiguës ; une corolle papilionacée, à étendard plane, redressé, entier, strié, à ailes courtes et obtuses, à carène très-comprimée ; dix étamines monadelphes ; un style à stigmate simple. Le fruit
est une gousse velue, renflée, contenant un petit nombre de graines
réniformes.

Cette plante présente des variétés, que plusieurs auteurs ont élevées au rang d'espèces ; telles sont les *O. repens, arvensis, campestris,
maritima*, etc.

HABITAT. — La bugrane est commune dans toute l'Europe ; on la
trouve dans les champs incultes, les terrains secs et stériles, au bord
des chemins, etc.

CULTURE. — Cette plante, regardée par les agriculteurs comme
une mauvaise herbe qu'ils cherchent à détruire, n'est cultivée que
dans les jardins botaniques. Elle vient mieux dans les terres légères,
et se propage aisément par graines semées en place ou repiquée.

PARTIES USITÉES. — Les racines, les feuilles, les fleurs.

RÉCOLTE. — Les racines peuvent être récoltées en tout temps, les
feuilles et les fleurs au moment de la floraison.

Les racines sont longues de 30 à 60 centimètres, de la grosseur du doigt, ligneuses, flexibles, difficiles à rompre ; le nom d'arrête-bœuf leur vient de ce qu'elles arrêtent souvent la charrue du laboureur ; sèches, elles sont grises à l'extérieur, blanches à l'intérieur ; les rayons médullaires sont très-apparents, convergent vers le centre ; leur saveur douce se rapproche de celle de la réglisse, mais elle est moins marquée ; leur odeur est faible et désagréable ; d'après M. Fée, lorsqu'on les a préparées, on en falsifie quelquefois la salsepareille, mais la moindre attention suffit pour distinguer ces deux racines.

Composition chimique. — L'analyse de l'arrête-bœuf n'a pas été faite, mais il est très-probable qu'elle renferme un principe doux, semblable à celui de la réglisse, la *glycyrrhizine*. Toutefois, M. Hlasiwetz a extrait de l'arrête-bœuf l'*ononine*, qui, sous l'influence de l'eau de baryte, se transforme en *onospine*, qui est un glycoside, puisque, sous l'influence de l'acide sulfurique, elle produit de la glycose et de l'*ononétine*.

Usages. — Galien place la racine d'arrête-bœuf au premier rang des diurétiques ; Bergius prétend l'avoir donnée avec succès contre l'ischurie provenant de la présence de calculs dans la vessie, et Acrel assure avoir constaté son action puissante sur les organes génito-urinaires ; ces propriétés ont été confirmées par Simon Pauli, Matthiole, Plenck et Schneider, qui la recommandent en outre contre l'engorgement des testicules ; Mayer et Gilibert la conseillent dans les obstructions des viscères, dans les cachexies et la chlorose (20 à 30 grammes).

M. Cazin a employé avec succès la décoction concentrée de racine de bugrane dans une anasarque contre laquelle les diurétiques les plus puissants avaient été prescrits (60 grammes pour 1 litre d'eau).

D'après Dehaen, les feuilles jouiraient des mêmes propriétés que les racines ; dans les campagnes, on les emploie souvent en infusion, sous forme de gargarismes, avec le miel et le vinaigre, contre les maux de gorge, les ulcères scorbutiques ; mais il est certain que l'eau vinaigrée miellée agirait tout aussi bien. On a donc eu raison de bannir à peu près cette plante de l'usage médical.

BUIS

Buxus sempervirens L.
(Euphorbiacées-Buxées.)

Le Buis est un arbrisseau à racine ligneuse, dure, tortueuse, jaune, rameuse. La tige, qui peut atteindre 4 à 5 mètres de hauteur, est aussi tortue, branchue, rameuse, à écorce jaunâtre très-serrée. Les rameaux, quadrangulaires, sont couverts de feuilles opposées, presque sessiles, ovales, fermes et coriaces, lisses, d'un beau vert foncé en dessus, plus pâles en dessous, persistantes. Les fleurs, d'un jaune verdâtre, diclines, forment de petites fascicules à l'aisselle des feuilles supérieures; elles ont un calice à quatre ou six divisions profondes, et sont dépourvues de corolle. Les mâles présentent quatre étamines et un rudiment d'ovaire. Les femelles, beaucoup moins nombreuses, contiennent un ovaire libre, à trois loges biovulées, surmonté de trois styles épais, divergents, terminés chacun par un stigmate obtus. Le fruit est une capsule globuleuse, jaunâtre à la maturité, à trois cordes au sommet, à trois loges dispermes.

HABITAT. — Le buis est commun dans les régions montueuses et boisées. On le cultive dans les jardins d'agrément, surtout comme plante de bordure. Il croit à peu près dans tous les terrains, mais de préférence dans les terrains crayeux ou calcaires.

PARTIES USITÉES. — Le bois, la racine, l'écorce de la racine, les feuilles.

RÉCOLTE. — Toutes les parties du buis employées en médecine ou dans l'industrie peuvent être récoltées à toutes les époques de l'année; toutefois il vaut mieux les cueillir à l'automne ou au commencement de l'hiver.

On a, dit-on, falsifié les folioles du séné avec les feuilles du buis; mais celles-ci se distinguent facilement : elles sont luisantes, épaisses et coriaces.

La falsification de l'écorce de racine de grenadier par celle du buis serait plus probable et moins facile à constater; cependant l'écorce de buis est plus jaune, plus amère; la face interne est lisse, et jamais dans le commerce on n'y trouve du bois adhérent, tandis qu'on en voit toujours sur la face interne de l'écorce de racine de grenadier, qui d'ailleurs est plus verte et présente un liber moins lisse et moins brillant.

Le bois de buis est jaune, dur, compacte et susceptible d'un beau poli. Le plus estimé vient du Levant ; sa densité est de 1.328 ; tandis que celui de France est souvent moins dense que l'eau, et pèse par conséquent moins de 1.000.

Composition chimique. — Toutes les parties de la plante renferment de la gomme, de la cire, de la chlorophylle, etc. M. Fauré en a extrait un principe qu'il nomme *buxine*, et que M. Couerbe a pu faire cristalliser. C'est une matière amère, transparente, insoluble dans l'eau, soluble dans l'alcool, peu soluble dans l'éther ; elle est légèrement alcaline et sature les acides avec lesquels elle forme des sels qui précipitent en blanc par l'ammoniaque ; elle existe dans le buis à l'état de malate. L'analyse élémentaire n'en ayant pas été faite, on ne sait pas s'il faut la classer parmi les alcaloïdes.

Usages. — Le bois de buis est très-estimé des tourneurs et dans la tabletterie. Les graveurs sur bois l'estiment beaucoup. Il sert à faire des spatules, des abaisse-langue, des plessimètres, des stéthoscopes, des spéculums, etc. On préfère la racine au bois, parce que sa densité est plus grande et que sa veinure est plus riche.

On a remplacé quelquefois dans la bière, le houblon par des feuilles de buis ; mais la boisson ainsi obtenue présente une saveur extrêmement amère et nauséabonde, qui persiste au palais et à la langue ; d'ailleurs son odeur est désagréable. Il n'en est pas moins vrai qu'il est impossible de reconnaître chimiquement cette fraude, surtout lorsqu'aux feuilles de buis on a ajouté des cônes de houblon.

Les différentes parties du buis ont été considérées comme sudorifiques, antisyphilitiques et antirhumatismales. On a préconisé les feuilles contre les accidents secondaires et tertiaires de la syphilis (8 à 10 grammes en infusion), contre la goutte et les affections de la peau. On a dit que le bois pouvait être substitué à celui de gaïac ; mais il lui est bien inférieur, et il n'y a aucune comparaison à faire entre eux. Aussi malgré l'autorité de Amatus Lusitanus, de Charles Musitan et de beaucoup d'autres auteurs, parmi lesquels nous citerons Garidel, Gilibert, Macquart, Roques, Bodart, Biett, etc., les feuilles de buis sont abandonnées aujourd'hui non-seulement comme sudorifiques, mais encore comme purgatives (15 à 20 grammes), propriété moins contestable, mais on les redoute à cause de coliques violentes qu'elles déterminent.

Comme tous les amers, le buis a été considéré comme fébrifuge, èt, d'après M. Fée, Joseph II acheta à un charlatan 1,500 florins son secret de guérir les fièvres intermittentes par le buis; mais il est bien reconnu que le buis n'a jamais guéri la fièvre.

BUSSEROLE

Arbutus Uva ursi L., *Arctostaphylos Uva ursi* Spreng.
(Éricinées-Éricées.)

La Busserole, appelée aussi Bousserole, Buxerole, Raisin d'ours, Arbousier traînant, etc., est un petit arbuste rampant, dont la tige, longue de 0^m,35 à 0^m,65, rameuse, glabre, couchée, rougeâtre, porte des feuilles alternes, courtement pétiolées, ovales, entières, presque obtuses, épaisses, fermes, glabres, luisantes et d'un vert foncé en dessus, plus pâles en dessous, persistantes, ressemblant à celles du buis. Les fleurs, blanches ou rosées, sont disposées, par huit ou dix, en grappe terminale et accompagnées chacune de trois petites bractées écailleuses. Elles présentent un calice à cinq divisions profondes, très-petites, arrondies, obtuses, étalées; une corolle monopétale, en grelot allongé, terminée par cinq petits lobes obtus, dressés et offrant à l'intérieur dix petits nectaires arrondis, transparents; dix étamines incluses, à filets velus, à anthères ovoïdes, rougeâtres; un ovaire globuleux, glabre, à cinq loges multiovulées, surmonté d'un style cylindrique, épais, que termine un stigmate aplati. Le fruit est une petite baie, d'un beau rouge, à cinq loges, contenant plusieurs petites graines.

Habitat. — La busserole est abondamment répandue dans les régions montagneuses de l'Europe centrale et méridionale.

Culture. — Cet arbuste demande une exposition ombragée et la terre de bruyère. On le propage ordinairement par graines, semées aussitôt après leur maturité. Quand les jeunes pieds ont atteint la taille de 0^m,04 à 0^m,05, on les repique séparément dans de petits pots, que l'on expose au levant et qu'on rentre en hiver pendant les premières années; dès qu'ils sont assez forts, on les plante à demeure. On multiplie encore la busserole de boutures ou de marcottes, qu'on ne doit lever que la seconde ou même la troisième année.

Parties usitées. — Les feuilles; rarement l'écorce et les baies.

Récolte. — On doit choisir les feuilles les plus jeunes; on peut

les cueillir en toute saison ; dans le commerce elles sont toujours
d'un beau vert, épaisses, entières, obovées, sans nervures transversales, un peu chagrinées sur les deux faces ; à la loupe on trouve à la
face inférieure un réseau très-fin, rougeâtre, dû à l'extrême division
des nervures transversales ; leur saveur est astringente ; on les distingue facilement des feuilles d'airelle (Voyez ce mot) et de celles
du buis (*buxus sempervirens*) ; celles-ci sont ovales-oblongues, échancrées au sommet ; la face inférieure présente de nombreuses nervures transversales très-apparentes, recouvertes d'un duvet très-
court ; leur macératum précipite les sels de fer en gris, tandis que
celui des feuilles de busserole les précipite en noir.

Composition chimique. — Toutes les parties de la busserole contiennent de l'acide gallique 1,2, et du tannin 36,4 pour 100,
M. Kawlier en a extrait un principe cristallisé mal défini, qu'il a
nommé *arbutine*, $C^{32}H^{24}O^{34}$, dont la solution au contact de la synaptase se dédouble en glycose et en *arcturine*, c'est par conséquent une
g'ycoside ; en effet :

$$C^{32}H^{24}O^{34} = C^{20}H^{26}O^{7} + C^{12}H^{12}O^{12} + 2HO$$

arbutine,   arcturine,   glycose,

Les feuilles d'airelle se distinguent chimiquement, en ce qu'elles ne
contiennent ni tannin ni acide gallique.

Usages. — Les feuilles de busserole ont été utilisées pour le tannage
des cuirs et la teinture en noir. Vers la fin du dix-septième siècle, les
médecins de Montpellier l'ont préconisée contre les affections des
voies urinaires ; Dehaen a beaucoup contribué à lui donner la réputation qu'elle possède encore aujourd'hui de guérir le catarrhe vésical, les ulcérations du rein, et même de dissoudre les calculs vésicaux ;
employée dans les mêmes cas par Prout, Gilibert, Givardi, Bergius, etc. ; elle a été vantée par Sœmering pour combattre le spasme
vésical, par M. Ségalas, pour faciliter la sortie des graviers, etc.

La busserole a été prescrite avec avantages dans tous les cas où les
astringents sont indiqués, mais l'assertion du docteur Harris et de
M. de Beauvais qui l'avaient considérée comme un succédané de
l'ergot de seigle, et même comme préférable à celui-ci pour hâter les
accouchements paresseux, n'a pas été justifiée par l'expérience ;
nous devons à M. Debout un travail remarquable sur cette plante
(*Bull. g'n. de Th.*, XLVI, 507).

CACAOIER

Theobroma Cacao L.
(Buttnériacées—Buttnériées.)

Le Cacaoïer est un arbre dont la tige, haute de 0ᵐ,10 à 0ᵐ,15, se divise en rameaux très-nombreux, longs et grêles, portant des feuilles alternes, pétiolées, munies de stipules, entières, obovales, aiguës, glabres et lisses. Les fleurs, rougeâtres, forment de petits fascicules axillaires sur le tronc et sur les rameaux ; elles présentent un calice à cinq divisions profondes, lancéolées, aiguës, d'un rouge foncé ; une corolle à cinq pétales dressés, canaliculés à la base, rétrécis au milieu, connivents au sommet ; dix étamines monadelphes ; un ovaire libre, ovoïde, tomenteux, à cinq loges, surmonté d'un style long et grêle, terminé par cinq stigmates aigus. Le fruit (*cabosse*) est ovoïde, allongé, jaune ou rouge, à péricarpe épais, dur, indéhiscent, rempli d'une pulpe aqueuse, dans laquelle sont disséminées un grand nombre de graines.

Habitat. — Cet arbre est originaire du Mexique, d'où il s'est répandu dans les régions tropicales des deux continents.

Parties usitées. — L'écorce de l'arbre, les semences ou cacao, le beurre qu'on en retire.

Récolte. — Outre le *Th. Cacao*, on emploie encore le *Th. minor* de Gaertner, le *Th. sylvestris* d'Aub., le *Th. bicolor* H. B., *Plant. équin.*, vol. I, Pl. 30, le *Th. Guianensis* d'Aub. Voici comment on fait la récolte des semences : on abat les fruits à mesure de leur maturité ; les capsules nommées *cabasses* ou *cabosses* sont coupées en deux, on sépare la pulpe et les semences, on met le tout dans des auges en bois couvertes de feuilles de balisier (*Canna Indica*). Après vingt-quatre heures de fermentation on agite vivement, la pulpe est devenue liquide, on laisse en contact jusqu'à ce que l'épisperme, de blanc qu'il était, soit devenu d'une couleur rouille et que le germe soit mort ; alors on sépare les semences et on les fait sécher au soleil, c'est le *cacao non terré*. Le caraque, préparé dans la province de Caracas et ailleurs, subit une autre opération : on enfouit les graines pendant quelques jours dans la terre, afin de leur donner un goût moins âpre et moins désagréable, puis on les fait sécher ; il constitue alors le *cacao terré*. Tous les cacaos nous viennent dans le commerce dans des sacs en toile, rarement on les réduit en pâte.

Composition chimique. — Le cacao contient une assez grande quantité de matières azotées et de matières grasses qui lui donnent ses propriétés nutritives ; des amandes fraîches on obtient 45 à 50 p. 100 de cacao sec. Voici d'ailleurs les analyses qui en ont été faites :

GRAINES DE CACAOIER de Monfaras (Nouvelle-Grenade).		CACAOS DU COMMERCE privés de leurs enveloppes avant la torréfaction.		CENDRES DU CACAO.	
Beurre de cacao........	44		32	Potasse............	33.4
Albumine et autres ma-tières azotées..........	20		20	Chaux............	11.0
				Magnésie...........	17.0
Théobromine..........	2		2	Acide phosphorique..	29.6
Matière cristalline très-amère...............	traces.			— sulfurique.....	4.5
				— carbonique....	1.0
Acide cristallisé, gomme.	6			Chlore............	0.2
Amidon et cellulose.....	13	Amidon....	10	Silice............	3.3
		Cellulose...	2		100.0
Sels..............	4		4	(M. Letellier.)	
Eau..............	11		10		
	100		100		
(M. Boussingault.)		(M. Payen.)			

La *théobromine* $= C^7 H^4 Az^2 O^2$, est une substance blanche cristalline soluble dans l'eau, l'alcool et l'éther ; elle se volatilise vers 250°, le tannin ne la précipite pas, elle forme avec les acides des combinaisons qui sont détruites par l'eau.

Le *beurre de cacao* s'extrait de la pâte de cacao par expression entre des plaques chaudes, ou par ébullition dans l'eau, ou par des dissolvants tels que l'éther et le sulfure de carbone, etc. ; il est blanc, translucide, insoluble dans l'eau, soluble dans l'alcool et dans l'éther, son odeur et sa saveur rappellent un peu celles du chocolat pur, il fond à 29°. Il paraît être formé d'oléine et de stéarine (Pelouze, Boudet).

Usages. — Le cacao est principalement employé comme aliment ; il sert à faire le chocolat qui est un mélange de cacao, de sucre, aromatisé avec de la cannelle ou du sucre vanillé. On fait légèrement torréfier le cacao, on sépare l'épisperme et les embryons, on broie l'amande sur une pierre chaude, et on y ajoute le sucre pulvérisé et les aromates.

Associé au quinquina, le cacao sert à préparer un vin tonique.

Le beurre de cacao sert à préparer des pommades, c'est une graisse adoucissante et émolliente ; à l'intérieur, on l'a employé quelquefois comme expectorant; il sert presque uniquement à préparer des *suppositoires*, petits cônes destinés à être introduits dans le rectum; on y associe l'opium, l'extrait de belladone, l'émétique, le tannin, etc., selon le but qu'on se propose.

Les cacaos terrés sont ceux dits de *Caraque* et de *la Trinité*. Les non terrés sont les cacaos *Socomusco*, *Maragnan*, de *Para*, de *Saint-Domingue* et de la *Martinique*.

CAFÉIER

Coffea Arabica L.
(Rubiacées – Cofféacées.)

Le Caféier est un petit arbre dont la tige, haute de 5 à 6 mètres, porte des feuilles opposées, munies de stipules, pétiolées, ovales, entières, allongées, atténuées à la base et au sommet, glabres, à bords un peu sinueux. Les fleurs, blanches, odorantes, sont presque sessiles et groupées en cimes très-fournies à l'aisselle des feuilles supérieures. Elles présentent un calice turbiné, à cinq dents; une corolle à tube cylindrique, à limbe partagé en cinq divisions égales, lancéolées, étalées; cinq étamines saillantes, à anthères étroites; un ovaire arrondi, à deux loges uniovulées, surmonté d'un style simple, grêle, terminé par un stigmate bifide. Le fruit est une petite drupe, de la grosseur d'une merise, contenant deux petits noyaux accolés, plans en dedans, convexes en dehors, et dont chacun renferme une graine à albumen corné très-abondant, marqué d'un sillon longitudinal à la face interne (Pl. 25).

Cet arbre a produit par la culture un grand nombre de variétés, caractérisées par la forme, la couleur, le volume et surtout la qualité de la graine, et dont les plus remarquables portent les noms de café Moka, Martinique, Bourbon, Saint-Domingue, etc.

Habitat. — Le caféier est originaire de la haute Éthiopie, d'où il a été transporté en Arabie, et de là dans l'Inde, à Batavia, aux Antilles, à la Guyane, à l'île de la Réunion, etc.

Culture. — Dans les régions tropicales, cette culture occupe de vastes étendues de terrain et constitue une branche de commerce très-lucrative. On multiplie le caféier de graines, semées aussitôt après la maturité, en place dans les régions humides, en pépinières dans les régions sèches. On étête les arbres à la hauteur d'un à deux mètres. Sous nos climats, le caféier n'est cultivé qu'en serre chaude.

PARTIES USITÉES. — Les graines.

RÉCOLTE. — On récolte le fruit ou *cerise de café* à sa maturité. On le fait passer entre deux râpes cylindriques, que l'on fait tourner en sens contraire; puis on fait dessécher à l'étuve ou au soleil, on enlève l'enveloppe ou parchemin au moyen d'un moulin à gros rouleaux garnis de lames de fer, ou bien au mortier, puis on chasse les coques par un vanneur ou un ventilateur. On obtient ainsi le café mondé.

COMPOSITION CHIMIQUE. — D'après M. Payen, le café contient : légumine, caféine, etc., 40; caféine libre, 0,8 ; caféine azotée, 3 ; substances grasses, 13; glycose, dextrine, acide végétal non déterminé, 15,5 ; chloroginate de potasse et de caféine, 5 ; huile essentielle concrète insoluble, 0,001 ; essence aromatique soluble à odeur suave, 0,002 ; cellulose, 34 ; sels, potasse, magnésie, chaux, acides phosphorique, silicique, sulfurique, chlore, 6,697 ; eau, 12 ; total, 100. La macération de café vert dans l'eau devient vert émeraude par l'addition de quelques gouttes d'ammoniaque; cette coloration est due à l'*acide chlorogénique* (Payen).

La caféine $= C^8 H^5 Az^2 O^4$, découverte par Robiquet, étudiée par MM. Boutron et Payen, existe dans le café à l'état de malate. Le café contient de 2 à 5 p. 100 de caféine; c'est une base organique faible, isomère et identique avec la théine. On a aussi retiré du café un acide qu'on a nommé *caféique*.

On a peu étudié les corps qui se produisent pendant la torréfaction du café. La partie ligneuse éprouve un commencement de décomposition et devient friable ; il se produit, en outre, un corps brun, amer, soluble dans l'eau, qui provient de l'altération de la substance gommeuse; il se forme en même temps une huile aromatique nommée *caféone*.

USAGES. — Le café vert, à la dose de 15 à 60 grammes pour un litre d'eau bouillante, a été employé avec succès contre la coqueluche. L'infusion de café torréfié jouit de propriétés excitantes trèsénergiques; elle présente tous les avantages des liqueurs alcooliques sans en avoir les inconvénients; elle combat le sommeil; on l'a employée avec succès contre les empoisonnements par l'opium. Mêlée aux substances amères, telles que le sulfate de quinine, la rhubarbe, le séné, le sulfate de magnésie, elle en détruit ou masque l'odeur et la saveur. On a tiré un grand parti de cette propriété en thérapeutique. Le tannin ou l'acide, *café tannique*, que le café contient, le rend précieux comme tonique et pour combattre certains empoisonnements.

Le café paraît avoir été très-anciennement connu. Avicenne et Rhazès le mentionnent. Ce n'est que vers la fin du treizième siècle que son usage s'est répandu.

On a proposé comme succédané du café, l'*Iris pseudo-acorus* (la graine), celle de l'*Arachis hypogea*, les pois chiches, l'avoine, le seigle, le maïs, les glands de chêne, les semences de gombo (*Hibiscus esculentus*), celles de l'*Astragalus bœticus*, etc.

La poudre de café torréfié surnage à l'eau sans la colorer, tandis que la chicorée plonge au fond avec coloration brune.

Avec les épispermes ou coques du café, on fait en Orient une infusion appelée *café à la sultane*, très-estimée dans ce pays, mais qui, d'après Murray, est détestable à boire.

CAÏL-CÉDRA

Khaya Senegalensis Ad. de Juss. *Swietenia Senegalensis* Desr.

(Méliacés.)

Le Caïl-Cédra est un grand arbre : il atteint 35 mètres de hauteur, et son tronc, qui est droit, mesure jusqu'à un mètre de diamètre ; le bois est rouge, et l'écorce d'un gris fauve, fendillée. Les branches sont très-longues, cylindracées, glabres, étalées. Les feuilles alternes, longues de $0^m,15$ à $0^m,32$ sont paripennées, composées de trois à six paires de folioles, coriaces, ovales-oblongues ou lancéolées, longues de $0^m,07$ à $0^m,16$, sur $0^m,027$ à $0^m,054$ de largeur, glabres, luisantes en dessus, d'un vert pâle en dessous. Les fleurs sont blanches, très-petites et nombreuses, disposées en grappes paniculées, axillaires et terminales. Le calice est à quatre pétales très-petits, alternativement imbriqués. Les pétales, au nombre de quatre, sont beaucoup plus longs que les sépales, dressés, ovales, obtus, concaves et caducs. Huit étamines constituent l'androcée, et ont leurs filets soudés en un tube renflé inférieurement, blanc, rosé, rétréci au sommet, et découpé en huit dents ayant à peu près la forme d'un cœur renversé ; les anthères sont fixées par un court filet dans l'intérieur et au sommet du tube staminal. L'ovaire est à quatre loges, entouré d'un disque épais, multilobé. Le style simple, de la longueur des étamines, est terminé par un stigmate discoïde, épais, marqué en dessus de quatre sillons. Le fruit est une capsule de la grosseur d'un abricot, s'ouvrant en quatre valves, en se séparant d'un axe central à quatre ailes, sur lequel sont insérées de nombreuses graines, presque orbiculaires, à bords membraneux.

Habitat. — Le caïl-cédra croît abondamment dans les bas-fonds de la presqu'île du Cap-Vert, où il constitue l'essence prédominante des forêts; malgré son nom spécifique (*Senegalensis*), il n'existe pas au Sénégal à l'état sauvage; en 1820 les colons français l'ont introduit dans leurs cultures pour en former des allées de jardin.

Culture. — Le caïl-cédra est un arbre de serre chaude; il lui faut beaucoup d'humidité atmosphérique, et des seringages fréquents sur le feuillage. Sa multiplication se fait par graines tirées de nos colonies sénégalaises, et par boutures tenues sous cloches à l'étouffée.

Parties usitées. — L'écorce, le bois.

Récolte. — Le bois de caïl-cédra porte le nom d'*acajou du Séné-gal*; il ressemble beaucoup, d'après M. Guibourt, à l'acajou de Mahogoni, mais sa texture est plus grossière; il garde plus difficilement le poli, et sa teinte est vineuse, peu agréable; il est moins estimé. L'écorce, qui porte le nom de *quinquina du Sénégal*, a environ $0^m,015$ d'épaisseur; sa couleur est grisâtre, sa surface extérieure fendillée, très-dure, l'épiderme est d'un jaune rouge, devenant moins foncé à mesure qu'on arrive vers l'intérieur. Lorsqu'on la mâche, elle développe une saveur amère très-sensible; sa cassure est nette, d'un grain très-serré; elle présente dans le sens longitudinal de l'arbre des lignes blanches, qui deviennent plus nombreuses et plus serrées à mesure qu'on arrive vers l'intérieur de l'écorce (E. Caventou).

Composition chimique. — L'écorce de caïl-cédra a été étudiée au point de vue chimique par M. Duvau, pharmacien de la marine, mais c'est à M. E. Caventou, fils de l'illustre auteur de la découverte de la quinine, que nous devons le travail intéressant et complet dont nous donnons l'analyse.

M. Caventou a trouvé dans l'écorce de caïl-cédra : 1° un principe amer neutre qu'il nomme *caïl-cédrin*; 2° une matière grasse verte; 3° une matière colorante rouge, très-abondante, couleur de sang, peu soluble dans l'eau et dans l'alcool froid, insoluble dans l'éther, soluble dans l'alcool bouillant; elle est neutre, amorphe, elle se dissout dans une solution de potasse; l'acide azotique la transforme en une matière d'un très-beau jaune serin, contenant de l'acide oxalique; 4° de la matière colorante jaune; 5° de la gomme; 6° de l'amidon; 7° du ligneux; 8° du chlorure de potassium; 9° une essence aromatique.

Usages. — Il résulte des expériences faites à l'hôpital de Gorée, par M. le docteur Rulland et par M. Duvau, que l'écorce de caïl-cédra possède des propriétés fébrifuges très-marquées, mais bien inférieures à celles du quinquina : c'est l'extrait aqueux que l'on a employé.

D'après M. E. Caventou, les propriétés fébrifuges de cette écorce ne résident pas uniquement dans la matière amère qu'il a nommée *Caïl-cédrin*, et qui s'y trouve à dose très-minime (0,80 centigrammes par kilogramme environ); c'est un corps solide, opaque, résineux, amorphe, cassant, friable, d'un aspect vitreux; sa saveur est amère et légèrement aromatique; il est neutre aux réactifs colorés; chauffé dans l'eau, il se ramollit vers 20° et fond tout à fait vers 70° ou 80°; il prend alors l'aspect d'un sirop épais et se solidifie par le refroidissement; il est peu soluble dans l'eau, moins à chaud qu'à froid; il semble former avec elle un hydrate blanchâtre; il paraît former avec la chaux et la magnésie des sels solubles dans l'eau et dans l'alcool.

M. Caventou préfère, avec juste raison, l'extrait alcoolique à l'extrait aqueux. On fait d'abord un extrait aqueux que l'on fait évaporer au bain-marie, et on le reprend par l'alcool à 65° c.; on évapore ensuite la solution alcoolique; l'extrait obtenu est d'un beau rouge, amer, astringent; il renferme toutes les substances actives de l'écorce. M. E. Caventou a donné des formules pour la préparation d'une teinture, d'un vin et d'un sirop qui seront peu employés en raison de la rareté de l'écorce; mais on n'en devra pas moins savoir gré à ce jeune chimiste d'avoir fait un travail aussi remarquable par son exactitude que par l'importance du sujet qu'il traitait. Ajoutons qu'une expérience faite par M. le docteur Moutard-Martin, semble favorable à l'emploi de l'extrait alcoolique de caïl-cédra contre les fièvres intermittentes.

CAILLE-LAIT

Galium verum L.
(Rubiacées-Aspérulées.)

Le Caille-lait ou Galiet jaune, est une petite plante vivace, à racines grêles, allongées, brunâtres, rampantes. Les tiges, hautes de 0m,35 à 0m,60, presque carrées, noueuses, articulées, velues à la base, grêles, dressées, rameuses, portent des feuilles verticillées ordinairement par huit, lancéolées-linéaires, étroites, aiguës au sommet, entières, assez fermes, lisses, d'un vert foncé surtout en dessus, à bords roulés vers la face inférieure qui est d'un vert clair ; elles sont étalées ou même réfléchies sur la tige et les rameaux. Les fleurs, jaunes, petites, très-nombreuses, courtement pédonculées, forment des panicules allongées, lâches, terminales, occupant plus de la moitié supérieure de la plante. Elles présentent un calice adhérent, à limbe presque nul ; une corolle rotacée, à quatre divisions aiguës, étalées ; quatre étamines dressées, saillantes ; un ovaire didyme, à deux loges, surmonté d'un style bifide qui se termine par deux stigmates globuleux. Le fruit est un diakène arrondi, didyme, glabre, renfermant deux graines à albumen corné.

Le caille-lait blanc (*G. mollugo* L.) se distingue du précédent par sa taille plus élevée ; ses feuilles plus larges, terminées en pointe au sommet ; ses fleurs blanches, à divisions de la corolle ovales.

Habitat. — Le caille-lait blanc est commun dans presque toute l'Europe ; il habite les bois, les dunes, les haies, le bord des chemins, les prairies sèches, etc., et fleurit en juillet et août. Le caille-lait jaune croît dans les mêmes lieux et fleurit plus tôt.

Culture. — Ces deux plantes ne sont cultivées que dans les jardins botaniques. On les multiplie facilement, soit par semis, soit par la séparation des pieds.

Parties usitées. — Les feuilles, les sommités fleuries.

Récolte. — La récolte du caille-lait doit se faire lorsqu'il est en pleine floraison et par un beau temps : on en fait des paquets que l'on dispose en guirlandes ; il doit être enfermé sec et à l'obscurité ; ses fleurs noircissent facilement, et il perd ses propriétés en vieillissant.

Composition chimique. — Le nom de caille-lait est une dégénérescence du nom *galiet*, que l'on donnait autrefois à cette plante.

Les Anglais le nomment *cheese rennet* (présure de lait); ils emploient les fleurs pour colorer le fromage de Chester, mais on le mêle avec de la présure de veau; car le *Galium verum* ne caille nullement le lait, malgré l'opinion de Roques, qui croit que la matière sucrée que l'on trouve dans les nectaires se change en acide acétique qui peut cailler le lait; or c'est là une double erreur: d'abord le sucre ne se transforme pas facilement en acide acétique, et cet acide coagule le lait au lieu de le cailler, ce qui est bien différent.

On a extrait du caille-lait une matière colorante jaune, et des racines une rouge, qui l'une et l'autre sont sans usage. Les fleurs contiennent un principe odorant analogue à celui du mélilot (*coumarine*), que l'on a extrait d'ailleurs d'une plante voisine, l'*Asperula odorata*.

Usages. — Les *Galium* ont été considérés comme antispasmodiques, diurétiques et astringents; on les a beaucoup préconisés contre l'épilepsie, surtout le *Galium palustre*. Malgré l'opinion de Hufeland, les propriétés antihystériques et antiépileptiques des *Galium* sont à présent considérées comme nulles, d'après MM. Delasiauve et Moreau de Tours, etc.; et il en est de même des prétendus effets antiscrofuleux et antiherpétiques qu'on leur avait attribués.

On a longtemps accordé au caille-lait blanc (*Galium mollugo*) et au *G. dumetorum* les mêmes prétendues propriétés. D'après M. Timbal Lagrave, on devrait préférer le *G. palustre*.

CAÏNCA

Chiococca anguifuga Mart. *Chiococca racemosa* L.
(Rubiacées-Cofféacées.)

Le Caïnca est un arbrisseau qui atteint normalement de 1^m,30 à 1^m,70 de hauteur; mais quand il croit dans les endroits couverts, il pousse alors de longues branches cylindriques, glabres, grêles, sarmenteuses qui sont soutenues par les corps environnants. Ses feuilles sont opposées, ovales, acuminées au sommet, un peu échancrées en cœur à la base, entières, glabres sur les deux faces; les stipules sont très-larges, très-courtes, et brièvement cuspidées. Les fleurs sont d'un blanc sale, disposées par cinq à sept en petites grappes paniculées. Le calice est ovale, adhérent à l'ovaire, à limbe découpé en cinq dents très-fines et aiguës. La corolle est tubuleuse, trois fois plus longue

que les dents du calice, à tube s'évasant graduellement en entonnoir
jusqu'au limbe qui est à cinq lobes aigus. Les étamines insérées au fond
de la corolle ont le filet pulvérulent, et l'anthère linéaire. L'ovaire est
infère, à deux loges monospermes, surmonté d'un style et d'un stigmate simples. Le fruit est une baie à deux lobes, un peu comprimée,
couronnée par les dents du calice, et contenant deux noyaux, dans
chacun desquels est une graine suspendue.

HABITAT. — Le caïnca est originaire des régions chaudes de l'Amérique; on le rencontre au Pérou, à la Guyane française, dans l'île
de Cuba, etc.

CULTURE. — Tous les chiococca sont des végétaux qui exigent la
serre chaude sous notre climat; on les multiplie très-facilement par
boutures faites avec des bourgeons un peu aoûtés et placées sous
cloche en serre chaude.

PARTIES USITÉES. — Les racines.

RÉCOLTE. — La racine de caïnca nous vient du Brésil, elle y est
connue sous le nom de *Raïz preta*, qui signifie racine noire, et sous
celui de *Caïnana*, qui est celui d'un serpent venimeux contre la
morsure duquel la racine a été employée; en France, le nom de
caïnca a prévalu, mais on l'écrit de différentes manières, *Kahinca*,
Kaïnca, *Cahinca*, *Cahinça*.

La racine de caïnca est composée de radicules cylindriques, longues de 0^m,35 et plus, d'une grosseur qui varie depuis celle d'une
plume à écrire jusqu'à celle du doigt. L'écorce est brunâtre, peu
épaisse, entourant un corps ligneux blanchâtre, présentant une cassure qui paraît être criblée de trous; sur l'écorce on trouve de distance en distance des fissures transversales, et en ces points elle se
sépare assez facilement du bois; les petites racines ressemblent beaucoup à l'ipécacuanha annelé majeur avec lequel on les mélange
(Guibourt). Le caractère le plus saillant de la racine de caïnca consiste dans des nervures très-apparentes qui parcourent longitudinalement les gros rameaux, et qui sont formées d'un meditullium ligneux entouré de son écorce, de sorte qu'on croirait qu'une radicule
s'est soudée avec le rameau.

Le *C. densifolia* Martins, également du Brésil, partage les propriétés du *C. anguifuga*; il en est de même du *C. racemosa*, qui
croît au Brésil et aux Antilles, et qui, d'après plusieurs auteurs, produit la véritable racine officinale. La racine de ce dernier présente

aussi une écorce brune, annelée (*annulatus*), elle dégage une odeur analogue à celle de l'acide valérianique, sa saveur est amère, aromatique. A la Guadeloupe, elle est connue sous le nom de *petit Branda*, elle y est employée contre la syphilis et les rhumatismes : elle se distingue en ce que son bois est plus coloré en jaune que celui du *C. anguifuga*.

COMPOSITION CHIMIQUE. — La racine de caînca a été analysée par MM. Pelletier et Caventou, qui y ont trouvé : 1° une matière grasse, verte et odorante, qui donne l'odeur à la racine ; 2° une matière colorante jaune ; 3° une substance colorée visqueuse ; 4° un principe très-amer, âcre, blanc, inodore, non azoté, peu soluble dans l'eau et dans l'éther, soluble dans l'alcool ; ses solutions rougissent le tournesol et neutralisent les alcalis. On l'a nommé *acide caïncique*. Il peut être représenté par $C^{32}H^{26}O^{14}$ (Rochelder et Hlasiwetz) ; il peut cristalliser en prismes inodores en partie fusibles et décomposables, en partie volatils.

USAGES. — C'est M. François qui a introduit le caînca dans la matière médicale. Elle était depuis longtemps employée au Brésil comme diurétique, et elle a été vantée comme un spécifique des hydropisies, et surtout dans les hydropisies dites essentielles, c'est-à-dire celles qui ne sont pas entretenues par une cause organique locale, et dans les hydropisies symptomatiques, d'après M. Fouquier, son intervention n'est pas inutile : elle détermine des évacuations légères ; elle exerce une action tonique assez prononcée. On ne doit pas en user dans les hydropisies qui suivent les fièvres éruptives, ni lorsqu'il y a inflammation de l'estomac et des intestins. On l'emploie en décoction à la dose de 4 à 8 grammes par litre d'eau ; on en fait un extrait et un sirop. Aux Antilles, on s'en sert contre la syphilis et les rhumatismes ; on l'a préféré à la salsepareille ; sa poudre a été employée comme styptique sur les ulcères. Aujourd'hui le caînca est très-peu usité.

CAJEPUT

Melaleuca leucadendron L. *Myrtus leucadendron* L. F.
(Myrtacées-Leptospermées.)

Le Cajeput est un arbre dont la tige, haute de 5 à 6 mètres, tortueuse, couverte d'une écorce noirâtre, se divise en rameaux nombreux, blanchâtres, un peu pendants, portant des feuilles alternes, presque sessiles, lancéolées, allongées, très-entières, obliques et courbées en faux, acuminées, fermes, persistantes, glabres, marquées de trois ou cinq nervures. Les fleurs, blanches, petites, nombreuses, sont groupées en épis allongés. Elles présentent un calice turbiné, à limbe partagé en cinq divisions petites et caduques; une corolle à cinq pétales; trente à quarante étamines, à filets réunis par leur base en cinq faisceaux opposés aux pétales, à anthères penchées; un ovaire simple, adhérent, à trois loges multiovulées, entouré d'un disque charnu et surmonté d'un style filiforme, que termine un stigmate obtus. Le fruit est une capsule à trois loges polyspermes, couverte en partie par le calice persistant, et renfermant un assez grand nombre de graines anguleuses.

Le mélaleuque à fleurs vertes (*M. viridiflora* Smith, *Metrosideros quinquenervia* Cav.) ressemble beaucoup au précédent, dont il ne serait, d'après Linné, qu'une simple variété. Il s'en distingue par ses feuilles ovales-elliptiques, coriaces, épaisses, à sommet obtus, non courbées en faux, d'un vert pâle et présentant cinq ou six nervures; ses jeunes rameaux et ses pétioles pubescents; ses fleurs en grappes.

HABITAT. — Ces deux espèces habitent les Indes Orientales, l'Australie, la Nouvelle-Calédonie, etc.

CULTURE. — Les mélaleuques se cultivent, sous nos climats, en serre tempérée ou en orangerie bien éclairée. Ils demandent la terre de bruyère; des arrosements modérés en hiver et copieux en été. On les multiplie de graines semées sur couches tièdes, ou de boutures étouffées.

PARTIES USITÉES. — L'huile essentielle qu'on retire des feuilles et des jeunes pousses.

RÉCOLTE. — L'huile de cajeput du commerce est verte; elle nous vient des îles Moluques. Il est possible que le procédé de distillation décrit par Rumphius donne une huile colorée; il consiste à faire fermenter les feuilles, à les faire dessécher, puis macérer dans l'eau, puis enfin à distiller; mais soit que la matière colorante se détruise pendant l'opération, ou plus tard à la lumière, il est certain que les huiles de cajeput du commerce doivent leur coloration à de l'oxyde de cuivre tenu en dissolution. M. Guibourt, qui en a déterminé la proportion, y a trouvé $0^{gm},137$ pour

500 grammes, ou 0,00274 par gramme. Il ajoute qu'ayant distillé lui-même des feuilles de plusieurs *Melaleuca*, *Metrosideros* et *Eucalyptus*, cultivés au Muséum d'histoire naturelle, il avait obtenu une huile verte.

Telle que nous la fournit le commerce, l'huile de cajeput est liquide, verte, très-mobile, transparente, d'une odeur forte très-agréable, rappelant tout à la fois celles du camphre, de la térébenthine, de la menthe, du poivre et de la rose ; mais c'est celle de cette dernière fleur qui domine, lorsqu'on frotte l'huile sur la main et qu'on la laisse évaporer spontanément. Elle est entièrement soluble dans l'alcool et dans l'éther, insoluble dans l'eau, inflammable ; sa densité est de 0,916 à 0,919 (Blanchet et Sell) ; elle bout à 175°.

Composition chimique. — D'après MM. Blanchet et Sell, l'huile essentielle de cajeput peut être représentée par $C^{20}H^{12}O^2$. Si telle est en effet sa composition, on voit qu'elle est isomère avec le camphre de Bornéo du *Dryobalanops Camphora*, dont nous avons déjà parlé. Par la distillation des feuilles, on obtient une huile épaisse, verdâtre, visqueuse. On la rectifie par une nouvelle distillation ; elle est alors légère et très-aromatique.

Usages. — Les Indiens nomment le cajeput *Kai-Pouts*, *Cuean-Pouts*, *Caju-Puts*, qui signifient *bois blanc*, dont on a fait cajeput. Cette huile essentielle est un stimulant diffusible des plus énergiques ; mais comme elle ne possède aucune vertu spéciale et qu'on retrouve toutes ses propriétés dans les autres huiles volatiles, on en fait peu usage ; peut-être aussi faut-il attribuer cet abandon aux fraudes qu'on lui fait subir. Nous avons déjà dit qu'on la colorait artificiellement en vert par de l'oxyde de cuivre ; mais nous devons ajouter qu'on en a fait de factice avec des essences mélangées, et principalement avec celle de cardamome.

Les Malais et les Chinois regardent l'huile de cajeput comme une sorte de panacée universelle. Aux îles Moluques, on en fait un très-grand usage, et on l'administre même aux agonisants. On l'emploie en frictions contre la goutte, le rhumatisme, l'hystérie, la chorée, les coliques venteuses ; on l'introduit dans les dents cariées pour en calmer la douleur ; on l'administre quelquefois à l'intérieur à la dose d'une à deux gouttes dans un verre d'eau. En Allemagne, elle a été très-employée sous le nom d'*huile de Wittneben*, du nom d'un ecclésiastique qui en conseillait l'usage. On s'en sert dans les ménages pour détruire les insectes; on l'a proposée pour conserver les herbiers. Elle doit être entièrement soluble dans l'alcool et brûler sans résidu.

CALABA

Calophyllum calaba, inophyllum, etc. L.
(Clusiacées-Calophyllées.)

Le Calaba est un arbre élevé, dont la tige, couverte d'une écorce épaisse, brun-rougeâtre, se divise en branches et en rameaux nombreux, diffus, formant une large cime. Les feuilles sont opposées, pétiolées, ovales, obtuses, lisses, luisantes, fermes, coriaces, persistantes, nervées, d'un vert un peu glauque, à stries transversales, parallèles. Les fleurs sont blanches; elles présentent un calice à deux sépales colorés, pétaloïdes; une corolle à quatre pétales; des étamines nombreuses, à anthères oblongues; un ovaire uniloculaire, surmonté d'un style épais, terminé par un stigmate pelté. Le fruit est une drupe ovoïde, rouge, monosperme.

Le calaba à fruits ronds (*C. inophyllum* L.) est aussi un grand arbre, à jeunes rameaux tétragones; à fleurs odorantes, munies d'un calice à quatre sépales; à fruit globuleux, jaune.

Le tacamahaca (*C. tacamahaca* Willd., *C. inophyllum* Lam., *non* L.) est un arbre très-semblable au précédent, dont il diffère surtout par sa taille moins élevée; ses feuilles ovales-elliptiques, un peu aiguës, rarement échancrées.

Le genre *Calophyllum* renferme encore un certain nombre d'autres espèces, parmi lesquelles on remarque les calabas acuminé (*C. acuminatum* Lam.) et douteux (*C. apetalum* Willd.).

HABITAT. — Les calabas habitent les régions tropicales de l'ancien continent; on les trouve aux Indes Orientales, au Malabar, à Java, aux Moluques, à Madagascar, à la Réunion, etc.

CULTURE. — Ces arbres, qui sont généralement peu cultivés dans leur pays natal, ne se trouvent, sous nos climats, que dans les serres chaudes des grands jardins botaniques. On les multiplie de boutures étouffées. Leur culture et leur conservation sont assez difficiles.

PARTIES USITÉES. — Le fruit, les semences, la résine qu'on obtient par incision.

RÉCOLTE. — Les divers produits du calaba nous viennent des lieux d'origine. Le fruit du *Calophyllum Calaba* est sphérique, du volume d'une cerise ; il présente une enveloppe charnue, peu épaisse, qui se ride par la dessiccation ; à l'intérieur on trouve un noyau sphérique, presque trigone à la partie supérieure, jaunâtre, ligneux, mais très-mince ; au-dessous de cette enveloppe on en voit une autre d'un tissu beaucoup plus lâche, rougeâtre, lisse et lustrée ; à l'intérieur, l'amande, placée au centre, jaune ou rougeâtre, est formée de deux cotylédons droits, épais, oléagineux. On rencontre encore dans le commerce d'autres fruits attribués à divers *Calophyllum*. Un d'eux a été décrit par Gærtner comme étant produit par le *C. inophyllum* ; il se distingue en ce que le noyau est ovoïde, un peu pointu aux deux extrémités, non trigone, comme dans le *C. Calaba* ; chacune des deux parties de l'endocarpe est beaucoup plus épaisse que dans ce dernier, et le fruit est plus volumineux. Un autre fruit a été attribué par M. Guibourt au *Bitangor maritima* de Rumphius. C'est une capsule ligneuse, jaunâtre, sphérique, de la grosseur d'une petite pomme ; la coque est ligneuse, très-mince ; l'endocarpe est spongieux et rougeâtre, très-épais à l'une des extrémités du fruit, très-mince à l'autre. Un troisième fruit, que l'on attribue à l'arbre qui produit la tacamahaca de Bourbon, se distingue par son odeur forte, par une pulpe épaisse, jaunâtre, mélangée de fortes fibres ligneuses, longitudinales et anastomosées, qui persistent après la destruction du parenchyme ; la coque que l'on trouve au-dessous est blanchâtre, compacte et assez épaisse ; l'endocarpe est grossièrement fibreux et aussi épais que la coque ligneuse.

La *tacamaque de Bourbon*, connue aussi sous les noms de *baume vert*, *baume Marie*, *baume de Calaba*, qui découle du tronc des branches et même des feuilles des divers *Calophyllum*, et surtout du *C. Tacamahaca* Willd., de la Réunion, est en masses cylindriques, d'un vert noirâtre et opaque, mais jaunâtre et translucide dans ses lames minces ; son odeur est analogue à celle de la tacamaque des Antilles, et présente quelque chose de la conserve d'ache ; l'alcool la dissout en partie en laissant un résidu gommeux, soluble dans l'eau, mêlé de ligneux.

Cette résine nous vient de Bourbon et de Madagascar, où elle porte le nom de *fooraha*, et des Philippines, où elle porte le nom de *palamaria*. D'après Martius, on obtient de la même manière, au Brésil et à Madagascar, d'un arbre nommé *Fouraha*, qui pourrait bien être un *Calophyllum*, un baume liquide appelé *baume vert*, *baume fucot*, qui n'est peut-être que l'état liquide du précédent et analogue à la *tacamaque angélique*.

COMPOSITION CHIMIQUE. — Les résines de tacamaque du commerce, quoique ayant des origines différentes (Voyez TACAMAQUE), paraissent avoir une composition semblable et des propriétés thérapeutiques analogues ; elles contiennent toutes une matière résineuse, de la gomme, une matière huileuse et des débris de ligneux. Les semences des *Calophyllum* donnent par expression une huile douce que l'on mélange, dit-on, en Amérique avec l'huile de ricin, ce qui nous parait peu probable.

USAGES. — Les propriétés médicales des divers *Calophyllum* sont les mêmes. La décoction de la racine est employée aux Antilles comme carminative; les Indiens mangent les fruits; l'huile extraite des graines est légère, verdâtre, d'une odeur désagréable. D'après Ainslie, on l'emploie dans les affections rhumatismales et goutteuses. A Taïti, où l'arbre s'appelle *Toumanou*, les femmes mettent les noix dans leurs vêtements pour les parfumer. D'après Lesson, on retire de la plante une matière textile peu employée. On se sert, dit-on, de l'écorce pour enivrer le poisson. La tacamaque de Bourbon a été employée à l'extérieur contre les douleurs. D'après Geoffroy, on l'applique sur le nombril contre l'hystérie, sur le creux de l'estomac dans la cardialgie et les vomissements nerveux ; on la place dans les dents gâtées pour en calmer les douleurs ; elle entre dans le baume de Fioraventi.

CALLA

Calla palustris L.
(Aroïdées—Callacées.)

Le Calla des marais est une plante vivace, à rhizome épais, traçant horizontalement, émettant des feuilles larges, cordiformes, aiguës, planes, vertes, glabres, longuement pétiolées, du milieu desquelles s'élève une hampe droite, une, haute d'environ 0^m,10. Les fleurs, blanches, sont réunies en un spadice terminal, entouré d'une grande spathe comprimée, persistante, blanche en dedans, verdâtre en dehors ; elles sont hermaphrodites à la base du spadice, mâles au sommet, et dépourvues de périanthe. Les étamines sont nombreuses, à filets grêles, dilatés au sommet, à anthères didymes ; l'ovaire uniloculaire, multiovulé, surmonté d'un stigmate sessile en forme de disque. Les fruits sont des baies d'un rouge brunâtre.

Le calla de l'Éthiopie (*C. Æthiopica* L., *Richardia Æthiopica* Kunth.) a des feuilles grandes, longuement pédonculées, sagittées, d'un beau vert; une hampe haute de 0ᵐ,70 à un mètre; les fleurs jaunes, réunies en spadice terminal, entouré d'une spathe blanche, odorante, très-ample et roulée en cornet.

HABITAT. — Le calla des marais est répandu dans les régions marécageuses du nord de l'Europe. Le calla d'Éthiopie est originaire du cap de Bonne-Espérance.

CULTURE. — Ces deux plantes ne sont cultivées que dans les jardins botaniques ou d'ornement; elles demandent une terre constamment humide. On les propage facilement par graines, par éclats et par rejetons. Le calla d'Éthiopie exige une exposition chaude, et vient mieux en pots, qu'on place durant l'été dans un bassin, pour les rentrer en orangerie ou en serre tempérée pendant l'hiver.

PARTIES USITÉES. — Les rhizomes, les feuilles.

RÉCOLTE. — Les rhizomes peuvent être récoltés pendant toute l'année. Les feuilles, lorsqu'elles ont acquis tout leur développement.

COMPOSITIONS CHIMIQUES. — Toutes les parties des calla comme celles des *arum* et des *caladium* possèdent une saveur d'abord douceâtre, mais qui ne tarde pas à devenir âcre et brûlante; cette saveur a été attribuée par quelques auteurs à de petits cristaux (raphides) contenus dans les cellules; mais il est plus probable qu'elle est due à une matière particulière soluble dans l'eau : car, par l'ébullition dans l'eau, cette âcreté disparaît complétement après la décoction aqueuse, et surtout par l'addition du carbonate de soude; il reste pour résidu une matière féculente, à grains très-petits, qui, au lieu de prendre par l'iode la couleur bleue caractéristique des fécules, devient d'une couleur *jaune tourterelle*, semblable à celle que prend le tapioca dans les mêmes circonstances; aussi a-t-on cherché à extraire des rhizomes des calla, des arum et des caladium, une fécule alimentaire; mais jusqu'à présent les produits ainsi obtenus sont rares et peu employés.

USAGES. — Les rhizomes et les feuilles des calla sont tellement âcres qu'ils déterminent des ampoules lorsqu'on les applique sur la peau; cependant, d'après Sportmann, au cap de Bonne-Espérance, où croît cette plante vivace, les porcs-épics mangent les tiges souterraines. Le *C. Palustris* de nos marais a aussi des rhizomes dont la saveur est tellement brûlante qu'on avait proposé de les employer comme vésicants; il paraît cependant que lorsque la terre est couverte de neige, les ours les déterrent et les mangent; dans le sud-ouest de la France on les fait bouillir dans l'eau ainsi que les feuilles et on les donne à manger aux porcs. Les *calla* sont tout à fait inusités en médecine.

CALEBASSE

Lagenaria vulgaris Ser. Cucurbita lagenaria L.
(Cucurbitacées.)

La Calebasse est une plante annuelle, dont la tige, longue et grêle, sillonnée, velue, couchée ou grimpante, munie de vrilles latérales, porte des feuilles alternes, à pétiole long, cylindrique, fistuleux, velu, à limbe grand, cordiforme, acuminé, presque entier ou un peu denté, mou et pubescent. Les fleurs sont blanches, axillaires et dieclines; elles présentent un calice campanulé, à cinq divisions étroites, courtes, pointues, pubescentes; une corolle, adhérente au calice dans sa partie inférieure, à limbe profondément partagé en cinq divisions arrondies, aiguës, minces, pubescentes en dedans, étalées. Les fleurs mâles ont cinq étamines réunies deux par deux, la cinquième solitaire, et formant ainsi trois faisceaux; les femelles ont un ovaire infère, ovoïde, pubescent, étranglé près de la base, entouré de trois appendices qui représentent des rudiments d'étamines; un style court, terminé par trois stigmates épais. Le fruit (*gourde* ou *calebasse*) est une péponide, de forme très-variable (allongée, ventrue, pyriforme, étranglée, en massue, etc.), et dont le péricarpe sec, presque ligneux, contient une pulpe abondante, aqueuse et jaunâtre, qui renferme de nombreuses graines blanches et aplaties.

HABITAT. — Cette plante, originaire de l'Inde, est aujourd'hui répandue dans toutes les régions tempérées du globe.

CULTURE. — La calebasse demande une exposition chaude. On la multiplie de graines, semées, en avril et mai, sur place, sur couche ou en pépinière. On repique les jeunes plants en motte, et on les arrose fréquemment pendant les grandes chaleurs. La calebasse ne demande pas d'autres soins, et elle se sème souvent d'elle-même.

PARTIES USITÉES. — Les péricarpes vidés.

RÉCOLTE. — Le nom de calebasse a été étendu aux fruits du baobab (*Adansonia digitata*), qu'on a appelé calebasse du Sénégal. La calebasse douce est le *Bela schora* L. Nous ne voulons parler ici que du fruit du *C. lagenaria* L., que l'on désigne sous le nom de calebasse d'herbe. Pour les usages ordinaires, on récolte les fruits du calebassier à leur parfaite maturité; on les fait dessécher; puis on y pratique une ouverture le plus souvent à la partie supérieure, par laquelle on enlève le plus possible les graines et la pulpe; on les remplit ensuite d'eau bouillante; on y introduit de petits cailloux, et on agite très-vivement; on recommence l'opération plusieurs fois, jusqu'à ce que l'eau en sorte parfaitement claire et transparente; alors on les remplit d'une lessive légèrement alcaline, et on laisse macérer pendant plusieurs jours; on fait ensuite sécher, et on y introduit du vin ou de l'eau-de-vie, qu'on laisse séjourner plusieurs jours; on jette ensuite le liquide; on fait sécher de nouveau et on conserve pour l'usage.

COMPOSITION CHIMIQUE. — Le péricarpe constituant les *gourdes* est dur et ligneux, la partie charnue est peu abondante; cependant quelques variétés présentent un sarcocarpe assez développé pour qu'elles puissent servir d'aliment. D'ailleurs cette chair est assez succulente; elle renferme du sucre analogue à celui de la canne; elle contient aussi une matière colorante jaune (xanthine) semblable à celle des fleurs jaunes.

USAGES. — En médecine, on n'emploie que les graines de citrouille, sur lesquelles nous reviendrons plus loin. Les différentes variétés sont les suivantes : 1° la *cougourde* ou *gourde des pèlerins*: elle a la forme d'une bouteille; 2° la *gourde* : elle est globuleuse et aplatie; 3° la *massue* ou *trompette*, qui est allongée, cylindrique, renflée à son extrémité inférieure, de manière à ressembler à une massue. La première et la seconde de ces gourdes sont très-employées par les militaires, les chasseurs, etc., pour renfermer du vin ou toute autre boisson.

Certains produits de matière médicale nous viennent quelquefois renfermés dans des gourdes ou calebasses; nous citerons le *baume de Tolu*, l'*aloès des Barbades*, l'*aloès du Cap*, le *curare*, etc. Ces calebasses, de formes extrêmement variées, portent divers noms, selon les pays où on les emploie.

CAMÉLÉE

Cneorum tricoccum L. *Cneorum tricoccos* Banh.
(Cnéorées.)

La Camélée à trois coques est un petit arbrisseau à racines dures,
traçantes. La tige, haute d'un mètre au plus, rameuse, buisson-
nante, couverte d'une écorce brun-verdâtre, porte des feuilles
alternes, simples, brièvement pétiolées, oblongues, obtuses, rétrécies à la base, entières, coriaces, glabres et d'un beau vert, surtout
en dessus. Les fleurs, jaunâtres, sont réunies, au nombre de trois au
plus, sur des pédoncules solitaires à l'aisselle des feuilles et accompagnés de deux bractées petites et pubescentes. Elles présentent un
calice à trois divisions très-petites, égales, ovales-obtuses, persistantes;
une corolle à trois pétales sessiles, oblongs, égaux dépassant longuement le calice; trois étamines insérées sur un gynophore, ainsi que
l'ovaire, qui est trilobé, à trois loges biovulées, surmonté d'un style
central simple, terminé par un stigmate trilobé. Le fruit se compose
de trois coques drupacées, charnues, à noyau ligneux, divisées en
deux petites loges par une cloison oblique; il est couronné par le
style persistant.

Habitat. — La camélée à trois coques habite la région méditerranéenne. On la trouve surtout dans les lieux secs et incultes, sur
les coteaux pierreux exposés au soleil.

Culture. — Cet arbrisseau, assez abondant à l'état sauvage pour
suffire aux besoins de la médecine, n'est cultivé que dans les jardins
botaniques. Il demande une exposition chaude et une terre sèche.
On le propage facilement par graines, semées sur couche au printemps, ou mieux et plus simplement par la transplantation des pieds
qui croissent à l'état spontané.

Parties usitées. — Toute la plante.

Récolte. — La camélée peut être récoltée pendant toute la belle
saison. On la fait dessécher à l'ombre ou à l'étuve à une basse température.

Composition chimique. — Toutes les parties de la plante renferment un principe résineux très-actif, associé probablement à une
substance volatile, car elle paraît perdre une portion de son action
par la dessiccation; les feuilles et les tiges présentent une saveur
âcre caustique très-prononcée, que l'on retrouve dans le fruit. Le

nom générique vient très-probablement de *κάω*, j'irrite, j'excorie, je ronge. Toutefois on a fait remarquer que le *Cneorum* de Linné diffère du *κνέωρον* des Grecs. Celui-ci appartiendrait au genre *Daphne* L.; mais on croit que le *Cneorum tricoccum* est le *Chamælea* de Dioscoride.

Usages. — On est peu d'accord sur les effets physiologiques de la camélée. Lamarck, d'après Dodonæus, la représente comme un purgatif violent, très-âcre, très-irritant, et pour cette raison très-dangereux. Loiseleur Deslonchamps la regarde, au contraire, comme un purgatif doux; mais il paraît ne l'avoir employée qu'à l'état sec, et il prétend qu'à la dose de 40 centigrammes, elle détermine trois à quatre selles. Il pourrait bien se faire d'ailleurs que beaucoup d'auteurs anciens l'aient confondue avec le garou; mais il n'en est pas moins vrai que ses propriétés irritantes, et même vésicantes, ont été bien constatées, puisque lorsqu'on a voulu l'employer à l'extérieur, d'après Rondelet, contre l'hydropisie, en cataplasmes sur le ventre, on avait le soin de mitiger son action par les émollients. Pure, elle a été employée pour produire une forte révulsion dans les cas où celle-ci est indiquée, comme dans l'apoplexie, les paralysies, etc.

Malgré l'opinion de Jean Bauhin qui vantait le suc de camélée comme un bon hydragogue, celle de Gilibert qui l'a préconisé dans l'hydropisie, et celle de Biett qui le regardait comme un bon révulsif, il est aujourd'hui tout à fait abandonné.

CAMOMILLE

Anthemis nobilis L.
(Composées-Sénécionidées.)

La Camomille noble ou odorante, appelée aussi vulgairement, mais à tort, Camomille romaine, est une plante vivace, à racines assez fortes, fibreuses et chevelues. Les tiges, hautes de 0ᵐ,20 à 0ᵐ,30, striées, anguleuses, grêles, vertes, velues, couchées, étalées, à rameaux dressés, portent des feuilles alternes, sessiles, irrégulièrement pennées, à folioles très-petites, aiguës, subulées, pubescentes. Les fleurs sont groupées en capitules solitaires à l'extrémité des rameaux, à réceptacle très-bombé, couvert d'écailles scarieuses et entourés d'un involucre presque plane, composé de folioles imbriquées, pubescentes, vert-blanchâtre, scarieuses sur les bords. Les fleurs du disque sont tubuleuses, jaunes, hermaphrodites, fertiles ; celles de la circonférence, ligulées, blanches, femelles et fertiles. Le fruit est un akène allongé, surmonté d'un petit bourrelet membraneux (Pl. 26).

On trouve aussi dans ce genre les camomilles puante ou maroute (*A. cotula* L.) et pyrèthre (*A. pyrethrum* L.) (Voyez ce mot). Nous citerons encore la camomille jaune ou des teinturiers, vulgairement œil-de-bœuf (*A. tinctoria* L.).

La camomille ordinaire des officines est une espèce de matricaire (Voyez ce mot).

HABITAT. — La camomille noble est très-répandue dans les régions chaudes et tempérées de l'Europe. On la trouve surtout dans les endroits frais et sablonneux, sur les pelouses, sur la lisière et dans les allées des bois, au bord des chemins, etc.

CULTURE. — On ne cultive que la variété à fleurs doubles, la plus recherchée en médecine. Elle demande une terre fraîche et une exposition chaude. On la propage par éclats de pied, ou par marcottes, qui s'enracinent facilement, grâce à la disposition étalée des tiges.

PARTIES USITÉES. — L'inflorescence ou capitule, quelquefois la plante entière.

RÉCOLTE. — Contrairement à ce que l'on fait habituellement, on préfère, pour l'usage médical, la camomille cultivée à fleurs doubles à la camomille à fleurs simples, récoltée dans les lieux arides où elle croît abondamment ; cependant les propriétés thérapeutiques de cette dernière sont beaucoup plus prononcées. Comme dans toutes les plantes de la même famille, les fleurs sont ici doublées, non pas par la transformation des étamines en pétales, mais bien par le changement des fleurons en demi-fleurons.

La récolte des capitules de camomille se fait en juin et en juillet. On cultive la plante plus spécialement aux environs de Dieppe, où la culture a été établie sur les conseils et d'après les indications de Descroizilles. On recueille les capitules les plus petits et les moins blancs, parce que l'épanouissement s'achève au séchoir ; si on prenait les plus gros capitules et les plus blancs, les fleurs se détacheraient pendant la dessiccation, et il ne resterait bientôt que les réceptacles. On dispose la plante par petites bottes, en conservant les tiges ; on les fait sécher en guirlandes. Les herboristes et les pharmaciens détachent les capitules, et les disposent en couches minces sur des châssis en toile garnis de papier gris, et on fait sécher à l'étuve ou au soleil. Pour les conserver, il faut les comprimer et les placer à l'abri de la lumière.

On mélange quelquefois frauduleusement à la camomille les fleurs de matricaire, celles de camomille puante ou maroute (*A. cotula* L.) et celles de la camomille des champs (*A. arvensis* L.). On les distingue par les paillettes que la camomille romaine présente entre les fleurons, au prolongement du tube sur l'ovaire, et en ce que la camomille noble n'a pas d'appendice jaune à la base du demi-fleuron.

COMPOSITION CHIMIQUE. — Les capitules de camomille ont une odeur aromatique agréable, une saveur amère, chaude ; cette plante contient une matière amère soluble dans l'eau et dans l'alcool, et une huile essentielle bleue, d'une consistance visqueuse qui devient brune au contact de l'air ; elle se compose de deux essences, l'une oxygénée et l'autre simplement hydrocarbonée.

USAGES. — Quoiqu'on puisse faire et qu'on ait fait une poudre, une eau distillée, un sirop, une teinture, un vin et un extrait de camomille, les fleurs ne sont guère employées qu'en infusion à dose variable. C'est un remède populaire contre les coliques venteuses employé de 4 à 8 grammes pour un litre d'eau ; avec 2 à 4 grammes pour la même quantité de liquide, on en fait souvent usage pour faciliter les vomissements ; comme fébrifuge on emploie de 8 à 15 grammes.

La camomille facilite la digestion ; elle convient dans les langueurs d'estomac, la dyspepsie, contre la diarrhée atonique, et surtout dans les fièvres muqueuses, putrides, continues et intermittentes ; on l'a employée avec succès dans les névroses telles que l'hystérie, la chorée, dans la chlorose, les affections vermineuses, etc.

L'infusion de camomille à l'intérieur, en lotions et fomentations, a été vantée récemment contre les suppurations graves ; elle paraît tarir les suppurations ; elle pourra donc être avantageusement employée contre la diathèse purulente des amputés, dans les érysipèles phlegmoneux, etc.

Les propriétés fébrifuges de la camomille sont signalées par Galien ; les Grecs l'employaient contre les fièvres sous le nom de *parthenion* ; Dioscoride la recommandait pour *ôter les accès de fièvre* ; Prosper Alpin et Ray en ont fait l'éloge, et Hoffmann la préférait au quinquina ; Cullen, Schulz, Morton en faisaient un très-fréquent usage, et, de nos jours, Bodart, Dubois de Tournay, MM. Trousseau et Pidoux, M. Cazin, etc., ont constaté ses bons effets.

CAMPANULE

Campanula trachelium L.
(Campanulacées–Campanulées.)

La Campanule gantelée, vulgairement Gant de Notre-Dame, est une plante vivace, à racine épaisse, charnue ou presque ligneuse. Les tiges, hautes de $0^m,60$ à $1^m,20$, fortes, dressées, anguleuses, velues, simples ou un peu rameuses, portent des feuilles alternes, pétiolées, ovales, rudes au toucher, velues ; les radicales longuement pétiolées, cordées à la base, aiguës au sommet ; les supérieures lancéolées et presque sessiles. Les fleurs sont solitaires, géminées ou ternées à l'extrémité de pédoncules axillaires, dont la réunion constitue une grappe terminale. Elles présentent un calice à cinq divisions lancéolées, velues, dressées ; une corolle bleue, à cinq lobes lancéolés-aigus ; cinq étamines ; un ovaire terminé par trois stigmates. Le fruit est une petite capsule turbinée, à trois loges polyspermes.

La campanule raiponce (*C. rapunculus* L.) est une plante bisannuelle, à racine charnue, blanche, pivotante, à tige, haute de $0^m,40$ à $0^m,80$, dressée, effilée, ordinairement velue ; à feuilles ovales-oblongues et pétiolées à la base de la tige, lancéolées-linéaires et sessiles au sommet. Les fleurs, réunies en panicule allongée et très-étroite, ont le calice glabre et la corolle bleue, à cinq lobes lancéolés.

HABITAT. — Ces deux plantes sont abondamment répandues dans nos climats. Elles habitent les lieux couverts, la lisière des bois, les haies et les buissons, les endroits herbeux, le bord des chemins, les pâturages, etc.

CULTURE. — La campanule gantelée n'est cultivée que dans les jardins botaniques ou d'agrément. Elle vient dans tous les sols, et se multiplie facilement, soit de graines semées en place au printemps ou à l'automne, soit d'éclats de pieds. La raiponce est fréquemment cultivée dans les jardins potagers.

PARTIES USITÉES. — Les feuilles, les racines.

RÉCOLTE. — Un grand nombre de campanules peuvent être mangées dans leur jeunesse, plus tard elles deviennent dures et laiteuses, âcres et amères ; la raiponce est arrachée dans sa jeunesse ; on la lave, on pèle les racines, on les lave de nouveau, et on les mange en salade ; c'est un légume peu estimé, dur et de digestion assez difficile.

COMPOSITION CHIMIQUE. — Les campanules, dans leur jeunesse, ne présentent rien de particulier dans leur composition ; lorsqu'elles sont en fleurs, les tiges et les feuilles, lorsqu'on les coupe, laissent écouler un suc blanc, laiteux, jaunissant au contact de l'air ; ce suc renferme une matière cireuse et du caoutchouc dont on n'a tiré aucun parti, mais que l'on pourrait peut-être exploiter si la culture des grandes espèces de campanules était plus propagée.

USAGES. — Quoique le suc blanc des campanules soit amer, il n'offre pas de propriétés médicales appréciables ; aussi est-ce seulement comme aliment que ces plantes nous intéressent. Toutefois au nombre des nombreux remèdes employés par les empiriques contre la rage, on compte quelques campanules, et le plus souvent la *campanula glomerata* L. D'après Martius on mange en Sibérie, crue ou cuite, la *C. Liliifolia* L., que l'on trouve aussi aux Pyrénées ; en France on mange souvent en salade de la *C. rapunculus* ou raiponce ; cette plante croît dans nos prés, et au printemps on en fait une grande consommation ; on mange également les feuilles et la racine de la *C. trachelium* L., ou gantelée, que l'on trouve le long des haies : elle a joui autrefois d'une certaine réputation comme vulnéraire, astringente et antiphlogistique, mais elle est complétement inusitée de nos jours.

CAMPÊCHE

Hæmatoxylon Campechianum L.,
(Légumineuses–Césalpinées.)

Le Campêche est un arbre épineux, dont la tige, haute de 10 à 15 mètres, un peu cannelée, surtout dans la partie inférieure, recouverte d'une écorce gris-brunâtre, se divise en rameaux épineux, portant des feuilles alternes, stipulées, paripennées, à folioles ovales, petites, très-délicates, d'un beau vert et très-rapprochées entre elles. Les fleurs, disposées en grappes, sont petites et d'un jaune blanchâtre. Elles présentent un calice à cinq divisions profondes réfléchies ; une corolle à cinq pétales presque égaux ; dix étamines à filets libres, dressés; un ovaire simple et uniloculaire. Le fruit est une gousse membraneuse, ailée, très-comprimée, renfermant deux ou trois graines aplaties.

Habitat. — Cet arbre croît dans l'Amérique équatoriale, notamment dans la baie de Campêche, d'où lui vient son nom. Naturalisé aux Antilles, il s'y est prodigieusement multiplié.

Culture. — Le campêche vient à peu près dans tous les sols, et se propage naturellement, dans son pays natal, par les graines qui tombent en abondance. Il a une croissance très-rapide et n'exige presque aucun soin de culture. On l'emploie pour faire des haies. Sous nos climats, il exige la serre chaude. On sème les graines dans des pots remplis de terre légère et sablonneuse, et plongés dans la tannée, ou bien sur couche et sous châssis. L'arbre croît d'abord assez vite et se garnit de feuilles, pourvu qu'on lui donne une chaleur constante. Mais ensuite ses progrès se ralentissent. On a beaucoup de peine à le conserver, et rarement il atteint la hauteur d'un grand arbrisseau.

Parties usitées. — Le bois.

Récolte. — Le bois de campêche ou bois d'Inde nous vient de Campêche et d'autres lieux, sous forme de bûches plus ou moins grandes, que l'on effile en très-petits fragments à l'aide de machines, pour les besoins de la teinture, au moment d'en faire usage. La forme des bûches et leur désignation varient suivant le pays qui le produit; celui qui vient de Campêche porte le nom de *campêche coupe d'Espagne*, d'autres portent les noms de *coupe d'Haïti*, *coupe Martinique*, etc. On ne reçoit que le cœur du bois ou duramen, l'aubier qui est blanc et l'écorce ont été enlevés; il est rouge-brun pâle, mais il devient rouge vif à l'air, et devient noir à l'air humide; cette couleur distingue les bûches de celles du *bois de Brésil*, qui restent toujours rouges. Le campêche est lourd et peut être poli, il pèse plus que l'eau, sa texture est très-fine, il possède une odeur d'iris assez marquée et une saveur astringente sucrée légèrement parfumée.

Composition chimique. — La matière colorante du campêche a été isolée par M. Chevreul qui l'a nommée *hématine* ou *hématoxyline* = $C^{16}H^7O^6$, elle a été étudiée par M. O.-L. Erdmann. On l'obtient en agitant l'extrait aqueux de bois de campêche avec de l'alcool ou avec de l'éther, qui enlève l'hématine. Un kilogramme d'extrait donne environ 125 d'hématine cristallisée à 3 équivalents d'eau, qui en se desséchant n'en conservent qu'un demi-équivalent $=$ $C^{16} H^7 O^6, HO + C^{16} H^7 O^6$.

L'hématine est soluble dans l'alcool et dans l'éther, à la lumière solaire elle est colorée en rouge, sa saveur est sucrée; elle se dissout lentement dans l'eau froide, mais très-bien dans l'eau bouillante, d'où elle cristallise par refroidissement en prismes tétraèdres rectangulaires.

La baryte précipite l'hématine de sa solution, le précipité bleuâtre passe au violet et au brun au contact de l'air; l'acétate de plomb la précipite en blanc, qui devient bleu à l'air : l'hématate de plomb; traitée par l'hydrogène sulfuré, on obtient l'hématine presque incolore; l'acide sulfurique étendu produit avec l'hématine une couleur rouge-jaunâtre qui devient jaune par l'addition de l'eau; l'acide chlorhydrique la colore en pourpre; les acides oxydants la détruisent.

Sous l'influence de l'ammoniaque et de l'air, l'hématine perd un équivalent d'hydrogène et se transforme en *hématéine* $= C^{16} H^6 O^6$, qui forme de beaux cristaux violacés à reflets métalliques, colore l'eau en pourpre; l'acide acétique la précipite de ses dissolutions, et l'acide sulfhydrique la ramène à l'état d'hématine.

Il est probable que l'hématine n'existe pas dans le bois de campêche et qu'elle n'est que le résultat de l'oxydation d'un principe non coloré.

Usages. — Le bois de campêche donne avec l'alcool une teinture d'un jaune foncé, qui devient d'un beau rouge pourpre au contact des eaux calcaires; aussi cette teinture a-t-elle été proposée par M. Dupasquier comme un bon réactif de ces eaux. Les usages du campêche en teinture sont très-multipliés. En médecine, on l'a beaucoup préconisé comme astringent détersif et désinfectant, on l'a employé en décoction ou en extrait pour combattre la diarrhée, la dysentérie et les flux en général.

On trouve souvent sur les principales branches du campêche un suc rougeâtre formant une gomme friable, soluble dans l'eau avec coloration rouge.

CAMPHRÉE

Camphorosma Monspeliaca L.
(Atriplicées-Cyclolobées.)

La Camphrée de Montpellier est une petite plante vivace, à racine ligneuse, brunâtre. Les tiges, longues de 0^m,35 au plus, mais atteignant 2 mètres par la culture, sont cylindriques, sous-frutescentes à la base, pubescentes, étalées, couchées, à rameaux florifères, grêles et redressés. Les feuilles sont alternes, fasciculées, courtes, étroites, linéaires, aiguës, tomenteuses, épaisses, blanchâtres ou d'un vert cendré, accompagnées de stipules très-aiguës, subulées, presque épineuses. Les fleurs, verdâtres et très-petites, sont groupées en petits fascicules, dont la réunion constitue des épis lâches, terminaux. Elles sont accompagnées de bractées foliacées, ovales, aiguës, dressées, pubescentes, et présentent un calice urcéolé comprimé, à quatre lobes dressés, verdâtres, couverts de longs poils laineux; quatre étamines saillantes, à filets longs, grêles, dressés; un ovaire libre, arrondi, à trois angles mousses, à une seule loge uniovulée, surmonté d'un style simple et d'un stigmate bifide. Le fruit est un petit akène, renfermé dans le calice.

HABITAT. — Cette plante est très-commune dans les régions méridionales de la France et de l'Europe, et sur les bords du bassin méditerranéen. Elle habite surtout les lieux sablonneux, arides et secs, les bords des chemins, etc.

CULTURE. — La camphrée n'est cultivée que dans le Nord, et même fort peu. Elle demande une terre légère, sablonneuse, et une exposition chaude. On la propage très-facilement par graines, et mieux par éclats de pieds faits au printemps. Elle exige l'orangerie, ou tout au moins un abri durant l'hiver.

PARTIES USITÉES. — Les feuilles et les sommités.

RÉCOLTE. — La plante cultivée n'a pas, ou presque pas d'odeur; il faut donc employer exclusivement la camphrée sauvage; on la cueille à l'époque de la floraison; on en fait de petits paquets que l'on dispose en guirlandes pour les faire sécher; elle nous vient des environs de Montpellier sous forme de petits épis séparés d'un vert blanchâtre, son odeur est fort aromatique, surtout lorsqu'on la froisse, sa saveur est âcre et légèrement amère.

COMPOSITION CHIMIQUE. — Quoique appartenant à une famille dénuée en général de propriétés thérapeutiques, la camphrée possède une odeur aromatique que l'on a attribuée, à tort sans doute, à du camphre, car jamais on n'en a isolé ce corps; mais il est certain qu'elle contient une substance amère et âcre de nature résineuse, et une huile essentielle qui lui donne sa saveur chaude. Par ses propriétés, la camphrée se rapproche d'une autre plante de la même famille dont nous avons déjà parlé sous le nom d'*ambroisie du Mexique*.

USAGES. — Les propriétés thérapeutiques de la camphrée de Montpellier ont été exaltées par un grand nombre d'auteurs, notamment par le docteur Burlet dans un mémoire présenté à l'Académie des sciences, dans lequel il vante cette plante dans l'asthme pituiteux et dans certaines affections du poumon; elle facilite l'expectoration, et M. Bodart l'a préconisée contre la coqueluche et contre les obstructions des viscères abdominaux, expression trop vague qui peut comprendre plusieurs affections bien distinctes.

Comme toutes les plantes aromatiques, la camphrée jouit de propriétés excitantes dont on a souvent tiré parti; on l'a utilisée comme sudorifique et diurétique; Gilibert l'a préconisée dans l'hydropisie idiopathique, contre l'anasarque; il l'administrait infusée dans du vin blanc à la dose de 15 à 20 grammes pour un litre de liquide; cette préparation a été aussi employée contre la diarrhée et la dysentérie qui ont pour cause une atonie du tube digestif; dans les rhumatismes chroniques, contre les affections de la peau, etc.

Les propriétés emménagogues de la camphrée sont plus douteuses; elle n'agit certainement pas mieux que le font un grand nombre de plantes aromatiques plus communes et plus faciles à se procurer à l'état frais. Malgré l'opinion contraire de MM. Roques et Debreyne, nous croyons que ce n'est pas sans raison que la camphrée est peu usitée; toutefois nous ne contestons pas qu'elle ne puisse être utile dans certains cas; mais il faut alors l'employer récemment récoltée, et non desséchée et privée de ses principes aromatiques, telle qu'on la trouve dans le commerce de la droguerie.

CAMPHRIER

Laurus camphora L. *Persea camphora* Spr. *Camphora officinarum* Nées.
(Laurinées.)

Le Laurier Camphrier est un grand arbre dont le tronc, droit et simple à la base, porte des feuilles alternes, à pétiole canaliculé, à limbe ovale, arrondi, acuminé, entier, glabre, coriace, d'un beau vert brillant en dessus, glauque en dessous, marqué de trois fortes nervures. Les fleurs, renfermées avant leur épanouissement dans des bourgeons écailleux, roux, pubescents, sont blanchâtres et disposées en corymbes longuement pédonculés; la corolle est à cinq divisions ovales et profondes. Le fruit est une petite drupe ovoïde, d'un pourpre foncé, entourée à la base par le calice.

Habitat. — Cet arbre croît au Japon et dans les régions orientales de l'Inde. Il habite surtout les lieux montueux.

Culture. — Le camphrier, cultivé en grand dans son pays natal, exige chez nous la serre tempérée. On le multiplie de marcottes ou de boutures qui reprennent difficilement.

Parties usitées. — Le camphre, huile essentielle, concrète ou stéaroptone qu'on en extrait.

Récolte. — Le camphre du Japon, extrait du Laurus camphora, a été décrit pour la première fois par Kœmpfer (Amœn, p. 770). C'est le *Camphora officinarum* de Nées. On a extrait du camphre ou du moins des corps analogues, de différentes laurinées, de quelques labiées, amomées et synanthérées. Nous signalerons notamment les cannelliers, la zédoaire, le galanga, le gingembre, les cardamomes, la schœnanthe. Les labiées des pays chauds sont les seules qui, d'après Proust, en fournissent. On l'a signalé aussi dans l'aunée, etc. Le camphre est une huile essentielle, oxygénée, solide, incolore, transparente, plus légère que l'eau, inflammable, d'une odeur fort pénétrante, d'une saveur âcre et caustique, entièrement volatile, peu soluble dans l'eau, très-soluble dans l'alcool, l'éther, le vinaigre, les huiles fixes et volatiles.

Le camphre s'obtient par distillation avec de l'eau de toutes les parties du camphrier coupées par petits morceaux ; dans le chapiteau de l'alambic, on place de la paille de riz, on obtient ainsi des grains grisâtres agglomérés, huileux, qui sont expédiés en Europe sous le nom de *camphre brut* pour être raffinés; cette opération s'est

faite pendant longtemps en Hollande ; aujourd'hui on l'exécute parfaitement en France. Geoffroy et Proust avaient depuis longtemps
décrit ce procédé. On trouve la description exacte du raffinage fait
par M. Clemandot dans le *Journal de Pharmacie*, t. III, p. 353. Ce
procédé consiste à sublimer le camphre mêlé ou non à la chaux
dans des matras à fond plat. On obtient ainsi de larges pains à demi
fondus et transparents, percés d'un trou au milieu, concaves d'un
côté, convexes de l'autre.

Le camphre a été employé avec succès pour calmer les érections
nocturnes et contre la cystite cantharidienne ; les homœopathes en
font un fréquent usage ; son signe est ———, son abréviation *camph.*

Composition chimique. — Le camphre contient $C^{20} H^{16} O^2 = 4$ volumes de vapeur ; mis sur l'eau il s'y vaporise en produisant un *mouvement giratoire ;* il dévie à droite la lumière polarisée ; traité par
l'acide azotique, il se dissout et est transformé en une combinaison
nommée *azotate de camphre ;* par distillation on obtient de l'acide
camphorique $= C^{20} H^{14} O^6 2 HO.$

La vapeur du camphre, que l'on fait passer à travers un tube
chauffé au rouge, se transforme en naphtaline et en camphrone ; distillé avec le chlorure de zinc ou avec l'acide phosphorique anhydre,
le camphre perd deux équivalents d'eau, et on obtient le *camphène*
ou *cymène* $= C^{20} H^{14}.$

Usages. — Hoffmann, Tralles, Collin, Cullen, considéraient le
camphre uniquement comme sédatif, mais des faits nombreux prou-
vent que son action est complexe ; outre les effets d'excitation qu'il
détermine dans ses effets primitifs, il produit, par suite de son absorption, tantôt des effets stimulants, tantôt des effets de sédation ; il
agirait même sur l'homme comme il le fait sur les animaux inférieurs, par une sorte d'intoxication.

Il est peu d'affections dans lesquelles le camphre n'ait pas été employé ; on le classe dans les antispasmodiques et les antiseptiques ;
aussi en a-t-on fait usage dans les névroses, les fièvres putrides et
malignes, et à l'extérieur sous forme d'huile ou d'alcool contre les
douleurs, les coups, les contusions, etc. ; pour M. Raspail c'est un
insecticide puissant ; et comme d'après lui toutes les maladies sont
produites par des insectes, le camphre est un remède à tous les maux !

La seconde espèce de camphre décrite par Rumphius et qui ne
nous vient pas en Europe, est produite par un arbre, le *dryobalanops*

camphora, de la famille des Diptérocarpées : il contient deux équivalents d'hydrogène de plus que le camphre du Japon, $C^{20}H^{18}O^2$; distillé avec l'acide phosphorique anhydre, il produit un hydrogène carboné, le *bornééne* $= C^{20}H^{16}$, identique avec l'essence qui découle par incision du même arbre, et isomérique avec l'essence de térébenthine ; traité par l'acide azotique, le camphre de Bornéo et de Sumatra $= C^{20}H^{18}O^2$, perd deux équivalents d'hydrogène, et se transforme en camphre du Japon, $= C^{20}H^{16}O^2$.

Pour obtenir le camphre de Bornéo on doit, d'après Colebroke, abattre les arbres ; on trouve le camphre concret sous forme de petits glaçons blancs, situés perpendiculairement en veines irrégulières au centre et près du centre du bois.

Le *dryobalanops camphora* a été décrit par Breyne, Rhumphius et Gærtner fils ; Correa de Serra l'avait nommé *pterygium costatum* ; réuni à quelques genres analogues, il constitue la petite famille des *diptérocarpées*, voisine des tiliacées ; Kœmpfer avait distingué cet arbre du *laurus camphora*. Ainslie dit que le camphre de Sumatra et de Bornéo est employé dans l'Inde et en Chine ; sur les lieux où il est produit il porte le nom de *campar baros* ; le plus estimé se nomme *cabessa*, celui qui est en petites écailles ou en petits grains est désigné sous le nom de *bariga*, et on appelle *pée* celui qui est pulvérulent. Il paraît que ce camphre est souvent mêlé à celui du Japon.

CANNE A SUCRE

Saccharum officinarum L. — *Arundo saccharifera* C. Bauh.
(Graminées–Panicées.)

La Canne à sucre, appelée aussi Cannamelle ou Roseau sucré, est une grande et belle plante vivace, à racines fibreuses, fasciculées, traçantes. Ses tiges, hautes de 4 mètres et plus, dressées, cylindriques, pleines et comme charnues à l'intérieur, glabres, striées longitudinalement, à entre-nœuds rapprochés et un peu renflés, portent des feuilles engaînantes, planes, aiguës au sommet, longues d'environ 1 mètre sur $0^m,05$ à $0^m,06$ de largeur, un peu rudes au toucher et rapprochées entre elles. Les fleurs, petites, soyeuses, sont groupées en épillets, dont la réunion constitue une panicule terminale, très-grande, étalée, pyramidale. Elles sont dépourvues d'enveloppes florales proprement dites, et présentent trois étamines, à anthères oblongues, et un ovaire allongé, surmonté de deux styles. Le fruit est un cariopse oblong et pointu, à albumen farineux (Pl. 27).

HABITAT. — Originaire de l'Inde, la canne à sucre a été de là transportée et naturalisée dans le Nouveau Monde, et s'est répandue dans toutes les régions situées entre les tropiques, et même au delà, car on la trouve jusque dans le midi de l'Europe.

CULTURE. — Cette plante croit dans des terrains très-variés; elle préfère néanmoins un sol substantiel, léger, un peu limoneux, très-divisé ou susceptible de l'être facilement. On la propage ordinairement de boutures, prises dans la partie supérieure des tiges, et plantées, à l'époque de la récolte, dans des sillons, à la distance d'environ un mètre. Dans le cours de la végétation, on fait quelques sarclages, et, six mois après la plantation, on enlève les bourgeons qui croissent au pied des cannes, et quelquefois même on effeuille celles-ci, pour hâter leur maturité. Il est bon, dans les terrains secs, d'arroser modérément.

PARTIES USITÉES. — Le sucre qu'on extrait du jus, la cire de la canne ou *cérosie*.

RÉCOLTE. — Il y a plusieurs variétés de canne à sucre, dont quelques auteurs ont fait des espèces, comme la canne violette ou de *Taïti*, *S. violaceum* Tussac. D'après M. Leschenault, il y a dans l'Inde trois races de cannes : 1° le *karambou*, tige verte mêlée de violet, tige juteuse, aussi la mange-t-on; elle donne peu de sucre; 2° le *karambou kari*, tige d'un violet presque noir; on l'appelle canne rouge, c'est avec elle que l'on fabrique dans l'Inde le sucre brut nommé *Jagre*; 3° *karambou valli*, ou canne blanche, à tige jaune clair; elle sert à faire le sucre terré; elle est cultivée aux Antilles sous le nom de *canne créole*.

La culture varie selon les climats ; dans l'Indoustan on la plante par bouture vers la fin de mai; on la coupe en janvier ou février; en Amérique elle ne mûrit que douze à vingt mois après la plantation ; elle doit être coupée lorsqu'elle prend une couleur jaune, toujours avant la floraison qui diminue beaucoup les proportions de sucre ; il pousse des rejetons bons à récolter au bout d'un an environ ; la souche produit pendant quatre ou cinq ans, après ce temps on renouvelle le plant ; la tige a 3 ou 4 mètres de longueur, c'est un chaume plein à 60 ou 80 nœuds; elle est plus sucrée à la base qu'au sommet, aussi coupe-t-on celui-ci pour faire des boutures.

Composition chimique. — Nous avons parlé dans la botanique générale du sucre de canne et de ses congénères ; nous dirons ici quelques mots de la préparation du sucre et de la cérosie.

La canne à sucre disposée en bottes est portée au moulin ; écrasée et exprimée, le résidu ou *bagasse* a été employé pour faire du papier, il sert surtout de combustible ; le jus se nomme *vesou* ; celui-ci est *déféqué* avec de la chaux ; on chauffe à 60°, et on enlève l'écume ; on fait passer le liquide successivement dans trois chaudières en ajoutant de la chaux dans chacune et écumant chaque fois ; lorsque le sirop est transparent, on le fait rendre dans une quatrième chaudière où l'évaporation et l'ébullition sont très-rapides ; on chauffe jusqu'à ce que le sirop puisse cristalliser par le refroidissement.

Dans les possessions anglaises le sirop est placé dans une grande chaudière nommée *rafraîchissoir* ; il y cristallise ; on agite pour rendre le grain plus fin, et on le place dans des tonneaux percés de trous bouchés en partie ; dans les possessions françaises, on distribue le sirop cristallisé dans des formes coniques en terre cuite percées d'un trou au sommet du cône et renversées sur d'autres vases ; le trou est bouché avec une cheville, le sucre y cristallise ; on procède alors au *terrage*, qui consiste à mettre sur le cône une couche d'argile humide qui cède son eau ; celle-ci entraîne le sirop incristallisable. On obtient le *sucre terré* ou *cassonade* longtemps employé par les confiseurs et les pharmaciens : aujourd'hui on le raffine.

Le raffinage se pratique en Europe ; il consiste dans les opérations suivantes : 1° dissolution du sucre et clarification avec le sang de bœuf ; 2° décoloration par le charbon animal ; 3° évaporation et cristallisation ; 4° *clairçage* ; 5° séchage.

Le vesou contient 16 à 20 p. 100 de sucre ; on n'en extrait que 7 à 9 ; une portion est transformée en sucre incristallisable ou *mélasse* ; celle-ci fermentée constitue le *taffia* et le *rhum* ; par les appareils perfectionnés à évaporer dans le vide et les turbines à rotation on perd moins de sucre.

La cire de la canne ou *cérosie* existe surtout dans la canne violette ; on l'obtient en raclant les tiges ; un arpent de cannes qui produit 18,000 kilogrammes de cannes peut fournir 3 kilogrammes de cérosie ; elle est formée de $C^{25}H^{25}O^{2}$.

Usages. — Tout le monde connaît les usages du sucre ; il est la base de tous les saccharolés; en médecine on l'emploie comme émollient légèrement laxatif; en poudre pour faciliter l'emploi d'autres médicaments, et pour insuffler dans les yeux, etc.

CANNEBERGE

Vaccinium oxycoccos L. *Oxycoccus palustris* Pers.
(Éricinées–Vacciniées.)

La Canneberge est une petite plante vivace, à tiges ligneuses et très-menues, filiformes, rampantes, rameuses, souvent rougeâtres, pouvant atteindre jusqu'à $0^m,25$ et $0^m,35$ de longueur. Les feuilles sont persistantes, petites, longues de $0^m,008$ au plus, ovales ou ovales-oblongues, aiguës ou obtuses, entières, à bords enroulés en dessous, glabres, vertes et luisantes sur la face supérieure, blanchâtres sur la face inférieure. Les fleurs d'un beau rose, solitaires ou réunies par deux à l'aisselle des feuilles, sont portées par un pédicelle capillaire long de $0^m,02$ et plus; le calice adhérent à l'ovaire est à quatre petites dents; la corolle est petite, profondément divisée en quatre lanières ovales, très-aiguës et renversées; les étamines, au nombre de huit, ont les filets rapprochés, presque soudés, et les anthères s'ouvrent par deux pores obliques. Le fruit est une baie de la grosseur d'un pois, de couleur rouge parsemée de points pourpres.

HABITAT. — La canneberge est une plante des lieux marécageux et couverts de l'Europe; on la trouve en France, où elle est encore connue dans certaines localités sous le nom de *coussinet*.

CULTURE. — Pour cultiver cette petite plante, il faut de grandes terrines qui retiennent un peu les eaux; on la plante en terre de bruyères tourbeuse, mélangée de sphaigne hachée et recouverte de la même mousse des marais. On place ensuite à l'ombre en entretenant la terre constamment humide. La multiplication est très-facile par les rameaux rampants enracinés.

PARTIES USITÉES. — Les feuilles, les fruits.

RÉCOLTE. — L'airelle canneberge ressemble beaucoup par la forme et la consistance de ses feuilles à celles de l'airelle myrtille; elles sont petites, ovales, pointues, à bords roulés en dessous, caractère qui les distingue parfaitement de celles de la busserole; ou encore en ce qu'elles sont blanchâtres à leur face inférieure. Les baies sont peu employées; elles sont rouges, ovoïdes, d'une saveur acide.

Composition chimique. — Les feuilles de la canneberge, comme toutes celles des plantes de la même famille, sont riches en tannin; elles contiennent en outre, en grande proportion, une substance analogue au tannin, colorant comme lui les persels de fer en noir, mais s'en distinguant en ce qu'elle ne précipite pas la solution de gélatine : ce principe a été nommé quercitrin. La matière colorante des baies sert à colorer les vins en rouge; elles renferment, en outre, un acide libre ou un sel acide. Aussi les Lapons s'en servent-ils pour écurer la vaisselle, surtout les ustensiles en argent; ils en mettent dans leur fromage (*Revue des écrits de Linné*, II, 134).

Usages. — Les feuilles de la canneberge ou *coussinet* sont peu employées; elles jouissent des mêmes propriétés que celles de l'airelle myrtille, *V. myrtillus* L., et de la busserole, *Arbutus uva ursi*, c'est-à-dire qu'elles sont astringentes et considérées comme diurétiques. Les baies sont regardées comme rafraîchissantes, un peu astringentes et même styptiques. En Suède, on en fait des confitures avec du sucre.

Le *V. oxycoccos* a été introduit en Angleterre par L. Banks; il y est connu sous le nom de *Cran-Berry*; on transporte aussi ces fruits du Canada en Angleterre pour l'usage culinaire (De Candolle, *Essai*, etc., 193). Les sauvages de l'Amérique septentrionale font grand usage des baies du *V. corymbiferum* L. D'après Bosc (*Encycl. Bot.*, IX, 274), le *V. macrocarpon* Ait., l'*Atoca* des naturels, donne des fruits qui servent au Canada à préparer des confitures. Les baies du *V. resinosum* Ait. sont, au dire de Bosc, les plus agréables à manger de toute l'Amérique septentrionale; celles du *V. uliginosum* L. se mangent aussi, mais elles sont fades et peu sucrées; elles sont un peu enivrantes. D'après Gmelin, on fait en Sibérie, avec le suc fermenté, une boisson alcoolique d'où l'on peut extraire de l'esprit-de-vin par distillation; d'ailleurs tous les fruits des *vaccinium* étant sucrés pourraient servir à cet usage.

On fait aussi avec les baies des *vaccinium* un sirop qui est employé comme astringent, et que l'on a préconisé dans la dysentérie et les maladies syphilitiques; on les a aussi employées en teinture, mais sans succès. Au Chili, on mange les fruits d'un genre voisin, les *Thibaudia*.

Sous le nom de *Vaccinium*, les anciens ont désigné plusieurs

plantes; Dalechamp et Haller croient qu'ils ont voulu désigner le
Prunus Mahaleb L., qui est le *Lucara* et le *Lacatha* de Théophraste;
le *V. nigrum* de Virgile est pour les uns le troëne, et pour les autres
le *Vaciet hyacinthus comosus* L., et pour d'autres enfin ce serait
notre *Airelle*. Linné est de cet avis.

CANNELLIER

Laurus cinnamomum L. *Persea cinnamomum* Spr. *Cinnamomum Zeylanicum* Née.

(Laurinées.)

Le Cannellier est un arbre dont la tige droite, haute de 8 à
10 mètres, couverte d'une écorce grisâtre en dehors, rougeâtre en
dedans, porte des feuilles alternes ou irrégulièrement opposées, à
pétiole court, canaliculé, à limbe ovale-lancéolé, long de 0^m,10 à
0^m,12, large de 0^m,05 à 0^m,06, entier, coriace, vert et lisse en
dessus, glauque cendré en dessous, marqué de trois nervures longitudinales. Les fleurs, dioïques, petites, blanc-jaunâtre, forment
des panicules axillaires et terminales. Elles présentent un calice à
six divisions profondes, ovales-obtuses, pubescentes. Les mâles ont
neuf étamines; les femelles, un ovaire libre, ovoïde, surmonté d'un
style épais. Le fruit est une petite drupe ovoïde, violette, à pulpe
verdâtre, entourée à sa base par le calice.

HABITAT. — Cet arbre croît à Ceylan, d'où il a été introduit en
Amérique, aux Antilles, à Cayenne, à l'île Maurice, etc.

CULTURE. — Sous nos climats, le cannellier exige la serre chaude;
il vient en terre franche et se multiplie de boutures et de marcottes.

PARTIES USITÉES. — Les écorces, les fleurs non épanouies, les
fruits.

RÉCOLTE. — Les cannelliers, dans une bonne exposition, peuvent
être exploités à cinq ans jusqu'à trente ans; on fait deux récoltes
par an : la première dure de janvier jusqu'en août; la seconde, de
novembre à janvier; on coupe les rameaux de plus de trois ans; on
enlève l'épiderme, et on fend longitudinalement l'écorce que l'on
sépare du bois; on insère les tubes formés par l'écorce roulée les
uns dans les autres; on fait sécher au soleil; les menus, distillés
avec de l'eau salée, fournissent l'essence du commerce.

Les écorces de cannelle de Ceylan sont minces, longues, insérées les unes dans les autres au nombre de quatre à six; sa couleur est blonde citrine, sa saveur est agréable, aromatique, chaude, piquante, un peu sucrée; son odeur est très-suave; elle fournit environ 8 grammes d'essence par kilogramme d'écorce, mais elle est très-suave. La cannelle de Chine en fournit davantage; elle est moins aromatique et moins estimée.

La cannelle de Cayenne est produite par le même arbre qui fournit celle de Ceylan. On le cultive aussi à Maurice et aux Antilles; l'écorce est plus courte et plus épaisse que celle de Ceylan; sa couleur est plus pâle, comme blanchâtre, marquée de taches brunâtres; son odeur et son goût sont un peu plus faibles, moins persistants. Les écorces du même arbre, cultivé au Brésil, à la Trinité, aux Antilles, fournissent des espèces commerciales variables en qualité, mais toujours moins estimées que celles de Ceylan. Celle du Brésil est la moins recherchée; elle est plus épaisse, comme spongieuse et presque inodore.

A Ceylan, on distingue les variétés ou espèces de cannelliers suivantes : 1° Le *rasse coronde* ou *curunde* vrai, *Cinnamomum zeylanicum* ou cannellier piquant. — 2° Le *cahatte coronde* ou cannellier amer et astringent; desséchée, l'écorce est brune, à saveur camphrée. —3° Le *capperoe coronde*, *Cinnamomum cappara-coronde* Blume, ou cannellier camphré. — 4° Le *irelle coronde* ou cannellier sablonneux, peu camphré; son écorce croque sous la dent. — 5° Le *sewel coronde* ou cannellier mucilagineux. — 6° Le *nieke coronde* ou cannellier à feuilles de nickegas (*Vitex negundo*). — 7° Le *dawel coronde* ou cannellier tambour, à cause de l'usage que l'on fait de son bois pour fabriquer des tambours; on a fait de cet arbre le *litzæa zeylanica*. — 8° Le *catte coronde* ou cannellier épineux. — 9° Le *maël* (mal) *coronde* ou cannellier fleuri, *Cinnamomum perpetueflorens* Burm., *Laurus burmani* Nées, *Laurus multiflora* Roxb.

La *cannelle matte* est l'écorce du tronc et des grosses branches de l'arbre qui produit la cannelle de Ceylan; elle est privée de son épiderme, large de 27 millimètres, épaisse de 5, peu roulée; l'extérieur est rugueux, jaune-foncé, jaune-pâle à l'intérieur. Cassure fibreuse et brillante comme celle des quinquinas jaunes; odeur et saveur de cannelle agréables, mais faibles. Elle doit être rejetée de l'usage médical.

Les *fleurs de cannellier* paraissent venir de Chine. La plupart des auteurs l'attribuent au *L. cassia* L., *Cinnamomum aromaticum* Nées ; mais il paraît certain que le cannellier de Ceylan en produit également. Ce sont les fleurs femelles fécondées ou fruits très-imparfaits ; elles ressemblent un peu aux clous de girofle ; elles sont formées d'un calice plus ou moins ouvert ou globuleux, rugueux à l'extérieur, brun, épais, compacte, s'amincissant en pointe ; au centre on trouve le petit fruit avec un vestige de style. Ces fleurs jouissent des mêmes propriétés que la cannelle ; on en retire de l'essence par distillation.

Le fruit mûr ne se trouve pas dans le commerce. On extrait de l'amande, par expression, une huile concrète qui sert à faire à Ceylan des bougies odorantes très-estimées (Voir, pour les autres cannelles, les mots CASSIA LIGNEA, CANNELLIER DE CHINE, CANNELLE BLANCHE, CULILAWAN).

COMPOSITION CHIMIQUE. — L'écorce de cannelle contient : huile volatile, tannin, mucilage, matière colorante, acide cinnamique, amidon. D'après MM. Dumas et Péligot, l'essence de cannelle est représentée par $C^{18}H^8O^2$. MM. Liebig et Wœlher la considèrent comme un hydrure de cinnamyle $C^{18}H^7O^2$, H, et en remplaçant l'équivalent d'hydrogène par de l'oxygène, on obtient l'acide cinnamique $= C^{18}H^7O^3$, qui forme avec les bases des *cinnamates*. L'essence de cannelle est jaune-clair ; plus lourde que l'eau, elle se solidifie à 0°, fond à + 5° ; par oxydation, elle se transforme en acide *cinnamique* qui ressemble à l'acide *benzoïque*.

USAGES. — La cannelle est une épice très-employée en poudre comme condiment. En pharmacie, on en fait un sirop, une teinture, un vin, des eaux distillées et des alcoolats simples et composés ; les uns et les autres sont très-usités comme stomachiques, digestifs, cordiaux, toniques, stimulants, et souvent employés avec succès dans les atonies du tube digestif, et surtout les fièvres putrides et adynamiques.

CAOUTCHOUC

Siphonia elastica Rich. *Hevea Guyanensis* Aubl.
(Euphorbiacées-Crotonées.)

L'Hévé ou Arbre à caoutchouc atteint 15 à 20 mètres de hauteur. Sa tige, de 1 mètre environ de diamètre, couverte d'une écorce grisâtre, mince, écailleuse, se divise en nombreux rameaux, garnis à

leur extrémité de feuilles alternes, trifoliées, réunies en rosette. Les
fleurs sont monoïques et disposées en panicules terminales ; elles présentent un calice à cinq divisions et sont dépourvues de corolle ;
les mâles ont cinq étamines ; les femelles, un ovaire globuleux,
allongé en cône, à trois loges, surmonté de trois stigmates bilobés.
Le fruit est une capsule oblongue, verdâtre, à trois loges, qui contiennent chacune deux (rarement une ou trois) semences, à coque
ou tégument fragile, renfermant une amande blanche.

HABITAT. — Cet arbre croît à la Guyane et dans les régions voisines, sur le bord des lacs et des rivières, dans les bois, etc. Chez
nous, on le trouve à peine dans les serres chaudes des grands jardins
botaniques.

PARTIES USITÉES. — Le suc naturel ou lait, et le caoutchouc ou lait
concrété et évaporé.

RÉCOLTE. — Le caoutchouc nous vient du Brésil, de la Guyane,
de Mexico, de Buénos-Ayres, de Carthagène, de Valparaiso, de Java,
de Sumatra, d'Assam, de Singapore, du Gabon et d'autres parties
de l'Afrique. Le plus estimé arrive du Brésil et de l'île de Java ; il
est sous forme de poires creuses, de lames ou de plaques.

Le caoutchouc de *Java* est en masses de 0,20 à 0,25 de mètres
cubes, formées de plaques et de lanières enroulées, brunes, irrégulières, très-élastiques, contenant de 10 à 20 pour 100 de matières
étrangères.

Le *Valparaiso* (Chili), en lames plus épaisses, brunes, enroulées
et moins élastiques.

Le *Gabon* (Sénégal), en lanières larges, épaisses, blanchâtres, hydratées, odeur de tan aigri, assez élastiques, plus altérables que les
précédentes. En Algérie on a obtenu du *ficus elastica*, cultivé dans
les pépinières du gouvernement, un caoutchouc analogue à celui du
Gabon.

Le *Carthagène* (Nouvelle-Grenade), en lames brunes, fibreuses ;
son élasticité est médiocre.

Le *Buénos-Ayres* (Rio de la Plata), en morceaux épais, blanchâtres, hydratés, peu odorants ; bonne élasticité.

Le caoutchouc d'*Assam*, en masses très-épaisses, assez homogènes,
souples, blanchâtres, hydratées, odeur de cuir, bonne élasticité, mais
spontanément altérable (Payen).

L'extraction du caoutchouc se fait par des incisions pratiquées

aux plantes ; on reçoit le lait sur des moules en terre, de forme variable, que l'on fait sécher au soleil, à la chaleur ou à la fumée ; on
brise le moule, et on fait sortir la terre par l'ouverture.

M. Anthoine a proposé d'ajouter au lait de caoutchouc 2 à 3 cen-
tièmes de rhum ou d'eau-de-vie, puis il filtre à travers le sable sur
lequel on met une toile qui retient le caoutchouc.

COMPOSITION CHIMIQUE. — Le lait de caoutchouc contient, d'après
M. Faradey : caoutchouc, 31,70 ; albumine, 1,90 ; substance amère,
azotée, soluble dans l'eau et dans l'alcool, 7,13 ; substance soluble
dans l'eau et insoluble dans l'alcool, 2,90 ; cire, traces ; eau acide,
56,37 ; total 100.

Les usages du caoutchouc étaient connus depuis longtemps en
Amérique et dans l'Inde ; c'est La Condamine qui le découvrit
en 1735 ; et, en 1751 et 1768, Frémon et Macquer en adressèrent
des échantillons à l'Académie des sciences de Paris ; il fut importé
en Angleterre, à la fin du siècle dernier, sous le nom d'*india-rubber*.
En 1790, Fourcroy parvint à le gonfler et à le dissoudre dans l'éther ;
en 1791, Grassart en fit des tubes ; en 1820, Nadler parvint à le dé-
couper en fils, et Mac Kintosch en fit des tissus imperméables ;
en 1830, MM. Rattier et Guibal appliquèrent le froid à son durcis-
sement, et fabriquèrent divers objets ; mais la véritable révolution
dans l'industrie du caoutchouc date de 1839, époque à laquelle
Hayward et Goodyear appliquèrent le soufre à la *vulcanisation* ou
volcanisation, qui fut perfectionnée en 1844 par Goodyear, et plus
tard par Hankock, Rattier et Guibal, et surtout par Parkes (1846),
qui appliqua le soufre et le protochlorure de soufre à la vulcanisation.
Plus tard, les procédés ont reçu de notables perfectionnements de
MM. Fritz-Solier, Guibal, Gérard, Gillard, etc.

Le caoutchouc a été étudié chimiquement par MM. Faradey,
Payen, etc. ; les produits de la distillation ont été étudiés par
MM. Grégory, Bouchardat, Himly ; on a obtenu divers carbures
d'hydrogène, dont deux sont isomères du gaz oléfiant, le *caoutchène*
et l'*hévéène*; d'autres se rapprochent de l'essence de térébenthine ;
leur point d'ébullition varie de 14°,33°, 171° et 215°; la plupart
dissolvent le caoutchouc.

Outre le *Siphonia cahuchu* Wild. (Euphorbiacées), nous signalerons, parmi les nombreuses plantes qui fournissent du caoutchouc,
les *Ficus elastica*, *Indica*, *elliptica* et *prinoïdes* (Artocarpées); l'*Ur-*

ceola elastica (Apocynées) de Pénang; les *Cameraria latifolia* (apocynées) de l'Amérique du Sud; le *Vahea gumunifera* de Madagascar; le *Tabernemontana edulis*, de l'Inde orientale, le *Melodinus monogynus* (Mélodinées), cités par Roxburg comme fournissant du caoutchouc. D'après le même naturaliste, l'*Euphorbia antiquorum* produirait un caoutchouc venant de Vizagapatam.

USAGES. — Les applications du caoutchouc sont innombrables; il n'est pas un art, une industrie, une profession, qui n'utilise cette précieuse substance; la moyenne importée en France, de 1827 à 1837, était, par année, de 22,000 kilogrammes; de 1855 à 1856, elle a été de 1,069,664 kilog.; en 1862, ce chiffre a été presque doublé; l'industrie du caoutchouc fait mouvoir en France un capital qui dépasse 50 millions par an.

Si le caoutchouc a contribué au développement de l'industrie, il n'a pas été moins utile au progrès des sciences; M. Liebig a dit, avec juste raison, que sans lui, sans la facilité qu'il donne de pouvoir disposer des appareils, un nombre considérable de découvertes qui ont enrichi la chimie n'auraient pu être faites, et la chirurgie lui est redevable de plusieurs applications utiles, parmi lesquelles nous citerons celles qui sont relatives à la prothèse. MM. Galante, docteur Gariel, Prétère, etc., ont rendu, dans ce sens, d'immenses services à la chirurgie et à l'art du dentiste.

Bien que l'on ait présenté le caoutchouc comme une sorte de spécifique de la phthisie pulmonaire, il n'a reçu aucune application; le lait de caoutchouc est difficile à se procurer, et ses dissolutions n'ont jamais été employées d'une manière assez méthodique pour qu'on puisse se prononcer sur les effets singuliers qu'on leur a attribués.

CAPILLAIRE

Le Capillaire de Montpellier (*A. capillus Veneris* L.), vulgairement Cheveux de Vénus, est une plante vivace, à rhizome traçant, muni, en dessous, de racines fibreuses et fasciculées; en dessus, de frondes ou feuilles, toutes radicales, pétiolées, longues de 0^m,15 à 0^m,25. Le pétiole commun ou rachis, brun-noirâtre, glabre et lisse, nu dans sa partie inférieure, se ramifie plus haut, et porte de nombreuses pinnules ou folioles, alternes, cunéiformes, minces, très-glabres, d'un beau vert, plus ou moins découpées, dans leur moitié supérieure, en lobes qui se replient en dessous. Les sporanges, situées à la face inférieure des frondes et cachées par les replis des lobes, renferment un grand nombre de *sporules* (corps reproducteurs), petites, brunes, réunies en ligne marginale interrompue.

Le capillaire du Canada (*A. pedatum* L.) est aussi vivace; il diffère du précédent par sa taille plus grande; ses pétioles plus longs et moins ramillés; ses folioles plus larges, presque rhomboïdales, incisées vers leur milieu, et n'offrant de sporanges qu'au bord supérieur (Pl. 28).

Le capillaire noir des officinales (*Asplenium adiantum nigrum* L.) est une Doradille (Voyez ce mot).

Habitat. — Le capillaire de Montpellier habite les parties méridionales de la France et de l'Europe; celui du Canada est originaire du nord de l'Amérique. Ces plantes croissent dans les lieux humides et ombragés, sur les murs des puits, au bord des fontaines, etc.

Culture. — Les capillaires ne sont cultivés que dans les jardins botaniques; il suffit, pour les propager, de planter des fragments de rhizome dans une terre de bruyère un peu humide.

Parties usitées. — Toute la partie aérienne des plantes.

Récolte. — Le capillaire vrai nous vient du Canada; ses folioles sont d'un beau vert, touffues, douces au toucher; leur odeur est agréable, leur saveur un peu styptique; il vaut de 6 à 8 francs le kilogramme.

Pendant longtemps le capillaire du Canada avait disparu du commerce; on lui a substitué une autre espèce du Mexique, l'*A. trapeziforme* L., que l'on désigne sous le nom de capillaire du Mexique; ses pétioles sont ligneux, longs de 60 centimètres à 1 mètre, très-ramifiés, lisses, d'une couleur noire; ses folioles sont alternes, rhomboïdales ou trapéziformes, incisées et portant des *sporanges* sur les deux côtés opposés au pétiole; leur couleur est vert-foncé, presque noire; leur consistance est ferme; elles se détachent facilement de la tige, ce qui est un grand inconvénient pour le commerce; d'ailleurs, il est aussi aromatique que le précédent, et fournit des médicaments aussi agréables; cependant il est moins estimé, il vaut 4 à 5 francs le kilogramme.

Le capillaire qui nous vient de Montpellier est beaucoup moins estimé que les précédents; il ne vaut pas plus de 1 fr. à 1 fr. 50 c.; il pousse dans les lieux humides et pierreux; il est moins aromatique que les précédents, et ne peut les remplacer; on les mélange quelquefois, mais celui de Montpellier se distingue par ses pétioles grêles, longs au plus de 20 à 30 centimètres. A l'article *Doradille* nous parlerons des autres capillaires.

Leur récolte ne présente rien de particulier; on doit les faire sécher à l'ombre; en vieillissant, ils perdent la plus grande partie de leurs principes aromatiques et conséquemment de leurs propriétés.

COMPOSITION CHIMIQUE. — L'analyse des capillaires n'a pas été faite; celui du Canada renferme un principe aromatique probablement de nature résineuse auquel il doit ses propriétés expectorantes.

USAGES. — Le capillaire est employé en infusions (8 à 15 grammes pour 1 litre d'eau); on en fait un sirop; il entre dans la composition de l'élixir de Garus.

Le capillaire de Montpellier, qu'on croit être l'*adiante* des ouvrages hippocratiques, se rencontre dans presque toutes les régions de la terre, en Europe, en Amérique, aux Indes, à la Nouvelle-Hollande, etc. M. de Humboldt pense que ses sporules ont été transportés par les marins qui recueillent l'eau des rochers autour desquels croît cette plante.

Les capillaires sont des remèdes populaires contre les affections de poitrine; on les regarde comme béchiques et expectorants. Le sirop est agréable à boire; il aromatise bien les tisanes, le lait; il entre dans la composition de la bavaroise au lait; les infusions légères sont regardées comme béchiques et adoucissantes; plus chargées, elles sont toniques et expectorantes. Mais, malgré les éloges outrés de Formis et de Chomel, ce sont des plantes à peu près insignifiantes et peu usitées.

A la Jamaïque on emploie l'*A. fragile* Sw.; dans l'Inde, l'*A. melanocaulon*; d'après Ainslie, ils jouissent tous des mêmes propriétés.

CAPRIER

Capparis spinosa L. *C. sativa* Pers.
(Capparidées.)

Le Câprier est un arbuste à racines nombreuses, ramifiées et traçantes; à souche ligneuse, recouverte d'une écorce épaisse et deve-

nant avec l'âge très-volumineuse. Ses tiges, ou mieux ses rameaux
annuels, sont très-nombreux, longs ordinairement de 1ᵐ,50, mais
atteignant jusqu'à 4 mètres, cylindriques, effilés, glabres, épineux,
herbacés, diffus, présentant souvent une teinte rougeâtre; ils sont
couverts de feuilles alternes, pétiolées, cordées à la base, arrondies,
réniformes ou acuminées, épaisses, très-entières, glabres, d'un beau
vert brillant. Les boutons, portés sur des pédoncules de la longueur
des feuilles, sont verts et gibbeux à la base, par suite de l'inégalité
des sépales. Les fleurs sont hermaphrodites, irrégulières, solitaires à
l'aisselle des feuilles, blanches, à étamines roses, très-nombreuses;
l'ovaire est porté sur un long stipe. Le fruit est ovoïde, de la forme
et de la grosseur d'une olive pointue, et renferme une pulpe remplie
de nombreuses graines réniformes.

Cette espèce a produit quelques variétés, caractérisées surtout par
la forme et le volume de leurs boutons à fleurs, qui dépendent du
nombre des étamines. La plus remarquable et la plus intéressante
est le câprier sans épines, qui s'éloigne assez du type pour former,
d'après quelques auteurs, une espèce distincte (*C. rupestris* Sibth.,
C. inermis Hort.).

Habitat. — Le câprier est originaire de l'Orient; il croît spontanément dans les îles de l'Archipel, sur les côtes de l'Asie Mineure;
la variété sans épines se trouve en Égypte et dans les îles de Chypre
et de Crète. Arbuste des régions montagneuses, il croît aussi dans les
plaines et surtout dans les fentes des rochers voisins de la mer. Introduit de temps immémorial aux environs de Marseille, le câprier est
aujourd'hui cultivé en grand, comme plante industrielle, dans tout
le midi de l'Europe.

Parties usitées. — La racine, l'écorce, les fleurs non épanouies
(boutons), les capsules vertes.

Récolte. — La racine et l'écorce étaient employées autrefois en
médecine, on les récoltait à l'automne et on les faisait sécher; on
trouve encore la racine en droguerie, elle est en morceaux roulés,
d'une teinte grise un peu vineuse à l'extérieur, blanche en dedans,
inodore, leur saveur est âcre, amère et piquante; elle est ridée et
marquée de lignes transversales; sa cassure est blanche, cellulaire
avec de petits points jaunâtres. Elle perd ses propriétés en vieillissant.

Le câprier fleurit en juillet, mais pour les usages économiques c'est avant l'épanouissement des fleurs qu'on récolte les boutons ; c'est entre Marseille et Toulon surtout qu'on cultive cette plante ; la récolte est faite le matin par des femmes et des enfants ; lorsqu'ils sont récents, les boutons exhalent une odeur fraîche et possèdent une saveur piquante ; on les fait flétrir pendant deux ou trois heures à l'ombre, afin d'empêcher qu'ils s'ouvrent, puis on les met dans un vase que l'on remplit de vinaigre ; on les laisse macérer pendant huit jours, on passe, et on les remet dans de nouveau vinaigre durant huit autres jours ; on répète l'opération une troisième fois, puis on les sépare, au moyen de cribles percés de plusieurs trous de divers diamètres ; les boutons les plus petits donnent les câpres les plus fermes, les plus délicates et les plus recherchées ; chaque espèce de câpre est mise dans des bocaux ou dans des tonneaux avec du vinaigre et du sel.

Comme on recherche les câpres très-vertes, certains marchands les colorent par du cuivre ; c'est une fraude coupable que l'on réprime sévèrement. Il arrive toujours que quelques boutons échappent à la cueillette et fleurissent ; on laisse développer les fruits ; et lorsqu'ils sont encore verts, on les confit dans du vinaigre ; ils constituent les *cornichons de câpre*.

D'après Forskal, les Arabes mangent les pousses récentes ou pulvérisées ou dans l'eau, si elles sont sèches, du *C. mithridatica* Forsk.

Composition chimique. — Les boutons du câprier renferment un principe âcre et piquant ; l'écorce, d'après Geoffroy, contiendrait de l'huile qui, en vieillissant, lui donnerait une odeur de rance ; le *bois cacu* de l'île de France, ainsi nommé à cause de l'odeur d'excréments qu'il exhale, est attribué au *C. ferruginea*.

Usages. — Les câpres confites au vinaigre sont considérées comme un stimulant de la digestion chez les individus faibles, d'une constitution lymphatique ; elles conviennent peu aux personnes délicates, irritables et nerveuses ; on les a vantées contre les engorgements des viscères abdominaux et plus spécialement ceux de la rate ; cette propriété désobstruante se retrouve dans l'écorce, d'après Benivieni ; Forestus, Poli, Jennert, l'ont beaucoup préconisée, et Tronchin les regardait comme antihypocondriaques ; le vinaigre dans lequel les câpres ont macéré était regardé comme résolutif et astringent. Aujourd'hui la médecine ne fait aucun usage de toutes ces préparations, les câpres seules sont employées comme condiment. L'écorce faisait partie des cinq racines apéritives mineures. Les Arabes emploient les feuilles du *C. Ægyptiaca* en décoction contre l'odontalgie et les céphalalgies, appliquée sur les points douloureux, ainsi que le conseillait Dioscoride.

CAPUCINE

Tropæolum majus L.
(Tropæolées.)

La Capucine est une plante vivace, mais connue seulement comme annuelle sous nos climats. Sa tige, très-longue, rameuse, couchée ou grimpante, glauque, un peu pubescente au sommet, porte des feuilles alternes, longuement pétiolées, peltées, arrondies, légèrement anguleuses, glabres et d'un vert foncé en dessus, légèrement pubescentes et d'un vert clair en dessous, à nervures rayonnant du point d'insertion du pétiole, qui est un peu excentrique. Les fleurs sont très-grandes, irrégulières, rouge orangé, portées sur de longs pédoncules axillaires, cylindriques, glabres. Elles présentent un calice irrégulier, corolloïde, gamosépale, à cinq divisions profondes, ovales-lancéolées aiguës, les trois supérieures plus larges et prolongées, en arrière du point d'attache, en un long éperon grêle, creux et pointu; une corolle à cinq pétales inégaux, ovales-arrondis, les trois inférieurs frangés à la base et portés sur un onglet très-long et très-étroit; huit étamines courtes, déclinées; un ovaire arrondi, à trois côtes saillantes et striées, à trois loges uniovulées, surmonté d'un style dressé, triangulaire, trifide au sommet. Le fruit se compose de deux ou trois petites coques, soudées par le côté interne qui est en coin, tandis que la face externe est convexe et couverte de côtes irrégulières.

Nous citerons encore les capucines naines (*T. minus* L.) des Canaries (*T. peregrinum* Jacq.), tubéreuse (*T. tuberosum* R. et P.), etc.

Habitat. — La grande capucine, qui est la plus connue, est originaire du Pérou. Les autres espèces habitent le Mexique, le Vénézuela, la Colombie, le Chili, etc.

Culture. — Ces plantes ne sont cultivées que dans les jardins botaniques ou d'agrément. Elles viennent dans tous les sols, et se propagent de graines, qu'on sème au printemps, en place ou en pépinière.

Parties usitées. — Les feuilles, les fleurs et les fruits.

Récolte. — Les fleurs sont récoltées à leur parfait épanouissement, les feuilles à l'époque de la floraison, et les fruits lorsqu'ils sont encore très-jeunes, plus tard ils sont trop durs pour être mangés, et à leur maturité lorsqu'on veut les employer comme purgatifs ; toutes les parties de la capucine peuvent être mangées avec de la salade en guise d'assaisonnement ; les fleurs sont surtout très-recherchées pour cet usage ; les fruits très-tendres sont confits dans du vinaigre en guise de câpres ; on prépare les fleurs de la même manière, mais le plus souvent on les mélange avec le piment des jardins, les cornichons, les jeunes épis de maïs et divers fruits ; le tout constitue les *variantes* des vinaigriers.

L'analyse de la capucine n'a pas été faite ; toutefois M. Cloëz y a signalé l'existence d'une essence sulfurée analogue, sinon semblable, à celle de la moutarde ; il est même probable que cette huile essentielle ne préexiste pas, car on ne la sent que lorsqu'on froisse la plante. Braconnot y a trouvé, outre des sels, une certaine quantité d'acide phosphorique libre ; ce chimiste est porté à attribuer à la production de cet acide, ces éclairs instantanés qui s'échappent des parties sexuelles de cette plante vers le crépuscule du soir, au mois de juillet surtout ; on doit à la fille de l'illustre Linné la première observation de ce phénomène.

Usages. — La saveur particulière de toutes les parties de la capucine rappelle celle du cresson, aussi l'a-t-on nommée pendant longtemps *cresson des Indes, du Pérou, du Mexique* et *cardamindum* ; toutes les plantes du genre *tropœolum* jouissent des mêmes propriétés ; on les regarde comme toniques, stimulantes et antiscorbutiques ; elles ont été préconisées dans le scorbut, les scrofules, les cachexies, les infiltrations séreuses, etc. ; nous serions assez disposés à les regarder, la fleur surtout, comme plus énergiques que le cresson, et à partager à cet égard l'avis d'A. Richard, qui a été, il est vrai, combattu par plusieurs auteurs ; mais la saveur piquante de la capucine est beaucoup plus prononcée que celle du cresson, et s'il est exact, comme l'a dit Braconnot, qu'elle renferme du *phosphore libre* (ce qui nous paraît, il est vrai, impossible) qui produirait en brûlant ces lueurs dont nous avons parlé, on aurait l'explication de son action stimulante très-énergique ; toutefois, nous sommes loin de partager l'enthousiasme de certains auteurs qui prétendent avoir guéri la phthisie avec du suc de capucine mêlé avec la conserve de roses ; mais avant

la grande découverte de Laennec, combien de catarrhes pulmonaires
n'avait-on pas confondus avec la phthisie des poumons ! ce qui explique toutes ces prétendues guérisons. Les fruits de la capucine mûrs et
desséchés sont purgatifs d'après Arnold ; M. Cazin s'est assuré que
60 centigrammes en poudre suffisent pour produire de quatre à
cinq selles.

CARAGAN

Caragana frutescens D. C. *Robinia Siberica* L.
(Légumineuses-Lotées.)

Le Caragan arbrisseau, appelé aussi Aspalathe, Acacia de Sibérie, etc., est un arbrisseau dont la tige, haute d'environ 2 mètres,
couverte d'une écorce jaunâtre, se divise en rameaux anguleux,
diffus, portant des feuilles alternes, pétiolées, munies de stipules
membraneuses ; le pétiole commun, terminé en pointe épineuse,
présente quatre paires de folioles oblongues, étroites, obovales,
cunéiformes, élargies au sommet. Les fleurs, jaunes, sont portées
sur de longs pédoncules solitaires à l'aisselle des feuilles. Elles présentent un calice tubuleux, à cinq dents ; une corolle papilionacée,
à cinq pétales d'égale longueur, dont le supérieur (étendard) est
appliqué sur les ailes et sur la carène, qui est droite et obtuse ; dix
étamines diadelphes ; un ovaire simple, surmonté d'un style filiforme, terminé par un stigmate tronqué. Le fruit est une gousse
terminée par le style persistant et endurci.

Le caragan arborescent (*C. arborescens* Lam., *Robinia caragana* L.),
connu aussi sous le nom d'Arbre aux pois, se distingue du précédent par sa taille plus élevée ; ses feuilles à stipules épineuses, à
pétiole inerme, à folioles, au nombre de quatre à six paires, ovales-
oblongues, velues ; ses fleurs jaunes, à pédoncules réunis en faisceau.

Nous citerons encore les caragans altagans (*C. altagana* Poir.) et
de Chine (*C. chamlagu* Lam.).

HABITAT. — Les trois premières espèces sont originaires de la
Sibérie ; la quatrième, comme son nom l'indique, de la Chine.

CULTURE. — Les caragans croissent parfaitement en plein air sous
nos climats ; ils viennent dans tous les sols et à toute exposition, et
se propagent très-facilement de graines et de boutures.

PARTIES USITÉES. — Le bois, l'écorce, les graines, les feuilles.

RÉCOLTE. — Les produits des divers caragans ne se trouvent pas dans le commerce : c'est tout au plus si on rencontre quelquefois le bois de certains *Caragana* ou *Robinia* en ébénisterie. En Sibérie, on emploie celui du caragan féroce ou arbre aux pois, *Arbor pisorum seu Caragana ferox*; il vient de Sibérie ou de divers endroits de l'Asie septentrionale, des bords de l'Oby et du Janiska. Ce bois est jaune, très-dur; il contient peu de moelle; il est propre surtout à être travaillé au tour; il a un goût qui rappelle celui de la réglisse.

Les bois de *boco* et de *panacoco*, que l'on trouve dans le commerce, sont souvent confondus entre eux. Ainsi, à Paris, ce sont le même bois, ainsi que le *bois de perdrix*: cependant le bois de boco est attribué au *Bocoa prouacensis* d'Aublet, tandis que le bois de *Panacoco* ou *bois de fer* d'Aub., ou bois de perdrix du commerce, est fourni par le *Robinia panacoco* d'Aub. Il sont les uns et les autres très-voisins des *Caragana*.

COMPOSITION CHIMIQUE. — On ne sait rien sur la composition chimique des diverses parties des caragans. On mange et on fait manger aux animaux diverses parties de ces plantes; on leur a, à tort, attribué une résine caragne; mais, d'après Pallas (*Voyage*, IV, 298), elle est produite par l'*Amyris carana*, ou tout au moins par une térébinthacée (Voyez CARAGNE).

USAGES. — Nous passerons ici rapidement en revue les applications que l'on a faites de divers *Caragana* ou *Robinia*, dont nous n'aurons pas l'occasion de parler ailleurs.

D'après Loureiro, on emploie en Chine et en Cochinchine la racine du *Robinia amara*; elle est, dit-on, fort utile pour ranimer les forces de l'estomac dans le flux de ventre, et dans les engorgements du mésentère et de l'utérus; elle possède une odeur nauséabonde qu'on lui enlève en la faisant torréfier et macérer dans du vinaigre. Le *R. flava* Lour. fournit une racine qui est employée en Chine comme fébrifuge (*Flore cochinch.*, II, 556). L'écorce du *Robinia maculata* Kunth, pulvérisée et mêlée à la farine de maïs, est un poison pour les rats et les souris; d'après MM. de Humboldt et Bonpland (*Nov. gen. et spec.*, VI, 395), on l'emploie à Campêche à cet usage, et le *R. (lonchocarpus) nicou* Aubl. sert à la Guyane à enivrer les poissons en battant l'eau avec ses rameaux. Fendue, l'écorce du *R. panacoco*, dont nous avons déjà parlé, est employée comme sudorifique ; incisée, elle laisse découler une résine rougeâtre balsamique qui devient noire en séchant (Aublet, *Guyane*, t. II, p. 268), mais qui est bien distincte de la résine caragne. Enfin, d'après Pallas (*Voyage*, t. IV, p. 298), en Sibérie, on emploie comme fourrage le *R. caragana*. Le même auteur signale encore le caragan à feuilles argentées, *R. halodendron* Pallas, le caragan digité ou *R. pygmæa* L.

L'arbre aux pois, ou *C. ferox*, donne des feuilles employées comme fourrage pour les bestiaux ; on en retire par macération et putréfaction une teinture bleue qui peut suppléer à l'indigo et au pastel ; l'écorce sert à faire de bonnes cordes. Les habitants de la Sibérie, et principalement les Tungutes, se nourrissent des graines ; ils les mangent après les avoir dépouillées de leur amertume par l'ébullition. Les porcs et les taupes sont très-friands des racines. Cet arbre, ainsi que le *R. pygmæa* ou nain, sert à faire de bonnes clôtures.

CARAPA

Carapa Guyanensis Aubl. *Persoonia Guarcoïdes* Willd.
(Méliacées-Trichiliées.)

Le Carapa ou Y-Andiroba est un grand arbre dont le tronc, à écorce épaisse et grisâtre, s'élève droit et simple jusqu'à la hauteur de 20 à 25 mètres, et peut acquérir de 1^m à $1^m,30$ de diamètre. Les branches qui composent sa cime sont rameuses, dressées au centre, et s'étendent horizontalement à la circonférence. Les feuilles, longues de 1 mètre environ, sont alternes sur les rameaux, et composées de huit à dix paires de folioles sans impaires ; le pétiole commun est cylindrique, renflé et charnu à sa base, nu inférieurement sur une longueur de $0^m,25$ à $0^m,30$. A cette distance du point d'attache sont des folioles généralement opposées ou par paires, de forme elliptique-oblongue, longuement acuminées, très-entières, coriaces, glabres, luisantes en dessus, d'un vert mat en dessous, pouvant atteindre $0^m,30$ de longueur sur $0^m,08$ de largeur ; leur pétiolule est très-court, à peine $0^m,01$ de longueur, renflé, charnu et ridé. Les fleurs sont très-petites, mais très-nombreuses, et forment, par l'ensemble des grappes, une ample panicule qui termine les rameaux. Chacune de ces fleurs présente un calice court à quatre ou cinq lobes ; quatre ou cinq pétales réfléchis constituent la corolle ;

les étamines, en nombre double de celui des parties de l'enveloppe florale, sont monadelphes, et leur tube urcéolé est divisé au sommet en huit ou dix dents portant chacune une anthère. L'ovaire, entouré d'un disque, est à quatre ou cinq côtes qui correspondent à autant de loges ; le style est court, terminé par un stigmate discoïde. A cet ovaire succède un gros fruit de 0^m,10 à 0^m,12 de diamètre, d'abord charnu, prenant ensuite une consistance ligneuse ; il est divisé en quatre ou cinq loges contenant plusieurs graines ; quelquefois on le trouve uniloculaire par l'avortement des cloisons qui sont très-minces. Les graines sont grosses, anguleuses, convexes dorsalement, à testa dur et coriace de couleur roussâtre ; elles n'ont pas d'albumen ; l'embryon a deux cotylédons très-épais et charnus.

Habitat. — Le carapa est commun dans toute la Guyane.

Culture. — Cet arbre ne peut croître en Europe qu'en serre chaude ; on le multiplie par graines tirées du pays originaire, ou par boutures étouffées.

Parties usitées. — L'écorce, les graines.

Récolte. — Les graines ne se trouvent pas dans le commerce ; l'huile qu'on en extrait par expression arrive quelquefois à Marseille, où elle sert à fabriquer des savons ; celle qui est obtenue par expression est de consistance molle ; mais on en connait une autre liquide qui est extraite par ébullition de l'amande dans l'eau, ou bien en réduisant les amandes en pâte et en l'exposant au soleil dans des vases en bois ou en faïence (Caïenne) ; mais cette huile liquide s'épaissit à l'air.

L'huile de carapa à 4 + 0 est de la consistance de l'axonge, d'une couleur ambrée ; sa saveur est extrêmement amère ; à + 18, elle se sépare en deux parties, l'une fluide, l'autre solide.

L'écorce de carapa est assez rare dans le commerce ; on y trouve quelquefois celle du *Carapa touloucouna* Guill., *C. guineensis* Sweet ; d'ailleurs, d'après M. E. Caventou, elles se ressemblent beaucoup : celle de *C. guyanensis* est large, cintrée, épaisse de 7 à 8 millimètres, à surface rugueuse et à épiderme gris blanchâtre ; sous l'épiderme elle est rouge, devenant de plus en plus blanche à mesure qu'on arrive vers l'intérieur ; sa cassure est grenue à l'extérieur, un peu lamelleuse près du liber, où l'on trouve une série de fibres ligneuses, aplaties ; sa saveur est extrêmement amère.

Composition chimique. — L'huile de carapa a été étudiée par

M. C.-L. Cadet; il y a trouvé un principe amer que l'on sépare facilement, surtout avec l'huile préparée par la méthode des habitants de Caïenne; elle contient, en outre, de la stéarine, de la margarine et de l'oléine dans des proportions indéterminées. D'après M. Boullay, le principe amer extrait de l'huile peut être considéré comme un alcali organique.

MM. Pétroz et Robinet ont analysé l'écorce du *Carapa guyanensis*; ils y ont trouvé un principe amer jouissant de propriétés alcalines, une matière rouge analogue au rouge cinchonique insoluble, une matière rouge soluble, de la matière grasse, un sel de chaux.

L'écorce du *C. touloucouna* se présente en morceaux longs de 15 à 25 centimètres et larges de $0^m,04$ à $0^m,08$, épais de $0^m,01$; leur surface externe est gris foncé, rugueuse, présentant par places des points rougeâtres, et quelquefois des plaques blanches qui paraissent formées par un lichen; la surface interne est jaunâtre et unie; elle est amère.

D'après l'analyse de M. E. Caventou, l'écorce du *C. touloucouna* contiendrait une substance amère ou *touloucounin*, les matières colorantes rouges soluble et insoluble déjà signalées par MM. Pétroz et Robinet, une matière colorante jaune, une graisse verte, une substance cireuse, de la gomme, des traces d'amidon et du ligneux.

Le *touloucounin* est un corps neutre qui peut être représenté par $C^{26} H^{18} O^{5}$; il aurait plutôt une réaction acide, tandis que dans l'écorce du *C. guyanensis* il existerait un alcaloïde. M. E. Caventou a donné des formules d'une teinture, d'un vin, et d'un sirop de carapa; l'extrait hydroalcoolique préparé avec l'alcool à 26° paraît jouir de propriétés fébrifuges.

Usages. — Le bois des carapas est très-estimé pour l'ébénisterie; il n'est jamais attaqué par les larves d'insectes. L'écorce est employée comme fébrifuge à la dose de 20 à 30 grammes; elle n'agit pas mieux que les autres amers. L'huile mêlée au rocou est employée par les Indiens pour enduire leur peau et empêcher les moustiques, les chiques, etc., de les piquer. On en frotte les meubles pour les préserver des vers.

CARDAMINE

Cardamine pratensis et amara L.
(Crucifères—Arabidées.)

La Cardamine des prés, vulgairement Cresson des prés, est une plante vivace, à rhizome court, tronqué, oblique ou presque horizontal. Ses tiges, hautes de 0^m,25 à 0^m,50, cylindriques, simples, glabres, dressées ou ascendantes, portent des feuilles alternes, penniséquées : les radicales à segments arrondis, obtus, anguleux, souvent velus, le terminal plus grand ; les caulinaires sessiles, à segments linéaires entiers. Les fleurs, assez grandes, rose lilacé, quelquefois blanches, forment une grappe terminale. Elles présentent un calice à quatre sépales ovales, obtus, dressés, disposés sur deux rangs et décussés ; une corolle à quatre pétales onguiculés, trois fois plus longs que le calice, ovales, arrondis, un peu échancrés ; six étamines tétradynames, accompagnées de quatre petites glandes nectariformes, verdâtres ; un ovaire simple, allongé, terminé par un stigmate en tête, presque sessile. Le fruit est une silique allongée, linéaire, comprimée, glabre, terminée par un bec court et obtus (Pl. 29).

La cardamine amère (*C. amara* L.) est aussi vivace ; elle se distingue de la précédente par son rhizome allongé ; ses feuilles toutes à segments obovales-anguleux, dentés ou crénelés ; ses fleurs toujours blanches, et sa silique à bec grêle aigu.

HABITAT. — Ces plantes, qui sont assez communes en France, habitent surtout les bois, les lieux ombragés et herbeux, les prairies humides, les bords des ruisseaux, etc.

CULTURE. — Les cardamines ne sont cultivées que dans les jardins botaniques ou d'agrément. Elles demandent une terre franche, humide, et se propagent, soit par graines, semées au printemps, en place ou en pépinière, soit par boutures et éclats de pieds.

PARTIES USITÉES. — La plante et les sommités fleuries.

RÉCOLTE. — Comme toutes les crucifères, la cardamine perd ses propriétés par la dessiccation : il faut donc autant que possible l'employer à l'état frais, et la récolter au moment où les fleurs commencent à s'épanouir ; le nom de cardamine est celui du cresson dans les anciens auteurs, il est même probable que ces deux plantes ont dû être souvent confondues entre elles.

Composition chimique. — L'analyse de la cardamine n'a pas été faite, mais il est très-probable qu'elle contient une essence sulfurée, ou du moins que cette essence se forme lorsqu'on distille la plante avec de l'eau ; nous l'avons déjà dit, les essences ne préexistent pas dans les crucifères, et lorsqu'on traite ces plantes par de l'alcool anhydre, on n'en obtient pas traces ; les graines de la cardamine sont oléagineuses, mais elles sont trop peu abondantes pour qu'elles puissent devenir l'objet d'une exploitation agricole profitable ; toutefois, dans les prairies où elle abonde, on pourrait sans doute en tirer un certain parti.

Usages. — Les jeunes feuilles et les fleurs de la cardamine pourraient être mangées en salade, elles possèdent toutes les propriétés antiscorbutiques que l'on attribue au cresson et au cochléaria ; Georges Baker a rapporté des observations qui semblent constater les bons effets de cette plante dans les affections nerveuses et convulsives, mais Biett fait remarquer avec juste raison qu'on ne peut accepter ces faits de guérison de l'hystérie, de l'épilepsie, sans répugnance quand aucune expérience ultérieure ne les a confirmés ; quant à la chorée, nous savons que dans un grand nombre de cas, chez les jeunes enfants surtout, elle guérit sans le secours d'aucune médication ; ce que dit Baker est d'autant plus surprenant qu'il faisait usage de la poudre, et que la plante perd ses propriétés par la dessiccation ; nous ne croyons pas davantage que la cardamine ait pu guérir la goutte comme le dit Heberden, mais nous sommes disposés à admettre avec M. Cazin qu'à petite dose elle peut exercer une action expectorante et être utile dans les catarrhes des vieillards.

M. Pujade, d'Arles, a rapporté deux cas de guérison du scorbut par l'extrait aqueux du *C. chelidonia* L. associé avec l'extrait de *centaurea centaurium* et avec l'acide sulfurique ; quoi qu'il en soit, il eût certainement mieux valu avoir recours à une autre préparation que l'extrait.

CARDAMOME

Amomum cardamomum L. et *Amomum angustifolium* Sonn.
(Amomées-Zingibéracées.)

Les Cardamomes sont des plantes vivaces, à rhizomes souterrains longs et noueux, d'où naissent des tiges simples, feuillées, hautes de

2 à 3 mètres. Les feuilles sont alternes, longuement engaînantes par le pétiole, étroites, ensiformes acuminées, minces, glabres et vertes sur les deux faces, longues de 0^m.30 à 0^m.40, sur 0^m.06 à 0^m.07 de largeur. Les fleurs, longues de 0^m.05 à 0^m.06, naissent sur des hampes radicales qui s'élèvent entre les tiges feuillées ; elles sont disposées par trois ou quatre en épis lâches, et accompagnées chacune d'une spathe en forme d'oreille d'âne ; le calice est tubuleux, à trois dents ; la corolle a un tube court et deux lobes, dont le supérieur étroit et l'inférieur très-grand, simulant une sorte de label comme chez les orchidées. Une seule étamine adnée au tube de la corolle, a son filet dilaté et tronqué au sommet, rapproché par ses bords pour former une sorte de fourreau au style filiforme qui surmonte un ovaire infère à trois loges. Le fruit est une capsule charnue, s'ouvrant en trois valves, et contenant de nombreuses graines enveloppées d'un arille pulpeux.

Dans les cardamomes moyen et petit, ce fruit est turbiné, oblong, à trois côtes obtuses, de couleur pâle, strié, long de 0^m,009 à 0^m,016, sur 0^m,007 à 0^m,009 de diamètre, dans le petit ; de 0^m,046 à 0^m,020 de longueur, sur 0^m,005 à 0^m,007 de diamètre dans le moyen. La capsule du grand cardamome est ovale-oblongue, à peine triangulaire, longue de 0^m,027 à 0^m.068, sur 0^m,007 à 0^m,009 de diamètre. Les graines sont ovoïdes, luisantes dans l'*amomum angustifolium*, et anguleuses presque tétragones de l'*A. cardamomum*.

HABITAT. — L'espèce qui fournit le moyen et le petit cardamome croît dans les lieux humides et abrités des côtes de Malabar ; elle est cultivée à la Jamaïque ; le grand cardamome est originaire de Madagascar ; on ne le trouve que dans les marais.

CULTURE. — Ces plantes sont de serre chaude humide ; on doit leur donner les mêmes soins qu'aux orchidées terrestres, c'est-à-dire humidité atmosphérique, et en plus, arrosements fréquents pendant la période active. La multiplication se fait par la division des souches souterraines, et par graines semées sur couche chaude et sous cloche.

PARTIES USITÉES. — Les fruits, les graines.

RÉCOLTE. — Nous distinguerons d'abord les cardamomes des maniguettes (Voyez ce mot) ; nous désignerons ensuite les différentes espèces, et nous insisterons ensuite sur celles que l'on trouve le plus fréquemment dans le commerce, et qui sont les plus usitées.

On connaît : 1° l'amome en grappe, *amomum racemosum* ; 2° le petit cardamome du Malabar, *amomum repens* Sonn. ; 3° le long cardamome ; 4° le cardamome de Ceylan, *cardamme ensal* Gært. ; 5° le cardamome noir de Gærtner, *zingiber nigrum* Gært. ; 6° le cardamome poilu de la Chine, qui paraît se rapprocher de l'*amomum villosum* Lour. ; 7° le cardamome rond de la Chine, *cao-keu* ou *tsao-keu* des Chinois, qui offre tous les caractères de l'*amomum globosum* Lour. ; 8° un autre cardamome rond de la Chine, qui pourrait bien être une variété du précédent ; 9° le cardamome ovoïde de la Chine, *amomum medium* Lour., *hellenia alba* Willd. ; 10° le cardamome ailé de Java, *amomum maximum* Roxl. ; 11° le grand cardamome de Madagascar, *amomum angustifolium* de Sonnerat ; 12° le cardamome d'Abyssinie, *khil* ou *keil* des Arabes, appelé *korarima* en Abyssinie, paraît produit par l'*A. angustifolium* Sonn. ; il est percé de part en part par un trou par où passe une ficelle qui sert à le suspendre ; 13° le grand cardamome de Gærtner, produit par le *zingiber meleguetta* Gært. ; 14° cardamome à semences polies de Clusius (Guibourt, *Abrégé des droques simples*, t. II, pages 242 et suivantes).

Dans le commerce, les différentes sortes commerciales sont désignées sous les dénominations suivantes : 1° cardamome en grappes ; 2° grand cardamome ; 3° moyen cardamome ; 4° petit cardamome.

L'amome en grappe, *amomum racemosum* Roxb., est disposé en épis serrés autour d'un pédoncule commun ; on le trouve le plus souvent en coques isolées, de la grosseur d'un grain de raisin, formées de trois capsules soudées ; on aperçoit les sutures à l'extérieur ; les graines sont brunes, cunéiformes, attachées à l'axe du fruit, leur saveur est âcre et aromatique, leur odeur forte et pénétrante ; ces fruits viennent de Java, des îles Moluques et des îles de la Sonde.

Le grand cardamome comprend, d'après M. Pereira, le grand cardamome de Mathiole, de Geoffroy, de Smith et de Geiger ; c'est l'*amomum angustifolium* Sonn. (*Voyage aux Indes*, t. II, p. 242, Pl. 137), l'*A. Madagascariense* Lamk. ; les fruits sont oblongs, amincis à leur extrémité, longs de 68 millimètres, divisés à l'intérieur en trois loges ; les semences sont nombreuses, ovoïdes et luisantes, d'un goût âcre, d'une odeur très-agréable ; le moyen cardamome est attribué à l'*A. cardamomum* Var.

Le petit cardamome est produit par l'*elettaria cardamomum* Maton ;
amomum repens Soun., *alpinia cardamomum* Roxb. ; la coque est
triangulaire, un peu arrondie, longue de 9 à 12 millimètres, large
de 7 à 8 ; elle est marquée de stries longitudinales, bosselées par
l'impression des semences ; celles-ci sont brunâtres, irrégulières,
ressemblant à des cochenilles ; leur odeur et leur saveur sont fortes
et aromatiques.

Composition chimique. — Trommsdorf a trouvé dans le petit cardamome une huile volatile, une huile grasse, de la fécule, une matière colorante, du mucilage et une matière azotée. La graine fournit 4 à 5 pour 100 d'une huile volatile, incolore, d'une odeur
agréable et pénétrante, d'une saveur brûlante ; elle s'épaissit en
vieillissant, et peut cristalliser.

Usages. — Les cardamomes sont des stimulants énergiques,
employés rarement seuls, on s'en sert comme épices ; ils entrent
dans la composition de certains alcoolats composés ; on les a
employés surtout comme stimulants des fonctions digestives, dans
les cas d'atonie de l'estomac.

CARDÈRE

Dipsacus fullonum L.

(Dipsacées.)

La Cardère à foulon, vulgairement Chardon à foulon, est une
plante bisannuelle, à racine pivotante, blanchâtre. La tige, haute
de 1ᵐ à 1ᵐ,50, cylindrique, striée, noueuse, fistuleuse, munie d'aiguillons, droite, un peu rameuse au sommet, porte des feuilles opposées, connées, ovales-lancéolées aiguës, glabres, presque entières,
à bords un peu sinueux et irréguliers. Les fleurs, rose lilacé ou blanc
rosé, sont placées à l'aisselle de bractées roides très-aiguës et épineuses, formant par leur réunion des capitules très-gros, très-denses,
ovoïdes et terminaux. Elles présentent un involucre court, prisma-
tique, à quatre faces, tronqué au sommet ; un calice ovoïde, soudé
avec l'ovaire dans sa partie inférieure ; une corolle monopétale,
irrégulière, à tube long et évasé, à limbe bilabié ; quatre étamines
saillantes, à filets grêles, insérées à la gorge de la corolle ; un
ovaire infère, ovoïde, allongé, à une seule loge uniovulée, surmonté
d'un style simple terminé par un stigmate allongé et latéral. Les

fruits sont des akènes ovoïdes, allongés, couronnés par le limbe du calice.

La cardère sauvage (*D. sylvestris* L.) est aussi bisannuelle, et diffère de la précédente par ses feuilles plus largement connées et formant par leur soudure une cuvette profonde; son involucre à folioles plus longues, plus molles et plus recourbées.

La cardère velue (*D. pilosus* L.), vulgairement Verge à pasteur, est vivace, et caractérisée par ses feuilles divisées en trois segments très-inégaux, non connés, ses involucres petits, globuleux, à folioles courtes, hérissées de longs poils, étalées et réfléchies.

HABITAT. — Ces trois espèces habitent les régions tempérées et méridionales de l'Europe. On les trouve dans les bois, les buissons, les haies, les lieux incultes, au bord des champs, dans les lieux frais et ombragés, etc.

PARTIES USITÉES. — L'inflorescence, les racines.

RÉCOLTE. — La cardère est cultivée aux environs des grandes villes où l'on fabrique des draps. A une époque, l'exportation en était défendue. A la fin de la seconde année, on pratique l'écimage, c'est-à-dire que l'on coupe la tête terminale aussitôt qu'elle apparaît; sans cela elle devancerait toutes les autres, acquerrait une grosseur supérieure à celle qui est recherchée par les fabricants, et attirerait à son profit une grande partie de la séve. Cette suppression favorise la formation des rameaux latéraux et de leurs têtes; il arrive même, dans les terrains fertiles, que l'on soit obligé de retrancher les troisièmes et les quatrièmes têtes. Le fauchage à mi-tige a pu être pratiqué avec profit dans quelques circonstances exceptionnelles; mais cette opération, qui retarde et règle la maturité, ne peut être faite que dans les pays où le climat promet une durée de chaleur capable de mûrir la récolte. Si pendant la maturité on s'aperçoit que quelques têtes se flétrissent sur la tige, on les retranche encore; cela arrive lorsqu'elles sont attaquées par des larves d'insectes; on enlève enfin toutes les têtes trop grosses ou trop petites, ainsi que celles dont les bractées sont restées droites et non courbées en hameçon; on doit également arracher tous les pieds atteints de blanc ou de pourriture.

Il faut récolter les cardères avant leur maturité absolue, qui a lieu lorsque les graines se détachent d'elles-mêmes; on coupe les têtes d'un seul coup de serpe lorsqu'elles commencent à devenir roussâtres; on leur laisse un pédoncule de $0^m,14$ à $0^m,15$, nécessaire pour fixer le chardon aux cadres des cardes de la fabrique. L'ouvrier dépose les tiges coupées dans un panier suspendu à son cou, qu'il vide lorsqu'il est plein sur un linceul placé au bout du champ; on porte ensuite la récolte sur l'aire ou dans des greniers ou hangars pour achever la dessiccation; on répand les chardons en couches peu épaisses, et on les retourne une fois par jour avec une fourche de bois, en ayant soin d'éviter les mouvements brusques qui pourraient briser les arêtes. Lorsque les têtes sont sèches, on les empile la queue en dedans, de manière à former un tas qui, sous la forme d'un hérisson, empêche l'approche des rats. On les conserve dans un endroit à l'abri de l'humidité qui les altère et du vent sec qui diminue leur poids.

Un hectare donne de 500 à 1,000 kilogrammes de têtes de cardères sèches; leur prix varie de 80 à 120 francs les 100 kilogrammes.

COMPOSITION CHIMIQUE. — Les graines ou pour mieux dire les fruits du chardon à foulon sont oléagineux; on les emploie pour nourrir les volailles.

USAGES. — Les tiges du *D. fullonum* servent à faire des clôtures, à chauffer le four, etc. Les racines étaient employées autrefois comme diurétiques, apéritives et sudorifiques; aujourd'hui on n'en fait plus usage en médecine. Cette plante n'intéresse donc que l'industrie.

D'après Martius, on emploie aux environs de Kostama, en Russie, l'extrait de chardon à foulon comme préservatif de la rage; le godet formé par la réunion des limbes des deux feuilles opposées, a été nommé *Cuvette de Vénus*; il contient toujours de l'eau réputée comme cosmétique, et par les habitants des campagnes contre les ophthalmies; dans le sud et le sud-ouest de la France, on la recueille avec soin pour cet usage. Lémery prétend que l'on trouve à l'automne, dans la tête du chardon à foulon, un petit ver qui, porté en amulette, guérit la fièvre quarte. Le *D. sylvestris* est regardé comme une variété à bractées non crochues du *D. fullonum*. Le *D. pilosus* ou verge à pasteur vient dans les taillis; le *D. laciniatus* vient en Alsace, en Carniole et en Tartarie. Il n'est pas employé.

CAREX

Carex arenaria L.
(Cypéracées-Cariées.)

Ce Carex est une herbe vivace à souches souterraines ou rhizomes très-longs, grêles, très-rameux, garnis des débris frangés des anciennes gaines de feuilles, et de nombreuses racines fibreuses très-menues. Les tiges qui naissent de ces rhizomes sont annuelles, triangulaires, grêles, hautes de $0^m,10$ à $0^m,30$, feuillées inférieurement, nues et rudes au toucher dans la partie supérieure. Les feuilles sont allongées, subulées, longues de $0^m,15$ à $0^m,20$, très-étroites, rudes sur les bords. Les fleurs unisexuées sont disposées en petits épis dressés et réunis par sept ou huit au sommet de chaque tige, où leur ensemble constitue un épi composé oblong et dense, ou allongé interrompu. Les épis supérieurs sont mâles, les inférieurs femelles, et les intermédiaires mâles au sommet et femelles à leur base. La bractée qui accompagne les épis est carénée, de couleur brune, longuement acuminée. Chaque fleur est constituée par une écaille lancéolée-allongée, très-aiguë, scarieuse sur les bords, de couleur fauve avec la nervure médiane verte, et de deux ou trois étamines situées à son aisselle pour la fleur mâle; d'un ovaire surmonté de deux stigmates pour la fleur femelle. L'utricule qui renferme le fruit est brièvement stipité, de couleur fauve, plan-convexe, nervé, bordé dans sa moitié supérieure d'une aile membraneuse, ovale-lancéolée, denticulée, tronquée obliquement à la base, allongée supérieurement en un bec terminé par deux petites dents aiguës; l'akène est ovale, lisse, de couleur jaunâtre.

HABITAT. — Ce carex croît dans les lieux sablonneux, et surtout dans les sables maritimes, où il contribue à fixer le sol des dunes de nos provinces de Picardie, de Bretagne et de la Gascogne.

CULTURE. — Cette plante ne mérite guère la culture. On la trouve assez abondamment sur nos côtes pour fournir aux besoins de la médecine.

PARTIES USITÉES. — Les rhizomes improprement appelés racines.

RÉCOLTE. — La laîche des sables porte des rhizomes traçants qui sont très-utiles pour maintenir les sables des dunes; ils sont de la grosseur du gros chiendent, articulés; mais les nœuds, non proéminents, portent des fragments ou des fibres déliées, qui sont les débris des écailles foliacées qui entourent chaque nœud; ils sont rougeâtres en dehors, blanchâtres et très-fibreux en dedans; leur saveur est douceâtre, désagréable, un peu vireuse. On leur substitue souvent sans inconvénient les rhizomes du *C. hirta* L.

Les rhizomes du *Carex arenaria* portent souvent les noms de *fausse salsepareille, salsepareille d'Allemagne*; on a même prétendu qu'on les avait employés pour falsifier la vraie salsepareille; ce qui ne nous paraît guère possible, tant sont différents les caractères de ces deux rhizomes : leur écorce est plus blanche, plus mince, moins ridée et moins amylacée; le méditullium est aussi moins fibreux, plus facile à briser dans le sens transversal, et plus difficile à fendre dans le sens longitudinal; d'ailleurs ils ne font pas mousser l'eau, comme le fait la bonne salsepareille du Portugal.

On récolte les rhizomes du *Carex arenaria* à la fin de l'automne; on les lave pour en détacher le sable et la terre qui y adhère; on les râcle pour détacher les écailles, et on les fait sécher; quelquefois on les coupe par morceaux de 2 à 3 centimètres de long, comme on le fait pour la salsepareille.

Composition chimique. — D'après Willdenow, les rhizomes frais ont une odeur de térébenthine assez prononcée qui disparaît par la dessiccation; leur saveur est nulle ou un peu camphrée.

Usages. — On a cru remarquer que les rhizomes très-développés possédaient des propriétés diaphorétiques et résolutives; aussi Gledisch, Murray et Reuss les considéraient-ils comme supérieurs à la salsepareille. Merz lui donne les plus grands éloges, et les regarde comme un des meilleurs sudorifiques. Linné rapporte que les Lapons se couvrent les mains et les pieds avec les feuilles de carex; il ajoute que, malgré le froid excessif de ces pays, ils n'ont jamais d'engelures grâce à ces feuilles.

Outre le *C. hirta* dont nous avons parlé, on peut encore substituer au *C. arenaria* le *C. dystachia* L., et très-probablement tous les autres carex.

CAROTTE

Daucus carota L.
Ombellifères — Daucinées.

La Carotte est une plante bisannuelle, à racine fusiforme, allongée, simple, dure et à peine charnue à l'état sauvage, pivotante, blan-

châtre. La tige, haute de 0^m,65 à 1 mètre, cylindrique, striée longitudinalement ou presque cannelée, hérissée de poils assez rudes,
rameuse, porte des feuilles alternes, à pétioles canaliculés, velus et
un peu embrassants à la base, à limbe assez grand, d'un beau vert,
un peu velu, trois fois ailé, à folioles très-petites, profondément découpées en petites lanières pointues, latérales. Les fleurs, assez petites, blanches, rarement rougeâtres, sont groupées en ombelles terminales, planes lors de la floraison, plus tard concaves, entourées
d'un involucre à folioles grandes, profondément découpées en segments lancéolés-linéaires et munies d'involucelles pareils; la fleur
centrale est souvent stérile et d'un pourpre foncé. Chaque fleur
présente un calice très-petit, à cinq dents; une corolle à cinq pétales
inégaux, à sommet replié en dessus, ceux de la circonférence plus
grands et planes. Le fruit est un diakène ovoïde-allongé, couvert de
poils blancs très-rudes et couronné par de petites dents.

Cette plante a été profondément modifiée par la culture, surtout
dans sa racine, qui est devenue très-volumineuse, charnue, sucrée et
d'une couleur rouge, jaune ou blanche, avec ou sans collet vert.

Nous citerons encore les carottes maritime (*D. maritimus* L.),
élevée (*D. maximus* Desf., *D. Mauritanicus* Lam.), gommifère
(*D. gummifer* Lam.), qui sont aussi bisannuelles.

HABITAT. — La carotte est abondamment répandue dans toutes les
régions de l'Europe. Elle habite les prairies et les pâturages, les
champs incultes, au bord des chemins, etc. On la cultive en grand,
dans les jardins potagers et les champs, comme plante alimentaire
ou fourragère.

PARTIES USITÉES. — La racine et les fruits.

RÉCOLTE. — La carotte fructifie à la fin de la seconde année. Les
fruits doivent être récoltés avant leur maturité; celle-ci s'achève au
séchoir. Les racines sont arrachées avant les gelées, mais le plus tard
possible; quelques jours avant l'arrachage, on coupe les fanes pour
les faire manger aux bestiaux; on se sert de la fourche de fer ou de
la bêche pour enlever les racines; on retranche les collets et on les
dispose en tas en mettant de la paille entre chaque lit de racines, le
tas doit être isolé et ne pas toucher aux murs; on peut également les
conserver en silos dans du sable sec; elles doivent être consommées
avant que la température soit remontée à + 9°, car alors les feuilles
repoussent et la racine s'altère.

Composition chimique. — Les fruits de la carotte renferment une huile essentielle excitante; la racine a été examinée chimiquement par Bouillon-Lagrange, Margraff, Laugier, Fourcroy et Vauquelin: M. Braconnot en a extrait de l'acide pectique; Förster, Hunter et Hornby ont retiré de l'alcool de son suc fermenté: M. Sacc y a trouvé: sucre cristallisable (de canne), 8,13; fécule, 4,38; inuline, 1,0; albumine, 0,86; cellulose, 4,63; eau, 84,00: total, 100. Son suc laisse 0,629 p. 100 de résidu, qui contient: albumine, 0,435; huile grasse, 0,100; carotine, 0,034; phosphates terreux, 0,060. La carotine de M. Wackenroder cristallise, elle est brun-rougeâtre, fond à 168°; elle est inflammable, insoluble dans l'eau, peu soluble dans l'alcool et dans l'éther. Son extraction est très-facile, c'est la matière colorante de la carotte.

Usages. — La décoction de carotte est un remède populaire contre la jaunisse, la pulpe et le suc ont été regardés comme résolutifs, diurétiques, vermifuges et antiseptiques; on les a employés dans les irritations des voies digestives, dans les phlogoses et les ulcérations de l'estomac, contre les toux opiniâtres, l'asthme, les extinctions de voix, etc. En Allemagne, on fait manger les racines crues contre les vers; les effets anthelmintiques ont été constatés également dans les fruits par un grand nombre d'auteurs.

Nous n'insisterons pas sur la prétendue propriété que l'on a attribuée à la pulpe de carotte de guérir les tumeurs cancéreuses; il est pénible de voir des auteurs sérieux ajouter foi à de pareilles absurdités, indignes du médecin instruit; comme tous les émollients, elle peut calmer les douleurs lancinantes; malgré l'autorité de Boyer et celle de M. Ricord, qui l'ont préconisée dans le pansement des chancres phagédéniques, nous croyons que l'on fera mieux d'avoir recours à des moyens plus simples, tels que les cataplasmes de farine de lin ou de fécule.

Toutefois nous serions disposés à préférer les cataplasmes de pulpe de carotte pour le pansement des ulcères sanieux et fétides, de ceux qui sont de nature scorbutique, parce que l'huile essentielle odorante doit agir comme tonifiante et désinfectante; mais nous ne pensons pas que l'on puisse partager l'enthousiasme de Walther, de Hufeland pour cette médication, qui d'ailleurs est un remède populaire contre les eczémas, les brûlures, etc.

Les fruits de la carotte, improprement appelés semences, sont employés par les Anglais contre les coliques néphrétiques, comme diurétiques ; en infusion théiforme, ils se rapprochent du fenouil et de l'anis par leurs propriétés.

CAROUBIER

Ceratonia siliqua L.
(Légumineuses-Césalpiniées.)

Le Caroubier ou Carouge est un arbre de 8 à 40 mètres environ de hauteur, à tronc raboteux, et à branches tortueuses, étalées, constituant une cime analogue à celle du pommier. Ses feuilles, alternes, persistantes, imparipennées et longues de $0^m,15$ à $0^m,20$, sont composées de trois ou quatre paires de folioles épaisses, coriaces, obtuses, longues de $0^m,045$ environ sur $0^m,035$ de largeur, presque sessiles, lisses et d'un vert olive en dessus, veinées et vert-pâle en dessous. Les fleurs, très-petites et d'un pourpre foncé, sont réunies en petites grappes longues de $0^m,04$ à $0^m,05$, qui naissent sur les parties dénudées des branches ; elles sont tantôt hermaphrodites, tantôt unisexuées, et présentent : un calice très-petit, à cinq dents caduques ; point de corolle ; cinq étamines étalées, insérées sur un disque charnu, obscurément lobé, situé au-dessous de l'ovaire ; les filets staminaux distincts, filiformes. L'ovaire est brièvement stipité, un peu arqué, surmonté d'un stigmate sessile presque capité ou obscurément échancré en deux lobes. Le fruit est une gousse linéaire, aplatie, obtuse, coriace, longue de $0^m,15$ à $0^m,20$ sur $0^m,02$ environ de largeur, à bord très-épais, marqué d'un sillon marginal ; elle est divisée intérieurement par des cloisons transversales en plusieurs loges superposées et remplies d'une pulpe succulente, dans laquelle est nichée une graine de forme elliptique, comprimée, à testa dur et luisant.

HABITAT. — La Provence est la patrie du caroubier ; il croît aussi très-abondamment dans toute la région méditerranéenne, l'Andalousie, les provinces napolitaines, l'Algérie, l'Égypte, etc.

CULTURE. — Quoique originaire du midi de la France, le caroubier ne peut plus être cultivé en plein air sous le climat de Paris. Il exige l'orangerie pendant l'hiver. On le cultive en pot dans la terre à oranger ; le rempotage annuel est indispensable. Pour le multiplier, on sème ses graines au printemps en terrine tenue sur couche et sous châssis ; le plant est repiqué quand il a de 0^m,05 à 0^m,06 de hauteur.

PARTIES USITÉES. — Les fruits.

RÉCOLTE. — Les fruits du caroubier, que l'on nomme caroubes ou carouges, sont récoltés à leur maturité et employés à divers usages ; quelquefois on les fait sécher sur des claies, ou bien on en extrait la matière pulpeuse sucrée qui entoure les graines ; le bois présente un aubier abondant et un duramen rouge foncé, dur, veiné, propre à l'ébénisterie et à la menuiserie.

COMPOSITION CHIMIQUE. — L'écorce du caroubier est riche en tannin ; elle sert au tannage des cuirs ; la pulpe qui constitue le mésocarpe est riche en sucre analogue à celui de raisin ; il est accompagné d'un acide, probablement d'un acide tartrique comme dans le tamarin ; elle contient en outre de l'acide pectique.

USAGES. — Les fruits du caroubier qui sont extrêmement abondants, puisqu'un seul arbre peut en donner de 8 à 900 livres, servent à la nourriture des hommes et des bestiaux, surtout à celle des ânes et des mulets ; on en fait aux environs de Monaco un grand commerce ; sous ce rapport, ils ont, lorsqu'ils sont frais, une odeur peu agréable, mais séchés on les mange avec plaisir. Les Espagnols et les Arabes en font une grande consommation. Poiret (*Voyage en Barbarie*, t. II, p. 267) rapporte qu'ils en font pendant une partie de l'année la base de leur nourriture ; avec de l'eau et par fermentation ils en préparent une boisson alcoolique très-estimée en Algérie, où elle est connue sous le nom de *vin de Caroubes* ; au Caire on en fait une sorte de limonade (Sonini, *Voyage*, t. II, p. 260) ; en Égypte on se sert de la matière sucrée pulpeuse pour confire des tamarins, des myrobolans et autres fruits.

En médecine on fait rarement usage de la matière sucrée des caroubes ; elle est cependant légèrement laxative, tempérante et adoucissante ; on l'emploie contre les rhumes, les catarrhes, dans les mêmes cas que la casse et le tamarin.

Les fruits du caroubier étaient connus des anciens ; Galien et Paul d'Égine en font mention ; les pharmacologistes les désignaient sous le nom de *siliquæ dulces* ; la plante était commune en Palestine, en Judée et en Égypte ; il en est souvent question dans les livres sacrés, elle est très-commune en Algérie, c'est un aliment laxatif dont il ne faut pas faire un trop grand abus.

CARTHAME

Carthamus tinctorius L.
(Composées-Carduacées.)

Le Carthame, désigné aussi sous le nom de Safran bâtard, est une plante annuelle, glabre sur toutes ses parties, à tige dressée, haute de 0^m,45 à 0^m,50, cylindrique, feuillée dès la base, rameuse vers la partie supérieure seulement. Les feuilles sont simples, ou entières, bordées de dents épineuses, glabres sur les deux faces, à nervures saillantes, très-aiguës à leur sommet ; les radicales oblongues, rétrécies en pétiole ; les caulinaires sessiles, un peu embrassantes et de forme ovale. Les fleurs de couleur safran sont disposées en capitules solitaires qui terminent chaque rameau ; l'involucre est composé de plusieurs rangées de bractées élargies inférieurement et prolongées supérieurement en un appendice foliacé, ovale, acuminé et bordé de dents épineuses comme les feuilles. Sur un réceptacle plan, garni de franges linéaires, sont insérées de nombreuses fleurs toutes tubuleuses, à tube long et étroit, mais évasé vers le limbe qui est à cinq lanières étroites ; les étamines ont les filets glabres distincts, et les anthères réunies en tube sont terminées par un appendice obtus. Le fruit est un akène obovale-tétragone, glabre, très-lisse, dépourvu d'aigrette ; on le désigne vulgairement sous le nom de *graine de perroquet*.

HABITAT. — Le carthame est originaire de l'Asie ; on le trouve à l'état sauvage en Égypte, dans l'Inde et l'île de Java. Il est cultivé dans plusieurs régions de l'Europe comme plante tinctoriale.

PARTIES USITÉES. — Les fleurons nommés fleurs, et les fruits nommés improprement graines.

RÉCOLTE. — Les fleurons de carthame sont récoltés par un temps sec, car l'humidité les noircit, à l'époque de l'épanouissement des capitules ; on les sépare des ovaires et on les fait sécher à l'ombre ; on s'en sert pour falsifier le safran (*crocus sativus*) ; aussi donne-t-on à ces fleurons le nom de *faux safran* ou *safran bâtard* et de *safranum* ; on les distingue en ce que les fleurons du carthame sont plus rouges et divisés supérieurement en cinq dents ; à l'intérieur du tube on trouve les cinq étamines soudées par leurs anthères traversées par le style, de plus, le carthame est sec et cassant, peu odorant ; il colore à peine la salive. Lorsqu'on plonge la main dans du safran falsifié par des fleurons de carthame, ceux-ci s'attachent aux doigts au moyen de leurs calices plumeux.

Les fruits nommés improprement semences, puisque ce sont des akènes, sont dépourvus d'aigrettes; ils sont blancs, oblongs, lisses et quadrangulaires; on les récolte après la chute des fleurons; on les fait sécher avant de les renfermer. En Égypte, les fleurs de carthame sont comprimées entre deux pierres; après les avoir cueillies, puis lavées et exprimées de nouveau à la main; on les fait sécher sur des nattes (Hasselquist.)

Composition chimique. — Lorsqu'on enferme les fleurons de carthame dans un sac, et qu'on le soumet à un courant d'eau, celle-ci entraîne une matière colorante, jaune-rougeâtre, peu belle, et que l'on rejette; le résidu, bouilli avec un carbonate alcalin, donne une belle liqueur rouge ou rose, selon l'état de concentration du liquide; par l'addition de quelques gouttes d'acide, et surtout d'acide citrique, on obtient un beau précipité qui porte le nom de *rouge végétal* ou *carthamine*.

Usages. — Les fruits du carthame sont oléagineux. La carthamine est le plus souvent précipitée directement sur les étoffes; c'est une des plus belles couleurs rose que l'on connaisse, mais elle est peu solide. On la trouve dans le commerce sous la forme d'une laque rouge, dure, compacte; elle est préparée en Égypte; l'autre, qui est obtenue en Chine, se présente sous la forme de petits cartons recouverts de matière colorante qui, étant sèche, présente la couleur vert doré des élytres des cantharides; la couleur rose paraît lorsqu'on la mouille; la carthamine entre dans la composition du rouge végétal pour les théâtres.

En France, les fleurons et les fruits du carthame sont tout à fait inusités en médecine; à la Jamaïque, les fleurons sont employés contre la jaunisse; on les dit purgatifs à faible dose (8 à 10 grammes).

Les fruits broyés et exprimés fournissent une huile fixe qui est employée dans l'Inde contre les rhumatismes et pour panser les ulcères de mauvaise nature. D'après de Candolle, elle n'est pas alimentaire, et elle purge à petite dose; d'après Sprengel (*Hist. méd.*, t. I, p. 587), Hippocrate l'employait comme telle; et, selon Loureiro, on en fait encore usage en Chine et en Cochinchine. On la considère en outre comme emménagogue. En Égypte, on fait avec le tourteau une sorte de chocolat.

Cependant les fruits de carthame émulsionnés dans l'eau ont été employés autrefois à la dose de 4 à 8 grammes (Bichat, *Cours manuscrit*). La pulpe elle-même était administrée incorporée dans du miel ; elle faisait partie des tablettes *Diacarthami*.

CARVI

Carum carvi L. *Seseli carvi* Lamk.
(Ombellifères-Amminées.)

Le Carvi est une herbe bisannuelle atteignant de $0^m,30$ à $0^m,60$ de hauteur. Sa racine est pivotante, charnue et épaisse. Ses tiges dressées, cylindriques, glabres, sont fortement striées, rameuses, à rameaux longs et étalés. Les feuilles sont assez amples, alternes, pétiolées, glabres, bipennées, c'est-à-dire découpées en pinnules lancéolées opposées, et divisées en nombreuses lanières étroites, linéaires, aiguës ; les feuilles supérieures moins décomposées, à lanières presque filiformes ; le pétiole commun est engaînant, à gaîne allongée, entière, striée, scarieuse et blanchâtre sur les bords. Les fleurs sont très-petites, blanchâtres, disposées en ombelles lâches, étalées, accompagnées d'une seule bractée filiforme, qui constitue l'involucre ou collerette ; chaque ombelle est composée de 8 à 10 ombellules inégales, dépourvues d'involucelles. Le calice, dont le tube est soudé à l'ovaire, n'a pas de divisions sépaloïdes. Les pétales, au nombre de cinq, sont obovales, échancrés au milieu, avec les lobes réfléchis. Les étamines, insérées sur un disque qui couronne l'ovaire, sont en nombre égal à celui des pétales. L'ovaire est infère à deux loges, surmonté de deux styles épaissis à leur base pour constituer la stylopode. Le fruit est un bi-akène, comprimé latéralement, ovale ou oblong, portant les restes des styles renversés ; chaque akène (méricarpe ou moitié de fruit) présente cinq côtes filiformes, entre lesquelles (vallécules) se trouve un canal résinifère ; la face commissurale, ou face par laquelle les deux akènes sont appliqués l'un à l'autre, est munie de deux canaux résinifères. Les grains sont convexes, à face intérieure à peu près plane.

HABITAT. — Le carvi est une plante indigène aux contrées septentrionales de l'Europe ; on le rencontre dans les prairies sèches des pays montagneux, dans les Pyrénées, l'Orient, la Norwége, l'Islande, etc.

CULTURE. — À cause de sa racine allongée, fusiforme, le carvi exige un terrain profond et meuble. On sème les graines à la volée sur place, en recouvrant légèrement; on éclaircit si le plant est trop dru.

PARTIES USITÉES. — Les fruits, rarement les racines.

RÉCOLTE. — La récolte du carvi se fait un peu avant la maturité des fruits; on les sèche à l'ombre, et on les conserve dans un lieu sec, dans des vases fermés. Dans le commerce, les fruits sont isolés, allongés, amincis aux deux extrémités, courbés en arc du côté de la commissure, à cinq côtes blanchâtres; les sillons sont brunâtres et n'offrent qu'un vitœ ou canal oléifère; quelquefois cependant on en trouve deux ou trois dans chaque sillon ou vallécule. Coupé transversalement, le fruit présente une amande blanchâtre, entourée par les cinq côtes saillantes, disposées en étoile; l'odeur de ces fruits est très-forte, analogue à celle du cumin, mais moins désagréable.

COMPOSITION CHIMIQUE. — Le principe actif des fruits du carvi est une huile essentielle que l'on obtient par distillation; elle se compose de deux essences, le *carvène* $C^{10}H^8$ et le *carvol* $C^{20}H^{14}O^2$.

On peut séparer ces deux essences par une distillation fractionnée, mais il est plus simple de les agiter avec du sulfhydrate d'ammoniaque; il se forme du sulfhydrate de carvol $= C^{20}H^{13}O^2HS$, qui, traité par l'ammoniaque, donne le carvol. Celui-ci est un liquide bouillant à 250°, sa densité est égale à 0,953; il se résinifie par l'acide azotique, et il forme avec l'acide chlorhydrique un camphre qui a pour formule $C^{20}H^{14}HCl$.

Le carvène est liquide, incolore, plus léger que l'eau, d'une odeur agréable, d'une saveur aromatique; il bout à 173°; il est presque insoluble dans l'eau, soluble dans l'alcool et dans l'éther; il forme avec l'acide chlorhydrique un composé cristallisable.

L'essence de carvi, traitée par la potasse, produit un isomère du carvol que l'on a nommé *carvacrol*, que l'acide phosphorique anhydre transforme en carvène.

USAGES. — Le carvi jouit des mêmes propriétés que l'anis, le fenouil, le cumin, la coriandre, etc. En Suède et en Allemagne on en assaisonne les soupes, les ragoûts, le pain; il entre dans la composition de certains fromages, dans la choucroute; les Anglais en mettent dans les pâtisseries, les confitures: on en prépare des liqueurs

de table, on recouvre les fruits de sucre pour en faire de petites
dragées; dans le Nord on cultive le carvi; il donne alors une racine
adoucie que l'on mange en guise de carotte.

En médecine le carvi est considéré comme carminatif; on l'emploie dans la débilité des voies digestives, la cardialgie, les coliques
venteuses. Lorsque celles-ci ont pour cause l'atonie des muqueuses
et non une phlegmasie, on l'a préconisé comme anthelmintique et
emménagogue; dans ces cas, c'est surtout l'huile essentielle que
l'on emploie en potions à la dose de 10 à 20 gouttes; mêlée aux
huiles douces, on en fait des liniments stimulants qui sont employés
en frictions ou en embrocations contre les douleurs venteuses des
intestins et les coliques nerveuses. Dioscoride et Galien parlent du
carvi : ils le regardaient comme carminatif; il faisait autrefois partie
des quatre semences majeures chaudes.

CASCARILLE

Croton cascarilla L.
(Euphorbiacées-Crotonées.)

La Cascarille, appelée aussi Quinquina aromatique ou faux quinquina, est un arbrisseau dont la tige, haute de 2 mètres environ,
cylindrique, très-rameuse, à écorce d'un gris cendré, porte des
feuilles alternes, courtement pétiolées, lancéolées, aiguës, entières,
à bords un peu ondulés, couvertes en dessus de petites écailles étoilées, furfuracées, blanc-jaunâtre. Les fleurs, monoïques, petites,
verdâtres, forment des épis, ou mieux des spadices allongés, terminaux. Elles présentent un calice à dix sépales disposés sur deux
rangs, les cinq intérieurs plus minces et pétaloïdes, et sont dépourvues de corolle. Les fleurs mâles, qui occupent le sommet
du spadice, ont douze à quinze étamines à filets soudés à la
base; les femelles, situées au-dessous, ont un ovaire trigone, à
trois loges, surmonté de trois styles bifides, dont chaque division
se termine par un petit stigmate. Le fruit est une capsule à trois
loges.

HABITAT. — La cascarille se trouve dans les régions centrales de
l'Amérique, aux îles Lucayes, à Saint-Domingue, au Pérou, au Para-
guay, etc. On la cultive en serre chaude, dans les jardins botaniques
de l'Europe.

PARTIES USITÉES. — L'écorce.

RÉCOLTE. — La cascarille, nommée encore *chacrille, écorce éleu-térienne*, est fournie par le *croton eleuteria* de Swartz plutôt que par le *croton cascarilla* L., auquel on l'attribue. Ce dernier est abondant à Haïti, où il porte le nom de *sauge du port de la Paix*, à cause des feuilles qui ont à peu près la forme, le goût et l'odeur des feuilles de sauge, et qu'elles servent aux mêmes usages. Toutefois, M. Guibourt fait remarquer que les auteurs qui ont parlé de cette plante, tels que Brown, Sloane, Desportes et Nicholson, ne l'indiquent pas comme fournissant la cascarille du commerce. Il paraît même certain aujourd'hui, que divers *croton* produisent diverses sortes de cascarilles, tels sont les *C. lineare, niveus, humile, balsamife-rum*, etc. Voici, d'après M. Guibourt, les caractères de ces sortes de cascarilles.

La *cascarille vraie* ou *officinale*, produite probablement par le *cro-ton eleuteria* qui croît aux Antilles et aux îles Lucayes, est en frag-ments de trois à quatre centimètres de long, roulée, compacte, dure, pesante, à cassure nette, résineuse, finement rayonnée, de la gros-seur du petit doigt ; elle est brune, terne ; sa saveur est âcre, aroma-tique, son odeur rappelle celle du benjoin, surtout lorsqu'on la chauffe ; elle est très-résineuse et donne à la distillation une essence verte, suave, pesant spécifiquement 0,938.

La *cascarille blanchâtre*, en tuyaux gros comme le doigt, et même comme le pouce, avec un épiderme blanc-grisâtre, uni ou marqués de fissures longitudinales, ni durs ni fendillés transversalement ; les jeunes écorces sont presque blanches ; la poudre qu'elles fournissent est d'un blanc grisâtre, l'odeur est aromatique, la saveur est âcre, amère et camphrée, l'infusion aqueuse précipite les sels de fer en vert noirâtre.

La *cascarille rouge et térébinthacée* est en écorces larges, quelque-fois pourvue d'une croûte fongueuse, peu épaisse, jaunâtre, sillonnée longitudinalement, avec indices d'une couche blanche crétacée ; liber dénudé, rouge-pâle, marqué de sillons longitudinaux, avec nervures proéminentes ; la poudre qu'elle donne est rosée, l'odeur est téré-binthacée, la saveur amère, piquante, rappelant celle du mastic ; l'infusé aqueux est rouge, et il précipite les sels ferriques en noir verdâtre ; elle est moins aromatique que les précédentes, moins âcre et plus astringente.

L'*écorce de copalchi* est ainsi désignée au Mexique ; elle est produite par le *croton pseudo-China* de Schrède, qui, d'après M. Don, ne diffère pas du *C. cascarilla* ; cette écorce, introduite dans le commerce sous le nom de *cascarille de la Trinité de Cuba*, est en longs tubes droits, cylindriques, souvent inclus les uns dans les autres, avec un épiderme blanc, mince et adhérent, avec des parties de liber dénudées ; celui-ci est dur, compacte, d'un rouge brun, avec une structure fine et rayonnée ; son odeur est peu marquée ; elle rappelle celle de la térébenthine ; sa saveur est amère ; l'infusé aqueux est rougeâtre et il précipite le fer en noir verdâtre ; elle diffère de la précédente plutôt par sa forme que par ses propriétés.

La *cascarille noirâtre* ou *poivrée* est en longs tubes cylindriques ou en morceaux plats, presque entièrement privés d'épiderme ; elle est d'un gris noirâtre, et striée longitudinalement au dehors, couleur de chêne en dedans ; sa cassure est compacte et finement rayonnée ; l'odeur est peu marquée, mais elle se développe et devient poivrée lorsqu'on la pulvérise ; sa saveur est âcre, très-amère.

Nous devons ajouter que ces cinq sortes admises par M. Guibourt ne nous paraissent pas parfaitement tranchées, et on en trouve dans le commerce qui, ne ressemblant à aucune d'elles, tout comme celles-ci sont souvent mélangées.

Composition chimique. — M. Duval a extrait de la cascarille une matière cristalline qu'il a nommée *cascarilline* ; on y trouve en outre de l'albumine, du tannin, une matière colorante rouge, une substance grasse, une essence d'une odeur agréable, de la cire, de la résine, une matière gommeuse, de l'amidon, de l'acide pectique, du ligneux, un sel de chaux et du chlorure de potassium.

La *cascarilline* cristallise en aiguilles prismatiques ou en lames hexagonales amères, incolores, fusibles, peu solubles dans l'eau, plus solubles dans l'alcool, l'éther, les acides chlorhydrique et sulfurique ; ce dernier avec coloration rouge foncé, prenant une teinte verte lorsqu'on y ajoute de l'eau ; l'acide chlorhydrique la colore en violet, qui vire au bleu et au vert par l'addition d'eau ; les alcalis, le tannin, les sels de plomb ne précipitent pas les solutions aqueuses de *cascarilline*.

M. Brande, qui a analysé l'écorce de copalchi ou cascarille de la Trinité de Cuba, y a trouvé une résine âcre et aromatique, un principe amer, jaune, soluble dans l'eau et l'alcool, et une huile grasse, concrète, etc.

Acharius et M. Fée (*cryptogames des écorces officinales*) ont décrit les plaques blanches qui recouvrent les cascarilles; d'après ces auteurs, ce sont les *thallus* de productions lichénoïdes.

Usages. — La cascarille est employée en parfumerie, elle entre dans la composition des clous fumants et des encens composés que l'on brûle dans les temples et les églises. En médecine elle est considérée comme tonique et stimulante, et ses propriétés fébrifuges sont contestables. Il n'en est pas moins vrai qu'elle convient dans les cas de débilité générale, lorsqu'on veut exciter les fonctions, celles de l'estomac en particulier : on la prescrit dans les diarrhées chroniques, les pollutions nocturnes, les hémorrhagies passives, etc. Bergius, Cullen et Schwilgue, qui n'admettaient pas les propriétés antifébrifuges de la cascarille, reconnaissaient son utilité pour assurer l'action du quinquina dans les convalescences des fièvres intermittentes.

A Saint-Domingue, on fait usage des feuilles du *C. Eleuteria* en infusions théiformes comme digestives; on emploie d'ailleurs, de la même manière, les feuilles de plusieurs crotons; les infusions doivent être filtrées pour en séparer les poils en étoile qui se détachent des feuilles.

CASSE

Cassia fistula L. *Cathartocarpus fistula* D. C.
(Légumineuses – Césalpinées.)

La Casse purgative ou Canéficier est un grand arbre à tige droite, rameuse au sommet, à feuilles alternes, ailées, composées généralement de cinq ou six paires de folioles opposées, presque sessiles, grandes, ovales, aiguës, glabres, un peu sinueuses sur les bords. Les fleurs, grandes, jaunes, sont groupées en longues grappes pendantes à l'aisselle des feuilles supérieures et munies de petites bractées. Elles présentent un calice caduc, profondément partagé en cinq divisions presque égales, d'un vert clair; une corolle à cinq pétales longs, obtus, un peu inégaux; dix étamines libres, dont sept supérieures, très-courtes, et trois inférieures déclinées, beaucoup plus longues; un ovaire cylindrique, allongé, surmonté d'un style et d'un stigmate simples. Le fruit est une gousse cylindrique, longue de

0^m,30 à 0^m,40, brun-noirâtre, lisse, marquée de deux côtes longitudinales, et offrant intérieurement un grand nombre de cloisons
transversales qui la divisent en loges, dont chacune renferme une
graine entourée d'une pulpe rougeâtre (Pl. 30).

HABITAT. — La casse se trouve en Égypte, dans l'Inde, en Amérique, etc.

PARTIES USITÉES. — Les gousses ou fruits, la pulpe qu'ils renferment.

RÉCOLTE. — Le canéficier paraît originaire d'Éthiopie, d'où il s'est
répandu dans l'Arabie, dans l'Inde et l'archipel Indien ; on croit
qu'il a été transporté en Amérique ; cependant on y trouve tant
d'autres espèces analogues qu'on pourrait bien les considérer comme
indigènes. Elle venait autrefois du Levant ; aujourd'hui elle nous
arrive d'Amérique, et les fruits des deux continents ne présentent
aucune différence notable. Ce sont des gousses noires et unies formées de deux valves réunies par deux sutures longitudinales non
déhiscentes ; à l'intérieur on y trouve un grand nombre de loges
formées par des fausses cloisons transversales solides, qui ont pour
origine l'accroissement considérable des trophospermes ; sur leur
surface on trouve une pulpe noirâtre, douce et sucrée, au milieu de
laquelle est placée la graine horizontale, elliptique, rouge, polie,
aplatie et dure.

Il est arrivé quelquefois d'Amérique des fruits du canéficier plus
petits que les précédents, que M. Guibourt désigne sous le nom de
petite casse d'Amérique ; elle est d'un brun foncé et grisâtre à l'extérieur, remplie d'une pulpe fauve, d'un goût acerbe, astringent et
sucré ; les valves sont beaucoup plus minces que dans l'espèce ordinaire, et les gousses sont amincies aux deux extrémités, tandis que
dans la casse ordinaire ils sont arrondis aux deux bouts.

La *casse du Brésil* (*Cassia Brasiliana* Lam.) est produite par un
canéficier qui croit au Brésil, à la Guyane, dans les Antilles ; les
gousses sont recourbées en sabre, longues de 0^m,50 à 0^m,65, larges de
0^m,04 à 0^m,08, d'une suture à l'autre ; comprimée dans l'autre sens,
et offrant à sa surface des rugosités ; l'une des sutures offre deux
côtés cylindriques, tandis qu'il n'y en a qu'une dans l'autre ; les
cloisons sont rapprochées et nombreuses, la pulpe est amère, désagréable ; cette casse est rare en Europe, mais elle est très-employée
en Amérique (Guibourt).

D'après Vauquelin, les fruits du canéficier contiennent :

Valves..............................	351,53
Cloisons...........................	70,31
Semences..........................	132,22
Pulpe...............................	455,82
	1000,00

La pulpe, traitée par l'eau froide, laisse un résidu pesant 28ᵍ,44. L'extrait soluble contenait :

Sucre..............................	118,44
Gélatine (pectine?)............	51,25
Gomme............................	45,63
Glutine............................	7,92
Matière extractive amère	5,40
Eau.................................	230,99
	417,92

Usages. — C'est de la pulpe de casse dont on fait usage ; on délaye dans de l'eau la matière noire que l'on trouve à la surface des cloisons et on pulpe à travers un tamis ; mêlée au sirop de violettes, à parties égales, elle constitue la *conserve de casse*. Après qu'on a fait évaporer ce mélange en consistance de miel épais, par l'addition du sucre pulvérisé, on obtient la *casse cuite*; enfin, on fait encore une *eau de casse* et un *extrait*. La conserve et la pulpe du commerce contiennent quelquefois du cuivre, qui provient des vases dans lesquels on les a obtenues ; on doit, avant d'en faire usage en médecine, s'assurer de la bonne préparation et de la pureté de ces produits.

Les gousses de casse doivent être choisies lourdes, pleines, non moisies et non sonnantes ; pour les obtenir dans ces conditions, il faut les conserver dans un lieu frais, mais non humide.

Les nègres sont friands de casse verte, ils en mangent beaucoup et se donnent ainsi des coliques ; on fait des confitures avec la pulpe et on confit dans du sucre les fleurs du canéficier que l'on dit purgatives.

La pulpe de casse a été introduite dans la thérapeutique par les Arabes vers le onzième siècle ; c'est un laxatif doux qui convient aux vieillards et aux enfants; d'après Delille, elle aurait contribué à prolonger les jours de Voltaire ; elle ne convient pas aux personnes lymphatiques; on la mélange au séné, à la rhubarbe, à la manne; elle entre dans la composition de la fameuse médecine noire, dont nos pères faisaient un si fréquent usage; les graines sont aussi re-

gardées comme purgatives; on a aussi employé la racine comme fébrifuge, mais sans grand succès; elle contient un principe amer
particulier; les fruits de divers autres *cassia* peuvent remplacer la
casse des boutiques.

CASSIA-LIGNEA

Laurus cassia L. *Cinnamomum cassia* Nées.
(Laurinées.)

Le Cassia-lignea ou Casse en bois est également connu sous le nom
de Cannellier de la Cochinchine. C'est un arbre de 8 à 9 mètres de
hauteur, très-rameux, à rameaux minces, ramuleux, glabres, à écorce
rougeâtre. Les feuilles sont persistantes, généralement alternes,
quelquefois presque opposées, toujours pétiolées, oblongues-lancéolées, longues de 0^m,12 à 0^m,16 sur 0^m,04 à 0^m,05 de largeur, aiguës,
atténuées à la base, glabres et luisantes sur la face inférieure, parcourues par trois nervures longitudinales rougeâtres ou pourprées,
et parsemées de quelques poils courts à la face inférieure. Les fleurs,
petites, blanchâtres et pédonculées, sont polygames, disposées en petites grappes lâches, axillaires, de la longueur des feuilles. Le calice
est coriace, à six dents et à tube en forme de cupule. Point de corolle.
Les étamines, au nombre de neuf, ont les anthères ovales, à quatre
logettes qui s'ouvrent chacune par une petite valvule. L'ovaire est
supère, uniloculaire et uniovulé, couronné par un stigmate discoïde. Le fruit est une sorte de drupe charnue, accompagnée à sa
base par la cupule persistante du calice.

Habitat. — Le cassia-lignea croît spontanément sur les côtes de
Malabar, en Cochinchine, dans les îles de Sumatra et de Java.

Culture. — Tous les *Cinnamomum* sont des végétaux de serre
chaude sous notre climat; on les cultive en terre franche, et leur
multiplication ne peut se faire que par marcottes et boutures dont
la reprise est assez difficile, même sous cloche et à l'étouffée.

Parties usitées. — Les écorces, les fleurs non épanouies, l'essence.

Récolte. — Nous avons déjà parlé à l'article Cannellier des cannelles de Ceylan et de Cayenne; nous allons nous occuper ici plus
spécialement des espèces qui appartiennent au genre *Laurus*.

La cannelle de Chine, *L. cassia* L., *Cinnamomum aromaticum* G.

Nées, *C. cassia* F. Nées, *Cassia lignea* Blackw., est produite par un arbre qui croît à la Cochinchine et au Malabar, dans les îles de la Sonde. Elle nous vient aujourd'hui de Chine par Canton ; elle est en bottes beaucoup plus courtes que celles de la cannelle de Ceylan ; ses écorces sont plus épaisses, non insérées les unes dans les autres ; leur couleur est plus rougeâtre, leur odeur moins agréable et leur saveur plus âcre, plus mucilagineuse et moins chaude que dans la cannelle de Ceylan.

On a trouvé quelquefois dans le commerce, sous le nom de *cannelle de Sumatra*, une écorce recouverte d'un épiderme gris-blanchâtre, épaisse, roulée, d'une couleur rouge prononcée, d'une odeur forte et agréable, d'une saveur sucrée, astringente, aromatique et très-mucilagineuse. La *cannelle de Java* ne paraît différer de la précédente que par son ancienneté dans le commerce ; sa saveur et son odeur sont semblables à celles de la cannelle de Chine, mais plus faibles ; sa saveur est très-mucilagineuse. Elle est très-souvent vendue sous le nom de *Cassia lignea*. Elle paraît être produite par le *Cinnamomum perpetuoflorens* de Burman, *L. multiflora* Roxb., *Laurus burmani* G. et F. Nées d'Esenbeck.

D'après M. Guibourt, le *Cassia* ou *Casia* des anciens serait notre cannelle actuelle ; plus tard, il prit le nom de *Syringis*, ou *Fistularis*, ou *Fistula*, à cause de sa disposition en tubes creux ; mais lorsque le nom de *Cassia fistula* eut été réservé exclusivement au fruit du canéficier, on distingua l'ancienne écorce de *Cassia* par le nom de *Lignea*, de sorte que pendant longtemps le nom de cassia-lignea servait à désigner la cannelle actuelle sans distinction d'espèces ; plus tard, le nom de cannelle fut réservé aux écorces plus fines, dépourvues d'épiderme, et celui de cassia-lignea aux écorces plus épaisses et recouvertes d'épiderme ; depuis lors, les meilleurs auteurs, tels que Valerius Cordus, Pomet, Lémery, Charas, Geoffroy, ont appliqué le nom de *cassia lignea* à la cannelle de Chine et à celles de Java et de Sumatra.

Aujourd'hui l'écorce du *L. cassia* ou *C. aromaticum, C. cassia*, etc., est connue sous le nom de cannelle de Chine ; les cannelles de Java et de Sumatra sont désignées sous le nom de cassia-lignea, mais on indique surtout sous ce nom une écorce que l'on croit être produite par le *Laurus Malabatrum* Burm., *Cinnamomum Malabatrum* Batka, *C. iners* Blume, le *Katou-Karua* de Rhéede ; elle est en tubes longs, mais non insérés les uns dans les autres, plus épaisse que la cannelle de Ceylan et moins épaisse que celle de Chine; d'une couleur fauve rougeâtre, inodore et mucilagineuse; ses tubes sont parfaitement cylindriques.

Les feuilles de *Malabatrum* sont oblongues-lancéolées, amincies aux deux extrémités, très-variables en grandeur, plus étroites que celles du *Cinnamomum cassia*, et à plus forte raison que celles du *Cinnamomum zeylanicum*; elles sont aussi plus minces que les unes et les autres, simplement trinerves, c'est-à-dire que les trois nervures, confondues d'abord, se séparent à partir du pétiole, et que les deux nervures latérales sont beaucoup plus voisines des bords de la feuille que de la nervure médiane; de sorte que la feuille n'est pas partagée en parties égales par les nervures comme dans le *Cinnamomum cassia*. Enfin les feuilles du *Malabatrum* sont lisses et luisantes en dessus, glabres en dessous; les nervures et le pétiole sont aussi lisses et luisants au lieu d'être pubescents comme dans le *Cinnamomum cassia*; elles sont inodores et n'offrent aucun goût de cannelle; elles conservent leur couleur verte qui résiste à la vétusté, ce qui tient à l'absence d'huile essentielle.

L'écorce de Culilawan est encore une espèce de cannelle; on l'attribue au *Laurus Culilawan* L., au *Cinnamomum Culilawan* Blume; elle est en morceaux peu longs, presque plats, fibreux, épais de $0^m,005$ à $0^m,007$; elle ressemble à du quinquina jaune; elle s'en distingue par son odeur de cannelle et de girofle mêlées; sa saveur est aromatique, chaude, piquante, astringente et mucilagineuse; elle donne peu d'huile essentielle. Les Malais la nomment *kulit lavang*, qui signifie écorce giroflée; quelques auteurs la nomment *cannelle giroflée*.

COMPOSITION CHIMIQUE. — Vauquelin a analysé les cannelles de Ceylan et de Chine; il en a retiré de l'huile volatile, du tannin, du mucilage, une matière colorante et un acide (acide cinnamique). La cannelle de Chine contient, en outre, de l'amidon; elle renferme plus d'essence que celle de Ceylan, mais elle est moins suave et moins estimée. Nous renverrons à l'article CANNELLE pour l'histoire chimique de cette essence. Sa composition est $= C^{18}H^8O^2 = C^{18}H^7O^2,H$, ou hydrure de cynnamyle, qui par oxydation se transforme en acide cinnamique $= C^{18}H^7O^3,HO$.

USAGES. — Toutes les cannelles sont employées aux mêmes usages.

Nous n'avons rien à ajouter à ce que nous avons dit à l'article Cannelle de Ceylan (Voyez ce mot); celle de Chine est surtout usitée comme épice dans l'art culinaire et dans la parfumerie.

CATAIRE

Nepeta cataria L. *Cataria major vulgaris* C. Bauh. Tourn. *Mentha cataria* J. Bauh.
(Labiées—Népétées.)

La Cataire, vulgairement nommée Herbe aux chats, est une herbe vivace, odorante, dont les tiges, atteignant de 0^m,50 à 0^m,80 de hauteur, sont quadrangulaires, dressées, rameuses et pubescentes. Les feuilles sont molles, pubescentes comme les tiges, opposées, assez longuement pétiolées, longues de 0^m,040 à 0^m,050, en forme de cœur, ou ovales, dentelées ou bordées de larges dents mucronulées, d'un vert gai en dessus, d'un vert pâle et même blanchâtre en dessous. Les fleurs blanches, ponctuées de rouge, sont disposées, à l'aisselle des feuilles supérieures, en glomérules brièvement pédonculés, simulant des sortes de verticilles dont l'ensemble constitue une espèce d'épi terminal, dense au sommet, lâche et même interrompu à la base. Le calice est velu, à tube ovoïde, à cinq dents inégales, lancéolées-subulées. La corolle monopétale, irrégulière, velue, a le tube dilaté vers la gorge; le limbe est divisé en deux lèvres : la supérieure plane dressée, bifide, l'inférieure à trois lobes, dont celui du milieu est arrondi et concave. Les étamines sont au nombre de quatre, didynames, ascendantes, à anthères rapprochées par paires, biloculaires, à loges très-divergentes. Le style est divisé en deux lobes à peu près égaux.

Habitat. — La cataire est indigène à la France; on la trouve très-communément sur les bords des chemins et dans les décombres.

Culture. — Cette espèce s'accommode de tous les terrains et de toutes les expositions; on la multiplie par éclat de ses touffes.

Parties usitées. — Les sommités fleuries.

Récolte. — La cataire est très-commune en Europe et en Asie; on la trouve fréquemment chez nous, dans les lieux arides, sur les bords des chemins, le long des haies; on peut la récolter pendant tout l'été, mais elle est plus odorante et plus active à l'époque de la floraison; on cueille les sommités fleuries, on les dispose par petits paquets, et en guirlandes que l'on fait sécher au soleil.

COMPOSITION CHIMIQUE. — Le nom d'herbe aux chats a été donné à cette plante parce que ces animaux en sont très-friands ; ils se roulent dessus, la dévorent et l'arrosent de leur urine ; on dit qu'elle est pour eux très-aphrodisiaque ; elle doit ses propriétés à une huile essentielle, analogue à celle de menthe, mais moins suave ; l'odeur de la plante ne convient pas à tout le monde ; avec l'essence, on trouve dans la cataire un principe amer.

Dans le commerce, la cataire est toujours disposée en paquets ; elle se distingue par ses feuilles pubescentes, vertes en dessus, blanches en dessous. La tige est elle-même garnie de poils assez longs.

USAGES. — La cataire entre dans la composition du sirop d'armoise composé, qui est considéré comme emménagogue ; elle est elle-même regardée comme tonique et stomachique ; on l'a conseillée dans l'aménorrhée, l'hystérie, la chlorose, les catarrhes chroniques, la gastralgie, les flatuosités, etc. D'après Chaumeton, elle convient surtout dans les affections qui ont leur source principale dans l'utérus ; Hœrmann, Bœcler et Gilibert assurent avoir constaté ses bons effets dans l'hystérie ; mais nous savons aujourd'hui que toutes les substances à odeur forte agissent à peu près de même dans les affections nerveuses ; elles les calment quelquefois sans les guérir, mais elles sont aussi bien infidèles dans leur action. Tabernamontanus assure avoir calmé la toux et guéri l'ictère par la cataire bouillie dans l'hydromel ; mais l'eau chaude produit le même effet dans le premier cas, et l'ictère simple guérit tout seul ; et nous croyons la cataire impuissante à combattre l'ictère grave. D'ailleurs les obstacles apportés au cours de la bile peuvent avoir plusieurs causes souvent bien opposées, et un seul médicament ne saurait convenir à tous les cas. Nous ne partageons donc pas l'enthousiasme de certains auteurs pour la cataire ; nous croyons au contraire qu'elle encombre inutilement la matière médicale, et nous lui préférons l'hysope, la menthe, la mélisse, etc.

La décoction de cataire a été vantée par Gaspard Hoffmann contre la gale. En Russie, cette plante est un remède populaire contre les névralgies dentaires ; on en mâche quelques feuilles, elle agit alors comme sialagogue.

CÉDRATIER

Citrus medica Forst. *Citrus medica cedra* Desf.
(Aurantiacées.)

Le Cédratier ou Citronnier, est un arbre qui peut atteindre, en
Europe, de 6 à 8 mètres de hauteur; son tronc est droit, à écorce
grise et rayée de blanchâtre; ses branches sont nombreuses, rameuses, à rameaux roides, étalés, munis de longues épines. Les feuilles
sont simples, épaisses, oblongues, aiguës, plus ou moins dentées,
d'une belle couleur vert foncé, à l'état adulte, offrant généralement,
dans leur premier développement, une teinte rouge violâtre, semblable à celle des jeunes rameaux; le pétiole est court, épais, non
ailé. Les fleurs qui naissent en bouquets, à l'aisselle des feuilles,
sont blanches, lavées de rouge ou de violet en dehors, et présentent :
un calice très-petit, cupuliforme, vert, à cinq dents obtuses; une
corolle à cinq pétales épais, oblongs, étalés; des étamines nombreuses, à filets droits subulés, réunies inférieurement en plusieurs faisceaux (étamines polyadelphes), et un ovaire arrondi, libre, surmonté
d'un style cylindrique épais, de la longueur des étamines, et terminé
par un stigmate globuleux. Le fruit est une baie très-variable dans la
forme et la grosseur, mais le plus ordinairement ovale ou oblong,
plus renflé vers le sommet qu'à la base, plus ou moins profondément
sillonné et raboteux, terminé par un mamelon souvent très-saillant
ou par la portion inférieure persistante du style; de couleur purpurine à l'état très-jeune, passant au vert et ensuite au jaune safran à
sa maturité. Le péricarpe ou *écorce*, connu vulgairement sous le
nom de *zeste*, est plus ou moins épais, variant de $0^m,010$ à $0^m,050$;
extérieurement il présente des rugosités qui sont des vésicules saillantes, contenant une huile essentielle; intérieurement il est composé d'un tissu mou, blanc, de saveur douce, qui entoure une partie
centrale, divisée en dix à douze loges remplies de poils renflés,
vésiculeux, oblongs, pleins d'eau acidulée. Les graines, au nombre
de deux dans chaque loge, sont ovales, présentant une sorte de cal-
losité à l'une de leurs extrémités.

Il existe plusieurs variétés de cédrats, qui ne diffèrent entre elles
que par la forme et la grosseur du fruit.

HABITAT. — Le pays originaire du cédratier ou citronnier est inconnu. On suppose qu'il a été introduit de l'Assyrie et de la Médie,

d'abord en Grèce, et de là dans les régions méridionales de l'Europe.

Culture. — Le citronnier ne peut se cultiver à l'air libre que dans les pays méridionaux, en Italie, en Espagne, où souvent même il souffre de l'abaissement de la température hivernale. Dans le centre de l'Europe, il faut le cultiver en caisse, et le rentrer en serre froide pendant l'hiver. Cet arbre est toujours en végétation; ses fleurs se montrent en hiver, et il porte de jeunes fruits en même temps que des fruits mûrs. Les soins de culture sont à peu près nuls; des arrosements seulement au fur et à mesure des besoins. On le multiplie très-facilement de ses graines; la terre qui lui convient particulièrement est la terre franche, sableuse, mélangée de terreau.

Parties usitées. — Les racines, le bois, les feuilles, les fleurs, les fruits.

Récolte. — Le cédratier a été connu en Europe après les guerres d'Alexandre; Théophraste, qui en a parlé le premier, le désigne sous le nom de *pomme de Perse* ou de *Médie*; Virgile l'appelle *pomme de Médie*, d'où lui vient le nom de *Citrus medica*, qui ne doit pas être traduit par *citronnier médicinal*, comme le font à tort certains auteurs. Les Juifs ont consacré le cédratier à la fête des Tabernacles, aussi a-t-il porté le nom de *citronnier des Juifs*. La loi de Moïse leur prescrit en effet de présenter ce jour-là, au Seigneur, leur plus beau fruit, des feuilles de palmier et des rameaux de myrte et de saule.

Les racines et le bois, souvent employés en tabletterie et en marqueterie, sont très-recherchés; on estime surtout la racine, qui est plus dure et mieux veinée; les feuilles sont aromatiques et servent à préparer par distillation une essence très-employée en parfumerie. Les fleurs sont récoltées avant leur parfait épanouissement; les fruits, qui varient beaucoup de grosseur, doivent être cueillis un peu avant leur maturité, surtout ceux qui sont destinés à être confits.

Composition chimique. — Toutes les parties du cédratier répandent une odeur agréable de citron; l'essence qu'on extrait par distillation des fleurs est analogue au néroli que l'on retire du bigaradier et de l'oranger. La partie jaune extérieure du fruit, nommée *zeste*, donne par expression et par distillation une essence d'une odeur très-suave de citron mêlée d'un peu de rose; elle est composée d'hydrogène et de carbone, et est analogue, sinon identique par sa composition et par ses propriétés, avec celle du citron ; la partie charnue du fruit donne par expression un jus acide renfermant de l'acide citrique dont nous avons déjà parlé en traitant du bigaradier et du citronnier.

Usages. — La médecine fait peu usage du cédratier, mais on pourrait, sans grand inconvénient, substituer ses différentes parties à celles du bigaradier et de l'oranger ; la parfumerie emploie beaucoup l'essence extraite du zeste ; dans les ménages on met les feuilles dans le linge pour en chasser les insectes. La chair de quelques variétés est mangée, mais on en fait surtout des confitures qui sont délicieuses. L'écorce du fruit ou zeste est épaisse, blanche, tendre, charnue ; elle forme la plus grande partie du fruit ; on la confit par tranches dans du sucre, et l'on fait confire entiers les fruits de la magnifique variété connue sous le nom de *Poncire*, dont le volume peut égaler celui de la tête, et le poids dépasser quinze livres ; ceux du *C. decumana* L. *pampel-moës* des Indiens ou *pampelmouse*, si communs à l'Ile de France, sont encore plus gros. On les fait également ment confire dans du sucre.

CÈDRE

Larix cedrus Mill. *Cedrus Libani* Barrel.
(Conifères – Abiétinées.)

Le Cèdre du Liban est un grand arbre de 25 à 35 mètres de hauteur, et dont le tronc, qui peut acquérir de 2 à 3 mètres de diamètre, se divise en grosses branches longues et presque horizontales. Ses feuilles sont aciculaires, aiguës, longues de $0^m,015$ à $0^m,020$, persistantes, coriaces, roides, presque tétragones, éparses sur les rameaux, et disposées en faisceaux à l'extrémité des ramules raccourcies. Les fleurs sont monoïques ; les mâles constituées par des anthères biloculaires, à connectif squamiforme, rapprochées en chatons solitaires, cylindriques, longs de $0^m,04$ à $0^m,05$ sur $0^m,01$ environ de diamètre, et de couleur roussâtre ; les chatons femelles sont dressés, coniques, obtus ou déprimés au sommet, moins longs que les chatons mâles, composés d'écailles très-brièvement onguiculées, faiblement denticulées, un peu écartées, ayant à leur base deux ovules nus renversés adhérents à leur onglet. Le fruit est un cône dressé, ovoïde, à peine renflé au milieu, long de $0^m,06$ à $0^m,10$, déprimé au sommet, où quelquefois il présente un mamelon obtus, composé d'écailles très-serrées, larges de 0^m,035 à 0^m,040, rétrécies vers leur base, épaissies supérieurement. Les graines sont longues d'environ 0^m,010, surmontées d'une aile membraneuse roussâtre, élargie au sommet, atteignant à peu près la longueur de l'écaille, à l'aisselle de laquelle elles sont insérées.

HABITAT. — Le cèdre croît dans différentes régions de l'Asie Mineure, et particulièrement dans les montagnes du Liban et du Taurus; il a été introduit en Europe en 1683.

CULTURE. — Le cèdre du Liban est un arbre très-rustique, qui supporte, sans souffrir, les rigueurs de nos hivers. Il vient dans les plus mauvais sols, où son accroissement est cependant plus lent. On sème ses graines aussitôt après leur récolte ou au printemps suivant, en terre légère; on repique le plant très-jeune en pépinière, à la distance de 0^m,20, et tous les ans, vers le mois de mars, on relève les plants pour les replanter de suite, afin de faire développer les ramifications des racines; la mise en place définitive a lieu quand les sujets ont assez de force pour résister à l'action des agents extérieurs.

PARTIES USITÉES. — Les feuilles, le bois, les fruits.

RÉCOLTE. — Les Hébreux, qui ont souvent parlé du cèdre, en ont fait l'emblème de la grandeur et de la puissance; le bois était regardé comme incorruptible. On assure que le temple de Jérusalem, bâti par Salomon, avait été construit avec des cèdres coupés sur le mont Liban; cependant son bois est léger, d'un blanc roussâtre, peu aromatique, se fendant facilement par la dessiccation; mais il est possible qu'on ait confondu avec le bois de cèdre ceux du mélèze et du genévrier qui, en effet, sont plus beaux, plus aromatiques et plus durables.

Sous le nom de bois de cèdre, on entend, dans le commerce, le bois du *Juniperus Virginiana* L., que l'on nomme aussi *cèdre rouge* ou *cèdre de Virginie*; il sert surtout à préparer les cylindres des crayons en graphite.

Les fruits du cèdre du Liban, rarement employés, sont récoltés avant leur maturité.

COMPOSITION CHIMIQUE. — On a extrait du bois de cèdre de Virginie, *J. Virginiana*, une essence concrète, étudiée par M. Walter, et qui a été représentée par $C^{33}H^{26}O^{2}$; elle cristallise dans l'alcool, fond à 74°, bout à 282°; distillée avec l'acide phosphorique anhydre, elle donne un hydrogène carboné appelé *cédrène* $= C^{12}H^{24}$.

Pendant l'été, il découle du cèdre du Liban une résine liquide et odoriférante nommée *cedria*; on facilite son excrétion par des incisions; on l'a nommée *manne mastichine*.

L'huile de cade, si employée pour le traitement des maladies de peau, est le produit de la distillation sèche du bois de cèdre; mais c'est surtout le *Juniperus oxycedrus* qu'on emploie pour la préparer.

Usages. — Le *cedria* est employé par les Égyptiens dans les embaumements avec plusieurs autres aromates; on l'a encore appliqué topiquement comme sédatif pour les plaies.

Il n'est pas bien démontré que le bois de cèdre dont se servent les Anglais pour faire de petits barils, moitié bois blanc, moitié bois de cèdre, soient faits avec le bois du *Larix cedrus*; c'est bien plutôt le bois du *Juniperus Virginiana* qu'ils emploient à cet usage. Quoi qu'il en soit, l'eau-de-vie et les liqueurs qu'ils renferment dans ces barils acquièrent une odeur et un goût qu'ils trouvent agréables. D'après M. de Préfontaine, on emploie aux Antilles et dans divers pays le bois de diverses espèces de cèdre pour faire des meubles et différents objets en tabletterie et en marqueterie; il ajoute que ce bois n'est jamais attaqué par les insectes.

L'écorce de cèdre a été employée en Allemagne comme vermifuge. Cette écorce, ainsi que le bois, imprégnée de matières résineuses, a été préconisée sous forme de décoction contre la leucorrhée. Il est évident que ces produits doivent jouir des mêmes propriétés que les matières résineuses et que les bourgeons de sapin, par exemple; on peut donc en faire usage contre les catarrhes pulmonaires, et ceux de la vessie, comme expectorants et diurétiques.

Le bois de cèdre réduit en poudre entre dans la composition des poudres aromatiques, que l'on brûle quelquefois dans les temples et les églises.

CÉDRÈLE

Cedrela odorata L.
(Cédrélées.)

Le Cédrèle odorant, appelé aussi Caïl-Cédra, Faux Acajou, est un arbre dont la tige, haute de 20 mètres, porte des feuilles longues, à sept ou huit paires de folioles ovales-lancéolées, pointues, entières, glabres, luisantes en dessus, persistantes. Les fleurs, petites, nombreuses, blanchâtres, forment des grappes rameuses. Elles présentent un calice campanulé, très-petit, à cinq dents; une corolle à cinq pétales obtus, dressés, rapprochés; cinq étamines, à anthères oblongues; un ovaire à cinq loges, porté sur un disque annulaire, et surmonté d'un style simple, que termine un stigmate en tête, un peu aplati. Le fruit est une capsule ligneuse, de la grosseur d'un œuf de pigeon, à cinq loges renfermant chacune plusieurs graines munies d'une aile membraneuse latérale.

Nous citerons encore les cédrèles Toon (*C. Toona* Roxb.) et velouté (*C. velutina* D. C.).

HABITAT. — Le cédrèle odorant habite l'Amérique du Sud; les deux autres espèces se trouvent aux Indes orientales, au Népaul, etc.

PARTIES USITÉES. — Le bois, l'écorce.

RÉCOLTE. — Le bois de cédrèle ou cédrel odorant, appelé encore acajou femelle, acajou à planches, nous vient de l'Amérique du Sud; il est léger, poreux, rougeâtre, amer, inattaquable par les insectes; lorsqu'il est sec, il est pourvu d'une odeur résineuse analogue à celle du genévrier de Virginie. Il sert pour la charpente, les meubles communs; on en fait des barques légères, et surtout des boîtes à cigares. Lorsqu'on le frotte, il répand une odeur nauséabonde. L'écorce ne se trouve pas dans le commerce.

COMPOSITION CHIMIQUE. — Le fruit répand une odeur fétide alliacée qui passe, dit-on, dans la chair des perroquets qui s'en nourrissent; l'écorce est également imprégnée d'une odeur insupportable; il découle du bois une résine qui le défend de l'eau et des insectes.

Le *C. rosmarinus* Lour., *Itea rosmarinifolia* Poiv., présente des fleurs très-odorantes, renfermant une huile essentielle très-parfumée, analogue à celle de la lavande (Loureiro, *Flor. cochin.*, 199). M. Nées d'Esenbeck a analysé l'écorce du *C. febrifuga* Blume, *C. Toona* Roxb.; il y a trouvé une matière résineuse astringente, une substance gommeuse brune, astringente aussi, une autre matière gommeuse brune, insipide, de nature extractive, et de l'inuline; la substance gommeuse astringente a été comparée avec celle que Trommsdorff a trouvée dans le *ratanhia*.

USAGES. — Nous avons dit les usages de bois du *C. odorata* dans la charpente et l'ébénisterie ; il n'a reçu aucune application en médecine. Les fleurs du *C. rosmarinus* sont considérées comme céphaliques, nervines, désobstruantes et diurétiques ; on les a employées, d'après Loureiro, contre les catarrhes et les douleurs.

Le *C. febrifuga*, décrit par Blume dans les mémoires de la Société de Batavia, est commun à l'île de Java ; son écorce passe pour être le *quinquina des Indes orientales* ; les Javanais appellent l'arbre *suren*.

Roxburg, qui l'a trouvé sur la côte de Coromandel, l'a nommé *C. Toona*. Son bois est rougeâtre ; il porte le nom de *bois de Toon*. L'écorce, longue de 0ᵐ,20 à 0ᵐ,30, épaisse de 0ᵐ,04 à 0ᵐ,06, est rugueuse, d'un brun rouge, d'une saveur astringente amère, roulée, très-fibreuse, peu odorante. Nées d'Esenbeck l'a figurée. D'après Blume, elle a été employée avec succès contre les fièvres intermittentes et même pernicieuses, et comme tonique dans les fièvres continues. On l'administre en poudre grossière à la dose de 15 à 20 grammes ; on lui associe quelquefois l'écorce d'*Alyxia Reinwardtii*, ou la poudre amère des semences du *Guilandina bonducella* L. ; on en prépare un extrait que l'on emploie de préférence. Cette écorce jouit d'une très-grande réputation parmi les médecins hindous. Quelques auteurs croient que le *C. febrifuga* de Blume est la même plante que le *Swietenia febrifuga* de Roxburg ; cependant les plantes de ce dernier genre ont dix étamines, tandis que les cédrèles n'en ont que cinq.

<h1 style="text-align:center">CÉDRON</h1>

Simaba Guyanensis Aubl. Swingera amara Willd. Simaba cedron Planch.
(Simarubées.)

Le Cédron ou Simabe de la Guyane est un arbrisseau, dont les tiges dressées, hautes de 2 à 3 mètres, portent des feuilles alternes, composées de trois à sept folioles opposées, ovales-oblongues, échancrées. Les fleurs, blanches, portées sur de courts pédoncules et munies de petites bractées écailleuses, sont disposées en grappes axillaires. Elles présentent un calice en forme de cupule, à cinq dents très-petites ; une corolle à cinq pétales, élargis à la base et beaucoup plus longs que le calice ; dix étamines, à filets tubulés, velus à la base ; un ovaire à cinq loges uniovulées, surmonté d'un style simple terminé par un stigmate à cinq divisions. Le fruit se compose de cinq carpelles coriaces, monospermes, ovoïdes, jaunâtres, soudés à la base et insérés sur un disque charnu.

HABITAT. — Cet arbre se trouve à la Guyane. On le cultive quelquefois dans les serres chaudes. On le propage de boutures, qui reprennent assez facilement. Sa conservation exige beaucoup de soins ; aussi est-il encore assez rare dans les collections.

PARTIES USITÉES. — Les graines.

RÉCOLTE. — La première mention du cédron paraît avoir été faite par le docteur Luigi Rotinelli, médecin de Saint-Domingue, qui avait longtemps habité à la Nouvelle-Grenade ; cette mention fut faite en 1846 dans un journal italien ; toutefois, sir W. Hooker, directeur du Jardin royal de Kiew [1], avait reçu en juillet 1846, une lettre de M. Purdie, dans laquelle il lui disait qu'il avait découvert le célèbre *cédron*, dont les semences sont vendues au prix d'un réal le cotylédon, et sont regardées comme le spécifique par excellence pour combattre la morsure des animaux venimeux et surtout celle des serpents, et qu'on emploie avec succès contre les fièvres intermittentes. En 1850 M. Jomard, membre de l'Académie des sciences, présenta des graines de cédron à cette compagnie savante, avec l'extrait d'une lettre de M. Herran, chargé d'affaires de Costa-Rica à Paris ; en 1851, M. Hooker écrivit une notice sur cette plante.

On trouve dans le commerce tantôt les graines entières, tantôt les cotylédons isolés ; ils sont longs de $0^m,03$ à 0^m04, larges de $0^m,015$ à $0^m,020$, d'une forme elliptique, un peu courbés, convexes du côté extérieur, aplatis du côté interne avec une petite cicatrice près du sommet ; par la dessiccation ils sont devenus jaune-foncé, noirâtres à l'extérieur ; ils sont amylacés, avec une apparence grasse, et ils possèdent une forte saveur amère (Guibourt). M. Lévy a rapporté toutes les parties de la plante, il a aussi rapporté un pied vivant qui a été planté en France.

COMPOSITION CHIMIQUE. — M. Lévy a extrait du cédron une substance amère, cristalline, entièrement soluble dans l'eau bouillante, neutre aux papiers réactifs ; il a proposé de nommer ce principe *cédrine* ; on l'extrait en traitant les semences réduites en poudre par l'éther et par l'alcool et en faisant cristalliser [2].

---

1. *Pharmaceutical journal*, t. X, p. 344. — *The dispens of the un States phil.*, 1858, p. 1388.
2. *Journal de pharm. et de chim.*, t. XIX, p. 335.

M. Bouchardat a extrait du cédron par des traitements successifs au moyen de l'éther et de l'alcool une matière grasse, neutre, presque insoluble dans l'alcool froid, que MM. Rabot et Reveil ont reconnue pour de la cholestérine, plus le principe amer ou *cédrin* qui cristallise en aiguilles soyeuses, qui présente une saveur aussi amère et aussi forte que celle de la strychnine.

Usages. — Les propriétés antivénimeuses du cédron étaient mentionnées dans l'*Histoire des Boucaniers*, publiée en 1699 ; cette réputation s'est conservée par tradition ; cependant les expériences faites au Muséum d'histoire naturelle que M. L. Soubeiran nous a fait connaître, sont bien loin de confirmer cette propriété merveilleuse ; on l'a beaucoup vantée contre l'hydrophobie sans qu'on ait jamais eu l'occasion de l'essayer en France. M. Saillard, de Besançon, a rapporté d'Amérique une quantité considérable de noix de cédron qui pourraient être utilisées à des expériences physiologiques et thérapeutiques ; il est très-probable qu'elles confirmeront les prévisions de sir W. Hooker, qui avait placé ces graines à côté du simarouba et du quassia amara, plantes très-précieuses comme toniques et amères, mais qui ne jouissent certainement pas des propriétés merveilleuses qu'on a attribuées au cédron.

D'après le docteur Guier, de Carthage, le cédron aurait été employé par lui avec avantage contre le choléra-morbus, les coliques et les névralgies de la face ; M. J.-B. Thompson, de Londres, prétend l'avoir administré avec succès contre la goutte ; M. Rotinelli assure qu'il est tonique à haute dose ; nous en avons pris un et deux grammes sans avoir éprouvé aucun effet marqué, si ce n'est quelques nausées : cependant il paraît qu'on ne l'emploie en Amérique qu'à la dose de 5 à 10 centigrammes.

M. le docteur S.-S. Purple, de New-York, avait constaté les bons effets du cédron contre les fièvres intermittentes ; M. Bayer a confirmé son efficacité ; dans ces cas il l'administrait à la dose de 50 centigrammes à 1 gramme par jour ; à dose plus élevée il peut produire des nausées et la diarrhée ; si on examine toutes les annonces exagérées qui ont été faites sur cette substance, et qu'on ramène les choses à leur juste valeur, il reste un tonique amer, jouissant de propriétés anti-périodiques douteuses.

CENTAURÉE

Centaurea centaureum L.
(Composées-Cynarées.)

La Centaurée officinale ou Grande Centaurée est une plante vivace, à racine forte, allongée, charnue, rouge brunâtre. La tige, haute de 1ᵐ à 1ᵐ,60, droite, glabre, rameuse, porte des feuilles alternes, grandes, pennées, à pétiole aplati en dessus, à folioles oblongues, lancéolées, dentées, décurrentes, glabres. Les fleurs, d'un rouge pourpre, sont groupées en gros capitules terminaux, arrondis, formant par leur réunion une sorte de corymbe irrégulier. Chacun d'eux est entouré d'un involucre à écailles simples, lisses, ovales, obtuses, convexes, entières, un peu scarieuses sur les bords. Les corolles sont tubuleuses, à limbe quinquéfide, hermaphrodites au centre du capitule, neutres à la circonférence. Le fruit est un akène ovoïde, à aigrette sessile.

Les centaurées jacée (*C. jacea* L.) et noire (*C. nigra* L.) sont des espèces très-voisines de la précédente.

On remarque encore, dans ce genre, la chausse-trape (*C. calcitrapa* L.), vulgairement chardon étoilé; le bleuet ou barbeau (*C. cyanus* L.); la centaurée bénie (*C. benedicta* L.) plus connue sous le nom de chardon-béni, etc.

Habitat. — Toutes ces espèces sont très-répandues en Europe. La centaurée officinale habite les pâturages élevés et les bois des régions montagneuses. Les autres espèces sont communes dans les prairies, les lieux incultes, les friches, au bord des chemins, etc. La centaurée charbon-béni est propre aux régions méridionales.

Culture. — Cette dernière espèce est la seule qui soit cultivée pour l'usage médical. Elle est annuelle, et se propage de graines semées au printemps en place, ou mieux sur couche; les jeunes plants sont repiqués avec quelques précautions. Le bleuet est cultivé comme plante d'ornement. Les autres espèces ne se trouvent que dans les jardins botaniques.

Les propriétés médicinales des plantes du genre *centaurea* sont peu importantes, nous pouvons sans inconvénient les étudier dans un seul chapitre.

Parties usitées. — Les inflorescences ou capitules, les feuilles, les racines.

Récolte. — Les capitules peuvent être recueillis avant leur parfait épanouissement; les feuilles sont cueillies au moment de la floraison, et les racines pendant toute l'année, mais il vaut mieux les prendre au printemps et à l'automne; on les fend pour les faire sécher.

Composition chimique. — Toutes les centaurées renferment un principe amer; M. Nativelle a extrait du *C. benedicta* et du *C. calcitrapa* un principe nommé *cnicin*, qui a été analysé par M. Scribe, qui y a trouvé : carbone 62,9, hydrogène 7,1, oxygène 30; il paraît exister dans toutes le *cynarées*; le *cnicin* cristallise en aiguilles incolores, d'un éclat soyeux, très-amères, peu solubles dans l'eau froide et dans l'éther, très-solubles dans l'eau chaude et dans l'alcool; l'acide sulfurique le dissout à froid avec coloration rouge, l'acide chlorhydrique le colore en vert.

Les *Centaurea centaurium, jacea* et *nigra* jouissent des mêmes propriétés; la racine entrait dans la poudre anti-arthritique de La Mirandole, autrefois très-réputée; Camerarius la prescrivait comme sudorifique dans les affections cachectiques; on l'a employée dans les affections du foie, le catarrhe pulmonaire, etc., etc.

Le *C. calcitrapa*, chausse-trape ou chardon étoilé, est très-amer; il a été vanté par J. Bauhin, Tournefort, Geoffroy, Buchner, Linné, Gilibert, Chrestien de Montpellier, comme un des meilleurs succédanés de la petite centaurée, *Erythrea centaurium*, et de la gentiane, auxquelles il est bien inférieur; il est aujourd'hui tout à fait inusité, malgré l'opinion de Roques, qui le considère comme un des meilleurs fébrifuges indigènes; Clouet, Bertin, M. Cazin, etc., partagent cette opinion; on l'a substitué au quassia amara dans la leucorrhée atonique, contre les fièvres automnales cachectiques, mais on sait que tous les toniques amers agissent dans ces cas, et qu'ils échouent, comme la chausse-trape elle-même, dans les cas de fièvres intermittentes légitimes; il y a donc, à notre avis, un certain danger à exagérer les vertus de plantes sur lesquelles l'expérience a prononcé, et qui sont justement regardées comme inutiles. Les semences, ou pour mieux dire les fruits de chausse-trape ont été regardés comme diurétiques.

Le bleuet, *C. cyanus*, devait son nom de *casse-lunettes*, à la réputation dont il jouissait d'être un excellent astringent contre les ophthalmies, et on employait l'eau distillée qui ne renfermait pas le principe actif ; le bleuet a encore été employé dans les hydropisies ; il est aujourd'hui inusité.

Le chardon béni, *C. benedicta*, ou centaurée sudorifique, était considéré comme tonique, fébrifuge, sudorifique, diurétique, etc., etc. Hoffmann l'a comparé à tort à l'absinthe ; Pontedera le recommandait dans les coliques venteuses, les fièvres intermittentes, etc. De toutes les propriétés merveilleuses attribuées à toutes ces plantes par les auteurs les plus recommandables, parmi lesquels nous citerons le grand Linné, Hufeland, Ettmuller, Arnaud de Villeneuve, Simon Pauli, Gilibert, Michaélis, etc., etc., il ne reste que la certitude de leur parfaite inutilité.

Nous signalerons encore le *C. moschata*, dont les capitules à fleurons blancs exhalent une odeur très-prononcée de musc, mais cette odeur est peu diffusible ; elle ne se fait sentir qu'à une très-faible distance ; on a proposé ces capsules comme antispasmodiques. M. Nonat a employé avec succès le *cnicin* contre les fièvres intermittentes parisiennes qui cèdent à l'usage des amers en général ; toutefois, il n'a pu porter la dose au-dessus d'un gramme, à cause d'une sensation de chaleur déterminant les vomissements et la diarrhée que les malades éprouvaient.

CERFEUIL

Chærophyllum sativum Lam. *Scandix cærefolium* L. *Anthriscus cærefolium* Hoffm.
(Ombellifères–Scandicinées.)

Le Cerfeuil commun est une plante annuelle, à racine simple, fusiforme, blanc jaunâtre. La tige, haute de $0^m,35$ à $0^m,65$, arrondie, un peu noueuse, striée, glabre, fistuleuse, dressée, rameuse, porte des feuilles alternes, longuement pétiolées, tripennées, à folioles ovales, incisées et dentées, étroites, d'un vert clair, à nervures pubescentes. Les fleurs, petites et blanches, forment des ombelles sessiles, de trois à cinq rayons, opposées aux feuilles, dépourvues d'involucres, mais ayant des involucelles d'une à trois folioles. Elles présentent un calice à limbe presque nul ; une corolle à cinq pétales égaux, cordiformes ; cinq étamines saillantes ; deux styles droits. Le fruit est un diakène allongé, lisse, glabre, terminé par les deux styles persistants.

Nous remarquerons encore dans ce genre le cerfeuil tubéreux ou bulbeux (*C. bulbosum* L., *C. tuberosum* Var.) ; le cerfeuil sauvage

(*C. sylvestre* L., *Anthriscus sylvestris* Hoffm.), et le cerfeuil noueux ou tacheté (*C. temulum* L.).

Dans un genre voisin, nous trouvons le cerfeuil musqué (*Myrrhis odorata* Scop., *Scandix odorata* L.), plante vivace, à tige haute de $0^m,65$ à 1 mètre, forte, velue, verte ou rougeâtre; à feuilles très-découpées, mollement pubescentes; à ombelles divisées en rayons nombreux, à diakène très-gros, noirâtre, luisant, oblong, acuminé, marqué de dix côtes fortement saillantes et presque tranchantes.

HABITAT. — Ces plantes sont assez répandues en Europe. Le cerfeuil commun croît dans les champs et les haies, au voisinage des habitations. Les cerfeuils sauvage et noueux se trouvent surtout dans les bois. Le cerfeuil musqué habite les pâturages des montagnes.

CULTURE. — Les cerfeuils commun, bulbeux et musqué, sont cultivés dans les jardins potagers; les autres espèces ne se trouvent que dans les jardins botaniques.

PARTIES USITÉES. — La plante, les fruits, improprement nommés semences.

RÉCOLTE. — Le cerfeuil est quelquefois employé à l'état frais; on doit le semer tous les quinze jours dans les jardins lorsqu'on veut l'avoir en bon état. Par la dessiccation, ses propriétés diminuent considérablement.

COMPOSITION CHIMIQUE. — L'odeur aromatique et agréable du cerfeuil est assez analogue à celle de l'anis; elle disparaît par l'ébullition, aussi la trouve-t-on à peine dans le bouillon aux herbes dont il fait la base; on la constate dans le suc, les infusions et les macérations; elle est due à une huile volatile qui existe dans le fruit. C'est à elle qu'il faut attribuer l'odeur agréable que présente l'eau distillée de cerfeuil.

USAGES. — Les Athéniens faisaient un fréquent usage du cerfeuil; Théophraste n'en fait aucune mention, quoique cette plante soit commune dans les champs de la Grèce; ses usages économiques sont connus de tout le monde; il est aromatique et stimulant; il excite l'appétit et facilite la digestion; ses vertus ont été beaucoup trop exaltées par divers auteurs, parmi lesquels nous citerons Hermann et Bœcler; ils lui attribuaient la propriété de guérir la phthisie et le cancer. Desbois de Rochefort disait qu'il guérit la syphilis rebelle au mercure. C'est surtout contre les engorgements lymphatiques qu'il a été employé, ainsi que dans l'ictère, l'hépatite chronique, le catarrhe chronique, etc. A l'extérieur, c'est un remède populaire contre les engorgements des mamelles, les hémorrhoïdes, etc.; on l'applique bouilli dans l'eau sous forme de cataplasmes.

Lorsque Lallemand conseilla le jus de persil dans les pertes séminales, plusieurs médecins lui substituèrent avec succès le suc de cerfeuil, et on étendit son usage à d'autres maladies des voies urinaires; Hufeland le prescrivait dans la phthisie laryngée, et Rivière le donnait à la dose de 60 grammes, mêlé avec autant de vin blanc, contre l'hydropisie.

Un oculiste distingué de Paris a employé le cerfeuil en topique dans l'ophthalmie; il propose d'appliquer sur l'œil phlogosé des cataplasmes de cerfeuil, en même temps qu'on lotionne l'organe malade avec une décoction de la même plante. Les bons résultats de cette médication avaient déjà été indiqués par M. Demours et par MM. Chabrely et Florent Cunier. M. Dubois de Tournay emploie les fumigations de cerfeuil dans les érysipèles.

Les fruits de cerfeuil sont considérés comme excitants et carminatifs.

Le cerfeuil musqué (*C. odoratum*) est regardé comme plus actif; les asthmatiques fument les feuilles sèches pour calmer les accès; le cerfeuil sauvage (*C. sylvestre*) est très-âcre et peut produire des accidents.

CERISIER

Cerasus vulgaris Mill. *Prunus cerasus* L.
(Rosacées-Amygdalées.)

Le Cerisier commun est un arbre dont la tige, haute de 8 à 10 mètres, droite, cylindrique, couverte d'une écorce lisse et luisante, se divise en rameaux un peu étalés, dont l'ensemble forme une cime arrondie. Les feuilles sont alternes, pétiolées, ovales, aiguës, dentées, glabres, d'un beau vert. Les fleurs, blanches, longuement pédonculées, sont groupées en petits fascicules ou bouquets entourés à leur base par les écailles persistantes qui formaient les boutons. Elles présentent un calice campanulé, à cinq lobes courts et arrondis; une corolle à cinq pétales, des étamines nombreuses, un ovaire simple, ovoïde et libre. Le fruit est une drupe charnue, arrondie, d'un rouge vif, marquée d'un sillon latéral, et à saveur acide ou acidule.

Le mérisier (*C. avium* Mœnch, *Prunus avium* L.) diffère du précédent par sa taille plus élevée; ses rameaux redressés, ses feuilles plus étroites, pubescentes en dessous; son fruit rouge foncé, souvent presque noir, à saveur douce plus ou moins sucrée. La guigne et le bigarreau sont des variétés de cette espèce.

Le cerisier de Sainte-Lucie (*C. Mahaleb* Mill., *prunus Mahaleb* L.) est un petit arbre très-rameux, à fleurs petites, odorantes, disposées en corymbes simples, à fruit petit, noir, d'une saveur amère, acerbe.

Le cerisier ou mérisier à grappes (*C. padus* D., *C. prunus padus* L.) diffère du précédent par ses fleurs groupées en longues grappes cylindriques.

Le laurier-cerise (voyez ce mot) appartient aussi à ce genre.

Habitat. — Le cerisier est originaire de l'Asie Mineure, où il habite surtout les bords de la mer Caspienne. Les autres espèces se trouvent en Europe, dans les bois. Toutes sont cultivées dans les vergers, les parcs, les jardins fruitiers ou d'agrément.

Parties usitées. — Les fruits, le bois.

Récolte. — Pour être mangées, les cerises sont récoltées à leur maturité; pour les conserver dans du sirop, de l'eau-de-vie, ou pour en faire des confitures, il vaut mieux les cueillir avant qu'elles soient parfaitement mûres; on les confit quelquefois au sucre, puis on les fait sécher; dans les ménages on les fait sécher sans les confire. Le bois des divers cerisiers est préféré par les ébénistes et les tourneurs lorsqu'il a été coupé l'hiver.

Composition chimique. — Les feuilles, les fleurs, les amandes et toutes les parties vertes des cerisiers répandent, lorsqu'on les froisse, une forte odeur d'amandes amères, due à la formation de l'essence d'amandes amères, ainsi qu'à celle de l'acide cyanhydrique; il est très-probable que ces principes ne préexistent pas, car l'odeur ne se fait bien sentir que lorsqu'on brise les feuilles; il se passe certainement là un fait analogue à celui dont nous avons parlé en traitant des amandes amères (voyez ce mot). Toutefois il est des cerisiers, et notamment le *C. Mahaleb* ou Sainte-Lucie, dans lequel les fleurs présentent, lorsqu'elles sont intactes, l'odeur prononcée d'amandes amères.

Tous les *cerasus* sont atteints d'une maladie qu'on nomme la gomme, dans laquelle ils laissent exsuder une matière rougeâtre, gommeuse, formée de *cérasine* dont nous avons parlé; ce produit constitue la gomme du pays ou de France, *gummi nostras*, fournie d'ailleurs par tous les arbres à noyaux, et qui est souvent employée dans l'industrie.

Le *kirschwasser* ou *kirsch* est préparé dans la forêt Noire, et en France dans les départements de la Meurthe, de la Meuse, du Doubs, des Vosges, et surtout de la Haute-Saône avec les mérises, et dans les années d'abondance, toutes les cerises peuvent servir à sa préparation. On écrase les fruits, on pile en partie les noyaux, on laisse fermenter et on distille avec précaution, c'est là le véritable *kirsch*; mais on en fabrique de qualité inférieure en délayant le marc de l'opération précédente dans de l'eau, pilant tous les noyaux, ajoutant du sucre, et faisant fermenter pour distiller ensuite. Dans certaines localités on se contente de distiller de l'alcool de betterave, bon goût, avec le marc de cerises. Enfin on fabrique artificiellement du kirsch, soit en coupant des alcools du Nord avec de l'eau de laurier-cerise, soit en additionnant des mélanges d'alcool et d'eau, d'essence d'amandes amères.

Les cerises renferment de la pectine et de l'acide pectique; elles contiennent en outre de l'acide malique et de l'acide citrique, et enfin du sucre.

USAGES. — On croit que c'est le *C. caproniana* D. C. qui fut rapporté à Rome par Lucullus; le nom de cerisier vient de Cérasonte (aujourd'hui Keresoun), ville du Pont, d'où il fut rapporté, ou du moins d'où Lucullus rapporta des greffes, car le mérisier a existé de tout temps dans les Gaules.

L'écorce de cerisier a été proposée comme fébrifuge; elle est tout à fait abandonnée aujourd'hui; les fruits servent à préparer un sirop excellent comme rafraîchissant et tempérant; on employait autrefois l'eau distillée de cerises noires qui n'est plus usitée, quoiqu'elle fût assez active, mais on l'a remplacée par l'eau de laurier-cerise; les queues de cerise sont un remède vulgaire comme diurétiques; elles sont très-recommandées en infusion contre l'hématurie, etc.

Les bois des cerisiers sont très-recherchés par les ébénistes et les tourneurs. Le bois de Mahaleb ou de Sainte-Lucie est surtout très-estimé; mais il ne faut pas le confondre avec le bois de palissandre, nommé aussi bois de Sainte-Lucie à cause de l'île de ce nom.

CÉVADILLE

Veratrum sabadilla Retz.
(Mélanthacées – Vératrées.)

La Cévadille est une plante vivace, à rhizome tubéreux, charnu, allongé, émettant des racines fibreuses. La tige aérienne porte des feuilles alternes, ovales, acuminées, plissées longitudinalement. Les fleurs, pourpre noirâtre, sont groupées en épi terminal un peu penché et unilatéral. Elles présentent un périanthe ou calice, à six divisions ovales, disposées sur deux rangs ; six étamines à filets élargis à la base et insérés sur la partie inférieure du calice ; un pistil composé de trois ovaires uniloculaires, multiovulés, à style très-court terminé par un stigmate simple. Le fruit consiste en trois follicules capsulaires, oblongs, déhiscents à la face interne, renfermant deux ou trois graines oblongues et tronquées au sommet.

Habitat. — Cette plante est originaire du Mexique.

Culture. — La cévadille n'est cultivée que dans les jardins botaniques ; elle demande une terre fraîche et une exposition chaude. On la multiplie de graines semées sur couche, ou d'éclats de rhizomes faits au printemps.

Parties usitées. — Les fruits.

Récolte. — Le nom de cette plante signifie petit orge (de *cebaaa*, orge), à cause de ses feuilles semblables à celles d'une graminée, ou parce que ses fruits sont presque disposés autour d'un axe commun, ce qui lui donne une certaine ressemblance extérieure avec une inflorescence de l'orge ; les fruits seuls parviennent en Europe, on les a attribués longtemps à une plante venant de Chine, que Retzius a nommée *Veratrum sabadilla*, mais qui ne présente aucune ressemblance avec les *Veratrum* ; la plante du Mexique à laquelle est due la cévadille a été décrite par Schlechtendahl sous le nom de *Veratrum officinale*, nommée par M. Don *Helonias officinalis*, par M. Lindley *Asagraea officinalis*, et par M. Gray *Schœnocaulon officinale*.

Telle que le commerce nous la fournit, la cévadille est formée par un fruit capsulaire à trois loges ouvertes par le haut, d'un rouge brunâtre ; chaque loge formant un follicule, contient des graines noirâtres, allongées, pointues et recourbées au sommet ; elles sont amères, âcres, irritantes et fortement sternutatoires et purgatives ; on doit choisir les fruits entiers, peu brisés.

COMPOSITION CHIMIQUE. — La cévadille a été analysée par MM. Pelletier et Caventou : elle contient de la matière grasse, de l'acide cévadique, de la cire, du gallate acide de vératrine, une matière colorante jaune, de la gomme ; M. Merk en a isolé un acide volatil qu'il a nommé *acide vératrique*.

La vératrine découverte par MM. Pelletier et Caventou paraît exister seule dans la cévadille ; elle est accompagnée d'un autre alcaloïde dans l'ellébore blanc, la *Jervine*, et le colchique contient une base organique différente, la *Colchicine*, dont nous avons parlé à l'article Colchique ; toutes ces bases, autrefois confondues, sont aujourd'hui parfaitement distinctes.

D'après M. Couerbe la vératrine obtenue par MM. Pelletier et Caventou serait un mélange de plusieurs substances : 1° une matière grasse, poisseuse, qui lui communique sa grande fusibilité, 2° une matière brune, insoluble dans l'éther et dans l'eau, soluble dans les acides sans les neutraliser et qu'on a nommée *Vératrin*, 3° une troisième matière, que l'on croit être un alcaloïde cristallisable, et que M. Couerbe a nommée *Sabadilline* ; elle est très-âcre, elle fond à 200°, se dissout dans l'eau bouillante, est insoluble dans l'éther et très-soluble dans l'alcool ; mais d'après M. E. Simon, cette prétendue sabadilline serait un mélange de résine, de soude et de vératrine.

La *vératrine pure*, analysée par M. Meissner, peut être représentée par $C^{34}H^{21}AzO^{6}$; elle est cristalline, verdâtre, fusible, insoluble dans l'eau, peu soluble dans l'éther et très-soluble dans l'alcool ; elle est très-vénéneuse, irrite fortement la membrane pituitaire et provoque des éternuments ; par l'acide sulfurique, elle est colorée en jaune, puis en rouge ; elle sature les acides et forme des sels amers et vénéneux, mais difficilement cristallisables.

L'*acide cévadique* de MM. Pelletier et Caventou est blanc nacré, d'une odeur repoussante ; il forme des aiguilles blanches fusibles, volatiles, solubles dans l'eau, l'alcool et l'éther.

L'*acide vératrique* de M. Merk peut être représenté par $C^{18}H^{10}O^{10}$; il cristallise en aiguilles quadrilatères, fusibles, volatiles, solubles dans l'eau et dans l'alcool, insolubles dans l'éther.

USAGES. — C'est en 1522 que Monard fit connaître la cévadille ; Brera et Willemet ont constaté ses propriétés toxiques ; elle a été employée comme anthelminthique ; Losceline et Seeliger l'ont administrée contre les ascarides lombricoïdes; Schmucker l'a préconisée contre le ténia, Brewer et Bremser en firent souvent usage comme ténifuge ; mais, quoiqu'on l'ait toujours administrée à faible dose, on a eu souvent à constater des accidents qui ont fait renoncer à son emploi.

Sous le nom de *poudre de capucin*, on fait souvent usage dans les campagnes de la cévadille pulvérisée pour tuer les poux de tête ; on en saupoudre les cheveux, on en fait une pommade avec de l'axonge ; mais cet usage n'est pas sans danger, surtout lorsqu'il y a des gourmes ou des pustules teigneuses sur le cuir chevelu ; on lui substitue avec avantages la poudre de staphisaigre ; on a aussi employé la poudre de cévadille pour faire périr les punaises, et à la dose de 1 à 2 grammes contre l'épizootie des chiens.

Le docteur Bardsley a employé la cévadille contre les douleurs goutteuses et rhumatismales ; aujourd'hui on lui préfère généralement la vératrine.

La vératrine n'a été connue pendant longtemps que par ses propriétés purgative et drastique ; les chirurgiens lui ayant reconnu une action irritante, locale et excitante analogue à celle de la strychnine, s'en sont servis quelquefois avec avantages dans certaines paralysies de l'organe de la vision, et dans les névralgies faciales ; mais il y a peu de temps que l'on connaît la double propriété caractéristique de la vératrine ; on a reconnu qu'elle diminuait la douleur dans certaines affections caractérisées par l'augmentation de la sensibilité générale et locale, telles que les rhumatismes et les névralgies ; d'autre part on a constaté qu'elle ralentissait le pouls et qu'elle abaissait la chaleur animale.

Dans leurs expériences sur les animaux, MM. E. Faivre et C. Leblanc ont reconnu que la vératrine exerçait trois actions distinctes sur l'organisme animal ; la première action a lieu d'une manière bien marquée sur le tube digestif, la seconde sur les organes de la respiration et de la circulation, la troisième sur le système nerveux et sur les muscles de la vie animale.

M. Piédagnel a employé avec succès la vératrine au traitement du rhumatisme articulaire aigu ; M. Aran, encouragé par les succès obtenus par lui dans les affections franchement inflammatoires, comme le rhumatisme articulaire, la pneumonie, les angines, la pleurésie, l'a employée contre les fièvres éruptives, telles que la

variole et la scarlatine, ainsi que dans la fièvre typhoïde ; mais
MM. Trousseau et Pidoux l'ont exclue comme médication générale du traitement des fièvres éruptives et typhoïdes, tandis qu'ils
reconnaissent les services qu'elle peut rendre dans les affections
goutteuses et rhumatismales ; dans tous les cas, elle doit être administrée avec la plus grande prudence.

CHANTERELLE

Cantharellus cibarius Fries. Agaricus cantharellus L. Merulius Pers.
(Champignons-Agaricinées.)

Le genre Chanterelle, intermédiaire entre les Agarics et les
Mérules, renferme des champignons recouverts, sur l'une de leurs
faces, d'un hyménium formé de lames en forme de plis, charnues,
épaisses, ramifiées et à tranche obtuse ; le pédicule est nu, et
manque quelquefois. Ils se distinguent des agarics et des amanites,
en ce qu'ils n'ont jamais ni volva ni anneau, que leur substance est
généralement plus ferme, plus homogène, et que les individus se
dessèchent assez facilement.

La chanterelle comestible (*C. cibarius* Fries) est un champignon
d'une couleur chamois assez variable. Le pédicule, plein, charnu,
épais, se dilate au sommet en un chapeau irrégulier, d'abord arrondi
et convexe, puis en entonnoir, sinueux et déchiqueté sur les bords,
à face inférieure marquée de plis bifurqués et décurrents sur le pédicule.

On trouve une variété de ce champignon caractérisée par sa couleur entièrement blanche.

On remarque aussi dans ce genre les chanterelles orangées (*C. au-
rantiacus* Fries, *Merulius aurantiacus* Pers.), cendrée (*C. cinereus*
Fries, *Merulius cinereus* Pers.), en entonnoir (*C. infundibuliformis*
Fries, *Merulius tubæformis*, Pers.), etc.

Habitat. — Ces champignons sont communs dans les bois et les
forêts de presque toutes les régions de l'Europe. On les trouve plus
particulièrement durant l'été, et quelquefois aussi au printemps ou à
l'automne.

Parties usitées. — Toute la plante.

Récolte. — La chanterelle, nommée aussi *Girolle, Jaunet, Jaunelet,*

Lécassine, *Chevrette*, *Cassine*, etc., est extrêmement commune dans les
bois ; c'est le premier champignon que l'on recherche au printemps,
et il est un des derniers à disparaître ; il vient dans les bois, les lieux
ombragés, sur les terres légères, sablonneuses ; on le trouve rarement isolé, toujours par groupes plus ou moins nombreux ; il est très-
facile à reconnaître et ne peut être confondu avec aucun autre champignon ; au premier aspect il ressemble à l'hydne sinuée, *hydnum*
repandum, mais celle-ci se distingue facilement par sa couleur moins
jaune, par son pédoncule excentrique et surtout par les pointes pendantes ressemblant aux papilles de la langue de bœuf que l'on trouve
sous le chapeau ; enfin la forme d'entonnoir est beaucoup plus prononcée dans la chanterelle que dans l'hydne ; de plus, le chapeau porte à sa face inférieure des feuillets sinueux très-rapprochés, et non des pointes ; entre les feuillets de la chanterelle on
trouve souvent des insectes, des débris de substances organiques ;
il est donc très-important de les nettoyer et de les laver avant de
les manger ; mais après les lavages, il faut avoir le soin de les bien
égoutter.

COMPOSITION CHIMIQUE. — L'analyse chimique a démontré qu'il
existait une différence entre la composition du pédoncule et du chapeau des champignons ; dans la chanterelle cette différence ne peut
être faite, parce que la ligne de démarcation entre les deux parties
n'est nullement tranchée ; la chanterelle contient en moyenne 84 à
86 pour 100 d'eau, elle renferme de la mannite en assez grande
quantité ; par l'éther on en extrait une matière grasse un peu âcre,
très-odorante, et dont l'odeur rappelle un peu celle du citron
(Reveil).

USAGES. — La chanterelle n'a reçu aucune application en médecine ; elle est extrêmement employée comme aliment, quoique moins
délicate que l'agaric de couche, les bolets et surtout les oronges ;
mais les habitants des campagnes en mangent beaucoup, parce
qu'elle est très-abondante et facile à reconnaître ; c'est parmi les
champignons jaunes, le seul que nous connaissions dont les feuillets
du chapeau se prolongent sur le pédoncule, dont ils peuvent atteindre jusqu'à la moitié.

Quoique le genre *Cantharellus* soit composé d'espèces qui paraissent dépourvues d'âcreté et de propriétés vénéneuses, elles sont peu
estimées, parce qu'elles sont coriaces et membraneuses ; la chante-

relle commune seule est culinaire ; on la mange frite dans l'huile,
dans la graisse ou dans le beurre ; aromatisée d'un peu d'ail ou de
persil, c'est sous la forme d'omelette qu'elle est préférable ; on l'emploie pour assaisonner les sauces.

CHANVRE

Cannabis sativa L.
(Urticées-Cannabinées.)

Le Chanvre est une plante annuelle, à racine pivotante, un peu
fibreuse. La tige, haute de 1 à 4 mètres, cylindrique, droite, simple, rude au toucher, porte des feuilles alternes, pétiolées, digitées,
à cinq folioles lancéolées, étroites, très-aiguës, dentées en scie, pubescentes, d'un vert pâle en dessous. Les fleurs sont verdâtres et
dioïques. Les mâles, formant de petites grappes à l'aisselle des feuilles
supérieures, sont presque sessiles, et présentent un calice à cinq
sépales étalés, lancéolés, étroits, et cinq étamines à filets très-courts
et à anthères très-grosses. Les femelles, groupées en fascicules serrés
à l'aisselle des feuilles supérieures, sont sessiles et ont un calice globuleux à la base, s'ouvrant latéralement au sommet, et un ovaire simple, à une seule loge uniovulée, surmonté de deux styles et de deux
stigmates subulés. Le fruit est un akène ovoïde, crustacé, lisse, grisâtre, entouré par le calice, et contenant une amande blanche et
huileuse.

HABITAT. — Originaire de l'Asie méridionale, le chanvre est aujourd'hui cultivé en grand dans toutes les régions de l'Europe.

PARTIES USITÉES. — La tige, les feuilles, l'inflorescence, les
graines.

RÉCOLTE. — Pour les usages de la médecine, on cueille les feuilles
de chanvre au moment de la floraison ; on les fait dessécher à l'ombre ; la dessiccation lui enlève une partie de ses propriétés. Les
graines, destinées à divers usages, sont cueillies mûres ; on les conserve dans des lieux secs.

Pour les usages économiques, on récolte les pieds femelles de
chanvre au moment de la fructification ; les pieds mâles acquièrent
trop de développement ; on en laisse subsister quelques pieds seulement autour des champs pour opérer la fécondation. Pour ne point
briser le chanvre en le cueillant, il faut le tirer droit hors de terre

brin à brin ; on en fait des poignées que l'on secoue pour détacher la terre ; on y met deux liens ; ils sont portés hors de la chenevière, et on coupe les racines un peu au-dessus du collet ; puis, avec un instrument en bois, on abat la couronne de feuilles qui termine chaque poignée. Le chanvre mâle se récolte plus tôt. On procède ensuite au *Rouissage*, qui consiste à faire macérer ces paquets dans une eau dormante ou courante ; dans ce dernier cas surtout, cette opération cause l'insalubrité des pays où on la pratique, et détermine des fièvres intermittentes endémiques. Aussi est-il défendu d'établir des *Routoirs* auprès des habitations et dans les rivières qui servent à la boisson de l'homme et des animaux. Le chanvre est roui lorsque la filasse qui constitue l'écorce se détache de la tige, vulgairement appelée *Chenevotte*.

En retirant le chanvre du rouissoir, on le lave pour enlever la vase et la matière glutineuse qui le recouvre ; on le fait sécher en gerbes debout au soleil ; on le renferme dans des greniers, des granges, ou autres lieux secs et aérés, et pendant l'hiver on le teille ; si la récolte est considérable, on le soumet à l'action très-rapide de la *Maque*.

La filasse obtenue est ensuite passée au *Seran*, sorte de peigne en fer ; puis on la met en bottes, et on la conserve pour la fabrication des cordages, des voiles pour les navires ; ou bien, en le peignant plus finement, on en fait des toiles aussi fines et aussi moelleuses que celles du lin.

Les inflorescences sont récoltées au moment de leur entier développement. On les fait sécher. Celles qui nous viennent de l'Inde sont comprimées pour faciliter leur conservation ; elles constituent alors le *Haschisch*.

Composition chimique. — Le chanvre a été analysé par M. Personne, qui en a isolé deux huiles essentielles : l'une, le *Cannabène* $C^{36}H^{20}$, bout à 95°, et l'autre, $C^{12}H^{14}$, serait un hydrure de cannabène, plus une matière résineuse très-active, déjà décrite par MM. Smith d'Édimbourg. C'est au cannabène et à la résine que le chanvre doit ses propriétés.

La graine de chanvre ou chènevis donne 15 à 25 pour 100 d'huile. D'après M. Boussingault, cette graine contient : huile, 33,6 ; matières organiques non azotées, 23,6 ; matières organiques azotées, 16,3 ; ligneux, 12,1 ; sels, 2,2 ; eau, 12,2. D'après MM. Soubeiran et Girardin, le tourteau contient : huile, 6,3 ; matières organiques, 69,4 ; sels, 10,5 ; eau, 13,8.

L'industrie apprécie, dans le chanvre, la matière fibreuse, qui est formée de cellulose et de matières incrustantes.

La médecine y recherche les principes actifs. La résine du chanvre indien est récoltée par un procédé assez singulier. Des hommes recouverts d'un vêtement en cuir parcourent les champs de chanvre en se frottant, autant que possible, contre les plantes ; la résine molle adhère au cuir, d'où elle est séparée et disposée en petites boules, que l'on nomme *Churrus* et *Cherris*. En Perse, le churrus s'obtient en exprimant la plante pilée dans une toile grossière. La résine adhère au tissu d'où on la détache. La plante sèche est vendue pour les fumeurs sous les noms de *Ganja*, *Gunjah* et de *Bang*. Le *Haschisch* est l'inflorescence. Ce mot veut dire *Herbe* ; mais on a donné aussi ce nom à l'extrait que l'on prépare avec du beurre et de l'eau. Le *Dawamesch* est un électuaire fait avec cet extrait gras, du miel, des aromates, des pistaches et quelquefois des cantharides. L'extrait alcoolique obtenu en épuisant le haschisch par l'alcool à 80° et faisant évaporer, a reçu le nom de *Haschischine*.

Usages. — Tous nos paysans savent qu'il y a danger à s'endormir dans un champ de chanvre. Les propriétés de cette plante sont extrêmement prononcées. L'huile de chènevis a été conseillée comme laxative corroborante et contre la galactorrhée et les engorgements laiteux. Elle est peu employée.

Les nègres du Brésil, les Hottentots, les mahométans de l'Inde, les Mahrates font usage des préparations de chanvre pour se procurer des hallucinations et des rêves agréables. Il est probable que le breuvage dont se servait le Vieux de la Montagne pour exalter les *Haschischins* et le *Nepenthès* dont parle Homère avaient le *Haschisch* pour base. C'est Sonnerat qui l'apporta le premier en France. Il était à peu près oublié lorsque M. Aubert-Roche appela l'attention des médecins sur cette préparation ; ce qui nous a valu un livre fort remarquable de M. Moreau de Tours et des travaux intéressants que l'on doit à MM. Decourtive et Gastinel, etc. On l'a, dit-on, employé avec succès contre le choléra, et M. Churchell a vanté les bons effets de la teinture de haschisch dans les hémorrhagies.

Malgré les espérances que l'on avait conçues sur l'emploi du

haschisch, ou de ses préparations, en médecine, il est aujourd'hui tout
à fait abandonné, en France, du moins ; c'est cependant une substance très-active, dont les effets physiologiques sont des plus remarquables.

Tous les botanistes admettent aujourd'hui que le *C. sativa* et le
C. Indica ne sont qu'une seule et même plante. Cependant M. Guibourt fait remarquer que le *C. Indica* acquiert chez nous 4 et
5 mètres de hauteur, que ses feuilles sont plus souvent alternes, et
que ses fruits sont plus petits.

Parmi les préparations qui ont le haschisch pour base, nous citerons dans l'Inde et en Afrique celles qui sont désignées sous les noms
de *Malach, Mosjusck, Bangie, Buang, Assyouni, Teriakis*. Le *Mad-*
jound des Algériens est un mélange de miel et de poudre de haschisch. A Calcutta, la résine de haschisch ou haschischine porte le
nom de *Gunja* ou *Ganzar*.

Les Arabes nomment *Kief*, nous *Fantasia*, la stupeur voluptueuse
produite par le haschisch, qui n'a aucun rapport avec celle produite avec le vin et par l'opium.

CHARAGNE

Chara hispida et fœtida L.

(Characées.)

La grande Charagne (*C. hispida* L.) est une plante monoïque, à
tiges opaques, très-fragiles après la dessiccation, longues de 0^m,30
à 0^m,80, opaques, robustes, assez grosses, sillonnées-tordues, grisâtres ou gris verdâtre, articulées, dépourvues de véritables feuilles,
munies surtout dans leur partie supérieure de longues papilles plus
ou moins fasciculées ; elles portent à chaque nœud des ramuscules
verticillés, simples, présentant le long de leur face interne les organes
reproducteurs, renfermés dans des involucres espacés. Ces organes
sont de deux sortes : les *sporanges*, ovoïdes, solitaires au centre des
involucres et entourés par les bractées : les *anthéridies*, solitaires
au-dessous des involucres, et reconnaissables à leur belle couleur
rouge.

La charagne commune (*C. fœtida* L., *C. vulgaris* Smith) se distingue de la précédente par ses tiges moitié plus courtes, grêles,
grisâtres, striées, et par ses bractées plus longues.

La charagne fragile (*C. fragilis* Desv., *C. vulgaris* L. non Smith, *C. pulchella* Walbr.) a des tiges de 0ᵐ,20 à 0ᵐ,60, grêles striées, vertes, dépourvues de papilles, et les sporanges plus longs que les bractées.

Toutes ces espèces présentent des variétés plus ou moins nombreuses, qui rendent souvent leur détermination assez difficile.

Habitat. — Les charagnes sont communes dans toutes les régions de l'Europe. Elles habitent les eaux stagnantes ou peu rapides, les mares, les canaux, les étangs, les fossés tourbeux, etc. Elles paraissent affectionner particulièrement le séjour des eaux calcaires, et le plus souvent on trouve leurs tiges et leurs rameaux incrustés de matières crétacées.

Parties usitées. — Toute la plante.

Récolte. — On peut récolter les charas à toutes les époques; ils cessent de vivre aussitôt qu'ils sont hors de l'eau.

Composition chimique. — La croûte calcaire dont les charas sont entourées est cristalline, quoique formant une enveloppe organique. D'après Brewster (*Bulletin* de Férussac, IV, 220), elle jouit de la double réfraction et de la polarisation, ainsi que de la propriété d'être phosphorescente dans l'obscurité. Certains charas ont une odeur fétide qui se répand dans les localités où ils sont abondants; ils croissent avec rapidité, surtout les espèces à croûtes.

D'après MM. Chevalier et Lassaigne, le *C. vulgaris* L. contiendrait une matière animale dont les propriétés semblent la distinguer des autres connues jusqu'à présent; une matière huileuse d'une couleur verte et d'une saveur poissonneuse (*Journ. de Pharm.*, IV, 153). Par l'expression du suc des *C. vulgaris* et *fœtida* et probablement de beaucoup d'autres, il se dépose une fécule verte très-riche en carbonate de chaux.

Usages. — Le nom d'*herbes à écurer* avait été donné aux charas à cause de l'enveloppe dure, calcaire, granuleuse qui les entoure; ce qui les faisait employer à cet usage.

Les charas n'ont jamais été employés en médecine. On a dit que l'odeur désagréable qu'ils dégageaient convenait aux phthisiques sans que jamais on ait employé ce moyen.

Les charagnes, *Girandole d'eau* ou *Lustre d'eau*, sont surtout intéressantes au point de vue physiologique. Elles sont le siège de mouvements qui ont beaucoup préoccupé les savants : toute la longueur des entre-nœuds est occupée par une seule cellule végétale, comme un long cylindre qui paraît tordu sur son axe ; cette torsion est indiquée par les séries parallèles de granules verts qui tapissent à l'intérieur la membrane diaphane de cette longue cellule, et qui sont dirigées un peu obliquement ou en spirale lâche. Ces grains verts sont ovoïdes, inégaux, longs de 0^m,004, et marqués quelquefois d'un petit point rouge ; quelques-uns, plus allongés, paraissent formés par la soudure des globules primitifs. Pendant la vie, tant que l'entre-nœud n'a pas été blessé, on aperçoit au microscope un phénomène des plus remarquables : le liquide mucilagineux diaphane qui remplit la cellule se meut uniformément le long des bandes de granules verts ; ce mouvement régulier a été désigné sous le nom de *giration*. Il n'y a réellement qu'un courant qui ne pourrait être vu directement si le liquide n'entraînait sans cesse avec lui des masses de substance mucilagineuse détachée des parois ; mais il peut être décomposé en quatre courants : l'un descendant, l'autre ascendant ; un troisième qui va de droite à gauche, et le dernier de gauche à droite ; le liquide charrie en même temps des granules verts.

Dans la racine et dans la tige très-jeunes, le mouvement a lieu sans granules verts ; on le distingue par l'amas de substances mucilagineuses entraînées par le courant. Quoiqu'on ait annoncé que les granules verts étaient pourvus de cils vibratiles, il n'est pas démontré qu'ils soient les agents de ce mouvement. Les observations de MM. Raspail, Dutrochet et Becquerel, loin de résoudre la question du mouvement des charas, n'ont fait que démontrer la difficulté du problème. L'observation doit être faite dans l'eau (F. Dujardin, *Nouveau Manuel complet de l'observateur au microscope*, p. 269) ; il faut de plus que les cellules n'aient reçu aucune blessure.

D'après Bosc, les poissons, surtout les carpes, se plaisent dans les eaux où croissent les charagnes. On leur a donné encore les noms d'*Herbe à grenouille* et de *Charapot*, probablement parce qu'elles se nourrissent de ces plantes. Elles sont, dit-on, utiles aux sangsues pour les aider à se débarrasser de leur épiderme.

CHARDON-MARIE

Silybum Marianum Gærtn. *Carduus Marianus* L.
(Composées-Cynarées.)

Le Chardon-Marie, appelé aussi Chardon argenté, Artichaut sauvage, est une grande et belle plante annuelle ou bisannuelle, à racines pivotantes, fibreuses. La tige, haute de 0ᵐ,50 à 1 mètre et plus, cylindrique, robuste, dressée, légèrement pubescente, rarement simple, plus souvent rameuse, surtout à la partie supérieure, porte des feuilles alternes, très-grandes, presque glabres ou un peu pubescentes en dessous, luisantes, marbrées de blanc surtout le long des nervures, pinnatifides ou sinuées, à lobes courts anguleux, ciliés-épineux ; les radicales atténuées à la base en pétiole ; les caulinaires auriculées, amplexicaules, un peu décurrentes. Les fleurs, purpurines, sont groupées en capitules arrondis, très-gros, placés à l'extrémité de la tige et des rameaux, et entourés d'un involucre à écailles imbriquées, un peu divariquées dans leur partie supérieure. Le réceptacle est hérissé de soies. Chaque fleur présente un calice en aigrette composée de longues soies, soudées en anneau à la base, caduque et se détachant d'une seule pièce ; une corolle tubuleuse, régulière, à cinq dents ; cinq étamines, à filets pubescents-papilleux, soudés en tube ; un ovaire simple, infère, surmonté d'un style renflé en nœud à sa partie supérieure. Le fruit est un akène un peu comprimé, lisse, surmonté d'une aigrette caduque à soies scabres.

HABITAT. — Cette plante est commune dans les régions chaudes et tempérées de l'Europe. On la trouve dans les lieux incultes, au bord des chemins, au voisinage des habitations, etc.

CULTURE. — Le chardon-marie, étant assez abondant à l'état sauvage, n'est cultivé que dans les jardins botaniques, et quelquefois aussi dans les massifs d'agrément. On le propage facilement par ses graines, semées en place en avril.

PARTIES USITÉES. — Les racines, rarement les feuilles, les fruits.

RÉCOLTE. — Les feuilles du chardon-marie ont été souvent employées comme aliment ; on les récolte alors très-jeunes et on les débarrasse de leurs épines, qu'elles tendent d'ailleurs à perdre par la culture ou même lorsque la plante pousse dans un lieu bien engraissé ; on a également mangé les réceptacles charnus et les tiges cuits dans l'eau, en friture ou en salade. Les feuilles sont faciles à dessécher, les racines sont longues, épaisses, fibreuses, cylindriques ; on les arrache à l'automne, après les avoir lavées pour les débarrasser de la terre, on les coupe par morceaux de 1 à 2 centimètres de long et on les fait sécher ; d'autres fois on les conserve entières.

Composition chimique. — Le chardon-marie n'a pas été analysé ; on sait seulement que toute la plante est riche en tannin et en quercitrin ; elle abonde en principe amer ; les réceptacles, comme ceux de l'artichaut, doivent contenir de l'inuline ; peut-être aussi trouverait-on dans les différentes parties de la plante le *Cnicin*, dont nous avons parlé à l'article Centaurée (Voyez ce mot) ou la cynarine de l'artichaut.

Usages. — Matthiole considérait la racine de chardon-marie comme un excellent hydragogue ; on l'employait contre l'hydropisie, la jaunisse, les maladies des voies urinaires ; la racine était regardée comme pectorale et apéritive ; les feuilles comme toniques et amères. Macquart les prescrivait contre la leucorrhée ; on a attribué aux fruits des propriétés anti-pleurétiques, on les administrait en poudre ou sous forme d'émulsions, mais c'est avec raison que Triller traite ces prétendues propriétés de ridicules ; il en est de même de leur emploi contre l'hydrophobie annoncé par Licidamus (Ferrein, *Mat. méd.*, t. II, p. 165) comme très-efficace ; ils ne méritent pas plus cette réputation que celle qu'on leur a donnée de guérir la scrofule, les fièvres intermittentes, etc. Aujourd'hui le chardon-marie est tout à fait inusité.

M. Lange a récemment préconisé la décoction des semences (fruits), à la dose de 20 grammes pour 180 grammes d'eau, contre les hémorrhagies ; il est vrai que ce médecin ajoute au liquide 4 grammes d'acide sulfurique.

Le nom de *C. lacteus* avait été donné au chardon-marie, parce que, d'après une ancienne superstition, les taches blanches que l'on trouve sur les feuilles seraient dues à des gouttes de lait tombées du sein de la Vierge. Le *C. acarna* L. était considéré autrefois comme sudorifique et apéritif. Le *C. Casabonœ* L., nommé encore *polyacantha*, à cause de la quantité d'épines qui couvrent ses feuilles, est commun en Italie et en Provence ; il jouit des mêmes propriétés ; d'après J. Bauhin ses fleurs seraient coagulantes du lait. Enfin le *C. arvensis* Auct. ou chardon hémorrhoïdal porte souvent sur la tige, les feuilles ou sur les pétioles des galles auxquelles on a attribué la propriété de guérir les hémorrhoïdes, lorsqu'on les portait en amulettes. Il nous arrive souvent de rire de ces anciennes croyances; nous en voyons tous les jours qui sont répandues et acceptées, et qui n'en sont pas moins absurdes.

CHAVIQUE

Chavica Betle, officinarum, siriboa, etc. Miq.
(Pipéracées.)

Le genre Chavique (*Chavica* Miq.), formé aux dépens du grand genre poivrier (*Piper* L.), renferme des arbustes et arbrisseaux à tige noueuse, grimpante, à feuilles alternes, pétiolées, coriaces ou membraneuses, de formes différentes suivant les espèces. Les fleurs sont dioïques et disposées en chatons très-serrés : les mâles moins nombreux, les femelles plus denses, et les fructifères renflés. Plusieurs fleurs mâles, situées à l'aisselle d'une écaille peltée, et présentant deux à dix étamines, à filets courts, à anthères portées par un connectif épais, entourent chaque fleur femelle, dont l'ovaire est surmonté de plusieurs stigmates. Les fruits sont des baies très-aromatiques, pulpeuses, très-serrées, un peu soudées, sessiles, oblongues, obovales, anguleuses, et surmontées des restes des stigmates persistants.

Le bétel (*C. betle* Miq., *Piper betle* ou *betel* L.) est caractérisé par ses tiges flexibles, sous-ligneuses, rampantes ou grimpantes; ses feuilles à pétiole ailé, à limbe cordiforme, ovale, aigu, bidenté, marqué de sept nervures; ses fleurs en épis pendants.

Le poivre long (*C. officinarum* Miq., *Piper longum* Rumph. *non* L.) est aussi un arbuste grimpant, à tige noueuse, qui s'élève très-haut et porte des baies rouges, dont la pulpe est molle et douce au goût, tandis que les graines qu'elles renferment ont une saveur brûlante.

Le siriboa (*C. siriboa* Miq., *Piper siriboa* L.), le chaba (*C. chaba* Miq.), une autre espèce connue sous le nom de poivre long (*C. Roxburghii* Miq., *Piper longum* L. *non* Rumph.) ressemblent plus ou moins aux précédentes.

Habitat. — Ces diverses espèces se trouvent dans l'Asie méridionale, au Bengale, dans les îles de la Sonde, les Moluques, les Philippines, etc.

Culture. — Cultivées en grand sous leur climat natal, les *Chavica* se rencontrent quelquefois dans nos serres chaudes, où on les propage facilement de boutures faites en terre légère et humide.

PARTIES USITÉES. — Les feuilles, les fruits.

RÉCOLTE. — Les feuilles du poivre bétel ne se trouvent pas dans le commerce, mais seulement dans les collections de matière médicale; le poivre long, au contraire, y est très-commun; c'est le fruit que l'on emploie : il est formé par un grand nombre d'ovaires qui ont appartenu à des fleurs distinctes, rangées autour d'un axe commun, soudées les unes aux autres par l'intermédiaire des enveloppes florales, de manière à simuler un seul fruit; dans le commerce il présente la grosseur d'une plume de corbeau; il est sec, dur, pesant, tubuleux, d'un gris noirâtre; chaque tubercule représente un fruit contenant une graine rouge ou noirâtre, blanche à l'intérieur, avec un double albumen; sa saveur est âcre et brûlante.

COMPOSITION CHIMIQUE. — Le poivre long contient, d'après Dulong d'Astafort, les mêmes principes que le poivre noir; le principe âcre et actif a été isolé par Œrstedt, qui l'a nommé *Pipérin* ou *Pipérine*. La pipérine = $C^{34} H^{19} Az O^6$, est blanche, elle cristallise en prismes quadrilatères; elle est insoluble dans l'eau froide, peu soluble dans l'eau bouillante et dans l'éther, très-soluble dans l'alcool; elle est fusible, et forme avec les acides énergiques des combinaisons qui sont détruites par l'eau, c'est donc une base organique très-faible; l'acide azotique la transforme en *pipéridine* = $C^{10} H^{11} Az$.

USAGES. — Le bétel que mâchent continuellement les Indiens est un mélange d'un quart environ de feuilles de bétel, un quart de chaux vive, et moitié de noix d'arec; ce masticatoire est devenu pour les habitants des contrées équatoriales un objet de première nécessité; on le mâche pendant les visites, on l'offre en présent renfermé dans des bourses de soie; on en tient dans la bouche et à la main en parlant aux grands; les femmes sont passionnées pour cette drogue. Il donne à la salive, aux dents et à la langue une couleur rouge-brique; il stimule les glandes salivaires et les organes digestifs, diminue la transpiration cutanée, mais il corrode rapidement les dents; d'après Péron, Hallé et Nysten, les Européens, à leur arrivée dans les pays chauds, doivent faire usage de ce masticatoire s'ils veulent conserver leur santé; cependant on peut se demander si cette irritation vive, cette phlegmasie permanente que détermine le bétel sur les organes de la digestion, n'est pas plutôt nuisible qu'utile, et Chaume-

ton croit que c'est à l'usage immodéré de cette drogue que l'illustre
Péron dut sa mort prématurée, tandis qu'Adanson conserva sa santé
en se privant de vin et en faisant usage de la décoction émolliente
du baobab pendant son long séjour au Sénégal.

Dans l'Inde, et aux îles Moluques, le suc des feuilles de bétel est
prescrit comme fébrifuge à la dose d'une cuillerée à café deux fois
par jour; Ainslie ajoute qu'on l'administre, mêlé au musc, dans les
congestions de enfants et contre l'hystérie; les Javanais, qui nomment
ces feuilles *Suron*, les emploient comme nous faisons le tabac; à
Amboine on le remplace par le *P. Siriboa*.

Le *P. longum* croit dans l'Inde et aux Philippines; au Pérou
on nomme la plante *Cagascas*, *Buyo* et *Bayo*: le fruit est employé
aux mêmes usages que le poivre noir; on en fait des infusions contre
les maux d'estomac; celle-ci, mêlée au miel, est employée sur la côte
de Coromandel contre les catarrhes pulmonaires.

La *Pipérine* a été préconisée à faible dose contre les fièvres intermittentes; mais elle est loin de valoir le quinquina et ses préparations, quoiqu'elle ait paru bien agir dans un grand nombre de cas.

D'après M. Batka, sous le nom de poivre long on emploie dans le
commerce les fruits de plusieurs espèces de piper, parmi lesquels il
cite le *P. glabrum* Roxb. et ceux du *P. chaba* Hamilt.; aux Philippines, sous le nom de *Perrongwangnito*, on emploie une variété du
P. longum, d'une saveur brûlante.

CHÉLIDOINE

Chelidonium majus L.
(Papavéracées.)

La Chélidoine ou Éclaire est une plante vivace, laissant écouler,
quand on la blesse, un suc laiteux, jaunâtre, très-abondant. Sa
racine est rouge-brunâtre, oblongue, cylindrique, fibreuse et chevelue. Les tiges, longues de 0ᵐ,35 à 0ᵐ,65, rondes, droites, grêles,
rameuses, fragiles, articulées et noueuses, d'un vert tendre, pubescentes, portent des feuilles alternes, pétiolées, ailées, découpées en
lobes arrondis, mous, d'un vert glauque et bleuâtre, surtout en
dessus. Les fleurs sont jaunes et forment de petits fascicules au
sommet des rameaux. Elles présentent un calice à deux sépales
ovales, concaves, glabres, caducs; une corolle à quatre pétales étalés

en croix, entiers, arrondis au sommet, fugaces; des étamines nombreuses, égales, jaunes; un ovaire simple, terminé par un stigmate presque sessile. Le fruit est une capsule en forme de silique linéaire, grêle, uniloculaire, bivalve, contenant des graines noirâtres (Pl. 31).

HABITAT. — Cette plante est très-commune en Europe; elle croît en abondance dans les lieux secs, incultes et couverts, dans les haies et les décombres, le long des murs, etc. On ne la cultive que dans les jardins botaniques.

PARTIES USITÉES. — Le suc, les racines, la plante et les fleurs.

RÉCOLTE. — On prétend, sans qu'aucune expérience l'ait démontré, que la plante, récoltée dans les lieux secs et arides, sur les vieux murs, est plus active; il faut la choisir ni trop jeune ni trop grande et avant la floraison; la dessiccation lui fait perdre de son âcreté, et augmente, dit-on, son amertume. La racine est plus active.

COMPOSITION CHIMIQUE. — La chélidoine fraîche exhale une odeur que Tournefort a comparée à celle des œufs couvés, et Murray à celle de la moisissure septique. La tige et les feuilles contiennent un suc jaune très-âcre qui devient rouge dans les racines; ce suc contient du caoutchouc ou une substance analogue, et c'est à tort que Thompson (*Bot. du droguiste*, p. 286) a dit qu'il pouvait fournir de la gomme-gutte. MM. Chevallier et Lassaigne, qui ont analysé la chélidoine, y ont trouvé une substance résineuse amère jaune, une matière gommo-résineuse jaune-orange, amère, nauséabonde, du citrate de chaux, du phosphate calcaire, de l'acide malique libre, de l'azotate de potasse, du chlorure de potassium, une substance mucilagineuse, de l'albumine et de la silice. On a trouvé plus récemment dans la chélidoine une base organique que l'on a nommée *chélidonine*.

Elle est amère, solide, incolore, cristallisable, insoluble dans l'eau, soluble dans l'alcool et l'éther; elle est accompagnée dans la chélidoine d'une autre base, la *Chélérythrine*, découverte par MM. Probst et Polex. D'après M. Schiel, elle serait identique avec la *Sanguinarine*, que ce chimiste a extraite de la racine de la sanguinaire du Canada, et qui a pour composition $C^{20}H^{15}AzO^{6}$. Cet alcaloïde est pulvérulent et se colore en rouge par les vapeurs acides; il forme avec les acides des sels rouges d'une saveur amère et très-solubles dans l'eau.

M. Probst a également trouvé dans la grande chélidoine un acide qu'il a nommé *Chélidonique* $= C^{13} H^5 O^{10}, 3 HO$; il s'y trouve avec les acides malique et citrique, déjà signalés par MM. Chevallier et Lassaigne. L'acide chélidonique cristallise en aiguilles incolores, allongées, efflorescentes, et solubles dans l'eau, l'alcool et les acides ; il est tribasique.

Usages. — Le suc de chélidoine est un caustique populaire pour détruire les verrues. A dose élevée, c'est un poison mortel ; il détermine l'inflammation des tissus avec lesquels on le met en contact, et secondairement il agit sur le système nerveux. Dans les empoisonnements des animaux par la chélidoine, on trouve les poumons livides, peu crépitants et gorgés de sang. C'est ce qui a fait dire à Orfila que le principe actif agissait plus spécialement sur ces organes. Dans tous les cas, c'est un poison narcotico-âcre des plus puissants ; mais on n'a jamais signalé chez l'homme aucun empoisonnement produit par cette plante.

Théophraste, Dioscoride et Galien parlent de la chélidoine ; Linné, Murray, Gilibert, Bodard, Cazin, etc., s'étonnent avec juste raison de l'oubli dans lequel cette plante est tombée ; M. Récamier la regardait comme possédant une sorte d'action élective, il l'employait contre les engorgements de la rate. Ses propriétés anti-ictériques et anti-fébrifuges sont signalées par les auteurs anciens ; mais on a voulu lui attribuer la propriété de guérir les scrofules, la syphilis, les dartres, et même la goutte et la gravelle ; ce qui n'a pas peu contribué sans doute à lui faire perdre sa réputation dans des maladies où elle aurait pu rendre de plus grands services.

Galien, Dioscoride et Forestus administraient la racine de chélidoine dans du vin blanc contre l'ictère. Il s'agissait sans doute de l'ictère simple et non de ces ictères graves si difficiles à guérir. On a aussi employé l'extrait de chélidoine contre les obstructions du foie, les fièvres intermittentes ; mais, malgré l'opinion de Chomel, de Gilibert, de Garancière, etc., les affections du foie sont traitées aujourd'hui d'une manière plus rationnelle et plus en rapport avec les faits pathogéniques bien constatés.

Les paysans du Limousin emploient la décoction de chélidoine contre la dysentérie. C'est là, on le voit, une application de la méthode substitutive et de la loi de tolérance, antérieure à Rasori, mais que nous ne conseillerons pas d'appliquer dans la maladie dont il s'agit, et avec un médicament aussi âcre et aussi incertain dans ses effets que l'est la chélidoine.

Nous dirons de même pour l'action purgative de la chélidoine qui est incertaine et souvent dangereuse.

En Carniole, d'après Scopoli, on panse les plaies des chevaux avec la décoction de chélidoine.

Un professeur saxon, Rœssig, a retiré de cette plante une couleur bleue analogue à celle du pastel.

CHÊNE

Quercus robur et sessiflora Smith.
(Cupulifères.)

Sous le nom de Chêne ou de Chêne rouvre, on a souvent confondu deux espèces bien distinctes :

1° Le chêne à glands sessiles (*Q. sessiliflora* Smith, *Q. robur* L.) est un grand arbre à racines fortes et pivotantes. La tige, qui atteint des dimensions considérables en hauteur et en diamètre, se divise en rameaux forts et nombreux, souvent tortueux, couverts de feuilles alternes, pétiolées, oblongues-obovales, sinuées, à lobes inégaux obtus. Les fleurs sont verdâtres et monoïques; les mâles, en chatons filiformes, grêles, interrompus; les femelles solitaires et presque sessiles, ainsi que les fruits.

2° Le chêne à glands pédonculés (*Q. pedunculata* Ehrh., *Q. robur* Smith) se distingue du précédent par ses feuilles presque sessiles, ses fleurs femelles et ses fruits longuement pédonculés.

Nous citerons encore dans ce genre le chêne-liége (*Q. suber* L.), caractérisé par ses feuilles épineuses et persistantes, et surtout par l'épaisseur considérable de la couche subéreuse de son écorce (liége).

Le chêne à galles (*Q. infectoria* Olliv.) et le chêne nain ou au kermès (*Q. coccifera* L.) fournissent deux produits importants, la noix de galle et le kermès animal; les galles sont des excroissances qui résultent de la piqûre d'un insecte (*cynips*) et sont surtout du domaine de la zoologie.

HABITAT. — Les chênes à glands sessiles et à glands pédonculés sont abondamment répandus dans les forêts de l'Europe. Le chêne-liége et le chêne au kermès sont propres aux régions méridionales, ainsi que les chênes vert (*O. ilex* L.) et à glands doux (*Q. ballota* Desf.); on les trouve aussi sur les bords du bassin méditerranéen. Le chêne à galles est originaire de l'Orient. La culture de ces arbres appartient essentiellement à l'art forestier.

PARTIES USITÉES. — L'écorce, les fruits, les galles, rarement les feuilles.

RÉCOLTE. — L'écorce de chêne doit être prise pour l'usage médical, comme pour les besoins des tanneries, sur des sujets de six à huit ans; on l'enlève un peu avant la floraison, qui a lieu en avril et mai; les fruits se récoltent à l'automne à leur maturité; les feuilles pendant l'été.

On trouve souvent sur différentes parties des divers chênes des excroissances, résultat de la piqûre d'insectes du genre *cynips* : ce sont les *galles* ou *noix de galles*. La plus commune est celle d'Alep; on la trouve sur le chêne à galles (*Q. infectoria* Olliv.); elle est un peu plus grosse qu'une noisette, pesante, globuleuse, glabre, présentant des tubercules irréguliers à sa surface; elle est vert-noirâtre ou jaunâtre; récoltée avant la sortie de l'insecte, elle est verte et lourde; celles qui sont oubliées sur l'arbre sont blanches et présentent le trou par lequel le cynips s'est échappé; on les nomme *galles blanches*. Les galles de Smyrne ou de Morée sont plus grosses, moins pesantes et moins estimées.

Lorsqu'on coupe une galle, on trouve : 1° au centre une petite cavité renfermant la larve; 2° une couche spongieuse jaunâtre contenant de l'amidon destiné à nourrir l'animal (Guibourt); 3° trois ou quatre loges contenant de l'air et servant à la respiration de la larve; 4° une substance spongieuse à structure radiée; 5° à l'extérieur une enveloppe verte contenant de la chlorophylle et une huile essentielle.

La *galle lisse*, que Réaumur appelait *galle du pétiole du chêne*, croît sur les jeunes rameaux du chêne rouvre (*Q. robur, Q. sessiflora* Smith), et sur le tausin (*Q. tauza* Willd.); la *galle couronnée* ou *en couronne* est produite par la piqûre des bourgeons au commencement de leur développement; la *galle corniculée* se trouve au milieu des branches; la *galle hongroise* ou *gallon du Piémont* vient sur les glands du chêne rouvre après la fécondation de l'ovaire; la *galle squameuse* ou *galle en artichaut* se trouve également sur le chêne

rouvre. Voici comment M. Moquin-Tandon résume les caractères
des galles :

GALLES.	d'une seule pièce...	régulières...	sphériques...	tuberculeuses... 1° D'Alep.
				non tuberculeuses. 2° Lisse.
			non sphériques........... 3° Couronnée.	
		irrégulières.	avec cornes............ 4° Corniculée.	
			sans cornes............ 5° Hongroise.	
	de plusieurs pièces............... 6° Squameuse.			

COMPOSITION CHIMIQUE. — Le tannin domine dans toutes les parties du chêne et lui donne ses propriétés astringentes et tannantes.
Les fruits, riches en amidon, que l'on a transformés en sucre, ont
été proposés pour préparer des boissons alcooliques économiques.

Les noix de galle contiennent du tannin (60 p. 100 environ) ; les
acides gallique, ellagique et lutéo-gallique, de la chlorophylle, une
huile volatile, des matières extractives, de l'amidon, divers sels de
potasse et de chaux, de l'acide pectique, d'après Berzélius, et, selon
M. Laroque, de la pectase.

M. Braconnot a extrait du gland de chêne une substance neutre
se rapprochant de la mannite, qu'il a nommée *Quercite*, et qui a
pour formule $C^{12} H^{12} O^{10}$; elle cristallise en prismes transparents,
inaltérables à l'air, solubles dans l'eau et dans l'alcool étendu.

M. Chevreul a isolé de l'écorce du *Q. nigra* ou *Quercitron* une
matière colorante jaune, amère, cristalline, peu soluble dans l'eau,
très-soluble dans l'alcool, verdissant d'abord, puis jaunissant par
les alcalis ; elle a été nommée *Quercitrine* $C^{16} H^7 O^9$, HO ; c'est une
Glycoside, c'est-à-dire que les acides étendus la transforment en glycose et en *Quercétine* (Rigand).

USAGES. — Le chêne a été constamment l'emblème de la force et
de la durée. Les poètes, les philosophes, les romanciers, les agro-
nomes l'ont tour à tour célébré ; ses rameaux servaient à tresser
des couronnes destinées à ceindre la tête des triomphateurs ; et tout
le monde connaît les services que rend son bois, précieux dans les
constructions, l'art naval, la menuiserie, la charpente, etc.

L'écorce sert au tannage des cuirs ; les résidus de cette industrie
servent à fabriquer les mottes, si utiles pour entretenir la chaleur de
nos foyers de cheminée ; et la *jusée des tanneurs* a été employée
pour fabriquer un sirop et un extrait que l'on dit avoir été utiles
dans certaines affections de poitrine.

Le gland du chêne entre dans l'alimentation des animaux domestiques, du porc principalement, et dans celle des hommes, dans certains pays désolés par la famine; on en a fabriqué une boisson fermentée qui n'est pas désagréable et qui peut remplacer la bière. On prive les glands du principe âcre qu'ils renferment, par les lavages avec une eau alcaline. Quant au prétendu *Café de gland doux* tant vanté, il sert à préparer une infusion peu agréable qui ne présente ni le goût ni les propriétés de celle de café; il est vrai que, sous le nom de café de glands torréfiés, on vend souvent plusieurs choses, et notamment de l'orge ou de l'avoine grillées.

La poudre d'écorce de chêne est employée comme astringente et antiseptique, cicatrisante et détersive; on l'applique sur certaines plaies, soit seule, soit associée au charbon et au camphre; la décoction est employée à l'intérieur et à l'extérieur dans tous les cas où il s'agira de hâter la cicatrisation des plaies ou d'arrêter des flux muqueux ou sanguins. Le tannin et la noix de galle jouissent des mêmes propriétés.

C'est sur le *Q. coccifera* L. qu'on recueille le kermès animal, ou graine d'écarlate, qui n'est autre chose que le *Coccus ilicis*, insecte de l'ordre des hémiptères.

CHÈVREFEUILLE

Lonicera caprifolium L.
(Caprifoliacées-Lonicérées.)

Le chèvrefeuille commun ou des jardins est un arbrisseau à racines fibreuses, traçantes. La tige, longue de plusieurs mètres, volubile, grimpe et s'enroule autour des corps voisins, ainsi que les rameaux, qui sont allongés, cylindriques, rougeâtres, lisses et glauques. Les feuilles sont opposées, sessiles, obovales, arrondies, obtuses, glabres, glauques en dessous; celles du sommet de la plante sont soudées par leur base ou connées. Les fleurs, odorantes, nuancées de rouge et de jaune, forment des fascicules denses à l'extrémité des rameaux. Elles présentent un calice globuleux, à tube adhérent avec l'ovaire, à limbe partagé en cinq petites dents; une corolle monopétale, tubuleuse, irrégulière, à tube très-long, obconique, à limbe divisé en deux lèvres, la supérieure large, plane, à quatre lobes obtus, peu profonds, tandis que l'inférieure est simple, allongée, obtuse et roulée en dessous. A l'intérieur on trouve cinq étamines saillantes, à filets grêles, et au-dessous un ovaire globuleux, infère, triloculaire, surmonté d'un style très-long. Le fruit est une petite baie charnue, succulente, d'un rouge clair.

Le genre *Lonicera* renferme encore un grand nombre d'autres espèces, parmi lesquelles on remarque le chèvrefeuille sauvage ou des bois (*L. periclymenum* L.), arbrisseau grimpant, volubile, distinct du précédent par ses feuilles supérieures libres ; et le chamérisier ou camérisier (*L. xylosteum* L.), à tige dressée, non volubile, à tube de la corolle très-court et gibbeux latéralement, et à fruits géminés.

HABITAT. — Ces deux dernières espèces se trouvent communément dans les bois des régions tempérées de l'Europe. La première est originaire des contrées méridionales et naturalisée dans quelques localités.

CULTURE. — Les chèvrefeuilles sont fréquemment cultivés dans les jardins d'agrément ; ils viennent dans tous les sols, et se propagent très-facilement par graines, par boutures ou par éclats.

PARTIES USITÉES. — Les feuilles, les fleurs, les racines.

RÉCOLTE. — Les fleurs sont récoltées à leur parfait état d'épanouissement, les feuilles avant leur floraison, plus tard elles deviennent coriaces ; les racines, au printemps et à l'automne.

COMPOSITION CHIMIQUE. — Les fleurs du chèvrefeuille répandent une odeur suave, mais très-fugace, qui est détruite par la distillation ; pour l'usage de la parfumerie, on isole le principe odorant par la macération dans les corps gras, ou bien à l'aide du procédé d'*enfleurage* par le sulfure de carbone.

USAGES. — Le chèvrefeuille est très-rarement employé en médecine ; les fleurs ont été autrefois usitées en infusion théiforme comme béchiques, et légèrement sudorifiques (4 à 8 grammes pour un litre d'eau bouillante) dans les catarrhes pulmonaires et contre les affections nerveuses ; le sirop fait avec l'infusion était autrefois employé contre l'asthme, la toux, le hoquet ; Kœnig et Bœcher ont préconisé l'écorce comme succédané du gayac et de la salsepareille, et l'ont vantée contre la goutte et la syphilis. Les feuilles ont été regardées comme astringentes, et on les a quelquefois utilisées en gargarismes dans l'angine ; les fleurs, autrefois célébrées par Hoffmann, Rondelet, etc., comme cordiales, céphaliques et anti-spasmodiques ; l'eau distillée et le sirop ont été regardés comme souverains pour dissiper le hoquet ; Dioscoride leur attribuait des propriétés merveilleuses ;

les baies digérées dans du fumier de cheval en vase clos, se résolvent, dit-il, en une liqueur huileuse, que Georges Agricola regardait comme un baume universel, excellent pour le traitement des plaies.

D'après Reuss et Suckow, les baies et les racines du chèvrefeuille ont été utilisées dans la teinture; avec les tiges on fabrique des tuyaux de pipe et des peignes pour les tisserands, etc.

Les baies du *L. xylosteum* renferment un suc amer et fétide, elles sont vomitives et purgatives; d'après Roques, elles peuvent, à dose élevée, déterminer l'empoisonnement; on prétend que les Russes en retirent une huile empyreumatique qu'ils emploient contre la syphilis, le scorbut et la gale; les baies du *L. alpigena* L. sont également vomitives et cathartiques, et Lémery attribue les mêmes propriétés aux fruits du *L. chamaecerasus*, qui n'est autre que le *L. xylosteum*.

D'après Wilmet, les Américains font grand usage, contre les fièvres intermittentes, des jeunes branches réduites en poudre du *L. symphoricarpos* L.

Quoi qu'il en soit, les chèvrefeuilles ne sont plus employés en médecine, et nous dirons avec Roques : « Les médecins ont laissé le chèvrefeuille aux buissons, et ils ont bien fait; heureux les malades qui peuvent, quand vient la convalescence, aller respirer son doux parfum dans quelque joli paysage! la pureté de l'air, les émanations balsamiques des fleurs sont aussi de fort bons remèdes. »

CHICORÉE

Cichorium intybus L.
(Composées-Chicoracées.)

La Chicorée sauvage est une plante vivace, à racine oblongue, assez forte, pivotante, brunâtre. La tige, haute de 0^m,35 à 0^m,75, droite, herbacée, presque glabre, striée, un peu fistuleuse, se divise en rameaux divariqués. Les feuilles radicales, réunies en rosette à la base de la tige, sont ovales, allongées, obtuses, roncinées, à lobes aigus, écartés et pubescents; celles de la tige sont plus petites, à lobes plus marqués et dentées. Les fleurs, d'un bleu violacé clair, plus rarement blanches, forment de larges capitules, presque sessiles, solitaires ou géminés, dont la réunion constitue une sorte d'épi lâche, terminal. Chacun d'eux est entouré d'un involucre à deux rangs de bractées : cinq extérieures étroites, allongées, acuminées, ciliées, réfléchies; huit intérieures, de même forme, mais un peu plus longues et redressées. Le réceptacle est plane et présente des alvéoles où sont logées les fleurs. Celles-ci ont une corolle ligulée, linéaire, divisée au sommet en cinq dents égales; cinq étamines soudées par les anthères; un ovaire infère et un stigmate bifide. Le fruit est un akène petit, anguleux, surmonté d'une aigrette à soies très-courtes et obtuses.

Cette plante produit par la culture un certain nombre de variétés, dont les plus remarquables sont la chicorée à café et la barbe de capucin.

La chicorée endive (*C. endiva* L.) est annuelle ; cultivée depuis longtemps dans les jardins, elle a produit aussi des variétés dites chicorée frisée, scarole, corne de cerf, etc.

HABITAT. — La chicorée sauvage habite les diverses contrées de l'Europe ; on la trouve en abondance le long des chemins, dans les lieux incultes, les pâturages, les champs en friche, etc. La chicorée endive est originaire de l'Orient. Ces deux plantes sont cultivées en grand dans les jardins maraîchers.

PARTIES USITÉES. — Les racines, les feuilles.

RÉCOLTE. — Les feuilles fraîches peuvent être récoltées en tout temps ; pour la conservation, on les cueille en pleine maturité ; jeunes, elles sont peu amères et moins énergiques ; les racines peuvent être récoltées en tout temps dès la fin de la première année.

La racine de chicorée torréfiée n'a certainement rien de commun avec le café, si ce n'est de teindre en noir l'eau bouillante et de lui communiquer un peu d'amertume ; cependant en France, en Allemagne, en Suisse et en Angleterre, les populations peu aisées ont adopté le café de chicorée pour remplacer le café, ou l'y mélanger dans l'apprêt du café au lait. Le département du Nord seul exporte annuellement en Angleterre 10 à 12 mille kilogrammes de poudre de chicorée.

C'est en 1800 que M. Giraud introduisit la culture de la chicorée dans la commune d'Onnaing, près Valenciennes ; aujourd'hui tous les départements du Nord et la Belgique se livrent à cette culture ; d'après M. Poiteau, la variété cultivée pour remplacer le café est moins amère que la chicorée sauvage ; sa racine est plus grosse, ses tiges et ses feuilles inférieures sont velues, plus grandes et plus

épaisses ; elles ne sont pas découpées, c'est la même plante améliorée
par la culture.

Les racines arrachées sont transportées dans un lieu couvert ; là
des femmes les coupent au collet, puis les fendent en long en deux ou
quatre morceaux, selon leur grosseur, au moyen d'un hache-paille ;
un homme les divise ensuite en morceaux carrés que l'on nomme
Cossettes ; celles-ci sont desséchées dans des toureilles pendant
24 heures. Un hectare de terre bien cultivée donne 4 à 5,000 kilogrammes de cossettes sèches ; leur prix est de 8 à 22 francs les
100 kilos. Plus tard les cossettes sont torréfiées dans de grands brû-
loirs analogues à ceux du café, et on les pulvérise à l'aide de meules
mises en mouvement par des machines à vapeur ; puis on place les
poudres dans des caves pour leur faire reprendre l'humidité, et on
les met en paquets.

Après avoir imaginé la racine de chicorée torréfiée pour falsifier le
café, on a inventé une terre ocreuse pour frauder la chicorée ; ainsi
on a trouvé, il y a peu d'années, des chicorées donnant jusqu'à
80 pour 100 de cendres, aujourd'hui, d'après un arrêté ministériel,
elle ne doit laisser que 10 à 12 pour 100 de résidu à la calcination.
On a encore falsifié la chicorée torréfiée avec des céréales grillées ;
celles-ci se reconnaissent par l'iode qui bleuit leur amidon, tandis
que la chicorée n'en renferme pas.

La chicorée mêlée au café colore l'eau et se précipite au fond ; le
café pur nage à la surface sans colorer l'eau.

Composition chimique. — Les feuilles de chicorée contiennent de
l'extractif, de la chlorophylle, une matière sucrée, de l'albumine,
des sels, entre autres de l'azotate de potasse ; la racine ne contient pas
de chlorophylle, mais, d'après l'observation de Watt, elle renferme
de l'*Inuline*.

Usages. — Les feuilles de chicorée entrent dans la composition de
sucs d'herbes ; avec les racines, elles font partie du sirop de chicorée
composé ; les fleurs entrent dans les *quatre fleurs cordiales*, autrefois employées, et les fruits dans les quatre *semences froides mineures*.

Les Égyptiens et les Grecs font une grande consommation de chicorée ; les anciens l'utilisaient dans le traitement des affections
abdominales, et l'appelaient l'*amie du foie* ; on l'emploie en tisane
contre les scrofules, les engorgements lents, abdominaux, les phlegmasies chroniques, l'ictère, les coliques hépatiques ; Geoffroy croyait

que l'usage habituel de la salade de chicorée guérissait les fièvres intermittentes ; l'extrait de chicorée était réputé comme lithontriptique. En réalité, l'infusion de cette plante est un excellent amer dont les gens du peuple font avec raison un fréquent usage pour rappeler l'appétit perdu ou perverti.

CHIENDENT

Triticum repens L. — *Agropyrum repens* Beauv.
(Graminées-Triticées.)

Le Chiendent ou Froment rampant est une plante vivace, à racines fibreuses, fasciculées, longues, grêles, rampantes, d'un blanc jaunâtre. Les rhizomes ou tiges souterraines (vulgairement *racines*) sont cylindriques, articulés, noueux, traçants et émettant des racines à chaque nœud. Les tiges aériennes, hautes de 0ᵐ,65 à 1 mètre, dressées, cylindriques, articulées, fistuleuses, glabres, portent des feuilles alternes, lancéolées-linéaires, longuement engaînantes, pubescentes en dessus, glabres en dessous, d'un vert clair et un peu glauque. Les fleurs, petites et verdâtres, sont groupées par quatre ou cinq en petits épis (épillets) alternes, sessiles, comprimés, espacés, dont la réunion constitue un long épi lâche, terminal. Les glumes et les glumelles sont aiguës au sommet. Le fruit est un cariopse allongé, ovale, obtus, convexe d'un côté et marqué, sur l'autre, d'un sillon longitudinal.

Le froment des chiens (*T. caninum* Schreb., *Agropyrum caninum* Beauv., *Elymus caninus* L.) est une espèce vivace, très-voisine de la précédente, dont elle diffère par sa souche cespiteuse, ses feuilles scabres sur les deux faces et ses glumelles terminées par de longues arêtes.

Le chiendent *pied-de-poule* (*Cynodon dactylon* Pers., *Panicum dactylon* L.) est aussi une plante vivace, à souche rameuse, à rhizomes très-longuement traçants ; ses tiges, hautes de 0ᵐ,20 à 0ᵐ,40, portent des feuilles roides, un peu glauques, pubescentes surtout en dessous, se terminent par une panicule digitée, formée de trois à cinq épis filiformes, ordinairement d'un rouge violacé, à glumes scabres et aiguës.

HABITAT. — Ces plantes, la première surtout, sont très-communes dans les lieux incultes, les buissons, au bord des chemins, dans les

champs mal cultivés ou négligés, etc. Ce sont des plantes nuisibles,
que l'agriculteur cherche à détruire par tous les moyens possibles.
Aussi ne les cultive-t-on que dans les jardins botaniques.

PARTIES USITÉES. — Les rhizomes, improprement nommés racines.

RÉCOLTE. — Le chiendent peut être récolté pendant tout l'été, mais
on le ramasse plus spécialement en septembre et octobre lorsqu'on
laboure les terres pour les semailles du froment; on le bat, on le
lave et on le fait sécher, puis on le dispose en petits paquets selon les
pays et les espèces.

A Paris, on n'emploie que le petit chiendent (*T. repens*). Les jets
des rhizomes sont longs, petits, ridés, droits, peu noueux et présentant peu d'écailles; par la dessiccation, il devient anguleux, presque
carré; il est peu farineux et très-sucré.

Dans le midi de la France, on se sert des rhizomes du grand chiendent ou *Chiendent pied-de-poule* (*Cynodon dactylon* Pers). Ces rhizomes sont plus gros, plus lisses, plus amylacées, moins sucrés que
ceux du précédent; secs, ils conservent leur forme cylindrique, leur
aspect luisant; ils présentent des nœuds nombreux, de chacun desquels partent trois écailles embrassantes qui recouvrent presque en
entier l'intervalle des deux nœuds.

Quelle que soit la sorte de chiendent employée, les pharmaciens
ont le soin de le ratisser pour enlever les écailles avant d'en faire
usage, non pas parce que, ainsi préparé, il est plus propre, mais surtout parce que les écailles renferment une matière résineuse âcre,
dont l'odeur présente une certaine analogie avec celle de la vanille.

COMPOSITION CHIMIQUE. — Le chiendent donne par décoction 15,6
pour 100 de sirop; M. Semmola en a extrait une substance cristallisable qu'il a nommée *Cynodine*.

On a plusieurs fois proposé de fabriquer de l'alcool avec la décoction fermentée du chiendent, mais les frais d'approvisionnement
absorbent la plus grande partie des bénéfices d'une telle fabrication.
Dans les temps de disette, les habitants du nord de l'Europe mélangent
le chiendent pulvérisé avec de la farine pour en faire du pain. En
Pologne on en fait du gruau; dans certains pays on fabrique avec le
chiendent et les fruits du genévrier une sorte de bière économique
assez agréable.

USAGES. — Les brosses dites de chiendent, les balais et les ver-
gettes sont faits avec les fibres de l'*Andropogon Ischæmum* L.

On préparait autrefois en pharmacie un extrait de chiendent, qui se distinguait par sa saveur sucrée; il entrait dans le sirop de Fernel.

En médecine, c'est uniquement sous la forme de tisane que le chiendent est employé; elle est émolliente, rafraîchissante et diurétique; c'est la tisane de prédilection contre les phlegmasies; on l'édulcore avec la réglisse ou le sucre, on y associe le sel de nitre ou les acétates alcalins comme diurétique; quant à l'action spéciale qu'exercerait la tisane concentrée de chiendent dans les affections de poitrine et dans les lésions du pylore, malgré ce qu'en ont dit Schenk et Roques, le médecin sait à quoi s'en tenir sur ces prétendues propriétés merveilleuses.

Les feuilles de chiendent purgent les chiens. Fourcroy regardait leur suc comme très-actif contre les calculs biliaires, et Sylvius avait remarqué que les bœufs, qui pendant l'hiver étaient affectés de ces calculs, guérissaient au printemps par l'usage des feuilles fraîches du chiendent; mais le changement d'alimentation peut être pour beaucoup dans ces prétendues guérisons.

CHOU

Brassica oleracea L.
(Crucifères — Brassicées.)

Le Chou cultivé est une plante bisannuelle, à racine pivotante, presque simple, munie de nombreuses radicelles. La tige, haute de $0^m,40$ à $1^m,20$, dressée, glabre et glauque, comme le reste de la plante, porte des feuilles alternes, sessiles, grandes, épaisses et charnues; les radicales sont ovales, arrondies, très-obtuses, bosselées, ondulées; les caulinaires, ovales, allongées, à bords irrégulièrement dentés. Les fleurs, jaunes, assez grandes, forment de longues grappes terminales. Elles présentent un calice à quatre sépales opposés en croix, jaunâtres, dressés et appliqués sur le calice, et caducs; une corolle à quatre pétales, aussi opposés en croix, à onglet dressé, de la longueur du calice, à limbe entier, arrondi, étalé; six étamines tétradynames; un ovaire simple, allongé, surmonté d'un style épais, très-court, que termine un stigmate bifide. Le fruit est une silique allongée, arrondie, terminée par une pointe ou un bec comprimé, et divisée intérieurement en deux loges qui renferment de nombreuses graines petites et globuleuses.

Cette plante a produit d'innombrables variétés et sous-variétés. La plus intéressante, au point de vue médical, est le *chou rouge*, caractérisé par ses feuilles larges, pommées, d'un rouge pourpre ou vineux, surtout au niveau des nervures.

Le chou-navet (*Brassica napus* L.) est une plante annuelle ou bisannuelle, qui se distingue de la précédente par sa taille moins élevée, ses feuilles caulinaires, amplexicaules, élargies et cordées à la base, et surtout par ses sépales étalés. Il présente aussi d'assez nombreuses variétés, parmi lesquelles nous citerons le navet ordinaire.

HABITAT. — Originaires des régions tempérées de l'Europe, ces plantes sont aujourd'hui cultivées dans tous les jardins potagers.

PARTIES USITÉES. — Les feuilles.

RÉCOLTE. — Les feuilles du chou rouge que l'on nomme *Brassica capitata rubra* et qui n'est qu'une variété produite par la culture du *B. oleracea*, sont récoltées au moment où la pomme est bien formée.

COMPOSITION CHIMIQUE. — Les feuilles du chou présentent une odeur fade, une saveur herbacée et un peu âcre; la décoction communique à l'eau une odeur forte et repoussante. Schrœder a trouvé, dans le suc du chou, de la fécule verte, de l'albumine, de la résine, de l'extrait gommeux, de l'extractif soluble dans l'eau et l'alcool, et des sels parmi lesquels nous citerons du chlorure, du sulfate et du nitrate potassiques, du malate et du phosphate calciques, de la magnésie et des oxydes de fer et de manganèse. Mais l'odeur infecte que dégage le chou en putréfaction indique que cette plante renferme quelque principe sulfuré, analogue à celui que l'on trouve dans les autres crucifères.

USAGES. — Hippocrate prescrivait le chou cuit dans du miel dans les coliques et la dysentérie; les Athéniennes mangeaient du chou pendant leurs couches; Caton l'Ancien lui attribuait des propriétés merveilleuses; il affirme que lui et sa famille furent préservés de la peste par l'usage de cette plante, et que les Romains lui durent l'avantage de se passer pendant six cents ans des médecins, qu'ils avaient expulsés de leur territoire. Galien lui attribue la propriété de guérir la lèpre et beaucoup d'autres maladies; Pline renchérit sur tous ces éloges et assure que le chou guérit la goutte, etc.

Les vertus presque miraculeuses du chou, tant vantées par Pythagore, sont aujourd'hui appréciées à leur juste valeur, et il n'est même pas besoin d'expérimenter pour certifier la fausseté des assertions émises à son sujet. La célèbre école de Salerne le regardait à la fois comme relâchant et comme astringent : *Jus caulis solvit cujus substantia stringit*.

Le chou peut être placé parmi les plantes antiscorbutiques, qui jouissent de propriétés légèrement expectorantes; mais on ne doit ajouter aucune foi aux faits rapportés par Pauli, Geoffroy et Hufeland sur les vertus qu'on lui a attribuées de faire disparaître les verrues, de guérir les ulcères, les affections de la peau, les douleurs arthritiques, etc. Nous n'insisterons pas non plus sur les assertions de M. le Dr Macé, qui prétend avoir constaté les bons effets des applications de feuilles de chou dans la goutte, le rhumatisme, les affections arthritiques, etc. (*Journ. des Conn. médico-chirurg.*, 1848). Nous savons aujourd'hui ce que l'on doit penser des affirmations de M. Macé.

Le chou blanc, coupé menu, salé et épicé, auquel on fait subir un commencement de fermentation, pendant laquelle il se forme de l'acide lactique, constitue un aliment très-estimé des habitants du Nord, que les Allemands nomment *Sauercraut*, dont nous avons fait *Choucroute*. C'est un aliment sain et agréable, et d'une grande ressource pendant l'hiver.

Le sirop de chou rouge possède des propriétés légèrement excitantes, qui l'ont fait employer dans les catarrhes chroniques; il est très-sensible à l'action des bases alcalines et des acides avec lesquels il se comporte comme le fait le tournesol.

CICUTAIRE

Cicutaria aquatica Lam. *Cicuta virosa* L.
(Ombellifères - Amminées.)

La Cicutaire aquatique ou Ciguë vireuse est une plante vivace, à racine napiforme, cylindrique, blanchâtre, charnue, pivotante, fibreuse, présentant intérieurement des cavités remplies d'un suc laiteux, jaunâtre. La tige, haute de 0^m,65 à 1 mètre, cylindrique, fistuleuse, glabre, striée, verte, rameuse, dressée, porte des feuilles alternes, grandes, à pétiole cylindrique, creux, strié, à limbe trois fois ailé, composé de folioles lancéolées, aiguës, étroites, surtout au sommet de la plante, vertes, glabres, profondément et irrégulièrement dentées en scie, quelquefois réunies par deux ou trois et confluentes par leur base. Les fleurs, blanches, petites, sont groupées en ombelles terminales de dix à vingt rayons presque égaux, à involucre nul ou formé d'une seule foliole linéaire, à involucelles composées de plusieurs folioles étroites, égalant ou dépassant en longueur les ombellules. Elles présentent un calice entier à cinq dents; une corolle à cinq pétales presque égaux, ovales, échancrés au sommet, un peu concaves et recourbés en dessus; cinq étamines un peu plus longues que les pétales; un ovaire simple, ovoïde, surmonté de deux styles assez courts et divergents. Le fruit est un diakène globuleux, presque didyme, couronné par les styles et par les cinq dents du calice, et offrant sur chacune de ses faces convexes et latérales cinq côtes saillantes.

La cicutaire maculée (*C. maculata* L.) se distingue de la précédente par ses feuilles à pétioles membraneux, bifides au sommet, et à folioles dentelées-mucronées.

Habitat. — La cicutaire aquatique est commune dans les régions tempérées de l'Europe; elle croît surtout dans les lieux humides, au bord des mares et des ruisseaux, etc. La cicutaire maculée habite les États-Unis. Ces deux plantes ne sont cultivées que dans les jardins botaniques, où on les propage de graines et d'éclats de pieds.

Parties usitées. — Les racines, les feuilles, les fruits.

Récolte. — Il est important de ne pas confondre la cicutaire ou ciguë aquatique avec une autre plante qui porte le même nom, qui est produite par le *Phellandrium aquaticum*; Lamarck, qui regardait la ciguë officinale comme appartenant au genre *Conium*, a changé le nom de *Cicuta* en *Cicutaria*, afin de laisser celui de ciguë à la plante médicinale; il faut éviter les confusions qui pourraient résulter de ces changements de noms.

La cicutaire n'est pas employée en médecine; d'après Schwencke et Riedlinus, elle est plus active que la ciguë officinale, *conium maculatum*; elle acquiert son plus haut degré d'activité à l'époque de la floraison; la racine ressemble assez à celle du panais; cette ressemblance a été souvent la cause de confusions fâcheuses rapportées par Wepfer, qui ont amené la mort d'enfants qui en avaient mangé.

Composition chimique. — L'analyse chimique de la cicutaire n'a pas été faite d'une manière satisfaisante; à l'état frais elle répand une odeur analogue à celle de l'ache; la racine est âcre et piquante;

elle est aussi plus active que les autres parties de la plante ; l'écorce contient un suc âcre et jaunâtre qui se concrète sur les incisions en une matière concrète, bleuâtre, transparente ; d'après Gudel, la ciguë vireuse produit à la distillation un principe volatil âcre, d'une odeur très-désagréable ; il reste un résidu inerte ; il est très-probable que ce corps volatil est analogue, sinon identique, à la *Cicutine* du *Conium maculatum* ; mais de nouvelles recherches sont indispensables pour qu'on puisse se prononcer d'une manière positive sur la nature de ce liquide.

Usages. — Selon Haller et Bulliard, la cicutaire serait le poison dont se servaient les Athéniens, et qui fit périr Socrate et Phocion ; mais, d'après Sebthorp (*Flore de Grèce*), elle ne viendrait pas dans le Péloponèse ; cet auteur ajoute que le *conium maculatum* est commun aux environs d'Athènes ; mais nous avons dit à l'article ciguë, qu'il était très-probable, d'après les symptômes de la mort de Socrate, décrits par les auteurs anciens, que le poison des Grecs n'était même pas le suc de la ciguë, mais plutôt un mélange de plusieurs plantes.

Bulliard (*Plantes de France*, p. 151), Roques (*Phytographie médicale*) et d'autres auteurs ont figuré le *Cicutaria maculata* L., plante de l'Amérique septentrionale, pour le *C. virosa* ; il est vrai que d'après Bigelow ces deux plantes jouissent des mêmes propriétés.

On a cité un grand nombre d'empoisonnements d'animaux par la *C. virosa*, et Linné lui attribue la grande mortalité des bestiaux qui eut lieu à une certaine époque en Laponie ; elle détermine une grande sécheresse à la gorge, une soif ardente, des nausées, des vomissements, des douleurs épigastriques, des vertiges, des céphalalgies intenses, suivies d'éblouissements, de convulsions, de délire furieux, de défaillances, et enfin la mort. On combat ces accidents par les vomitifs, les calmants, etc.

La cicutaire perd la plus grande partie de ses propriétés par la dessiccation ; Murray redoutait tellement ses effets, qu'il n'a jamais osé l'employer. En Sibérie et dans le Nord on la substitue au *conium maculatum* ; celle-ci n'existant pas dans ces contrées, on l'a employée contre les rhumatismes, la sciatique, certaines affections de la peau ; on l'administre le plus souvent à l'extérieur en frictions ; au Kamtchatka on s'en sert sous cette dernière forme contre le lumbago. M. Cazin dit qu'il l'a employée quelquefois avec succès comme calmante et résolutive; nous ne croyons pas qu'on puisse la substituer à la grande ciguë.

En médecine homœopathique, c'est le *C. virosa* que l'on emploie; son signe est *Acu*, son abréviation *Cic : cir.*

CIERGE

Cereus grandiflorus et *flagelliformis* Mill. *Cactus* L.
(Cactées.)

Le Cierge à grandes fleurs (*C. grandiflorus* Mill., *Cactus grandiflorus* L.) est une plante grasse, vivace, ou plutôt un arbrisseau à racines fibreuses, fasciculées. Ses tiges, diffuses, charnues, marquées de cinq ou six angles fortement saillants, vertes, parsemées d'un duvet blanchâtre, se divisent en rameaux offrant les mêmes caractères et présentant, de distance en distance, des faisceaux d'épines qui occupent la place des feuilles avortées. Les fleurs, très-grandes, jaunes en dehors, blanches en dedans, exhalant une odeur de vanille, naissent des faisceaux d'épines ou des crénelures des angles. Elles présentent un périanthe multiple; un calice et une corolle à peine distincts, composés de sépales et de pétales très-nombreux, imbriqués sur plusieurs rangs et soudés en tube au-dessus de l'ovaire; des étamines en nombre indéfini; un ovaire infère, surmonté d'un style filiforme, à sommet multifide. Le fruit est une baie écailleuse ou tuberculeuse, présentant les vestiges des sépales, remplie d'une pulpe charnue, dans laquelle sont disséminées de nombreuses graines à testa osseux.

Le cierge-fouet (*C. flagelliformis* Mill., *Cactus flagelliformis* L.) se distingue du précédent par ses tiges grimpantes ou traînantes, de la grosseur du doigt, très-rameuses, à huit ou dix angles peu marqués, couvertes, ainsi que les rameaux, de tubercules sétifères très-rapprochés; ses fleurs nombreuses, sessiles, d'un rouge carmin vif.

Nous citerons encore le cierge à rameaux divariqués (*C. divaricatus* Mill., *Cactus divaricatus* L.).

Habitat. — Les cierges habitent les régions chaudes de l'Amérique méridionale; on les trouve surtout dans les endroits secs et découverts. Ils sont très-répandus dans les cultures d'agrément.

Parties usitées. — Les fibres, les fruits.

Récolte. — Les fruits des divers *Cereus* et *Cactus* sont récoltés à leur parfaite maturité. Par la macération des plantes dans l'eau on détruit toute la partie cellulaire, et on obtient un tissu fibreux anastomosé, avec lequel on fabrique divers objets, tels que vases, corbeilles, etc. D'ailleurs ces fibres sont trop grossières et trop peu résistantes pour qu'on puisse les filer et les tisser.

Composition chimique. — Dans la famille des cactées on trouve souvent des plantes à suc blanc et laiteux : celui des *Mamillaria* est doux, ce qui est rare dans les sucs de cette couleur ; celui de divers cereus est âcre, irritant et même vésicant. Les fruits renferment des acides végétaux et du sucre de fruits.

Usages. — On mange les fruits de plusieurs cactus, principalement ceux du *Cactus opuntia*, qui sont désignés sous le nom de *Figues d'Inde et de Barbarie* ; ils sont très-pulpeux, rafraîchissants et légèrement laxatifs.

D'après Descourtilz, on fait usage dans les Antilles, et particulièrement à Saint-Domingue, du suc laiteux qui découle de divers cactus lorsqu'on y fait des incisions ; appliqué sur la peau, il l'irrite et l'enflamme, et détermine une vive rubéfaction au bout de douze à quinze heures. Le docteur Brennecke recommande l'application des cactus et des cereus, dépouillés de leurs épines, coupés en deux, comme topique irritant, contre la goutte, l'odontalgie, la pleurésie, etc. ; on s'en sert pour détruire les cors ; à l'intérieur, à la dose de quelques gouttes, le suc purge. On l'a regardé comme un spécifique de la goutte ; mais rien ne démontre qu'on n'ait pas confondu quelque euphorbe cactiforme avec les véritables cactus, car ceux-ci renferment en général un suc visqueux et insipide ; aussi, à la Guadeloupe, les emploie-t-on pour remplacer nos émollients.

M. Descourtilz cite, comme étant employés pour l'usage médical, les *Cereus* (*Cactus* L.) *grandiflorus*, *divaricatus*, *flagelliformis* ; c'est sur le *Cactus opuntia*, et le *C. cocciferus*, etc., que l'on élève au Mexique le petit insecte hémyptère, si connu et si employé en teinture sous le nom de *cochenille* ; cette culture se fait avec succès en Algérie ; on nous apporte de ce pays des fruits mûrs qui sont peu recherchés.

D'après Pline, le nom d'*opuntia* vient de la ville d'*Opuns*, où croît cette plante (lib. XXI, c. XVII) ; elle est aujourd'hui très-commune en Italie et dans tout le midi de l'Europe ; par la fermentation du suc du fruit on fait une boisson dont on peut extraire un bon alcool par distillation.

CIGUË

Conium maculatum L.
(Ombellifères-Smyrniées.)

La grande Ciguë ou Ciguë tachetée est une plante bisannuelle, à racine fusiforme, blanche, pivotante. La tige, haute de 1 à 2 mètres, dressée, cylindrique, glabre, légèrement striée, marquée de taches brunâtres, porte des feuilles alternes, très-grandes, trois fois ailées, d'un vert sombre, glabres. Les fleurs, petites et blanches, forment des ombelles terminales, composées de dix à douze rayons, et entourées d'un involucre de quatre ou cinq petites folioles lancéolées; les ombellules sont munies d'involucelles formées de deux ou trois petites folioles aiguës, soudées par la base. Chaque fleur présente un calice petit, à cinq dents; une corolle à cinq pétales cordés, presque égaux, étalés; cinq étamines saillantes; un ovaire simple, surmonté de deux styles courts. Le fruit est un diakène globuleux, presque didyme, marqué de dix côtes longitudinales saillantes et crènelées.

On donne encore le nom de ciguë à quelques autres ombellifères, telles que la CICUTAIRE (*Cicutaria aquatica* Lam.), l'ÉTHUSE (*Æthusa cynapium* L.), l'OENANTHE PHELLANDRIE (*OEnanthe phellandrium* L.), etc. (Voyez ces mots.) Nous ne parlerons ici que du *Conium maculatum*, qui est la véritable ciguë, celle des anciens.

HABITAT. — La grande ciguë est commune dans les régions tempérées de l'Europe. Elle habite surtout les lieux incultes et pierreux, les cours des fermes, les rues peu fréquentées des villages, les décombres, les haies et les bords des chemins, les endroits couverts et humides des bois, etc.

CULTURE. — Cette plante, étant assez abondante à l'état sauvage pour suffire aux besoins de la médecine, n'est cultivée que dans les jardins botaniques. Elle préfère les terres fraîches et substantielles. On sème ses graines au commencement du printemps, et l'on repique les jeunes plants en mai, à un mètre de distance.

PARTIES USITÉES. — Les feuilles, les fruits.

RÉCOLTE. — La récolte de la ciguë se fait en mai ou en juin avant que la floraison soit passée; on doit la faire dessécher rapidement et à l'obscurité; elle perd par la dessiccation une grande partie de ses propriétés, surtout lorsqu'elle a été mal pratiquée; on doit la choisir verte et odorante ; rejeter celle qui est jaune ou noire, et peu odorante.

On a prétendu que la ciguë était d'autant plus active qu'elle était récoltée dans les pays méridionaux, c'est ce qui résulte des analyses des fruits faites par M. Guillermond de Lyon ; mais il est inexact de dire qu'elle est tout à fait inactive dans le Nord. Les fruits de ciguë sont récoltés à leur parfaite maturité, mais avant la séparation des deux akènes ; ils doivent être desséchés avec le plus grand soin ; on les a confondus avec les fruits de l'anis vert, on les distingue à leur odeur nauséeuse, à leur couleur plus verte, à leur forme arquée et à leurs côtes crénelées ; les fruits du persil qui leur ressemblent ont une odeur térébenthinée lorsqu'on les frotte, et leurs côtes sont droites, non crénelées.

On mélange souvent les feuilles de ciguë avec le cerfeuil sauvage (*Anthriscus sylvestris* Hoffm., *Chærophyllum sylvestre* L.). Le plus simple examen suffit pour distinguer les deux plantes. Nous résumons dans le tableau suivant les caractères distinctifs de quelques plantes qui ressemblent à la ciguë :

NOMS.	*Conium maculatum* L. Ciguë officinale.	*Cicuta virosa* L. Ciguë vireuse, ciguë d'eau.	*Phellandrium aquaticum* L. Phellandrie, ciguë aquatique.	*Œthusacynapium* L. Petite ciguë.
Odeur. . .	Fétide.	Persil.	Cerfeuil.	Nauséeuse.
Racine. . .	Suc blanc.	Suc jaune.	Suc incolore.	Suc incolore.
Tige. . . .	Maculée de pourpre.	Sans taches.	Sans taches.	Violette à la base.
Involucre.	Un involucre.	Pas d'involucre.	Pas d'involucre.	Pas d'involucre, un involucelle, unilatéral.
Fruits. . .	Globuleux, striés, crénelés.	Ovoïdes, striés, lisses.	Allongés, sans stries.	Globuleux, striés, lisses.
Durée. . .	Bisannuelle.	Vivace.	Vivace.	Annuelle.
Habitat. .	Lieux stériles.	Bord des eaux.	Dans l'eau.	Les lieux cultivés.

COMPOSITION CHIMIQUE. — Le principe actif de la ciguë a été découvert par Gieseke, étudié plus tard par MM. Geiger, Ortigosa, Henry, Boutron, Christison, etc. On la nomme *conine*, *conicine*, *cicutine* : elle existe dans toutes les parties de la plante, mais plus abondamment dans les fruits, surtout dans ceux qui ont été récoltés dans les pays chauds. C'est une base non oxygénée. Elle est représentée par $C^{16}H^{16}Az$; elle est liquide, oléagineuse, plus légère que l'eau ; sa densité est de 0,89 ; son odeur est forte, pénétrante, désagréable ; elle bout à 170° ; se résinifie à l'air, peu soluble dans l'eau, soluble dans l'alcool et dans l'éther ; elle est extrêmement vénéneuse. Sous l'influence du gaz chlorhydrique, elle prend une teinte pourpre qui passe bientôt au bleu.

USAGES. — Les préparations pharmaceutiques de la ciguë sont ex-

trèmement variables dans leur composition et infidèles dans leur action ; on devrait leur substituer les sels de *Conine* ou *Conicine*, qui sont
très-actifs, mais incristallisables. MM. Guillermond et Devay ont proposé, sous le nom de *Conicine*, les fruits de ciguë dans lesquels l'alcali
organique aurait été dosé ; c'est sans doute une bonne idée, mais on
ne pourrait donner le nom de l'*alcaloïde* à un tel produit.

On fait avec la ciguë des cataplasmes destinés à être appliqués sur
les engorgements scrofuleux et cancéreux. On emploie une teinture
et une alcoolature. On connaît quatre extraits, qui sont : 1° L'extrait
alcoolique ; 2° l'extrait aqueux avec le suc non dépuré de Stoerck ;
3° l'extrait aqueux dépuré ou sans fécule ; 4° l'extrait aqueux par
l'eau avec la plante sèche. On prépare également une huile et un
emplâtre de ciguë très-employés comme fondants. Enfin, on emploie
les fruits en poudre ou enrobés de sucre ; on les fait même prendre
entiers. MM. Christison, Liebig, Geiger ont constaté que la ciguë sèche
et les extraits de ciguë ne contiennent pas souvent d'alcaloïde.

Les préparations de ciguë sont classées dans les narcotico-âcres et
stupéfiants ; elles déterminent une sécheresse et une âcreté de la
gorge très-grande, avec rougeur de la face et des hallucinations, qui
paraissent porter plus spécialement sur les organes de la vision ; les
malades voient des flammes pendant leur sommeil.

L'usage thérapeutique de la ciguë remonte à la plus haute antiquité. Hippocrate l'employait contre les affections de l'utérus ; Pline
l'a vantée contre les tumeurs ; Arétée et saint Jérôme ont signalé
ses propriétés aphrodisiaques ; Avicenne, et plus tard Ambroise Paré,
Ettmuller, Lemery, etc., l'employèrent en topique contre les engorgements cancéreux ou autres des testicules, des mamelles, les obstructions du foie, de la rate, etc. Stoerck prétendit avoir guéri par la
ciguë de véritables cancers, et quoique son opinion fût confirmée par
celle de Quarin, de Palucci, de Liber, etc., la ciguë est regardée
aujourd'hui comme inefficace dans cette terrible affection, ce qui
n'empêche pas les médecins de l'ordonner chaque jour pour calmer
les douleurs produites par les tumeurs. Hoffmann et Hufeland l'employaient en bains contre le cancer de la matrice. Hallé en faisait
préparer une pommade, dont il recouvrait les cancers, ulcères et
les plaies scrofuleuses. MM. Trousseau et Pidoux prescrivent l'application de cataplasmes préparés avec la poudre ; on leur substitue
quelquefois la plante fraîche pilée qui est beaucoup plus active.

Si la ciguë est impuissante pour guérir le cancer, elle rend d'incontestables services contre les engorgements scrofuleux et viscéraux ; elle a été employée encore comme calmante dans la phthisie et les maladies nerveuses. On l'a préconisée contre quelques maladies de la peau, telles que les dartres invétérées et la teigne, et dans le traitement des ulcères ; aujourd'hui elle est beaucoup moins employée, ce qui doit être attribué à l'infidélité de ses préparations.

Ajoutons enfin que, d'après le rapport des auteurs anciens et surtout d'après ce que dit Xénophon sur la mort de Socrate, il paraît certain que le poison employé à Athènes, pour faire périr les condamnés, n'était pas de la ciguë pure, les symptômes rapportés ressemblent beaucoup plus à ceux qui sont produits par l'opium ou par la *Belladone*.

CIMICAIRE

Cimicifuga fœtida L. *Actœa cimicifuga* L.
(Renonculacées—Pœoniées.)

La Cimicaire fétide, appelée aussi Actée fétide ou Herbe aux punaises, est une plante vivace, dont la tige, haute de $1^m,50$ à 2 mètres, dressée, striée, divisée en rameaux renflés à leur point d'insertion, porte des feuilles découpées, à segments incisés-dentés, quelquefois décomposées, à foliole terminale trilobée, toutes d'un vert sombre. Les fleurs, blanches, sont disposées en panicules rameuses axillaires. Elles présentent un calice à cinq sépales; une corolle à cinq pétales caducs, dont un plus épais, persistant, vert-jaunâtre ; des étamines nombreuses, blanches, en houppe, à anthères jaunes ; un ovaire composé de trois à huit carpelles libres, à styles courts. Le fruit se compose de trois à huit follicules, libres, polyspermes (Pl. 32).

Habitat. — Cette plante se trouve en Sibérie, dans les lieux humides. On ne la cultive que dans les jardins botaniques.

Parties usitées. — Racines, feuilles et fleurs.

Récolte. — Cette plante se trouve difficilement dans le commerce de la droguerie ; elle abonde en Sibérie sur les bords du Tom près de L'ina, et du Tigueriak. La racine ressemble beaucoup à celle de l'*Actœa spicata*.

Composition chimique. — D'après Dietrich, le nom de cimicaire a été donné à cette plante à cause de l'odeur très-forte et puante qu'elle possède et qui chasse les punaises (de *Cimex*, punaise, au pluriel *Cimices*, et *Fugo*, je mets en fuite). Linné, Desvaux et Endlicher assurent qu'en Suède elle est employée à cet usage ; mais il paraîtrait que lorsqu'elle est cultivée, elle perd son odeur et ses propriétés. Dans les jardins botaniques, elle est à peu près inodore et présente une saveur assez amère.

USAGES. — La cimicaire a été regardée comme un éméto-cathartique, résolutive et répercussive. Swediaur lui attribuait des propriétés antispasmodiques et résolutives. Gmelin dit qu'en Sibérie on l'emploie contre l'hydropisie, les scrofules, les spasmes. Linné la considérait comme très-active ; il conseillait de l'employer dans les hémorrhoïdes, les panaris, les engorgements glandulaires, et même le cancer. A l'extérieur on l'a encore beaucoup vantée contre la goutte. Elle est aujourd'hui complétement inusitée ; ce qui tient très-probablement à ce que, cultivée dans les jardins, elle perd ses propriétés, et aussi à ce qu'elle devient inactive ou beaucoup moins active par la dessiccation. Cependant la racine sèche a été employée en poudre à faible dose, 5 à 10 centigrammes, et à celle de 25 à 50 centigrammes en infusion dans 250 grammes d'eau.

CIRCÉE

Circæa Lutetiana et Alpina L.
(Onagrariées.)

La Circée parisienne (*C. Lutetiana* L.), appelée aussi vulgairement Herbe aux sorcières, Herbe de Saint-Étienne, etc., est une plante vivace, à souche rampante, émettant des stolons souterrains. La tige, haute de $0^m,40$ à $0^m,60$, dressée, simple ou rameuse, pubescente surtout au sommet, porte des feuilles opposées, à long pétiole canaliculé, à limbe ovale, aigu ou lancéolé, tronqué à la base, lâchement denté, opaque, luisant, glabre ou à peine pubescent. Les fleurs, blanches, sont disposées en grappes terminales, effilées, dressées, à pédoncules étalés, réfléchis après la floraison. Elles présentent un calice à tube ovoïde, soudé avec l'ovaire, brusquement étranglé au-dessus, prolongé en un limbe à deux divisions réfléchies, caduques ; une corolle à deux pétales bifides, insérés sur un disque qui occupe toute la partie supérieure du tube calicinal ; deux étamines insérées comme la corolle ; un ovaire infère, à deux loges uniovulées, surmonté d'un style filiforme terminé par un stigmate épais, échancré. Le fruit est sec, coriace, indéhiscent, à deux loges monospermes.

Le circée des Alpes (*C. Alpina* L.) est aussi vivace, et diffère de l'espèce précédente par ses dimensions beaucoup plus petites; ses feuilles transparentes, cordiformes, à pétiole plane, ailé; ses fleurs munies de bractées, et ses pétales atténués en coin à la base.

HABITAT. — La circée parisienne habite l'Europe centrale; on la trouve surtout dans les endroits humides des bois, le long des ruisseaux ombragés, etc. La circée des Alpes habite les forêts des hautes montagnes. Ces deux plantes ne sont cultivées que dans les jardins botaniques, où on les propage par éclats de pieds.

PARTIES USITÉES. — Les feuilles, la plante entière.

RÉCOLTE. — La circée n'est plus employée aujourd'hui; on la récoltait autrefois au moment de la floraison : on la séchait au soleil.

COMPOSITION CHIMIQUE. — La circée n'a pas été analysée; on la nommait encore *herbe des magiciennes* ou *herbe enchanteresse*, parce que, disait-on, elle s'attache fortement aux habits, au point d'arrêter les hommes comme la Circée de la Fable les attirait par ses enchantements.

USAGES. — La circée des anciens était la mandragore ou le *Solanum nigrum* L. Linné a appliqué ce nom au *Circea lutetiana*; elle est inodore, insipide; les fruits sont hérissés et accrochants.

Elle était autrefois employée comme résolutive et anodine; bouillie dans l'eau et réduite en cataplasmes, on l'appliquait sur les tumeurs hémorrhoïdales dont elle calmait, disait-on, les douleurs. Aujourd'hui elle est tout à fait inusitée en médecine.

La circée des Alpes, *Circea alpina*, est glabre; elle n'est pas employée.

CISTE

Cistus Creticus L.
(Cistinées.)

Le Ciste de Crète, appelé aussi Labdanum, est un arbuste à racines ramifiées, traçantes. Les tiges, hautes de 1 à 2 mètres, dressées, rameuses, pubescentes, portent des feuilles opposées, à pétiole large et membraneux, à limbe ovale, aigu, sinueux sur les bords et pubescent. Les fleurs, grandes, d'un beau rouge ponceau, sont

pédonculées et réunies par bouquets de deux à quatre au sommet
des rameaux. Elles présentent un calice à cinq divisions très-pro-
fondes, ovales, aiguës, pubescentes, persistantes ; une corolle à cinq
pétales très-grands, minces, un peu crispés, étalés en rose, tombant de très-bonne heure ; des étamines nombreuses, très-courtes,
d'un beau jaune d'or ; un ovaire globuleux, à cinq loges multiovulées, surmonté d'un style simple. Le fruit est une capsule globuleuse, pubescente, à cinq loges polyspermes, et recouverte par le
calice (Pl. 33).

On remarque aussi dans ce genre les cistes ladanifère (*C. ladanifer* L.), à feuilles de laurier (*C. laurifolius* L.), blanchâtre (*C. albi-
dus* L.), à feuilles de sauge (*C. salviæfolius* L.), etc.

Habitat. — Le ciste de Crète se trouve non-seulement, comme
l'indique son nom, dans l'île de Crète ou de Candie, mais encore
dans plusieurs îles de l'Archipel et jusqu'en Syrie. Il habite surtout les endroits secs et pierreux. Les autres espèces croissent dans
le midi de l'Europe et sur les bords du bassin méditerranéen.

Culture. — Ces arbustes ne sont cultivés que dans les jardins
botaniques et quelquefois aussi dans les jardins d'agrément. Ils exigent l'orangerie, ou tout au moins une exposition chaude, un terrain sec et une couverture de feuilles durant l'hiver. On les propage
de graines, semées sur couche en avril, ou bien de boutures, qui
reprennent facilement, si on les fait dans l'été.

Parties usitées. — Le ladanum, matière résineuse qui découle
spontanément des feuilles et des rameaux.

Récolte. — On récoltait autrefois le ladanum en peignant la
barbe des chèvres qui broutent les feuilles des cistes ; aussi le produit était-il toujours mêlé de poils de ces animaux. Aujourd'hui,
d'après Tournefort, on l'obtient en promenant des lanières de cuir
attachées ensemble et disposées comme des dents de peigne ; on
racle ensemble ces lanières avec des couteaux, et on enferme le
produit dans des vessies où il acquiert plus de consistance (Tournefort, *Voyage au Levant*, t. I, p. 84). Belon a aussi consacré un
chapitre à la récolte du ladanum (*Singularités*, p. 18).

On distingue plusieurs sortes de ladanum : 1° le vrai, qu'on ne
possède que sur les lieux de récolte, est en masses noirâtres, adhérant
aux doigts, noircissant à l'air, d'une odeur agréable, amer au goût ;
2° en masses du commerce, qui est, comme le précédent, mêlé de

résines et de gommes ; 3° le ladanum *in tortis* ou noueux, roulé en spirale de la grosseur du pouce, lourd, terreux, amer, cassant, grenu, friable ; il est fait de toutes sortes de pièces avec du ladanum pur, du sable ferrugineux, de la terre, etc. ; 4° le ladanum d'Espagne, obtenu par l'ébullition du *Cistus ladanifer :* la matière qui surnage se concrète par le froid ; on la conserve dans des outres ; il ne contient pas de sable, mais par l'ébullition il a perdu son huile volatile, et les parties solubles ont dû se dissoudre dans l'eau ; il était peu recherché ; on le connaissait dans la droguerie sous le nom de *baume noir.* On y ajoute quelquefois des poils de chèvre pour le faire ressembler à celui du Levant, mais il est massif, plus noir et plus coulant ; il ressemble beaucoup au storax noir.

Composition chimique. — On comprend, d'après ce que nous venons de dire, que la composition des ladanum varie avec les sortes. Pelletier y a trouvé : résine, 20 ; gomme contenant un peu de malate de chaux, 3,60 ; acide malique, 0,60 ; cire, 1,90 ; sable ferrugineux, 72 ; huile volatile et perte, 1,90 : total, 100. Il est évident que ce ladanum était très-impur. M. Guibourt, qui a opéré sur un produit plus pur, a constaté qu'il contenait : résine et huile volatile, 86 ; cire, 7 ; extrait aqueux, 1 ; matière terreuse et poils, 6 : total, 100. La cire paraît venir des végétaux sur lesquels le ladanum a été récolté.

Usages. — Quoique doué de propriétés actives, le ladanum est tout à fait inusité aujourd'hui ; ce qui pourrait bien être attribué aux fraudes nombreuses qu'on lui a fait subir. Il fait partie de la *thériaque*, des *clous fumants*, du *baume hystérique*, de l'*emplâtre stomacal*, etc. ; on lui a attribué des propriétés excitantes et toniques ; on l'a employé contre les engorgements des viscères, les catarrhes chroniques ; à l'extérieur, on s'en est servi comme résolutif, fortifiant et fondant. En Turquie, on le brûle mêlé au musc pour parfumer l'air ; en Égypte, on en porte à la main pour se préserver de la peste.

CITRONNIER

Citrus Medica L. *C. limonium* Riss.
(Hespéridées.)

Le Citronnier, ou mieux Limonier, est un arbre de moyenne grandeur, dont la tige droite, élancée, porte de nombreux rameaux anguleux, souvent violacés, épineux, surtout à l'état sauvage, garnis de feuilles à pétiole élargi et articulé, à limbe ovale, oblong, acuminé, denté, vert-jaunâtre. Les fleurs, nombreuses, de moyenne grandeur, blanches, rouge-violacé en dehors, forment de petits bouquets axillaires et terminaux. Elles présentent un calice court, presque plane, à cinq dents; une corolle à cinq pétales sessiles; des étamines nombreuses, souvent libres; un ovaire globuleux. Le fruit (*Hespéridie*) est ovoïde, jaune-citrin, à peau plus ou moins fine, et parsemée de petites glandes, terminé au sommet par un petit mamelon conique, et rempli d'une pulpe acidule très-abondante.

HABITAT. — Originaire de l'Inde, d'où il a été transporté en Asie Mineure, le citronnier est répandu sur tout le pourtour du bassin méditerranéen, où on le cultive en grand comme arbre fruitier.

PARTIES USITÉES. — Les racines, le bois, les fleurs, le fruit.

RÉCOLTE. — Les racines et le bois du citronnier, souvent employés en ébénisterie et en tabletterie, sont coupés pendant l'hiver, au moment où la sève n'est pas en mouvement; les feuilles et les fleurs jouissent de propriétés analogues, mais non semblables à celles du bigaradier; on fait avec les fleurs une eau que l'on mélange sans grand inconvénient avec celle qui est préparée avec le bigaradier, *C. biga-radia* (voyez ce mot). Les fruits sont recueillis à leur maturité, c'est-à-dire lorsque l'épicarpe est devenu jaune dans toute son étendue.

Le limonier ou citronnier est très-riche en variétés, et plus encore en hybrides; le type est un fruit long, à écorce très-odorante, mince, adhérente à la baie; mais il y a des sortes dont la peau est encore plus mince, l'odeur plus suave, le jus plus acide et plus abondant, jointes à la forme arrondie du fruit, telles sont, par exemple, le *Lustrutode* de Rome, le *Bugnetta* de Gènes, et le *Balotin* d'Espagne, tandis qu'il en est d'autres dans lesquelles la peau devient épaisse et se rapproche de celle du cédrat; dans le Nord on préfère les citrons à épicarpe très-épais, parce qu'ils résistent mieux au froid.

Les citrons se conservent longtemps enveloppés dans du papier mince, à condition qu'ils n'ont reçu aucune contusion; l'hiver ils doivent être mis à l'abri du froid, et on doit séparer avec soin ceux qui commencent à se gâter.

COMPOSITION CHIMIQUE. — Toutes les parties du citronnier répandent une odeur des plus agréables, c'est ce qui fait tant rechercher le bois, mais celui-ci la perd bientôt au contact de l'air ; deux produits intéressants sont extraits du citronnier : ce sont l'essence de *citron* et l'*acide citrique*.

Les essences de citron ou de limon sont des hydrogènes carbonés plus ou moins purs ; celle qui est obtenue par expression du zeste est la plus estimée ; elle renferme un peu de matière colorante jaune ; la seconde, extraite par distillation, est incolore et moins suave ; à l'état parfait de pureté elle est représentée par $C^{16}H^8$ pour quatre volumes de vapeur ; elle a donc la même composition que les essences de térébenthine, de genièvre, de copahu et de tous les autres fruits des hespéridées et des conifères. L'essence de citron dévie le plan de polarisation de la lumière de 80° vers la droite, tandis que l'essence de térébenthine la dévie de 43° vers la gauche ; traitées par l'acide chlorhydrique, toutes ces essences forment des combinaisons cristallisables que l'on désigne sous le nom de *camphre artificiel* : exposées à l'air, elles s'oxydent, se résinifient, et forment de l'eau, de l'acide acétique et une résine cristallisable.

Les essences de citron sont quelquefois mélangées frauduleusement avec des essences oxygénées, de l'alcool, etc. ; on reconnaît ces mélanges par le potassium et le sodium, qui se conservent très-bien dans les huiles essentielles pures, et qui s'oxydent dans les liquides oxygénés ; la falsification par l'essence de térébenthine parfaitement rectifiée est plus difficile à reconnaître, cependant on la constate soit par la distillation, soit par l'évaporation lente, pendant laquelle on peut percevoir les différentes odeurs des diverses essences.

Voici, d'après M. Raybaud, quelles sont les quantités d'essences fournies par les zestes des divers fruits d'aurantiacées :

FRUITS DE NICE.		POIDS.		ESSENCES	
				Par expression.	Par distillation.
Bergamotes. . . .	N° 100	3,550 gr. de pulpe.		80 grammes.	» grammes.
Cédrats.	Id.	3, »	—	50 —	72 —
Citrons	Id.	3,500	—	60 —	44 —
Limettes..	Id.	3,500	—	30 —	34 —
Oranges.	Id.	2,600	—	80 —	88 —
Curaçao sec du commerce. .		100 kilogrammes.		»	190 —

L'acide citrique qui est tribasique a pour formule $C^{12}H^5O^{11},3HO$: ces trois équivalents d'eau peuvent être remplacés par trois équivalents de base, de sorte que le citrate de magnésie neutre, si souvent

employé comme purgatif, est représenté par $C^{12}H^5O^{11}, 3MgO$. Cet
acide cristallise en prismes rhomboïdaux ; on le distingue de l'acide
tartrique, avec lequel il peut être confondu, en ce qu'il ne précipite
pas par la potasse et l'eau de chaux à froid ; on l'obtient sur les lieux
de production des citrons et des oranges ; en saturant le suc par de la
craie, et décomposant le *citrate de chaux* formé par de l'acide sulfurique, il se fait du sulfate de chaux, et l'acide citrique reste en dissolution ; par évaporation on fait cristalliser, et quelquefois on décolore au charbon.

USAGES. — Le bois des divers *Citrus* est employé dans l'ébénisterie
et la tabletterie ; il est très-dense, d'un jaune serin, veiné, susceptible d'un beau poli ; celui du bigaradier est d'un blanc grisâtre, peu
agréable, et celui de l'oranger est blanc, lavé de rouge au centre. Le
jus de citron sert à préparer un sirop par simple solution, désigné
sous le nom de sirop de limons ; il sert à faire les limonades cuites et
crues : la première s'obtient en faisant bouillir des tranches de citron privées du zeste avec de l'eau sucrée ; la seconde se fait à froid.
On les aromatise avec l'oléo-saccharum, que l'on obtient en frottant
un morceau de sucre sur le zeste frais ; on emploie ces boissons
comme tempérantes et rafraichissantes. Le jus de citron sucré, mêlé
avec son volume d'eau, est un excellent désaltérant employé avec
succès contre la migraine, le scorbut, etc. ; les tranches du fruit servent à panser et à désinfecter les plaies scrofuleuses et gangréneuses ;
le zeste entre dans la composition des alcoolats de mélisse, aromatique de Sylvius, de citrons simple et de citrons composé, mais
ceux-ci sont le plus souvent obtenus par dissolution des essences
dans l'alcool.

Le citron entre dans la composition d'un grand nombre de préparations culinaires ; on s'en sert en pâtisserie et en confiserie.

CLÉMATITE

Clematis vitalba L. *C. sepium* Lam. *C. dumosa* Salisb. *C. vulgaris* C. B.
(Renonculacées-Clématidées.)

La Clématite commune, vulgairement appelée Herbe aux gueux,
est un arbuste grimpant, dont la tige sarmenteuse, longue de plusieurs mètres, porte des feuilles opposées, à pétioles contournés en
vrilles, à limbe ailé, divisé en folioles grandes, ovales, acuminées,

cordées à la base, entières, dentées ou presque lobées. Les fleurs, blanches, dépourvues de corolle, forment des panicules axillaires ; elles présentent un calice à quatre pétales oblongs, tomenteux ; des étamines et des pistils en nombre indéfini. Le fruit se compose d'akènes très-nombreux, terminés par de longues arêtes soyeuses (Pl. 34).

Ce genre renferme encore un grand nombre d'autres espèces, parmi lesquelles nous citerons les clématites odorante (*C. flammula* L.), droite (*C. erecta* L.), à fleurs bleues (*C. viticella* L.), etc.

La clématite droite, *C. recta* L., *C. erecta* D. C., se distingue par ses tiges cylindriques, par ses feuilles formées de cinq à neuf lobes, longuement pétiolées ; ses fleurs sont blanches et disposées en panicule terminale.

La clématite odorante, *C. flammula* L., a les feuilles deux fois ailées ; les fleurs sont blanches, très-odorantes, plus petites que dans les espèces précédentes.

La clématite bleue, *C. viticella* L., présente des tiges anguleuses ; les pétioles s'enroulent comme des vrilles autour des corps environnants ; les fleurs sont bleues, longuement pédonculées, solitaires ; les pistils sont dépourvus d'aigrettes plumeuses.

Habitat. — La clématite commune habite presque toute l'Europe ; elle croît dans les haies, les bois et les buissons. On ne la cultive que dans les jardins botaniques ou d'ornement.

Parties usitées. — Les feuilles, les fleurs, l'écorce.

Récolte. — La clématite perd une partie de son âcreté par la dessiccation ; les feuilles sont plus âcres avant la floraison ; les fleurs sont difficiles à conserver blanches ; elles prennent facilement une teinte noirâtre ou jaunâtre ; il faut donc les faire sécher rapidement et à l'ombre, et les recueillir le matin lorsque la rosée de la nuit est dissipée. L'écorce est très-âcre et même caustique ; on doit la récolter au printemps ou à l'automne, avant ou après la floraison.

Composition chimique. — Toutes les parties des diverses clématites renferment un principe âcre, irritant, caustique, qui détermine une ardeur brûlante de la langue et de l'arrière-bouche lorsqu'on la mâche. Par distillation on a retiré des feuilles une huile essentielle jaunâtre, d'une saveur âcre et brûlante, dont la nature n'a pas été déterminée.

Les fleurs du *C. vitalba* répandent une odeur agréable et suave, se rapprochant de celle des amandes amères, mais qui paraît encore plus délicate ; il y a certainement là une huile essentielle qui mériterait d'être étudiée. Par la distillation de ces fleurs avec l'eau, M. Guibourt a obtenu un liquide limpide et incolore, qui a laissé déposer après quelques jours une matière pulvérulente, d'une saveur d'abord amylacée, puis âcre, insoluble dans l'eau, l'alcool et l'éther; en redistillant sur ce dépôt le liquide qui l'avait laissé déposer, l'eau a passé seule, et le résidu s'est réuni en une masse glutineuse, devenant pulvérulente par la dessiccation, soluble dans l'ammoniaque et dans la potasse en dissolution bouillante. En traitant les fleurs de la clématite odorante par le sulfure de carbone et par évaporation spontanée de la dissolution, l'un de nous a obtenu une huile essentielle d'une odeur très-agréable, dont la composition n'a pas été déterminée, mais qui pourrait certainement être utilisée en parfumerie.

USAGES. — La clématite des haies, qu'on nomme aussi vulgairement *viorne*, *vigne blanche*, etc., tire son nom d'*herbe aux gueux*, de ce que les mendiants l'emploient, dit-on, pour déterminer des ulcérations superficielles faciles à guérir, et provoquer ainsi la commisération publique. Les feuilles écrasées et appliquées sur la peau y déterminent une irritation locale très-vive, suivie de phlyctènes. Les aigrettes des fruits ont servi à préparer un beau papier.

La clématite des haies est la seule qui ait été employée en médecine; on lui a attribué des propriétés diaphorétiques, purgatives et drastiques, et on l'a vantée dans les maladies vénériennes, l'hydropisie et les scrofules. Dioscoride dit qu'elle guérit la lèpre, Matthiole l'a citée comme fébrifuge, et Tragus l'employait contre l'hydropisie.

Les propriétés antipsoriques de la clématite ont été signalées par les auteurs anciens : Pline, Dioscoride et Galien en font mention; plusieurs médecins ont employé les feuilles ou l'écorce chauffées dans l'huile contre la gale; Vicari d'Avignon, Schwilgué, Curtel, etc., en faisaient grand usage. M. Cazin a constaté l'action purgative de la clématite fraîche en infusion à la dose de 1 à 3 grammes pour 200 grammes d'eau; il l'associe à l'anis vert, et il compare son action à celle de la gratiole, mais elle est certainement plus active, plus irritante, et c'est avec raison qu'elle est abandonnée; d'autant plus que M. Orfila a constaté que lorsqu'on l'administre fraîche, elle enflamme l'estomac et tue les animaux.

Cependant, dans les cas urgents, dans les campagnes, les feuilles hachées pourront servir à déterminer des vésications.

La décoction de la racine a été employée quelquefois dans les campagnes comme purgatif, contre l'enflure des bestiaux ; on s'en servait également pour laver et déterger les ulcères sanieux.

La décoction dans l'eau enlève toute l'âcreté de la clématite ; aussi en Toscane et en Ligurie les paysans mangent-ils, dit-on, les jeunes pousses ainsi accommodées.

La médecine homœopathique fait usage des feuilles de clématite comme irritant substitutif ; leur signe est *Sem* et leur abréviation *Clem*.

COCA

Erythroxylon Coca Lamk.
(Érythroxylées.)

La Coca est un arbrisseau dressé, qui atteint à une hauteur de 2 mètres ; son tronc est très-rameux, couvert d'une écorce rugueuse, blanchâtre. Les feuilles sont alternes, molles, à peine pétiolées, longues de $0^m,04$ à $0^m,10$ sur $0^m,30$ à $0^m,045$ de largeur, elliptiques, un peu allongées, aiguës ou obtuses-mucronées, entières, glabres, luisantes sur les deux faces, d'un vert d'émeraude en dessus, plus pâles en dessous, parcourues longitudinalement par trois nervures, dont la médiane plus saillante. Des stipules interpétiolaires, au nombre de deux, accompagnent chaque feuille ; elles sont ovales-triangulaires-subulées, persistantes, après la chute des feuilles ; ce qui donne aux jeunes rameaux un aspect écailleux et tuberculeux. Les fleurs sont d'un blanc jaunâtre, petites, nombreuses, naissant sur les tubercules écailleux de jeunes rameaux dépouillés de feuilles. Le calice est très-petit, monosépale, marcescent, à cinq lobes ovales-triangulaires, aigus, glabres. La corolle est à cinq pétales égaux, ovales-oblongs, obtus, offrant à leur base une petite écaille membraneuse. Les étamines, au nombre de dix, sont soudées entre elles inférieurement et insérées sur le réceptacle. L'ovaire est supère, obové, à six angles, à trois loges, surmonté de trois styles filiformes, distincts jusqu'à la base, terminés chacun par un stigmate capité. Le fruit est une petite drupe peu charnue, ovoïde-oblongue, aiguë, à une seule loge, par avortement, et à une seule graine.

HABITAT. — L'érythroxylon coca habite les régions inférieures et tempérées de la chaîne des Andes, en Bolivie, Pérou, Nouvelle-Grenade, etc., où il est cultivé en grand.

CULTURE. — L'arbre de coca ne peut pas être cultivé en plein air

en Europe ; il demande la température de la serre chaude. Peut-
être supporterait-il le climat de l'Algérie. Pour ce cas, il faut dé-
foncer le sol par un bon labour, et de novembre à janvier on sème
les graines, par trois ou quatre ensemble, en sillons ou en fossettes.
Si toutes ces graines germent, on ne laisse qu'un pied en place, et
on transplante les autres au moment des pluies. Dans nos serres, on
sème en terrines pour repiquer en pot.

PARTIES USITÉES. — Les feuilles.

RÉCOLTE. — Les feuilles de la coca sont très-rares dans le commerce ; leur nom paraît dériver de l'aymara (KHOKA), qui signifie
arbre ou plante (plante par excellence). D'après Clusius (1605) et
Monardès (1569), elle est cultivée au Pérou ; elle a été décrite et
étudiée par Martius et par MM. Weddell, Gosse, Demarle, etc.

Les feuilles de coca varient de grandeur ; elles sont glabres, entières,
lisses, unies, quelquefois très-chagrinées à leur surface supérieure
qui est d'un vert foncé, tandis que l'inférieure est d'un vert pâle ou
blanchâtre. Cent feuilles pèsent en moyenne 12 grammes ; elles sont
très-hygrométriques, et elles noircissent par l'humidité ; à leur état de
siccité, elles se pulvérisent facilement. De la nervure médiane très-
proéminente, partent presque à angles droits des nervures latérales
alternes qui s'anastomosent entre elles à peu près à moitié de leur
point d'émergence et de la circonférence du limbe, de manière à
former un premier rang d'arcades ; de la convexité de celles-ci naissent des nervures plus déliées qui, en se réunissant, forment une
deuxième rangée d'arcades plus nombreuses, mais d'un moindre
rayon ; ce deuxième rang, à son tour, en forme un troisième constitué
de la même manière, mais ordinairement dans le dernier les nervures
ne se réunissent pas au sommet ; de chaque côté de la nervure médiane part une ligne saillante sur la surface inférieure, en dépres-
sion sur la supérieure, ligne non interrompue par les nervures, et
qui paraît formée par un plissement ou plutôt par un condensement
du parenchyme. D'après M. Gosse, ces lignes disparaissent en tout ou
en partie sur les feuilles qui ont pris un certain accroissement, et,
d'après M. Demarle, cette disparition serait due à l'effet de l'humidité
prolongée ; Lamarck (*Encyclop. méthod.*) explique ces lignes par l'application des bords de la feuille l'une sur l'autre dans leur jeunesse.

C'est en 1750 que les premières feuilles de coca furent envoyées
par J. de Jussieu, le compagnon de voyage de La Condamine ; elles

furent étudiées par A.-L. de Jussieu, et plus tard par Lamarck. Quoi qu'il en soit, leur histoire, leur usage et leur culture remontent à une très-haute antiquité.

COMPOSITION CHIMIQUE. — M. Niemann a extrait de la coca un alcali organique qu'il a désigné sous le nom de *cocaïne*, et qui a pour formule $C^{38}H^{30}Az^2O^6$; elle est peu soluble dans l'eau, soluble dans l'alcool, surtout bouillant, et dans l'éther; sa réaction est fortement alcaline; sa saveur est amère; elle fond à 98°; chauffée plus fort, elle se colore et se volatilise en partie avec une odeur ammoniacale. Elle forme avec les acides des sels déliquescents difficilement cristallisables, qui n'agissent pas sur la pupille; ils frappent d'engourdissement et presque d'insensibilité la partie de la langue sur laquelle on les applique.

On suppose que la cocaïne n'est pas le seul principe actif de la coca, puisque celle-ci dilate la pupille et que la première n'agit pas sur elle.

Traitée par l'acide chlorhydrique, la cocaïne se dédouble en acide benzoïque et en une base nouvelle, l'*ecgonine* $= C^{18}H^{10}AzO^6$ (Lossen). Au moyen de l'alcool amylique, on a extrait de la coca un alcaloïde volatil, l'*hygrine*, qui est très-alcaline et qui donne des fumées blanches au contact des acides volatils; elle n'est pas vénéneuse, et elle se dégage lorsqu'on chauffe les feuilles de coca avec une lessive alcaline.

USAGES. — Quoiqu'on ait employé la coca et la cocaïne dans les troubles digestifs et contre les fièvres intermittentes, leur histoire thérapeutique est à faire. Pour les Péruviens, c'est une panacée universelle; ils en emploient des infusions dans toutes les maladies; ils la mâchent seule ou mélangée aux cendres du *Chenopodium chinoa* Willd., et d'autres plantes; mélange que les Indiens nomment *Hipta*; elle joue le même rôle que le bétel dans l'Inde; elle éloigne la faim, fait endurer l'abstinence, la fatigue, l'ennui; les voyageurs s'en munissent et on en distribue aux mineurs. Blas Valeva, Alonzo de la Pena, Julian, le docteur Unanué, Montagazza, la recommandent comme conservateur par excellence des dents, pour calmer, prévenir et dissiper les douleurs, combattre l'engorgement des gencives, surtout celui du scorbut et la stomatite aphtheuse.

Les cendres des végétaux qui entrent dans la composition de la llipta sont quelquefois remplacées par un peu de chaux vive. On a prétendu que cette addition avait pour but d'activer la sécrétion sali-

vaire, et de rendre la macération de la chique cocalienne plus complète; d'autres ont pensé que c'était un dissolvant et non un multi-
plicateur de son principe actif; pour quelques-uns elle ne sert absolument à rien, c'est une simple affaire de goût. On donnait pour
preuve que certaines peuplades s'en dispensent complétement, et que
cette addition n'a pas toujours existé; mais l'usage de la llipta est
trop répandu pour qu'on puisse ajouter foi à cette dernière opinion.

Il résulte des témoignages les plus irrécusables que la mastication
de la coca ou de la llipta soutient les forces malgré une alimentation insuffisante; elle permet une abstinence plus prolongée et des
fatigues plus grandes. Beaucoup de personnes ne croient pas à cette
action singulière, et cependant elle a été attribuée au café dont les
mineurs belges font un si grand usage, et au maté, *Ilex paraguaien-
sis*, sans lequel le *guacho* n'entreprend pas un voyage, et dont une
infusion lui permet de supporter les plus grandes fatigues et une
abstinence de vingt-quatre et quarante-huit heures.

A côté de l'usage de toute bonne chose, il est rare qu'il n'y ait
pas l'abus; c'est ce que l'on voit pour la coca, qui, prise en trop
grande quantité, surtout chez les Européens, peut produire les accidents les plus graves, des hallucinations, etc.; mais alors on ne se
borne pas à la bouchée de coca, qui, d'après M. de Castelnau,
permet à l'Indien de faire plus de cent lieues sans prendre d'autre
nourriture.

La coca a été préconisée dans la syphilis, contre la rage, etc.; les
essais qui ont été faits dans ce sens ont donné des résultats nuls.

Les coqueros (c'est le nom que l'on donne aux mangeurs de coca)
la fument exceptionnellement mêlée à du tabac. On lui attribue la
propriété d'exciter les organes de la génération et de prolonger la
virilité.

Les Péruviens regardent la coca comme une des plantes les plus
nécessaires à l'homme; ils en font un commerce considérable. On
assure que les fruits servent de monnaie dans quelques lieux du
Pérou. Elle est acclimatée aux Antilles, à Cuba, à Porto-Rico, à la
Guyane, à Guatemala, en Arabie, en Abyssinie, etc. (Gosse).

Malgré les travaux importants qui ont été faits sur la coca, son
histoire physiologique laisse encore beaucoup à désirer; c'est un
des excitants du système nerveux les plus énergiques que l'on connaisse. Nous sommes loin de croire à ses propriétés alibiles; elle

agirait plutôt, selon nous, en modifiant l'organisme, en trompant la
faim, comme l'a dit M. Weddell, et peut-être en diminuant la dé-
pense et en engourdissant les organes digestifs. Elle mérite à tous
égards l'attention des physiologistes et des médecins.

COCHLÉARIA

Cochlearia officinalis et armoracia L.
(Crucifères-Alyssinées.)

Le Cochléaria officinal, vulgairement appelé Herbe aux cuillers,
est une plante bisannuelle, à racine fusiforme, longue, assez mince,
un peu chevelue, blanchâtre. Les tiges, hautes de 0ᵐ,30, un peu
anguleuses, glabres, faibles, rameuses, couchées ou ascendantes,
portent des feuilles alternes, luisantes, d'un vert foncé ; les radicales
longuement pétiolées, cordiformes, obtuses, entières ; les caulinaires, sessiles, allongées, prolongées à la base en deux petites languettes et irrégulièrement dentées. Les fleurs, petites, blanches, sont
groupées en corymbes terminaux. Elles présentent un calice à quatre
sépales obtus, creux et concaves en dedans, convexes en dehors ;
une corolle à quatre pétales plus longs que le calice, arrondis,
obtus, entiers, onguiculés, dressés ; six étamines tétradynames, à
anthères comprimées ; un ovaire simple, surmonté d'un style court
et d'un stigmate obtus. Le fruit est une silicule arrondie, à deux
loges polyspermes (Pl. 35).

Le cochléaria de Bretagne, appelé aussi cranson, raifort sauvage
ou grand raifort, est vivace, et se distingue du précédent par sa
racine charnue, rameuse, de la grosseur du bras ; ses feuilles radicales atteignent la longueur de 0ᵐ,30 et la largeur de 0ᵐ,10, pétiolées, elliptiques, sinueuses-dentées, veinées, à nervure moyenne
fortement saillante en dessous ; sa tige, haute de 0ᵐ,65 à 1 mètre ;
ses fleurs disposées en longues panicules à l'extrémité des rameaux.

HABITAT. — Ces deux espèces croissent dans les régions occidentales tempérées de l'Europe, particulièrement en Bretagne et en
Normandie. On les trouve au bord des ruisseaux, mais plus fréquemment sur les rivages de la mer.

CULTURE. — Les cochléarias sont quelquefois cultivés dans les jardins maraîchers. Ils demandent une terre fraîche et une exposition
un peu couverte. On propage facilement la première espèce par

graines, semées au printemps, et la seconde par tronçons de racines.

Parties usitées. — Les feuilles, les sommités fleuries, les racines, les semences.

Récolte. — Le cochléaria officinal est recueilli pendant sa floraison, en mai, juin et juillet; la racine de raifort sauvage est arrachée après la floraison à la fin de la deuxième année; plus tard elle devient trop ligneuse; toutes ces parties ne sont employées qu'à l'état frais. Pour les usages des pharmacies pendant l'hiver, le cochléaria officinal est cultivé dans des pots, et la racine de raifort est conservée à la cave dans du sable sec, après avoir coupé le collet de la racine.

Composition chimique. — L'odeur forte et piquante que présentent les plantes du genre cochléaria quand on les écrase, leur saveur vive, âcre et un peu amère qu'elles possèdent, sont dues à une huile essentielle qui ne préexiste pas dans ces plantes, et qui se forme par une réaction analogue, sinon identique, à celle qui produit l'essence de moutarde (voyez ce mot). D'après Einoff, le raifort contient une résine amère, du soufre, de l'albumine, de la fécule et des sels. L'essence qu'on obtient, d'après M. Hubalka, par distillation des racines coupées par morceaux, avec les deux tiers de son poids d'eau, est limpide et possède toutes les propriétés de l'huile essentielle de moutarde. Dobereiner a trouvé dans le cochléaria officinal une substance âcre particulière qu'il nomme *cochléarine*. MM. Henry et Garot y ont découvert une substance âcre neutre qu'ils ont nommée *sulfo-sinapisine*.

Usages. — Le cochléaria officinal et le raifort sauvage sont considérés comme éminemment antiscorbutiques. On les emploie souvent simultanément; ils entrent dans le sirop, le vin, la teinture antiscorbutique; avec chacune de ces plantes on fait aussi des vins et des alcoolats simples et composés, des alcoolés ou teintures. La dessiccation et la décoction leur enlèvent toutes leurs propriétés.

Le cochléaria est encore considéré comme diurétique, expectorant; on l'a employé contre les catarrhes chroniques, l'asthme, les scrofules, les engorgements atoniques des viscères, certaines maladies cutanées, chroniques, etc.

Quoique Sydenham l'ait vanté dans le rhumatisme chronique, Desbois de Rochefort contre les maladies calculeuses, et Stahl dans les fièvres quartes. etc., il n'est plus employé à ces usages. On conseille d'en éviter l'emploi dans les affections hémorrhoïdales, les toux sèches et spasmodiques, l'hémoptysie, les congestions sanguines, cérébrales, etc. Outre l'emploi des différentes préparations pharmaceutiques dites antiscorbutiques, dont on fait usage dans le scorbut, on conseille dans cette maladie de faire mâcher du cochléaria ou d'en boire le suc; la plante pilée est quelquefois employée à l'extérieur comme rubéfiante.

La racine de raifort sauvage jouit absolument des mêmes propriétés que les feuilles de cochléaria, mais elle est plus irritante et plus active; son suc est vomitif, et, d'après Rivière, les semences, à la dose de 15 à 24 grammes en décoction, sont aussi émétiques et purgatives. Ettmuler employait la racine macérée dans du vin blanc contre l'hydropisie; Bartholin l'administrait dans de la bière, et Bergius faisait prendre chaque matin aux goutteux une cuillerée à bouche de pulpe de racine. Linné préférait la forme de sirop préparé à froid, et Sydenham l'employait souvent dans les hydropisies qui suivent les fièvres intermittentes. M. Rayer n'a qu'à se louer de cette médication, même dans les cas de néphrite albumineuse chronique. M. Martin Solon a vanté les préparations de raifort dans l'albuminurie.

En Suède, on prépare un petit-lait médicamenteux en jetant du lait bouilli sur de la râpure de raifort humectée avec du vinaigre; puis on filtre, et on administre cette boisson comme diurétique dans les hydropisies, le scorbut, les catarrhes chroniques, etc. Nous savons aujourd'hui que le vinaigre s'oppose au développement de l'essence, principe éminemment actif du raifort; aussi, dans les cas urgents, on prépare un excellent sinapisme avec la râpure de raifort; l'addition du vinaigre qu'on faisait autrefois, dans le but de le rendre plus actif, en mitige au contraire l'action.

COCOTIER

Cocos nucifera L.
(Palmiers-Cocoïnées.)

Le Cocotier est un grand arbre, à racines fibreuses, grêles, fasciculées. Sa tige ou stipe, qui atteint la hauteur de 25 à 30 mètres sur 0^m,50 de diamètre, est droite, cylindrique, régulière, marquée,

dans toute sa longueur, d'anneaux parallèles formés par les cicatrices
que les feuilles anciennes ont laissées en tombant. Elle se termine
par un gros bourgeon, vulgairement appelé *chou*, qui, en se développant, donne naissance à un bouquet ou à une couronne de feuilles, longues de 4ᵐ,50 à 2 mètres, pennées, à nervure médiane ou
rachis très-fort, à folioles nombreuses, lancéolées-linéaires, aiguës,
d'un vert foncé. Les fleurs, renfermées avant leur épanouissement
dans une spathe axillaire, longue de 1 mètre à 1ᵐ,50, sont monoïques, portées sur des pédoncules d'abord blancs, puis jaune-doré, et
disposées en longues grappes ou *régimes*. Elles présentent un calice
à six divisions, disposées sur deux rangs, et sont dépourvues de corolle. Les mâles, situées au sommet de l'inflorescence, ont six étamines. Les femelles, placées à la base, renferment un ovaire globuleux. Le fruit est une énorme drupe fibreuse, renfermant un noyau
globuleux ou ovoïde, ligneux, à l'intérieur duquel se trouve une
énorme amande blanche.

HABITAT. — Le cocotier, dont la véritable patrie est inconnue, est
aujourd'hui répandu aux Indes orientales, à Ceylan, dans la Malaisie,
l'Afrique occidentale, au Mexique, etc. Il croît de préférence aux
bords de la mer.

CULTURE. — Le cocotier est cultivé en grand dans les régions tropicales. Sous nos climats, il ne peut vivre qu'en serre chaude. Il
demande une terre fraîche et substantielle. On le propage par ses
graines, dont la germination est très-lente, et sa conservation demande beaucoup de soins.

PARTIES USITÉES. — C'est à bon droit que le cocotier a été nommé
le *roi des végétaux*; sans lui les îles du grand océan Pacifique seraient
inhabitables et les peuples qui les habitent seraient exposés à périr
de faim et de soif. Ce précieux végétal leur fournit du vin, du vinaigre, de l'huile, du sucre, du lait, de la crème, des cordages, de
la toile, des vases, du bois pour construire des cabanes, des feuilles
pour les couvrir, des nattes pour en orner le sol, etc., etc. C'est
assez dire pour comprendre que toutes les parties du végétal sont
utilisées.

RÉCOLTE. — Tous les jours et à chaque instant les habitants des îles
de la Polynésie et de l'Océanie empruntent au cocotier tout ce qui
est nécessaire à l'entretien de leur existence.

COMPOSITION CHIMIQUE. — Les feuilles et les tiges du cocotier sont riches en fibres qui peuvent être facilement isolées, blanchies, filées, tissées et travaillées de mille manières. Les tiges renferment de la fécule, du sucre et du tannin. L'huile que l'on extrait de l'amande est saponifiable, elle forme avec la soude un savon sec, cassant, moussant fortement avec l'eau, et qui ne peut être employé qu'avec d'autres savons plus mous et plus onctueux. Décomposé par un acide, ce savon produit un acide gras particulier, nommé acide *coccinique*, fusible à 35°, qui peut être distillé sans altération, et qui, d'après M. Bromeis, a pour composition $C^{24}H^{27}O^3 = C^{26}H^{26}O^3 + HO$; d'après M. Saint-Èvre, en décomposant le beurre de coco par un excès d'acide sulfurique, on obtient de la glycérine et les six acides suivants : L'acide *caproïque* $C^{12}H^{12}O^3$; l'acide *caprylique* $C^{16}H^{16}O^3$; l'acide *caprique* $C^{20}H^{20}O^3$; l'acide *lauro-stéarique* $C^{24}H^{24}O^3$; l'acide *myristique* $C^{28}H^{28}O^4$, et l'acide *palmitique* $C^{32}H^{32}O^4$. Ce qui ferait supposer que cette huile contient six principes immédiats neutres différents.

Usages. — Les racines du cocotier passent pour astringentes; on les emploie contre les dysentéries chroniques, la diarrhée. On mélange la poudre avec celle d'anis vert et l'on prend cette poudre pendant sept jours; les tiges jeunes renferment une séve comestible sucrée; plus tard au centre on trouve un amas de fibres abondantes, qui sont utilisées sous une infinité de formes; la séve fermentée, surtout celle du *Sagus farinifera* Pers., sert à préparer, par fermentation, une boisson agréable connue sous le nom de *vin de coco*; celui-ci se transforme facilement en vinaigre. Aux Mariannes, d'après M. Lesson, la séve est concentrée, pour obtenir une matière sucrée noirâtre, qui sert à faire des confitures; à Madras, cette séve est unie à la chaux et au blanc d'œuf pour faire du stuc. Les troncs jeunes servent de bois de charpente très-solide; on en fait des pieux, des meubles, etc.

Les feuilles du cocotier servent à faire des toitures, des nattes, des corbeilles, des voiles pour les pirogues, des chapeaux, des parasols, des éventails, etc. A leur base on trouve un réseau filandreux qui sert de filtre et de tamis; on en fabrique des vêtements; on s'en sert dans l'Inde en guise d'amadou pour arrêter les hémorrhagies.

Le bourgeon tendre est mangé cuit ou cru; aux Antilles on le confit en *Atchar*, dans du vinaigre. Les fleurs nombreuses et blanches donnent, lorsqu'on les frappe, une boisson agréable, qui peut être fermentée pour en faire du vin, et celui-ci aigrit en vinaigre; épanouies, elles sont pectorales ; l'enveloppe ou spathe sert à faire des sacs, des bonnets et à vider l'eau des pirogues.

Le fruit est la partie le plus utile ; il a le volume d'un fort melon ; il est de forme triangulaire, noirâtre ; l'enveloppe extérieure s'appelle *Caire* ou *Bastin* ; battue et tissée, elle sert à faire des étoffes, des vêtements et donne une étoupe employée pour calfater les navires. La coque du fruit est très-dure, on en prépare des gourdes, des vases, des plats, des assiettes et une infinité de petits objets tournés ou sculptés de mille manières ; distillée, cette enveloppe ligneuse donne une huile volatile usitée dans l'Inde contre les douleurs de dents et un charbon velouté employé en peinture. Le fruit met un an à mûrir ; les arbres en sont toujours chargés, puisque les fleurs se renouvellent sans cesse ; les fruits verts non mûrs sont estimés comme astringents ; râpés, ils entrent dans un onguent très-employé contre l'œdème ; en poudre ou en décoction on les emploie contre la diarrhée, la dysentérie et les flux en général. L'intérieur du fruit est rempli d'un liquide blanc, nommé *lait de coco*, que l'on fait couler en perçant les trois petits trous qui sont à la base du fruit ; il est doux, sucré, frais, un peu aigrelet, c'est un des rafraîchissants les plus agréables et très-recommandé dans les maladies de poitrine ; on lui attribue des propriétés diurétiques. Lesson lui reproche de causer de vives cuissons dans la gonorrhée et de provoquer un écoulement qui teint le linge en noir (Voyez *Méd.*, p. 66). C'est la boisson habituelle des peuples de la mer du Sud. Aux Antilles, les dames se lavent le visage avec le lait. Trommsdorf l'a trouvé composé d'eau, de sucre, de gomme, de carbonate et de chlorures salins ; mais il est probable qu'il contient, en outre, une matière grasse ou analogue au caoutchouc ; il peut éprouver la fermentation alcoolique.

Lorsque les fruits mûrissent, le lait se durcit en amande de la circonférence au centre ; la partie dure est recouverte d'une crème fort agréable à manger ; il reste souvent un peu de lait, rarement on y trouve une matière concrète, pierreuse, analogue au tabaschir des bambous, d'un blanc bleuâtre, à laquelle on attribue de grandes propriétés médicales. Dans l'Inde, on nomme ces concrétions *Calappites, Calappa*, et les Européens *pierre de coco*. Les Chinois les portent en amulettes dans le but de se préserver d'une foule de maladies.

L'amande est blanche, ferme, compacte ; par sa saveur elle rappelle celle de la noisette et de la rave ; quelquefois on l'assaisonne de diverses manières ; on en fait des émulsions et des loochs ; elles remplacent les amandes. On en vend souvent dans les rues de Paris ; c'est de ces amandes qu'on extrait l'huile ou beurre de coco, qui peut être mangée lorsqu'elle est fraîche, mais qui rancit vite et ne peut bientôt plus être employée que pour l'éclairage et pour la fabrication des savons.

COIGNASSIER

Cydonia vulgaris Rich. *Pyrus Cydonia* L.
(Rosacées—Pomacées.)

Le Coignassier est un arbre dont la tige, haute de 4 à 6 mètres, se divise en rameaux nombreux, blanchâtres, cotonneux, portant des feuilles alternes, pétiolées, stipulées, grandes, ovales, arrondies, obtuses, entières, molles, cotonneuses en dessous. Les fleurs, très-grandes, blanchâtres, sont solitaires au sommet des jeunes rameaux. Elles présentent un calice cotonneux, renflé à la base, à cinq divisions réfléchies ; une corolle à cinq pétales presque arrondis et concaves ; des étamines nombreuses ; un ovaire globuleux, pubescent, surmonté de cinq styles. Le fruit est une pomme arrondie, pointue aux deux extrémités, jaune, cotonneuse, odorante, présentant, au centre, cinq loges renfermant plusieurs graines à testa entouré d'un mucilage visqueux.

Habitat. — Originaire de l'île de Crète, le coignassier est aujourd'hui répandu dans toutes les parties chaudes et tempérées de l'Europe, où on le cultive surtout comme arbre fruitier.

Parties usitées. — Les fruits, les pepins ou semences.

Récolte. — Les fruits doivent être cueillis avant leur parfaite maturité, lorsqu'ils ont pris une teinte jaune uniforme et acquis une odeur agréable ; les pepins sont entourés d'une couche mucilagineuse abondante, de consistance tremblante ; on les sépare du péricarpe, on les lave et on les fait sécher au soleil.

Composition chimique. — La pulpe charnue contient de l'acide malique, du sucre, de la pectine, de l'acide pectique, une matière azotée, du tannin en petite quantité ; l'épicarpe renferme un principe très-odorant, fugace, très-agréable, que l'un de nous a séparé au moyen du sulfure de carbone et qui pourrait recevoir d'utiles applications en parfumerie ; la graine contient une huile fixe.

Usages. — Les semences de coings sont très-mucilagineuses ; macérées dans l'eau, elles donnent un liquide visqueux filant, souvent employé pour préparer des collyres émollients. Ce mucilage entre dans la composition de la *Bandoline*, liquide épais, employé par les dames pour fixer les cheveux en bandeaux ; il s'altère rapidement ; pour le conserver on y ajoute de l'alcool.

Le suc sert à préparer un sirop ; après avoir essuyé les fruits, pour enlever le duvet qui les recouvre, on les réduit en pulpe au moyen d'une râpe, on l'exprime, et le jus est soumis à une légère fermentation ; on filtre et on fait fondre à une douce chaleur, dans 100 parties de suc, 188 parties de sucre blanc ; on peut conserver le jus dans des bouteilles par le procédé d'Appert, ou par l'acide sulfureux, ou le sulfite de chaux, ou bien encore en recouvrant le liquide d'une faible couche d'huile qui le soustrait au contact de l'air.

Les fruits privés de leur péricarpe servent à préparer des gelées et des marmelades très-agréables au goût, dont on fait un fréquent usage dans les ménages et qui jouissent de légères propriétés astringentes ; les tranches du péricarpe sont confites dans du sirop ou dans du sucre, on les conserve ainsi pour orner nos desserts pendant l'hiver.

Le coing, sous toutes les formes, convient dans les diarrhées, la dysentérie, l'hémoptysie, la métrorrhagie, les flux hémorrhoïdaux, la leucorrhée atonique, la faiblesse des organes digestifs, etc. C'est le sirop dissous dans de l'eau ou dans la décoction de riz que l'on emploie le plus souvent ; on fait quelquefois usage du fruit bouilli dans l'eau. La pulpe a été préconisée, sous forme de cataplasmes, contre les chutes du rectum et sur les tumeurs hémorrhoïdales. Salenander employait la décoction des feuilles en lotions contre l'ophthalmie chronique.

Le mucilage de coing sert dans les collyres à modérer l'activité des substances irritantes ; on lui substitue souvent celui de graine de lin, de semences de *psillium* ou de racine de guimauve.

Le jus de coing fermenté produit un vin peu agréable, que l'on a conseillé dans les cas de faiblesse générale, dans les convalescences des vieillards ; il est resserrant et amène la constipation ; à l'extérieur, il a été employé comme astringent, dans les chutes de l'utérus, le boursouflement des gencives, etc. Malheureusement, il se conserve mal.

COLCHIQUE

Colchicum autumnale L.
(Mélanthacées-Colchicées.)

Le Colchique d'automne, appelé aussi Safran des prés ou Safran bâtard, Veillotte, Tue-chien, etc., est une plante vivace, à bulbe solide et charnu. Les feuilles, qui ne se montrent que longtemps après les fleurs, sont engainantes, planes, lancéolées, obtuses, d'un vert foncé et luisant. Les fleurs, qui paraissent dès l'automne, sont grandes, longues de $0^m,20$ à $0^m,30$; elles présentent un périanthe en entonnoir, à tube très-long, à limbe pourpre rosé, partagé en six divisions profondes; six étamines saillantes, ainsi que les styles, qui sont filiformes et terminés par un stigmate crochu. Le fruit est une capsule ovoïde, glabre, trifide au sommet, à trois loges polyspermes.

HABITAT. — Le colchique est répandu dans presque toutes les régions de l'Europe. Il habite surtout les prairies humides. On ne le cultive que dans les jardins botaniques.

PARTIES USITÉES. — La tige souterraine, nommée bulbe; les semences; rarement les fleurs.

RÉCOLTE. — Les fleurs doivent être récoltées en septembre, époque de leur épanouissement; les bulbes en novembre, après la chute des fleurs; les graines au printemps, lorsque le fruit est mûr, et avant la déhiscence; on doit avoir le soin de les faire parfaitement sécher, car elles moisissent facilement; il faut les conserver dans un lieu très-sec. Toutefois, les médecins anglais, qui font grand usage des bulbes de colchique, prétendent qu'on doit les récolter au printemps, parce que, après cette époque, ils donnent naissance à un nouveau bulbe qui se nourrit aux dépens du premier; Stolze a trouvé plus d'amidon et moins de matière amère (2 pour 100) dans le bulbe récolté en automne que dans celui qui a été recueilli en mars, celui-ci renfermant 6 pour 100 de matière amère. Quoi qu'il en soit, il faut faire sécher ces bulbes au soleil ou à l'étuve avant de les enfermer. Nous ne partageons nullement l'opinion de Vigan, qui conseille de les réduire en poudre aussitôt après leur récolte, et de les mélanger avec trois fois leur poids de sucre.

Le bulbe de colchique du commerce est un corps ovoïde, de la grosseur d'un marron, convexe et ridé d'un côté, présentant sur l'autre face un sillon longitudinal dû à la tige qui y a laissé une cicatrice; gris–jaunâtre à l'extérieur, blanc et farineux à l'intérieur, inodore, d'une saveur âcre et mordicante. Stoerck et d'autres médecins conseillent de l'employer frais, et c'est sous cet état que M. Want, chirurgien anglais, l'a fait entrer dans l'eau *minérale d'Husson*, très-employée comme anti-arthritique. Les graines sont petites, globuleuses, deux fois plus grandes à peu près que celles de la moutarde noire, un peu plus grosses que celles du colza; leur enveloppe est brun-rougeâtre, rugueuse, leur saveur est amère et très-âcre; l'albumen a une consistance cornée et élastique, ce qui les rend très-difficiles à pulvériser.

Sous le nom d'*hermodacte* on employait autrefois en médecine un tubercule inconnu des médecins grecs, très-usité chez les Arabes, sur l'origine duquel on a beaucoup discuté; il vient d'Égypte, de Syrie et de l'Anatolie; sa patrie paraît être la Syrie. C'est un corps globuleux, cordiforme, amylacé, présentant, du côté convexe et à la base, des vestiges d'un plateau; creusé longitudinalement sur l'autre face et présentant à la base du sillon une cicatrice indiquant le point d'insertion de la tige; la partie convexe présente une autre cicatricule due à l'insertion du jeune bulbe; le sommet présente les traces d'insertion des feuilles; il est beaucoup plus blanc que celui du colchique, lisse à l'extérieur et non ridé; sa saveur est douceâtre et mucilagineuse, peu âcre; il est peu purgatif; on a prétendu que les Égyptiens en mangeaient pour acquérir de l'embonpoint.

Linné avait attribué l'hermodacte à l'*Iris tuberosa;* plus tard on a dit qu'il était produit par le *Colchicum variegatum* L., et on s'était appuyé sur la figure d'une plante que Matthiole avait reçue de Constantinople sous le nom d'hermodacte, et qu'il nomma *Hermodactylus verus*. Or, cette plante, loin d'être le *Colchicum variegatum*, était l'*Iris tuberosa* L.; depuis, on a prétendu de nouveau que l'hermodacte était une racine ligneuse, semblable à celle de l'iris, c'est–à-dire que cette opinion confirmait celle de Linné et de Tournefort. Cette confusion doit être attribuée à Matthiole, qui, ayant reçu deux plantes de Constantinople, décrivit l'une sous le nom de *colchique oriental*, et l'autre sous celui d'*hermodacte vraie;* la première de ces plantes, dit Matthiole, est ainsi nommée à Constantinople; la seconde est formée de tubercules digités qui paraissent avoir donné lieu au nom d'hermodacte (doigt d'Hermès). M. Guibourt fait remarquer, avec juste raison, que Sérapion a traité de l'hermodacte dans le même chapitre que le colchique, et que Lobel, qui l'avait reçu de Syrie, l'a dénommé et figuré sous le nom de *C. illyricum*; que Tournefort a trouvé l'hermodacte en Asie avec les feuilles et les fleurs d'un colchique; que Gronowius l'a inséré dans sa *Flore d'Orient*, sous le nom de *C. illyricum*; et enfin que la forme de l'hermodacte des pharmacies rappelle celle du colchique. Il devient évident que Matthiole a appliqué par erreur à l'*Iris tuberosa* le nom qui aurait dû être donné à son *C. orientale*.

Ainsi donc, l'*hermodactylus verus* de Matthiole serait l'*Iris tuberosa*, et le vrai hermodacte serait produit, d'après Lobel, Gronowius, Miller et Forskahl, cités par Linné, par le *C. illyricum* d'Anguillara; tandis que, d'après Murray, Miller l'aurait attribué au *C. variegatum*.

Composition chimique. — Le tubercule du colchique a été analysé par MM. Pelletier et Caventou, qui y ont trouvé une matière grasse, composée d'oléine et de stéarine, et un acide volatil particulier; un alcaloïde végétal qu'ils avaient cru être de la *vératrine*, que MM. Hesse et Geiger en ont distingué, et qu'ils ont nommé *colchicine*; une matière colorante jaune, de la gomme, de l'amidon, de l'inuline et du ligneux.

La colchicine cristallise en prismes ou en aiguilles incolores, fusibles à une douce chaleur, solubles dans l'eau, l'alcool et l'éther; elle est amère et très-vénéneuse; l'acide azotique la colore en violet, qui vire bientôt au vert olive, puis au jaune; l'acide sulfurique la colore en brun; elle forme des sels cristallisables solubles dans l'eau et dans l'alcool. La vératrine se distingue par son insolubilité dans l'eau et par la coloration violette qu'elle prend au contact de l'acide sulfurique.

Usages. — La colchicine est un des purgatifs drastiques les plus violents que l'on connaisse; elle détermine une vive inflammation du canal digestif; les bulbes et les semences de colchique participent de son action; ces dernières ont une composition plus constante, aussi les préfère-t-on aujourd'hui. On fait avec les bulbes et les graines, des teintures et des vins; ceux-ci sont variables dans leur action, ce qui paraît tenir à leur alcoolisation plus ou moins grande.

Les préparations de colchique, outre l'irritation de la muqueuse du canal digestif, déterminent des nausées, des vomissements, des déjections alvines abondantes, une soif très-vive, des tremblements.

le délire, la diminution et l'insensibilité du pouls; Brandes, Willis
et Carminati ont constaté son pouvoir sédatif; Locher – Balber,
Schwærtz, Richter, indiquent comme action physiologique, une salivation abondante, des sueurs froides, l'évanouissement. Giacomini
croit que la mort que peut produire le colchique est due à une action
dynamique et nullement aux effets irritants qu'il possède.

Stoerck employait le colchique contre les hydropisies; Collin,
Plenk, Quarin, Zacht, Cullen, Heurman, Carminati, etc., répétèrent
avec plus ou moins de succès les expériences de Stoerck; M. Aran
s'est bien trouvé de son emploi dans un cas d'ascite liée à une cir-
rhose du foie.

Mais c'est surtout contre les rhumatismes aigus et chroniques, et
dans la goutte, que les préparations de colchique ont produit les
meilleurs effets; tous les remèdes anti-goutteux plus ou moins préconisés, tels que les pilules de Lartigue, de Laville, du père Joseph,
le sirop de Boubée, la liqueur de Laville, le vin d'Anduran, etc., etc.,
et toutes ces préparations vantées par les charlatans, ont pour base
le colchique; M. le docteur Galtier-Boissière, auteur d'un beau travail sur la goutte, reconnaît l'efficacité du colchique, mais il indique
les précautions avec lesquelles il doit être employé, et les accidents
terribles que son abus peut déterminer. Aujourd'hui c'est la teinture
de semences que l'on préfère : on l'administre à la dose de 1 à 4
grammes; elle produit souvent des superpurgations abondantes et
dangereuses.

Malgré les efforts de M. le docteur Forget, les préparations de
fleurs de colchique qu'il a préconisées dans le rhumatisme articulaire
aigu ne sont pas employées.

On a quelquefois fait usage de la teinture de colchique en frictions
dans la goutte et le rhumatisme.

COLOMBO

Cocculus palmatus D. C. *Menispermum Columbo* Roxb. *M. palmatum* Lam.
(Ménispermées.)

Le Colombo est un sous-arbrisseau, à racines fusiformes, rameuses, fasciculées. Les tiges simples, cylindriques, grêles, volubiles,
sont couvertes de longs poils roux, ainsi que les feuilles, qui sont
alternes, pétiolées, arrondies, à cinq lobes écartés, acuminés, en-

tiers, palmés, présentant chacun une forte nervure. Les fleurs sont dioïques : les mâles portées sur de longs pédoncules, simples ou rameux, accompagnées de bractées lancéolées, ciliées et caduques. Elles présentent un calice à six pétales égaux, oblongs, obtus, glabres, disposés sur deux rangs ; une corolle à six pétales petits, oblongs, cunéiformes, obtus, concaves, épais et charnus ; six étamines saillantes, à anthères quadriloculaires. Le fruit est une petite drupe, velue, terminée par une saillie glanduleuse et noire, et renfermant une seule graine réniforme (Pl. 36).

Habitat. — Le colombo croît sur la côte orientale-australe de l'Afrique et à Madagascar. Il habite les forêts et n'est pas cultivé. Chez nous, on ne le trouve que dans les serres des jardins botaniques.

Parties usitées. — La racine.

Récolte. — Le colombo, tel qu'il existe dans le commerce, est en rouelles de 3 à 8 centimètres de diamètre, plus rarement en tronçons de 5 à 8 centimètres de long ; elles présentent un épiderme gris-jaunâtre ou brunâtre, presque uni, ou profondément rugueux ; les rugosités sont irrégulières, sans apparence de stries circulaires parallèles.

Les deux surfaces sont rugueuses, déprimées au centre, et offrant des dépressions concentriques comme dans la bryone desséchée ; quelquefois on y remarque des raies convergeant vers le centre ; leur couleur est jaune-verdâtre, qui va en s'affaiblissant de la circonférence au centre, et on remarque une zone plus foncée sur la limite des couches ligneuses et de la partie corticale ; elle donne une poudre gris-verdâtre.

On a substitué il y a quelques années au colombo vrai, une racine qui vient des États-Unis d'Amérique, où elle porte le nom de colombo ; elle est produite par le *Frasera Walteri* Mich., de la famille des gentianées ; sa saveur est peu amère, son odeur peu prononcée ; elle est surmontée par un collet arrondi, terminé par un bourgeon central écailleux ; elle ne contient pas le principe gélatineux (*pectine*) que l'on trouve dans la gentiane.

Le colombo a passé pendant longtemps pour croître dans l'île de Ceylan, et principalement aux environs de la ville de *Colombo* ; le *Cocculus palmatus* est commun à Madagascar et sur la côte orientale d'Afrique, d'où la racine était portée sèche à Ceylan ; maintenant on la retire de l'Afrique australe.

Le faux colombo présente des rouelles plus minces, plus jaunes, plus lisses et moins régulières dans leur forme ; sa poudre est jaune, tirant sur le fauve ; elle ne bleuit pas par l'iode ; elle colore l'éther et l'alcool en jaune, tandis que le colombo vrai est coloré en bleu par l'iode, ne colore pas l'éther, et forme avec l'alcool une teinture jaune-verdâtre foncée.

Composition chimique. — D'après M. Buchner, la racine de colombo contient : substance amère combinée avec la berberine 12,2, berberine et résine 6,0, cire 1,2, gomme 4,7, amidon 25, pectine 17,4, fibre végétale 24,6, eau et sels 12,9.

M. Wittstock a extrait du colombo un principe neutre cristallisable en prismes brillants, incolores et inodores, amers, fusibles, peu soluble dans l'eau froide, l'alcool, l'éther, les essences, assez soluble dans l'alcool bouillant et dans la potasse ; l'acide acétique chaud le dissout et le laisse cristalliser par le refroidissement ; l'acide sulfurique le dissout avec une coloration jaune-orangé qui passe bientôt au rouge ; l'eau versée dans la solution le sépare en flocons brunâtres ; les sels métalliques et le tannin ne le précipitent pas de ses dissolutions ; ce principe immédiat a été nommé *Colombine*.

Usages. — Le colombo est un tonique amer ; sur la côte de Malabar on l'emploie contre la dysentérie, dans les dyspepsies pour fortifier l'estomac ; on le considère avec juste raison comme tonique et antiseptique ; on l'a administré dans les fièvres bilieuses, soit seul, soit associé aux purgatifs salins ; le docteur Reyde et le docteur Schneider ont indiqué le colombo mêlé à l'opium comme un remède certain contre les coliques opiniâtres ; M. Chrestien, de Montpellier, l'a employé pour combattre les vomissements ; Gaubius et Percival lui attribuaient des propriétés calmantes ; MM. Trousseau et Pidoux ont employé le colombo avec succès dans les troubles fonctionnels de l'estomac accompagnés d'inflammation légère de la muqueuse, d'amertume de la bouche, de douleur et de chaleur à la région épigastrique, de nausées et d'un peu de diarrhée.

Le colombo s'administre à la dose de 30 centigrammes à 2 grammes ; à cette dernière dose en infusion, décoction ou macération ; on en fait une teinture et un extrait qui sont peu usités.

L'infusion de colombo à dose égale est plus active que la décoction ; celle-ci enlève une partie de la matière amylacée qui masque les propriétés toniques.

On emploie le colombo en homœopathie; son signe est *Ocm*, son abréviation *Columb*.

COLOQUINTE

Cucumis colocynthis L.
(Cucurbitacées.)

La Coloquinte est une plante annuelle, dont la tige grêle, cylindrique, charnue, cassante, couverte de poils très-rudes, est couchée à terre ou grimpe le long des corps voisins, à l'aide des nombreuses vrilles extra-axillaires dont elle est munie. Les feuilles sont alternes, longuement pétiolées, réniformes, aiguës, à cinq lobes pubescents, fortement velus le long des nervures. Les fleurs, jaune-orangé, sont monoïques, solitaires et extra-axillaires. Elles présentent un calice hérissé de poils blancs et rudes, à tube campanulé et soudé avec la corolle, à limbe divisé en cinq lanières étroites, aiguës, libres; une corolle, à tube campanulé-étalé, adhérent avec le calice, à limbe divisé en cinq lobes ovales, aigus, subulés. Les fleurs mâles, dont le fond est tapissé d'un bourrelet jaunâtre, présentent cinq étamines, dont quatre intimement soudées deux à deux, la cinquième libre, à anthères linéaires, contournées, uniloculaires, rapprochées et formant une sorte de cône. Les femelles ont trois appendices ou rudiments d'étamines; un ovaire infère, adhérent, ovoïde, renflé au sommet, à une seule loge renfermant un grand nombre d'ovules, surmonté d'un style gros, charnu, glabre, trifide, terminé par trois stigmates bifides et irréguliers. Le fruit est une péponide globuleuse, jaune, de la grosseur d'une orange, glabre, recouvert d'un épicarpe dur, coriace, assez mince, renfermant une pulpe blanche et spongieuse, qui contient de nombreuses graines ovales, aplaties et blanchâtres.

HABITAT. — Cette plante est originaire de l'Orient et des îles de l'Archipel. On la cultive dans les jardins.

CULTURE. — La coloquinte demande une exposition chaude et une terre substantielle. On la propage de graines semées en place, ou mieux sur couche, et arrosées fréquemment durant les grandes chaleurs. Elle se ressème souvent d'elle-même.

PARTIES USITÉES. — Les fruits.

RÉCOLTE. — Les fruits de la coloquinte nous arrivent d'Espagne et de l'Archipel; ils sont dépouillés de leur enveloppe dure et crus-

tacée, ils sont blancs, de la grosseur d'une orange, légers, spongieux, extrêmement amers; les graines se trouvent au milieu de
la matière pulpeuse; elles sont portées sur trois trophospermes pariétaux; elles ont un épisperme dur, lisse et luisant, d'un blanc
jaunâtre.

Composition chimique. — D'après Vauquelin la coloquinte contient
une matière résinoïde amère, plus soluble dans l'alcool que dans
l'eau (*Colocynthine*), Meisner y a trouvé une huile grasse, une résine
amère, un principe amer particulier, de l'extractif, de la gomme, de
l'acide pectique, de l'extrait gommeux et des sels. L'eau froide enlève à la coloquinte 16 pour 100 de principes solubles, tandis que
l'eau bouillante en prend 45 pour 100.

M. Braconnot a décrit la colocynthine : c'est une matière amorphe
jaune-brunâtre, translucide, friable, amère, soluble dans l'eau,
l'alcool et l'éther ; sa dissolution aqueuse est troublée par le chlore,
les acides, l'acétate de plomb, etc. ; les alcalis n'y forment aucun
précipité.

Usages. — La coloquinte est un des purgatifs drastiques des plus
puissants; les anciens la plaçaient dans les *Panchimagogues*, médicaments violents, auxquels ils attribuaient la propriété de chasser les
humeurs ; elle entrait dans une foule de préparations polypharmaques, telles que les extraits cathartique et panchimagogue, dans la
confection d'hamec et l'onguent d'arthanita ; elle entre, dit-on,
dans les pilules antidartreuses de Lartigue.

A dose peu élevée la coloquinte détermine des douleurs aiguës à
l'épigastre, des vomissements, la soif, de la sécheresse à la gorge,
des coliques violentes, des déjections alvines répétées et abondantes,
des douleurs abdominales, du délire, des vertiges, des rétentions
d'urine, le priapisme, la concentration et la petitesse du pouls, de
l'anxiété, des crampes, une respiration pénible et haletante, le hoquet, le refroidissement des extrémités et la mort.

La coloquinte irrite et enflamme vivement les muqueuses, elle
détermine des ulcérations intestinales, et l'inflammation s'étend jusqu'au foie, aux reins et à la vessie; à dose moins élevée elle produit
des diarrhées rebelles, la dysentérie accompagnée d'affaiblissement
et d'amaigrissement; toutefois, il est rare que la coloquinte détermine la mort; d'après Fordyce, Tulpius, Christison, Caron d'An-
necy, Orfila, tout se borne dans le plus grand nombre des cas à des

vomissements violents et à des déjections alvines abondantes; Wanters a vu que les émollients, l'eau de guimauve, la décoction de graine de lin, etc., faisaient disparaître les accidents.

Par son action thérapeutique la coloquinte doit être placée à côté de la bryone, de la gomme-gutte, de l'élatérium, etc.; Murray la proscrivait comme trop active; elle doit être administrée avec prudence; on en a retiré de bons effets dans tous les cas où les purgatifs violents sont indiqués, et qu'il s'agit de déterminer une réaction violente sur l'intestin; Boerhaave assure qu'elle produit les meilleurs effets dans les maladies de langueur; Lieutaud ajoute qu'il faut en donner longtemps et à très-petites doses, c'est-à-dire de 1 milligrammes à 2 centigrammes.

Il est peu de maladies chroniques dans lesquelles la coloquinte n'ait pas été employée en Angleterre; c'est surtout contre les affections du foie qu'on en fait usage; on l'associe alors au calomel; les pilules d'Abernetty, dont les Anglais font un si fréquent usage, sont composées de 40 centigrammes d'extrait de coloquinte, d'autant de calomel, de 30 centigrammes d'extrait de pavot blanc à diviser en six pilules, à prendre, de deux à trois, le soir; Rademacher préfère la teinture de coloquinte, qu'il administre par gouttes.

Dioscoride administrait la coloquinte en lavement pour provoquer les flux hémorrhoïdaux; lorsqu'on craint son action sur l'intestin, on a proposé de l'appliquer en cataplasmes sur le ventre; Chrestien, de Montpellier, prescrivait la teinture en friction sur l'abdomen et sur les cuisses; c'est surtout comme anthelminthique qu'on l'a proposée sous ces formes; Redi a démontré qu'elle expulsait les vers intestinaux par son action purgative; le vin de coloquinte est un remède populaire contre la gonorrhée; il en résulte souvent des accidents très-graves; en médecine homœopathique on fait usage de la coloquinte; son signe est *Scy*, son abréviation *Colo*.

CONCOMBRE

Cucumis sativus L.
(Cucurbitacées.)

Le Concombre cultivé est une plante annuelle, à racines grêles et fibreuses. Les tiges, très-longues, assez minces, anguleuses, couchées ou grimpantes à l'aide de vrilles extra-axillaires, sont velues et rudes au toucher, ainsi que les pétioles, qui portent des feuilles un peu cordées à la base, palmées, à lobes anguleux, aigus, sinués, irrégulièrement dentés, scabres et d'un vert foncé. Les feuilles, jaunes et de moyenne grandeur, sont monoïques et portées sur des pédoncules axillaires, les mâles souvent fasciculées, les femelles solitaires. Elles présentent un calice à tube campanulé, soudé avec la corolle, à limbe divisé en cinq lobes aigus ; une corolle également campanulée dans sa partie inférieure, où elle est soudée avec le tube du calice, et partagée au sommet en cinq divisions arrondies. Les mâles ont cinq étamines, dont quatre soudées deux par deux, la cinquième restant libre, à anthères conniventes ; les femelles ont des rudiments d'étamines ; un ovaire infère, adhérent, ovoïde-allongé, hispide, à trois loges multiovulées, surmonté d'un style épais, bifide, que surmontent trois stigmates en fer à cheval. Le fruit est une péponide très-grosse, oblongue, ordinairement un peu arquée, à trois angles mousses, lisse ou presque lisse, ordinairement luisante, couverte de tubercules peu saillants ; l'intérieur est divisé en trois loges, contenant une pulpe blanche, aqueuse, d'une saveur fade, dans laquelle se trouvent des graines nombreuses.

Ce fruit présente de grandes différences de volume, de forme et de couleur, dans les nombreuses variétés obtenues par la culture.

Habitat. — On ignore la vraie patrie du concombre, qui est cultivé aujourd'hui dans tous les jardins potagers.

Parties usitées. — Les fruits.

Récolte. — Parmi les nombreuses variétés du concombre qui existent, deux nous intéressent plus particulièrement, ce sont le *Concombre vert* ou *Cornichon* et le *Concombre jaune* ou *blanc*. Le premier est petit ; on le recueille dans sa jeunesse ; il est hérissé d'aspérités ; sa chair est ferme : c'est celui que l'on confit dans du vinaigre. Après l'avoir essuyé avec un linge rude, fait dégorger dans du gros sel, on le jette dans du vinaigre bouillant, additionné d'épices diverses, telles que poivre, piment de la Jamaïque, galanga, estragon, ail, etc. Dans le commerce, il est souvent verdi artificiellement au moyen d'un sel de cuivre ; on reconnaît cette fraude en plongeant dans le cornichon une aiguille à coudre : celle-ci se recouvre bientôt d'une couche de cuivre métallique dans le cas où la coloration serait due à la présence de ce métal.

La seconde variété est le concombre jaune ou blanc ; il acquiert un volume beaucoup plus considérable ; il est plus lisse, moins ferme ; on le recueille à la maturité.

COMPOSITION CHIMIQUE. — Le fruit du concombre cultivé répand une odeur particulière, nauséeuse ; sa saveur est fraiche, aqueuse et fade ; il n'a pas été analysé. Les graines contiennent une huile fixe ; elles font partie des *quatre grandes semences froides* ; on en a fait un sirop analogue au sirop d'orgeat.

USAGES. — Les concombres verts ou cornichons confits au sel ou au vinaigre ont été regardés comme antiscorbutiques et astringents ; ils sont employés exclusivement dans l'art culinaire ; on les sert sur les tables comme condiment.

Le concombre jaune ou blanc, lorsqu'il est mûr, est mangé en salade ; on le coupe en tranches minces. Les Russes le conservent dans du sel pendant l'hiver. Cuit et accommodé de diverses façons, il est assez estimé.

Les propriétés médicales du concombre sont nulles ou à peu près ; on le considère comme rafraichissant et laxatif ; c'est du moins l'opinion d'Hippocrate. Les anciens l'employaient, dit-on, dans les maladies fébriles accompagnées de chaleur. Oribase l'a vanté dans la phthisie, et bien qu'on lui ait attribué une certaine efficacité dans la fièvre hectique, les hémoptysies, les fièvres bilieuses, etc., il est aujourd'hui justement abandonné.

Le fruit réduit en pulpe a été conseillé sous forme de cataplasmes dans la céphalite, la méningite, les fièvres ataxiques, certaines brûlures superficielles, etc.; il agit alors comme émollient et rafraichissant.

Les semences émulsionnées dans l'eau forment un lait que l'on a quelquefois employé comme calmant et rafraichissant. On le préconise dans les fièvres bilieuses et inflammatoires, dans les phlegmasies séreuses aiguës, dans les inflammations du foie, des reins, la blénorrhagie aigue, etc. L'émulsion d'amandes douces, bien plus agréable à prendre, produit absolument les mêmes effets.

Le principal, nous pourrions dire l'unique usage du fruit du concombre, consiste dans l'emploi que l'on fait de son jus pour la préparation de la pommade aux concombres, dans laquelle il entre avec l'axonge et la graisse de veau. C'est un cosmétique des plus repandus qui ne mérite pas, dit M. Biett, tous les éloges qu'on lui a donné, mais qui fait disparaître rapidement les éruptions légères qui se manifestent à la surface de la peau. L'eau de concombre elle-même a été employée avec succès pour calmer le prurit des dartres. Ces propriétés calmantes du concombre sont attribuées à un principe vireux que l'on retrouve dans la plupart des fruits des cucurbitacées.

Il existe encore d'autres espèces ou variétés de concombre. Quant au *Concombre d'âne* ou *Concombre sauvage* (*Momordica Elaterium*), il sera l'objet d'un article spécial (Voyez ELATERIUM).

CONSOUDE

Symphytum officinale L.
(Borraginées—Borragées.)

La Consoude officinale ou Grande Consoude, vulgairement appelée aussi Oreille d'âne, est une plante vivace, à racine longue, pivotante, de la grosseur du doigt, peu rameuse, très-chevelue, brun-noirâtre au dehors, blanche et visqueuse à l'intérieur. La tige, haute de 0ᵐ,35 à 0ᵐ,65, anguleuse, presque simple, ailée, succulente, dressée, est couverte de poils rudes, ainsi que les feuilles, qui sont alternes, décurrentes des deux côtés sur la tige, ovales-lancéolées, aiguës, entières, un peu ondulées sur les bords et d'un vert foncé. Les fleurs, pourpre-violacé ou blanches, courtement pédonculées, sont groupées en cimes scorpioïdes, simulant des grappes lâches, unilatérales, recourbées, pendantes à l'extrémité des rameaux. Elles présentent un calice à cinq divisions profondes, étroites, lancéolées-aiguës, dressées, velues; une corolle campanulée, à tube court, à limbe ventru, divisé en cinq dents, dont chacune recouvre un appendice écailleux-glanduleux, conoïde, situé sur la gorge de la corolle; cinq étamines, à anthères oblongues; un ovaire composé de quatre carpelles uniovulées, du milieu desquelles s'élève un style unique, saillant, terminé par un stigmate simple. Le fruit est un tétrakène, entouré par le calice persistant.

HABITAT. — La consoude est commune en Europe; elle habite de préférence les endroits humides, le bord des ruisseaux, les prés et quelquefois aussi le bord des chemins.

CULTURE. — Cette plante, étant très-abondante à l'état sauvage, n'est cultivée que dans les jardins botaniques, où il suffit de semer ses graines aussitôt après leur maturité. Elle se propage ensuite d'elle-même, souvent au point de devenir incommode.

PARTIES USITÉES. — La racine, rarement les feuilles et les fleurs.

RÉCOLTE. — On peut cueillir la racine de consoude en tout temps lorsqu'on veut l'employer fraîche ; pour la faire sécher, il vaut mieux la récolter au printemps ou à l'automne. Après l'avoir arrachée, on la lave pour la débarrasser de la terre ; on la coupe en tronçons de 1 à 2 centimètres de long et quelquefois longitudinalement ; les surfaces divisées deviennent jaunes, l'extérieur est noir avec des stries dans le sens de la longueur. Dans le commerce, on la trouve souvent entière ; elle est de la grosseur du doigt, succulente, facile à rompre, noire en dehors, blanche, pulpeuse et mucilagineuse en dedans ; sa saveur est fade et visqueuse.

COMPOSITION CHIMIQUE. — Les propriétés astringentes que l'on a attribuées à la consoude sont dues au tannin qu'elle renferme et à des traces d'acide gallique ; elle est d'ailleurs riche en principe mucilagineux. MM. Blondeau et Plisson en ont extrait une substance cristalline qu'ils ont regardée comme du *malate acide d'althéine* (*Journal de pharm.*, t. XIII) ; mais on sait aujourd'hui que la prétendue althéine n'est autre chose que de l'*asparagine*, corps neutre qui cristallise parfaitement.

USAGES. — La racine de grande consoude ne doit pas être confondue avec la consoude royale, *Delphinium Consolida, Consolida regalis* L., qui appartient à la famille des renonculacées. Elle est considérée comme mucilagineuse, adoucissante, émolliente, béchique et un peu astringente. C'est un remède populaire contre les hémoptisies et les métrorrhagies ; on l'emploie encore dans l'hématurie, la dysentérie, la diarrhée. Autrefois on lui attribuait la propriété de consolider les plaies ; c'est de cet usage que lui vient son nom. On lui a donné le nom de *grande*, pour la distinguer d'autres plantes auxquelles les mêmes propriétés vraies ou supposées avaient fait donner le même nom : c'est ainsi qu'on nommait *Consolida media* l'*Ajuga reptans* L., ou la bugle ; le *Consolida minor* était le *Bellis perennis* L., ou la pâquerette, et nous avons vu que le *Consolida regalis* était le pied-d'alouette.

La racine de grande consoude et les feuilles entrent dans le sirop de ce nom ; le plus souvent c'est sous la forme de tisane qu'on l'emploie ; elle se fait par décoction à la dose de 60 grammes pour un litre d'eau. On applique quelquefois les feuilles contusées sous forme de cataplasmes comme émollient sur les tumeurs enflammées, douloureuses, etc.

Les propriétés vulnéraires de la consoude étaient très-vantées par les anciens; mais on les a exagérées, à ce point que, au rapport de Sprengel, Paracelse aurait prétendu qu'elle guérit les fractures sans appareil. On l'a encore regardée comme propre à guérir les hémorrhoïdes, à rapprocher les parties (Murray, *Appar. méd.*, t. II, p. 120), à réduire les luxations, à guérir la sciatique et la goutte. Aujourd'hui on a fait justice de toutes ces erreurs, et la racine de consoude est rarement employée comme léger astringent et comme un émollient; les femmes de la campagne s'en servent quelquefois pour guérir les gerçures du mamelon; réduite en pulpe, on l'applique aussi sur les brûlures pour en hâter la cicatrisation.

La consoude est employée en médecine homœopathique; son signe est *Msh*, son abréviation *Symph*.

CONTRAYERVA

Dorstenia Contrayerva L.

(Morées.)

Le Contrayerva est une plante vivace, à racine allongée, fusiforme, de la grosseur du doigt, peu rameuse, rougeâtre. Les feuilles, toutes radicales et pétiolées, sont larges, palmées, à lobes lancéolés, irrégulièrement dentés, un peu rudes au toucher. Du milieu de ces feuilles s'élèvent deux ou trois pédoncules, hauts de $0^m,15$ environ, cylindriques, pubescents, élargis à la partie supérieure et formant un réceptacle plan, carré, de $0^m,03$ à $0^m,04$ de largeur, irrégulier et à bords sinueux. Les fleurs, monoïques, sont réunies et comme enfoncées dans les petits alvéoles qui couvrent la surface du réceptacle. Les mâles ont une ou deux étamines, rarement plus; les femelles ont un ovaire à une seule loge uniovulée, surmonté d'un style filiforme terminé par deux stigmates subulés. Le fruit est une petite capsule bivalve et blanchâtre.

Habitat. — Le contrayerva croît dans les régions tropicales de l'Amérique. On le cultive, mais rarement, dans les serres chaudes des grands jardins botaniques.

Parties usitées. — Les racines.

Récolte. — Le mot *Contrayerva* est espagnol et veut dire *contre-venin*, et mieux *herba contre*, sous-entendu poison. La racine qui porte ce nom dans le commerce vient du Brésil et est produite par le *Dorstenia Brasiliensis* Lam., *Caa-Apia* de Marcgraff et Pison ; elle est aromatique, fauve à l'extérieur, blanche à l'intérieur ; sa saveur, d'abord peu marquée, devient âcre par une mastication prolongée ; elle est formée de petits corps ovoïdes, terminés en queue recourbée, d'où partent un grand nombre de radicules.

Les racines des divers *Dorstenia* portent le nom de contrayerva ; mais le véritable vient du Brésil, tandis que le *Dorstenia Contrayerva* croît au Mexique ; c'est à cette racine ou celle du *D. Houstoni* ou du *D. Drakena* qu'il faut attribuer la *racine de Drake*, rapportée du Pérou par Drake, et décrite et figurée par Clusius (*Exot.*, lib. IV, cap. 10, p. 311) ; elle est noirâtre en dehors, blanche en dedans ; elle porte des fibrilles, dont les plus grosses donnent naissance à des nodosités ; elle est inodore ; sa saveur, d'abord astringente, devient bientôt un peu âcre et suave. Elle diffère du contrayerva officinal par sa forme noueuse et irrégulière, par sa couleur plus noire et par son manque d'odeur.

D'ailleurs le mot contrayerva est générique, et il a été appliqué par les Espagnols et les Mexicains à un grand nombre de plantes employées comme contre-poison.

On a ignoré pendant longtemps l'origine du contrayerva. C. Bauhin le regardait comme un souchet long, odorant, et le *Drakena* comme un souchet long, inodore ; Hernandez croyait que c'était une grenadille ; Conenepilli Bannister dit que c'était une cameline ; Sloane une aristoloche ; c'est Guillaume Houston, chirurgien anglais, qui trouva la plante près de Vera-Cruz, et qui constata que c'était un *Dorstenia*.

Composition chimique. — La racine de *Dorstenia* n'a pas été analysée ; elle doit son odeur à une substance résineuse aromatique.

Usages. — Autrefois très-employé en médecine, le contrayerva est tombé aujourd'hui dans un oubli complet ; il a joui d'une très-grande réputation comme cordial, stomachique, excitant, diaphorétique ; mais c'est surtout comme antivenimeux qu'il a été vanté outre mesure. Rien ne justifie cette prétendue propriété que les Espagnols lui avaient attribuée. Clusius va plus loin ; il assure que les feuilles du contrayerva sont extrêmement vénéneuses et que la racine en est le contre-poison, ainsi que celui de la plupart des poisons végétaux.

Willis, Pringle et Haxham attribuèrent au contrayerva des propriétés souveraines contre les fièvres putrides et nerveuses. Mertens et Cullen doutèrent de son efficacité. Geoffroy, qui partage la même opinion, lui a reconnu la propriété de hâter la circulation, d'agir sur l'estomac et sur l'intestin en activant leurs fonctions, de favoriser l'expulsion des vents et de faciliter les éruptions cutanées ; aussi Haxham recommandait-il cette plante dans certains cas de variole. Murray la conseille dans l'angine gangréneuse.

On voit que les propriétés physiologiques et thérapeutiques de la racine de contrayerva sont loin d'être constatées par l'observation clinique ; celles qu'on lui a attribuées appartiennent à peu près à toutes les substances aromatiques ; quant à ses propriétés antidysentériques, elles n'ont pas été non plus suffisamment établies.

C'est le père Plumier qui a dit le premier que le contrayerva guérissait subitement la morsure des serpents. On lave, dit-il, la plaie avec la décoction de cette plante. Ces assertions paraissent douteuses, lorsqu'on pense surtout qu'il veut parler du *Botryops fer de lance* de la Martinique, qui donne la mort en peu d'instants.

La racine de Drake, décrite par Clusius dans ses *Exotiques*, est souvent employée au Mexique, et désignée dans les *Formulaires* sous le nom de *Drakena radix*. On signale encore comme jouissant des mêmes propriétés que la racine de contrayerva celles des *D. arifolia* Lam., *D. caulescens* L. (*Pocris* Poir.), *D. Houstoni* et *D. radiata* L. (*Kosaria* Forsk.)

On employait la racine de contrayerva en poudre à la dose de 2 à 8 grammes, en décoction à dose double, pour un litre d'eau ; on en faisait une teinture et un sirop ; elle entrait dans un grand nombre de préparations composées.

CONYZE

Inula Conyza D. C. *Conyza squarrosa* L.
(Composées-Astérées.)

La Conyze commune, vulgairement Herbe aux mouches, est une plante bisannuelle, à racines fortes, fibreuses, fasciculées. La tige, haute de 0^m,50 à 1 mètre, droite, simple à la base, rameuse au sommet, ferme, rougeâtre, velue, porte des feuilles alternes, pétiolées dans le bas de la plante, sessiles dans le haut, ovales-oblongues, lancéolées, aiguës, légèrement dentées, assez grandes, à peine pubescentes en dessus, très-velues en dessous. Les fleurs, jaunes, sont groupées en capitules nombreux, arrondis, dont la réunion constitue un large corymbe terminal. Les folioles extérieures de l'involucre sont très-courtes, ovales-aiguës ou lancéolées, herbacées, recourbées au sommet ; les intérieures sont linéaires-aiguës, rougeâtres et scarieuses au sommet, dressées, dépassant de beaucoup les extérieures. Le réceptacle, nu et presque plan, porte de nombreuses fleurs presque égales. Chacune d'elles a un calice en aigrette soyeuse ; une corolle en tube ; cinq étamines, soudées par les anthères ; un ovaire infère, presque cylindrique, surmonté d'un style simple terminé par un stigmate bifide. Le fruit est un akène presque cylindrique, velu, surmonté d'une aigrette blanche à soies capillaires un peu scabres.

HABITAT. — Cette plante croît dans toute l'Europe ; on la trouve sur la lisière des bois, dans les terrains secs et montueux, sur les coteaux arides, au bord des chemins, le long des murs, etc.

CULTURE. — La conyze est assez abondante à l'état sauvage pour suffire aux besoins de la médecine ; aussi ne la cultive-t-on que dans les jardins botaniques. Elle demande un sol un peu sec, et se propage très-facilement, par ses graines semées au printemps, en place ou sur couche.

PARTIES USITÉES. — Les feuilles.

RÉCOLTE. — Les feuilles de conyze commune ressemblent beaucoup à celles de la digitale avec lesquelles on les mêle quelquefois ; mais, au lieu d'être douces au toucher, elles sont très-rudes ; elles sont presque entières sur les bords, et lorsqu'on les froisse, elles exhalent une odeur fétide. On récolte les feuilles pendant la floraison ; on les réunit en petits paquets que l'on dispose en guirlandes, et on les fait sécher au soleil. On prétend que l'odeur qu'elles dégagent éloigne les mouches, d'où lui est venu le nom d'*herbe aux mouches*.

COMPOSITION CHIMIQUE. — On n'a pas analysé cette plante ; on sait seulement que la racine contient de l'*inuline*, principe que nous avons décrit en parlant de l'aunée (*Inula Helenium*, Synanthérées).

C'est un principe analogue à l'amidon, qui en diffère en ce qu'il ne forme pas empois avec l'eau, et en ce que l'iode le colore en jaune et non en bleu.

Usages. — On a attribué aux feuilles de conyze la propriété de faire périr les puces, et on les a employées quelquefois pour cet usage. Quoiqu'on les considère comme vulnéraires, carminatives, emménagogues et sudorifiques, elles sont tout à fait inusitées aujourd'hui; néanmoins leur odeur forte indique qu'elles ne sont pas dépourvues de propriétés.

Hippocrate appelle conyza notre *Ambrosia maritima* L. D'après M. Suriau, on emploie au Brésil, comme diurétique et lithontriptique, la racine du *Conyza alopecuroides* qui croît aux Antilles. Dans l'Inde, on emploie le *C. balsamifera* L. en bains chauds contre la paralysie; il croît dans ce pays; on mêle ses feuilles aux aliments comme stomachiques (Rumphius, *Amb.*, t. VI, p. 55, t. XXIV, fol. 1). Loureiro le nomme *Baccharis salvia*; il le regarde comme antispasmodique et propre à guérir les leucorrhées (*Flor. cochinch.*, p. 603). On fume ses feuilles, et Ainslie dit que les Javanais en usent comme pectoral.

Les Indiens emploient encore la décoction du *C. cinerea* contre les maladies fébriles.

D'après Lesson (*Voyage méd.*, p. 450), il croît à Sainte-Hélène une plante nommée gommier, qui est le *C. gummifera* Roxb. À l'Ile de France, on trouve le *C. retusa* Lamar.; on le nomme *bois salé* et saliette, à cause du goût salé agréable de ses feuilles. Le *C. robusta* Roxb., qui croît à Sainte-Hélène, de même que le *C. gummifera*, donne comme celui-ci, lorsqu'on l'incise, une gomme nommée *toddy*, qui pourrait être utilisée.

COPAHU

Copaifera officinalis Jacq.
(Légumineuses-Césalpinées.)

Le Copahu officinal est un arbre dont la tige, haute de 8 à 10 mètres, couverte d'une écorce épaisse et grisâtre, se divise en rameaux flexueux, portant des feuilles alternes, paripennées, composées de quatre à huit folioles ovales, presque sessiles, acuminées, entières, ponctuées, très-glabres et un peu luisantes. Les fleurs, blanches, sont groupées en grappes rameuses, à l'aisselle des feuilles. Elles sont dépourvues de corolle, et présentent un calice pétaloïde profondément divisé en quatre lobes un peu inégaux, étalés ; dix étamines libres, égales, étalées ; un ovaire simple, surmonté d'un style filiforme terminé par un stigmate simple. Le fruit est une gousse comprimée, arrondie, bivalve, contenant ordinairement une ou deux graines (Pl. 37).

Habitat. — Le copahu se trouve dans les régions chaudes de l'Amérique méridionale. En Europe, il ne se rencontre guère que dans les jardins botaniques, où il exige la serre chaude.

Parties usitées. — L'oléo-résine ou térébenthine qui découle par incisions.

Récolte. — Plusieurs arbres appartenant au genre *Copaïfera*, qui croissent en Amérique, au Brésil, au Mexique, aux Antilles, etc., fournissent le copahu improprement appelé baume, puisqu'on réserve ce nom aux résines contenant des acides benzoïque ou cinnamique ; le nom de térébenthine lui convient parfaitement, puisque c'est une résine tenue en dissolution dans une huile essentielle.

Le *Copaïfera officinalis* est le plus répandu ; on distingue encore les *C. Guyanensis*, *Langsdorfii*, *coriacea*, *cordifolia*, *Sellowii*, *Martii* et *oblongifolia* ; on fait des incisions ou des trous avec des tarières à ces arbres, et on récolte le suc résineux qui en découle ; on ferme l'ouverture avec un gros bouchon en bois que l'on enlève de temps en temps, en avivant le bord des plaies ; chaque arbre en pleine force peut donner six kilogrammes de copahu à chaque incision ; on en fait deux ou trois par année.

Le copahu ainsi obtenu varie par sa couleur plus ou moins foncée, par sa consistance, son odeur, sa saveur plus ou moins âcre et amère, et aussi par ses propriétés chimiques et thérapeutiques. Voici, d'après M. Guibourt, quelles sont les principales espèces.

Le *copahu ordinaire du Brésil* est jaune peu foncé, aussi liquide que l'huile ; son odeur est forte, désagréable, son goût âcre et amer ; il fournit à la distillation 40 à 45 p. 100 d'essence incolore ; il se dissout dans l'alcool rectifié, mais la solution reste laiteuse ; un seizième de magnésie le solidifie en quelques jours ; mais ce caractère n'a pas une grande valeur ; un copahu *pur et jeune* peut ne pas être solidifié, tandis que par l'addition de la térébenthine de Bordeaux, qui constitue une fraude, il devient solidifiable.

Le *copahu de Cayenne*. — Ce copahu est transparent, d'un jaune foncé, plus dense que le précédent ; il est moins amer, son odeur est assez agréable ; M. Guibourt pense que ce copahu est la première sorte décrite par Geoffroy.

Le *copahu de la Colombie*. — Ce copahu est connu sous le nom de *maracaïbo* ; il se distingue par un dépôt d'une matière résineuse cristallisée qui se forme dans les tonneaux ; on a cru d'abord qu'il contenait des matières résineuses étrangères, et il a donné lieu à des contestations. M. Guibourt pense que ces dépôts sont formés par des hydrates d'essences. Ce copahu est très-abondant dans le commerce.

Le baume de copahu se vend un prix assez élevé ; on le mélange quelquefois avec des huiles fixes, solubles dans l'alcool, principalement de l'huile de ricin ; on y ajoute encore par fraude de la térébenthine et des huiles pyrogénées de résines. Voici quels sont les caractères chimiques que doit présenter un bon copahu : il doit être complétement soluble dans l'alcool absolu ; bouilli dans l'eau, il doit laisser un résidu résineux, sec et cassant ; mêlé à une solution de potasse, il s'émulsionne et produit un mélange blanc homogène, duquel le copahu se sépare bientôt avec sa transparence, tandis que le mélange reste opaque s'il a été fraudé par l'huile de ricin ; avec un cinquième d'hydrocarbonate de magnésie, il doit former un mélange épais, transparent, qui reste opaque s'il y a de l'huile de ricin ; en agitant dans un tube une partie d'ammoniaque à 22° et 2,5 de copahu, le mélange, après avoir blanchi, reprend sa transparence ; mais il est indispensable d'opérer à la température de $+15°$. Nous devons ajouter que les copahus de Maracaïbo donnent, avec de l'ammoniaque, des mélanges qui restent opaques, mais qui se maintiennent liquides ; tandis que ceux qui sont additionnés de térébenthine se prennent en masse compacte et épaisse par l'alcali volatil. Enfin, en chauffant sur du papier sans colle deux ou trois gouttes de copahu pur, il doit rester un résidu qui se brise quand on froisse le papier, tandis qu'il reste une aréole grasse et huileuse, s'il y a de l'huile de ricin ou des huiles pyrogénées de résine.

COMPOSITION CHIMIQUE. — La résine qui se dépose dans les tonneaux dans lesquels on les transporte est acide et cristallisable. D'après M. Fehling elle peut être représentée par la formule $C^{40} H^{28} O^6$.

Gerber et Stolze ont déterminé la composition chimique du copahu ; ils y ont trouvé une huile essentielle hydro-carbonée, isomère, de l'essence de citron, et une résine acide, qu'ils ont nommée acide *copahivique* ou *résinique* $C^{40} H^{30} O^4$, et une résine visqueuse.

L'acide copahivique a été étudié par MM. Rose et Schweitzer; il est inodore, soluble dans l'éther et dans l'alcool.

L'essence de copahu, d'après M. Blanchet, doit être représentée par $C^{10} H^8$; elle est limpide, d'une densité égale à 0,91; elle bout à 245°, et dévie à gauche la lumière polarisée; avec l'acide chlorhydrique, elle donne un composé solide et cristallisable nommé camphre artificiel $= C^{10} H^8$, HCl, fusible à 300°, plus un camphre liquide.

USAGES. — Le copahu a été employé autrefois comme vulnéraire pour le pansement des plaies, excepté pour celles des armes à feu; on l'émulsionne avec un jaune d'œuf, et on l'administre en lavements; il entre dans la *potion de Chopart*. Le baume de copahu est essentiellement irritant; son action se porte principalement sur les membranes muqueuses; il détermine souvent une diarrhée abondante; on l'emploie dans les catarrhes de vessie, mais surtout contre les gonorrhées, à la dose de 6 à 30 grammes, soit seul, soit mélangé au cubèbe et à d'autres substances; c'est Cullen qui, le premier, a indiqué son emploi contre la gonorrhée et la blennorrhagie; depuis, on en fait usage avec succès contre les catarrhes pulmonaires et vésicaux, dans la leucorrhée, etc.; dans les derniers temps on lui a substitué, sans beaucoup d'avantages, l'essence de copahu. Le copahu solidifié, dont on fait des pilules, contient un seizième de son poids de magnésie; on rend l'administration du baume liquide plus facile en l'enfermant dans des ampoules solubles de gélatine sucrée, de gluten, etc.; c'est ce que l'on nomme *capsules de copahu*.

Quoique peu employé en médecine homœopathique, le copahu est cependant indiqué dans les formulaires sous le signe *Acp* et l'abréviation *Copaiv*.

COQUE DU LEVANT

Anamirta cocculus Colebr. *Menispermum cocculus* L. *Cocculus suberosus* D. C.

(Ménispermées.)

L'Anamirte Coque du Levant, appelée quelquefois Pareire à feuilles rondes, est un arbuste ou un arbrisseau, dont la tige, volubile, de la grosseur du bras, couverte d'une écorce épaisse, subéreuse, rude, ridée et crevassée, porte des feuilles alternes, pétiolées, cordées et comme tronquées à la base, entières, ovales, obtuses, épaisses, glabres et luisantes. Les fleurs sont dioïques et réunies en longues grappes rameuses, pendantes. Elles présentent un calice à trois divisions; une corolle à six pétales disposés sur deux rangs; six étamines ou plus, à anthères quadriloculaires; un pistil composé de trois carpelles à une seule loge uniovulée, surmontées chacune d'un style simple, très-court, terminé par un stigmate en tête. Le fruit est une petite drupe un peu réniforme, rouge-pourpre, renfermant un noyau arrondi et rugueux (Pl. 38).

Habitat. — Cette espèce habite les Indes orientales et l'île de Ceylan, où elle croît dans les bois. Elle se trouve rarement dans nos serres chaudes; elle demande une terre graveleuse et se multiplie de boutures étouffées.

Parties usitées. — Le fruit.

Récolte. — Telle qu'elle existe dans le commerce, la coque du Levant est plus grosse qu'un pois, arrondie, légèrement réniforme, recouverte d'un brou desséché, mince, noirâtre, rugueux, d'une saveur légèrement âcre et amère, au-dessous duquel on trouve une coque blanche, ligneuse, à deux valves; au centre on trouve un placenta rétréci à la base, élargi au sommet, et présentant à l'intérieur deux loges distinctes; entre le placenta et la coque se trouve une amande creuse à l'intérieur, et ouverte sur le côté pour recevoir le placenta. L'embryon est formé d'une radicule cylindrique supère, de deux cotylédons foliacés, écartés et recourbés, et plongeant de chaque côté du placenta dans une loge plate et longitudinale, pratiquée dans l'albumen (Guibourt).

Dans les vieilles coques du Levant l'amande est détruite, et les coques sont complétement vides; il faut donc les choisir récentes et lourdes.

Composition chimique. — Le principe vénéneux de la coque du Levant a été isolé par M. Boullay; il existe dans l'amande et nullement dans l'enveloppe : on le nomme *Picrotoxine*; d'après ce chimiste, l'enveloppe, qui est vomitive, ne contient qu'une matière jaune extractive, sans picrotoxine; mais MM. Pelletier et Couerbe y ont trouvé une base alcaline cristallisable, qu'ils ont nommée *Ménispermine*, substance insipide et sans action sur l'économie animale.

D'après l'analyse de M. Boullay, la coque du Levant contient la moitié de son poids d'une huile concrète, formée d'oléine et de stéarine, de l'albumine, une matière colorante particulière, 0,02 de *picrotoxine*, des malates acides de chaux et de potasse, du sulfate de potasse, etc. D'après MM. Lecanu et Casaceca, la matière grasse est formée en grande partie d'acide oléique et d'acide margarique libres ; mais, comme le dit M. Guibourt, il est probable que l'état de liberté de ces acides tient à la rancidité de l'amande.

La *picrotoxine*, analysée par M. Oppermann, peut être représentée par $C^{16} H^8 O^5$; elle cristallise en prismes quadrilatères, incolores, inodores, inaltérables à l'air, neutres aux réactifs colorés ; leur saveur est amère ; ces cristaux sont plutôt acides que basiques ; les acides les dissolvent sans former de sels ; ils sont solubles dans l'eau, l'alcool et l'éther ; la baryte, la chaux, la strontiane, l'oxyde de plomb se combinent avec la picrotoxine ; elle est très-vénéneuse.

La *ménispermine*, d'après MM. Pelletier et Couerbe, peut être représentée par la formule suivante : $C^{18} H^{12} Az O^2$; elle est blanche, cristalline, fusible à 120°, insoluble dans l'eau, soluble dans l'alcool et dans l'éther ; elle n'est pas vénéneuse.

Usages. — Dans l'Inde, la coque du Levant est employée pour empoisonner le poisson ; on la fait entrer dans des appâts que les poissons mangent, avant de venir tournoyer et mourir à la surface de l'eau : M. Goupil dit s'être assuré, par des expériences, que l'emploi d'un pareil moyen peut avoir de graves inconvénients, surtout si l'on n'a pas le soin de vider les poissons aussitôt qu'on les a pris ; la chair, selon lui, peut acquérir les propriétés vénéneuses de la coque elle-même ; en France, cette pêche est clandestinement pratiquée, car les réglements sur la police de la pêche l'interdisent formellement ; néanmoins, contrairement à l'opinion émise par MM. Goupil et Cadet-Gassicourt, il est admis que les poissons ainsi empoisonnés n'ont jamais produit d'accidents, lorsqu'ils avaient été parfaitement vidés.

Murray a vu que la coque du Levant empoisonnait les oiseaux ; M. Goupil a prouvé qu'elle était toxique pour les carnivores ; l'usage que l'on en fait, lorsqu'elle est pulvérisée, pour faire périr les poux, prouve que les insectes sont tués par ce poison ; faisons remarquer que cette pratique n'est pas sans danger, lorsque surtout, comme cela arrive chez les enfants, le cuir chevelu est enflammé et ulcéré.

Les expériences de M. Orfila semblent démontrer qu'à la dose de 20 à 30 centigrammes la poudre de coque du Levant peut faire périr un chien ; mais les expériences sont compliquées par la liga-

ture de l'œsophage qui, on le sait aujourd'hui, suffit à elle seule
pour faire périr les animaux. Quoi qu'il en soit, la coque du Levant
paraît avoir une action spéciale sur le système nerveux.

D'après Hahnemann, le camphre est le contre-poison de la coque
du Levant, mais cette opinion n'est pas généralement admise.

La coque du Levant et la picrotoxine ne sont pas employées en
médecine.

COQUELICOT

Papaver Rhœas L.
(Papavéracées.)

Le Coquelicot est une plante annuelle, à racines pivotantes, grêles,
fibreuses, blanchâtres. Les tiges, hautes de 0ᵐ,35 à 0ᵐ,65, cylindriques,
grêles, munies de poils rudes, rameuses, dressées, portent des feuilles
alternes, pennées, profondément divisées en segments étroits, allongés, aigus, dentés, velus, d'un vert plus ou moins foncé, quelquefois
jaunâtre. Les fleurs, grandes, d'un rouge vif, sont solitaires à l'extrémité de longs pédoncules terminaux, dressés et hérissés de poils
roides. Elles présentent un calice à deux sépales ovales, concaves,
tombant de très-bonne heure; une corolle à quatre pétales décussés
sur deux rangs, d'un rouge vif, avec une tache noire à la base; des
étamines très-nombreuses, à filets grêles et à anthères noirâtres; un
ovaire conique, surmonté d'un stigmate pelté, sessile. Le fruit est
une capsule ovoïde-conique, glabre, couronnée par le stigmate et
renfermant un grand nombre de petites graines brunâtres.

Habitat. — Le coquelicot se trouve dans toute l'Europe; il est très-
abondant, surtout dans les moissons, et n'est pas cultivé.

Parties usitées. — Les fleurs ou pétales isolés.

Récolte. — Le pavot croît dans toute l'Europe dans les champs de
blé; on récolte les pétales le matin lorsque la rosée est bien dissipée;
on les étale en couches minces dans un séchoir à l'ombre, en ayant
le soin de les remuer souvent, parce que pendant la dessiccation les
pétales s'agglomèrent entre eux et forment des paquets plus ou moins
volumineux, qui conservent l'humidité et dont la dessiccation devient alors plus difficile; on peut aussi les dessécher à l'étuve. Lorsqu'ils sont secs, on les tamise pour séparer les impuretés et les œufs
d'insectes auxquels on attribue à tort une action toxique; les fleurs
sont ensuite enfermées chaudes dans des sacs où on les tasse forte-

ment et on les conserve dans un endroit sec, car elles attirent fortement l'humidité atmosphérique, et lorsqu'elles sont humides, elles moisissent et fermentent très-rapidement en dégageant une odeur des plus infectes.

Le coquelicot cultivé dans nos jardins présente un grand nombre de variétés ; il double souvent, c'est-à-dire que les étamines sont transformées en pétales. Pour l'usage médical, il faut préférer le coquelicot rouge non cultivé et simple ; les pétales de cette fleur sont très-caducs : aussi doit-on les récolter aussitôt après leur épanouissement.

En se desséchant, les pétales de coquelicot ne conservent pas leur belle couleur écarlate, ils deviennent d'un rouge violacé.

Le nom de coquelicot a été donné à la fleur du *P. Rhœas* à cause de la couleur rouge des pétales qui ressemblent à la crête d'un coq ; on l'a nommé aussi *ponceau* pour rappeler sa teinte rouge écarlate ; les Latins le nommaient *Puniceus* ; on lui a encore donné le nom de *Erraticum* (errant), à cause de la facilité avec laquelle il se répand partout, et *Rhœas* à cause de ses fleurs caduques.

COMPOSITION CHIMIQUE. — Les fleurs fraîches du coquelicot ont une odeur vireuse assez prononcée ; leur saveur est mucilagineuse et amère. Lorsqu'on incise la tige, il en découle un suc blanc laiteux, qui, par évaporation spontanée, donne un extrait ayant la plus grande analogie avec l'opium, mais duquel on n'a pas isolé de la morphine, quoique la présence de cet alcaloïde ait été annoncée plusieurs fois dans le coquelicot, sans qu'on l'ait jamais démontré d'une manière positive ; le suc blanc est surtout accumulé dans la capsule.

D'après M. Riffard, les fleurs de coquelicot renferment sur 100 parties : 40 de matière colorante rouge ; 12 de matière grasse jaune ; 20 de gomme ; 28 de fibre végétale ; il dit y avoir trouvé de la morphine (*Journ. de pharm.*, t. XVI, p. 547). M. L. Meier en a extrait deux acides qu'il a nommés *Rhéadique* et *Papavérique*. Ils se présentent tous les deux sous forme de masses amorphes de couleur rouge ; ils sont d'ailleurs mal déterminés.

USAGES. — Le coquelicot, d'après Peyrilhe, a été introduit dans la matière médicale vers la fin du seizième siècle. On lui a de tout temps attribué des propriétés calmantes, adoucissantes et anodines ; aussi l'a-t-on employé presque exclusivement contre les affections pulmonaires, dans les toux anciennes, contre la coqueluche, dans

certains maux de gorge, toutes les fois qu'on voulait calmer une vive
douleur et procurer le sommeil. Peyrilhe pensait que les fleurs de
coquelicot pouvaient remplacer l'opium, et Loiseleur des Longchamps
avait proposé d'extraire des capsules le suc blanc pour obtenir un
extrait qui pourrait remplacer l'opium exotique; mais la récolte
d'une pareille préparation coûterait plus cher que l'opium lui-même;
d'ailleurs nous verrons plus loin que ce produit peut être obtenu, avec
de grands avantages, du pavot à œillette ou pavot noir.

L'expérience n'a pas confirmé les éloges que l'on avait donnés au
pavot coquelicot; toutefois son action légèrement diaphorétique et
calmante l'a fait employer, avec avantage, dans les phlegmasies aiguës
de la poitrine, par M. Biett; Baglivi en associait les fleurs avec la
graine de lin dans la pleurésie, et Fouquet a administré le suc contre
la coqueluche et même contre l'épilepsie chez les enfants.

Les fleurs de coquelicot entrent dans la composition des fleurs pectorales; on les emploie en infusion théiforme; on fait un sirop avec
l'infusion concentrée; quant à l'extrait des capsules, il est tout à fait
inusité.

CORIANDRE

Coriandrum sativum L.
(Ombellifères–Coriandrées.)

La Coriandre est une plante annuelle, à racine fusiforme, grêle,
fibreuse, blanchâtre, pivotante. Les tiges, hautes d'environ 0ᵐ,65,
cylindriques, légèrement striées, un peu noueuses, glabres, rarement
simples, plus souvent rameuses, dressées, portent des feuilles alternes, pétiolées, deux fois ailées, glabres et d'un beau vert; les radicales presque entières ou incisées et cunéiformes; les caulinaires
inférieures, longuement pétiolées, grandes, à folioles larges, ovales
ou arrondies, lobées ou dentées; les supérieures à pétioles un peu
élargis, courts, amplexicaules, à folioles découpées en segments très-
étroits, linéaires, écartés. Les fleurs, blanches ou blanc-rosé, sont
groupées en ombelles terminales, composées de cinq ou six rayons
inégaux, à involucre nul ou consistant en une seule foliole, à involucelles formées de quatre à huit folioles linéaires aiguës. Les fleurs
de la circonférence sont irrégulières, à pétales extérieurs plus grands.
Toutes ont un calice à cinq dents; une corolle à cinq pétales; cinq
étamines à anthères arrondies; un ovaire biloculaire, surmonté de

deux styles simples, terminés chacun par un stigmate en tête. Le fruit est un diakène globuleux, marqué de dix côtes longitudinales.

Habitat. — Originaire du midi de l'Europe, la coriandre est aujourd'hui naturalisée dans diverses parties de la France, et jusqu'aux environs de Paris. Elle croît de préférence dans les lieux secs.

Culture. — Cette plante est cultivée, non-seulement dans les jardins, mais même en plein champ, dans plusieurs localités. Elle demande une exposition chaude, une terre légère et substantielle. On la propage de graines, récoltées aussitôt après leur maturité et semées en place dans le courant d'avril. Elle ne demande plus ensuite d'autres soins que de légers sarclages.

Parties usitées. — Les fruits, improprement nommés semences.

Récolte. — La coriandre est cultivée aux environs de Paris dans la plaine des Vertus et en Touraine; on récolte les fruits à leur maturité; on les fait sécher à l'ombre et on les conserve à l'abri de l'humidité; tels que le commerce les fournit, ils sont sphériques, légèrement striés; les juga sont peu proéminents et les vallécules à peine apparentes. Ils sont formés par un calice adhérent qui les enveloppe et par deux akènes hémisphériques réunis par une columelle centrale qui se distend à la maturité et sépare les deux fruits.

Composition chimique. — Toute la plante dégage une odeur forte et désagréable, analogue à celle de la punaise; les fruits surtout, lorsqu'ils sont secs, sont aromatiques; leur saveur est piquante; ils perdent de leurs propriétés en vieillissant; ils contiennent une huile essentielle analogue à celle que fournissent les autres fruits d'ombellifères non vénéneux.

Usages. — Les fruits de coriandre sont employés dans certains pays comme condiment culinaire; au Pérou, d'après Feuillée, on cultive la plante pour en assaisonner la viande; on en met dans le pain, la pâtisserie, les ragoûts.

Les fruits de coriandre jouissent des mêmes propriétés que ceux de l'anis vert; ils sont considérés comme carminatifs, c'est-à-dire propres à faire évacuer les gaz intestinaux; on les conseille comme digestifs et stomachiques. L'huile essentielle, qui est jaunâtre, a été administrée à la dose de quelques gouttes dans du vin et des potions; M. Itard, au rapport d'Alibert, a employé l'infusion des fruits dans les maladies du conduit auditif. Les anciens croyaient que l'usage de la coriandre pouvait présenter quelques dangers; il est vrai qu'on est dans l'incertitude sur la plante qu'ils employaient sous ce nom, et l'on ne sait pas si elle était connue de Dioscoride et de Théophraste ; d'après Cullen, les propriétés médicales des feuilles n'ont point encore été déterminées ; elles diffèrent beaucoup de celles des fruits.

C'est surtout dans les cas d'atonie du tube digestif et de débilité de l'estomac que la coriandre a été employée ; on dit en avoir obtenu de bons résultats dans certaines céphalalgies et dans l'hystérie ; on l'a administrée comme excitante dans la scrofule, et Cullen pense que, lorsqu'on l'associe au séné, elle prévient les coliques ; c'est d'ailleurs une propriété qu'on a également attribuée à l'anis vert ; quoi qu'il en soit, il est certain qu'elle corrige l'odeur et le goût, souvent insupportables, des purgatifs autrefois employés sous le nom de *médecines noires*.

Les fruits de coriandre entrent dans la fabrication de l'eau de mélisse composée et de plusieurs élixirs toniques ; on en aromatise des boissons alcooliques de ménage ; on en met quelquefois dans la bière ; les confiseurs les recouvrent de sucre, comme on le fait pour l'anis de Verdun ; mais c'est surtout en infusion qu'on l'emploie, à la dose de 1 à 4 grammes pour 1 litre d'eau.

CORNOUILLER

Cornus mas, sanguinea, florida, etc. L.

(Cornées.)

Le Cornouiller mâle ou Cornier (*C. mas* L.) est un petit arbre, dont la tige, haute de 4 à 5 mètres, couverte d'une écorce ridée, se divise en nombreux rameaux opposés, presque glabres, portant des feuilles opposées, courtement pétiolées, ovales, aiguës, entières, luisantes en dessus, glabres ou légèrement pubescentes en dessous. Les fleurs, qui paraissent avant les feuilles, sont jaunes, et groupées en petites ombelles entourées d'un involucre à quatre folioles. Elles présentent un calice très-petit, à quatre dents ; une corolle à quatre pétales petits, allongés, pointus, insérés au sommet du tube du calice ; quatre étamines, à anthères ovoïdes ; un ovaire simple, ovoïde, biloculaire, surmonté d'un style court terminé par un stigmate obtus. Le fruit est une drupe ovoïde, rouge ou jaunâtre, ombiliqué, à pulpe acidule, renfermant un noyau osseux.

Le cornouiller sanguin (*C. sanguinea* L.), désigné vulgairement sous le nom impropre de cornouiller femelle, est un arbrisseau qui se distingue de l'espèce précédente par sa taille moins élevée ; ses branches ordinairement rougeâtres ; ses fleurs blanches, assez grandes, paraissant après les feuilles, et groupées en corymbes rameux, dépourvus d'involucre ; son fruit noir, petit, globuleux, couronné par le limbe du calice et à saveur amère.

Le cornouiller fleuri (*C. florida* L.) est un petit arbre à rameaux lisses, portant des feuilles ovales, pointues, pâles et velues en dessous ; à fleurs petites, jaune-verdâtre, naissant après les feuilles et groupées en ombelles, entourées d'un involucre assez grand ; à fruit ovoïde, écarlate.

Habitat. — Les deux premières espèces se trouvent dans presque toutes les régions de l'Europe ; le cornouiller mâle habite surtout les bois, et le cornouiller sanguin, les haies. Le cornouiller fleuri est originaire de l'Amérique du Nord. On les cultive quelquefois dans les jardins d'agrément.

Parties usitées. — Les fruits, le bois.

Récolte. — Les fruits, désignés sous les noms de *Cornes et Cornouilles*, sont recueillis à leur maturité ; le bois est coupé à la fin de l'automne ; on le fait sécher avant de l'employer aux besoins des ébénistes et des tourneurs ; il est dur, tenace, d'un grain fin, susceptible d'un beau poli, très-bon pour les tourneurs ; on en fabrique des roues de moulin, des barreaux d'échelles, des manches d'outils de menuisiers, de charpentiers et de tourneurs. Les anciens en faisaient des piques et des javelots.

Composition chimique. — Les fruits sont rouges et possèdent une saveur aigrelette et acerbe ; ils contiennent du sucre de fruits, du tannin et probablement de l'acide malique ; d'après M. Carpentier, l'écorce du *C. circinnata* Lher. de l'Amérique septentrionale contient de l'acide gallique, de la gomme, du mucilage, une huile essentielle et une matière saline particulière, qu'il a désignée sous le nom de *Cornine* et qu'il a comparée à la quinine. Les graines de tous les cornouillers sont oléagineuses ; l'amande du *C. sanguinea* ou *cornouiller femelle* en contient le tiers de son poids ; elle peut servir à l'éclairage et pour la fabrication du savon.

Usages. — D'après Willemet (*Monographie des plantes étoilées*, p. 94, 1791), Siton aurait guéri un hydrophobe avec le cornouiller sanguin ; mais il en est de ce fait comme de tant d'autres qui ont été mal observés et desquels on ne peut raisonnablement tirer aucune conclusion. Plusieurs auteurs se sont occupés de cette plante au point de vue économique ; c'est à tort que l'on a prétendu que l'huile s'extrayait du péricarpe : celui-ci est charnu et sucré, nullement oléagineux, tandis que l'amande renferme réellement une huile fixe.

Les fruits du *C. mas* sont vantés par Hippocrate comme astringents ; Dioscoride et Pline les conseillent contre la diarrhée. On en préparait autrefois par fermentation une sorte de boisson. L'écorce a été également regardée comme astringente, et même comme fébrifuge ; on a poussé l'exagération jusqu'à dire qu'elle pouvait remplacer le quinquina.

Le *C. florida*, connu aux États-Unis sous le nom de *Dogwood* (bois de chien), à cause de sa dureté, a été aussi regardé comme un succédané du quinquina. L'écorce, la racine et la tige sont très-amères et astringentes. Elles contiennent de l'acide gallique et du tannin, d'après Chapmann et Bigelow ; on s'en sert dans les épidémies malignes des chevaux ; avec les fruits infusés dans l'eau-de-vie, on prépare une boisson assez agréable, quoique amère ; l'infusion des fleurs est employée par les Indiens contre les coliques venteuses. Aux États-Unis, on attribue les mêmes propriétés au *C. sericea*.

M. Robinson a vérifié par lui-même les propriétés toniques et astringentes de l'écorce du *C. circinnata*, et l'a recommandée contre les diarrhées rebelles. D'après Heine, l'écorce du *C. alba*, originaire de l'Amérique septentrionale et que l'on cultive dans les jardins, jouirait des mêmes propriétés.

Selon Molina, on mange au Chili les fruits du *C. Chilensis* et on en prépare une boisson nommée *Theca* ; le suc des feuilles, qui est désigné sous le nom de *Maqui*, y est administré contre l'angine (Molina, *Chili*, p. 144).

COROSSOL

Anona muricata L. *A. sylvestris* Burm.
(Anonacées.)

Le Corossol à fruit hérissé est un petit arbre dont la tige, haute de 5 à 6 mètres, couverte d'une écorce brune, porte des feuilles alternes, longues et larges, ovales, lancéolées, pointues, entières, lisses, d'un vert sombre et luisant, persistantes, à l'aisselle desquelles se trouvent des bourgeons orangés. Les fleurs, grandes, vertes au dehors, jaunes, au dedans, odorantes, se succédant pendant toute l'année, sont portées sur des pédoncules solitaires qui naissent sur le tronc et les vieux rameaux. Elles présentent un calice à trois sépales caducs; une corolle à six pétales, disposés sur deux rangs, les extérieurs cordiformes et pointus, les intérieurs obtus; des étamines en nombre indéfini, à filets très-courts et renflés en massue, terminés par des anthères à deux loges linéaires, unies par un connectif saillant; un pistil composé de nombreux ovaires à une seule loge uniovulée, surmontés chacun d'un style libre, très-court ou presque nul, terminé par un stigmate en tête. Le fruit est très-gros, charnu, en forme de cœur, couvert d'une écorce mince, vert-jaunâtre, hérissée de pointes molles, et renfermant des graines ovoïdes à test coriace et crustacé (Pl. 39).

Cet arbre, appelé aussi sapadille, anone hérissée, présente une variété à fruits d'un jaune doré, connus sous les noms de *Cachiment* et de *Pomme de cannelle*.

Nous citerons encore les corossols à fruits écailleux (*A. squamosa* L.), du Pérou (*A. cherimolia* H. P.), réticulé (*A. reticulata* L.), glabre (*A. glabra* L.), du Sénégal (*A. Senegalensis* Pers.), etc.

Habitat. — Les corossols habitent les régions tropicales des deux continents. Cultivés en grand dans leur pays natal, on ne les trouve, en Europe, que dans les serres chaudes, où ils sont aujourd'hui bien moins répandus qu'autrefois.

Parties usitées. — Les fruits, les fleurs, les écorces.

Récolte. — Les fruits des *anona* sont des synanthocarpés, c'est-à-dire des fruits appartenant à des fleurs distinctes, réunis et soudés par l'intermédiaire des enveloppes florales qui sont devenues charnues et succulentes; ils habitent la zone torride; on les cueille à leur maturité.

Composition chimique. — M. Lassaigne a fait l'analyse du fruit du corossolier; il y a trouvé de la cire, de la chlorophylle, une matière amère, du sucre incristallisable, une matière mucilagineuse, de l'acide malique et des malates acides de chaux et de potasse. Les fleurs sont très-odorantes et les écorces plus ou moins aromatiques et stimulantes.

Usages. — On peut manger tous les fruits du genre *anona*, mais c'est surtout ceux du corossol ou cachimen *A. muricata* L., du cœur de bœuf *A. reticulata* L., de l'asiminier *A. triloba* L., qui sont les plus

estimés; ce sont des espèces de pommes recouvertes d'une écorce
dure, écailleuse, hérissée et réticulée, qui renferment une sorte de
gelée dans laquelle on trouve les semences assez nombreuses; cette
gelée bouillie est douce, sucrée et assez agréable, mais peu estimée des
Européens qui lui trouvent un goût de térébenthine; la partie extérieure contient un suc acide assez actif; Duhamel observe que celui
de l'*A. triloba* enflamme les yeux lorsqu'on y porte les doigts impré-
gnés de ce suc. La pulpe est quelquefois employée en topique sur les
ulcères, sur les abcès pour en hâter la maturité, etc.; les graines, réduites en poudre, sont employées, d'après Martius, pour détruire les
poux; dans l'Inde les fruits sont réputés contre la dysentérie; on
mange encore ceux de l'*A. squamosa*, que l'on appelle aussi *alte* ou
hatte, ceux de l'*A., paludosa* Aubl., de l'*A. spinescens* Martius, de
l'*A. Senegalensis* Lamk; le fruit de ce dernier est petit et très-estimé
des habitants du Congo; en Arabie, on cultive l'*A. muricata* L.,
qu'on appelle *kischta*, d'après Forskal, ce qui veut dire crème
(Sonnini, *Voyage*, t. II, p. 3).

Sous le nom de *A. hata de pancho recchi*, on cultive aux Philippines un corossolier que l'on croit être l'*A. triloba* L.; on le cueille
avant la maturité pour le laisser devenir blet; il est alors rafraichissant et laxatif; les feuilles employées en cataplasmes hâtent la maturité des abcès (Ray, *Hist. plant.*).

Dans la famille des anonacées, on trouve encore l'*Uvaria odorata*
Lamk (*cananga* Rumph), qui croit aux iles Moluques, et qui est renommée pour l'odeur suave de ses fleurs, semblables à celles du narcisse; on en fabrique, avec l'huile de coco et les fleurs du *michelia
champacca* et du *curcuma*, une pommade semi-liquide, nommée *borri-
borri* ou *borbori*, qui est employée en frictions sur tout le corps pendant la saison froide et pluvieuse, pour se garantir des fièvres; les
femmes s'en servent pour oindre leur chevelure; M. Guibourt croit
que c'est cette huile qui est imitée et vendue en Europe sous le nom
d'*huile de Macassar*. Le fruit de l'*anona Æthiopica* est connu sous le
nom de *poivre d'Éthiopie*; les *xylopia* d'Amérique jouissent des mêmes
propriétés (M. Guibourt).

CORYDALIS

Corydalis bulbosa D. C. *Fumaria bulbosa* L.
(Fumariacées.)

Le Corydalis bulbeux, vulgairement Fumeterre bulbeuse, est une plante vivace, à souche bulbiforme, pleine, charnue. La tige, solitaire, haute de 0^m,10 à 0^m,20, simple, dressée, porte inférieurement une écaille qui n'est que le rudiment d'une feuille avortée. Les feuilles sont alternes, pétiolées, triséquées, à segments longuement pétiolés, divisés eux-mêmes en trois segments courtement pétiolés, palmés, cunéiformes, partagés en trois à cinq lobes entiers ou incisés. Les fleurs, pourpre-violacé, rarement blanches, sont groupées en grappes terminales et accompagnées de bractées cunéiformes, incisées. Elles présentent un calice à deux sépales pétaloïdes, caducs ; une corolle irrégulière, comme bilabiée, à quatre pétales inégaux, le supérieur plus grand, échancré, prolongé à la base en un long éperon arqué ; six étamines, à filets soudés presque jusqu'au sommet en deux faisceaux ; un ovaire libre, biloculaire, terminé par un style persistant. Le fruit est une petite capsule ou silique, comprimée, déhiscente, renfermant plusieurs graines lisses, luisantes et munies d'un arille (Pl. 40).

Le corydalis jaune (*C. lutea* D. C., *fumaria lutea* L.), vulgairement fumeterre jaune, est aussi vivace, et se distingue du précédent par sa souche cespiteuse ; ses tiges nombreuses, plus hautes, rameuses, diffuses ; ses feuilles à segments oblongs ou obovales cunéiformes ; ses bractées lancéolées-linéaires, plus courtes que les pédicelles ; ses fleurs jaunes, à pétale supérieur entier, à éperon court ; et enfin ses graines finement granuleuses.

HABITAT. — Ces plantes sont répandues dans l'Europe centrale : la première se trouve dans les bois et les lieux ombragés ; la seconde, sur les vieux murs, les décombres, au voisinage des habitations, etc.

CULTURE. — Les corydalis ne sont cultivés que dans les jardins botaniques ; on les propage facilement par graines ou par éclat de pied.

PARTIES USITÉES. — Les tubercules.

RÉCOLTE. — Les espèces de corydalis à racine tubéreuse les plus communes sont la corydale à racine creuse (*corydalis tuberosa* D. C.) ; la corydale à racine solide, *C. bulbosa* D. C., et la corydale à fleurs jaunes, *C. capnoïdes* D. C. ; on récolte les tubercules après la chute des fleurs, et on les conserve dans un endroit sec, ou dans du sable.

Composition chimique. — Le tubercule du *C. tuberosa* a été analysé par M. Wackenroder, qui y a trouvé pour 100 parties : albumine, 1,84 ; malate de *corydaline*, sucre, chlorure de potassium, 17,78 ; amidon, 21,10 ; résine et matière grasse, 0,81 ; gomme et malate de chaux, sulfate de potasse, 9,21 ; fibre ligneuse, 49,20.

Lorsqu'on traite une solution d'extrait aqueux de corydale tubéreuse par un alcali, on précipite la corydaline impure ; pour la purifier, on reprend le précipité par l'alcool, on fait évaporer à siccité, on reprend par l'eau acidulée, par l'acide sulfurique, on filtre et on précipite par la potasse. La corydaline pure est incristallisable, d'un blanc grisâtre, fusible au-dessous de 100°, peu soluble dans l'eau, assez soluble dans les alcalis et l'éther ; elle brunit sous l'influence des rayons solaires et rougit par l'acide azotique bouillant ; elle forme des sels cristallisables avec les acides chlorhydrique, sulfurique et acétique. M. Wackenroder l'a trouvée dans la racine de serpentaire de Virginie, *Aristolochia Serpentaria*; d'après M. Ruickholdt elle peut être représentée par $C^{46}H^{27}AzO^{18}$.

Usages. — La fumeterre bulbeuse est, d'après Mérat et Delens, le χαῦνος des Grecs ; elle est abondante en Sibérie ; ses racines tuberculeuses sont creuses, d'où elle tire son nom ; elles sont plus grosses dans une variété appelée *Cava* ou *Fabacea* que dans l'espèce désignée sous le nom de *Solida*; aussi dans les anciens ouvrages est-elle désignée sous le nom d'*Aristolochia cava*, et on a cru pendant longtemps qu'elle était produite par l'*Aristolochia Clematitis* L.; l'analogie de forme a fait croire à une analogie de propriétés, aussi a-t-on regardé le *C. bulbosa* comme emménagogue, antiseptique, vermifuge, etc. ; on a préconisé sa poudre contre la carie des os et contre les ulcères sanieux ; la plante jouit, dit-on, des mêmes propriétés que la fumeterre officinale ; mais elle est moins amère et moins active.

On mange rarement en France les tubercules des corydalis ; ils sont riches en fécule ; Parmentier, Gmelin et Pallas (*Voyage*, t. IV, p. 502) disent qu'on les mange en Sibérie, et que les Kalmoucks et les Baskirs les recueillent pour l'hiver ; ils assurent que ces tubercules désaltèrent en même temps qu'ils nourrissent (*Découvertes des Russes*, t. IV, p. 12).

COTONNIER

Gossypium herbaceum L.
(Malvacées-Hibiscées.)

Le Cotonnier, improprement appelé herbacé, est un arbuste qui n'est guère cultivé et connu que comme plante annuelle. Sa tige, haute de 1 à 2 mètres, droite, lisse, rameuse, porte des feuilles alternes, pétiolées, glanduleuses à la base, à cinq lobes arrondis, mucronés. Les fleurs, jaunes, tachées de pourpre au centre, sont solitaires à l'extrémité de pédoncules axillaires. Elles présentent un calicule à trois folioles larges, cordiformes, incisées, dentelées, cohérentes à la partie inférieure; un calice à cinq pétales soudés dans presque toute leur longueur; une corolle à cinq pétales onguiculés, obovales, inéquilatéraux; des étamines en nombre indéfini, soudées par leurs filets en un tube dilaté à la base et recouvrant l'ovaire; un ovaire à trois loges pluriovulées, surmonté d'un style simple, terminé par un stigmate en massue marqué de trois à cinq sillons. Le fruit est une capsule coriace, s'ouvrant par plusieurs valves, et contenant des graines anguleuses, à testa spongieux, recouvertes de longs poils (*coton*).

HABITAT. — Originaire de l'Orient, le cotonnier est aujourd'hui cultivé dans toutes les régions chaudes du globe et jusque dans le midi de la France.

PARTIES USITÉES. — La bourre qu'on trouve autour des semences, les graines, rarement les fleurs et les feuilles.

RÉCOLTE. — Le coton était connu des anciens (Pline, lib. XIX, cap. 1); il se rencontre à la fois dans les contrées chaudes des divers continents; il a toujours été employé dans l'Inde; lors de la découverte du Nouveau Monde, les Mexicains et les Brésiliens se couvraient d'étoffes de coton, et les fragments de tissus que l'on a trouvés dans des tombes péruviennes possédaient la plus grande analogie avec celles que l'on fabrique actuellement. Les Chinois connaissaient le cotonnier dès la plus haute antiquité; on le cultivait comme plante rare et précieuse, et les tissus de coton que l'on obtenait étaient considérés comme de véritables curiosités; aussi un historien a-t-il cité comme chose digne de fixer l'attention une robe de coton que se fit faire l'empereur Wan-ti en l'an 502 de notre ère. Les Égyptiens ont aussi connu très-anciennement le coton; Hérodote parle de la *Laine d'arbre*; dans un des tombeaux de Thèbes on a trouvé des graines de cotonnier; mais rien ne prouve qu'ils comussent les tissus de coton; du moins, dans les enveloppes des momies, on ne trouve que du lin.

L'introduction des étoffes de coton de l'Orient dans la Grèce et l'Empire romain remonte seulement à l'ère chrétienne. Ce sont les Musulmans qui introduisirent en Afrique la culture du coton et la fabrication des étoffes; les Arabes d'Espagne l'ont cultivé en Europe au neuvième siècle, et les préjugés religieux furent longtemps la cause du dédain que l'on professait pour l'industrie du coton, qui était abandonnée aux Arabes. Aujourd'hui, le nombre d'hommes occupés à la culture de cette plante, au tissage des étoffes et à leurs divers apprêts, est incalculable; il dépasse certainement tout ce que l'imagination pourrait prévoir; c'est une source de richesse commerciale pour les pays chauds.

Le cotonnier est indigène aux contrées les plus chaudes de l'Asie, de l'Afrique et de l'Amérique; on a étendu sa culture vers le nord jusqu'à la latitude où il a refusé absolument de produire; dans l'ancien continent, on le trouve dans les îles de l'archipel Indien, à Siam, dans les deux Indes, en Perse, dans l'Anatolie, en Turquie, en Grèce, en Italie, en Espagne, en Algérie, dans le Maroc, en Portugal. Dans le nouveau continent il est répandu depuis le Brésil jusqu'au Mexique, aux Antilles, dans le sud de l'Amérique, etc. On cultive plus spécialement le *Gossypium herbaceum*, le *G. Indicum*, le *G. arboreum*, le *G. religiosum*, originaires de l'Inde, les *G. Peruvianum*, *hirsutum* et *racemosum*, trouvés en Amérique, etc.

Ce qui fait qu'aucune substance textile n'a pu, jusqu'à ce jour, lutter avec le coton pour le bon marché, c'est, outre son abondance, la blancheur de la matière et la facilité de la récolte. A peine les fruits sont-ils mûrs, que les capsules s'ouvrent et le coton déborde au dehors des valves; il suffit de l'emballer pour l'expédier en Europe; le plus souvent, toutefois, on en sépare les graines au moyen d'un moulin approprié.

COMPOSITION CHIMIQUE. — Comme toutes les malvacées, les *Gossypium* sont riches en mucilage et par conséquent émollients; les semences renferment une huile verdâtre qu'on extrait par expression; quant au coton lui-même, il constitue la cellulose à peu près pure.

En 1846, M. Schœnbein découvrit la poudre-coton; plusieurs chimistes, entre autres M. Otto à Brunswick, crurent que cette matière était analogue à la *xyloïdine*, découverte antérieurement par M. Braconnot et étudiée par M. Pelouze; mais on reconnut bientôt qu'elle en différait par sa composition et par ses propriétés; on vit qu'elle constituait une substance particulière que l'on nomme *pyroxyle*, *pyroxyline* ou *fulmi-coton*.

Le coton-poudre ou pyroxyle peut être représenté par la formule $= C^{24} H^{17} O^{17}, 5 Az O^{5}$; on l'obtient en immergeant pendant quelques minutes le coton sec dans l'acide azotique monohydraté, ou dans un mélange d'acide azotique et d'acide sulfurique du commerce; on lave ensuite à grande eau, et on fait dessécher avec précaution.

La pyroxyline est complétement insoluble dans l'eau, soit à chaud soit à froid; elle ne se dissout pas dans l'alcool et dans l'éther concentrés, mais elle se dissout dans un mélange de ces deux liquides; l'acétate de méthylène, l'éther acétique, l'acétone la dissolvent; mais la plupart de ces liquides la dédoublent; la dissolution dans l'éther alcoolisé porte le nom de collodion.

Le coton se dissout dans le réactif de Schweitzer ou *ammoniure de cuivre*, que l'on obtient en arrosant avec de l'ammoniaque liquide de la tournure de cuivre, placée sur un entonnoir en verre (Péligot). Ce réactif est d'un très-grand secours pour distinguer la cellulose des matières avec lesquelles elle peut être confondue.

Usages. — Dans l'Inde, les fleurs des gossypium sont employées comme celles de mauve et de guimauve en Europe; d'après Ainslie, on y emploie les racines dans les maladies des voies urinaires; au Brésil on se sert de la décoction des feuilles comme émollientes, contre la morsure des scorpions et des vipères. D'après Aublet (Guyane, t. II, p. 105), on prépare à Cayenne, avec les graines, des émulsions pectorales et rafraîchissantes; l'huile qu'on en retire par expression sert à l'éclairage et à la fabrication du savon; Martius dit qu'au Brésil on s'en sert comme émollientes: on en fait des fumigations, des injections; on en prépare des tisanes que l'on fait prendre dans les fièvres malignes, les engorgements lymphatiques; les feuilles macérées dans du vinaigre sont appliquées sur la tête dans l'hémicrânie.

Le coton cardé, surtout celui qui est préparé sous le nom de *ouate*, est d'un usage fréquent en médecine, et surtout en chirurgie:

on en enveloppe les membres endoloris, dans la goutte, les rhumatismes ; on l'applique sur les parties que l'on veut tenir chaudes ; les
fils de coton portent des crochets qui irritent les plaies ; mais le coton
cardé peut être employé avec avantage dans le traitement des plaies,
des brûlures, des vésicatoires, etc.

On a fait des essais qui ont démontré que la pyroxyline pourrait
remplacer les poudres à canon, de chasse et de mine ; mais, par sa
combustion, elle donne des gaz qui attaquent et altèrent les armes ;
de plus, elle est brisante. Elle pourra rendre des services pour les
mines.

Le collodion a puissamment contribué au perfectionnement de
l'art du photographe ; on l'a souvent employé en médecine comme
contentif et pour soustraire les parties au contact de l'air ; mais
comme en séchant il s'écaille et contracte mécaniquement les tissus,
on préfère le collodion élastique, c'est-à-dire additionné de 5 p. 100
d'huile de ricin.

COTYLÉDON

Cotylédon umbilicus L. — *Umbilicus pendulinus* D. C.
(Crassulacées.)

Le Cotylédon à fleurs pendantes, vulgairement Nombril de Vénus,
est une plante vivace, à racines tubéreuses, fasciculées. La tige, haute
de $0^m,20$ à $0^m,30$, simple, charnue, molle, succulente, ordinairement courbée à la base, puis redressée, porte des feuilles charnues ;
les radicales longuement pétiolées, arrondies, réniformes, presque
peltées, à face supérieure concave, ombiliquée, à bords crénelés,
groupées en rosette ; les caulinaires alternes et rétrécies en coin.
Les fleurs, d'un jaune blanchâtre ou verdâtre, sont réunies en grappes pendantes. Elles présentent un calice à cinq divisions ; une
corolle à cinq pétales ovales, aigus, dressés, soudés en tube à la
base ; dix étamines saillantes ; cinq écailles obtuses ; un pistil composé de cinq ovaires amincis au sommet en style subulé. Le fruit est
une petite capsule à cinq loges polyspermes.

Habitat. — Cette plante habite les régions méridionales de la
France et de l'Europe. Elle croît particulièrement sur les rochers
et les vieux murs. On ne la cultive guère que dans les jardins botaniques.

Parties usitées. — Les feuilles, le jus exprimé de la plante.

Récolte. — Le cotylédon umbilicus croît sur les murs et sur les rochers; il est cultivé dans un grand nombre de jardins; il n'est employé que frais; et dans les lieux où il croît, lorsqu'on veut l'employer contre l'épilepsie, on recommande de le récolter avant la floraison : on pile les feuilles, on extrait le jus par expression et on filtre; le liquide obtenu est visqueux, épais et filant.

Composition chimique. — L'analyse de cette plante n'a pas été faite; on sait seulement qu'elle est très-riche en mucilage; mais l'abondance de ce corps est insuffisante pour expliquer les propriétés qu'on lui a attribuées.

Usages. — D'après Vogel, le *C. umbilicus* ou le *C. lutea* devrait entrer dans l'onguent populéum; les feuilles sont très-anciennement employées comme émollientes et rafraîchissantes; on les a souvent appliquées, pilées et réduites en cataplasme, sur les tumeurs, les adénites, pour calmer les douleurs; on en a fait une sorte d'onguent en les broyant avec de l'huile. Selenander les a vantées contre les flueurs blanches; on les a aussi considérées comme diurétiques et lithontriptiques; aussi les a-t-on conseillées contre les hydropisies et les calculs. Dans l'Inde, on emploie aux mêmes usages le *Kalanchoe laciniata* L.; on applique ses feuilles sur les plaies de mauvaise nature, et Ainslie assure qu'elles apaisent très-bien l'inflammation (*Mat. Ind.*, t. II, p. 490).

Le *Bryophyllum calycinum* Hort. présente ce phénomène assez singulier : ses feuilles sont acides le matin, insipides à midi, et amères le soir. Le docteur Heyne attribue ces changements à une désoxydation à mesure que le jour avance; mais ce fait aurait besoin d'être examiné de nouveau.

Plus récemment, le jus exprimé du cotylédon umbilicus a été donné par M. Thos Salter de Poole, comme un spécifique de l'épilepsie (*London Med. Gaz.*, march 1849); le docteur Bullan, de Southampton, a confirmé les résultats obtenus par M. Salter (*Surg., Journal*, 1849); le docteur Graves, de Dublin, a publié des observations non moins concluantes, et ajoute que l'emploi de cette plante est de connaissance vulgaire en Irlande, non-seulement dans le traitement de l'épilepsie, mais encore dans celui de l'asthme. Mais le docteur Ranking de Norwich, en Angleterre, a publié trente observations dans lesquelles il fait connaître qu'il a employé le coty-

lédon umbilieus sans avoir obtenu la moindre amélioration chez ses
malades (*Lond. Med. Gaz.*, april 1854).

Il paraît cependant que le jus de cette plante exerce une action
tonique sur le système nerveux; on administre le jus à la dose de
2 à 38 grammes deux fois par jour; on a aussi employé un extrait
du jus évaporé à sec, qu'on a donné à la dose de 25 centigrammes.
L'administration de ce médicament doit être poursuivie longtemps,
et à dose progressivement augmentée.

COUMAROUNA

Dipteryx odorata Willd. *Coumarouna odorata* Lamk. *Baryosma tongo* Gaertn. non Roëm.
(Légumineuses-Papilionacées.)

Le Coumarouna est un arbre dont le tronc, à écorce lisse blanchâtre, atteint souvent jusqu'à 25 mètres de hauteur et 1^m,25 de
diamètre à sa base; il se divise au sommet en un grand nombre
de grosses branches rameuses et tortueuses, qui se dirigent en tous
sens. Les feuilles sont alternes, longues de 0^m,45 à 0^m,50, composées généralement de six folioles disposées alternativement sur un
pétiole commun ailé de couleur roussâtre; elles sont largement
oblongues, entières, arrondies ou brusquement acuminées, obtuses
au sommet, à base inégale, brièvement pétiolées, parcourues longitudinalement par une nervure peu saillante qui ne partage pas le
limbe en deux portions égales; leur longueur varie de 0^m,10 à 0^m,20.
Les fleurs, de couleur pourpre lavée de violet et de la grandeur à
peu près de celles du robinier, sont disposées en petites grappes à
l'aisselle des feuilles supérieures des rameaux. Le calice est rougeâtre, monosépale, à deux lèvres, dont la supérieure est large,
bilobée, et l'inférieure très-courte, obtusément trilobée. La corolle
est irrégulière, composée de cinq pétales : les trois supérieurs sont
larges, veinés, étalés; les deux inférieurs sont plus courts et forment
la carène. Les étamines, au nombre de huit à dix, sont toutes réunies par les filets en un tube fendu. L'ovaire est oblong, comprimé,
renfermé dans la gaine formée par les filets staminaux; le style est
simple, arqué, terminé par un stigmate obtus. Le fruit est une gousse
monosperme, ovoïde, indéhiscente, ou plutôt une sorte de noix à
péricarpe épais, charnu, fibreux, de couleur jaunâtre, contenant une
graine oblongue, à testa roussâtre, et dont l'embryon, constitué par

deux cotylédons très-épais, blanc, et désigné sous le nom de *fève tonka*, exhale une odeur agréable.

HABITAT. — Le coumarouna croît abondamment dans les grandes forêts de la Guyane.

CULTURE. — Cet arbre n'est cultivé en Europe que par curiosité ; car il n'y produit même pas de fleurs. On le tient en serre chaude au milieu d'une atmosphère très-humide. Sa multiplication se fait par boutures ou par graines venues du pays originaire ; on sème en terrine tenue en serre et sous cloche ; on repique le plant quand il a atteint 0^m,10 de hauteur.

PARTIES USITÉES. — Le bois, les graines.

RÉCOLTE. — Le bois du *Coumarouna odorata* porte à Cayenne le nom de *bois de Gayac* ; il est dur, jaune-rosé, formé de fibres très-fines, simulant une chevelure ondoyée. Il pourrait servir à faire de très-beaux meubles, s'il n'était percé de galeries très-vastes formées par un insecte pendant que le bois est encore vert.

On trouve rarement le fruit dans le commerce ; il a la forme d'une très-grosse amande couverte de son brou. La graine, que l'on vend isolée de son péricarpe, a la forme d'un haricot d'Espagne très-allongé : elle est formée d'une enveloppe mince, légère, luisante, ridée, noirâtre. L'amande est formée de deux cotylédons gras et onctueux, entre lesquels et vers l'extrémité on trouve un germe volumineux ; son odeur agréable est analogue à celle du mélilot.

COMPOSITION CHIMIQUE. — La fève tonka, ou graine du *Coumarouna odorata*, doit son odeur à un principe immédiat que M. Guibourt a isolé le premier et nommé *Coumarine*, que M. Vogel, de Munich, avait pris pour de l'acide benzoïque, et qui est réellement un corps distinct, comme l'ont prouvé les recherches de MM. Boutron et Boullay. On trouve la coumarine dans le *Melilotus officinalis* (Guillemette), dans la flouve odorante, *Anthoxanthum odoratum*, graminées, dans l'*Orchis fusca*, dans la vanille, *Vanilla aromatica* (Gobley et Vée), dans l'*Asperula odorata*, etc., etc.

MM. Delalande et Bleibtren, qui ont étudié la coumarine, lui assignent la formule suivante = $C^{18}H^6O^4$; chauffée avec un excès de potasse, elle se transforme en acide coumarique = $C^{18}H^8O^6$.

La coumarine est blanche ; elle fond à 50° et bout à 270° ; son odeur est très-agréable ; elle est plus soluble dans l'eau bouillante que dans l'eau froide, et elle cristallise en prismes droits appartenant

au système rhomboïdal (M. de la Prévostaye). Le chlore et le brome
forment avec elle des composés blancs cristallisables ; l'iode la con-
vertit en une matière cristalline d'un vert bronzé.

Usages. — La fève tonka est presque exclusivement employée
à parfumer le tabac, on l'y mêle réduite en poudre ; on la met
entière dans les vases qui contiennent le tabac à priser ; aussi la
nomme-t-on *fève à tabac*. On s'en sert en parfumerie, et à Cayenne
on la met dans les hardes pour les préserver des teignes (Aublet,
Guyane, t. II, p. 240).

MM. Boullay et Boutron-Charlard ont trouvé dans la fève tonka,
outre la coumarine, une matière sucrée fermentescible, de l'acide
malique libre, du malate acide de chaux, de la gomme, de l'amidon,
un sel à base d'ammoniaque, du ligneux (*Journal de pharmacie*,
t. XI, p. 487). Willdenow, qui nomme ce genre *Dipteryx*, lui donne
pour congénère le *Taralea oppositifolia* Aublet.

A Cayenne, on fait avec la fève tonka des colliers que les femmes
portent pour se parfumer.

COURBARIL

Hymenœa Courbaril L.
(Légumineuses–Césalpinées.)

Le Courbaril est un arbre assez élevé. Sa tige, haute de 10 mètres
et plus, couverte d'une écorce épaisse, raboteuse, ridée, d'un roux
noirâtre, se divise en branches étalées et très-rameuses, portant des
feuilles alternes, pétiolées, à deux folioles ovales-lancéolées, aiguës,
inéquilatérales, coriaces, glabres, luisantes, d'un beau vert, à nervures peu apparentes. Les fleurs, d'un jaune pâle rayé de pourpre,
sont disposées en panicules terminales. Elles présentent un calice
turbiné, coriace, à cinq divisions caduques, les deux supérieures plus
ou moins soudées entre elles ; une corolle à cinq pétales presque
égaux, insérés au sommet du tube calicinal, le postérieur grand et
ordinairement courbé ; dix étamines libres, coudées, à anthères
grandes et penchées ; un ovaire simple, surmonté d'un style subulé
terminé par un stigmate obtus. Le fruit est une gousse ligneuse ou
coriace, ovale, oblongue, indéhiscente, ordinairement lisse, brun-
rougeâtre, remplie d'une pulpe fibreuse qui renferme des graines
ovoïdes-arrondies.

Le courbaril de De Candolle (*H. Candolleana* H. B. et Kunth) se distingue du précédent par ses folioles coriaces, inégales, oblongues, échancrées; ses fleurs blanches, et sa taille plus élevée.

Le courbaril verruqueux (*H. verrucosa* Willd.) se reconnaît à ses feuilles plus petites, veinées, inégales à la base; ses panicules flexueuses, divergentes; ses fruits plus petits et verruqueux.

Habitat. — La première espèce habite l'Amérique méridionale et les Antilles; la seconde se trouve au Mexique, et la troisième à Madagascar. Les courbarils sont quelquefois cultivés dans nos serres chaudes, où leur conservation est assez difficile.

Parties usitées. — Le bois, la *résine copal* ou animé.

Récolte. — Le bois de courbaril ressemble au santal; il est rouge, très-dur, pesant; il présente des lignes creuses dirigées en tous sens. L'aubier est moins foncé; il n'est pas employé. Le cœur du bois sert à faire des meubles, des ustensiles; mais les creux dont nous avons parlé nuisent à sa qualité pour les meubles de prix. Il ne faut pas le confondre avec le bois du Brésil, dit *de courbaril*, qui sert à faire de très-beaux meubles. Celui-ci est le *Gonzalo alvez*; il est produit par l'*Astronium fraxinifolium* (térébinthacées).

D'après M. Guibourt, c'est Jean Rodriguez de Castel-Blanco, plus connu sous le nom d'Amatus Lusitanus, qui a le premier fait mention de la résine animé, sous le nom d'*animum*; il en distinguait deux sortes : une blanche, qu'il disait être le *Cancan* de Dioscoride, et une *noirâtre et odorante*, qu'il croyait être le *Myrrha animea*. Cette dernière est très-probablement le *Bdellium* d'Afrique, et la première est l'*animé oriental* ou *copal dur*, à laquelle les Anglais ont conservé le nom de *gomme* ou *résine animé*.

C'est à M. Guibourt (*Revue scientifique*, t. XVI, février 1844, p. 177) que l'on doit d'avoir jeté une vive lumière sur l'histoire des résines copal et animé, si obscurcie par ses prédécesseurs, et surtout par Monardès. Il paraît bien établi que les trois sortes de copal, dites *de Madagascar, de Bombay* et *de Calcutta*, sont une seule et même résine, recueillie à Madagascar, et vendue sur la côte d'Afrique aux Arabes qui la transportent à Surate, d'où elle est ensuite envoyée à Bombay, à Calcutta, jusqu'en Chine; ce qui avait fait croire d'abord qu'elle était originaire du Mexique, et plus tard de l'Inde.

Le copal dur, *Gum animi* des Anglais, est produit par l'*Hymenæa verrucosa*, qui porte à Madagascar le nom de *Tanrouk-Rouchi* (*Tan-roujou*, suivant de Jussieu); il est cultivé à l'Ile de France sous le nom de copalier. A Cayenne, on cultive l'*H. Courbaril*, qui produit une résine moins dure et moins estimée.

Il ne faut donc pas, dit M. Guibourt, distinguer les résines copal suivant leurs provenances; il est certain que le copal présente divers aspects suivant qu'il a été pris suspendu aux arbres, ou recueilli sur terre et même enfoui dans le sable. Celui-ci peut être brut ou mondé au couteau.

On trouve dans le commerce du copal en *larmes* ou en *stalactites* quelquefois grosses comme le bras; il est dit *de Madagascar*; il est lisse, poli, transparent, très-dur, inodore à froid, se ramollit à la chaleur sans pouvoir être tiré en fils; il fond à une température très-élevée, et il répand une odeur aromatique que M. Guibourt compare à celle du copahu de Maracaïbo.

Le copal trouvé à terre ou enfoui dans le sable, outre le sable ou la terre qui peuvent y adhérer, présente une croûte blanche opaque, friable, due à l'altération qu'il a subie au contact de l'air; mondé de cette croûte à l'aide d'un instrument tranchant, il constitue le *Copal* dit *de Bombay*. Si, au contraire, on enlève cette croûte au moyen du carbonate de potasse en solution, on obtient le copal de Calcutta; ce sont des morceaux plats, d'un jaune très-pâle ou incolore, durs, vitreux, transparents à l'intérieur, mais à surface terne et chagrinée; il ressemble au succin, mais il s'en distingue par des caractères physiques et par l'action des dissolvants, par celle de la chaleur, et par les produits de distillation.

L'*animé tendre oriental* a porté pendant longtemps le nom de copal tendre; mais depuis qu'on a donné le même nom à la résine de *Dammar tendre*, l'animé tendre oriental porte le nom de copal *demi-dur*; ce sont des larmes globuleuses du volume du poing, sans croûte blanche; il jaunit en vieillissant.

L'*Hymenæa Courbaril* produit la *résine animé tendre d'Amérique*; elle se présente sous plusieurs formes que l'on désigne sous les noms suivants : 1° *Ambre blanc de Cayenne*; 2° *Ambre blanc du Brésil*; 3° *Ambre tendre de Hollande*; 4° *Copal tendre du Brésil*; 5° *Résine animé de Carthage*. Les animés tendres d'Amérique sont presque toujours mélangés d'animé dur.

Composition chimique. — Le copal a été étudié chimiquement par

Uverdorben, Berzélius, et surtout par M. Filhol ; ce sont des mélanges résineux qui peuvent être représentés ainsi :

1° $C^{40}H^{31}O^5$ Soluble dans l'alcool anhydre ;
2° $C^{40}H^{31}O^3$ Insoluble dans l'alcool et dans l'éther ;
3° $C^{40}H^{31}O^5$ Insoluble dans tous les dissolvants.

Usages. — Les résines copal entrent dans la composition des vernis à l'huile, à l'essence et à l'alcool. On n'en fait aucun usage en médecine ; on leur a, il est vrai, attribué des propriétés excitantes, mais qui sont plutôt fondées sur l'analogie que sur l'observation. Les Indiens en font un fréquent usage comme masticatoire ; ils emploient le copal en fumigations contre les catarrhes, les rhumatismes, la paralysie, dans l'asthme suffocant ; on a même vanté son efficacité pour guérir les plaies et les ulcères.

Pison assure que l'écorce de courbaril est purgative et carminative, et que ses feuilles appliquées en cataplasmes sur le ventre sont employées pour tuer les vers intestinaux ; mais aucune observation sérieuse n'a été produite à l'appui de ces faits.

Les gousses des courbarils, à l'époque de leur maturité, renferment une pulpe farineuse. D'après Valmont de Bomare, les nègres de Saint-Domingue en faisaient un pain aromatique assez agréable. Les résines servent dans les pays de production à préparer des torches ; mais il est probable que pour cet usage on les mélange à d'autres substances, car seules elles brûlent très-mal.

COURGE

Cucurbita maxima Duch. *C. pepo* L. *Pepo macrocarpus* Rich.
(Cucurbitacées.)

La Courge, appelée aussi Potiron, Pépon, Citrouille, etc., est une grande plante annuelle, à racines fasciculées, fibreuses. Les tiges, longues de plusieurs mètres, cylindriques, charnues, fistuleuses, hérissées de poils roides, couchées, portent des feuilles alternes, à pétiole épais fistuleux, à limbe très-grand, réniforme, arrondi, à cinq lobes peu marqués, obtus, couverts de poils rudes. Les fleurs, monoïques, grandes, d'un beau jaune, sont solitaires à l'aisselle des feuilles. Elles présentent un calice campanulé, à cinq divisions ; une corolle campanulée, très-grande, soudée à la base avec le calice, à

cinq lobes étalés–réfléchis. Les mâles, longuement pédonculées, ont
cinq étamines, soudées à la fois par les filets et par les anthères, et
au centre un disque glanduleux jaune. Les femelles ont un ovaire
à trois ou cinq loges multiovulées, surmonté d'un style court, à trois
divisions terminées chacune par un stigmate bifide. Le fruit, qui
atteint jusqu'à 0ᵐ,65 de diamètre, est globuleux, déprimé, charnu,
pulpeux, renfermant de nombreuses graines ovales et aplaties.

HABITAT. — Cette plante. est originaire de l'Inde ; on la cultive
en grand dans les jardins maraîchers et quelquefois aussi dans les
champs.

PARTIES USITÉES. — La partie charnue du péricarpe, les graines.

RÉCOLTE. — Les variétés extrêmement nombreuses de la courge
ou potiron sont récoltées à leur maturité ou un peu avant ; on les
conserve pendant l'hiver dans un lieu sec à l'abri de la gelée.

COMPOSITION CHIMIQUE. — La partie parenchymateuse des fruits présente toujours une coloration jaune plus ou moins foncée, qui est
due, d'après M. Filhol, à la présence d'une quantité plus ou moins
considérable d'une matière colorante jaune nommée *xanthine* ; on y
trouve, en outre, du sucre analogue à celui de la canne ; enfin elle
renferme aussi de la pectine et de l'acide pectique. Les graines
contiennent une huile fixe qu'on extrait par expression, qui est
employée à plusieurs usages ; on la mange et on s'en sert pour l'é-
clairage. Dans l'Anjou, où elle était autrefois fabriquée en abondance, on la nommait *Huile de terre*, pour la distinguer de l'huile de
noix. La courge est cultivée dans les fermes pour la nourriture des
bestiaux ; 500 kilogrammes de courge sont considérés comme l'équivalent de 100 kilogrammes de foin ; on donne le plus souvent le
tiers de la nourriture en courge, les deux autres tiers en nourriture
sèche ; on la coupe par morceaux pour la faire manger. Les porcs
en sont très-friands ; on l'emploie crue ou cuite pour les vaches. On
recommande de séparer les graines qui sont, dit–on, nuisibles à la
qualité du lait. La quantité d'huile qu'on en extrait est d'un dixième
environ. Le tourteau est excellent pour nourrir les animaux. L'huile
est verdâtre et peu agréable.

Les qualités nutritives de la courge l'assimileraient à celle de la
betterave, et on lui supposerait un dosage de 0,20 d'azote pour 100.
Les fanes ont été recommandées comme engrais par Martigni et
François de Neufchâteau. On peut obtenir ainsi 100,000 kilo-

grammes de fanes fraîches par hectare, dosant 1,58 d'azote à l'état sec ; elles contiennent 75 p. 100 d'eau ; elles dosent par conséquent 0,395 d'azote à l'état frais ; ce qui ferait pour la totalité de la récolte 395 kilogrammes d'azote, valant 2,646 kilogrammes de blé ; ce qui est regardé comme un beau produit, et mérite de fixer l'attention des cultivateurs.

Usages. — Les courges à semences bordées d'un bourrelet saillant, comprennent, d'après M. Sageret : 1° le potiron (*Pepo Potiron* Sageret), dont on cultive plusieurs variétés, telles que le *bonnet turc*, etc. ; 2° le giraumon (*Pepo Citrullus* Sageret), qui est plus hâtif que le précédent ; on le cultive principalement dans le Nord et dans le Maine et l'Anjou, sous le nom de *Pastisson* ; on en connaît plusieurs variétés ; 3° le potiraumon (*Pepo moschatus*, potiron musqué) est la plus tardive : c'est la courge par excellence des pays chauds ; sa chair et ses graines ont une odeur de violette ou d'iris.

Tout le monde connaît les usages alimentaires de la citrouille. Dans certains pays, on en fait une espèce de pâtée avec la farine de maïs ; avec du lait et des œufs, on en confectionne une sorte de pâtisserie assez recherchée. En Auvergne, on en fabrique avec du sucre une sorte de pulpe qui est vendue pour de la *Pâte d'abricots*, et dans laquelle celle-ci n'entre que pour une faible portion.

Comme aliment, la citrouille convient aux tempéraments pléthoriques et bilieux et nullement aux lymphatiques et aux estomacs affaiblis.

Les semences de citrouille faisaient partie des quatre semences froides majeures autrefois très-employées en médecine, et qui sont tout à fait inusitées aujourd'hui.

Hippocrate avait reconnu les propriétés réfrigérantes et détersives de la citrouille. Autrefois on a employé quelquefois la pulpe en épithèmes sur la tête pour dissiper les céphalalgies ; on s'en est servi contre les brûlures, les inflammations des yeux, pour calmer les douleurs de certains phlegmons, etc.

Les graines ont été employées en émulsions comme rafraîchissantes ; elles conviennent dans les phlegmasies aiguës, la cystite, la néphrite, la blennorrhagie, l'hépatite, les fièvres bilieuses ; dans tous les cas, en un mot, où l'on a conseillé le lait d'amandes ; mais c'est surtout comme vermicide que les semences, réduites en pulpe avec du sucre, ont été préconisées en 1845 par MM. Brunet et Sarramea. M. le docteur Debout a beaucoup insisté dans ces derniers temps sur la propriété que posséderaient l'émulsion et la pulpe de semences de citrouille, de tuer et d'expulser, non-seulement les ascarides lombricoïdes, mais encore les tænias, et, d'après M. le docteur Hoarau, l'emploi de ce remède serait d'un usage populaire à l'Ile de France. La dose est de 60 grammes de semences privées d'épisperme pour un demi-litre d'eau. Un de nos amis, M. le docteur Jourdanet, qui a pendant vingt ans exercé la médecine au Mexique, nous a assuré que ce remède y était souvent employé avec le plus grand succès; il ajoute qu'il faut administrer la pulpe délayée dans l'eau sans la passer à travers un linge. Maintenant il s'agirait de savoir quelle est l'espèce ou la variété de citrouille employée au Mexique et à l'Ile de France; mais il paraîtrait, d'après les faits rapportées par MM. Brunet et Sarramea, Cazin, Debout, etc., que nos courges jouiraient des mêmes propriétés. On a fait dragéifier les amandes de la citrouille; ce qui rend leur administration plus facile, surtout pour les enfants.

CRAMBÉ

Crambe maritima L. *Cochlearia maritima* Crantz.
(Crucifères-Raphanées.)

Le Crambé maritime, vulgairement Chou marin, est une plante vivace, à racines fortes, pivotantes, rameuses. La tige, haute de 1ᵐ à 1ᵐ,30, dressée, glauque, rameuse, porte des feuilles alternes, pétiolées, grandes, épaisses, ovales ou arrondies, quelquefois profondément lobées ou pinnatifides, sinuées, glabres et très-glauques. Les fleurs, blanches, à odeur de miel, sont disposées en grappes terminales. Elles présentent un calice à quatre sépales disposés sur deux rangs; une corolle à quatre pétales opposés en croix; six étamines tétradynames, les quatre plus grandes à filets bifurqués; un ovaire simple, surmonté d'un style très-court, terminé par un petit stigmate. Le fruit est une silicule globuleuse, indéhiscente, épaisse, renfermant une seule graine arrondie, déprimée, irrégulière (Pl. 41).

Le crambé de Tartarie (*C. Tatarica* Jacq., *Tataria ungarica* Clus.), vulgairement kàtram, est aussi vivace; sa tige est haute de 1 mètre environ; les feuilles radicales sont décomposées, multifides, à fissures dentées-incisées.

Nous citerons encore les crambés à feuilles en cœur (*C. cordata* Willd.), oriental (*C. Orientalis* L.), âpre (*C. aspera* Bieb.), d'Espagne (*C. Hispanica* L.), etc.

HABITAT. — Le crambé maritime habite les régions occidentales et méridionales de l'Europe ; il se trouve surtout dans les sables des bords de la mer. Les autres espèces sont répandues dans diverses parties de l'ancien continent.

CULTURE. — Le chou marin est cultivé comme plante alimentaire dans les jardins maraîchers, surtout en Angleterre. Le crambé de Tartarie est beaucoup moins répandu. Les autres espèces ne sont cultivées que dans les jardins botaniques.

PARTIES USITÉES. — Les feuilles, les graines, les racines.

RÉCOLTE. — Le crambé maritime est commun sur les plages. En Angleterre on le cultive dans les jardins, et on peut se le procurer toute l'année. On en fait un mets assez agréable, nommé *sea kiel*, en en faisant étioler les pousses sous des pots à fleurs percés par le fond. Les racines charnues du *C. Tatarica* sont récoltées lorsqu'elles sont bien développées et pendant qu'elles sont encore tendres ; les graines sont cueillies avec les siliques, avant la déhiscence de celles-ci.

COMPOSITION CHIMIQUE. — Le chou marin, comme la plupart des crucifères, renferme un principe sulfuré ; les graines sont oléagineuses ; on peut en extraire l'huile par expression ; et sur les plages où cette plante est abondante, il y aurait certainement avantage à les récolter.

USAGES. — Les feuilles du *Crambe maritima* sont considérées comme vulnéraires, et les graines comme anthelminthiques. Cette plante était célèbre chez les Romains comme un aliment grossier réservé pour la nourriture des esclaves ; en Angleterre on en fait un fréquent usage comme aliment, surtout à l'époque de l'année où on ne peut pas se procurer d'autres légumes frais, comme à la fin de l'hiver, par exemple ; on mange les pousses étiolées, cuites comme des cardes ou en salade ; on peut même en obtenir des turions cylindriques, que l'on mange comme des asperges, en les faisant étioler dans des tuyaux. Les Hongrois se nourrissent des racines charnues du *C. Tatarica*, et Pallas rapporte que les Cosaques en mangent les jeunes tiges. Il est vrai que l'espèce que l'on trouve en Hongrie a les feuilles plus grandes et plus découpées que celles du *C. maritima* et du *C. Orientalis*; c'est le *C. Pannonica* Hort.; le crambé des rochers de Madère *Crambe fruticosa* L., *Myagrum arborescens* Jacq., a une tige ligneuse couverte de poils courts et velus. Aucune de ces plantes n'est employée en médecine; sur les bords de la mer on les fait manger aux bestiaux.

CRESSON

Nasturtium officinale R. Br. *Sisymbrium nasturtium* L.
(Crucifères-Arabidées.)

Le Cresson officinal, vulgairement appelé Cresson de fontaine ou Cresson d'eau, est une plante vivace, à racines blanches, fibreuses. Ses tiges, longues de 0ᵐ,30 à 0ᵐ,40, cylindriques, striées ou anguleuses, glabres, quelquefois rougeâtres, rameuses, diffuses, rampantes, étalées, redressées aux extrémités des rameaux, souvent nageantes, émettent de distance en distance des faisceaux de racines adventives. Elles portent des feuilles alternes, imparipennées, glabres; les inférieures à folioles ovales, un peu arrondies, la terminale plus grande, presque cordiforme; les supérieures pétiolées, simples, cordiformes. Les fleurs, blanches, petites, sont disposées en grappes terminales. Elles présentent un calice à quatre sépales ovales, obtus, concaves, dressés; une corolle à quatre pétales égaux, disposés en croix, à onglets minces, dressés, à limbe arrondi, obtus, entier, étalé; six étamines tétradynames; deux nectaires; un ovaire cylindrique, surmonté d'un style très-court, épais, terminé par un stigmate bilobé. Le fruit est une silique cylindrique, courte, à deux valves droites, terminée en pointe obtuse et contenant de très-petites graines (Pl. 42).

On remarque aussi dans ce genre les cressons sauvage (*N. sylvestre* R. Br.) et ambigu (*N. anceps* D. C.).

On donne encore le nom de cresson à quelques plantes, telles que la cardamine (*Cardamine pratensis* L.), le nasitor (*Lepidium sativum* L.), le spilanthe (*Spilanthus oleracea* L.), etc. (Voyez ces mots.)

Habitat. — Le cresson est assez répandu dans toutes les régions tempérées et méridionales de l'Europe. Il habite surtout les eaux courantes. On le cultive en grand, comme plante alimentaire ou condimentaire, dans certaines localités.

Parties usitées. — Les feuilles, les sommités fleuries, rarement les graines.

RÉCOLTE. — Le cresson est cultivé abondamment aux environs de Paris, principalement près de Compiègne et de Senlis; la culture se fait dans des lieux à demi inondés, nommés *cressonnières*; il n'est employé pour les usages de la médecine et de la pharmacie qu'à l'état frais; on le récolte avant la floraison, il est alors plus actif. Les pharmaciens pourront toujours en avoir à leur portée, en jetant des débris de tiges ou de racines dans de l'eau courante. Lorsque le cresson a été desséché, il perd complétement toutes ses propriétés.

COMPOSITION CHIMIQUE. — Le cresson contient beaucoup d'eau de végétation; il est peu odorant; sa saveur est piquante, assez agréable; le jus contient une huile essentielle, très-probablement sulfurée, se rapprochant beaucoup de celles des autres crucifères. M. Chatin, professeur à l'École de pharmacie de Paris, a constaté que le cresson et toutes les plantes d'eau douce renfermaient le plus souvent de l'iode en petite quantité; il a vu que celles de ces plantes qui vivent dans les eaux courantes contiennent plus d'iode que celles qui végètent dans les eaux stagnantes, d'où on doit conclure que le cresson qui croît naturellement dans les eaux de source et sur les bords des fontaines serait plus riche en iode que celui qui est cultivé dans les marais artificiels (Guibourt).

USAGES. — Le cresson fait partie des plantes dites anti-scorbutiques; il entre dans la composition des sucs, apozème, sirop, teinture, et vin anti-scorbutique. Le jus, dépuré à froid par filtration, est souvent administré dans le scorbut et dans la stomatite simple ou ulcéreuse, etc.; on le fait souvent mâcher dans les mêmes circonstances, bon dépuratif dont on fait un fréquent usage au printemps; ce n'est peut-être pas sans raison que le peuple de Paris lui a donné le nom de *santé du corps*; son suc est quelquefois associé à celui de beccabunga, de fumeterre, etc.

Le cresson est utile encore dans les maladies de la peau, les engorgements des viscères abdominaux; on le prescrit aux personnes faibles, dont les digestions sont difficiles; on l'a employé dans les maladies de poitrine, et plus spécialement dans la phthisie commençante; il peut être utile dans les catarrhes chroniques, lorsqu'il n'y a ni fièvre ni irritation.

Depuis Galien, qui vantait le cresson dans les maladies de la vessie, Zwinger l'a préconisé dans la néphrite calculeuse; on l'a conseillé aux hypocondriaques, aux mélancoliques; Tournefort prétendait

que son suc injecté dans les narines guérissait les polypes muqueux ;
dans certaines localités, on applique les feuilles pilées sur la tête des
enfants atteints de la teigne ; on en a fait des cataplasmes dont on a
conseillé de couvrir les tumeurs blanches des articulations ; le jus a
été donné en gargarisme contre les aphthes et les angines catarrhales, etc. Mais c'est surtout comme aliment et comme condiment,
que le cresson est très-employé ; il perd toutes ses propriétés par la
coction.

CROISETTE

Galium cruciatum Scop. *Valantia cruciata* L.
(Rubiacées-Aspérulées.)

La Croisette est une plante vivace, à racines grêles, brunâtres,
rampantes. Les tiges, longues de 0^m,35 à 0^m,65, carrées, faibles,
ascendantes, diffuses, simples ou peu rameuses, couvertes de longs
poils étalés, portent des feuilles verticillées, sessiles, ovales-oblongues,
obtuses, entières, vert-jaunâtre, pubescentes et ciliées. Les fleurs,
petites, jaunes ou verdâtres, polygames, sont groupées en cymes
axillaires, munies de petites bractées herbacées, presque sessiles.
Elles présentent un calice très-petit, à quatre dents ; une corolle
rotacée, à quatre divisions ; quatre étamines à anthères ovoïdes,
arrondies ; un pistil globuleux, à ovaire assez gros, surmonté d'un
style bifide dont chaque division est terminée par un stigmate arrondi.
Le fruit est globuleux, glabre, lisse et assez gros, caché sous les
feuilles à l'époque de la maturité.

HABITAT. — Cette plante est commune dans toute l'Europe. Elle
habite les haies, les buissons, les clairières des bois, les bords des
chemins, etc. On ne la cultive que dans les jardins botaniques.

PARTIES USITÉES. — Les sommités fleuries, la racine.

RÉCOLTE. — Le nom de croisette a été donné à cette plante à
cause de la disposition de ses feuilles ; et celui de *Valantia* vient
de l'illustre botaniste français Sébastien Vaillant, auquel elle a été
dédiée ; elle est commune dans les bois, le long des fossés ; on la
recueille en pleine floraison, et on la fait sécher dans un lieu chaud
et sec à l'abri de la lumière.

COMPOSITION CHIMIQUE. — Aucune analyse chimique de la croisette n'a
été faite ; Spielmann a observé que sa racine, ainsi que celle de plusieurs
autres rubiacées, a la propriété de colorer en rouge les os des animaux

qui en font usage; il est probable qu'elle peut donner, lorsqu'elle est
sèche, une matière colorante rouge, analogue à celle de la garance,
qui a été isolée par MM. Robiquet et Colin, et nommée par eux
alizarine; ce principe colorant peut être représenté par la formule
$C^{36}H^6O^5$; on l'a trouvé également dans le *chaya vair*; ajoutons encore
qu'il résulte des recherches de M. Decaisne, que tant que les plantes
qui fourniront de l'alizarine ne sont pas séparées de la tige, elles ne
contiennent pas de matière colorante rouge, elles renferment seulement un liquide jaunâtre, d'une couleur d'autant plus foncée et
abondante que l'âge de la plante est plus avancé; aussitôt que la racine est coupée, le liquide soumis à l'influence de l'air se trouble,
devient granuleux, et se colore en rouge; l'alizarine serait donc le
résultat de l'oxydation des matières jaunes que l'on trouve dans la
garance, le chaya-vair, et très-probablement dans la croisette; on
sait quel parti M. Flourens a retiré de la coloration des os sous
l'influence de la garance mêlée aux aliments pour étudier les fonctions du périoste, mais la coloration elle-même avait été reconnue
antérieurement par Spielmann.

Usages. — La croisette, à peine mentionnée par un certain nombre
d'auteurs de matière médicale, passée complétement sous silence par
d'autres, n'est pas employée en médecine; Geoffroy lui attribue des
propriétés astringentes, et il la plaçait parmi les plantes vulnéraires;
on l'a préconisée à tort dans le traitement des hernies; aujourd'hui
elle est tout à fait abandonnée; M. Dambournay, qui a étudié la matière
colorante de la racine, dit qu'elle peut remplacer celle de la garance;
plusieurs autres plantes des genres *Valantia* ou *Crucianella* donnent
des matières colorantes analogues; aucune d'elles n'est employée
en médecine.

CROTON

Croton tiglium L.
(Euphorbiacées-Crotonées.)

Le Croton tiglion est tantôt un petit arbre, tantôt un grand arbrisseau dont la tige simple porte des feuilles alternes, pétiolées,
ovales, aiguës, finement dentées, glabres, lisses et luisantes, à nervures très-marquées. Les fleurs, monoïques, forment des chatons ou
des spadices à l'extrémité des rameaux. Elles présentent un calice
à dix divisions disposées sur deux rangs, les cinq intérieures péta-

loïdes. Les fleurs mâles, placées au sommet des spadices, ont douze
à vingt étamines, et, au centre, cinq glandes nectariformes; les femelles, situées en dessous, ont un ovaire trigone, surmonté de trois
styles bifides. Le fruit est une capsule de la grosseur d'une noisette,
à trois angles mousses, à trois loges contenant chacune une graine
ovoïde allongée, un peu anguleuse, obtuse aux deux extrémités,
grisâtre, tiquetée de brun.

Habitat. — Le Croton tiglion croît dans diverses contrées de
l'Inde, au Malabar, à Ceylan, aux Moluques, etc. On ne le voit, en
Europe, que dans les jardins botaniques, où il exige la serre chaude.

Parties usitées. — Les graines, le bois.

Récolte. — Le bois, qui est léger et purgatif, se nomme *bois purgatif*, *bois des Moluques* ou de *Parane*; le fruit est de la grosseur
d'une noisette, glabre, jaunâtre; il renferme trois coques minces,
contenant chacune une semence; celle-ci est nommée *petit pignon
d'Inde*, *graine de tili*, de *tigli*, ou *tilly*, *graine de croton tiglium*;
elle est ovale-oblongue, sa face interne est un peu moins bombée
que l'externe, elles font toutes deux un angle très-arrondi, de sorte
que la semence paraît être quadrangulaire; elle est recouverte d'un
épiderme jaunâtre; quand cet épiderme manque, elle est noirâtre
de la base au sommet; on y remarque plusieurs nervures légèrement
saillantes, les deux latérales sont plus apparentes, et forment deux
gibbosités avant de se réunir à la base de la graine; ce caractère distingue essentiellement les graines de tilly du ricin; il ne faut pas
confondre, comme l'ont fait certains auteurs, le *petit pignon d'Inde*
avec le *grand pignon d'Inde* : celui-ci est produit par le *jatropha curcas* L., appartenant à la même famille; la graine de cette dernière
plante est deux fois plus grosse, elle est moins âcre, et nous arrive
d'Amérique, tandis que l'autre vient de l'Inde; quant aux graines de
ricin, quoique leur forme apparente soit à peu près la même que
celle du *croton tiglium*, on les distinguera toujours par leur épisperme dur, coriace, lisse et marbré, par l'absence des deux gibbosités dont nous avons parlé, par leur coloration plus foncée, et par
l'absence d'âcreté de l'albumen huileux.

Composition chimique. — Le produit employé en médecine, que l'on
extrait de la semence de tilly est l'huile; elle est contenue dans l'en-
dosperme ou albumen qui est très-volumineux; on l'extrait par simple
expression, à froid ou à chaud, de l'amande réduite en pulpe après

séparation des téguments externes, ou bien par l'alcool concentré ou par l'éther ; celle du commerce varie beaucoup en activité, suivant son origine ; celle qui vient de l'Inde, par la voie d'Angleterre, est jaunâtre, bien liquide, transparente, et comparativement peu active ; celle que l'on retire en France des semences est brunâtre, d'une odeur que M. Guibourt compare à celle de la résine de jalap, d'une grande causticité, et elle purge à la dose de 1 à 2 gouttes ; elle est très-épaisse, et elle laisse déposer une matière grasse, grumeleuse, analogue à la stéarine ; elle est soluble en entier dans l'éther, mais en partie seulement dans l'alcool froid, qui, d'après M. Dublanc, en sépare un tiers environ d'une huile grasse, douce, fade et inactive ; l'huile caustique soluble dans l'alcool renferme un acide volatil qu'on appelle *crotonique* ; celui-ci se forme surtout par la saponification, et plus particulièrement par celle de l'huile extraite des semences anciennes, ce qui expliquerait peut-être la plus grande activité des huiles de croton préparées en France avec les semences du commerce ; toutefois nous croyons avec M. Guibourt que l'huile de l'Inde est mélangée *d'huile de ricin ou de curcas* ; on comprend d'après ce que nous venons de dire que l'huile extraite par l'alcool sera encore plus active ; ajoutons enfin que pendant la préparation de cette huile par un procédé quelconque, il faut garantir les parties habituellement découvertes du corps, parce qu'il se dégage un principe volatil qui est très-irritant, et qui peut produire la vésication.

L'acide crotonique a été isolé par MM. Pelletier et Caventou de l'huile de croton ; c'est un liquide oléagineux, volatil, d'une saveur âcre, très-vénéneux ; il se congèle à 5°.

Usages. — Appliquée sur la peau, l'huile de croton détermine une vive inflammation suivie de vésication, et lorsqu'on veut irriter la peau dans un but thérapeutique, on obtient le résultat avec moins de douleurs et moins d'inconvénients que si on avait fait usage des cantharides ; c'est surtout comme irritant de la muqueuse du canal digestif qu'elle est employée ; son passage dans la bouche, le pharynx et l'œsophage, laisse un sentiment d'ardeur et d'âcreté difficile à calmer ; dans l'estomac, au contraire, elle produit une légère chaleur ; bientôt après il survient de vives coliques, suivies de diarrhée abondante et de cuissons à la marge de l'anus, et quelquefois au scrotum.

La rapidité d'effet est extrêmement variable ; aussi MM. Trousseau

et Pidoux conseillent-ils les doses fractionnées, c'est-à-dire 5 centigrammes en pilules toutes les heures, jusqu'à production de l'effet
désiré; ces pilules se font le plus souvent par incorporation dans de la
mie de pain; on administre l'huile bien plus rarement dans des potions ou associée à l'huile de ricin; on enveloppe les pilules pour les
administrer dans du pain azyme ou dans de la confiture.

Pour l'usage externe l'huile de croton s'emploie en frictions, à
dose variable, selon l'étendue de la surface à frictionner; pour le devant du sternum, le creux épigastrique ou la gorge, la dose est de
20 à 40 gouttes; on l'emploie tantôt pure, tantôt mêlée à l'huile
d'amandes, selon le degré d'inflammation que l'on veut obtenir; ces
frictions doivent être faites avec le doigt couvert d'un gant; il arrive
quelquefois que chez les personnes chargées de faire les frictions, il
se développe une éruption vésiculeuse au visage. Quant à l'action
purgative obtenue par les frictions d'huile de croton, elle est très-rare
et très-inconstante; M. Rayer dit avoir obtenu de nombreuses évacuations en versant 1 ou 2 gouttes d'huile sur une surface dénudée
par un vésicatoire.

Burmann, dans l'*Herbarium Amboinense* (t. IV, p. 98), dit que
dans l'Inde on fait usage depuis longtemps de l'huile de croton comme
purgatif; c'est le docteur Cromwel, médecin de la Compagnie des
Indes, à Madras, qui en a répandu l'usage en Angleterre; M. Fried-
lander est le premier qui l'a fait connaître en France dans une notice
publiée en 1824; on l'emploie toutes les fois que l'on veut purger
vite et fortement en frictions dans les rhumatismes, les laryngites,
certaines affections d'estomac comme irritante et dérivative.

CUBÈBE

Cubeba officinalis Miq. *Piper cubeba* L. *P. caudatum* Offic.
(Pipéracées.)

Le Cubèbe ou Poivre à queue, est un arbrisseau dont la tige articulée, flexueuse, glabre, sarmenteuse, grimpante, porte des feuilles
alternes, pétiolées, ovales, oblongues, quelquefois lancéolées, entières, un peu inéquilatérales, coriaces. Les fleurs, dioïques, longuement pédonculées, sont groupées en épis allongés et pendants, opposés
aux feuilles, grêles sur les pieds mâles, plus épais, plus fournis et
légèrement courbes sur les individus femelles. Elles sont accompa-

gnées de bractées peltées et persistantes. Les fleurs mâles ont cinq
étamines, à filets courts, à anthères portées par un connectif épais.
Les femelles ont un ovaire ovoïde, à une seule loge uniovulée, surmonté d'un stigmate sessile, court, épais, recourbé. Le fruit est une
baie pyriforme, un peu arrondie, ridée à la surface, brunâtre au
dehors, blanche et huileuse au dedans, d'une odeur aromatique particulière, et renfermant des graines jaunâtres.

HABITAT. — Cet arbuste se trouve à Java, dans quelques régions
voisines et jusqu'à l'île Maurice. On ne le voit guère, en Europe, que
dans les jardins botaniques, où il exige la serre chaude.

PARTIES USITÉES. — Le fruit desséché.

RÉCOLTE. — Dans le *Systema piperacearum*, Miquel donne le nom
de *Cubeba officinarum* à la plante qui produit le vrai poivre cubèbe.
Mais, d'après M. Blume, le fruit d'une espèce voisine, le *C. canina*
Miq., fait aussi partie du cubèbe du commerce; le premier est plus
globuleux, à peine acuminé, rugueux, d'un brun noirâtre; sa saveur
est âcre, aromatique et un peu amère; la queue est un faux pédicelle formé par un rétrécissement de la baie du fruit; elle est plus
longue que la partie globuleuse. Le fruit du *C. canina* est ovale,
noir, plus petit, à peine, rugueux, terminé par un rostre remarquable (Pereira, *Elements of materia medica*, vol. II, London 1850);
sa saveur est plus faible, un peu anisée; la queue est aussi longue
que la baie.

Le poivre à queue est plus gros que le poivre noir; il se distingue
par son pédicelle; la partie corticale ridée, qui était charnue avant
la dessiccation, est moins épaisse et moins succulente; au-dessous on
trouve une coque ligneuse, dure et sphérique, renfermant une semence isolée de la cavité qui la contient, et recouverte d'un épiderme brun; la semence contient un double albumen blanchâtre et
huileux, d'une saveur forte, piquante, amère et aromatique; la coque
est peu active.

COMPOSITION CHIMIQUE. — Vauquelin a analysé le poivre cubèbe;
il y avait trouvé une huile presque concrète, des résines et de la
matière extractive; M. Monheim, qui a repris ce travail, y a trouvé
les corps suivants : huile volatile, cubébin, résine balsamique molle
et âcre, extractif.

D'après M. Soubeiran, l'huile volatile s'obtient en distillant le
cubèbe à feu nu et à grande eau; on recohobe plusieurs fois, c'est-à-

dire que l'on reverse le liquide distillé dans la cucurbite. L'huile volatile, rectifiée à l'eau, laisse un résidu abondant, formé par une masse molle et résineuse. L'essence rectifiée est blanche, légèrement citrine, sa densité est de 0,929 ; elle bout entre 250 et 260° ; distillée seule, elle s'altère en partie ; elle est représentée par $C^{15}H^{12}$. D'après MM. Soubeiran et Capitaine, d'après M. Aubergier, elle formerait un hydrate cristallin, ayant pour formule $C^{10}H^8$, HO, qui fond à 69° et qui bout à 150°. Elle forme avec l'acide chlorhydrique un camphre artificiel qui cristallise en longues aiguilles cristallines (Soubeiran et Capitaine). L'essence de cubèbe, abandonnée à elle-même, laisse déposer des cristaux que M. Wincler a nommés camphre de cubèbe ; ce sont des cristaux rhomboïdaux, incolores, brillants, presque transparents, d'une odeur faible ; leur saveur rappelle celle du cubèbe ; ils fondent à 56° ; ils sont solubles dans l'eau et solubles dans l'alcool, dans l'éther et les huiles fixes et volatiles ; ils sont difficilement volatils.

Le cubébin a été découvert par MM. Soubeiran et Capitaine ; c'est un corps neutre, dont l'ensemble des caractères est celui des résines cristallisables ; il n'a ni odeur ni saveur ; il est insoluble dans l'eau, soluble dans l'alcool et dans l'éther ; il est rougi par l'acide sulfurique ; il ne contient pas d'azote, ce qui le distingue du pipérin ; il ne dérive pas de l'essence de cubèbe ; il peut être représenté par $C^{34}H^{17}O^{10}$.

Usages. — Le poivre cubèbe se pulvérise sans résidu ; la poudre est à peu près la seule forme sous laquelle on l'emploie : tantôt pure à la dose de 6 à 30 grammes, tantôt associée au copahu ou à d'autres substances ; on l'administre encore en injections uréthrales ou vaginales, en lavements ou sous forme de mixtures, d'opiats, etc. L'huile essentielle de cubèbe est très-rarement employée ; il n'en est pas de même d'une préparation très-active, proposée par M. Dublanc jeune sous le nom d'*extrait oléo-résineux*, que l'on obtient en distillant la poudre de cubèbe avec de l'eau pour obtenir l'essence ; épuisant le résidu par l'alcool, distillant les liqueurs alcooliques et évaporant en consistance de miel ; l'extrait obtenu est ensuite mélangé avec l'essence isolée pendant la première opération.

Les fruits du cubèbe étaient employés avant la plante qui les fournit ; c'est Thunberg qui a fait connaître celle-ci. On ne sait pas positivement si le *Carpesium* de Galien était le cubèbe ; les Grecs le nommaient κυβέβα. D'après Dujardin, les habitants des lieux où on le récolte le font bouillir avec de l'eau pour l'empêcher de germer, et pour qu'on ne puisse pas le reproduire.

Dans l'Inde, le cubèbe entre dans la composition de certains masticatoires; mais il est d'un usage populaire contre la gonorrhée; c'est Delpech qui, le premier en France, l'a fait connaître; il paraît démontré aujourd'hui qu'il est efficace dans toutes les formes et à toutes les périodes de la gonorrhée; d'après le docteur Crowport, il agit mieux dans les gonorrhées aiguës que dans les chroniques; d'après M. Will, il agit bien en injections, associé à l'extrait de belladone.

Il ne faut cependant pas faire trop grand abus de ce médicament; il trouble souvent les fonctions digestives, et on lui a vu déterminer des ardeurs d'uriner, de la fièvre avec inflammation de la face, des inflammations de l'urèthre, de la vessie, des testicules, des éruptions cutanées, etc. Aussi M. Velpeau a-t-il proposé de l'administrer en lavements dans les cas surtout où il y a une certaine propension à l'inflammation.

Le poivre cubèbe a été employé quelquefois avec succès dans les cas de leucorrhées rebelles; et il résulte d'une statistique publiée par le docteur Broughton (*Bulletin des sciences médicales*, t. I, page 95), qu'il agit parfaitement contre la blennorrhagie, même lorsqu'elle est accompagnée de phénomènes inflammatoires alarmants, tels que la tuméfaction douloureuse du pénis, l'abondance et la virulence de l'écoulement, la fièvre, etc. Chez les femmes, on a proposé de faire des injections avec l'eau distillée de cubèbe.

CUMIN

Cuminum cyminum L.
(Ombellifères—Cuminées.)

Le Cumin, appelé aussi Faux Aneth ou Faux Anis, est une plante annuelle, à racines grêles, fibreuses, peu ramifiées. La tige, haute de 0^m,30 à 0^m,40, striée, glabre à la base, légèrement velue au sommet, dressée, rameuse, presque dichotome, porte des feuilles alternes, pétiolées, deux fois ternées, composées de segments ovales, lancéolés, découpés en lanières étroites, presque capillaires, très-glabres. Les fleurs, blanches ou purpurines, sont groupées en ombelles terminales composées d'un petit nombre de rayons, entourées d'un involucre formé de trois ou quatre folioles linéaires; les ombellules sont munies d'involucelles pareils. Chaque fleur présente un calice entier, à cinq dents; une corolle à cinq pétales presque égaux, cordiformes, échancrés au sommet et réfléchis en dedans; cinq étamines; un ovaire arrondi, à deux loges uniovulées, surmonté de deux styles courts. Le fruit est un diakène ellipsoïde, allongé, strié, un peu pointu, vert foncé, glabre, plus rarement velu, rappelant le fruit du fenouil, mais un peu plus volumineux.

Dans quelques localités, on donne le nom de cumin des prés à diverses espèces du genre *seseli*.

HABITAT. — Le cumin est originaire d'Orient; il croît particulièrement en Égypte et en Éthiopie. On dit même qu'il se trouve dans le midi de la France, où il est probablement naturalisé. Il habite de préférence les lieux secs et exposés au soleil.

CULTURE. — Le cumin est cultivé en grand à Malte et dans quelques régions voisines. On le sème, vers la fin de mars, sur trois labours; on sarcle et on éclaircit le jeune semis. Sous nos climats, on sème les graines, aussitôt après la maturité, en terrines qu'on rentre en hiver. On peut aussi semer en avril en terre chaude et légère.

PARTIES USITÉES. — Les fruits.

RÉCOLTE. — Les fruits du cumin, improprement appelés *semences* dans le commerce, sont récoltés un peu avant leur maturité; les carpelles sont réunis deux à deux dans un calice adhérent; ils sont droits, réguliers, oblongs, fusiformes, recouverts de cinq côtes primaires et de quatre côtes secondaires, couvertes de petits poils; au sommet, on trouve les cinq dents du calice; leur couleur est jaune fauve, leur odeur est forte, leur saveur aromatique.

COMPOSITION CHIMIQUE. — Par la distillation du cumin, on obtient une huile essentielle qui, d'après MM. Cahours et Gerhardt, est formée de deux essences : l'une, le *cymène*, est un hydrogène carboné, dont la composition $= C^{20}H^{14}$; l'autre, oxygénée, est isomère avec l'essence d'anis, c'est le *cuminol* ou *hydrure de cuminyle*, dont la composition $= C^{20}H^{12}O^2 = C^{20}H^{11}O^2,H$; celle-ci, en absorbant deux molécules d'oxygène, se transforme en *acide cuminique* $= C^{20}H^{12}O^4$ (*Ann. de chim. et de phys.*, 2ᵐᵉ série, t. I, p. 60).

Le cuminol ou hydrure de cuminyle, est liquide; il bout à 220°; son odeur est forte et persistante; la densité de sa vapeur est 5,24;

les corps oxydants et la potasse le transforment en acide cuminique ; celui-ci, lorsqu'il est cristallisé et distillé avec de la baryte, forme un nouvel hydrogène carboné, le *cymène* $= C^{18} H^{12}$; il existe dans les produits de la distillation de la houille, et dans l'huile que l'on sépare, de l'esprit de bois.

Le *cymène* est l'hydrogène carboné qui existe dans l'essence du cumin ; il est liquide, incolore, très-réfringent ; son odeur agréable rappelle celle de l'essence de citron ; il bout à 175° ; sa densité est de 0,861 ; la densité de sa vapeur est égale à 4,64.

Usages. — Les Anglais, les Hollandais et les Allemands emploient le cumin comme condiment ; on en met dans certains fromages ; les pigeons et les perdrix en sont très-friands, aussi s'en sert-on pour les attirer ; les peuples du Nord en mettent dans le pain.

Cullen regarde le cumin comme un puissant carminatif ; il est stimulant et aromatique ; on l'a quelquefois employé comme stomachique, emménagogue et résolutif ; on a conseillé de l'appliquer en cataplasmes sur les engorgements des mamelles et des testicules ; il fait partie des *quatre semences chaudes* ; Desbois de Rochefort l'a souvent employé comme sudorifique ; on le conseille en infusion injectée dans le conduit auditif externe, ou bien sous forme de tisane dans la tympanite, la leucorrhée, les coliques venteuses, l'aménorrhée, etc., etc. La médecine vétérinaire en fait un fréquent usage ; mais il ne possède aucune propriété qui ne soit commune au carvi, au fenouil et à l'anis vert.

L'essence de cumin a été quelquefois employée comme stimulante et légèrement rubéfiante sous forme de liniment ; la poudre des fruits entrait dans la composition de l'*emplâtre de cumin*, autrefois appliqué sur l'épigastre pour fortifier l'estomac.

De Candolle a décrit dans le tome IV du *Prodromus*, une espèce de cumin, le *C. hispanicum*, qui croît en Espagne, qui se distingue par des fruits garnis de poils très-longs.

CURCUMA

Curcuma longa L. *Curcuma tinctoria* Guib. *Amomum curcuma* Jacq.
(Amomées.)

Le Curcuma long, appelé aussi Safran des Indes ou Safran bâtard, est une plante vivace, à rhizome (vulgairement *Racine*) tubéreux,

oblong, noueux, coudé, blanchâtre, de la grosseur du doigt, émettant, en dessous des nœuds, des racines fibreuses, charnues, et, en
dessus, des feuilles lancéolées, longues de 0ᵐ,30 et plus, engaînantes
à la base, glabres, à nervures latérales obliques. Du centre de ces faisceaux de feuilles naissent des hampes ou pédoncules très-courts, épais,
portant des épis floraux, couverts d'écailles imbriquées, dont chacune
recouvre deux fleurs entourées de spathes très-courtes. Le périanthe
présente six divisions inégales, disposées sur deux rangs, les extérieures courtes, les intérieures plus longues, l'inférieure (*labelle*)
trilobée. A l'intérieur, on trouve une étamine, à filet pétaloïde et
éperonné, et un ovaire à trois loges, surmonté d'un style grêle, terminé par un stigmate concave. Le fruit est une capsule à trois loges
polyspermes (Pl. 43).

Habitat. — Le curcuma est originaire des Indes orientales. On ne
le trouve, chez nous, que dans les serres chaudes des jardins botaniques.

Parties usitées. — Les racines.

Récolte. — Le curcuma ou *terra-merita*, *turmeric* des Anglais,
est une racine de forme et de grosseur variables, grise ou jaunâtre
à l'extérieur, jaune orange foncé à l'intérieur, d'une odeur forte,
d'une saveur chaude aromatique, riche en matière colorante, très-
employée en teinture.

On distingue dans le commerce diverses sortes de curcuma ; elles
sont produites par plusieurs plantes, mais chacune d'elles peut les
fournir toutes ; il n'est donc pas exact, comme on le dit, que
chaque sorte ait pour origine une plante distincte.

Rumphius, qui a parfaitement décrit les curcumas, dit qu'ils sont
fournis par un genre de plantes que l'on confond avec les *tommon*
(les zédoaires) ; il divise les curcumas en *sauvage* et en *cultivé* ; celui-ci donne deux sortes de curcumas : *majeure* et *mineure* ; la première, d'après la description, s'éloigne des curcumas (*Herbar. Am-
boin.*, t. V, p. 462).

La racine du *curcuma domestica major* Rumph. est composée de
trois parties, d'abord un tubercule central (*matrix radicis* Rumph.)
dont partent trois ou quatre tubercules latéraux de la forme et de la
grosseur du doigt, qui dans leur ensemble imitent la forme des
doigts de la main demi-fermée ; ces tubérosités constituent la seconde
partie de la racine, et la troisième est formée par des radicules sor-

tant du tubercule central, longues de 140 à 160 millimètres, et portant à leur partie inférieure un tubercule blanc de la grosseur d'une olive ; il est amylacé et insipide.

Le curcuma mineur (*curcuma domestica minor* Rumph.) présente des articles digités plus longs, glabres ; leur surface est unie, à l'intérieur leur couleur est très-foncée, leur saveur est douce, persistante sans amertume, leur odeur est très-aromatique.

Aujourd'hui le curcuma du commerce comprend quatre sortes, ce sont :

1° Le *curcuma rond*, en tubercules ronds ovales, de la grosseur d'un œuf de pigeon, jaune sale à l'extérieur, couleur de gomme-gutte intérieurement ; d'après M. Guibourt, ce sont les *matrices radicis* du *curcuma domestica major* : on trouve dans le commerce des curcumas ronds de Java et de Sumatra, non mondés, c'est-à-dire formés tout à la fois des matrices et des radicules ;

2° Le *curcuma oblong* : ce sont des articles latéraux de l'espèce précédente ; ils sont renflés au milieu et amincis aux extrémités (Guibourt) ;

3° Le *curcuma long*. Ce sont des tubercules cylindriques, sinueux, plus longs et plus minces que les précédents, ayant le même diamètre dans toute leur étendue, à surface grise, quelquefois un peu verdâtre, rarement jaune ou chagrinée ; l'intérieur est rouge foncé, presque noir ; leur odeur est fort analogue à celle du gingembre, leur saveur est très-aromatique ; ce sont, d'après M. Guibourt, les articles digités du *curcuma domestica minor* ;

4° Les *matrices radicis* du *curcuma domestica minor*, qui ont la grosseur d'une noisette, souvent didymes, offrent les restes de deux stipes foliacés.

M. Guibourt, après avoir blâmé le nom de *curcuma domestica* qui appartient aussi bien, dit-il, à une zédoaire, celui de *C. longa* et *rotunda*, qui convient moins encore, puisque la même plante les produit tous les deux ; celui d'*amomum curcuma*, donné par Jacquin et Murray, et qui est, selon lui, impropre, car la plante est bien un curcuma, et non un amomum, propose de nommer la plante *curcuma tinctoria*.

COMPOSITION CHIMIQUE. — MM. Vogel et Pelletier, qui ont analysé la racine de curcuma, y ont trouvé une huile volatile, du ligneux, de la fécule amylacée, de l'extractif brun, de la gomme,

des sels inorganiques, une matière colorante jaune, isolée par
M. Persoz, et qu'il a nommée *curcumine*.

John assigne à la racine de curcuma la composition suivante :
huile volatile jaunâtre, 1,00 ; matière colorante jaune, 10,00 ; résine
d'un brun jaunâtre, 11,00 ; gomme, 14 ; ligneux, 54 ; sels minéraux
et organiques, 7 ; total, 100.

Le *curcumine* est la seule matière colorante qui se fixe sur les
tissus sans le secours des mordants ; on l'obtient en traitant la racine
de curcuma par l'alcool, et en reprenant l'extrait alcoolique par
l'éther. C'est une matière résineuse, plus lourde que l'eau, insoluble
dans ce liquide, soluble dans les acides sulfurique, chlorhydrique,
phosphorique, acétique, fondant à 40° ; elle est colorée en rouge par
les alcalis, et les acides rétablissent la couleur jaune ; aussi fait-on
dans les laboratoires de chimie un papier de curcuma destiné à reconnaître la présence des alcalis.

Usages. — Le grand emploi des racines de curcuma se fait en
teinture ; la médecine s'en sert rarement ; les Chinois, d'après Murray, l'emploient comme sternutatoire, et les Indiens s'en servent
comme cosmétique et condiment ; mêlé à l'huile, ils en frictionnent
la peau pour donner plus d'éclat à leur teint ; ils l'associent constamment au riz et aux sauces, tout à la fois dans le but de les colorer et
de les aromatiser ; il sert à teindre les pommades aromatisées au citron et d'autres encore ; c'est à lui que la pommade épispastique
jaune des pharmacies doit sa couleur ; les Anglais mêlent la poudre
de curcuma à certains de leurs condiments ; ils fabriquent une moutarde de table jaune qui est très-estimée, et qui doit sa couleur et une
partie de ses propriétés excitantes à de la poudre de curcuma.

D'après Bontius, le curcuma serait un remède souverain contre
l'ictère ; c'est sans doute à sa couleur jaune et à la propriété qu'il
possède de colorer les urines en jaune qu'il doit cette réputation,
ainsi que la vertu diurétique qu'on lui a attribuée bien à tort,
comme celle de dissoudre les calculs urinaires ; on l'a encore vanté
comme incisif, apéritif et emménagogue, et on l'a préconisé dans
les hydropisies, l'aménorrhée, les fièvres intermittentes ; on prétend
l'avoir associé avec succès aux fébrifuges dans le but d'en augmenter
l'activité ; mais il est certain que le curcuma, comme le plus grand
nombre des racines d'amomées, possède simplement des propriétés
toniques et stimulantes, qui peuvent rendre quelques services dans

les digestions difficiles, pour augmenter la tonicité et faciliter le fonctionnement du canal digestif.

CUSCUTE

Cuscuta epithymum Murray, *C. minor* D. C.
(Convolvulacées-Cuscutées.)

La Cuscute, appelée aussi Teigne, Goutte ou Angure de lin, Cheveux de Vénus, etc., est une plante parasite, annuelle, à tiges filiformes ou capillaires, volubiles, rameuses, rougeâtres, dépourvues de feuilles, se fixant par des crampons ou suçoirs sur les tiges des plantes autour desquelles elles s'enroulent. Les fleurs, d'un blanc verdâtre, sont groupées en glomérules globuleux, sessiles. Elles présentent un calice campanulé, verdâtre, court, à cinq divisions; une corolle campanulée, à cinq lobes étalés, brièvement acuminés, munie en dedans de cinq écailles très-grandes, conniventes, fermant le tube de la corolle; cinq étamines saillantes, à anthères ovoïdes, jaunâtres; un ovaire à deux carpelles, à deux loges bi-ovulées, surmonté de deux styles très-longs, libres, terminés par deux stigmates linéaires rouge foncé. Le fruit est une capsule, ou mieux une pixyde membraneuse, à deux loges, contenant chacune deux graines anguleuses, dont l'embryon est dépourvu de cotylédons.

On remarque aussi dans ce genre la cuscute à fleurs serrées (*C. densiflora* Soy.-Will., *C. epilinum* Weih), la grande cuscute (*C. major* D. C., *C. Europæa* L.), etc.

HABITAT. — Ces plantes croissent dans les lieux incultes, les bruyères, les prairies artificielles, les champs de lin, etc. La première vit en parasite sur le trèfle, la luzerne, le thym, le genêt à balais, les bruyères, etc.; la deuxième, sur le lin; la troisième, sur le houblon, les orties, les vesces, etc.

CULTURE. — Les cuscutes sont un des fléaux de l'agriculture, qui s'occupe seulement des moyens de les détruire. On ne les cultive que dans les jardins botaniques. Elles se propagent avec une trop grande facilité. Il suffit d'en arracher des touffes, par un temps humide, et de les jeter sur les plantes aux dépens desquelles elles se nourrissent.

PARTIES USITÉES. — La plante entière.

RÉCOLTE. — On coupe la plante sur laquelle vit la cuscute; on

sépare celle-ci et on la fait sécher à l'ombre ; dans le commerce, où
on la rencontre rarement, elle se présente sous la forme de longs
filaments, d'un jaune d'or ou d'un jaune rougeâtre, lisse, présentant
de distance en distance des fleurs verdâtres ; autrefois on en trouvait
dans les droguiers de deux sortes : celle de Candie et celle de Venise ;
la première est rougeâtre, la seconde est jaunâtre, mais elles ne forment pas des espèces distinctes ; elles végètent en général dans les
lieux frais et à l'abri du soleil.

Composition chimique. — La composition de la cuscute n'est pas
connue, mais il est probable que son analyse ne présenterait rien de
particulier. On a prétendu qu'elle pouvait acquérir la composition
et les propriétés des plantes sur lesquelles elle vivait ; mais aucun
fait, aucune analyse n'a démontré l'exactitude de cette assertion.

Usages. — La cuscute a joui anciennement d'une grande réputation ; elle entre dans un grand nombre de préparations pharmaceutiques, parmi lesquelles nous citerons la *poudre de joie*, les *électuaires
de psyllium et de séné*, la *confection hamech*, le *sirop apéritif de Charas*, etc.; elle est aujourd'hui complétement et justement abandonnée ; Hippocrate, Galien, Aétius, Oribase, l'employaient dans
toutes les maladies de poitrine ; on l'a préconisée aussi contre les
engorgements viscéraux ; Simon Pauli, Etmuller, Wedel, l'ont regardée comme apéritive et laxative, et ils l'administraient contre les
obstructions qui suivent les fièvres intermittentes ; on l'a même vantée
contre la goutte et le rhumatisme. On l'administrait en infusion
aqueuse ou vineuse.

C'est Murray qui a prétendu que la cuscute empruntait ses propriétés aux plantes sur lesquelles elle vivait ; on regardait celle de
l'ortie et du genêt comme diurétique, celle du lin comme émolliente,
celle des euphorbes comme purgative, etc. Quelques auteurs considèrent cette opinion comme n'étant pas dénuée de fondement ; mais,
nous le répétons, rien ne la justifie.

Jacquin rapporte qu'aux Antilles le *C. Americana* Jacq. passe
pour être hépatique, expression bien vague qu'il serait bien difficile
de définir. D'après Pallas, le *C. Europæa* L. et le *C. epithymum* L.,
qui n'est qu'une variété, pilée dans un mortier de bois, donneraient
un jus qui serait administré en Russie contre la rage, à la dose d'une
cuillerée à bouche ; et le suc des *C. miniata* Mart., *C. racemosa*
Mart., et *C. umbellata* Kunth, serait donné, d'après Martins, contre

le crachement de sang et l'enrouement; au Brésil on répand sa
poudre sur les plaies pour en accélérer la guérison; en France, la
cuscute est tout à fait inusitée.

CYCAS

Cycas revoluta Thunb.
(Cycadées.)

Le Cycas du Japon est un arbre à racines fasciculées, traçantes.
La tige, haute de plusieurs mètres, cylindrique, dressée, ordinairement simple, rarement un peu rameuse au sommet, couverte par
les cicatrices que laisse la chute des feuilles, à moelle abondante,
rappelle par sa forme extérieure le stipe des palmiers. Les feuilles,
réunies au sommet, roulées en crosse avant leur développement,
comme celles des fougères, et persistantes, sont longues de 1 à
2 mètres, ailées, à pétiole commun anguleux, un peu épineux, portant de chaque côté de nombreuses folioles longues, étroites, pointues, à bords roulés en dessous. Les fleurs sont dioïques. Les mâles
sont groupées en chatons coniques, formés d'écailles cunéiformes,
charnues, très-serrées, portant inférieurement des anthères ovoïdes.
Les fleurs femelles consistent en ovules nus insérés sur les parties
latérales de feuilles avortées, réunies en couronne au sommet de
la tige. Le fruit est un strobile ou cône ovoïde-allongé, drupacé,
renfermant dans un brou charnu et peu épais une coque ligneuse,
mince, uniloculaire, qui contient une seule graine dure, marquée
d'une fossette à sa base (Pl. 44).

Le cycas des Indes (*C. circinalis* L.) ressemble beaucoup au précédent, dont il se distingue surtout par ses feuilles longues de 1 mètre
à 1ᵐ,50, à pétiole commun plus épineux, à folioles linéaires-lan-
céolées, planes, courbées en dehors, fermes et luisantes.

Habitat. — Ces arbres croissent dans les régions chaudes de l'Asie
orientale; la première espèce habite le Japon; la deuxième se trouve
dans l'Inde.

Culture. — Cultivés en grand dans leur pays natal, les cycas
ne se trouvent guère en Europe que dans les jardins botaniques
ou chez quelques amateurs. On les tient souvent en serre chaude;
mais ils se contentent de la serre tempérée, ou même de l'orangerie.

PARTIES USITÉES. — La partie féculente contenue dans les tiges, qui sert à faire une sorte de sagou.

RÉCOLTE. — Tous les cycas, et particulièrement les *C. circinalis* et *revoluta*, contiennent dans leur tige une sorte de fécule qui sert à préparer un sagou ; mais les sagous étant produits plus spécialement par les sagoutiers, de la famille des palmiers, c'est au mot SAGOUTIER que nous renverrons leur étude ; ils affectent d'ailleurs des formes et des propriétés très-variées qui doivent être attribuées, non pas aux plantes qui les ont fournis, mais bien à leur mode de préparation.

COMPOSITION CHIMIQUE. — Le sagou des cycas, comme celui des palmiers, est formé de fécule à grains agglomérés formant des granules plus ou moins volumineux et colorés ; macérés dans l'eau et agités, ils se séparent les uns des autres, donnent un liquide qui, étant filtré, n'est pas coloré en bleu par l'iode, et des grains qui, examinés au microscope, présentent une forme ovoïde elliptique ou elliptique allongée ; ils sont souvent rétrécis en forme de col de bouteille à une extrémité ; les granules paraissent souvent coupés par un plan perpendiculaire à l'axe par deux ou trois plans inclinés entre eux ; le hile est dilaté. Tous les sagous ne sont pas également colorés en bleu par l'iode. Les sagous de fécule de pomme de terre prennent une belle coloration ; mais les vrais sagous des palmiers et des cycas, au contact de l'iode, acquièrent une couleur qui varie du pourpre au café au lait. Une solution de potasse ou de soude étendue gonfle cette fécule, mais pas autant que le ferait celle de pomme de terre.

Pour obtenir le sagou, on mélange la fécule des cycas avec 50 p. 100 d'eau ; on la fait passer en la pressant légèrement à travers un châssis garni de toiles métalliques ; elle est ainsi moulée en petits cylindres que l'on agite dans un vase, afin de leur donner la forme sphérique. On place ces boules sur un tamis, et on les expose pendant une minute au contact de la vapeur d'eau ; on les dessèche ensuite à l'étuve, où le sagou reste blanc si l'on chauffe à 100°, et devient jaune si la température atteint 200°.

USAGES. — Le *Cycas cafra* Thunb. (*Zamia* L. F.), broodboom ou arbre à pain des Hottentots, a été indiqué par Thunberg ; son tronc contient une moelle assez abondante. Les naturels l'en retirent, l'enfouissent en terre pendant plusieurs semaines dans une peau de veau ; puis ils la pétrissent avec de l'eau, et en font des petits pains qu'ils font cuire sous la cendre (Sparmann, *Voy.* t. II, p. 77).

D'après Dumont d'Urville, deux matelots auraient été empoisonnés à la Nouvelle-Guinée avec le chou ou pousses du *C. circinalis*. La moelle est fort nourrissante ; on en fait des sortes de pain. Les fruits sont gros comme une belle prune ; leur chair est mince ; ils renferment une très-grosse amande vomitive ; mais grillée, elle peut être mangée : c'est ainsi que font les Japonais et les habitants des Moluques. La partie charnue du fruit est douceâtre et astringente ; fermentée dans l'eau, elle donne un liquide alcoolique (Labillardière, *Voyage*, t. I, p. 235). Les individus femelles laissent sécréter une gomme blanche ressemblant à la gomme adragante, mais plus soluble.

Les Japonais mangent les noix ovales du *C. revoluta* Thunb., et retirent du tronc un sagou très-estimé.

CYCLAMEN

Cyclamen Europæum L.
(Primulacées.)

Le Cyclamen, vulgairement appelé Pain de pourceau, est une petite plante vivace, à rhizome tuberculeux, globuleux ou déprimé, de couleur brune. Les feuilles qui naissent de ce rhizome apparaissent avant les fleurs ; elles sont longuement pétiolées, ovales aiguës ou réniformes obtuses, entières ou plus ou moins profondément denticulées, à dents obtuses, échancrées à la base, glabres sur les deux faces, d'un beau vert foncé et souvent marquées de taches blanches en dessus, d'un pourpre violet en dessous. Les fleurs sont odorantes, penchées, roses, à gorge purpurine, portées par un pédoncule radical de la longueur des feuilles, et qui s'enroule en spirale après la fécondation. Le calice, à peine aussi long que le tube de la corolle, est monosépale, à cinq lobes ovales, aigus, denticulés. La corolle est monopétale, à tube largement urcéolé, contracté à la gorge qui est entière et très-ouverte ; le limbe est divisé en cinq lobes lancéolés, oblongs, aigus, ayant trois ou quatre fois la longueur du tube, dressés et contournés en spirale dans le bouton, réfléchis après l'épanouissement. Les étamines sont au nombre de cinq, opposées aux lobes de la corolle, à anthères cuspidées. L'ovaire

est supère, globuleux, uniloculaire, à placenta central libre, surmonté d'un style simple, filiforme. Le fruit, de la grosseur d'un
pois, est une capsule globuleuse, s'ouvrant longitudinalement en
cinq valves qui se renversent au moment de la déhiscence. Les
graines sont nombreuses, implantées sur un placenta globuleux.

HABITAT. — Ce cyclamen est indigène à la France; on le trouve
dans les montagnes du Jura, en Provence et dans le Dauphiné.

CULTURE. — Il faut à ce cyclamen de la terre de bruyère sablonneuse et un sol bien drainé. Pendant l'hiver, il est prudent de le
couvrir d'une bonne couverture de feuilles ou litière sèche, pour le
garantir, sinon des froids, mais de l'humidité du sol qui résulte des
pluies ou des dégels. On le multiplie de semis. Les graines doivent
être semées en juin dans des terrines remplies de terre de bruyère,
et placées sous châssis froids pour faire hiverner le jeune plant,
qu'on ne repique que l'année suivante en petits godets; on rempote
en pots plus grands, au fur et à mesure de l'accroissement du rhizome et du développement des racines.

PARTIES USITÉES. — Les rhizomes ou racines.

RÉCOLTE. — On récolte le rhizome après la chute des fleurs; il a
la forme d'un pain orbiculaire aplati; il est brun en dehors, blanc
en dedans, garni de radicules noirâtres; sa saveur est très-âcre et
caustique. D'après Geoffroy, le pain de pourceau perd toute son
âcreté par la dessiccation; celui que nous avons vu était très-âcre et
très-caustique; d'ailleurs l'usage que l'on en fait, que nous indique-
rons plus loin, démontre son action toxique. Le nom de pain de
pourceau lui vient de la forme des rhizomes et de la recherche que
les porcs en font pour leur nourriture.

COMPOSITION CHIMIQUE. — A Naples, on nomme le rhizome du cyclamen *Pain de pourceau de Terragna* et *Pama Terreno* en Calabre.
On l'emploie dans ces contrées pour faire périr les poissons; pour
cela on enferme la racine de cyclamen dans des sacs; on jette ceux-ci
dans les étangs et dans les rivières, et après quelques instants de
macération, on piétine les sacs de manière à en exprimer le suc
aqueux; peu d'instants après, les poissons morts viennent nager à
la surface.

M. de Luca a analysé le rhizome du cyclamen; il a constaté qu'il
contenait 80 p. 100 d'eau et 20 de matière sèche, par l'incinération;
il laisse 1/2 p. 100 de cendres; on y a trouvé une matière sucrée

fermentescible, de l'amidon, et des substances âcres, irritantes et toxiques, dont une, parfaitement définie, a reçu le nom de *cyclamine*.

La *cyclamine*, isolée par M. de Luca, est une substance amorphe, blanchâtre, inodore, opaque, friable, absorbant rapidement l'humidité de l'air et jusqu'à 45 p. 100 d'eau ; mise dans l'eau, elle se gonfle et devient transparente ; par l'évaporation de la solution alcoolique faite à l'aide de la chaleur ou spontanément, on obtient une agglomération amorphe qui brunit au contact de la lumière, qui se dissout facilement dans l'eau en produisant une mousse abondante par l'agitation, et qui possède la singulière propriété de se coaguler par la chaleur, comme le ferait l'albumine. Cette coagulation s'opère à 60 ou 75° par le refroidissement et le repos ; le coagulum se redissout dans l'eau, et peut se coaguler de nouveau par la chaleur. Elle n'est pas azotée ; elle est soluble dans l'alcool ; brûlée sur une lame de platine, elle ne laisse aucun résidu fixe ; sous l'influence de la sinaptase, elle se dédouble en produisant de la glycose ; elle doit, par conséquent, être rangée dans le groupe des *glycosides*. L'acide sulfurique concentré produit avec la cyclamine une coloration intense d'un rouge violet, qui disparaît par l'addition de l'eau.

La cyclamine possède une saveur très-âcre qui prend à la gorge ; elle est extrêmement vénéneuse : un centimètre cube de jus de cyclamen produit après quelques minutes la mort des petits poissons.

USAGES. — La racine ou rhizome du cyclamen a été regardée comme émétique, purgative et hydragogue ; on prétendait qu'elle agissait même à l'extérieur. Les paysans s'en servent dans certains pays pour se purger ; mais elle produit souvent des gastro-entérites violentes, des sueurs froides, des vertiges, des mouvements convulsifs, la mort même (Bulliard, *Plantes vénéneuses*, p. 105). Elle entrait autrefois dans l'onguent d'*arthanitha*, dont on se servait pour frotter le nombril des enfants que l'on voulait purger ; mais cette racine est tellement violente, qu'elle est tout à fait abandonnée aujourd'hui.

La cyclamine est très-vénéneuse ; on ne sait pas comment elle agit, mais elle paraît exercer une action excitante sur la peau.

CYNANQUE

Cynanchum ipecacuanha, Monspeliacum, etc.
(Asclépiadées–Cynanchées.)

Le Cynanque ipécacuanha (*C. ipecacuanha* Rich.), vulgairement Ipécacuanha de l'Ile de France, est un arbuste grimpant, à racines longues, fibreuses, touffues, blanchâtres. Les tiges, longues de 0ᵐ,65 à 1 mètre, effilées, glabres ou velues, sarmenteuses, volubiles, portent des feuilles opposées, presque sessiles, cordiformes, aiguës, entières, glabres ou velues. Les fleurs, petites et blanchâtres, sont réunies en grappes axillaires. Elles présentent un calice à cinq dents; une corolle rotacée, à cinq divisions aiguës, offrant à sa gorge une sorte de couronne monophylle à cinq ou dix lobes; cinq étamines monadelphes, à anthères membraneuses, à pollen réuni en masses solides, renflées et pendantes; un ovaire à deux carpelles multiovulées. Le fruit est un follicule allongé, renfermant des graines munies d'une aigrette.

Le cynanque de Montpellier (*C. Monspeliacum* L.) est une plante vivace, caractérisée par ses tiges volubiles; ses feuilles pétiolées, cordiformes, grandes, glabres et d'un vert clair. Toutes ses parties sécrètent, quand on les coupe, un suc laiteux, blanchâtre, très-abondant.

Ce genre renferme encore un grand nombre d'autres espèces, parmi lesquelles on remarque l'arghel (*C. arghel* Del.), le dompte-venin (*C. vincetoxicum* L.), etc. (Voyez ces mots.)

HABITAT. — Le cynanque de Montpellier croît sur les bords de la Méditerranée, surtout dans les lieux sablonneux. Le cynanque ipécacuanha croît aux îles Maurice et de la Réunion.

CULTURE. — Ces deux espèces ne sont cultivées que dans les jardins botaniques. Elles demandent un sol sec et meuble et une bonne exposition. On les propage aisément de graines ou d'éclats de pied. Le cynanque ipécacuanha demande la serre tempérée ou même la serre chaude.

PARTIES USITÉES. — La racine, le suc évaporé.

RÉCOLTE. — La racine du *Cynanchum ipecacuanha* W., *C. vomitorium* Lam., *asclepias asthmatica* L., est employée dans l'Inde sous les noms de *Binunga*, *Binouge*, et à l'Ile de France sous celui d'*ipécacuanha faux*; d'après Lémery, elle est blanche, ni tordue, ni raboteuse, elle ressemble beaucoup à la racine de *vincetoxicum*.

Le *Cynanchum Monspeliacum* produit la *scammonée de Montpellier* ou en *galettes*; on l'obtient par l'évaporation du suc exprimé, auquel on ajoute des résines et autres substances purgatives; d'après quelques auteurs, ce serait souvent un mélange artificiel de poix noire, de résine d'euphorbe, de jalap mêlés à l'extrait de la plante; elle peut donc beaucoup varier dans ses caractères physiques; elle est le plus souvent en galettes entières ou coupées par moitié ou par quart; elle est noire à l'intérieur et à l'extérieur, dure, compacte; les galettes entières ont environ 10 centimètres de diamètre et 0ᵐ,250 d'épaisseur; elle possède une faible odeur de baume du Pérou, et elle forme, avec la salive, un liquide gris-foncé, gras, onctueux; elle doit être rejetée de l'usage médical.

COMPOSITION CHIMIQUE. — La racine du *C. ipecacuanha* n'a pas été analysée, car il ne faut pas la confondre avec l'ipécacuanha blanc, étudié par M. Pelletier; celui-ci est produit par le *viola ipecacuanha*.

M. Laval, dans une thèse soutenue devant l'école de pharmacie de Montpellier, a décrit la scammonée du *C. Monspeliacum*; le suc obtenu par expression des tiges se partage en deux couches : l'une, blanche, supérieure, est de consistance butyreuse; l'autre, inférieure, est incolore; celle que ce pharmacien a obtenue lui-même diffère de celle qui vient d'Allemagne, et qui paraît être un produit falsifié, en ce qu'elle est plus riche en résine, et en ce qu'elle ne contient pas d'amidon; d'ailleurs, l'extrait bien préparé est peu purgatif à la dose de deux grammes, tandis que la scammonée de Montpellier du commerce est très-active; aussi l'a-t-on réservée exclusivement pour l'usage des animaux; mais son action est si variable, qu'elle est aujourd'hui tout à fait abandonnée.

USAGES. — L'ipécacuanha de l'Ile de France, produit par le *C. ipecacuanha*, est inconnu dans le commerce de la droguerie; sa racine possède des propriétés vomitives très-prononcées; on l'emploie aux mêmes doses et dans les mêmes cas que l'ipécacuanha des rubiacées.

Quant au *C. Monspeliacum*, qui croît aux environs de Montpellier, de Cette, de Narbonne, etc., il donne un suc blanc, laiteux, qui est, dit-on, purgatif à la dose de un à deux grammes; Wauters et Bodart ont proposé la scammonée de Montpellier comme succédané de celle d'Alep; elle purge tout aussi bien, disent-ils, et on doit la préférer parce qu'elle est indigène ; nous avons vu que le produit pur, obtenu par évaporation du suc, était loin d'être aussi purgatif que le produit du commerce, qui est un mélange frauduleux de plusieurs substances résineuses et purgatives, et qui, pour cette raison, est très-infidèle dans ses effets ; on a donc eu raison de l'abandonner.

Les feuilles et les fruits de tous les cynanques possèdent des propriétés purgatives plus ou moins prononcées ; on leur reproche de déterminer de vives coliques ; les pousses jeunes de quelques-unes de ces plantes sont mangées dans certains pays.

CYNOGLOSSE

Cynoglossum officinale L.
(Borraginées – Borragées.)

La Cynoglosse est une plante bisannuelle, à racine pivotante, grosse, longue et rameuse, brune en dehors, blanche au dedans. La tige, haute d'environ 0ᵐ,65, cylindrique, striée, velue, dressée, très-rameuse, porte des feuilles alternes, ovales, lancéolées, aiguës, entières, molles et velues, surtout en dessous, d'un vert grisâtre ; les radicales très-grandes, longuement pétiolées et groupées en rosette ; les caulinaires plus petites et sessiles. Les fleurs, d'une nuance qui varie du rouge au bleu, quelquefois blanches, sont groupées, au sommet des rameaux, en cymes scorpioïdes unilatérales. Elles présentent un calice monosépale, persistant, profondément partagé en cinq divisions ovales, allongées, velues en dehors ; une corolle monopétale, régulière, courte, en entonnoir, à cinq divisions très-obtuses, à gorge fermée par cinq appendices obtus, veloutés, connivents ; cinq étamines, renfermées dans la corolle ; un pistil composé de quatre petites carpelles arrondies en dehors, anguleuses en dedans, uniovulées, couvertes de poils glanduleux, surmonté d'un style court, terminé par un stigmate très-petit, échancré. Le fruit est un tétrakène aplati, hérissé de poils rudes et blanchâtres, surmonté au milieu par le style et entouré par le calice persistant.

Habitat. — Cette plante est très-commune dans toute l'Europe centrale et méridionale ; elle croît surtout dans les lieux secs et sablonneux, dans les haies, au bord des chemins, dans les friches, sur la lisière des bois, etc.

Culture. — La cynoglosse, étant assez abondante à l'état sauvage pour suffire aux besoins de la médecine, n'est cultivée que dans les jardins botaniques. Elle demande un sol sec et une exposition chaude. On la propage de graines, semées au printemps ou à l'automne, en place, car les jeunes pieds ne supportent pas bien la transplantation.

PARTIES USITÉES. — Les racines, l'écorce de la racine, les feuilles.

RÉCOLTE. — Les feuilles ne sont employées que fraîches; les racines doivent être récoltées après la floraison; elles sont longues, de la grosseur du doigt et plus, charnues, d'un gris foncé en dehors, blanches en dedans; leur saveur est fraîche, leur odeur vireuse, elle se manifeste surtout dans l'écorce, c'est sans doute ce qui lui a fait attribuer des propriétés narcotiques; on rejette la partie ligneuse; on doit repousser celle qui est piquée des vers; bien desséchée, elle a une apparence un peu cornée; elle est très-hygrométrique et doit être conservée dans un endroit très-sec; sa poudre fait partie des pilules de cynoglosse.

COMPOSITION CHIMIQUE. — D'après M. Cenedilla, le principe actif de l'écorce de racine de cynoglosse serait une substance odorante qui passe avec l'eau à la distillation; elle contient une matière colorante grasse, de la matière résineuse, du bioxalate de potasse, de l'acétate de chaux, du tannin, une matière extractive, une autre de nature animale, de l'inuline, une matière gommeuse, de l'acide pectique et des sels. On voit qu'il n'y a rien dans cette analyse qui puisse expliquer l'action énergique qu'on lui a attribuée.

USAGES. — Deux opinions tout à fait opposées ont été avancées au sujet de la cynoglosse. Haller, Scopoli, Desbois (de Rochefort) assurent qu'elle est plutôt inerte que dangereuse. Vogel et Murray, au contraire, la regardent comme un végétal suspect, à cause de son odeur fétide et vireuse. Morison prétend avoir vu une famille entière empoisonnée par les feuilles de cynoglosse, et Chaumeton assure avoir éprouvé ses funestes effets en plaçant des échantillons de cette plante dans un herbier. M. Cazin croit qu'elle est réellement très-active lorsqu'elle est fraîche, mais qu'elle perd ses propriétés délétères par la dessiccation; cependant il assure avoir administré les racines et les feuilles à la dose de 30 à 60 grammes pour un litre d'eau dans les affections catarrhales, les diarrhées avec tranchées, les toux sèches et nerveuses. Quant aux pilules de cynoglosse si souvent et si utilement employées, ce serait une grande erreur que d'attribuer leur action à la poudre de racine de cynoglosse qu'elles renferment; leurs effets calmants doivent être rapportés à l'opium et aux semences de jusquiame, et l'action expectorante au safran, au castoréum, à la myrrhe et à l'oliban. Ces pilules renferment le dixième de leur poids d'extrait d'opium et de semences de jusquiame.

D'après M. Tournon, la cynoglosse détruit les venins des animaux, et Hagen assure que lorsqu'elle a végété dans un endroit marécageux et qu'elle a été séchée à l'ombre, la poudre, administrée à la dose de 50 centigrammes trois fois par jour, guérit la rage. Il ajoute qu'il faut laver la plaie à l'eau froide et la recouvrir d'un emplâtre de mélilot. C'est un remède populaire dans le gouvernement de Twer en Russie (*Bull. des Sciences méd. de Férussac*, t. XVI, p. 237).

Les feuilles et les racines fraîches de cynoglosse en cataplasmes ou en décoction concentrée ont été quelquefois employées contre les brûlures, les inflammations superficielles, les engorgements inflammatoires; on les applique sur les plaies gangréneuses. Aujourd'hui, la cynoglosse est regardée comme une plante inerte; elle n'est pas employée.

CYPRÈS

C. sempervirens Lin.
(Conifères – Cupressinées.)

Le Cyprès est un arbre de 12 à 20 mètres de hauteur, à branches dressées très-rapprochées, formant une cime conique. Les rameaux sont couverts de petites feuilles opposées, en forme d'écailles, imbriquées et appliquées, carénées, convexes sur le dos. Les fleurs sont unisexuelles, monoïques, disposées en chatons. Les chatons mâles sont constitués par des étamines nues, à connectif membraneux, en forme de bouclier, ovale, à filets courts, épais, portant chacun une anthère à quatre loges qui s'ouvrent par une fente longitudinale. Les chatons femelles sont solitaires, terminaux, composés de six à dix écailles également en forme de bouclier, mais épaisses, mucronées en dessus, s'amincissant en dessous en une sorte de pédicule, autour duquel sont insérés de nombreux ovules nus, allongé d'un côté en un col (micropyle) raccourci, ce qui leur donne à peu près la forme d'une bouteille. Le fruit est un petit cône globuleux nommé strobile, de 0ᵐ,02 à 0ᵐ,03 de grosseur, composé d'écailles ligneuses, peltées, anguleuses, mucronées au milieu, d'abord très-rapprochées, s'écartant ensuite au moment de la maturité, qui n'a lieu que la seconde année. Les graines sont nombreuses, comprimées, étroitement ailées, à tégument osseux, disposées à la base et tout autour de la partie amincie des écailles.

HABITAT. — Le cyprès est d'origine asiatique ; on le trouve en Grèce et dans toute l'Asie Mineure ; il est cultivé dans la région méditerranéenne.

CULTURE. — Comme tous les cyprès, cette espèce aime les sols légers et chauds, préférablement ceux de nature calcaire. On sème les graines en terrines ou en pleine terre au printemps qui suit la récolte ; le plant ne doit être repiqué que la seconde année, et de préférence en pots, car il supporte difficilement la transplantation.

PARTIES USITÉES. — Les feuilles, le bois, les fruits.

RÉCOLTE. — Le bois et les feuilles peuvent être récoltés pendant toute l'année. Le bois est dur, compacte, jaune-rougeâtre ; il est incorruptible. Les Égyptiens en faisaient des sépulcres pour les momies, et les Grecs des statues des dieux. Les portes du temple d'Éphèse et celles de Saint-Pierre de Rome qui durèrent, assure-t-on, onze cents ans, étaient en bois de cyprès ; les fruits, nommés vulgairement *noix de cyprès*, doivent être cueillis lorsqu'ils sont encore verts et charnus. Plus tard, ils deviennent durs et ligneux, et ils perdent la plus grande partie de leurs propriétés ; on les fait dessécher au soleil.

COMPOSITION CHIMIQUE. — Toutes les parties du cyprès répandent une odeur térébinthacée très-prononcée ; dans certaines contrées chaudes, on en obtient par incision une résine analogue à celle du pin, qui, soumise à la distillation, fournit une essence semblable à l'huile essentielle de térébenthine, et qui laisse pour résidu une matière résineuse analogue à la colophane.

USAGES. — Le cyprès chanté par Delille est regardé comme le symbole de la douleur, aussi est-il cultivé autour des tombeaux ; les anciens le regardaient comme purifiant l'air, aussi envoyaient-ils les malades, et surtout les phthisiques, dans l'île de Candie pour respirer ses émanations ; Hippocrate faisait usage du bois dans les affections de l'utérus ; Galien recommandait les fruits pour arrêter la diarrhée. Quoique peu employés en médecine, ils ont été vantés

contre le flux séreux et les hémorrhagies passives; leur amertume
et leur astringence les ont fait employer contre les fièvres intermittentes; toutefois, ils ne peuvent être comparés, pour leur effet, au
quinquina, comme l'avait fait Lanzoni; toutes les vertus vulnéraires
et autres, qui leur avaient été attribuées par les anciens médecins,
ne reposent sur aucun fait précis, et aujourd'hui on a fait justice de
toutes les erreurs qui ont été répandues sur les applications variées,
que l'on a faites à diverses époques des feuilles et des fruits du
cyprès; on a même regardé les feuilles fraîches comme un spécifique des hernies; on en préparait des décoctions vineuses qu'on
faisait boire aux malades, et on recouvrait la tumeur herniaire avec
la pulpe des feuilles; malgré l'autorité de Matthiole, ce remède est
tout à fait abandonné.

La résine ou baume, qu'on obtient par incision du cyprès, est
employée à la Caroline en applications sur les plaies pour en hâter
la cicatrisation; on s'en sert pour faciliter la réunion des solutions
de continuité.

Dioscoride recommande les feuilles et les fleurs du cyprès, pilées,
ou leur décoction vineuse (lib. I, c. LXXXVI); aujourd'hui le cyprès
n'est plus usité en médecine; les noix ou galbules entraient dans la
composition de l'*emplâtre contre la rupture*, et de l'*onguent de la
comtesse*, tombés eux-mêmes dans l'oubli le plus profond.

CYTISE

Cytisus Laburnum L.
(Légumineuses—Lotées.)

Le Cytise à grappes, appelé aussi vulgairement Aubour, Ébénier
des Alpes, Faux ébénier, etc., est un petit arbre à racines pivotantes. La tige, haute de 3 à 6 mètres, cylindrique, couverte d'une
écorce lisse et verdâtre, se divise en rameaux cylindriques, blanchâtres, glabres ou un peu pubescents. Les feuilles, fasciculées sur le
vieux bois, alternes sur les jeunes pousses, sont pétiolées, à trois
folioles ovales-elliptiques, mucronées, à peine ciliées, d'un vert gai
en dessus, plus pâles en dessous. Les fleurs, assez grandes, d'un jaune
clair, sont groupées en grappes axillaires lâches, pendantes, feuillées
à la base et munies de petites bractées vers le sommet. Elles présentent un calice pubescent-soyeux, à tube campanulé court, à limbe

divisé en deux lèvres très-écartées; une corolle à étendard ovale, dépassant les ailes et la carène, redressé; dix étamines monadelphes; un ovaire simple, surmonté d'un style ascendant, terminé par un stigmate oblique. Le fruit est une gousse pubescente, soyeuse, comprimée, bosselée, à bord supérieur épais, caréné, contenant plusieurs graines brunes.

Ce genre renferme encore un grand nombre d'autres espèces, parmi lesquelles on remarque les cytises des Alpes (*Cytisus Alpinus* Mill.), noirâtre (*C. nigricans* L.), d'Autriche (*C. Austriacus* L.), en tête (*C. capitatus* Jacq.), à feuilles sessiles (*C. sessilifolius* L.), etc.

HABITAT. — Le cytise à grappes, originaire des montagnes de l'Europe centrale et méridionale, est aujourd'hui naturalisé dans les plaines. Les autres espèces habitent en général les régions montueuses.

CULTURE. — Le cytise à grappes est surtout cultivé comme arbre d'ornement. Il vient dans tous les sols, et se propage de graines semées en pépinière, au printemps. Les autres espèces se cultivent de la même manière.

PARTIES USITÉES. — Les jeunes pousses, l'écorce, les graines.

RÉCOLTE. — Le cytise est cultivé dans nos jardins comme plante d'ornement, sous le nom de *cytisus;* les auteurs anciens, et surtout Virgile, indiquaient un arbrisseau de la famille des légumineuses qui augmentait le lait des chèvres et plaisait aux abeilles. Matthiole et d'autres auteurs ont cru reconnaître dans la description de Virgile le *medicago arborea* L., ce qui est plus probable que de croire que la plante des auteurs latins était le *cytisus laburnum* L., à cause de ses propriétés purgatives.

Les graines doivent être récoltées avant la déhiscence de la gousse.

COMPOSITION CHIMIQUE. — D'après M. Caventou, les fleurs du cytise contiennent une matière huileuse, odorante, de l'acide gallique, de la gomme, des traces de sulfate de chaux et de chlorure de calcium (*Journ. de pharm.*, t. III, p. 309).

MM. Chevallier et Lassaigne ont trouvé dans les semences une matière particulière qu'ils ont nommée *cytisine* (*Journal de pharm.*, t. IV, p. 554); c'est une substance neutre, non azotée, déliquescente, incristallisable, soluble dans l'eau et dans l'alcool, insoluble dans l'éther; sa saveur est amère et nauséabonde; à petites doses, elle purge fortement, produit des vomissements, des convulsions et la mort. D'après les chimistes que nous venons de nommer, le principe actif des fleurs d'arnica et celui de la racine de cabaret (*asarum Europæum*), seraient identiques à la *cytisine*, ce qui, à notre avis, est peu probable et aurait besoin, dans tous les cas, d'être démontré, soit par l'analye chimique, soit par des expériences physiologiques.

USAGES. — Plusieurs cas d'empoisonnement par différentes parties du cytise ont été signalés ; elles irritent le canal digestif, produisent des vomissements, des déjections alvines abondantes, des purgations violentes ; elles agissent postérieurement sur le système nerveux, et déterminent une véritable intoxication.

Haller avait signalé les propriétés vénéneuses du faux ébénier ; Christison a démontré que l'écorce était très-délétère, et on a cité des cas d'empoisonnement survenus chez des enfants qui avaient mangé des fleurs ; on avait observé des douleurs épigastriques, des vomissements, la pâleur de la face, la gêne de la respiration, un ralentissement et un affaiblissement considérables du pouls, des spasmes dans les muscles de la face, etc.

D'après MM. Tollard et Vilmorin, les jeunes pousses du faux ébénier sont purgatives et vomitives ; aussi Wauters (*Repertor. med. ind.*, etc., p. 294) avait-il proposé de les employer pour remplacer le séné ; mais de nouvelles expériences sont nécessaires avant d'admettre définitivement cette substance dans la matière médicale, d'autant plus que son emploi n'est pas toujours sans danger.

Les expériences peu nombreuses, faites avec la cytisine sur les animaux, semblent avoir démontré qu'elle exerçait primitivement une action irritante prononcée sur le canal digestif, et secondairement des effets hyposthénisants très-marqués ; les autres cytisus, et principalement le *C. Alpinus*, employé par Wauters, jouissent absolument des mêmes propriétés.

DAPHNÉ

Daphne mezereum et laureola L.
(Thymélées.)

Le Daphné Mézéreon, appelé aussi Bois-Gentil, Thymélée, Mal-herbe, Trentanel, Lauréole gentille, Lauréole femelle, etc., est un arbuste à tige rameuse, haute de 0^m,65 à 1 mètre, couverte d'une écorce grisâtre, portant des feuilles sessiles, lancéolées, entières, glabres, un peu glauques en dessous, rapprochées au sommet des rameaux. Les fleurs, qui paraissent longtemps avant les feuilles, sont réunies en petits fascicules terminaux, renfermés, avant leur déve-loppement, dans un bouton formé d'écailles concaves, imbriquées. Dépourvues de corolle, elles présentent un calice coloré, pétaloïde, rose vif, tubuleux, à limbe quadrilobé; huit étamines incluses; un ovaire arrondi, à une seule loge uniovulée, surmonté d'un style très-court terminé par un stigmate en tête. Le fruit est une petite baie ovoïde, lisse, d'un rouge vif (Pl. 45).

Le daphné lauréole (*D. laureola* L.) se distingue de l'espèce pré-cédente par sa tige robuste, flexible; ses feuilles plus grandes, plus aiguës, coriaces, glabres, luisantes, d'un vert foncé, persistantes; ses fleurs verdâtres, en petites grappes axillaires; ses fruits, noirs à la maturité.

On remarque aussi dans ce genre le daphné garou (*D. Gnidium* L.), vulgairement *garou* (Voyez ce mot.); le daphné des Alpes (*D. Al-pina* L.), etc.

HABITAT. — Les daphnés mézéréon et lauréole habitent l'Europe centrale et méridionale; ils se trouvent surtout dans les bois mon-tueux, où ils fleurissent de très-bonne heure.

CULTURE. — Ces deux arbustes sont quelquefois cultivés dans les jardins. Ils demandent une terre légère, substantielle, fraîche et ombragée. On les propage de graines, semées aussitôt après la ma-turité, et recouvertes d'environ 0^m,05 de terreau; on peut aussi semer en terrines, en terre de bruyère, et repiquer les jeunes plants quand ils sont assez forts.

PARTIES USITÉES. — L'écorce, les baies, le bois.

RÉCOLTE. — Le genre daphné comprend des espèces qui sont ca-ractérisées par leur principe âcre et corrosif, qui les a fait souvent employer en médecine comme irritants et épispastiques ; nous nous réservons de parler plus loin du garou ; mais les écorces de toutes les plantes du même genre, surtout celles du *D. mezereum*, jouissent absolument des mêmes propriétés, et on peut sans grand inconvénient les substituer l'une à l'autre ; il n'en est pas de même de celles du *D. laureola*, qui sont regardées comme moins âcres et moins irritantes.

Il faut préférer l'écorce fraîche à celle qui a été desséchée ; celle-ci doit avoir été détachée des tiges récentes, et non des rameaux secs que l'on a fait tremper dans de l'eau ou dans du vinaigre, comme cela se pratiquait autrefois ; ces écorces présentent un liber formé par des fibres anastomosées très-résistantes et disposées avec une singulière régularité ; aussi celui du *D. lagetto* Sw., *lagetta lintearia* Lam. a-t-il mérité à cette plante le nom de *bois dentelle*.

Les baies du *D. mezereum* sont assez grosses, ce qui les distingue de celles du garou ; les graines ont une saveur âcre et poivrée, ce qui leur a valu le nom de *poivre sauvage*, qu'elles portaient en Sibérie.

Composition chimique. — D'après une analyse de Gmelin et de Bar, l'écorce du *D. mezereum* contient les matières suivantes : cire, résine âcre, *daphnine*, matière colorante jaune, extractif sucré, extractif non sucré, gomme ; les résultats de M. Dublanc paraissent différents ; il y a trouvé une matière cristalline, une matière résinoïde sans âcreté, une sous-résine insipide, une matière demi-fluide âcre ; nous reviendrons sur la *daphnine* en parlant du garou ; elle a été découverte par Vauquelin. Nous devons faire remarquer que c'est à tort que M. Soubeiran (*Traité de pharmacie*, t. I, p. 348, 4ᵉ édition) indique le *D. mezereum* comme fournissant l'écorce de garou ; il est certain qu'elle est produite à peu près exclusivement par le *D. Gnidium*, et que c'est à celle-ci qu'il faut rapporter les analyses de Gmelin et de Bar, de MM. Dublanc, Coldefy, etc. ; ajoutons encore qu'il ne faut pas confondre la daphnine avec le principe âcre des daphnés.

D'après L. Villert, le péricarpe du *D. mezereum* contient une matière colorante rouge, une résine, de l'extractif, du tannin, du mucilage, du ligneux, etc. ; la chair ou pulpe renferme une matière extractive acidulée amère, du mucilage, une fécule rougeâtre, du ligneux ; M. Colinsky a trouvé dans les semences du mezereum 56 pour 100 d'huile âcre, une matière extractive, du mucilage, de l'amidon, du gluten, de l'alumine.

On peut substituer aux *écorces* du *D. mezereum* celles du *D. thymelæa* L., et du *D. tortonraira* L., du *D. Pontica* ; des *D. Alpina*, *C. cneorum*, *Indica*, etc., sur lesquels nous reviendrons à l'article garou.

Usages. — S'il est vrai que dans le Nord on n'emploie que l'écorce du *D. mezereum*, nous pouvons assurer que dans le Midi, notamment dans la Provence et dans les Pyrénées, c'est du *D. Gnidium* que l'on fait usage ; le premier est un arbrisseau de plusieurs pieds, qui peut par conséquent fournir les écorces larges et longues que l'on trouve dans le commerce, mais le second prend un grand accroissement, et ils peuvent certainement l'un et l'autre rivaliser de taille ; on a prétendu que l'écorce du mezereum se détachait facilement, tandis que celles du Gnidium étaient tenaces ; nous pouvons certifier qu'à une époque de l'année, au moment où la séve descend, la séparation, dans le *D. Gnidium* se fait avec la plus grande facilité.

Telle qu'elle existe dans le commerce, l'écorce de mezereum, nommée aussi *sainbois*, est longue de 50 à 60 centimètres, large de $0^m,03$ à $0^m,06$, roulée sur elle-même dans le sens de sa longueur ; elle est mince, sèche, inodore ; l'épiderme rougeâtre se sépare facilement, la face interne est d'un blanc jaunâtre ; sa saveur, d'abord presque nulle, devient bientôt légèrement amère, puis âcre et poivrée, insupportable.

L'écorce de mezereum, macérée dans du vinaigre, ou lorsqu'elle est fraîche, sert à appliquer des vésicatoires ; elle entre dans la composition de pommades irritantes épispastiques. D'après Linné, on applique l'écorce sur les piqûres des serpents venimeux et les morsures des animaux enragés ; selon Hufeland, on l'a employée à l'intérieur contre la syphilis, les douleurs ostéocopes, les exostoses, etc. Pallas rapporte qu'en Sibérie les vétérinaires appliquent l'écorce contusée sur les enflures des pieds des chevaux ; les Anglais préfèrent l'écorce de la racine à celle du tronc.

Le bois a servi à faire des *pois à cautères*, qui sont peu employés ; les baies sont employées en gargarismes en Sibérie ; les femmes et les élégants se frottent le visage avec le suc étendu d'eau ; il en résulte une vive inflammation qui les fait, dit Lepéchin, *ressembler à la pleine lune*.

DATTIER

Phœnix dactylifera L.
(Palmiers–Coryphinées.)

Le Dattier cultivé est un grand et bel arbre, à racines fibreuses, fasciculées, traçantes. La tige ou stipe, haute de 15 à 25 mètres, droite, cylindrique, simple, couverte d'anneaux formés par les cicatrices que laisse la chute successive des feuilles anciennes, se termine au sommet par un bouquet de feuilles longues de 2 à 3 mètres, engainantes à la base, à pétiole prolongé en nervure médiane (rachis) très-forte, à trois angles plus ou moins marqués, portant de chaque côté un grand nombre de folioles longues, étroites, ensiformes. Les fleurs sont dioïques, groupées, à l'aisselle des feuilles, en longs régimes rameux, renfermés, avant l'épanouissement, dans une grande spathe monophylle, coriace, fendue latéralement d'un seul côté. Elles sont dépourvues de corolle, et présentent un calice à six divisions disposées sur deux rangs. Les fleurs mâles ont six étamines; les femelles ont trois ovaires, terminés chacun par un style recourbé, dont deux avortent presque toujours. Les fruits, disposés en longues grappes rameuses ou régimes, sont des drupes ovoïdes-allongées, longues de 0^m,03 à 0^m,05, charnues, sucrées, et renfermant chacune une graine cornée, très-dure, marquée d'un sillon longitudinal.

Habitat. — Le dattier se rencontre sur presque tout le pourtour du bassin méditerranéen; mais il ne croît et ne fructifie bien que dans les parties chaudes, sablonneuses et humides.

Culture. — Cet arbre est cultivé en grand dans le nord de l'Afrique, en Orient et dans les parties les plus chaudes du midi de l'Europe. On le propage de graines semées au printemps, et mieux de rejetons pris sur les racines ou aux aisselles des feuilles. On a soin de les arroser fréquemment et de les garantir des ardeurs du soleil, jusqu'à ce qu'ils soient bien enracinés.

Parties usitées. — Les fruits en médecine; toutes les parties du végétal dans l'industrie et l'économie domestique.

Récolte. — Les dattes sont récoltées un peu avant leur maturité, lorsque leur couleur est encore un peu verdâtre; exposées au soleil, elles mûrissent et prennent une teinte rougeâtre, en même temps que leur saveur devient sucrée et succulente; le plus souvent on récolte les panicules entiers que l'on nomme *régimes*; les meilleures nous viennent de l'Afrique par voie de Tunis; on doit les choisir récentes, fermes, demi-transparentes; on les conserve dans un endroit sec, dans des bocaux bien fermés; elles sont souvent attaquées par les mites. On apporte aussi du royaume de Fez, d'un petit port nommé Salé, des dattes blanchâtres, petites, sèches, peu succulentes et peu estimées; il en vient encore de Provence, qui sont fort belles mais qui ne se conservent pas.

Composition chimique. — D'après l'analyse de M. Bonastre, les dattes contiennent du mucilage, de la gomme analogue à l'arabique, du sucre cristallisable, du sucre incristallisable, de l'albumine, du parenchyme.

Usages. — La datte fait partie, avec la figue, la jujube et le raisin secs, des quatre fruits pectoraux souvent employés sous diverses formes, telles que tisane, sirop, pâte, comme calmants et adoucissants, contre la toux, les catarrhes et les maladies de poitrine et du larynx.

Le pollen du dattier est conseillé dans l'Atlas comme prolifique; il sert ou il a servi à opérer des fécondations artificielles des pieds femelles; on mange les jeunes pousses cuites en salade, et la moelle du tronc est bonne à manger ainsi que le bourgeon terminal; par incision, on en extrait un liquide qui, étant fermenté, est connu sous le nom de *vin de palmier* ou de *dattier*, et qui est assez agréable à boire; mais ces incisions se pratiquent rarement, parce qu'elles nuisent aux fruits; le tronc est un bon bois de charpente. Avec la bourre ou débris des pétioles, ainsi qu'avec les pétioles fendus, on fabrique des cordes, des nattes, des sacs; en liant les feuilles du sommet, on les fait étioler et on obtient ainsi les *palmes*, c'est-à-dire des feuilles moins longues, plus jaunes, que l'on emploie dans les cérémonies religieuses, que l'on portait autrefois devant les triomphateurs, et que les peintres mettent dans les mains des saints.

D'après Rivière, le noyau, qui est dur et coriace, était vanté autrefois pour hâter l'accouchement; on en fait aujourd'hui des chapelets; on les ramollit dans l'eau bouillante, on les pile et on les fait manger aux chevaux et aux chèvres; ils servent aussi de combustible, ainsi que les feuilles.

Les dattes constituent un des aliments les plus précieux pour un grand nombre de peuplades de l'Afrique et de l'Inde; elles sont con-

sidérées comme stomachiques, émollientes et adoucissantes ; Hippocrate les employait contre la diarrhée ; on les a beaucoup trop vantées comme propres à fortifier l'estomac ; on les a recommandées
contre le marasme, l'épuisement, les hémorrhagies, etc. ; contre les
maladies de la vessie et même contre la goutte ; aujourd'hui on les
regarde comme pectorales, et on les fait entrer rarement dans la
composition des cataplasmes émollients et maturatifs qui étaient
plus employés autrefois ; elles font partie de l'*électuaire diaphœnix*.

C'est à tort que l'on attribue à l'alimentation par les dattes les
maladies que l'on observe dans les personnes qui en font usage ; il
est plus rationnel de rapporter les coliques, les pesanteurs d'estomac, les douleurs de tête, les ophthalmies, etc., à l'extrême misère
des habitants de certaines contrées de l'Afrique, qui les oblige à
coucher par terre, et à être sans cesse exposés à toutes les intempé-
ries des saisons.

Les dattes servent à faire des confitures ; par expression, on en
retire un sirop gras, qui est employé, en guise de beurre, à la préparation du riz et des sauces ; le résidu du tourteau est mangé par
les gens pauvres ; par la culture, le dattier fournit des fruits plus
beaux.

DENTELAIRE

Plumbago Europea L.
(Plumbaginées.)

La Dentelaire d'Europe, vulgairement appelée Malherbe ou Herbe
au Cancer, est une plante vivace, à racine fusiforme, pivotante,
longue, fibreuse, un peu rameuse, blanc-rougeâtre. Les tiges, hautes
de 0^m,65 à 1 mètre, arrondies, cannelées-striées, glabres, dressées,
très-rameuses, portent des feuilles alternes, amplexicaules, ovales-
oblongues, aiguës, un peu ondulées, finement dentées, d'un vert
pâle ou grisâtre, velues, rudes au toucher. Les fleurs, d'un pourpre
violacé ou bleuâtre, sont sessiles, accompagnées de petites bractées
et groupées en cymes terminales. Elles présentent un calice tubuleux, à cinq angles, à limbe partagé en cinq divisions aiguës, très-
étroites, couvert de poils glanduleux et visqueux ; une corolle en entonnoir, à tube deux fois plus long que le calice, à limbe divisé en
cinq lobes ovales, obtus, étalés ; cinq étamines saillantes, à anthères
oblongues ; un ovaire simple, à une seule loge uniovulée, surmonté

d'un style partagé à son sommet en cinq divisions, terminées chacune par un stigmate filiforme. Le fruit est une petite capsule monosperme, ovoïde, pointue, renfermée et recouverte par le calice.

Ce genre renferme plusieurs autres espèces exotiques.

Habitat. — La dentelaire croît dans les régions méridionales de l'Europe et de la France. On la trouve surtout dans les lieux stériles, au bord des chemins, etc.

Culture. — Cette plante est très-rustique et croît dans tous les sols ; elle préfère néanmoins les terres profondes et un peu chaudes. On la propage de graines, semées en pots, sur couche, au printemps. Dans le Nord, et en général dans les localités où la graine est rare, on multiplie la dentelaire par éclats de pieds ; mais ce mode de multiplication ne donne pas d'aussi bons résultats.

Parties usitées. — Racines et feuilles.

Récolte. — À l'époque où la dentelaire était employée, on préférait celle qui était fraîche ; par la dessiccation elle perd son âcreté et son action ; cependant on la trouve sèche dans le commerce de l'herboristerie ; on l'arrache à l'automne, et après l'avoir lavée pour la débarrasser de la terre, on la fait sécher ; à l'état sec elle est encore un peu caustique, elle prend une teinte rougeâtre ; son écorce est ridée longitudinalement, elle se sépare facilement du ligneux ; celui-ci est épais, et il présente des fibres rayonnées. Lorsqu'on la conserve dans un bocal fermé avec une étiquette en papier, celui-ci prend une teinte rougeâtre plombée ; lorsqu'on écrase la plante entre les doigts, on remarque la même couleur, de là lui vient le nom de *plumbago* et de *molybdène*, qui en grec signifie la même chose ; le nom de *dentelaire* lui vient de la propriété qu'on a attribuée à la racine de calmer les douleurs de dents ; on la nomme encore *malherbe* ou *mauvaise herbe*.

Composition chimique. — M. Dulong d'Astafort (*Journal de pharmacie*, t. XIV, p. 441) a analysé la racine de dentelaire ; au moyen de l'éther il en a retiré un principe immédiat qu'il a nommé *plumbagin* ; il cristallise en cristaux angulaires orangés, d'une saveur âcre et brûlante, peu solubles dans l'eau et l'alcool ; les alcalis et le sousacétate de plomb les colorent en rouge ; ces cristaux sont neutres, ils se volatilisent sans altération à une température un peu élevée ; fusibles à une plus douce chaleur, ils sont solubles dans l'alcool concentré et dans l'éther ; ils n'ont pas été analysés, de sorte que l'on

ne sait à quel groupe de composés chimiques ils doivent être rapportés.

USAGES. — Quelques auteurs ont cru trouver dans la dentelaire le
tripolion de Dioscoride, et on l'a rapportée au *molybdena* de Pline
(lib. XXV, cap° 13); Peyrilhe, et avant lui Wedelius, avaient constaté les propriétés éméto-cathartiques de la dentelaire, aussi l'avait-on
appelée *ipecacuanha nostras*; elle détermine les vomissements à la
dose de 15 à 50 centigrammes, mais elle produit souvent des accidents, c'est ce qui a fait renoncer à son emploi.

Bauhin et Linné attribuaient à la dentelaire des propriétés odon-
talgiques; il est certain qu'elle excite la sécrétion salivaire, et elle
agirait alors à la manière de la pyrèthre. D'après Schreiber et Sau-
vage-Delacroix, on a souvent employé contre d'anciens ulcères l'huile
dans laquelle on a fait digérer de la dentelaire; quant à la propriété
qu'on a attribuée à cette même huile de guérir le cancer, nous savons ce que l'on doit penser de ces prétendues guérisons, qui ne
s'appliquaient très-certainement qu'à des tumeurs bénignes qu'on
prenait pour des cancers à l'époque où le microscope n'avait pas
encore permis d'établir avec certitude le diagnostic des tumeurs
cancéreuses. Nous croyons peu aussi à l'efficacité de la racine de
dentelaire contre la dysentérie et les coliques des enfants.

Pendant longtemps, en Provence, on a employé la racine et les
feuilles de dentelaire contre la gale; son usage, dans ces cas, a été
suivi d'accidents graves qui ont été signalés par Garidel et Sauvages :
aussi Sumeire avait-il proposé d'obvier à cet inconvénient en em-
ployant l'huile de dentelaire en onctions sur la peau. Les bons effets
de ce traitement ont été constatés par MM. Hallé, Jeanron, de Jussieu
et Lalouette; d'ailleurs toutes les parties de la dentelaire peuvent
être employées à l'extérieur en guise de vésicatoires, et les différentes
espèces du genre *plumbago* peuvent être substituées au *P. Europaea*.

DICTAME BLANC

Dictamnus albus L.
(Diosmées.)

Le Dictame blanc ou Fraxinelle est une plante vivace, à racines
fibreuses, longues, de moyenne grosseur, inégales et blanchâtres. La
tige, haute de 0^m,50 à 0^m,65, cylindrique, simple, roide, dressée,

verte dans le bas, rougeâtre et glanduleuse dans le haut, porte des feuilles alternes, imparipennées, à pétiole ailé, à folioles variant de sept à onze, sessiles, ovales, aiguës, un peu dentées, inéquilatérales, d'un beau vert brillant; ces feuilles rappellent un peu par leur aspect celles du frène. Les fleurs, purpurines ou blanches, assez grandes, pédonculées, forment une longue grappe terminale. Elles présentent un calice monosépale, à cinq divisions profondes, étroites, linéaires, aiguës, pourprées, étalées, couvertes, ainsi que les pédoncules et la face externe des pétales, d'un nombre infini de petites glandes globuleuses, rougeâtres, qui sécrètent une huile essentielle très-abondante. La corolle est irrégulière, à cinq pétales ovales, étalés, inégaux, les quatre supérieurs dressés, aigus, rétrécis en onglet à la base, l'inférieur pendant, rétréci à la base et au sommet. A l'intérieur, on trouve dix étamines longues, inégales, déclinées vers la partie supérieure de la corolle, à filets pubescents à la base, glanduleux, rougeâtres et recourbés au sommet, à anthères obtuses; un pistil à ovaire stipité, globuleux, à cinq angles arrondis, couvert de poils et de glandes d'un rouge très-foncé, à cinq loges triovulées, surmonté d'un style court. Le fruit est une capsule à cinq côtes saillantes et étoilées (Pl. 46).

Habitat. — Cette plante croît dans le midi de la France, en Alsace; on la trouve surtout dans les bois.

Culture. — Peu cultivé pour l'usage médical, le dictame blanc demande une terre franche et une exposition chaude. On le propage de graines, semées aussitôt après la maturité, en terrines ou en plates-bandes, et repiquées en pépinière. On le multiplie aussi par éclats de pieds.

Parties usitées. — Les racines.

Récolte. — Plusieurs drogues portent le nom de dictame en matière médicale; la fécule, connue sous le nom d'*arrow-root des Antilles*, est nommée quelquefois *dictame des Barbades*; les anciens employaient contre les blessures les feuilles d'une plante qui croît dans les îles de Crète et de Candie, et qui est encore aujourd'hui connue sous le nom de *dictame de Crète*; elles sont produites par l'*origanum dictamnus*, de la famille des labiées (Voyez *Origan*), mais le véritable dictame est le *Dictamnus albus*; c'est l'écorce mondée du méditullium que l'on emploie en médecine; elle arrive toute préparée du Midi, roulée sur elle-même comme la cannelle; elle est blanche, irrégulière, longue de 3 à 5 centimètres ; son odeur est presque nulle, et sa saveur amère. On vend quelquefois dans le commerce du méditullium privé de son écorce ; cette tromperie est très-facile à reconnaître.

Composition chimique. — La racine de dictame blanc ou de fraxinelle n'a pas été analysée ; elle renferme un principe amer, un peu aromatique, âcre et résineux.

La plante fraîche exhale une odeur aromatique qui se rapproche de celle du citron ; elle est due à une huile essentielle contenue dans des glandes vésiculeuses qui recouvrent toute la plante ; pendant les grandes chaleurs et surtout vers le crépuscule du soir, cette essence s'échappe des cellules qui la renferment, se condense à la surface de la plante, et s'enflamme si on approche une bougie allumée sans endommager la plante ; mais cette expérience, dont les résultats sont niés par quelques naturalistes, et notamment par M. Fée (*Encyclopédie méthodique*, Botanique, t. IX, p. 658), ne réussit pas toujours.

Usages. — La racine de dictame entre dans l'*orviétan*, l'*opiat de Salomon*, la *poudre de guttète*, le *baume de Fioravanti*, l'*eau générale*, la *confection d'hyacinthe*, etc. ; elle est aujourd'hui très-peu employée. Storck l'a préconisée contre les névroses et les fièvres intermittentes ; on l'a administrée autrefois contre les scrofules et le scorbut ; on la regarde comme stomachique et cordiale : c'est la poudre que l'on administre à la dose de 4 à 8 grammes, le double en infusion. D'après Gmelin (*Flore sibér.*, t. IV, p. 177), l'eau distillée est regardée comme cosmétique, et les feuilles ont été prises en infusion ; et considérées comme succédanées du thé ; l'électuaire antiépileptique de Radius était composé de 15 grammes de poudre de fraxinelle, de 60 gr. de menthe poivrée, et de quantité suffisante de sucre et d'eau.

DIGITALE

Digitalis purpurea L.
(Personées–Digitalées.)

La Digitale pourprée, appelée aussi Gantelée, Doigtier, Gant de Notre Dame, etc., est une grande et belle plante bisannuelle ou vivace, à racines fusiformes, rameuses, très-fibreuses, brun-rougeâtre. La tige, haute de 0^m,65 à 1 mètre et plus, cylindrique, simple ou à peine rameuse, velue, dressée, porte des feuilles alternes, ovales-lancéolées, aiguës, un peu onduleuses, dentées, molles, un peu ridées, blanchâtres et velues, surtout à la face inférieure; les radicales, grandes et pétiolées; celles du sommet, plus petites et presque sessiles. Les fleurs, grandes, pédonculées, d'un rouge plus ou moins vif, pendantes à l'aisselle d'une bractée ovale-aiguë, forment un long épi terminal et unilatéral. Elles présentent un calice à cinq divisions profondes, ovales-lancéolées, aiguës, un peu étalées, persistantes; une corolle campanulée, irrégulière, à tube renflé au milieu, à limbe partagé en cinq lobes courts, inégaux et obtus, tachetée intérieurement de points bruns, entourés de poils longs et mous; quatre étamines incluses et didynames; un ovaire simple, à deux loges multiovulées, surmonté d'un style simple, long, terminé par un stigmate bifide. Le fruit est une petite capsule ovoïde, acuminée, à deux loges polyspermes (Pl. 47).

Nous citerons encore les digitales jaune (*D. lutea* L.), ferrugineuse (*D. ferruginea* L.), ambiguë (*D. ambigua* L.), etc.

HABITAT. — La digitale pourprée croît abondamment dans l'Europe centrale et méridionale. Elle habite surtout les lieux élevés, montueux, secs, arides et sablonneux.

CULTURE. — Cette plante est souvent cultivée dans les parcs et les jardins d'agrément. Il suffit de semer ses graines vers la fin de l'hiver et de repiquer les jeunes plants en juin. La plante ne demande plus ensuite aucun soin et se resème d'elle-même.

PARTIES USITÉES. — Les feuilles, les graines, autrefois les racines et les fleurs.

RÉCOLTE. — Les feuilles de digitale doivent être récoltées au moment de la floraison, et non à la fin de la première année, comme cela se pratique souvent par erreur; à cette époque, toute la plante consiste dans une simple rosette de feuilles, dans lesquelles les sucs ne sont pas encore suffisamment élaborés; à la fin de la seconde année, au contraire, lorsque la plante a pris tout son développement et que les fleurs commencent à s'ouvrir, les feuilles caulinaires sont grandes et bien développées, on rejette celles de la base, et on préfère la digitale qui pousse sur les lieux élevés, celle qui a reçu l'influence du soleil; les feuilles sont rassemblées en petits paquets très-peu serrés, et disposées en guirlandes que l'on fait sécher promptement au soleil ou à l'étuve; on doit les conserver dans un lieu sec et à l'abri de la lumière.

On regarde la digitale cultivée comme moins active que celle qui pousse spontanément; à tort ou à raison celle de Suisse jouit d'une grande réputation; par la dessiccation, les feuilles perdent leur teinte verte et surtout leur odeur vireuse; elles diminuent des trois quarts ou des quatre cinquièmes de leur poids; quand on les réduit en poudre, on rejette le dernier tiers qui est composé de nervures et de débris du pétiole.

Les feuilles de digitale ont été souvent frauduleusement mélangées avec celles de grande-consoude, de bouillon-blanc, de bourrache, et surtout de *conize squarreuse*: elles sont ovales-oblongues, d'une largeur variable, ne dépassant pas 0ᵐ,12 et 0ᵐ,25 de longueur, non compris le pétiole qui a le tiers environ de la longueur du limbe; celui-ci est terminé en pointe mousse, insensiblement rétréci du côté du pétiole, et prolongé en ailes étroites sur les bords; la base du pétiole est pourpre; à sa face supérieure on trouve un sillon aigu; on y remarque un angle saillant qui se prolonge jusqu'à l'extrémité du limbe, qui est un peu denté ou crénelé, souvent ondulé sur les bords; les dents sont arrondies, les feuilles adultes sont vertes, les jeunes sont blanchâtres, presque argentées, douces au toucher, parsemées de poils très-courts, transparents, brillants, cristallins; la face supérieure est bosselée entre les nervures qui sont marquées en creux, la face inférieure est blanchâtre, d'autant plus que les feuilles sont plus jeunes, les nervures sont saillantes, les poils y sont plus abondants, très-courts, ils donnent à cette face une apparence argentée.

Les feuilles de *conize squarreuse*, qui sont celles qui ressemblent le plus à la digitale, s'en distinguent en ce qu'elles sont rudes au toucher, presque entières, non dentées; elles présentent une odeur sèche lorsqu'on les froisse.

COMPOSITION CHIMIQUE. — La digitale a été étudiée au point de vue chimique par un très-grand nombre de chimistes, tels que Wilding, Brault, Poggiale, Morin, Falken, Homolle et Quévenne, Radig, Kosmann, etc.; d'après M. Radig, elle contient: digitaline, 8,6; chlorophylle, 6,0; matières extractives, 14,7; albumine, 9,0; acide acétique, 11,0; oxyde de fer, 3,7; potasse, 3,2; fibre, 43,5.

La *digitaline*, entrevue par M. O. Henry et par M. Buchner, a été isolée et étudiée surtout par MM. Homolle et Quévenne; elle est blanche, difficilement cristallisable, amère, inodore, peu soluble dans l'eau, qui à l'ébullition n'en dissout qu'un millième ; assez soluble dans l'éther, très-soluble dans l'alcool ; elle excite des vomissements violents ; elle se colore à 180°, se décompose au-dessus de 200°. L'acide sulfurique la dissout avec coloration brune, qui vire au cramoisi, et qui passe au vert par l'addition de l'eau ; l'acide chlorhydrique lui donne une belle coloration vert-foncé, le tannin la précipite de ses dissolutions.

L'*acide digitalique*, découvert par M. Morin, cristallise en aiguilles fusibles, d'une odeur et d'une saveur particulières, solubles dans l'eau, l'alcool et l'éther.

L'*acide digitaléique*, isolé et étudié par M. Kosmann, cristallise en aiguilles radiées de couleur verte, d'une odeur aromatique, d'une saveur amère, peu solubles dans l'eau, très-solubles dans l'alcool et l'éther.

La digitaline est un corps neutre qui ne sature pas les acides ; on a trouvé récemment dans la digitale d'autres principes immédiats, dont un devrait être considéré comme un glycoside, et un autre serait un principe volatil.

Voici, d'ailleurs, quels sont les principes trouvés par MM. Homolle et Quévenne dans la digitale : digitaline, digitalose, digitalin, digitalide, acide digitalique, acide antirrhinique, acide digitaléique, acide tannique, amidon, sucre, pectine, matière albumineuse, matière colorante rouge-orange cristallisable, chlorophylle, huile volatile ; il est problable que quelques-uns de ces principes sont des produits de réaction ou de transformation.

Usages. — La feuille de digitale est à peu près la seule partie de la plante employée ; d'après MM. Homolle et Quévenne, la racine est beaucoup moins active, les fleurs et les semences le sont très-peu aussi. C'est surtout la poudre des feuilles et l'extrait que l'on emploie ; mais on en prépare encore un sirop aqueux, un sirop au vinaigre, qui n'est plus usité, une teinture alcoolique, un alcoolature, une teinture éthérée, un vinaigre et une pommade, etc. ; la plante doit être bien desséchée, et la poudre récemment préparée.

La digitale produit des nausées et une sécrétion salivaire abondante ; elle stimule les organes digestifs, le système nerveux et les sécrétions, elle diminue promptement la vitesse du cours du sang ; aussi l'a-t-on placée dans les contre-stimulants. A haute dose elle irrite la muqueuse gastro-intestinale, stupéfie le système nerveux,

produit des nausées, des vomissements, des cardialgies, des vertiges,
du délire, des hallucinations, une grande faiblesse musculaire ; le
pouls devient petit, rare et intermittent, la respiration lente ; il survient ensuite des syncopes, un refroidissement plus ou moins général, un coma profond et la mort ; le plus souvent les déjections
alvines sont abondantes, mais il y a parfois constipation ; quelquefois les pupilles sont contractées, rarement dilatées, le plus souvent elles restent à l'état normal ; les urines sont généralement aug-
mentées, mais il peut y avoir diminution. L'empoisonnement par la
digitale doit être combattu par les vomitifs, par la solution de tannin
ou l'iodure de potassium ioduré en solution étendue ; Giacomini,
d'après Rasori, administre les excitants, c'est-à-dire le vin, l'alcool, etc.

A dose thérapeutique la digitale augmente d'abord les mouvements du cœur, mais ils sont bientôt diminués ; elle est par conséquent contre-stimulante ; sous son influence le pouls peut baisser
jusqu'à 45 et 50 pulsations. Broussais a remarqué que lorsqu'il y
avait irritation gastrique, la sédation n'était pas opérée. La digitale
est regardée comme un modificateur de l'action du cœur, et un ré-
gulateur de la circulation ; aussi l'emploie-t-on dans tous les cas où
l'on veut ralentir le cours du sang, par exemple dans certaines affections du cœur ; elle est aussi considérée comme diurétique ; on en
fait usage contre les hydropisies non symptomatiques, dans l'anasarque, en général contre les infiltrations cellulaires ; on l'emploie,
dans ce cas, tantôt à l'intérieur, tantôt à l'extérieur, en frictions.

MM. Van-Helmont, Andral, Bouillaud, Homolle, L. Corvisart, etc.,
ont étudié la digitale ; on emploie aujourd'hui surtout la digitaline ;
on en fait de petits granules contenant chacun un milligramme de
principe actif ; on en administre 1 à 4, rarement 5. La teinture
éthérée de digitale, considérée comme plus active, serait, d'après
MM. Homolle et Quévenne, une simple teinture de chlorophylle peu
ou point active.

La digitale a été administrée dans un grand nombre de maladies ;
nous signalerons seulement certaines affections des reins et des voies
urinaires ; M. L. Corvisart a constaté son action hyposthénisante
sur les organes génitaux, et il l'a employée avec succès contre les
pollutions ; on l'a encore préconisée contre les fièvres intermittentes,
les maladies scrofuleuses, l'épilepsie, etc. ; mais c'est surtout dans
les maladies du cœur qu'elle est considérée comme un remède sou-

verain, aussi doit-elle être administrée avec la plus grande prudence.

Les homœopathes font un fréquent usage de la digitale ; ils considèrent la noix vomique et l'opium comme son antidote ; ils l'emploient aussi dans les affections du cœur ; et nous trouvons son indication dans la médecine homœopathique de Jahr, dans la mélancolie par affection organique du cœur ; puis viennent la gastrite, le rétrécissement de l'urètre, le ténesme de la vessie, les affections organiques du cœur, les fièvres bilieuses, muqueuses, etc., etc. Le signe homœopathique de la digitale est *Sdg*, et son abréviation *Digit*.

DILLÉNIE

Dillenia speciosa Thunb. *D. Indica* L.
(Dilléniacées.)

La Dillénie élégante est un arbre dont la tige, haute de 12 à 15 mètres, se divise en rameaux épais, couverts d'une écorce ridée et cendrée. Les feuilles sont alternes, à pétiole élargi et un peu embrassant à la base, épais, long de 0^m,03 à peine, à limbe très-grand, long de 0^m,35 sur 0^m,15 de largeur, ovale-arrondi, denté, glabre et d'un beau vert en dessus. Les fleurs, blanches et très-grandes, sont solitaires à l'extrémité des rameaux. Elles présentent un calice à cinq divisions arrondies, persistantes et accrescentes ; une corolle à cinq pétales persistants ; des étamines en nombre indéfini, égales, disposées sur plusieurs rangs, à anthères allongées, linéaires ; un pistil composé d'une douzaine d'ovaires verticillés, uniloculaires, multi-ovulés, surmontés de styles radiés et divergents, qui portent intérieurement un stigmate dans toute leur longueur. Le fruit est une baie pluriloculaire, de la grosseur d'une pomme, couronnée par les styles, remplie d'une pulpe charnue et acidule, et contenant de nombreuses graines recouvertes d'un arille pulpeux (Pl. 48).

Parmi les autres espèces, nous citerons les dillénies à feuilles elliptiques (*dillenia elliptica* Thunb.), à feuilles dentées (*D. serrata* Thunb.), à feuilles entières (*D. integra* Thunb., *non* Mœnch), etc.

HABITAT. — Ces diverses espèces se trouvent aux Indes orientales, notamment au Malabar, à Cochin, à Montau, à Java, à Ceylan, à Amboine, à Célèbes, près de Tambocco, etc. Elles croissent ordinairement dans les bois.

CULTURE. — Sous nos climats, les dillénies ne peuvent se cultiver qu'en serre chaude. Elles demandent une terre substantielle mélangée d'un tiers de sable de rivière. On les multiplie de graines, semées aussitôt après leur maturité, ou de boutures, sur couche chaude.

PARTIES USITÉES. — Les fruits, l'écorce.

RÉCOLTE. — La famille des dilléniacées ne fournit rien à la matière médicale. Les genres *curatella* et *dillenia* font à peine exception à cette nullité, et ce n'est que sur les lieux de production qu'on emploie les fruits, les écorces et les feuilles de quelques-unes des plantes de cette famille.

COMPOSITION CHIMIQUE. — L'usage que l'on fait comme astringent des écorces et des feuilles de quelques dillenia font supposer que ces plantes renferment du tannin; les fruits sont acidules et sucrés; sur les lieux de production on les emploie en guise de citron; par fermentation on obtient des liqueurs alcooliques qui sont employées dans certaines maladies.

USAGES. — Les fruits acidules des dillenia sont employés dans l'Inde, aux Célèbes, aux Moluques et au Malabar, comme rafraichissants, comme nous le faisons en Europe des citrons, etc. On use surtout des fruits des *D. elliptica* Thunb., du *D. serrata* Thunb., et ceux du *D. speciosa* Thunb.; on en fait des boissons acides qu'on emploie dans les fièvres. A l'Ile de France les fruits du *D. speciosa* ont le volume et la couleur d'une pomme de reinette; ils sont formés de couches obliques qui se recouvrent en partie les unes les autres; ils ne sont pas employés, on les laisse pourrir sur les arbres qui les produisent.

Le genre *Curatella*, voisin des *Dillenia*, donne des plantes qui sont quelquefois utilisées; les Galibis se servent des feuilles du *Curatella Americana* L., qui sont grandes, bordées de crénelures grossières, très-âpres au toucher, pour polir leurs arcs, leurs assommoirs; au Brésil on emploie la seconde écorce du *Curatella Cambaiba* Saint-Hil., qui est astringente en décoction, pour laver les plaies et hâter leur cicatrisation.

DOMPTE-VENIN

Vincetoxicum officinale Mœnch. *Cynanchum vincetoxicum* R. Br. *Asclepias* L.
(Asclépiadées-Cynanchées.)

Le Dompte-Venin, appelé aussi Asclépiade blanche, est une plante vivace, à rhizome tubéreux, horizontal, blanchâtre, qui donne naissance à de nombreuses racines fibreuses, cylindriques, allongées. La tige, haute de $0^m,35$ à $0^m,65$, cylindrique, simple, glabre, faible, flexible, dressée, porte des feuilles opposées, décussées, courtement pétiolées, cordiformes, aiguës, entières, lisses et d'un vert sombre en dessus, plus pâles en dessous, et allant en diminuant de grandeur à mesure qu'elles s'élèvent. Les fleurs, petites, blanches, tirant quelquefois sur le jaunâtre ou sur le verdâtre, sont groupées en ombelles simples, pédonculées, à l'aisselle des feuilles supérieures. Elles présentent un calice petit, à cinq divisions aiguës; une corolle à cinq lobes étalés, munie à la gorge d'une couronne de cinq appendices pétaloïdes, charnus; cinq étamines, à anthères membraneuses, à pollen en masses; un pistil composé de deux carpelles terminées chacune par un stigmate ombiliqué, charnu. Le fruit consiste en deux follicules géminés, oblongs, ventrus, longuement acuminés, striés, glabres, renfermant de nombreuses graines ovales, aplaties, marginées, rougeâtres, munies d'une aigrette soyeuse et nacrée.

Le dompte-venin noir (*V. nigrum* Mœnch, *Cynanchum nigrum* R. Br.), est aussi vivace, et se distingue du précédent par ses tiges un peu volubiles au sommet, et sa corolle d'un pourpre noirâtre à lobes pubescents à la face interne.

Habitat. — Le dompte-venin est abondant en France, et en général dans l'Europe centrale et méridionale. Il croît surtout dans les bois sablonneux ou pierreux, sur les coteaux incultes, etc.

Culture. — Cette plante n'est cultivée que dans les jardins botaniques. Elle demande une terre douce, franche, un peu fraîche. On la propage facilement de graines semées aussitôt après leur maturité, ou d'éclats de pieds, de drageons et de rejetons, plantés en mars.

Parties usitées. — Les racines, les feuilles.

Récolte. — La racine doit être récoltée en automne ou pendant l'hiver; les feuilles au moment de la floraison; par la dessiccation elles perdent une partie de leurs propriétés.

Dans le commerce, la racine est composée de longues fibres, blanches et menues, tenant à une souche ligneuse irrégulière, ou à une partie de la tige devenue souterraine; lorsqu'elle est récente, son odeur est forte, sa saveur âcre et désagréable; sèche, elle a presque complétement perdu sa saveur et son odeur, tout en conservant sa blancheur naturelle.

Sous le nom de *Racine de Mudar*, on trouve quelquefois dans le commerce la racine de l'*Asclepias gigantea* L., *Calotropis gigantea* Hamilt.; elle est dure, ligneuse, épaisse de 0^m,027 à 0^m,040, longue de 0^m,22 à 0^m,24, fusiforme, portant, de distance en distance, des radicules cylindriques et flexueuses; son épiderme est mince et ocracé, tout le reste de la racine est d'une couleur blanche; sa saveur est légèrement amère, son odeur nulle; elle est très-employée dans l'Inde contre l'éléphantiasis et d'autres affections cutanées.

Composition chimique. — L'odeur de la racine de dompte-venin se rapproche de celle de la valériane sauvage; M. Feneulle, qui l'a analysée (*Journal de pharmacie*, t. XI, p. 305, y a trouvé une substance vomitive différente de l'émétine, de la résine, du muqueux, de la fécule, une huile grasse, consistante, presque sirupeuse, une huile volatile, de l'acide pectique, du ligneux et des sels.

Usages. — La racine de dompte-venin est un poison énergique; M. Orfila (*Toxicologie*, t. II, p. 97) l'a administrée à des chiens, qui sont tous morts en peu de temps.

D'après Coste et Wilmet (*Mat. méd. indigène*), on l'emploie à Liége comme un purgatif doux, à la dose de un gramme à deux grammes; Wauthers la conseille comme succédané de l'ipécacuanha, dont elle est bien loin d'égaler les propriétés; toutefois, à dose élevée, elle est vomitive et purgative; à dose faible, elle agit, dit-on, sur les voies urinaires et sur le système cutané; aussi l'a-t-on employée dans les scrofules, la syphilis, les dartres, comme résolutive dans les engorgements lymphatiques et glanduleux, et les abcès froids; Gilibert condamne son usage; cependant M. Cazin dit l'avoir souvent employée en décoction dans un grand nombre de cas, sans le moindre inconvénient; il a constaté ses effets diurétiques; il a vu qu'elle détergeait les plaies, etc.; à dose vomitive, elle agit, dit-il, comme l'ipécacuanha; toutefois, il préfère la racine d'asaret, dont l'action est plus constante; on a employé le dompte-venin comme diurétique et diaphorétique, dans l'anasarque scarlatineuse.

D'après Sonnini, on pourrait cultiver le dompte-venin dans les terrains incultes pour la laine de ses semences.

Dans divers pays, on emploie, aux mêmes usages que le dompte-venin, les racines du *Vincetoxicum nigrum* et des *Asclepias undulata* L., *volubilis* L., *vomitoria* Kœnig, *procera* Ait., *prolifera* Kolt., *spiralis* Forst., *stipitacea* Forst., *tuberosa* L., *decumbens* L., *gigantea* L., *lactifera* Roxb., etc., etc. D'ailleurs le dompte-venin est tout à fait inusité aujourd'hui en France.

DORADILLE

Asplenium ruta muraria, trichomanes, ceterach, etc. L.
(Fougères-Polypodiées.)

Les Doradilles sont de petites plantes vivaces, croissant en touffes serrées. Leurs frondes ou feuilles, pennatiséquées, souvent très-découpées, naissent d'une souche cespiteuse, et portent, à leur face inférieure, des sporanges disposés en groupes linéaires solitaires et épars sur les nervures secondaires, à indusium membraneux, se continuant d'un côté avec la nervure secondaire, libre du côté de la nervure moyenne du lobe.

La doradille rue des murailles ou sauve-vie (*A. ruta muraria* L.), a des frondes ordinairement nombreuses, en touffes, longues de 0^m,10 au plus, à pétiole vert, pennatiséquées, à segments peu nombreux, cunéiformes ou obovales, entiers ou crénelés. Les groupes de sporanges, d'abord linéaires et isolés, s'élargissent plus tard et se réunissent entre eux, de manière à couvrir toute la face inférieure des segments.

La doradille polytric (*A. trichomanes* L.), vulgairement polytric des boutiques, se distingue de la précédente par ses frondes, longues de 0^m,10 à 0^m,20, linéaires, simplement pennatiséquées, à segments nombreux, ovales-rhomboïdaux, crénelés, presque égaux, portés sur un pétiole commun ou rachis d'un brun noir luisant, plan en dedans, convexe en dehors.

La doradille noire (*A. adianthum nigrum* L.), vulgairement capillaire noir, est caractérisée par ses frondes, longues de 0^m,10 à 0^m,30, longuement pétiolées, triangulaires, lancéolées, très-découpées, à segments lancéolés-aigus, divisés en lobes, puis en lobules oblongs, dentés au sommet.

On peut encore rapporter à ce genre le cétérach (*A. ceterach* L., *Ceterach officinarum* C. Bauh.), qui se reconnaît à ses sporanges dépourvus d'indusium, rapprochés en groupes linéaires ou oblongs, entremêlés d'un grand nombre d'écailles scarieuses brunâtres.

Habitat. — Ces plantes croissent abondamment sur les rochers humides, les vieux murs, etc. On ne les cultive que dans les jardins botaniques.

Parties usitées. — Toute la plante.

Récolte. — On récolte le cétérach, la rue des murailles et le polytric noir, lorsque les plantes sont parfaitement développées; on les fait sécher, et on sépare les écailles qui se détachent et qui recouvrent les fructifications. Dans le cétérach, ces écailles sont jaune doré; lorsque la plante est en terre, et que le soleil frappe dessus, elles la font paraître dorée, d'où lui sont venus ses noms vulgaires de *dorade* et *doradille*.

La rue des murailles a les frondes moins larges et moins développées que dans le cétérach; la plante est plus souvent brisée et accompagnée de fructifications nombreuses.

Le polytric des officines ressemble beaucoup aux capillaires; ses folioles sont petites et chargées d'écailles fauves qui couvrent les fructifications.

Composition chimique. — Les doradilles n'ont pas été analysées; elles ont une odeur agréable, une saveur astringente semblable à celle de la racine de fougère; on prétend qu'elles ont un arrière-goût de suif.

Usages. — La doradille d'Espagne, ou cétérach, a été autrefois assez employée en médecine contre les maladies du poumon; on l'administrait en décoction comme adoucissante et expectorante; Moranel l'a préconisée contre la colique néphrétique et les maladies de la vessie; M. Bouillon-Lagrange dit l'avoir employée avec succès dans la gravelle, le catarrhe vésical et la dysurie; Matthiole prétendait que la poussière des fructifications était utile dans la gonorrhée; on a donné à ses feuilles des propriétés astringentes.

La rue des murailles, que l'on trouve fréquemment dans les bois, sur les vieux murs, était autrefois vantée contre une foule de maladies, mais surtout comme expectorante dans les affections de poitrine et dans les maladies des voies urinaires; on la regardait comme fondante et lithontriptique; aujourd'hui elle est tout à fait inusitée.

La doradille noire ou capillaire noir, qui pousse sur les vieux murs, dans les puits, est souvent substituée, par les gens du peuple et dans les hôpitaux, au capillaire du Canada, du Mexique et de Montpellier, dont elle est loin d'avoir l'odeur agréable et les propriétés; on l'emploie dans les mêmes cas que les précédentes.

Aux Antilles on emploie souvent l'*A. serratum* contre les obstructions, les diarrhées rebelles, à la dose de 4 à 15 grammes (*Flore médicale des Antilles*, t. II, p. 337).

La décoction des doradilles, surtout celle du cétérach, préparée avec l'eau des forgerons, dans laquelle ils éteignent leur fer, est un remède populaire contre les engorgements de la rate et l'œdème qui suivent ou accompagnent les fièvres intermittentes.

DORÈME

Dorema ammoniacum Don. *Heracleum gummiferum* Will.
(Ombellifères - Peucédanées.)

Le Dorème ammoniac est une grande plante bisannuelle, à racine fusiforme, pivotante. La tige, haute de 1 à 2 mètres, droite, rameuse au sommet, porte des feuilles alternes, à pétiole caniculé, un peu embrassant à la base, à limbe très-grand, bipenné. Les fleurs sont disposées en une ombelle allongée, un peu racémiforme, composée d'ombellules presque globuleuses, portées sur des pédoncules très-courts ; elles sont presque sessiles et entourées de longs poils laineux, et présentent un calice à cinq dents ; une corolle à cinq pétales échancrés ; cinq étamines ; un ovaire simple, à deux loges uniovulées, surmonté d'un disque épigyne en forme de coupe. Le fruit, d'après A. Richard, est un diakène comprimé, mince sur ses bords, offrant de chaque côté trois côtes linéaires séparées par des sillons étroits, contenant chacun un vaisseau rempli de suc propre ; la commissure offre quatre de ces vaisseaux.

HABITAT. — Cette plante est originaire du nord de la Perse et de l'Arménie. Elle n'est pas cultivée dans son pays natal, et on ne la trouve, en Europe, que dans les serres des grands jardins botaniques.

PARTIES USITÉES. — La gomme-résine qu'on obtient par incision.

RÉCOLTE. — La gomme-ammoniaque est une des cinq gommes-résines fournies par la famille des ombellifères ; elle tire son nom du temple de Jupiter-Ammon, aux environs duquel la plante croît ; d'après Dioscoride, elle découlait d'une espèce de férule qui vient dans la Libye Cyrénaïque ; il appelle cette plante *agasyllis*, et Pline *metopion*. Or, Dioscoride attribue le *galbanum* au *metopion*. Tous les auteurs, jusqu'à Murrey, ont répété ce qu'avait dit Dioscoride sur

l'origine de la gomme-ammoniaque; Murray la fait venir des Indes
orientales par la Turquie; un voyageur anglais, Jackson, dit qu'elle
arrive du Maroc, et qu'elle est produite par une plante ressemblant
au fenouil, et nommée *faskook* ou *feskouk*; aujourd'hui on croit
qu'elle vient de la Perse et de l'Arménie, et Don pense que son nom
ammoniacum ou *armoniacum*, est une corruption d'*armeniacum*; il
a formé le genre *Dorema* de la plante rapportée de Perse par le co-
lonel Wringht.

D'après Chardin (*Voyage en Perse*, t. III, p. 299), la plante qui
produit la gomme-ammoniaque est très-commune dans la Parthie,
où on la nomme *ouscioe*, *ouchay*; Lemery (*Dict.* I, p. 32) dit qu'elle
est produite par le *ferula ammonifera*; Peyrilhe, traducteur de la
Matière médicale de Linné, l'attribuait avec doute à un *pastinaca*
(*Tab. méth. d'un cours*, etc., p. 481); quelques auteurs ont écrit
qu'elle était fournie par le *bubon gummiferum* L., ou par le *selinum
gummiferum* Spreng.; Olivier crut qu'elle était donnée par le
ferula persica, qui, d'après Wildenow, produirait le *sagapenum*.
C'est ce dernier auteur qui, le premier, dans son *Hortus beroli-
nensis* (*Fasc.* V, t. LIII et LIV, Berlin, 1787), figura la plante qui
produit la gomme-ammoniaque; il l'appela *heracleum gummiferum*.

On trouve dans le commerce la gomme-ammoniaque en larmes,
et la gomme-ammoniaque en masses : la première est en larmes
isolées, de grosseur variable, dures, blanches, et opaques à l'intérieur; leur cassure est conchoïde et présente l'aspect du lait caillé;
leur odeur est forte, leur saveur âcre, amère et nauséeuse; elles
sont blanches à l'extérieur, mais elles deviennent jaune-rougeâtre à
la lumière; celle qui est en masse est formée de larmes agglomé-
rées dans une gangue jaunâtre; son odeur est plus forte, mais elle est
moins estimée et moins pure que la première; toutefois, la seconde
peut servir pour la préparation des emplâtres.

M. Guibourt décrit sous le nom de *gomme-ammoniaque de Tan-
ger* une gomme-résine qui est probablement celle que M. Jackson a
prise pour la gomme-ammoniaque vraie, et qu'il disait venir du
Maroc, où on la désigne sous le nom de *faskook*; d'après M. Guibourt, elle est produite, non pas par le *ferula orientalis*, auquel
Sprengel rapporte le faskook de Jackson, mais bien, d'après M. Lindley, par le *F. Tingitana*. Cette gomme-résine ressemble à la gomme-

ammoniaque, mais les larmes sont moins blanches et moins opaques, et on trouve souvent sur leur contour une teinte bleuâtre ; elles sont aussi moins dures ; la masse est presque inodore ; la saveur, nulle d'abord, devient bientôt amère, sans présenter l'âcreté de la gomme-ammoniaque.

M. Guibourt ne croit pas que le *faskouk* ou *fusogh* soit la gomme-ammoniaque de Dioscoride ; d'abord cet auteur signale l'odeur très-forte de la gomme-ammoniaque ; or le *fusogh* est peu odorant ; de plus, il distingue la gomme en larmes, qu'il nomme *thransa*, et celle qui est en masses, qu'il appelle *phrisma* ou *phurama*. C'est donc notre gomme-ammoniaque que Dioscoride a connue ; seulement il s'est trompé sur sa provenance.

COMPOSITION CHIMIQUE. — D'après M. Braconnot, la gomme-ammoniaque contient : gomme, 18,4, résine, 70,0, matière glutiniforme, 4,4, eau, 6,0, perte, 1,2, total 100. La résine est rougeâtre, transparente ; elle se ramollit par la chaleur de la main, fond à 54°, se dissout dans l'alcool ; l'éther la sépare en deux résines, l'une qui se dissout, et l'autre qui refuse de se dissoudre, qui est soluble dans les huiles grasses et volatiles.

USAGES. — La gomme-ammoniaque est très-souvent employée comme incisive et expectorante sous la forme d'émulsions, de potions et de pilules ; à l'extérieur, comme maturative et résolutive ; en lavements, comme anti-spasmodique.

Connue dès la plus haute antiquité, employée à toutes les époques, la gomme-ammoniaque a été, avec juste raison, préconisée dans tous les cas où les anti-spasmodiques sont utiles ; elle a été considérée comme expectorante, anticatarrhale, antiasthmatique et antispasmodique ; dans l'asthme, MM. Trousseau et Pidoux conseillent d'unir la gomme-ammoniaque avec le savon médicinal, lorsque surtout l'expectoration est empêchée par la viscosité des crachats ; combinée à l'oxymel scillitique, on l'a vantée dans les affections atoniques des organes respiratoires ; Alibert lui refusait toute propriété, et par son action sur l'utérus, il avait été conduit à la placer dans les emménagogues ; Cullen lui attribuait des inconvénients ; cette opinion a été victorieusement combattue par Murray.

DORONIC

Doronicum pardalianches L.
(Composées-Sénécionidées.)

Le Doronic, vulgairement appelé Herbe aux panthères, est une plante vivace, à souche traçante, à rhizomes terminés en bulbe charnu, muni de fibres radicales épaisses. La tige, haute de $0^m,60$ à 1 mètre, rarement simple, le plus souvent rameuse au sommet, pubescente, dressée, porte, dans toute sa longueur, des feuilles alternes, à pétiole velu, à limbe sinué ou denté ; les radicales longuement pétiolées, ordinairement très-grandes, ovales et profondément échancrées en cœur à la base ; les caulinaires élargies à la base et amplexicaules, rétrécies vers leur milieu ; les supérieures amplexicaules, ovales-lancéolées. Les fleurs, jaunes, sont groupées en capitules assez amples, terminaux, rarement solitaires à l'extrémité de la tige, plus souvent réunis en corymbe, à pédoncules munis de bractées, à involucre formé de folioles linéaires-acuminées, presque égales, disposées sur deux rangs. Elles sont insérées sur un réceptacle un peu convexe, nu ; celles du centre sont hermaphrodites et tubuleuses ; celles de la circonférence, femelles et en languette. Les fruits sont des akènes oblongs-cylindriques, pubescents, munis d'une aigrette, qui manque quelquefois sur ceux de la circonférence.

Le doronic plantain (*D. plantagineum* L.) est aussi vivace, et se distingue du précédent par sa taille moins élevée ; sa tige simple, nue dans sa partie supérieure ; ses feuilles radicales ovales ; ses capitules toujours solitaires au sommet de la tige.

On peut citer encore les doronics du Caucase (*D. Caucasicum* Bieb.), d'Autriche (*D. Austriacum* Jacq.), etc. L'Arnica, autrefois rapporté aux doronics, forme aujourd'hui un genre particulier (Voyez ce mot).

HABITAT. — Les doronics sont assez répandus dans l'Europe centrale et méridionale ; ils habitent surtout les bois montueux, les taillis, les lieux sablonneux. On ne les cultive que dans les jardins botaniques, et quelquefois aussi dans les massifs d'agrément.

PARTIES USITÉES. — Les racines, les fleurs.

RÉCOLTE. — La racine est récoltée après la floraison ; elle est rameuse, oblique, rampante, fibreuse, noueuse, brune, marquée d'anneaux ou d'écailles nombreuses, blanche en dedans, un peu odorante, d'une saveur douceâtre.

Les fleurs de doronic sont souvent mélangées à celles d'arnica, quoique certains auteurs aient dit le contraire, non pas parce que le doronic est plus commun et coûte meilleur marché, mais bien parce que les ramasseurs de plantes confondent, par ignorance, les deux inflorescences entre elles.

La racine du *D. plantagineum* L., qui est abondant dans les taillis des environs de Paris, est souvent donnée pour celle du *D. pardalianches*; on y mêle aussi celle du *D. Austriacum* Jacq., et du *D. scorpioïdes* W., qui croissent sur les montagnes élevées de l'Europe; la racine de ce dernier se distingue par sa forme, qui est en queue de scorpion; les inflorescences de ces mêmes plantes sont mêlées avec celles de l'arnica.

Composition chimique. — L'analyse du doronic n'a pas été faite; les anciens la regardaient comme très-délétère, et le nom de *parda-lianches* lui a été donné parce qu'on croyait qu'ils l'employaient pour faire mourir les bêtes féroces dans les cirques, de πάρδος, panthère, et ἄγχω, étrangler; mais on peut croire que la plante qui, suivant Dioscoride et Pline, était employée à cet usage, était l'*aconitum pardalianches*. Mais il est plus probable que c'était la racine d'un véritable aconit qui servait à faire périr les animaux sauvages. Cependant, on regardait autrefois le doronic comme très-délétère; mais Spielmann fait remarquer qu'il n'est pas certain que la plante employée par les anciens, sous ce nom, soit la nôtre; Cortusus et Dessenius affirment que des hommes et des chiens ont succombé à leur action; et Matthiole a fait périr un chien en quelques heures avec quatre grammes de poudre de racine, ce qui lui fait dire qu'il faudrait appeler cette plante *dæmoniacum* et non *doronicum* (*Comment.*, lib. IV, c. 73). Au contraire, Gessner dit avoir avalé deux gros (huit grammes) de cette racine sans avoir éprouvé d'autre accident qu'un gonflement de l'épigastre et de la faiblesse; il a également mangé sans inconvénient les feuilles; les observations de Gessner ont été confirmées par Johnson; d'où l'on voit qu'il y a doute sur les propriétés du doronic; et, en raison de ses affinités avec l'arnica, on est porté à en user avec prudence.

Camerarius, Lobel, Schrœder, etc., ont employé la racine de doronic comme alexipharmaque; Gessner la conseillait contre les ver-

tiges ; et on raconte que les danseurs de corde en prenaient avant
leurs exercices ; Albinus la prescrivait contre l'épilepsie ; les médecins anglais l'ont employée comme emménagogue à la dose de deux
à quatre grammes. Le doronic est tout à fait inusité en France.

DOUCE-AMÈRE

Solanum dulcamara L.
(Solanées.)

La Douce-amère, appelée aussi Morelle grimpante, Vigne de Judée, Vigne sauvage, etc., est un sous-arbrisseau à racines ligneuses,
chevelues. La tige, haute de 1^m,50 à 2 mètres, ligneuse à la base,
herbacée au sommet, cylindrique, pubescente, grêle, cassante, sarmenteuse et grimpante, porte des feuilles alternes, pétiolées, lisses,
d'un vert peu foncé, cordiformes, pointues ; le plus souvent profondément divisées en trois lobes, un médian, plus grand, ovale-aigu,
entier, et deux latéraux opposés, plus petits, irréguliers ; plus rarement divisées en cinq lobes. Les fleurs, assez grandes, violettes,
jaunes au centre, portées sur des pédoncules colorés, sont disposées
en grappes terminales, pendantes, opposées aux feuilles. Elles présentent un calice très-petit, turbiné, violet noirâtre, à cinq lobes
aigus, persistant ; une corolle rotacée, à tube très-court, à limbe partagé en cinq divisions profondes, étroites, aiguës, étalées, marquées
à leur base de deux petites taches glandulaires, vertes et luisantes ;
cinq étamines, à anthères oblongues, rapprochées en cône ; un
ovaire simple, ovoïde, surmonté d'un style filiforme terminé par un
stigmate en bouton. Le fruit est une petite baie ovoïde, polysperme,
rouge et charnue à la maturité, et entourée à sa base par le calice
persistant.

Habitat. — Cette plante est abondamment répandue dans presque
toutes les régions de l'Europe ; elle habite surtout les lieux humides, les
haies, les buissons, la lisière des bois, les décombres et les vieux murs.

Culture. — On ne cultive guère la douce-amère que dans les jardins botaniques ou dans les parcs d'agrément. Elle croit dans tous
les sols, mais mieux à l'exposition de l'ouest, et se propage très-
facilement par graines, par boutures, par marcottes ou par éclats de
racines. On préfère toutefois, pour l'usage de la médecine, la plante
qui croit à l'état sauvage.

Parties usitées. — Les tiges, les sommités et les fleurs.

Récolte. — On cueille la douce-amère au printemps ou à l'automne ; on choisit les tiges dures, ou au moins on rejette celles dont l'écorce est verte, ou celles qui sont trop ligneuses ; dans le Midi, où se fait cette récolte, on préfère la douce-amère sauvage à celle qui vient dans les jardins et dans les lieux bas et humides ; lorsque les tiges sont un peu grosses, on les fend longitudinalement ; dans tous les cas, avant de les faire sécher au soleil, on les coupe en morceaux de 2 centimètres de longueur environ ; c'est toujours sous cette forme qu'on la trouve dans le commerce ; on la distingue à sa partie médullaire très-développée, à sa couche herbacée, verte, volumineuse, et à son épiderme mince et grisâtre.

Composition chimique. — Les effets de la douce-amère sont dus à la *solanine*, qui a été extraite de cette plante par M. Desfosses, de Besançon ; elle a pour composition $= C^{39} H^{68} Az O^{28}$; elle se dépose d'une solution alcoolique en prismes quadrangulaires, aplatis ; sa réaction est faiblement alcaline, elle forme avec les acides des sels cristallisables ; elle est pulvérulente, blanche, nacrée, inodore, d'une saveur nauséeuse, un peu amère, insoluble dans l'eau froide, soluble dans 8,000 parties de ce liquide bouillant, peu soluble dans l'alcool ; chauffée, elle se décompose sans fondre ; la matière sucrée de la douce-amère a été nommée par Pfaff *picroglycion* : elle se présente sous forme de petits cristaux isolés, d'une saveur à la fois douce et amère, fusibles, solubles dans l'eau, l'alcool et l'éther acétique, moins solubles dans l'éther sulfurique ; les sels métalliques et le tannin ne les précipitent pas de leur dissolution.

Usages. — La douce-amère, qu'on appelle encore *amère-douce*, n'est guère employée qu'en tisane (20 grammes pour un litre par infusion) ; on fait plus rarement usage de l'extrait et du sirop.

D'après Dioscoride et Matthiole, on peut manger les jeunes pousses de douce-amère ; on croit que c'est elle que le premier de ces auteurs a eue en vue dans le chapitre 175 de son livre, sous le nom d'*ampelos agria*, vigne sauvage, qu'il signale comme propre à guérir l'hydropisie ; avant Boerhaave on ne l'employait qu'à l'extérieur ; cet illustre médecin la mit en vogue ; depuis lui, Linné, Sauvages, Carrère, Razoux, Lagrésie, en firent de fréquents usages comme sudorifique et dépurative ; d'après Hallemberg et Vitet, elle doit

être préférée à la salsepareille et au gaïac ; Starke, Poupart, Swie-
daur, Wauthers, Villiam, Chrichton, Fages, Murray, etc., l'ont regardée comme un des meilleurs moyens à employer contre les maladies de la peau ; Sébézius et Fuller ont préconisé les feuilles comme
anodines et calmantes ; on les emploie encore quelquefois comme
telles sous forme de cataplasmes ; un des meilleurs observateurs de
notre époque, Bretonneau, de Tours, considère la douce-amère
comme très-efficace dans les dermatoses chroniques ; c'est, dit-il, le
meilleur de tous les dépuratifs, contrairement à l'opinion de Desbois
de Rochefort, d'Alibert, de Cullen et de Hanin, qui la regardent
comme possédant une action à peu près insignifiante.

Linné et Carrère citent le rhumatisme articulaire aigu comme
cédant parfaitement à l'usage de la douce-amère ; nous savons aujourd'hui à quoi nous en tenir sur la valeur de cette médication, que
l'on doit dans ces cas considérer comme une simple expectation ; mais
la douce-amère rend très-certainement de grands services dans les
affections de la peau et dans les maladies syphilitiques, où elle agit
aussi bien, sinon mieux, que la salsepareille qu'on a tant vantée ;
d'après Gmelin, les Cosaques l'emploient contre la vérole ; M. Guersant
en a retiré de bons effets dans les catarrhes chroniques sans fièvres ;
Tragus employait la décoction dans les engorgements glandulaires,
et Hufeland s'en servait contre la coqueluche, ce qui ne peut sur-
prendre, lorsqu'on se rappelle les excellents effets de la belladone, à
très-petites doses, contre cette névrose.

Les insuccès obtenus par quelques auteurs qui ont fait usage de la
douce-amère devraient être attribués, d'après M. Guersant, aux faibles
doses auxquelles on l'aurait administrée ; Gardner dit positivement
qu'elle n'agit qu'à haute dose ; il faut, dit-il, qu'elle produise le vertige,
et il en fait prendre 100 grammes par jour ; en décoction, d'après
Carrère (*Traité de la douce-amère*, p. 118), elle produit des pesanteurs de tête, des étourdissements, de la chaleur à la gorge et aux
parties génitales, mais ces accidents disparaissent rapidement ; Linné,
Carrère, Starke et Dehaen ajoutent qu'elle détermine souvent des
démangeaisons à la peau ; M. Bretonneau considère la douce-amère,
en tant que plante vireuse, comme inférieure aux autres solanées ;
mais comme dépurative, il la recommandait aux praticiens, et ajoutait qu'il fallait commencer par la dose la plus faible et augmenter
graduellement jusqu'à ce que le médicament produise un léger

trouble de la vue, des nausées, quelques vertiges, et rester à cette dose jusqu'à disparition complète de la maladie pour laquelle elle a été employée.

D'après Matthiole les dames toscanes faisaient déjà, au temps de Dioscoride, un fard avec les sucs de baies de douce-amère.

DRAGONNIER

Dracæna draco L. *Asparagus draco* L.
(Liliacées-Asparagées.)

Le Dragonnier, ou Sang-dragon, est un arbre qui peut acquérir des dimensions colossales. Le tronc, relativement peu élevé, mais très-épais, se divise au sommet en rameaux dichotomes, marqués, ainsi que la tige, de cicatrices semi-annulaires laissées par la chute successive des feuilles. Celles-ci, qui naissent en faisceaux à l'extrémité des rameaux, sont longues d'environ $0^m,65$, larges de $0^m,03$ à 0^m05, lancéolées, terminées par une pointe dure et piquante, entières, épaisses, consistantes, striées longitudinalement. Les fleurs, polygames, blanc verdâtre, sont groupées en panicules terminales. Elles présentent un périanthe tubuleux, profondément divisé en six lobes linéaires, égaux, obtus, connivents à la base, réfléchis au sommet, six étamines saillantes, à filets amincis au sommet; un ovaire simple, à trois loges uniovulées, surmonté d'un style grêle, trigone, dépassant les étamines, et terminé par un stigmate trilobé. Le fruit est une baie, renfermant une à trois graines, à tégument crustacé, noirâtre et lustré.

Nous citerons encore les dragonniers réfléchi (*D. reflexa* Lam.), penché (*D. cernua* Jacq.), parasol (*D. umbraculifera* Jacq.), élégant (*D. fragrans* Gawl.), terminal (*D. terminalis* Reich.), etc.

HABITAT. — Le dragonnier sang-dragon est originaire des îles Canaries. Les autres espèces sont disséminées dans les régions chaudes de l'ancien continent.

CULTURE. — Sous nos climats, les dragonniers exigent la serre chaude. On les tient dans des pots bien drainés, et remplis d'une terre franche, douce, un peu légère. On les multiplie de graines ou de rejetons. Les arrosements, très-modérés en hiver, doivent être au contraire assez fréquemment renouvelés dans la belle saison.

PARTIES USITÉES. — Le suc désigné sous le nom de sang-dragon.

RÉCOLTE. — Les sangs-dragon du commerce sont fournis par le *calamus draco*, de la famille des palmiers, par le *pterocarpus draco*, des légumineuses, et aussi, dit-on, par le *dracæna draco*, des asparaginées ; plusieurs auteurs prétendent qu'une partie du sang-dragon est fournie par cette dernière plante ; cet arbre est décrit par M. Sabin Berthelot, dans les *Annales des sciences naturelles*, t. XIV, p. 137 ; il y fait mention d'un suc rouge, obtenu par incision, de la nature du sang-dragon, qui aurait été exploité par les Espagnols à l'époque de leur domination aux îles Canaries ; mais on a cessé aujourd'hui de l'exploiter, et le *dracæna draco* ne contribue en rien à la production du sang-dragon.

COMPOSITION CHIMIQUE. — Les diverses sortes de sang-dragon seront décrites plus loin (Voyez *Pterocarpus*) ; MM. Boudault et Glénart ont constaté dans les produits de sa distillation du benzoène $C^{14}H^8$, du cinnamène, $C^{15}H^8$, de l'acétone et une huile oxygénée qui donne de l'acide benzoïque au contact de la potasse. L'alcool dissout le sang-dragon, la dissolution précipite en rouge ou en violet par plusieurs sels métalliquess.

USAGES. — Les Guanches font, dit-on, des boucliers avec le bois du dragonnier ; il était autrefois abondant à Ténériffe, mais d'après M. Ledru, il a considérablement diminué par suite d'exploitations mal faites.

Avec la racine du *D. terminalis* on fait dans l'Inde, en Chine et dans les îles de l'océan Pacifique un suc sucré, ou sirop dont on extrait du sucre, que les insulaires de Taïti nomment *ti* ou *tii* ; d'après Dumont d'Urville on en fait une sorte de rhum, et selon Gaudichaud on prépare aux îles Sandwich une boisson enivrante ; le nom de *terminalis* lui vient de ce que dans le pays où il croît on le plante sur les limites des propriétés.

D'après Valmont de Bomare, le tronc du dragonnier se fend en plusieurs endroits et répand dans le temps de la canicule une liqueur qui se condense en une larme rouge, molle d'abord, qui devient ensuite dure et friable ; ce serait, d'après lui, le vrai sang-dragon ; mais il est bien démontré aujourd'hui que ce produit n'existe plus dans le commerce.

DRIMYS

Drimys Winteri Forst. *Wintera aromatica* Murr.
(Magnoliacées-Ilicidées.)

Le Drimys aromatique ou de Winter, appelé aussi Cannelle de Magellan ou de Winter, Costus âcre, etc., est un arbre de moyenne grandeur. Sa tige, qui atteint 12 mètres de hauteur, est couverte d'une écorce épaisse, d'un gris rougeâtre. Ses feuilles sont alternes, pétiolées, ovales, allongées, obtuses, glabres, un peu coriaces, d'un beau vert en dessus, glauques ou blanchâtres en dessous. Les fleurs, assez petites, sont ordinairement unies par trois ou quatre, au sommet des rameaux, et portées sur des pédoncules articulés. Elles présentent un calice à deux ou trois sépales caducs; une corolle à six pétales étalés, disposés sur deux rangs; des étamines nombreuses, hypogynes, sur plusieurs rangs, insérées sur un disque très-court; un pistil composé de quatre à six ovaires sessiles, libres, uniloculaires, disposés en verticille, et renfermant plusieurs ovules; chacun de ces ovaires est surmonté d'un stigmate sessile, latéral, mamelonné. Le fruit se compose de quatre à six petites baies globuleuses-ovoïdes, glabres, d'un vert clair, contenant plusieurs graines noires, luisantes et aromatiques (Pl. 49).

Nous citerons encore les Drimys de la Nouvelle-Grenade (*D. Granatensis* L.), à fleurs axillaires (*D. axillaris* Fort.), ponctué (*D. punctata* Lam.), du Chili (*D. Chilensis* D. C.), etc.

Habitat. — Le drimys aromatique croît dans l'Amérique méridionale, sur les bords du détroit de Magellan et dans l'île des États; il habite surtout les lieux bas, exposés au soleil. Le drimys axillaire est de la Nouvelle-Zélande. Les autres espèces habitent diverses régions de l'Amérique centrale et méridionale.

Culture. — Les drimys aromatique et de la Nouvelle-Grenade exigent, sous nos climats, la serre chaude; les autres se contentent de la serre tempérée. Le sol qui leur convient est un mélange de terre franche, de gravier et de sable. On les multiplie par boutures étouffées.

Parties usitées. — L'écorce.

Récolte. — L'écorce de Winter tire son nom de John Winter, capitaine de vaisseau, qui partit en 1577 pour faire le tour du monde, et qui la rapporta en Angleterre en 1579; c'est Charles de

Lécluse, dit Clusius, qui l'a décrite le premier (*Exotic.*, p. 75);
d'après lui elle est semblable à la cannelle commune, mais plus
épaisse et d'une couleur cendrée à l'extérieur, rude au toucher,
présentant des gerçures nombreuses à l'intérieur; son odeur est fort
désagréable, sa saveur très-âcre, poivrée; d'après Sebalde de Wert,
l'arbre qui la produit croît sur toute l'étendue des terres qui bordent
le détroit de Magellan; Solander l'a nommé *Winterana aromatica*, et
Murray *Wintera aromatica*; mais le nom de *Drimys Winteri* que
lui a donné Forster est seul admis.

M. Guibourt a décrit deux écorces qui lui ont été données comme
appartenant au *drimys Winteri*, qui diffèrent tellement de celle
décrite par Clusius, qu'il doute que ces écorces aient la même origine.

En 1842 on a rapporté du Mexique sous le nom d'écorce de
chachac, ou de *Palo piquanté*, une écorce tellement analogue à celle
de winther, que M. Guibourt ne doute pas qu'elle n'appartienne
à un drimys, qu'il suppose être le *D. Mexicana* D. C.; elle est en
fragments de la grosseur du petit doigt, son épiderme est blanchâtre,
un peu fongueux; le liber est rougeâtre, peu serré, fibreux, présentant
à l'intérieur des rides et des replis proéminents; son odeur est particulière, sa saveur aromatique astringente, âcre et brûlante.

L'écorce du *D. Granatensis* a été considérée par quelques auteurs
comme fournissant le malambo; mais M. Guibourt a fait voir que
cette opinion était erronée; d'après lui elle présente de grands rap-
ports avec les précédentes; son odeur est aromatique et analogue à
celle de la cannelle, sa saveur est à la fois âcre et aromatique.

Sous le nom d'écorce dite *canelo*, on trouve dans le commerce
un produit que M. Guibourt attribue au *D. Chilensis* D. C.; elle est
longue, en morceaux aplatis, larges de 0ᵐ,025, cintrés, épais de
0ᵐ,003; l'épiderme est gris, marqué de tubercules blanchâtres,
arrondis et aplatis; le liber est léger, très-fibreux, formé de longues
fibres aplaties facilement séparables et difficiles à rompre transversalement; elle possède une odeur de cannelle camphrée, sa saveur est
âcre et aromatique.

L'écorce de winter du commerce est en morceaux roulés durs,
compactes, longs de 0ᵐ,30 à 0ᵐ,60, du diamètre de 0ᵐ,025 à 0ᵐ,055,
et épais de 0ᵐ,002 à 0ᵐ,007; sur quelques morceaux on trouve
un reste d'épiderme blanchâtre, peu épais, spongieux, crevassé,
tendre, facile à détruire, de sorte que là où il n'existe pas on peut

présumer qu'il a été détruit par le frottement réciproque des morceaux ; alors la surface est unie, grise ou d'un gris rouge sale, avec des taches elliptiques de distance en distance qui sont les vestiges de l'insertion des pétioles ; la face interne est unie dans les petites écorces ; sur les grosses on trouve quelques proéminences, sa couleur est rougeâtre ou noirâtre ; à la cassure on remarque deux couches diversement colorées ; l'extérieur est mince et blanchâtre, l'intérieur est rougeâtre ; la cassure est encore grenue et présente des lignes proéminentes, concentriques et très-serrées ; l'odeur de l'écorce est très-forte et très-agréable, de basilic et de poivre mêlés, la saveur est âcre et brûlante, la poudre a l'aspect de celle du quinquina gris ; M. Guibourt pense que cette écorce n'est pas produite par le *Drimys Winteri*, peut-être même qu'elle est due à une plante d'un genre différent, il croit que c'est celle qui a été figurée par Clusius, et que Lemery a décrite sous le nom d'*écorce caryocostine*.

COMPOSITION CHIMIQUE. — L'analyse complète de l'écorce de winter n'a pas été faite ; on sait seulement qu'elle est riche en tannin et en huile essentielle aromatique ; M. Henry y a trouvé en outre de la résine, une matière colorante et des sels.

USAGES. — La vraie écorce de winter est extrêmement rare dans le commerce, et, pour mieux dire, elle ne s'y trouve plus ; diverses écorces sont livrées sous ce nom, surtout la cannelle blanche, ce qui est sans grand inconvénient, car elles jouissent toutes les deux des mêmes propriétés ; en Angleterre elle a été employée comme alexipharmaque, stomachique, antiscorbutique et sudorifique ; d'après Ferrein (*Mat. méd.*, t. III, p. 279) on s'en sert pour combattre une maladie de la peau produite par la chair du phoque ; d'après Hendagel, les feuilles sont employées en décoction dans les mêmes cas que l'écorce.

L'écorce de winter est un médicament chaud qui peut remplacer la cannelle vraie ; d'après Mutis, c'est elle que quelques auteurs ont désignée sous le nom de *kinkina ureus*.

DROSÈRE

Drosera rotundifolia et longifolia L.
(Droséracées.)

La Drosère à feuilles rondes, vulgairement appelée Herbe de la

rosée, Rosée du soleil, Rossolis, Herbe aux goutteux, etc., est une
petite plante vivace, à racines fibreuses et capillaires, à souche ver-
ticale, portant des feuilles toutes radicales, étalées sur le sol et groupées en rosette; le pétiole, long, rougeâtre, un peu velu au sommet,
se termine par un limbe arrondi, couvert en dessus et sur les bords
de poils glanduleux, rouges, entremêlés de glandes sessiles. Du
centre de ces feuilles s'élève une hampe (vulgairement tige) haute
de 0ᵐ,10 à 0ᵐ,20, dressée, grêle, nue, rougeâtre à la base et portant au sommet des fleurs petites, blanches, réunies en grappe unilatérale dressée, roulée en crosse avant l'épanouissement. Chacune
de ces fleurs présente un calice à cinq sépales légèrement soudés à
la base; une corolle à cinq pétales marcescents; cinq étamines à
filets linéaires subulés; un pistil à ovaire uniloculaire, multiovulé, à
trois ou cinq placentas pariétaux, surmonté de trois à cinq styles
libres, profondément bifides. Le fruit est une capsule uniloculaire,
renfermant de nombreuses graines fusiformes, très-allongées, à testa
réticulé très-lâche (Pl. 50).

La drosère à feuilles longues (*D. longifolia* L.) est aussi vivace et
se distingue de la précédente par ses feuilles dressées, à limbe li-
néaire-oblong insensiblement atténué en pétiole, et par ses graines
oblongues. Elle présente une variété à feuilles obovales-cunéiformes,
que plusieurs auteurs ont élevée au rang d'espèce.

HABITAT. — Les drosères habitent en général les régions tempérées de l'Europe; on les trouve surtout dans les terrains tourbeux
et marécageux, dans les prairies spongieuses. Elles ne sont cultivées
que dans les jardins botaniques.

PARTIES USITÉES. — Les feuilles fraîches.

RÉCOLTE. — Les feuilles de drosère sont récoltées lorsqu'elles ont
acquis leur parfait état de développement; on en prépare un alcoolature qui est employé en médecine homœopathique à dose assez
élevée, c'est-à-dire jusqu'à 30 et 40 grammes.

COMPOSITION CHIMIQUE. — Les drosères renferment un suc âcre irritant, très-nuisible aux animaux, qui n'y touchent pas; mais, d'après
le docteur Berlace, c'est moins par leur âcreté qu'elles leur nuisent
que par la présence d'un insecte qui y dépose ses œufs et qui s'en
nourrit (*Esquiss. hist. bot. ang.*, t. I, p. 380).

Les feuilles des drosères sont couvertes de petits poils glanduleux et
colorés, dont les glandes transparentes ressemblent à de petites

gouttes de rosée persistantes, d'où leur est venu le nom de *ros solis*, ou *rosée du soleil*. Roth a observé que ces feuilles présentent presque le même phénomène que les *dionæa*; si un insecte vient s'y poser, les poils glanduleux éprouvent une sorte d'irritabilité, se renversent sur la feuille et emprisonnent le petit animal; d'ailleurs les feuilles renferment, outre le suc âcre, une matière un peu acide et corrosive; d'après Vicat, lorsqu'on les broie avec du sel, elles sont épispastiques, et De Candolle rapporte qu'elles font cailler le lait, ce qui serait attribué à leur acidité.

Usages. — Les feuilles de drosère, autrefois vantées contre les hydropisies, les fièvres intermittentes, les maladies de poitrine et les ophthalmies, sont aujourd'hui tout à fait inusitées.

En médecine homœopathique les feuilles de drosère sont très-usitées; leur signe est *Ads*, et leur abréviation *droser*; elles sont considérées par les homœopathes comme un spécifique de la tuberculisation en général et en particulier des tubercules pulmonaires; c'est l'alcoolature qui est le plus souvent employé à dose qui varie de six à quarante gouttes, en augmentant progressivement jusqu'à 30 grammes et au-dessus, avec un traitement qui, toujours d'après cette médecine, devrait être continué pendant deux ans au moins pour que les tubercules soient convenablement modifiés. La médecine allopathique n'admet pas, d'après ses expériences, l'efficacité de l'alcoolature de drosère contre les tubercules pulmonaires.

TABLE DES MATIÈRES

DU PREMIER VOLUME DE LA FLORE MÉDICALE ET USUELLE DU XIXe SIÈCLE

B

C

D

FIN DE LA TABLE DU PREMIER VOLUME

DE LA FLORE MÉDICALE

Paris. — Imp. P.-A. BOURDIER et Cⁱᵉ, rue Mazarine, 30.

9 782329 263922